JN194458

ENTROPY AND DIVERSITY
The Axiomatic Approach

エントロピーと多様性の数理

Tom Leinster [著]

春名太一 Taichi Haruna [訳]

森北出版

Entropy and Diversity
by
Tom Leinster

●本書の補足情報・正誤表を公開する場合があります. 当社 Web サイト（下記）
で本書を検索し, 書籍ページをご確認ください.

https://www.morikita.co.jp/

●本書の内容に関するご質問は下記のメールアドレスまでお願いします. なお,
電話でのご質問には応じかねますので, あらかじめご了承ください.

editor@morikita.co.jp

●本書により得られた情報の使用から生じるいかなる損害についても, 当社およ
び本書の著者は責任を負わないものとします.

JCOPY 〈(一社)出版者著作権管理機構 委託出版物〉
本書の無断複製は, 著作権法上での例外を除き禁じられています. 複製される
場合は, そのつど事前に上記機構（電話 03-5244-5088, FAX 03-5244-5089,
e-mail: info@jcopy.or.jp）の許諾を得てください.

本書の大部分は，2017 年から 2019 年の間にカタルーニャで執筆した．
本書を，民主主義を守るすべての人々に捧げる．

目次

第**1**章
基礎的な関数方程式 ……………………………………………………………………… 14

第**2**章
Shannon エントロピー ………………………………………………………………… 32

第**3**章
相対エントロピー ………………………………………………………………………… 63

第**4**章
Shannon エントロピーの変形 ………………………………………………………… 93

謝辞

多くの人々から励ましと，彼らの洞察力，知恵および専門知識の恩恵を受けた．とりわけ John Baez, Jim Borger, Tony Carbery, Josep Elgueta, José Figueroa-O'Farrill, Tobias Fritz, Herbert Gangl, Heiko Gimperlein, Dan Haydon, Richard Hepworth, André Joyal, Joachim Kock, Barbara Mable, Louise Matthews, Richard Reeve, Emily Roff, Mike Shulman, Zoran Škoda, Todd Trimble, Simon Willerton および Xīlíng Zhāng に謝意を表する．また，ケンブリッジ大学出版局の Roger Astley, Clare Dennison, Anna Scriven, ならびにコピーエディターの Siriol Jones に感謝する．

Christina Cobbold と Mark Meckes には，長年にわたって多くの示唆に富む数学的会話を交わしたことだけでなく，時間をかけて本書の草稿を読んでくれ，彼らの明敏で見識のあるコメントが草稿を改善する助けとなったことについて，心から感謝する．

本書のもとになったエディンバラにおける関数方程式のセミナーコースに参加したすべての人々に，楽しく友好的でいてくれたことについて感謝する．このセミナーにおける交流は私の理解を育むものであった．新しい数学を学ぶのに貴重であった研究ブログである n 圏カフェ（*The n-Category Café*）における多くの会話も，またそうである．

私が 2010 年から幸いにも所属しているグラスゴー大学の学際的研究センターである，Boyd Orr Centre for Population and Ecosystem Health には負うところが多い．このセンターは学際的精神のモデルである．すなわち，友好的，共同的で形式ばらず，科学について野心的である．その肯定的な雰囲気を醸成しているすべての人々に，心から感謝する．

本研究は，EPSRC Advanced Research Fellowship, BBSRC FLIP award（BB/P004210/1）および Leverhulme Trust Research Fellowship の支援をその時々で受けた．バルセロナにある Centre de Recerca Matemàtica（CRM）における「生物多様性の数学」についての 2012 年のプログラムでは，CRM，スペイン政府助成金および BBSRC 国際ワークショップ助成金の支援を受け，重大な研究の進展があった．また，Carnegie Trust for the Universities of Scotland による支援もそこで個人的に受けた．最後に，本書の執筆の一時期に歓待してくれたバルセロナ自治大学数学科に感謝する．

6.3 節の一部は Leinster–Meckes[221]が初出で，2 番目の著者の許可を得て再掲している．

読者への覚書

　本書は，生物多様性の定量化についての最近の研究をきっかけに，2017 年のエディンバラ大学での関数方程式についてのセミナーコースから生まれた．このコースは，確率解析から代数トポロジーまでの分野の数学者だけでなく，物理学や生物学からの参加者も引き寄せた．それに応じて，数学的準備を最小限にするためにできることはすべて行った．

　本書では，このコースの幅広いアクセスのしやすさを保つように努めた．同時に，数学のより高度な部分との多くの実りあるつながりを含めることを禁じはしなかった．

　これらの二つの対立する力は，より高度な題材を，難なく省略できる別々の章や節へと囲い込むことにより調停された．第 9 章では若干の確率論，第 11 章では若干の抽象代数，そして第 12 章では若干の圏論が必要で，一方 3.4 節，6.4 節および 6.5 節でも幾何学，解析学および統計学の一部に訴える．しかし，中心的な話の筋には，厳密な（ε-δ 論法による）解析学の初等的な講義を超える数学は必要ない．この予備知識をもつ読者には，すべての主要な考え方と結果を理解できる力が備わっていることを約束する．ここで列挙した部分と，より専門的な知識に言及している注意はどれも，読み飛ばしてかまわない．

　さらに，自身を完全に「純粋」数学者であるとみなしている読者は，ここでは何の障害を感じることもないであろう．本書の大部分は生態系の多様性について書かれているが，生態学の知識は何も必要としない．同様に，用いられる情報理論は基礎から導入する．

　本書の中盤において，斉次性，整合性，対称性などといった，平均や多様性の尺度についての多くの条件を定義する．付録 B には，参照しやすいようにこれらの用語の要約を含めている．また，表記法の索引もある．

章の相互依存関係

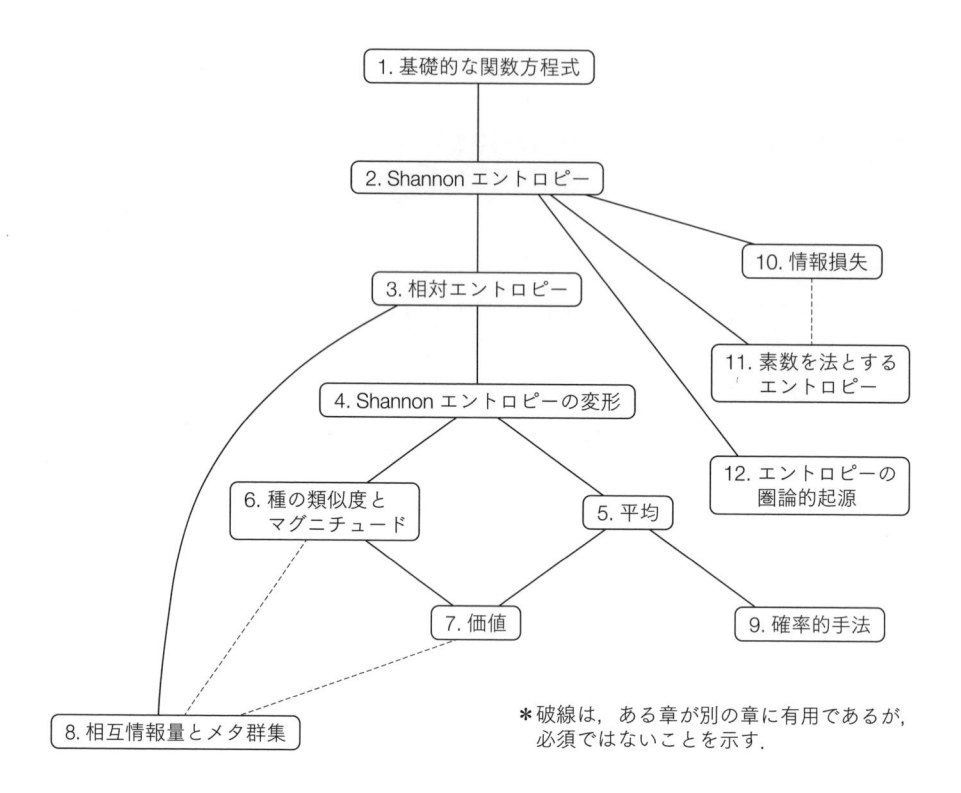

1. 基礎的な関数方程式

2. Shannon エントロピー

10. 情報損失

3. 相対エントロピー

11. 素数を法とする
エントロピー

4. Shannon エントロピーの変形

6. 種の類似度と
マグニチュード

5. 平均

12. エントロピーの
圏論的起源

7. 価値

9. 確率的手法

8. 相互情報量とメタ群集

*破線は，ある章が別の章に有用であるが，
必須ではないことを示す.

序

　本書は圏論の研究から生まれ，生物多様性を定量化する方法についての進行中の活発な論争により活気づけられ，情報理論により力を与えられ，関数方程式という古くからの分野により豊かにされた．本書は公理的方法の力を緊急性の高い生物学的問題に適用するが，どんな応用とも無関係に，独立した「純粋」数学における新しい進展も提示する．

　出発点は，多様性とエントロピーのつながりである．以下のことがわかる．

- もとは通信工学で定義された Shannon エントロピーがどのように，生物多様性を通じても理解できるのか（第 2 章）．
- Shannon エントロピーの変形がどのように，生物多様性の意味についての視点の幅を表すのか（第 4 章）．
- この変形からどのように，ただ一つのもっともな，存在量に基づく多様性の尺度が，証明が可能な形で得られるのか（第 7 章）．
- べき乗平均に対する特徴づけ定理から，このような結果がどのように導出されるのか．本書で証明する特徴づけ定理には，新しいものもある（第 5 章および第 9 章）．

これらの証明の古典的技法を補うのは大がかりな圏論的プログラムであり，そこから新しい数学と，いまや科学的応用において用いられる新しい多様性の尺度の両方が生まれた．たとえば，以下のことが見いだされる．

- 数学全般にわたる（濃度，体積，表面積，小数次元，Euler 標数の位相的および代数的概念の両者を含む）多くのサイズの不変量が，広い一般性をもつ豊穣圏において定義される，単一の不変量から生じること（第 6 章）．
- （従来のように）種の存在量のばらつきだけでなく，種間の類似性のばらつき，あるいはより一般的に，種の価値のどんな概念でも反映した多様性の測定方法（第 6 章および第 7 章）．
- これらの多様性の尺度が，サイズの尺度の拡張された族に属すること（第 6 章）．
- 「ありうる限り最善の世界」，すなわち，任意の与えられた種の集合上の，無限個の視点からの多様性を同時に最大化する存在量分布（第 6 章）．

- 類似度に鋭敏な多様性の尺度をエントロピーの言葉へと翻訳して得られる，有限集合という古典的文脈から距離空間あるいはグラフ上の分布への Shannon エントロピーの拡張（第 6 章）．

Shannon エントロピーは情報理論の基礎的な概念であるが，情報理論はほかにも豊かなものを含んでいる．それらが掘り起こされ，以下のことがわかる．

- 相対エントロピーの概念が，Bayes 推定から符号理論，Riemann 幾何学に至るまでの主題にどのように関係しているかだけでなく，相対エントロピーによって，より広い背景の中における局所的な多様性を定量化する方法が得られること（第 3 章）．
- 生態群集のとりわけ珍しい，あるいは普通でない部分を同定する定量的方法（第 8 章，Reeve ら[293]の研究に基づく）．

おもな話の筋に必要とされる数学は多くはない．しかし，いくつかのより専門的な知識体系（大偏差理論，オペラッドの理論および有限体の理論）も利用して，以下のことが確立される．

- 関数方程式を解くのに確率論をどのように用いることができるのか（第 9 章，Aubrun–Nechita[20]の研究にしたがう）．
- 圏論的およびオペラッド的思考の自然な帰結としての，情報損失の簡潔な特徴づけ（第 10 章および第 12 章）．
- エントロピーの概念が，科学的応用におけるその重要性とはまったく別に，圏論，代数およびトポロジーという純粋数学の心臓部においてさえも（証明可能な形で）不可避であること（第 12 章）．
- その「確率」が素数 p を法とする整数の環 $\mathbb{Z}/p\mathbb{Z}$ の元である確率分布に対する，エントロピーの適切な定義（第 11 章，Kontsevich[195]の研究に基づく）．

多様性をどのように定量化するかという問題は，一般に理解されているよりもはるかに数学的に深遠である．本書は，隣接するがより徹底的に研究された分野の情報理論と同様に，多様性の測定の理論が新しい数学に対する肥沃な土壌であることを主張する．

*   *   *

多様性の定量化とはどのような問題であるか？　簡単にいうと，それは生物群集から（それがどんな意味のものであるとしても）その「多様性」の数値的尺度を得ることである．この課題には必ず実際的な問題がつきまとう．たとえば，森林地帯の動物を記録

するフィールド生態学者はたいてい，静かなもの，カムフラージュされたもの，および臆病なものよりも，騒々しいもの，色鮮やかなもの，および群れをなすものをより頻繁に観察するであろう．統計的な問題もある．すなわち，ある群集の調査で 50 個体の標本において 10 の異なる種が見つかり，別の調査で 100 個体の標本において 18 の異なる種が見つかったとすると，どちらがより多様であろうか？

　しかし，本書では実際的な問題や統計的な問題のどちらも気にかけない．その代わり，基礎的で概念的な問題に焦点をあわせる．すなわち，完全に正確なデータが手に入る理想的な世界において，どのようにすれば意味のある論理的な方法で多様性を定量化することができるだろうか？

　報道機関でも科学的文献でも，「多様性」（あるいは「生物多様性」）という言葉に対して与えられた最も普及している意味は，単に現存する種数というものである．確かにこれは重要な量である．しかし，必ずしも有益な情報とは限らない．たとえば，地球上の大型類人猿の種数は 8 であるが（例 4.3.8），すべての大型類人猿の 99.99% は，たった一つの種である私たちに属する．地球全体の生態環境の見地からは，大型類人猿は実質的には一つの種しか存在しないというほうがより正確であろう．

　例を一つ示して，多様性の概念について考えられる解釈に幅があることを説明する．以下の二つの鳥類の群集を考える．

A　　　　　　　　　　　　B

群集 A には四つの種が存在するが，個体の大多数は単一の優位な種に属する．群集 B は最初の三つの種を等しい存在量で含むが，4 番目の種は不在である．A と B のどちらの群集が，より多様だろうか？

　一つの視点は，種が現存することが重要であるというものである．希少種は普通種と同じだけの価値がある．すなわち，すべての種が貴重である．この視点からは，単により多くの種が現存しているという理由で，群集 A のほうがより多様である．種の存在量

は無関係であり，現存するかしないかだけが問題である．

しかし，群集の釣り合いを優先するという，対立する視点が存在する．すなわち，普通種が重要である．普通種は，群集に最も大きな影響を及ぼす種だからである．群集 A は，他種に大きく勝る，単一の非常に多い普通種をもつが，群集 B は，均等に存在する，三つの普通種をもつ．この視点からは，群集 B のほうがより多様である．

これらの二つの視点は，連続する視点の両極端にある．より正確には，この視点の幅をコード化した，多様性の尺度の連続な一パラメータ族 $(D_q)_{q \in [0, \infty]}$ が存在する．q の値が低いと，希少種に高い重要性が付与される．たとえば，D_0 は群集 A を群集 B より多様なものとして測る．q が高いときは，D_q はより多い普通種の釣り合いにより最も強く影響される．だから，D_∞ は群集 B がより多様であると判断する．単一の視点が正しかったり，間違ったりしているということはない．文献が十分に証明しているとおり，異なる科学者は異なる目的のために異なる視点（すなわち，q の異なる値）を採用する（例 4.3.5）．

久しい以前に，多様性の概念がエントロピーの概念に密接に関係していることが認識された．エントロピーは科学の多数の分野にわたって多数の姿で現れ，その分野の中では熱力学がおそらく最もよく知られている（第 2 章の序文で，長いが甚だ不完全なリストを与える）．最も単純な形は Shannon エントロピーであり，これは有限集合上の任意の確率分布に結びつけられる実数である．これは，実は多様性の尺度 D_1 の対数である．Shannon エントロピーはよく符号理論を通じて説明され，理解される．実際，本書でもそのような説明を行う．しかし，多様性として解釈することで新しい観点が得られる．

たとえば，生態学において Hill 数として知られている多様性の尺度 D_q は，情報理論家が Rényi エントロピーとして知っているものの指数関数である．情報理論の最初期から，特徴づけ定理が重要な役割を担ってきた．それは，望ましい性質のリストをみたすどんな（たとえば，情報の）尺度も特定の形（たとえば，Shannon エントロピーのスカラー倍）をしていなければならないことを述べている．しかし，何を望ましい性質とみなすかは観点に依存する．本書では，Hill 数 D_q が，ある正確な意味において，一定の自然な性質を伴うただ一つの多様性の尺度であることを証明する（定理 7.4.3）．この定理は Rényi エントロピーの新しい特徴づけ定理に翻訳されるが，純粋な情報理論的観点からは必ずしも考えられてこなかったであろうものである．

しかし，何か欠けているものがある．実世界においては，多様性は種の数と存在量だけでなく，種がどれくらい異なるかにも関係すると理解されている．（たとえば，このことは保全政策に影響を与える．p. 174 の経済協力開発機構からの引用を参照せよ．）第 6 章で解決策を説明する．そこでは，前述した視点の幅を取り入れつつ，種間の類似性のばらつきを考慮した多様性の尺度の族を定義する．この定義は，生態学や遺伝学の

文献において提案され，用いられている多くの多様性の尺度を一つの族へと統一する.

　この多様性の尺度の族は *Ecology* 誌の論文[220]に最初に登場したが，純粋に数学的な観点からも理解し，動機づけることができる．古典的な Rényi エントロピーは，有限集合上の任意の確率分布に割り当てられる実数の族である．点（種）間の違いあるいは距離を考慮することにより，これは有限距離空間上の任意の確率分布に割り当てられる実数の族へと拡張される．すべての異なる点 x と y に対して $d(x,y) = \infty$ となる極端な場合において，Rényi エントロピーが復元される．このようにして，類似度に鋭敏な多様性の尺度を考えることによって，Rényi エントロピーの定義が集合から距離空間へと拡張される．

　視点パラメータ $q \in [0, \infty]$ の値が変わると，二つの分布のどちらがより多様であるかの判定も変わる．しかし，任意の距離空間（あるいは生物学的用語では，任意の種の集合）に対して，すべての視点から同時に多様性を最大化する単一の分布が存在する．通有的な有限距離空間に対して，この最大化する分布は一意的である．したがって，ほとんどすべての有限距離空間は（通常は一様ではない）カノニカル*な確率分布を伴う．最大の多様性それ自体も q に依存せず，したがって距離空間の数値的不変量となる．この不変量は，それ自体で幾何学的な意味をもつ（6.5 節）．

　本書はさらに先に進む．（系統的区別性のような）種の何らかの価値の概念を考慮に入れた方法で，生態群集を評価したいことがあるかもしれない．ここでも，この目的を果たす理にかなった尺度の族が存在する．それは，説明したばかりの類似度に鋭敏な多様性の尺度だけでなく，生態学の文献にすでに存在するさらなる尺度の拡張となっている．「理にかなった」という言葉は，正確にすることができる．すなわち，群集の価値の抽象的尺度に基本的な論理的要請をいくつか課すやいなやそれは，本質的には Rényi 相対エントロピーである，ある一パラメータ族 (σ_q)（定理 7.3.4）に属することを強いられる.

　情報理論は，メタ群集，すなわち地理的領域のようなより小さないくつもの群集から構成される生態群集の多様性の解析にも役立つ．相対エントロピー，条件つきエントロピーおよび相互情報量という確立された概念から，メタ群集の構造の有意義な尺度が得られる（第 8 章）．しかし，本書では単に情報理論を生態学の言葉に翻訳する以上のことを行う．たとえば，前述の Rényi エントロピーの新しい特徴づけは，生態学的価値尺度に対する特徴づけ定理の副産物である．このようにして，多様性の理論は情報理論へ

---

*　訳注：「カノニカル」という言葉は本書で頻出するが，これは与えられた設定において恣意的な選択を行うことなく定まる，という意味に理解すればよい．詳しい説明が，本書の原著者による T. Leinster. *Basic Category Theory*. Cambridge University Press, 2014（邦訳：斎藤恭司 監修，土岡俊介 訳（2017）『ベーシック圏論』丸善出版），p. 33（邦訳では p. 38,「標準的」と訳されている）にある.

と成果を還元する.

＊　　　　　　　＊　　　　　　　＊

　生物多様性の科学的重要性は，動物や植物の保全という明白な背景をはるかに超えている．そのような保全の努力は間違いなく重要であり，多様性の有意義な尺度の必要性はその文脈においてよく認識されている．たとえば，Vane-Wright ら[342]は 30 年前に動植物の保全における「選択の苦悩」について書き，適切な多様性の尺度を用いることがどれほど重要であるかを強調している.

　しかし，生命のほとんどは微生物である．Nee[262]は 2004 年に，

> 生物多様性の発見の黄金時代はまだ始まったばかりで，これは主として分子生物学の進展と，生命が発見されるであろう場所についてのこれまでにない偏見のなさにより駆り立てられている.

そして，

> 生物多様性の新しい動物寓意譚における驚異のすべては不可視である.

と論じた．微生物の新奇な発見を除外したとしても，二つの最近の研究の方向が微生物レベルでの多様性の尺度の重要な用途を例証している.

　第一に，不幸にも現代の食肉工業の場に生まれてしまった動物に対する広範囲にわたる抗菌剤の使用は，ヒトが罹る病原体における抗菌剤耐性の原因であると広くみなされている．しかし，Mather ら[246]の 2012 年の研究は，この因果関係はもっと複雑でありうることを示唆している．一方で動物個体群から，他方でヒト個体群から採取したサルモネラ菌における抗菌剤耐性の多様性を分析することにより，この著者らは動物個体群はヒトに対する「耐性菌の主要な供給源ではありそうになく」，「家畜における抗菌剤使用の制限に重点をおく現行の政策は短絡的すぎる可能性がある」と結論した．この分析において用いられた多様性の尺度は前述の Hill 数 D_q であり，本書の中心となるものである.

　第二に，ヒトの肥満の問題が深刻化したことで原因と治療の研究が進められ，肥満と腸内環境の多様性の間の負の相関の証拠が存在する（Turnbaugh ら[335][336]）．ほとんどすべての既存の多様性の尺度は，生物の種やほかの分類群への分割に依拠しているが，この場合では，関係している微生物種のわずかな部分だけしか単離され，分類学的に分類されていない．したがってこの分野の研究者は，DNA 配列データを用い，洗練されてはいるがいくらか恣意的なクラスタリングアルゴリズムを適用して，人工的な種のようなグループ（「操作的分類単位」）を作り出す．その一方で，前述した第 6 章で導

入される類似度に鋭敏な多様性の尺度は，配列データに直接適用することができ，クラスタリングのステップを回避して遺伝的多様性の尺度を生み出す．一つのテストケースが Leinster–Cobbold[220, 例 4]において実行され，Turnbaugh らの結論を支持する結果が得られた．

　生物学において多様性の尺度が幅広く用いられるにもかかわらず，本書に現れるどの数学も生物学固有のものではない．実際，多様性の数学は，（貧富の差の Gini 係数で最もよく知られている）経済学者 Corrado Gini[118]により早くも 1912 年に，また統計学者 Udny Yule により文学における語彙の多様性の分析のために 1940 年代に開発されている．生態学において最も普及している多様性の尺度のいくつかは，裁判官の人種的かつ社会学的な多様性を分析するのに最近用いられ（Barton–Moran[30]），第 6 章の主題である類似度に鋭敏な多様性の尺度は，（例 6.1.8 の後で列挙するように）多数の生態学的な文脈においてだけでなく，コンピュータネットワークセキュリティ（Wang ら[347]）のような非生物学的な応用においても用いられている．

　数学の用語では，Hill 数のような単純な多様性の尺度は，有限集合上の確率分布の不変量である．類似度に鋭敏な多様性の尺度は，それぞれの点の対に類似性の度合いが割り当てられた有限集合（これは任意の距離空間あるいはグラフを含む）上の，任意の確率分布に対して定義される．価値尺度は，確率分布と各元への非負値の割り当てを備えた任意の有限集合に対して定義される．メタ群集尺度は，有限集合の対のデカルト積上の任意の確率分布に対して定義される．本書の大部分は生態学の用語を用いて書かれているが，その数学は完全に一般的である．

＊　　　　　　　＊　　　　　　　＊

　この著作は，サイズの一般的な圏論的研究から生じた．数学の多くの分野において，研究対象のサイズのカノニカルな概念が存在する．すなわち，集合には濃度，ベクトル空間には次元，Euclid 空間の部分集合には体積，位相空間には Euler 標数，などである．典型的には，このようなサイズの尺度は，有限集合の数え上げに対する初等的な包除公式と乗法公式

$$|X \cup Y| = |X| + |Y| - |X \cap Y|$$
$$|X \times Y| = |X| \cdot |Y|$$

の類似をみたす．（濃度の位相的類似としての Euler 標数の解釈は，もっと知られるべきである．これは，6.4 節のもとになった Schanuel による洞察である．）圏論的観点からは，これらのサイズの尺度のすべてを統一する単一の不変量を得ようとするのが自然である．

マグニチュード，あるいは Euler 標数とよばれる，圏それ自体に対するサイズの概念を定義することにより，いくらかの統一が達成される（有限性条件が必要になるが，この概要では触れない）．この定義ですでに，いくつかの確立されたサイズの不変量をまとめている[210]．すなわち，集合の濃度と，半順序集合や位相空間，さらには（その Euler 標数は一般には整数でない）オービフォールドに対する Euler 標数のさまざまな概念である．圏のマグニチュードの理論は，半順序集合に対する Möbius–Rota 反転の理論と密接に関係している[301][215]．

　しかし，決定的な統一のステップは，マグニチュードの定義を，圏からより広いクラスの豊穣圏へと一般化することであり[216]，これは圏それ自体だけでなく，距離空間やグラフ，およびホモロジー代数の主要素である加法圏も含む．

　豊穣圏のマグニチュードの定義は，さらに多くの確立されたサイズの不変量を統一する．たとえば，結合的代数の表現論では，加法圏をなす，直既約射影加群をしばしば考える．その加法圏のマグニチュードは，あるカノニカルな加群の，Ext 群の次元の交代和で定義される Euler 形式となる（等式(6.20)）．豊穣圏に対するマグニチュードは，結び目に対する Jones 多項式が Khovanov ホモロジー[189]に対する Euler 標数になるのと同じ意味で，豊穣圏のある Hochschild 的ホモロジー理論の Euler 標数としても実現できる．このことは，Hepworth–Willerton[144]によって以前に開発されたグラフに対するマグニチュードホモロジーの場合をもとにして，Shulman[224]に率いられた最近の研究で確立された．

　任意の距離空間は豊穣圏とみなすことができるので，豊穣圏のマグニチュードを一般的に定義することで，とくに距離空間 X のマグニチュード $|X| \in \mathbb{R}$ の定義が得られる．前述のほかの特別な場合とは異なり，この不変量は本質的に新しいものである．

　近年では，解析学における研究がますます洗練され，マグニチュードは幾何学的測度の古典的不変量と結びつけられている．たとえば，一定の正則性条件をみたすコンパクト部分集合 $X \subseteq \mathbb{R}^n$ に対して，（$t > 0$ に対する）X のすべての再スケール化 tX のマグニチュードが与えられると，以下を復元することができる．

- X の Minkowski 次元（小数次元のおもな概念の一つ）．これは，ポテンシャル論における結果を用いて Meckes により証明された結果である（定理 6.5.9）．
- X の体積．これは，偏微分方程式の技法を用いて Barceló–Carbery により証明された結果である（定理 6.5.6）．
- X の表面積．これは，大域解析（あるいは，より具体的には熱核の漸近挙動を計算する道具）を用いて Gimperlein–Goffeng により証明された結果である（定理 6.5.8）．

Gimperlein–Goffeng はまた，漸近的な包除原理を証明した．すなわち，十分に正則な $X, Y \subseteq \mathbb{R}^n$ に対して，$t \to \infty$ のとき

$$|t(X \cup Y)| + |t(X \cap Y)| - |tX| - |tY| \to 0$$

となる（6.5 節）．これは，マグニチュードの濃度的な性質の別の現れである．

すべての有限距離空間 X は，類似度に鋭敏な多様性の尺度の見地から定義された，一意的な最大の多様性 $D_{\max}(X) \in \mathbb{R}$ をもつのであった（p.5）．また，X はマグニチュード $|X| \in \mathbb{R}$ をもつのでもあった．これらの二つの実数は（結局のところ確率あるいは種の存在量は負であることが禁じられているので）一般には等しくないが，密接に関係している．実際，$D_{\max}(X)$ は X のある部分空間のマグニチュードにつねに等しく，重要な場合の族においては X のマグニチュードそれ自体に等しい．それゆえ，マグニチュードは最大の多様性に密接に関係している．実際，この関係を利用して，Meckes は Minkowski 次元についての結果を証明した．

歴史的に驚くべきことがある．本書の著者は距離空間のマグニチュードの定義には豊穣圏の道筋によりたどり着いたが，それは生物多様性の定量化についてのより以前の研究においてすでに現れていたのである．1994 年に，環境科学者 Andrew Solow と Stephen Polasky は生物多様性が高いことによる有益性の確率的分析を行い[319, 4 節]，彼らが「種の有効数」とよんだ特定の量を取り出した．彼らはそれを数学的には研究せず，それは「いくつかの興味を引く性質をもっている」とわずかに述べただけである．それは，ここでのマグニチュードそのものなのである．

＊　　　　　　　＊　　　　　　　＊

生態学者は，20 世紀半ばに生物多様性の定量的定義[314][351]を提案し始めて 60 年を超える激しい論争の口火を切った．何十というさらなる多様性の尺度の提案，何百という学術論文，この主題を扱った少なくとも一つの書物[240]が生まれ，結果として幾人かに対しては（早くも 1971 年に Hurlbert のよく知られたタイトルの論文[150]において表明された）失望がもたらされた．そうしている間に，遺伝学やほかの分野においても並行して論争が行われた．

一方の多様性の測定と，他方の情報理論および圏論の間のつながりは，数学と生物学の両者にとって実りがある．しかし，どんな生物多様性の尺度も，情報理論，圏論，あるいはほかのいかなる分野の権威を借りるのではなく，純粋に生物学の言葉で正当化できなければならない．生態学者 E. C. Pielou は，生態学的な根拠以外で多様性の尺度に生態学的な意義を付与することを，以下のように戒めた．

> 多様性の指数を計算することの目的は，問題を生み出すことではなく，解くことなのだと強調する必要はないはずだ（が，強調する必要がある）．指数は単なる数であり，ある状況では役に立つが，あらゆる状況で役に立つわけではない．〔……〕指数は，それが真の生態学的な問題に（影を落とすのではなく）光を当てるために計算されるべきである．
>
> (Pielou[283, p. 293])

保護主義者で植物学者の Lou Jost は，2006 年からの一連の核心を突く論文において，どのような多様性の尺度を用いるとしても，それは論理的な振る舞いをしなければならないことを主張した[166][167][168][169]．たとえば，Shannon エントロピーは，生態学者の実践において多様性の尺度として広く用いられており，ある群集が別の群集より多様であるかないかを問うために用いるだけならば，論理的な振る舞いをする．しかし，Jost が気づいたとおり，Shannon エントロピーを用いて多様性の割合の変化について論じようとすると，どうやっても次のように論理的な不条理に行きつく．例 2.4.7 と例 2.4.11 に，種の 90% を絶滅させるが「多様性」は 17% しか減少させない疫病と，生態系の「多様性」の 83% を同時に破壊し，かつ保存する石油掘削の説明がある．実際，この目的に用いられるべきなのは Shannon エントロピーの指数関数である．

この意味で，起源譚は重要ではない．新しい多様性の尺度を発明するのは容易であり，また新しい尺度が多様性の何らかの直感的な考え方にどのようにかなうかを物語ったり，あるいは何らかの関連する分野における重要性の見地から正当化したりすることも，ほとんど同じくらい容易である．しかし，ある尺度が（4.4 節におけるような）基本的な論理的テストに合格しなければ，それは役に立たないか，不適切である．

Jost は，すべての Hill 数 D_q が論理的な振る舞いをすることを指摘した．ここでも，本書ではさらに先へ進む．すなわち，定理 7.4.3 で，一定の論理的に基礎的な性質をみたす多様性の尺度が実際には Hill 数だけであることを述べる（少なくとも，種の存在量のみの見地からの群集の単純なモデルに対してはそうである）．この結果は，しかじかの性質をもつ尺度が所望されるならば，それはこういった尺度の一つであることしかできないことを述べる結果を証明するという，公理的アプローチの理想である．

数学的には，このような結果は関数方程式の分野に属する．本書では，Cauchy の関数方程式 $f(x+y) = f(x) + f(y)$ をみたす可測関数 $f\colon \mathbb{R} \to \mathbb{R}$ は線形写像 $x \mapsto cx$ のみであるという事実から始めて，この広大で古典的な理論の小さな一角を概観する．古典的な結果をもとにして，多様性，エントロピーおよび価値のさまざまな尺度の新しい公理的特徴づけを得る．2011 年に Aubrun–Nechita[20]により創始された，確率論の力を利用して関数方程式を解く新しい方法も説明する．これは，ℓ^p ノルムとべき乗平均の新しい特徴づけを生み出すものである．

べき乗平均に対する特徴づけ定理が，実は本書の原動力である（第 5 章）．定義上，確率分布 $(p_1, \ldots, p_n)$ により重みづけられた，実数 $x_1, \ldots, x_n$ のオーダー t のべき乗平均は

$$M_t(\mathbf{p}, \mathbf{x}) = \left(\sum_{i=1}^{n} p_i x_i^t \right)^{1/t}$$

である．べき乗平均 $(M_t)_{t \in \mathbb{R}}$ は演算の一パラメータ族をなし，本書においてそれらが占める中心的地位は，Hill 数，Rényi エントロピー，q 対数，（Tsallis エントロピーとしても知られている）q 対数的エントロピー，第 7 章の価値尺度および ℓ^p ノルムといった，いくつかのほかの重要な一パラメータ族との間の関係により説明される．これらの族のすべてに対する特徴づけ定理を証明し，それぞれの場合においてそれらを一意的に決定する性質の短いリストを見いだす．

*   *   *

本書のほとんどは，「数理人類学」ということができる．数理人類学者は，ある科学者の集団が特定の対象あるいは概念をおおいに重要視することを観察することから始める．すなわち，ホモトピー理論家は単体的集合についてよく語り，調和解析家は Fourier 変換を絶えず用い，生態学者は群集に現存する種数を数えることが多い，などである．次のステップは，次のように問うことである．すなわち，なぜ彼らは，少し異なるものではなく，その特定のものをそれほど重要視するのか？　それがもつ有益な性質をもつ対象はそれだけなのであろうか？　そうでなければ，なぜ彼らは，その性質をもつ何らかのほかの対象ではなく，彼らが用いる対象を用いるのであろうか？　そして，それだけがその性質をもつ対象であるならば，そのことを証明することができるであろうか？　たとえば，Alesker–Artstein-Avidan–Milman[7] の 2008 年の研究は，Fourier 変換が実際，そのよく知られている性質をもつただ一つの変換であることを証明した．

これは，関数方程式という分野を活気づけている精神である．しかし，数理人類学において非常に成功した別の分野がある．すなわち，圏論である．そこでは，数学的関心の対象は，典型的には普遍性により特徴づけられる．たとえば，加群 M と N のテンソル積 $M \otimes N$ は，双線形写像 $M \times N \to M \otimes N$ を備えた普遍加群である．内積空間 X の Hilbert 空間完備化 $\hat{X}$ は，等長写像 $X \to \hat{X}$ を備えた普遍 Hilbert 空間である．実区間 $[0,1]$ は，ある写像 $[0,1] \to [0,1] \vee [0,1]$ を備えた普遍双点つき位相空間である（Freyd[111] の結果をもとにした，Leinster[212, 定理 2.2][209, 定理 2.5]）．どんな普遍性も，二つの水準における一意性を含む．すなわち，関係づける射の文字どおりの一意性と，普遍性がそれをもつ対象を同型を除いて一意的に特徴づけるという事実であ

る．だから，圏論は特徴づけ定理を証明するための有力な手段である．

　本書ではこのことを，エントロピーに対する圏論的に動機づけられた特徴づけ定理
（Baez–Fritz–Leinster[25]）により例示する．簡単にいうと，有限集合上の確率分布は
オペラッドをなし，そのオペラッドにより作用を受けるある普遍圏が構成され，これが
Shannon エントロピーの概念を自然にもたらすのである．圏論的アプローチは，確率空
間（対象）のエントロピーから決定論的過程（射）による情報損失の量へと強調点を移
すことにある．

　この結果の教訓は，エントロピーは応用科学者だけのものではない，ということであ
る．それは，実数直線と標準位相単体というよく知られたものだけを入力として与えら
れた一般的な圏論的機械から必然的に生じる．つまり，代数やトポロジーにおいてさえ
も，エントロピーは不可避である．

　その長所を例示するために，最後に，素数を法とするエントロピーという，純粋に数
学的に興味深い存在に公理的アプローチを適用する．この話題は，多重対数についての
研究の副産物として，Kontsevich[195]により好奇心から最初に導入された．任意の実
確率分布 $\boldsymbol{\pi} = (\pi_1, \ldots, \pi_n)$ が Shannon エントロピー $H_{\mathbb{R}}(\boldsymbol{\pi}) \in \mathbb{R}$ をもつのと同じよう
に，任意の素数 p と「確率」$\pi_1, \ldots, \pi_n \in \mathbb{Z}/p\mathbb{Z}$ に対して，一種のエントロピー $H_p(\boldsymbol{\pi}) \in$
$\mathbb{Z}/p\mathbb{Z}$ を定義することができる．その関数形は次のようにかなり異なる．

$$H_{\mathbb{R}}(\pi_1, \ldots, \pi_n) = - \sum_{1 \leq i \leq n} \pi_i \log \pi_i \qquad \in \mathbb{R}$$

$$H_p(\pi_1, \ldots, \pi_n) = - \sum_{\substack{0 \leq r_1, \ldots, r_n < p \\ r_1 + \cdots + r_n = p}} \frac{\pi_1^{r_1} \cdots \pi_n^{r_n}}{r_1! \cdots r_n!} \in \mathbb{Z}/p\mathbb{Z}$$

二つ目の公式が，最初の公式の p を法とする正しい類似であるとはおそらく誰も思わな
いであろう．しかし，この定義は，実 Shannon エントロピーを特徴づける定理に厳密
に類似する特徴づけ定理により完全に正当化される．そして，圏論的観点からは，厳密
に類似する p を法とする情報損失の特徴づけが存在する．要するに，実数体に対して開
発された装置が，素数を法とする整数の体に首尾よく適用することができるのである．

＊　　　　　　　　　＊　　　　　　　　　＊

　最後に，本書は応用数学がどんなものであるかについての時代遅れの考え方に挑戦す
るつもりである．「応用数学」は，「物理学の問題に応用される解析学の方法」を意味す
ると無意識のうちに理解される（あるいはより悪く，「応用」は「厳密でない」ことに対
する婉曲表現であるととられる）ことがあまりにも多い．これらの応用は間違いなく非

常に重要である．しかし，この過度に狭い解釈は，ほかの種類の問題に対する数学のほかの分野の華麗な一連の応用を無視している．流体の研究において偏微分方程式を用いる研究者が応用数学者と通常よばれ，プログラミング言語の設計に圏論を応用する研究者はそうよばれないのは，単に歴史的偶然にすぎない．

数学者は，自分たちの主題の生物学への応用が非常に実り多く，遺伝子データの入手可能性における革命に伴い，発展するばかりであることを認識しつつある．Mackey-Maini[239]は，「実験的事実の現実と仮説の理想の世界の間で前後に揺れ動く」ことについて，進化生物学者であり粘菌の専門家である John Bonner を引用しつつ，「数学は生物学に対して何をなしたのか？」と問い，かつ答えた．彼らは，生態学，疫学，発生生物学，生理学および神経腫瘍学における印象的な成功談を含む，いくつかの主要な寄与を概観した．しかしなお，そこで引用された研究のほとんど（そして，数理生物学全体のほとんど）は，微分方程式，力学系および確率解析のような伝統的に「応用」とみなされる分野の数学を用いている．

現実には，従来は「純粋」とよばれた多くの分野の数学が，生物学やそれ以外にもさまざまな文脈においていまや首尾よく応用されている．結び目理論は，遺伝子組み換えにおける積年の問題を解決した（Buck–Flapan[52][53]）．群論は，ウイルスの構造を解明した（Twarock–Valiunas–Zappa[338]）．パーシステントホモロジーの理論を基礎とし，代数トポロジーの力に訴える位相的データ解析は，従来知られていなかった100%の生存率をもつ乳がんのサブタイプを同定することに成功した（Nicolau–Levine–Carlsson[263]，解説としては Lesnick[227]を参照せよ）．順序理論，トポス理論および古典論理はすべて，並行システムの仕様化，モデル化および設計の方法の改良の追求に用いられてきた（Nygaard–Winskel[267]，Joyal–Nielsen–Winskel[172]，Hennessy–Milner[142]）．そしてよく知られているとおり，数論はインターネット上の通信のセキュリティの担保と阻害の両方に用いられている（Hales[135]）．これらはすべて，数学の現実への応用である．いずれも伝統的な解釈では「応用数学」ではない．

しかし，応用だけが応用数学の成果ではない．それはまた数学の中心部を培い，新しい問い，答えおよび展望をもたらす．物理学に応用された数学は，Archimedes から Newton，Witten までこれを行ってきた．Reed[291]は，生物学に応用された数学が現在それを行っている数十の仕方を列挙している．本書で概説した展開は，多数の数学が，完全に厳密であり，同時に，科学の別の分野に有効応用でき，「応用数学」の狭い固定観念にとらわれない分野の数学を用いることができ，かつ純粋に数学的な美学から意義深く満足できる新しい結果を生み出すことができることの，さらなる証拠を与えるものである．

第 1 章

基礎的な関数方程式

FUNDAMENTAL FUNCTIONAL EQUATIONS

　本書を通じて，関数方程式という由緒ある主題に接することになる．関数方程式（functional equation）とは，その引数のすべての値に対してみたされる未知関数の等式である．より一般的には，このような仕方でいくつかの未知関数を互いに関係づける等式である．

　手始めに，いくつかの短い例を挙げて説明する．数列を正の整数の集合上の関数とみなすと，Fibonacci 数列 $(F_n)_{n \geq 1}$ は関数方程式

$$F_{n+2} = F_n + F_{n+1} \qquad (n \geq 1)$$

をみたす．境界条件 $F_1 = F_2 = 1$ を与えれば，この関数方程式はこの数列を一意に特徴づける．しかしより典型的には，連続変数の関数に関心がもたれる．たとえば，関数

$$f \colon \mathbb{R} \cup \{\infty\} \to \mathbb{R} \cup \{\infty\}$$
$$x \quad \mapsto \quad \frac{1}{1-x}$$

が関数方程式

$$f(f(f(x))) = x \qquad (x \in \mathbb{R} \cup \{\infty\}) \tag{1.1}$$

をみたすことに気づくかもしれない．このとき，f はすべての x に対して式(1.1)をみたすただ一つの関数であるかどうか，というのは自然な疑問であるが，この場合はそうではない（このことは，明示的な反例を挙げるか，Möbius 変換の理論を通じて示すことができる）．そこで，たとえば連続関数や微分可能関数などに限定して，解 f の全体集合を求めるのが自然である．

　より洗練された例として，Riemann のゼータ関数 ζ がみたす関数方程式

$$\zeta(1-s) = \frac{2^{1-s}}{\pi^s} \cos\left(\frac{\pi s}{2}\right) \Gamma(s) \zeta(s) \qquad (s \in \mathbb{C})$$

がある（たとえば，Apostol[16, 定理 12.7]）．ここで，Γ は Euler のガンマ関数である．Riemann 自身によって証明されたこの関数方程式は，ゼータ関数のみたす基礎的な性質である．

本章では，三つの古典的かつ基礎的な関数方程式を解く．最初の方程式は，関数 $f\colon \mathbb{R} \to \mathbb{R}$ についての Cauchy の方程式

$$f(x + y) = f(x) + f(y) \qquad (x, y \in \mathbb{R})$$

である（1.1 節）．これが解けると，

$$f(xy) = f(x) + f(y) \qquad (x, y \in (0, \infty)) \tag{1.2}$$

のような関連する方程式の解も容易に導き出すことができる．

第二の方程式は，数列 $(f(n))_{n \geq 1}$ についての関数方程式

$$f(mn) = f(m) + f(n) \qquad (m, n \geq 1)$$

である．方程式(1.2)に似ているが，連続から離散への移行に伴ってまったく異なる手法を開発する必要がある（1.2 節）．

最後に第三の方程式として，二つの未知関数 $f, g\colon (0, \infty) \to \mathbb{R}$ の関数方程式

$$f(xy) = f(x) + g(x)f(y)$$

を解く．自明でない可測関数である解 f は，通常の対数がまさにその最もよく知られたメンバーとなる一パラメータ関数族である，いわゆる q 対数の定数倍であることが明らかになる（1.3 節）．

1.1　Cauchy の方程式

関数 $f\colon \mathbb{R} \to \mathbb{R}$ が**加法的**（additive）であるとは，すべての $x, y \in \mathbb{R}$ に対して

$$f(x + y) = f(x) + f(y) \tag{1.3}$$

であるときをいう．これが **Cauchy の関数方程式**であり，その長い歴史の一部は Aczél [2, 2.1 節]で物語られている．ある $c \in \mathbb{R}$ が存在して，すべての $x \in \mathbb{R}$ に対して

$$f(x) = cx$$

であるとき，f は**線形**（linear）であるという．$x = 1$ とおくことで，このような定数 c が存在するならば，それは $f(1)$ に等しくなければならないことが示される．

明らかに，任意の線形関数は加法的である．問題は，逆がどの程度成り立つかである．もし f が微分可能であると仮定してよければ，逆は非常に容易である．

▌命題 1.1.1 すべての微分可能な加法的関数 $\mathbb{R} \to \mathbb{R}$ は線形である．

証明 $f\colon \mathbb{R} \to \mathbb{R}$ を微分可能な加法的関数とする．等式 (1.3) を y について微分すると，すべての $x, y \in \mathbb{R}$ に対して

$$f'(x + y) = f'(y)$$

を得る．このとき $y = 0$ とすると，f' が一定であることがわかる．ゆえに，定数 $c, d \in \mathbb{R}$ が存在して，すべての $x \in \mathbb{R}$ に対して $f(x) = cx + d$ となる．この式を等式 (1.3) に代入して，$d = 0$ を得る． $\square$

しかし，微分可能性は，後の目的のために仮定したい条件よりも強い条件である．実際，不必要に強い条件である．この節の残りの部分では，連続性から始まって単なる可測性で終わる，より弱くなっていく一連の正則性条件のもとで，加法性が線形性を含意することを証明する．

正則性条件をまったく必要としない補題から始める．

▌補題 1.1.2 $f\colon \mathbb{R} \to \mathbb{R}$ を加法的関数とする．このとき，すべての $q \in \mathbb{Q}$ と $x \in \mathbb{R}$ に対して $f(qx) = qf(x)$ である．

証明 まず，$f(0 + 0) = f(0) + f(0)$ であるから，$f(0) = 0$ である．このとき，すべての $x \in \mathbb{R}$ に対して

$$0 = f(0) = f(-x + x) = f(-x) + f(x)$$

であるから，$f(-x) = -f(x)$ である．

$x \in \mathbb{R}$ とする．帰納法により，すべての整数 $n > 0$ に対して

$$f(nx) = nf(x) \tag{1.4}$$

となり，また $n = 0$ のときにも等式 (1.4) が成り立つことを先ほど示した．さらに，$n < 0$ のときは，正の整数に対する等式 (1.4) を用いて，

$$f(nx) = f(-(-n)x) = -f((-n)x) = -(-n)f(x) = nf(x)$$

となる．ゆえに，等式 (1.4) はすべての整数 n に対して成り立つ．

次に，$x \in \mathbb{R}$ および $q \in \mathbb{Q}$ とする．$m, n \in \mathbb{Z}$，$n \neq 0$ として $q = m/n$ と書く．このとき，等式 (1.4) を 2 度適用することで，望んだとおり，

$$f(qx) = \frac{1}{n}f(nqx) = \frac{1}{n}f(mx) = \frac{m}{n}f(x) = qf(x)$$

となる. $\square$

注意 1.1.3 同様の論証により, 任意の $\mathbb{Q}$ 上のベクトル空間の間の加法的関数は, $\mathbb{Q}$ 上線形であることが証明される. 関数 $\mathbb{R} \to \mathbb{R}$ の場合は, $\mathbb{Q}$ 線形性が $\mathbb{R}$ 線形性を含意するかどうか (あるいはどのような条件のもとで $\mathbb{Q}$ 線形性が $\mathbb{R}$ 線形性を含意するか) が問題となる. なお, ここでは $\mathbb{R}$ 線形性は単に「線形性」とよばれている.

補題 1.1.2 によって, 微分可能性を連続性に緩めて命題 1.1.1 を改良することができる. 次の結果は, Cauchy 自身に知られていた (Hardy–Littlewood–Pólya[137, 定理 84 の証明]で引用されている).

┃ 命題 1.1.4 すべての連続な加法的関数 $\mathbb{R} \to \mathbb{R}$ は線形である.

証明 $f\colon \mathbb{R} \to \mathbb{R}$ を連続な加法的関数とし, $c = f(1)$ と書く. 補題 1.1.2 より, すべての $q \in \mathbb{Q}$ に対して $f(q) = cq$ である. だから, $\mathbb{Q}$ に制限されると f と $x \mapsto cx$ の二つの関数は等しい. しかし, どちらも連続であるから, それらは $\mathbb{R}$ 全体で等しい. $\square$

いまや, f の連続性をずっと弱い条件に緩めることは容易である.

┃ 命題 1.1.5 一つ以上の点で連続なすべての加法的関数 $\mathbb{R} \to \mathbb{R}$ は線形である.

つまり, すべての加法的関数は, いたるところ不連続かもしれないが, そうでない限り, 線形である.

証明 $f\colon \mathbb{R} \to \mathbb{R}$ を, 点 $x \in \mathbb{R}$ で連続な加法的関数とする. 命題 1.1.4 より, f が連続であることを示せば十分である. $y, t \in \mathbb{R}$ とする. このとき加法性により, 望んだとおり, $t \to 0$ のとき

$$f(y + t) - f(y) = f(t) = f(x + t) - f(x) \to 0$$

となる. $\square$

次に, 単なる可測性で十分であることを示す. すなわち, すべての可測な加法的関数は線形である.

注意 1.1.6 測度論に不慣れな読者は, この注意の続きは読まずに, 系 1.1.11 から再開してよい. 可測性 (measurability) は, 非常に弱い条件である. 通常の数学の論理的枠組みでは, 非可測関数や非線形な加法的関数が存在する (注意 1.1.9). しかし, 現在までに誰

かが明示的な式を書いたことがあるか，あるいはいずれ書くようなすべての関数は可測である（注意 1.1.10 による）．それゆえ，すべての関数が可測であり，したがってすべての加法的関数が線形であると仮定しても，それほど危険ではない．

すべての可測な加法的関数が線形であることの証明はいくつかある．最初のものは，Maurice Fréchet の 1913 年の論文 'Pri la funkcia ekvacio $f(x + y) = f(x) + f(y)$' [110]で出版された（Fréchet はエスペラント語（Esperanto）で多くの論文を書き，またエスペランティスト国際科学協会の会長を 3 年間務めた）．ここでは，Banach[27]による証明を与える．これは Lusin[235]の標準的な測度論的結果に基づいており，すべての可測関数は「ほぼ連続」であるという Littlewood の格言[233]を正確にしたものである．

$\mathbb{R}$ 上の Lebesgue 測度を λ と書く．

定理 1.1.7（Lusin） $a \leq b$ を実数とし，$f : [a, b] \to \mathbb{R}$ を可測関数とする．このときすべての $\varepsilon > 0$ に対して，閉部分集合 $V \subseteq [a, b]$ が存在して $f|_V$ は連続かつ $\lambda([a, b] \setminus V) < \varepsilon$ である．

証明 たとえば，Dudley[85, 定理 7.5.2]を参照せよ． $\square$

Banach にしたがい，次の定理を導き出す．

定理 1.1.8 すべての可測な加法的関数 $\mathbb{R} \to \mathbb{R}$ は線形である．

証明 $f : \mathbb{R} \to \mathbb{R}$ を可測な加法的関数とする．Lusin の定理より，$f|_V$ が連続かつ $\lambda(V) > 2/3$ となるような閉集合 $V \subseteq [0, 1]$ を選ぶことができる．V はコンパクトであるから，$f|_V$ は一様連続である．

命題 1.1.5 より，f が 0 で連続であることを証明すれば十分である．$\varepsilon > 0$ とする．0 のある近傍内のすべての x に対して，$|f(x)| < \varepsilon$ であることを示さなければならない．

一様連続性より，$\delta > 0$ を選んで，$v, v' \in V$ に対して

$$|v - v'| < \delta \implies |f(v) - f(v')| < \varepsilon$$

とできる．$|x| < \min\{\delta, 1/3\}$ であるようなすべての $x \in \mathbb{R}$ に対して，$|f(x)| < \varepsilon$ であることを主張する．実際，このような x をとり，$V - x = \{v - x : v \in V\}$ と書くと，Lebesgue 測度 λ の包除性より

$$\lambda(V \cap (V - x)) = \lambda(V) + \lambda(V - x) - \lambda(V \cup (V - x))$$

を得る．右辺について考える．最初の二つの項については，$\lambda(V) > 2/3$ であり，また それゆえ $\lambda(V - x) > 2/3$ である．最後の項については，$x \geq 0$ ならば $V \cup (V - x) \subseteq [-1/3, 1]$，$x \leq 0$ ならば $V \cup (V - x) \subseteq [0, 4/3]$ であり，いずれにせよ $\lambda(V \cup (V - x)) \leq 4/3$ である．ゆえに，

$$\lambda(V \cap (V - x)) > \frac{2}{3} + \frac{2}{3} - \frac{4}{3} = 0$$

である．とくに，$V \cap (V - x)$ は空ではないので，元 y を選ぶことができる．このとき， $y, x + y \in V$ で $|y - (x + y)| = |x| < \delta$ であるから，δ の定義より $|f(y) - f(x + y)| < \varepsilon$ である．しかし f は加法的であるから，望んだとおり，これは $|f(x)| < \varepsilon$ を意味する． $\square$

正則性条件はさらに弱めることができる．最近の概説として Reem[292] を参照せよ． しかし，可測性が，本書で必要なだけ弱い条件である．

注意 1.1.9 選択公理（axiom of choice）を仮定すると，線形でない加法的関数 $\mathbb{R} \to \mathbb{R}$ が存在することになる．このことを理解するのに，まず実数直線 $\mathbb{R}$ は明らかな仕方で $\mathbb{Q}$ 上のベクトル空間であることに注意する．$\mathbb{Q}$ 上の $\mathbb{R}$ の基底 B を選ぶ．B の元 b を選び， b で 1，ほかでは 0 の値をとる関数を $\phi \colon B \to \mathbb{R}$ とする．基底の普遍性[*]より，ϕ は $\mathbb{Q}$ 線 形写像 $f \colon \mathbb{R} \to \mathbb{R}$ に一意的に拡張される．

確かに f は加法的である．一方，f は $\mathbb{R}$ 線形ではない（すなわち，本節の用語で「線形」 ではない）ことを示すことができる．実際，任意の $\mathbb{R}$ 線形関数 $\mathbb{R} \to \mathbb{R}$ は，恒等的に零で あるか，0 以外のどこでも消えていないかのいずれかである．いま，$f(b) = \phi(b) = 1$ で あるから，f は恒等的に零ではない．しかしまた，B の任意の $b' \neq b$ に対して，$b' \neq 0$ で $f(b') = \phi(b') = 0$ であるから，f は 0 以外のある点で消える．ゆえに，f は非線形な加法 的関数 $\mathbb{R} \to \mathbb{R}$ である．

注意 1.1.10 すべての関数 $\mathbb{R} \to \mathbb{R}$ が可測であることは，集合論（set theory）の Zermelo– Fraenkel 公理系（Zermelo–Fraenkel axioms，すなわち，選択公理を除いた ZFC）上無 矛盾である．これは Solovay[318] の 1970 年の定理である．すべての関数 $\mathbb{R} \to \mathbb{R}$ が可測 であるならば，定理 1.1.8 より，すべての加法的関数は線形である．

一方，選択公理もまた ZF 上無矛盾である．選択公理が成り立つならば，注意 1.1.9 よ り，すべての加法的関数が線形であるわけではない．

ゆえに，ZF から出発すると，すべての加法的関数が線形であるか，あるいはすべての加 法的関数が線形であるわけではないかのいずれか一方を，矛盾なく仮定することができる．

---

[*] 訳注：ベクトル空間の基底の普遍性についての説明は，たとえば，p. 5 の訳注でも言及した本書の原著 者による *Basic Category Theory*（邦訳：『ベーシック圏論』），pp. 3–4（邦訳においても pp. 3–4）に ある．

定理 1.1.8 は，加法を加法へと変換する可測関数を分類する．これを改変して，加法を乗法に，乗法を乗法に変換する関数などを分類するのは容易である．

系 1.1.11
（i）$f: \mathbb{R} \to (0, \infty)$ を可測関数とする．以下は同値である．
　（a）すべての $x, y \in \mathbb{R}$ に対して $f(x+y) = f(x)f(y)$ である．
　（b）ある $c \in \mathbb{R}$ が存在して，すべての $x \in \mathbb{R}$ に対して $f(x) = e^{cx}$ である．
（ii）$f: (0, \infty) \to \mathbb{R}$ を可測関数とする．以下は同値である．
　（a）すべての $x, y \in (0, \infty)$ に対して $f(xy) = f(x) + f(y)$ である．
　（b）ある $c \in \mathbb{R}$ が存在して，すべての $x \in (0, \infty)$ に対して $f(x) = c \log x$ である．
（iii）$f: (0, \infty) \to (0, \infty)$ を可測関数とする．以下は同値である．
　（a）すべての $x, y \in (0, \infty)$ に対して $f(xy) = f(x)f(y)$ である．
　（b）ある $c \in \mathbb{R}$ が存在して，すべての $x \in (0, \infty)$ に対して $f(x) = x^c$ である．

証明　(i)については，明らかに(b)は(a)を含意する．(a)を仮定し，$g(x) = \log f(x)$ により $g: \mathbb{R} \to \mathbb{R}$ を定義する．このとき，g は可測でありかつ加法的であるから，定理 1.1.8 より，ある定数 $c \in \mathbb{R}$ が存在して，すべての $x \in \mathbb{R}$ に対して $g(x) = cx$ となる．このことから，望んだとおり，すべての $x \in \mathbb{R}$ に対して $f(x) = e^{cx}$ となる．

$g(x) = f(e^x)$ および $g(x) = \log f(e^x)$ とおくことで，(ii)と(iii)も同様に証明される．

$\square$

注意 1.1.12　本書では，$\log$ という表記は自然対数 $\ln = \log_e$ を意味する．しかし，系 1.1.11(ii)のように，対数の底の選択は通常は重要ではない．すなわち，底を変更することは対数に正の定数を乗じることになり，いずれにせよ定数 c の自由な選択に吸収される．

定理 1.1.8 により，実数直線の半分の上だけで定義された加法的関数を分類することもできる．

系 1.1.13　$f: [0, \infty) \to \mathbb{R}$ を，すべての $x, y \in [0, \infty)$ に対して $f(x+y) = f(x)+f(y)$ をみたす可測関数とする．このとき，ある $c \in \mathbb{R}$ が存在して，すべての $x \in [0, \infty)$ に対して $f(x) = cx$ である．

証明　まず，$f: [0, \infty) \to \mathbb{R}$ を可測な加法的関数 $g: \mathbb{R} \to \mathbb{R}$ へと拡張する．f についての仮定より，すべての $a^+, a^-, b^+, b^- \in [0, \infty)$ に対して

$$a^+ - a^- = b^+ - b^- \implies f(a^+) - f(a^-) = f(b^+) - f(b^-)$$

である．したがって，関数 $g\colon \mathbb{R} \to \mathbb{R}$ を

$$g(a^+ - a^-) = f(a^+) - f(a^-) \qquad (a^+, a^- \in [0, \infty))$$

により矛盾なく定義できる．g が加法的であることを証明するには，$x, y \in \mathbb{R}$ とし，$a^\pm, b^\pm \in [0, \infty)$ を

$$x = a^+ - a^-, \qquad y = b^+ - b^-$$

となるように選ぶ．このとき，

$$x + y = (a^+ + b^+) - (a^- + b^-)$$

であり，$a^+ + b^+, a^- + b^- \in [0, \infty)$ である．ゆえに，望んだとおり，

$$\begin{aligned}
g(x + y) &= f(a^+ + b^+) - f(a^- + b^-) \\
&= f(a^+) + f(b^+) - f(a^-) - f(b^-) \\
&= f(a^+) - f(a^-) + f(b^+) - f(b^-) \\
&= g(x) + g(y)
\end{aligned}$$

である．g が可測であることを証明するには，

$$g(x) = \begin{cases} f(x) & (x \geq 0 \text{ のとき}) \\ -f(-x) & (x \leq 0 \text{ のとき}) \end{cases} \qquad (x \in \mathbb{R})$$

であることに注意する．というのも，$x \geq 0$ ならば g の定義で $a^+ = x$ かつ $a^- = 0$ ととることができ，$x \leq 0$ のときも同様に考えることができるからである．f は可測であるから，g も可測である．

定理 1.1.8 より，ある定数 c が存在して，すべての $x \in \mathbb{R}$ に対して $g(x) = cx$ である．このことから，すべての $x \in [0, \infty)$ に対して $f(x) = cx$ となる． $\qquad\square$

本節における技法や結果をいくつかの方法で組み合わせることで，別の形の定理を導くことができる．すべての可能性を列挙することはせず，後に必要となる二つの特定の別の形で要点を説明する．

系 1.1.14 $f\colon (0, 1] \to \mathbb{R}$ を可測関数とする．以下は同値である．

（ⅰ）すべての $x, y \in (0, 1]$ に対して $f(xy) = f(x) + f(y)$ である．

（ⅱ）ある定数 $c \in \mathbb{R}$ が存在して，すべての $x \in (0, 1]$ に対して $f(x) = c \log x$ である．

証明 明らかに，(ii)は(i)を含意する．ここで，(i)を仮定し，$g(u) = f(e^{-u})$ により $g \colon [0, \infty) \to \mathbb{R}$ を定義する．このとき，g は可測であり，かつすべての $u, v \in [0, \infty)$ に対して $g(u+v) = g(u) + g(v)$ であるから，系 1.1.13 により，ある実数の定数 b に対して $g(u) = bu$ である．このことから，望んだとおり，すべての $x \in (0, 1]$ に対して $f(x) = -b \log x$ となる． $\square$

系 1.1.14 の教訓は，Cauchy 型の関数方程式 $f(xy) = f(x) + f(y)$ については，定義域 $(0, \infty)$ 上で解くのと，定義域 $(0, 1]$ 上で（あるいは，同様に $[1, \infty)$ 上で）解くのとでは，実質的な違いがないということである．しかし，次節でわかるように，離散的な定義域 $\{1, 2, 3, \ldots\}$ 上で解を求めるときは事態は大きく異なる．

注意 1.1.15 本書では，「増加する」と「減少する」という用語を，つねに狭義ではない意味で用いる．だから，部分集合 $S \subseteq \mathbb{R}$ 上の関数 $f \colon S \to \mathbb{R}$ が**増加する** (increasing) とは，

$$x \le y \implies f(x) \le f(y) \qquad (x, y \in S)$$

であるときをいい，$-f$ が増加するとき f は**減少する** (decreasing) という．f は，$x < y$ が $f(x) < f(y)$ を含意する，あるいは $x < y$ が $f(x) > f(y)$ を含意するとき，それぞれ**狭義に増加する** (strictly increasing)，あるいは**狭義に減少する** (strictly decreasing) という．同じ用語を数列にも適用する．

系 1.1.16 $f \colon (0, 1) \to (0, \infty)$ を増加する関数とする．以下は同値である．
（ⅰ）すべての $x, y \in (0, 1)$ に対して $f(xy) = f(x)f(y)$ である．
（ⅱ）ある定数 $c \in [0, \infty)$ が存在して，すべての $x \in (0, 1)$ に対して $f(x) = x^c$ である．

証明 明らかに，(ii)は(i)を含意する．(i)を仮定し，$g(u) = -\log f(e^{-u})$ により $g \colon (0, \infty) \to \mathbb{R}$ を定義する．このとき，すべての $u, v \in (0, \infty)$ に対して $g(u+v) = g(u) + g(v)$ であり，また g は増加する．

補題 1.1.2 の証明と同じ論証により，すべての有理数 $q \in (0, \infty)$ とすべての $u \in (0, \infty)$ に対して $g(qu) = qg(u)$ となる．$\widetilde{g}(u) = g(1)u$ により $\widetilde{g} \colon (0, \infty) \to \mathbb{R}$ を定義する．このとき，すべての $q \in (0, \infty) \cap \mathbb{Q}$ に対して $g(q) = \widetilde{g}(q)$ である．g は増加し，かつ $\widetilde{g}$ は（$g(1)$ の符号に依存して）増加するか減少するかのいずれかであるから，$\widetilde{g}$ は増加する．しかしいま，$g, \widetilde{g} \colon (0, \infty) \to \mathbb{R}$ は正の有理数上で等しい増加する関数であるから，$g = \widetilde{g}$ である．ゆえに，すべての $x \in (0, 1)$ に対して $f(x) = x^{g(1)}$ である． $\square$

1.2 対数的数列

実数の数列 $f(1), f(2), \ldots$ は，すべての $m, n \geq 1$ に対して

$$f(mn) = f(m) + f(n) \tag{1.5}$$

であるとき，**対数的** (logarithmic) であるといわれる．確かに数列 $(c \log n)_{n \geq 1}$ は，任意の実数の定数 c に対して対数的である．しかし，$f(xy) = f(x) + f(y)$ をみたす関数 $f \colon (0, \infty) \to \mathbb{R}$ に対する状況（系 1.1.11 (ii)）とは対照的に，この単純な形でない対数的数列を書き下すことは容易である．実際，各素数 p に対して $f(p)$ を任意に選ぶことができ，この選択により対数的数列は一意に決まるが，一般には $(c \log n)$ の形にはならない．

しかし，対数的数列 $(f(n))$ が $(c \log n)$ の形であることを保証するもっともな条件が存在する．そのような条件の一つは，f が増加するという条件

$$f(1) \leq f(2) \leq \cdots$$

である．別の条件に，

$$\lim_{n \to \infty} (f(n+1) - f(n)) = 0$$

がある．ここでは，これらの結果の両者を含意する一つの定理を証明する．しかし，論理的には必要ではなくとも，増加する数列に関する結果の直接的証明は短いので，別に与えておく価値がある．

定理 1.2.1 (Erdős) $(f(n))_{n \geq 1}$ を実数の増加する数列とする．以下は同値である．
（ i ）f は対数的である．
（ ii ）ある定数 $c \geq 0$ が存在して，すべての $n \geq 1$ に対して $f(n) = c \log n$ である．

これは，Erdős[92] により最初に証明された．実際には，彼はこれ以上のことを示した．すなわち，数論で行われるように，彼は m と n が互いに素であるときに等式 (1.5) が成り立つことのみを要請した．しかし，ここではそこまで精密にする必要はないので，それを証明することはしない．

ここで提示する論証は，Khinchin[188, p.11] にしたがったものである．

証明 確かに，(ii) は (i) を含意する．ここで，(i) を仮定する．対数的性質より，

$$f(1) = f(1 \cdot 1) = f(1) + f(1)$$

であるから，$f(1) = 0$ である．f は増加するので，すべての n に対して $f(n) \geq 0$ である．すべての n に対して $f(n) = 0$ ならば，$c = 0$ として (ii) が成り立つ．そうでないと仮定すると，$f(N) > 0$ となる $N > 1$ を選ぶことができる．

$n \geq 1$ とする．（$N > 1$ であるから）各整数 $r \geq 1$ に対して，ある整数 $\ell_r \geq 0$ が存在して

$$N^{\ell_r} \leq n^r \leq N^{\ell_r + 1}$$

である．f は増加し，かつ対数的であるから，

$$\ell_r f(N) \leq r f(n) \leq (\ell_r + 1) f(N)$$

であり，$f(N) > 0$ であるからこれは

$$\frac{\ell_r}{r} \leq \frac{f(n)}{f(N)} \leq \frac{\ell_r + 1}{r} \tag{1.6}$$

を含意する．

$\log$ も増加し，かつ対数的であるから，同じ論証により

$$\frac{\ell_r}{r} \leq \frac{\log n}{\log N} \leq \frac{\ell_r + 1}{r} \tag{1.7}$$

を得る．不等式 (1.6) と (1.7) をあわせると

$$\left| \frac{f(n)}{f(N)} - \frac{\log n}{\log N} \right| \leq \frac{1}{r}$$

が含意される．しかし，この帰結はすべての $r \geq 1$ に対して成り立つので，

$$\frac{f(n)}{f(N)} = \frac{\log n}{\log N}$$

である．ゆえに，$c = f(N)/\log N$ として $f(n) = c \log n$ である．そしてこれはすべての $n \geq 1$ に対して成り立つので，(ii) を証明したことになる． $\square$

ここで，上で約束した統一定理を証明する．それを述べる前に，**下極限**（limit inferior）の概念を思い出す．実数列 $(g(n))_{n \geq 1}$ が与えられたとき，

$$h(n) = \inf\{g(n), g(n+1), \ldots\} \in [-\infty, \infty] \qquad (n \geq 1)$$

と定義する．数列 $(h(n))_{n \geq 1}$ は増加し，したがって（$\pm\infty$ となることもある）極限をもち，これは

$$\liminf_{n \to \infty} g(n) = \lim_{n \to \infty} h(n) \in [-\infty, \infty]$$

と書かれる．通常の極限 $\lim_{n \to \infty} g(n)$ が存在するならば，$\liminf_{n \to \infty} g(n) = \lim_{n \to \infty} g(n)$ である．しかし，極限が存在するかどうかにかかわらず，下極限は存在する．たとえば，数列 $1, -1, 1, -1, \ldots$ は下極限 -1 をもつが，極限はもたない．

数列 $(f(n))$ が増加するか，$n \to \infty$ のとき $f(n+1) - f(n) \to 0$ をみたすかのどちらかであるならば，

$$\liminf_{n \to \infty} (f(n+1) - f(n)) \geq 0$$

である．したがって，以下の定理は上述の両方の結果を含意する．

定理 1.2.2（Erdős, Kátai, Máté） $(f(n))_{n \geq 1}$ を，

$$\liminf_{n \to \infty} (f(n+1) - f(n)) \geq 0$$

をみたす実数列とする．以下は同値である．
（ⅰ）f は対数的である．
（ⅱ）ある定数 c が存在して，すべての $n \geq 1$ に対して $f(n) = c \log n$ である．

この結果は，1957 年に Erdős によって証明なしに述べられ[93]，1967 年に Kátai [183]と Máté[245]によって独立に証明された．ここでも，対数的であるという条件は，m と n が互いに素であるときに(1.5)が成り立つことを要請するだけに緩めることができるが，やはり本書ではそこまで精密にする必要はない．

以下の証明は，Kátai の論証に基づく Aczél–Daróczy のもの[3, 定理 0.4.3]にしたがっている．その手順は，$c = \liminf_{n \to \infty} f(n)/\log n$ とおいて，すべての N に対して $f(N)/\log N = c$ を示すというものである．

証明 (ⅱ)が(ⅰ)を含意するのは明らかである．ここで，(ⅰ)を仮定する．すべての $N \geq 2$ に対して，

$$\liminf_{n \to \infty} \frac{f(n)}{\log n} = \frac{f(N)}{\log N} \tag{1.8}$$

であることを主張する．$N \geq 2$ とする．まず，(1.8)の左辺が右辺以下であることを示す．各 $r \geq 1$ に対して，f の対数的性質は

$$\frac{f(N^r)}{\log N^r} = \frac{r f(N)}{r \log N} = \frac{f(N)}{\log N}$$

を含意する．$r \to \infty$ のとき $N^r \to \infty$ であるから，下極限の定義から

$$\liminf_{n \to \infty} \frac{f(n)}{\log n} \leq \frac{f(N)}{\log N}$$

となる．次に，反対の不等式

$$\liminf_{n\to\infty}\frac{f(n)}{\log n}\geq\frac{f(N)}{\log N} \tag{1.9}$$

を証明する．$\varepsilon>0$ とする．仮定より，$k\geq 1$ を選んで，すべての $n\geq N^k$ に対して

$$f(n+1)-f(n)\geq-\varepsilon \tag{1.10}$$

とできる．任意の整数 $n\geq N^k$ は，$c_0,\ldots,c_\ell\in\{0,\ldots,N-1\}$，$c_\ell\neq 0$，かつ $\ell\geq k$ として基数 N の展開

$$n=c_\ell N^\ell+\cdots+c_1 N+c_0$$

をもつ．このとき，

$$f(n)\geq f(c_\ell N^\ell+\cdots+c_1 N)-c_0\varepsilon \tag{1.11}$$
$$\geq f(c_\ell N^\ell+\cdots+c_1 N)-N\varepsilon \tag{1.12}$$
$$= f(c_\ell N^{\ell-1}+\cdots+c_1)+f(N)-N\varepsilon \tag{1.13}$$

である．ただし，不等式 (1.11) は帰納法と $\ell\geq k$ であるという事実を用いて (1.10) から導かれ，不等式 (1.12) は $c_0\leq N$ であるから成り立ち，等式 (1.13) は f の対数的性質から導かれる．$\ell-1\geq k$ である限り，同じ論証を $n=c_\ell N^\ell+\cdots+c_0$ の代わりに $c_\ell N^{\ell-1}+\cdots+c_1$ について再び適用することができて

$$f(c_\ell N^{\ell-1}+\cdots+c_1)\geq f(c_\ell N^{\ell-2}+\cdots+c_2)+f(N)-N\varepsilon$$

となるので，

$$f(n)\geq f(c_\ell N^{\ell-2}+\cdots+c_2)+2(f(N)-N\varepsilon)$$

である．この論証を繰り返し適用することで，

$$f(n)\geq f(c_\ell N^{k-1}+\cdots+c_{\ell-k+1})+(\ell-k+1)(f(N)-N\varepsilon)$$

を得る．ゆえに，$A=\min\{f(1),f(2),\ldots,f(N^k)\}$ と書いて，

$$f(n)\geq A+(\ell-k+1)(f(N)-N\varepsilon) \tag{1.14}$$

である．(1.14) において，右辺で n に依存している項は ℓ だけであり，これは $\lfloor\log_N n\rfloor$ に等しく，$n\to\infty$ のとき $\lfloor\log_N n\rfloor/\log_N n\to 1$ である．ゆえに，

$$\liminf_{n\to\infty}\frac{f(n)}{\log_N n}\geq\liminf_{n\to\infty}\left(\frac{A}{\log_N n}+\left(\frac{\lfloor\log_N n\rfloor}{\log_N n}+\frac{-k+1}{\log_N n}\right)(f(N)-N\varepsilon)\right)$$
$$= f(N)-N\varepsilon$$

である．これがすべての $\varepsilon > 0$ で成り立つので，

$$\liminf_{n \to \infty} \frac{f(n)}{\log_N n} \geq f(N)$$

である．$\log_N n = \log n / \log N$ であるから，これで主張された不等式(1.9)が証明され，またしたがって，等式(1.8)が証明された．

$c = \liminf_{n \to \infty} f(n)/\log n \in \mathbb{R}$ とおくと，すべての $N \geq 2$ に対して $f(N) = c \log N$ となる．最後に，f の対数的性質が $f(1) = 0$ を含意するので，$f(1) = c \log 1$ でもある． $\square$

系 1.2.3 $(f(n))_{n \geq 1}$ を

$$\lim_{n \to \infty} (f(n+1) - f(n)) = 0 \tag{1.15}$$

である数列とする．以下は同値である．

（ⅰ）f は対数的である．

（ⅱ）ある定数 c が存在して，すべての $n \geq 1$ に対して $f(n) = c \log n$ である． $\square$

この系を用いるためには，極限条件(1.15)を確かめることができる必要がある．以下の改良された補題が有用である．

補題 1.2.4 $(a_n)_{n \geq 1}$ を，$n \to \infty$ のとき $a_{n+1} - (n/(n+1))a_n \to 0$ である実数列とする．このとき，$n \to \infty$ のとき $a_{n+1} - a_n \to 0$ である．

補題 1.2.4 の証明は Feinstein[99, pp.6–7]のものにしたがい，次の標準的な結果を用いる．

命題 1.2.5（Cesàro） $(x_n)_{n \geq 1}$ を実数列とし，$n \geq 1$ に対して

$$\bar{x}_n = \frac{1}{n}(x_1 + \cdots + x_n)$$

と書く．$\lim_{n \to \infty} x_n$ が存在するとする．このとき，$\lim_{n \to \infty} \bar{x}_n$ が存在し，それは $\lim_{n \to \infty} x_n$ に等しい．

証明 これは，Apostol[15, 定理 12-48]などの解析学の入門書にある． $\square$

補題 1.2.4 の証明 $n \to \infty$ のとき $a_n/(n+1) \to 0$ となることを証明すれば十分である．$b_1 = a_1$，$n \geq 2$ に対しては $b_n = a_n - ((n-1)/n)a_{n-1}$ と書く．そうすると仮定より，$n \to \infty$ のとき $b_n \to 0$ である．すべての $n \geq 2$ に対して $na_n = nb_n + (n-1)a_{n-1}$ であるから，すべての $n \geq 1$ に対して

$$na_n = nb_n + (n-1)b_{n-1} + \cdots + 1b_1$$

である. 全体を $n(n+1)$ で割って

$$\frac{a_n}{n+1} = \frac{1}{2} \cdot \frac{1}{n(n+1)/2}(b_1 + b_2 + b_2 + b_3 + b_3 + b_3 + \cdots + \underbrace{b_n + \cdots + b_n}_{n})$$

$$= \frac{1}{2} \cdot M_1(b_1, b_2, b_2, b_3, b_3, b_3, \ldots, \underbrace{b_n, \ldots, b_n}_{n}) \tag{1.16}$$

を得る. ただし, M_1 は算術平均を表す. $n \to \infty$ のとき $b_n \to 0$ であるから, 数列

$$b_1, b_2, b_2, b_3, b_3, b_3, \ldots, \underbrace{b_n, \ldots, b_n}_{n}, \ldots$$

もまた 0 に収束する. 命題 1.2.5 をこの数列に適用すると,

$$n \to \infty \text{ のとき } M_1(b_1, b_2, b_2, b_3, b_3, b_3, \ldots, \underbrace{b_n, \ldots, b_n}_{n}) \to 0$$

であることが含意される. しかし等式(1.16)より, これは $n \to \infty$ のとき $a_n/(n+1) \to 0$ であることを意味し, 証明が完了する. $\qquad\square$

注意 1.2.6 補題 1.2.4 はまた Stolz–Cesàro の定理から導出することもできる (たとえば, Mureşan[258, 3.1.7 節]). これは l'Hôpital の定理の離散的な類似であり, 実数列 (x_n) と ∞ へと発散する狭義に増加する数列 (y_n) が与えられたとき, $n \to \infty$ のとき

$$\frac{x_{n+1} - x_n}{y_{n+1} - y_n} \to \ell$$

ならば, $n \to \infty$ のとき $x_n/y_n \to \ell$ となることを述べるものである. 補題 1.2.4 は, $x_n = na_n$ および $y_n = n(n+1)/2$ ととることにより導かれる (この観察については Xīlíng Zhāng に感謝する).

1.3　q 対数

q 対数 $(q \in \mathbb{R})$ は, 通常の自然対数を $q = 1$ の場合として含む, 連続一パラメータ関数族をなす. これは, 自然対数の変形と考えることができる. ここでは, q 対数が関数族として一つの関数方程式で特徴づけられることを示す.

$q \in \mathbb{R}$ に対して, q **対数** $(q\text{-logarithm})$ とは,

$$\ln_q x = \int_1^x t^{-q}\, dt \qquad (x \in (0, \infty))$$

により定義される関数

$$\ln_q : (0, \infty) \to \mathbb{R}$$

のことである．だから，

$$\ln_1 x = \log x$$

であり，$q \neq 1$ に対しては

$$\ln_q x = \frac{x^{1-q} - 1}{1 - q} \tag{1.17}$$

である．このとき，l'Hôpital の定理より，$q \to 1$ のとき $\ln_q x \to \ln_1 x$ である．

$q \in \mathbb{R}$ とする．q 対数は，自然対数と同じく

$$\ln_q 1 = 0$$

であるという性質をもつ．しかし，一般に

$$\ln_q(xy) \neq \ln_q x + \ln_q y$$

である．これは，計算することなくわかる．というのは，系 1.1.11(ii) より，乗法を加法に変換する可測関数は自然対数の定数倍のみだからである．それでも，$\ln_q x$ と $\ln_q y$ による $\ln_q(xy)$ に対する単純な公式

$$\ln_q(xy) = \ln_q x + \ln_q y + (1-q) \ln_q x \ln_q y$$

がある．後で，$\ln_q(xy)$ に対する二つ目の公式

$$\ln_q(xy) = \ln_q x + x^{1-q} \ln_q y \tag{1.18}$$

を用いる．同様に，一般に

$$\ln_q \frac{1}{x} \neq -\ln_q x$$

であるが，その代わりに $\ln_q(1/x)$ に対する以下の三つの公式がある．

$$\begin{aligned}
\ln_q \frac{1}{x} &= \frac{-\ln_q x}{1 + (1-q)\ln_q x} \\
&= -x^{q-1} \ln_q x \\
&= -\ln_{2-q} x
\end{aligned} \tag{1.19}$$

この等式より，$\ln_q$ を関数 $x \mapsto -\ln_q(1/x)$ で置き換えることは q 対数の族の対合 $\ln_q \leftrightarrow \ln_{2-q}$ を定義し，古典的な対数 $\ln_1$ はその固定点となる．最後に，等式(1.18)で x に y を，y に x/y を代入して得られる商の公式

$$\ln_q \frac{x}{y} = y^{q-1}(\ln_q x - \ln_q y) \tag{1.20}$$

がある.

注意 1.3.1　q 対数の明示的な研究対象としての歴史は，少なくとも統計学における Box–Cox の 1964 年の論文[49, 3 節]にまでさかのぼる．$\ln_q$ という記法は Tsallis による 1994 年の論文[332]に登場しており，「q 対数」という名称は，(Borges[45]にあるように) 遅くとも 1990 年代後半から用いられている．

しかし，微積分の古典的概念の q 類似の体系は一つではない．たとえば，20 世紀初頭の聖職者である F. H. Jackson[155]が発展させた体系がある (その現代的説明は，Kac–Cheung[175]にある)．とくに，Chung–Chung–Nam–Kang[70]が発展させたように，これは q 対数の異なる概念をもたらした．Ernst[94]は，q 微積分のさまざまな分枝の完全な歴史的扱いを与えている．いずれにせよ，いま挙げたどの発展も，ここで考える q 対数は用いていない．

ここで，q 対数が単純な関数方程式で特徴づけられることを証明する．この証明は，本質的には Hardy–Littlewood–Pólya の古典的な教科書[137]の定理 84 の背後にある論証である．

定理 1.3.2　$f \colon (0, \infty) \to \mathbb{R}$ を可測関数とする．以下は同値である．
（ i ）ある関数 $g \colon (0, \infty) \to \mathbb{R}$ で，すべての $x, y \in (0, \infty)$ に対して

$$f(xy) = f(x) + g(x)f(y) \tag{1.21}$$

となるものが存在する．
（ ii ）ある $c, q \in \mathbb{R}$ に対して $f = c\ln_q$ であるか，あるいは f は定数である．

証明　まず，(ii) が成り立つとする．ある $c, q \in \mathbb{R}$ に対して $f = c\ln_q$ ならば，等式(1.18)より，$g(x) = x^{1-q}$ として等式(1.21)が成り立つ．そうでなければ，f は定数であるから，$g \equiv 0$ として(1.21)が成り立つ．

次に，(i) を仮定する．$f(xy) = f(yx)$ であるから，等式(1.21)は，すべての $x, y \in (0, \infty)$ に対して

$$f(x) + g(x)f(y) = f(y) + g(y)f(x)$$

言い換えると

$$f(x)(1 - g(y)) = f(y)(1 - g(x)) \tag{1.22}$$

を含意する．$f \equiv 0$ ならば f は定数であり，(ii) が成り立つ．そうでないと仮定すると，$f(y_0) \neq 0$ であるような $y_0 \in (0, \infty)$ を選ぶことができる．(1.22)で $y = y_0$ ととり，$a =$

$(1 - g(y_0))/f(y_0)$ とおいて

$$g(x) = 1 - af(x) \qquad (x \in \mathbb{R}) \tag{1.23}$$

を得る．f は可測であるから，g も可測である．ここで，二つの場合が存在する．すなわち，$a = 0$ と $a \neq 0$ である．

$a = 0$ のとき，$g \equiv 1$ であるから，もとの関数方程式 (1.21) は $f(xy) = f(x) + f(y)$ となる．f は可測であるから，系 1.1.11 (ii) から，ある $c \in \mathbb{R}$ に対して $f = c \log = c \ln_1$ であることが含意される．

$a \neq 0$ のとき，等式 (1.23) は

$$f(x) = \frac{1}{a}(1 - g(x)) \qquad (x \in (0, \infty)) \tag{1.24}$$

と書き換えることができる．これをもとの関数方程式 (1.21) に代入して

$$g(xy) = g(x)g(y) \qquad (x, y \in (0, \infty)) \tag{1.25}$$

を得る．とくに，すべての $x \in (0, \infty)$ に対して $g(x) = g(\sqrt{x})^2 \geq 0$ である．ここで，二つの副次的な場合が存在する．すなわち，g が消えることがあるか，あるいは g は決して消えないか，のいずれかである．

ある $x_0 \in (0, \infty)$ に対して $g(x_0) = 0$ ならば，すべての $x \in (0, \infty)$ に対して

$$g(x) = g(x_0)g\!\left(\frac{x}{x_0}\right) = 0$$

であるから，$g \equiv 0$ である．ゆえに等式 (1.24) より，f は定数である．

そうでなければ，すべての $x \in (0, \infty)$ に対して $g(x) > 0$ である．g は可測であり，かつ乗法性条件 (1.25) をみたすので，系 1.1.11 (iii) は，ある定数 $t \in \mathbb{R}$ が存在してすべての $x \in (0, \infty)$ に対して $g(x) = x^t$ であることを含意する．$f \not\equiv 0$ であることを仮定していたので，（等式 (1.24) より）$g \not\equiv 1$ であり，それゆえ $t \neq 0$ である．ゆえに，すべての $x \in (0, \infty)$ に対して

$$f(x) = \frac{1}{a}(1 - x^t) = \frac{-t}{a}\ln_{1-t} x$$

であり，証明が完了する． $\qquad\qquad\qquad\qquad\qquad\qquad\qquad\qquad\qquad \Box$

第2章

Shannon エントロピー

SHANNON ENTROPY

> 私の最大の懸念は，これを何とよぶかであった．「情報」とよぶことを考えたが，この語は使い古されていたので，「不確実性」とよぶことに決めた．John von Neumann に相談したところ，彼はよりよい考えをもっていた．von Neumann は私にいった，「二つの理由からそれをエントロピーとよぶべきだ．第一に，あなたの不確実性関数はエントロピーという名前で統計力学で使われているので，すでに名前がついている．第二に，こちらのほうが重要だが，エントロピーとは実のところ何なのか誰も知らないので，議論ではあなたがつねに優位に立てる.」
>
> (Claude Shannon，[328，p. 180]における引用)

エントロピーは，ほとんどすべての科学の分野で登場する．何気なく検索しても，熱力学[101]，量子物理学[279]，通信工学[309][316]，情報理論[238]，統計的推定[156][157]，機械学習と人工知能[48][81][290]，マルウェア検出[35]，マクロ生態学[138]，生物多様性の定量化[240]，生化学[243]，配水網工学[128]，アルゴリズムと複雑性の理論[114]，エルゴード理論と力学系[270][84]，代数力学[95]，組み合わせ力学[9]，位相力学[4]，気候科学[139]におけるエントロピーについての文献がすぐに出てくる（参考文献は無作為なサンプルである）.「エントロピー」という語は多くの意味をもち，それらはすべて関連しており，さらに多くの方法で応用されている．

本章は，最も単純な形のエントロピーである，有限集合上の確率分布の Shannon エントロピーへの入門である．Shannon エントロピーを解釈する方法はいくつかあり，ここでは二つの方法を詳しく展開する．一つ目は符号理論によるもので（2.3 節），数学の文献では極めて標準的であり，1948 年の Shannon の大きな影響力をもった論文[309]にまでさかのぼることができる解釈である．二つ目は，多様度の理論によるものである（2.4 節）．これは，ほとんど知られていないが，本書の主題の一つである．

Shannon エントロピーの最も重要な性質は，合成分布のエントロピーに対する公式である，チェイン則である．本章のおもな理論的目標は，Shannon エントロピーはチェイン則をみたす本質的にただ一つの量であることを証明することである．そのために，

確率分布とその合成についての復習から始める（2.1 節）．チェイン則自体は，ほかの Shannon エントロピーの基本的な性質とともに 2.2 節で導出し，次の二つの節で符号化と多様度の見地から説明する．最後の節では，チェイン則による Shannon エントロピーの一意的な特徴づけを証明する．

2.1 有限集合上の確率分布

$n \geq 1$ とする．有限集合 $\{1, \ldots, n\}$ 上の**確率分布**（probability distribution）とは，$\sum p_i = 1$ であるような実数 $p_i \geq 0$ の n 個の組 $\mathbf{p} = (p_1, \ldots, p_n)$ のことである．

確率分布のさまざまな解釈の中で，本書においてとくに重要なものがある．

例 2.1.1 n 種に分類される生物の生態群集（community）を考える．p_i を i 番目の種の**相対存在量**（relative abundance）とする．ただし，「相対」とは存在量が $\sum p_i = 1$ となるよう規格化されていることを意味する．このとき確率分布 $\mathbf{p} = (p_1, \ldots, p_n)$ は，非常に粗いものであるが，群集のモデルとなる．

いくつかの注意点がある．第一に，種（species）の区別は不正確であり，ときには恣意的である．Mayden[249]は，同値でない 24 通りの「種」を定義する方法を挙げている（Hey[145]でさらに議論されている）．この難点は微生物で最も深刻であり，そもそもその多くは種に分類されていない．実際には，微生物に対しては，科学者はその試料の DNA の配列を解析し，クラスタリングアルゴリズムを適用するソフトウェアを用いて，あらかじめ選択された（かつ，いくらか恣意的な）遺伝的類似性の水準に応じて自動的に「種」を作り出す．この難点を解決する方法は，第 6 章で見いだす．

第二に，「存在量」の意味は完全に融通無碍である．状況によっては，単純に個体を数えることが適切である．しかし，生物の大きさがまったく異なるときは，種の存在量をその種のメンバーの総質量として解釈するほうがよいことがある．また，植物に対しては，個体数よりもその種が覆う土地の面積のほうがより適切であることがある．

第三に，「序」（p. 7）で強調したように，本書で「群集」あるいは「種」について述べることは，実際には生態学に特有のことではない．すなわち，数学的にいえば，完全に一般的である．◆

$n \geq 1$ に対して，

$$\Delta_n = \{\{1, \ldots, n\} \text{ 上の確率分布}\}$$

と書く．ときには $n = 0$ の場合を含めたいことがあり，$\Delta_0 = \varnothing$ とおく．$\mathbf{p} \in \Delta_n$ の**台**（support）とは，

$$\operatorname{supp}(\mathbf{p}) = \{i \in \{1, \ldots, n\} : p_i > 0\}$$

のことである. $\mathbf{p} \in \Delta_n$ は, $\operatorname{supp}(\mathbf{p}) = \{1, \ldots, n\}$ であるとき**完全な台**（full support）をもつといい，完全な台をもつ確率分布の集合を

$$\Delta_n^\circ = \{\mathbf{p} \in \Delta_n : \text{すべての } i \text{ に対して } p_i > 0\}$$

と書く．最後に，

$$\mathbf{u}_n = \left(\frac{1}{n}, \ldots, \frac{1}{n}\right)$$

は n 個の元上の**一様分布**（uniform distribution）を表す．幾何学的には，Δ_n は標準 $n-1$ 次元単体（simplex）であり，Δ_n° はその内部，$\mathbf{u}_n$ はその幾何中心である．

例 2.1.2 相対存在量分布 $\mathbf{p} \in \Delta_n$ をもつ，$1, \ldots, n$ と番号づけられた種からなる群集を考える．このとき，$\operatorname{supp}(\mathbf{p})$ は群集内に実際に現存する種の集合であり，$\mathbf{p} \in \Delta_n^\circ$ であるのは，すべての種が現存するとき，かつそのときに限る．（一部の種が現存しない典型的な状況は，縦断的研究でみられる．すなわち，同じ場所を数年間にわたり毎年調査する場合，ある年には一部の種が現存しないことがありうる．）一様分布 $\mathbf{u}_n$ は，すべての種が同じだけいる状況を表す． ◆

ここで，基礎的な演算である，確率分布の合成を定義する（図 2.1）.

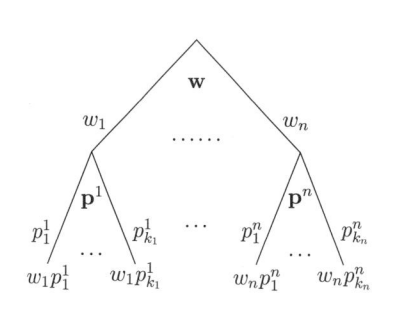

図 2.1 確率分布の合成

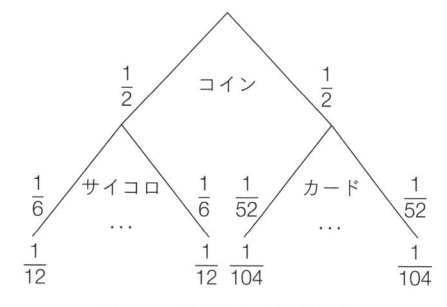

図 2.2 例 2.1.4 の合成分布

定義 2.1.3 $n, k_1, \ldots, k_n \geq 1$ とし，

$$\mathbf{w} \in \Delta_n, \quad \mathbf{p}^1 \in \Delta_{k_1}, \quad \ldots, \quad \mathbf{p}^n \in \Delta_{k_n}$$

とする．$\mathbf{p}^i = (p_1^i, \ldots, p_{k_i}^i)$ と書く．**合成分布**（composite distribution）とは，

$$\mathbf{w} \circ (\mathbf{p}^1, \ldots, \mathbf{p}^n) = (w_1 p_1^1, \ldots, w_1 p_{k_1}^1, \ldots, w_n p_1^n, \ldots, w_n p_{k_n}^n) \in \Delta_{k_1 + \cdots + k_n}$$

のことである．

例 2.1.4 コインを投げ上げる．表が出たら，サイコロを振る．裏が出たら，1組のトランプからカードを引く．だから，この過程の最終結果は，1から6の数字か，1枚のカードかになる．したがって，$6 + 52 = 58$ の可能な最終結果がある．

コイントス，サイコロ投げ，カード引きがすべて公平であると仮定すると，58の可能な結果の確率は図2.2に示したようになる．すなわち，最終結果の確率分布は

$$\mathbf{u}_2 \circ (\mathbf{u}_6, \mathbf{u}_{52}) = \Big(\underbrace{\frac{1}{12}, \dots, \frac{1}{12}}_{6}, \underbrace{\frac{1}{104}, \dots, \frac{1}{104}}_{52} \Big)$$

である． ◆

例 2.1.5 フランス語は英語と同じ文字で書かれるが，一部の文字にはつづり字記号（補助記号）がつくことがある．たとえば，文字 a は，三つの形 a（つづり字記号なし），à および â で現れ，文字 b は b としてのみ現れ，文字 c は二つの形 c と ç で現れる．ここでは，**文字**（letter）とは a, b, ..., z のいずれかのことであり，**シンボル**（symbol）とは，文字と選択的につくつづり字記号の組み合わせのことであるという約束をする．だから，シンボルとは a, à, â, b, c, ç, ... のことである．

$\mathbf{w} \in \Delta_{26}$ が書き言葉のフランス語で用いられる文字の頻度分布を表すとする．論証の便宜上，$w_1, w_2, w_3, \dots, w_{26}$ は図2.3に示した値であるとする．また，同じ図に示しているように，文字 a はつづり字記号なしで50%，à として25%，â として25% 現れるとする．$\mathbf{p}^1 = (0.5, 0.25, 0.25)$ と書き，$\mathbf{p}^2, \dots, \mathbf{p}^{26}$ に対しても同様とする．このとき，シンボルの頻度分布は合成

$$\mathbf{w} \circ (\mathbf{p}^1, \dots, \mathbf{p}^{26}) = (0.05 \times 0.5, 0.05 \times 0.25, 0.05 \times 0.25, 0.02 \times 1, \dots, 0.004 \times 1)$$

である． ◆

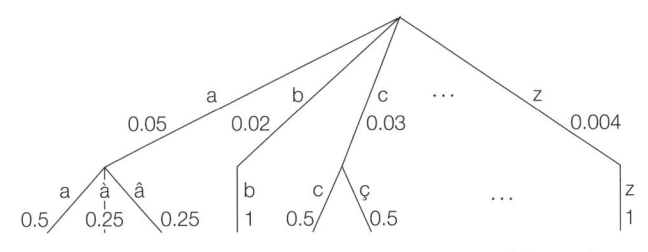

図 2.3 フランス語のシンボルに対する合成分布（例 2.1.5）

例 2.1.6 n 個の島からなるグループを考える．そこに生息するどの種も，一つよりも多くの島には現存しないとする（十分長い進化的時間の期間にわたって島が分離されていたとすると，原理的にはそのようになる可能性がある）．i 番目の島の種数を k_i，その相対存在量分布を $\mathbf{p}^i \in \Delta_{k_i}$ と書く．また，n 個の島の相対サイズを $\mathbf{w} \in \Delta_n$ と書く．ただし，「サイズ（size）」は，各島の生物の総存在量を意味する．このとき，合成

$$\mathbf{w} \circ (\mathbf{p}^1, \ldots, \mathbf{p}^n) \in \Delta_{k_1 + \cdots + k_n}$$

は島のグループ全体に対する相対存在量分布であり，最初に一つ目の島の種を，次に二つ目の島の種を，などと列挙している． ◆

例 2.1.7 標準的な分類体系では，種の次の上の階級は属（genus）であることを思い出す．相対存在量 $\mathbf{w} = (w_1, \ldots, w_n)$ をもつ，n 属からなる生態群集を考える．$\mathbf{p}^i$ を，i 番目の属内の種の相対存在量分布とする．このとき，群集内の種の相対存在量分布は，合成 $\mathbf{w} \circ (\mathbf{p}^1, \ldots, \mathbf{p}^n)$ である． ◆

注意 2.1.8 確率分布の合成は結合律（associativity）をみたす．すなわち，各 $n, k_i, \ell_{ij} \geq 1$ と $\mathbf{w} \in \Delta_n$，$\mathbf{p}^i \in \Delta_{k_i}$，$\mathbf{r}^{ij} \in \Delta_{\ell_{ij}}$ に対して，

$$(\mathbf{w} \circ (\mathbf{p}^1, \ldots, \mathbf{p}^n)) \circ (\mathbf{r}^{11}, \ldots, \mathbf{r}^{1k_1}, \ldots, \mathbf{r}^{n1}, \ldots, \mathbf{r}^{nk_n})$$
$$= \mathbf{w} \circ (\mathbf{p}^1 \circ (\mathbf{r}^{11}, \ldots, \mathbf{r}^{1k_1}), \ldots, \mathbf{p}^n \circ (\mathbf{r}^{n1}, \ldots, \mathbf{r}^{nk_n}))$$

である．一点集合上のただ一つの分布 $\mathbf{u}_1$ は，合成の単位元としてはたらく．すなわち，すべての $n \geq 1$ と $\mathbf{p} \in \Delta_n$ に対して

$$\mathbf{p} \circ (\underbrace{\mathbf{u}_1, \ldots, \mathbf{u}_1}_{n}) = \mathbf{p} = \mathbf{u}_1 \circ (\mathbf{p})$$

である．

これらの等式は，簡単に確認できる．抽象代数の言葉では，これらが述べているのは，合成演算と自明な分布 $\mathbf{u}_1$ を備えた集合の列 $(\Delta_n)_{n \geq 0}$ がオペラッドであるということである．この観察は第 12 章で説明し，利用する．

ここで，分解（decomposition）問題を考える．すなわち，$\mathbf{r} \in \Delta_k$ と $\sum k_i = k$ であるような正の整数 $n, k_1, \ldots, k_n$ が与えられたとき，

$$\mathbf{w} \circ (\mathbf{p}^1, \ldots, \mathbf{p}^n) = \mathbf{r} \tag{2.1}$$

であるような分布 $\mathbf{w} \in \Delta_n$ と $\mathbf{p}^i \in \Delta_{k_i}$ は存在するだろうか？ 答えは肯定的である．実際，$\mathbf{w}$ と $\mathbf{p}^1, \ldots, \mathbf{p}^n$ はほとんど一意に決まり，確率 r_i のいくつかが零の場合にのみ曖昧さが生じる．正確に述べると，以下のとおりである．

補題 2.1.9 $k \geq 1$ および $\mathbf{r} \in \Delta_k$ とする. $n, k_1, \ldots, k_n$ を, $k_1 + \cdots + k_n = k$ であるような正の整数とする. このとき,

$$\mathbf{w} \in \Delta_n, \quad \mathbf{p}^1 \in \Delta_{k_1}, \quad \ldots, \quad \mathbf{p}^n \in \Delta_{k_n}$$

が存在して, 等式(2.1)が成り立つ. さらに, $\mathbf{w}, \mathbf{p}^1, \ldots, \mathbf{p}^n$ が(2.1)をみたすのは, 各 $i \in \{1, \ldots, n\}$ に対して

$$w_i = r_{k_1 + \cdots + k_{i-1} + 1} + \cdots + r_{k_1 + \cdots + k_{i-1} + k_i} \tag{2.2}$$

であり, かつ各 $i \in \mathrm{supp}(\mathbf{w})$ に対して

$$\mathbf{p}^i = \frac{1}{w_i}(r_{k_1 + \cdots + k_{i-1} + 1}, \ldots, r_{k_1 + \cdots + k_{i-1} + k_i}) \tag{2.3}$$

であるとき, かつそのときに限る. とくに, 等式(2.1)は $\mathbf{w}$ を一意に決定する.

証明 $\mathbf{w}$ を等式(2.2)で定義し, 各 $i \in \mathrm{supp}(\mathbf{w})$ に対して $\mathbf{p}^i$ を等式(2.3)で定義し, また各 $i \notin \mathrm{supp}(\mathbf{w})$ に対して, $\mathbf{p}^i$ を Δ_{k_i} の任意の元とする. このとき, 等式(2.1)は容易に確かめられる.

逆に, $\mathbf{w}, \mathbf{p}^1, \ldots, \mathbf{p}^n$ を, (2.1)をみたす分布とする. $\mathbf{p}^i = (p_1^i, \ldots, p_{k_i}^i)$ と書く. $\mathbf{p}^1 \in \Delta_1$ であるから,

$$w_1 = w_1(p_1^1 + \cdots + p_{k_1}^1) = w_1 p_1^1 + \cdots + w_1 p_{k_1}^1 = r_1 + \cdots + r_{k_1}$$

である. 同様の論証が $w_2, \ldots, w_n$ に対して成り立ち, 等式(2.2)が得られ, その結果として等式(2.3)が導かれる. $\square$

ある用語を追加しておくと, この結果はより明確になり, 始終有用となる.

定義 2.1.10 $k, n \geq 1$ とし,

$$\pi \colon \{1, \ldots, k\} \to \{1, \ldots, n\}$$

を集合間の写像とし, $\mathbf{r} \in \Delta_k$ であるとする. π に沿った $\mathbf{r}$ の**押し出し**（pushforward）とは, i 番目の成分が

$$(\pi \mathbf{r})_i = \sum_{j \colon \pi(j) = i} r_j \qquad (i \in \{1, \ldots, n\})$$

である分布 $\pi \mathbf{r} \in \Delta_n$ のことである.

補題 2.1.9 の状況で,$\{1, \ldots, k\}$ の最初の k_1 個の元を 1 に,次の k_2 個の元を 2 に,などと対応させる関数

$$\pi \colon \{1, \ldots, k\} \to \{1, \ldots, n\}$$

を考える.このとき,この補題の言明には,等式(2.1)が $\mathbf{w} = \pi\mathbf{r}$ として $\mathbf{w}$ を一意的に決定する,ということが含まれることになる.

注意 2.1.11 定義 2.1.10 は,可測写像 π に沿った測度 μ の押し出し $\pi_*\mu$ という一般的な測度論的概念の特別な場合である(本書では星印は省略する).ここでの有限集合上の合成と分解に関する言明は,積分と積分分解(disintegration)の一般的な測度論的理論の自明な場合である.積分分解の概要については Dahlqvist–Danos–Garnier–Kammar[77, 3.2 節]を,より包括的な説明については Dellacherie–Meyer[80, 定理 III.71 の周辺]を参照せよ.

合成の重要で特別な場合に,**テンソル積**(tensor product)がある.与えられた $\mathbf{w} \in \Delta_n$ と $\mathbf{p} \in \Delta_k$ に対して,

$$\mathbf{w} \otimes \mathbf{p} = \mathbf{w} \circ \underbrace{(\mathbf{p}, \ldots, \mathbf{p})}_{n}$$
$$= (w_1 p_1, \ldots, w_1 p_k, \ldots, w_n p_1, \ldots, w_n p_k)$$
$$\in \Delta_{nk}$$

と定義する.確率論的には,$\mathbf{w} \otimes \mathbf{p}$ は,分布がそれぞれ $\mathbf{w}$ と $\mathbf{p}$ であるような二つの独立な確率変数の結合分布である.

例 2.1.12 相対サイズが $w_1, \ldots, w_N$ の N 個の小群集に分かれている大きな生態群集——**メタ群集**(metacommunity)——を考える.メタ群集内の種数を S,メタ群集全体にわたる種の相対存在量を $p_1, \ldots, p_S$ と書く.i 行目の和が p_i,j 列目の和が w_j である,S 種と N 個の小群集にわたって生物がどのように分布しているかを表す $S \times N$ 行列が存在する.

メタ群集が,すべての小群集における種の分布が同一であるという意味で均質ならば,この行列の (i, j) 成分は $w_j p_i$ である.その場合,この行列の SN 個の成分を(列を順に連結して)SN 次元ベクトルとして表すとき,そのベクトルがまさに $\mathbf{w} \otimes \mathbf{p}$ である.

◆

分布のテンソル積は,積の通常の代数的性質をもつ.すなわち,結合律と単位律

$$(\mathbf{w} \otimes \mathbf{p}) \otimes \mathbf{r} = \mathbf{w} \otimes (\mathbf{p} \otimes \mathbf{r}), \qquad \mathbf{p} \otimes \mathbf{u}_1 = \mathbf{p} = \mathbf{u}_1 \otimes \mathbf{p}$$

をみたす.これらは,注意 2.1.8 の等式から導かれる.$\mathbf{p} \in \Delta_n$ と $d \geq 1$ に対して,

$$\mathbf{p}^{\otimes d} = \underbrace{\mathbf{p} \otimes \cdots \otimes \mathbf{p}}_{d} \in \Delta_{n^d}$$

と書き，$d = 0$ のときは $\mathbf{u}_1 \in \Delta_1$ と解釈する．

2.2 Shannon エントロピーの定義と性質

$\mathbf{p} = (p_1, \ldots, p_n)$ を n 個の元上の確率分布とする．$\mathbf{p}$ の **Shannon エントロピー** (Shannon entropy) とは，

$$H(\mathbf{p}) = - \sum_{i \in \mathrm{supp}(\mathbf{p})} p_i \log p_i = \sum_{i \in \mathrm{supp}(\mathbf{p})} p_i \log \frac{1}{p_i}$$

のことである．同じことだが，和を $p_i > 0$ であるような i だけに制限する代わりに，

$$0 \log 0 = 0 = 0 \log \frac{1}{0}$$

と約束して，i は $\{1, \ldots, n\}$ の全体を走るようにしてもよい．この約束は

$$\lim_{p \to 0+} p \log p = 0 = \lim_{p \to 0+} p \log \frac{1}{p}$$

という事実により正当化される．

注意 2.2.1 本書では $\log$ は自然対数を表すとするが（注意 1.1.12），対数の底を変えても H が定数倍されるだけであり，この意味で重要ではない．概して二進数の文字列を扱う情報と符号の理論では，エントロピーは底 2 をとるのが通常である．底 2 のエントロピーを $H^{(2)}$ と書く．だから，$H^{(2)}(\mathbf{p}) = H(\mathbf{p})/\log 2$ である．

本章の大部分は Shannon エントロピーを説明し，解釈することに費やすが，いくつかの解釈をただちに手短に与えることができる．

一様性 固定された個数の元上の分布 $\mathbf{p}$ に対しては，$\mathbf{p}$ のエントロピーは $\mathbf{p}$ が一様なときに最大となり，$\mathbf{p}$ が単一の元に集中しているときに最小となる（以下の図 2.4 と補題 2.2.4）．

情報 (information) $\log(1/p_i)$ を，確率 p_i の事象を観察することにより得られる情報量とみなす．日の出のようなほとんど必然的な事象に対しては，$p_i \approx 1$ であるから $\log(1/p_i) \approx 0$ である．すなわち，今朝太陽が昇ったことを知っても，事前に非常に高い信頼性をもって予測することができなかったであろうことについて何もわかること

はない．エントロピー $H(\mathbf{p})$ は，1回の観察あたりに得られる平均情報量である．この後に続くページでは，この解釈を発展させていく．

驚き (surprise) **の期待値** 同様に，$\log(1/p_i)$ は確率 p_i の事象を観察したときの驚きとみなすことができ，このとき，$H(\mathbf{p})$ は驚きの期待値となる．この視点は，4.1 節で再び論じる．

通有性 (genericity) 熱力学では，エントロピーの高い状態にある系は無秩序，あるいは通有的である．たとえば，気体が入った箱では，1 立方センチメートルごとにおおよそ同数の分子が含まれているのが通常の状態である．これが高エントロピーの通有的状態である．滅多に起こらない何らかの偶然によって，すべての分子がある 1 立方センチメートルに集中したとすると，これは低エントロピーで極めて通有的でない状態である．

多様度の対数 $\mathbf{p}$ を，例 2.1.1 のような生態群集をモデル化する確率分布とする．2.4 節で，$\exp H(\mathbf{p})$ は群集の多様性の理にかなった尺度であることをみる．後の章では，ほかの種類のエントロピーが登場し，その指数関数もまた意味のある多様性の尺度であることを示す．

例 2.2.2 図 2.4 に，四つの分布 $\mathbf{p} \in \Delta_4$ の底 2 のエントロピー $H^{(2)}(\mathbf{p})$ を示す．たとえば，二つ目のものは

$$H^{(2)}\left(\frac{1}{2}, \frac{1}{4}, \frac{1}{8}, \frac{1}{8}\right) = \frac{1}{2}\log_2 2 + \frac{1}{4}\log_2 4 + \frac{1}{8}\log_2 8 + \frac{1}{8}\log_2 8 = 1\frac{3}{4}$$

と計算される．これらの例は，一様性としてのエントロピーの解釈を示している．最も高いエントロピーをもつのは，最初の一様分布である．$\{1, 2, 3, 4\}$ 上の四つの分布のそれぞれは，後のものほどより一様でなく，それに応じてより低いエントロピーをもつ．◆

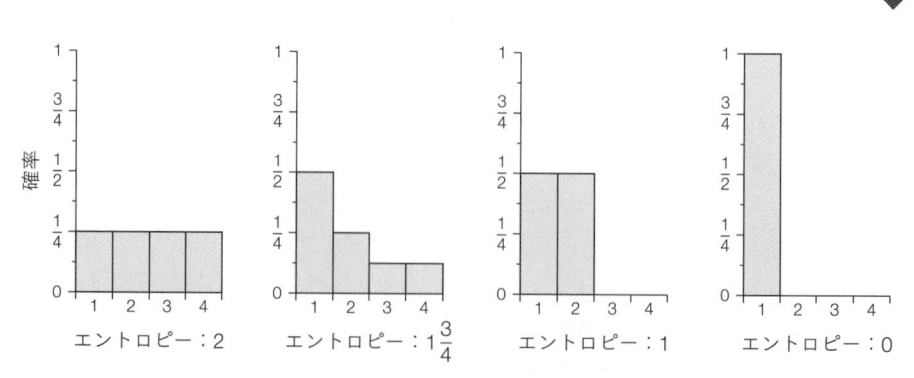

図 2.4 $\{1, 2, 3, 4\}$ 上の四つの確率分布と，その底 2 のエントロピー

ここで，エントロピーの基本的性質を述べる．今後，以下の対数に関する初等的事実を繰り返し利用することになる．

補題 2.2.3　$\mathbf{p} \in \Delta_n$ および $x_1, \ldots, x_n \in (0, \infty)$ とする．このとき，

$$\log\left(\sum_{i=1}^{n} p_i x_i\right) \geq \sum_{i=1}^{n} p_i \log x_i$$

であり，等号が成り立つのは，すべての $i, j \in \mathrm{supp}(\mathbf{p})$ に対して $x_i = x_j$ であるとき，かつそのときに限る．

証明　関数 $\log \colon (0, \infty) \to \mathbb{R}$ は，$d^2 \log x / dx^2 = -1/x^2 < 0$ であるので狭義凹である．よって，示すべき結果が導かれる．　　　　　　　　　　　□

　ここで，有限集合上のすべての確率分布の中で，エントロピーは一様分布によって最大化され，$(0, \ldots, 0, 1, 0, \ldots, 0)$ の形の任意の分布によって最小化されることを示す．

補題 2.2.4　$n \geq 1$ とする．
（ⅰ）すべての $\mathbf{p} \in \Delta_n$ に対して $H(\mathbf{p}) \geq 0$ であり，等号が成り立つのはある $i \in \{1, \ldots, n\}$ に対して $p_i = 1$ であるとき，かつそのときに限る．
（ⅱ）すべての $\mathbf{p} \in \Delta_n$ に対して $H(\mathbf{p}) \leq \log n$ であり，等号が成り立つのは $\mathbf{p} = \mathbf{u}_n$ であるとき，かつそのときに限る．

証明　(ⅰ)は，すべての $i \in \mathrm{supp}(\mathbf{p})$ に対して $\log(1/p_i) \geq 0$ であり，この不等式で等号が成り立つのが $p_i = 1$ のとき，かつそのときに限ることから導かれる．(ⅱ)については，補題 2.2.3 から

$$H(\mathbf{p}) = \sum_{i \in \mathrm{supp}(\mathbf{p})} p_i \log \frac{1}{p_i} \leq \log\left(\sum_{i \in \mathrm{supp}(\mathbf{p})} p_i \cdot \frac{1}{p_i}\right) = \log|\mathrm{supp}(\mathbf{p})| \leq \log n$$

を得る．再び補題 2.2.3 より，最初の不等式が等号となるのは $\mathbf{p}$ がその台の上で一様であるとき，かつそのときに限る．第二の不等式が等号となるのは $\mathbf{p}$ が完全な台をもつとき，かつそのときに限る．よって，示すべき結果が導かれる．　　　　　　　□

　エントロピーを，

$$\partial(x) = \begin{cases} -x \log x & (x > 0 \text{ のとき}) \\ 0 & (x = 0 \text{ のとき}) \end{cases} \tag{2.4}$$

で定義される関数

$$\partial \colon [0, 1] \to \mathbb{R}$$

で表すと便利なことが多い．すべての $n \geq 1$ と $\mathbf{p} \in \Delta_n$ に対して

$$H(\mathbf{p}) = \sum_{i=1}^{n} \partial(p_i) \tag{2.5}$$

である．

■ 補題 2.2.5 各 $n \geq 1$ に対して，エントロピー関数 $H \colon \Delta_n \to \mathbb{R}$ は連続である．

証明 これは，等式(2.5)と，∂ が連続であるという初等的事実から導かれる． □

次のように，作用素 ∂ は非線形な微分（derivation）である．

■ 補題 2.2.6 すべての $x, y \in [0, 1]$ に対して $\partial(xy) = \partial(x)y + x\partial(y)$ である． □

注意 2.2.7 定数因子を除いて，∂ はすべての x, y に対して $d(xy) = d(x)y + xd(y)$ をみ たすただ一つの可測関数 $d \colon [0, 1] \to \mathbb{R}$ である．実際，$x = y = 0$ ととると $d(0) = 0$ とな り，系 1.1.14 を $(0, 1]$ 上の関数 $x \mapsto d(x)/x$ に適用することでこの結果が導かれる．

補題 2.2.6 を用いて，Shannon エントロピーの最も重要な代数的性質を証明する．

命題 2.2.8（チェイン則（chain rule）） $\mathbf{w} \in \Delta_n$ および $\mathbf{p}^1 \in \Delta_{k_1}, \ldots, \mathbf{p}^n \in \Delta_{k_n}$ と する．このとき，

$$H(\mathbf{w} \circ (\mathbf{p}^1, \ldots, \mathbf{p}^n)) = H(\mathbf{w}) + \sum_{i=1}^{n} w_i H(\mathbf{p}^i)$$

である．

証明 $\mathbf{p}^i = (p_1^i, \ldots, p_{k_i}^i)$ と書いて補題 2.2.6 を用いることで，望んだとおり

$$\begin{aligned}
H(\mathbf{w} \circ (\mathbf{p}^1, \ldots, \mathbf{p}^n)) &= \sum_{i=1}^{n} \sum_{j=1}^{k_i} \partial(w_i p_j^i) \\
&= \sum_i \sum_j (\partial(w_i) p_j^i + w_i \partial(p_j^i)) \\
&= \sum_i \partial(w_i) + \sum_i w_i \sum_j \partial(p_j^i) \\
&= H(\mathbf{w}) + \sum_i w_i H(\mathbf{p}^i)
\end{aligned}$$

を得る． □

例 2.2.9 例 2.1.4 のコイン – サイコロ – カード過程を再び考える．この過程の最終結果を観察することから，どのくらいの情報を得ることが期待できるだろうか？

情報を底 2 のエントロピーにより，ビット単位で測ってみる．得られる情報は以下のとおりである．

- 最終結果が 1 から 6 の数字であるか，カードであるかどうかで，コインが表か裏かどうかがわかる．これから $H^{(2)}(\mathbf{u}_2) = 1$ ビットの情報が得られる．
- 確率 1/2 で，最終結果はサイコロ振りの結果となり，$H^{(2)}(\mathbf{u}_6) = \log_2 6$ ビットの情報が得られるであろう．
- 確率 1/2 で，最終結果はカード引きの結果となり，$H^{(2)}(\mathbf{u}_{52}) = \log_2 52$ ビットの情報が得られるであろう．

ゆえに，この合成過程の最終結果を観察することで得られる情報の期待値は

$$H^{(2)}(\mathbf{u}_2) + \frac{1}{2}H^{(2)}(\mathbf{u}_6) + \frac{1}{2}H^{(2)}(\mathbf{u}_{52}) = 1 + \frac{1}{2}\log_2 6 + \frac{1}{2}\log_2 52$$

ビットである．この議論が正しければ，これは合成過程のエントロピーの

$$H^{(2)}(\mathbf{u}_2 \circ (\mathbf{u}_6, \mathbf{u}_{52})) = H^{(2)}\left(\underbrace{\frac{1}{12}, \ldots, \frac{1}{12}}_{6}, \underbrace{\frac{1}{104}, \ldots, \frac{1}{104}}_{52}\right)$$

ビットと等しくなるはずである．チェイン則は，これら二つの数値が実際に等しいことを保証する． ◆

系 2.2.10 すべての $\mathbf{w} \in \Delta_n$ と $\mathbf{p} \in \Delta_k$ に対して，

$$H(\mathbf{w} \otimes \mathbf{p}) = H(\mathbf{w}) + H(\mathbf{p}) \tag{2.6}$$

である．

証明 チェイン則において，$\mathbf{p}^1 = \cdots = \mathbf{p}^n = \mathbf{p}$ ととればよい． □

つまり，H は積を和に変換するという対数的性質をもつ．実際，$\mathbf{w} = \mathbf{u}_n$ かつ $\mathbf{p} = \mathbf{u}_k$ という特別な場合には，$\mathbf{w} \otimes \mathbf{p} = \mathbf{u}_{nk}$ であるから，等式 (2.6) はまさに対数を特徴づける性質である，

$$\log(nk) = \log n + \log k$$

になる．一般の場合には，等式 (2.6) は，独立な事象の対の結果を観察して得られる情報量は，最初の事象から得られる情報と二つ目の事象から得られる情報を足したものに等しくなる，ということを述べている．

注意 2.2.11 H はその引数について対称的であるという了解のもとで，命題 2.2.8 で述べたチェイン則は，すべての $p \in [0, 1]$ と $\mathbf{w} \in \Delta_n$ に対して

$$H(pw_1, (1-p)w_1, w_2, \ldots, w_n) = H(\mathbf{w}) + w_1 H(p, 1-p) \tag{2.7}$$

であるという，見かけのうえではより一般性のない言明と同値である．これは，命題 2.2.8 で $k_1 = 2$, $k_2 = \cdots = k_n = 1$ とした特別な場合であり，エントロピーの**再帰性**（recursivity, Aczél–Daróczy[3, 定義 1.2.8]）あるいは**グループ化則**（grouping rule, Cover–Thomas [71, 第 2 章の問題 4]*）としても知られているものである．

命題 2.2.8 の一般的なチェイン則は，すべての $w \in [0, 1]$, $\mathbf{p} \in \Delta_k$, および $\mathbf{r} \in \Delta_\ell$ に対して

$$H(wp_1, \ldots, wp_k, (1-w)r_1, \ldots, (1-w)r_\ell) = H(w, 1-w) + wH(\mathbf{p}) + (1-w)H(\mathbf{r})$$

であるという，別の特別な場合とも同値である．これは，命題 2.2.8 で $n = 2$ とした特別な場合である．

どちらの同値性も型どおりの帰納法であり，付録 A.1 で示す．

2.3 符号化の見地からのエントロピー

符号化の理論によって，情報の概念を非常に具体的に理解できるようになる．符号理論の基礎的な概念と定理は，Shannon の 1948 年の原論文[309]において提示され，その後すぐに Khinchin[188]や Feinstein[99]などの研究者によって厳密に述べられ，詳細が補われた．本節では，その初期の研究の一部，とくに Shannon の情報源符号化定理を紹介する．

情報源符号化定理は，形式ばらずには以下のように述べることができる．あるシンボルのなすアルファベット，たとえば a から z の英字を考え，それらが既知の頻度 $p_1, \ldots, p_{26}$ で現れるとする．各文字を 0 と 1 の有限列で符号化する方式を設計したい．この方式を用いて，どんな英語のメッセージも，メッセージ内の文字の符号を連結することで，0 と 1 の列に符号化できる．いうまでもなく，符号化されたメッセージは曖昧さなく復号できるという性質をもつような符号化方式にしたいし，またできるだけ少ないビットで符号化したいと考えるのも自然である．大雑把にいえば，最も効率的な符号化方式では，一つのシンボルあたりに必要なビット数は頻度分布 $\mathbf{p}$ の底 2 のエントロピーになる，というのが情報源符号化定理である．

---

* 訳注：邦訳された第 2 版では，第 2 章の問題 27.

それでは，より正確に説明しよう．この節では，エントロピーはつねに底2をとると
する．以下のすべての詳細は，Cover–Thomas[71, 第5章]，MacKay[238, 第4章]，
Jones–Jones[164]などの情報理論の入門書で扱われている．

頻度分布 $\mathbf{p} \in \Delta_n$ をもつ，n 個のシンボルからなるアルファベットを考える．つまり，
このアルファベットを用いて書かれたメッセージでは，シンボルは $p_1, \ldots, p_n$ に比例
して使われると考えられる．**符号**（code）とは，各 $i \in \{1, \ldots, n\}$ への有限のビット列
（**符号語**（code word））の割り当てである．このとき，i 番目の符号語はある整数 $L_i \geq 0$
に対する集合 $\{0,1\}^{L_i}$ の元であり，L_i は i 番目のシンボルの**符号語長**（word length）
とよばれる．このアルファベットにおけるシンボルの平均符号語長は，

$$\sum_{i=1}^{n} p_i L_i$$

である．（すぐに詳しく説明する）曖昧さなく復号できるという自然な制約のもとで，平
均符号語長を最小にする符号を求める．

例 2.3.1 四つのシンボル a, b, c, d からなるアルファベットで，頻度分布が $\mathbf{p} =$
$(1/2, 1/4, 1/8, 1/8)$ であるものを考える．これらのシンボルをビット列として，できる
だけ少ないビットを用いて符号化するにはどのようにすべきか？

基本的な原理は，ありふれたシンボルは短い符号語をもつべきである，というもので
ある（Morse 符号は同じ原理で設計されており，最もありふれた文字である e は一つの
短点で符号化され，z のような珍しい文字には短点あるいは長点を四つ用いる*）．それ
ゆえ，以下のように符号化する．

$$a : 0, \quad b : 10, \quad c : 110, \quad d : 111$$

たとえば，11110011010 は dbacb を表している．平均符号語長は

$$\frac{1}{2} \cdot 1 + \frac{1}{4} \cdot 2 + \frac{1}{8} \cdot 3 + \frac{1}{8} \cdot 3 = 1\frac{3}{4}$$

である．これは，単純に四つのシンボルに2ビットの文字列 00, 01, 10, 11 を割り当
て，平均符号語長が2となる最も素朴な符号よりも効率的である． ◆

符号が**瞬時符号**（instantaneous code）であるとは，どの符号語もほかの符号語の語
頭（最初の部分）とならないときをいう．だから，$\ell \leq m$ として $\delta_1 \cdots \delta_\ell$ と $\varepsilon_1 \cdots \varepsilon_m$
を瞬時符号の二つの符号語とすると，$(\delta_1, \ldots, \delta_\ell) \neq (\varepsilon_1, \ldots, \varepsilon_\ell)$ である．これは一義性

---

* 訳注：総務省令無線局運用規則別表第一号モールス符号によると，z は「－－・・」により表される．

の条件であり，符号により生成される文字列がどれも 1 通りの可能な方法でしか復号できないことを保証する.

例 2.3.2 例 2.3.1 の符号は瞬時符号である.しかし，b に対する符号語を 11 に変更すると，11 は c と d に対する符号語の語頭であるので，この符号はもはや瞬時符号でなくなる.この新しい符号におけるメッセージは，一意的に復号可能ではない.たとえば，文字列 110 は c と ba のどちらにでも復号できる. ◆

例 2.3.1 の符号の平均符号語長 $1\frac{3}{4}$ は，例 2.2.2 で計算した，これらのシンボルの頻度分布のエントロピーと図らずも等しくなっている.それどころか，平均符号語長がより短い瞬時符号を見つけることは不可能である.これは，次の結果の(ii)の一例である.

命題 2.3.3 $n, L_1, \ldots, L_n \geq 1$ とし，アルファベット $\{1, \ldots, n\}$ 上の瞬時符号で，符号語長が $L_1, \ldots, L_n$ であるものが存在するとする.このとき，
（ i ）$\sum_{i=1}^{n}(1/2)^{L_i} \leq 1$ である.
（ii）すべての $\mathbf{p} \in \Delta_n$ に対して $\sum_{i=1}^{n} p_i L_i \geq H^{(2)}(\mathbf{p})$ である.

(i)は，以下の命題 2.3.4 の(i)とあわせて，**Kraft の不等式**（Kraft's inequality）として知られているものである（たとえば，Cover–Thomas[71, 定理 5.2.1]）.

証明 (i)を証明するのに，$[0, 1)$ の元の二進展開 $0.b_1 b_2 \cdots$ を考える.ただし，$b_i \in \{0, 1\}$ である.$x \in [0, 1)$ が二つの二進展開をもち，一方では 0 の無限列で終わり，もう一方では 1 の無限列で終わるとき，前者を選ぶという約束をする.このようにして，各 $x \in [0, 1)$ はビットの無限列 $b_1, b_2, \ldots$ を決定する.

符号語長が $L_1, \ldots, L_n$ の瞬時符号を考える.$i \in \{1, \ldots, n\}$ に対して，

$$J_i = \{x \in [0, 1) : x \text{ の二進展開は } i \text{ 番目の符号語で始まる}\}$$

と書く.このとき，J_i は長さ $(1/2)^{L_i}$ の半開区間である.瞬時符号であるから，区間 $J_1, \ldots, J_n$ は交わりをもたない.しかし，これらはすべて $[0, 1)$ の部分集合であるからその合計の長さは高々 1 であり，望みの不等式が得られる.

(ii)については，$\mathbf{p} \in \Delta_n$ とする.補題 2.2.3 と(i)より，望んだとおり

$$H^{(2)}(\mathbf{p}) - \sum_{i=1}^{n} p_i L_i = \sum_{i \in \mathrm{supp}(\mathbf{p})} p_i \left(\log_2 \frac{1}{p_i} + \log_2 \left(\frac{1}{2} \right)^{L_i} \right)$$

$$= \sum_{i \in \mathrm{supp}(\mathbf{p})} p_i \log_2 \frac{(1/2)^{L_i}}{p_i}$$

$$\leq \log_2 \left(\sum_{i \in \mathrm{supp}(\mathbf{p})} p_i \cdot \frac{(1/2)^{L_i}}{p_i} \right)$$

$$\leq \log_2 \left(\sum_{i=1}^{n} \left(\frac{1}{2} \right)^{L_i} \right)$$

$$\leq \log_2 1 = 0$$

となる. $\qquad\square$

例 2.3.1 の頻度分布は，すべての頻度が $1/2$ の累乗であるという例外的な性質をもつ. このような場合には，i 番目のシンボルが $\log_2(1/p_i)$ ビットで符号化され，平均符号語長がちょうどエントロピーになる瞬時符号を見つけることがいつでも可能である. 一般の場合では，これは可能であるとは限らない. しかし，以下のようにほとんど可能ではある.

命題 2.3.4 $\mathbf{p} \in \Delta_n$ とする. このとき，
（i）符号語長が $\lceil \log_2(1/p_1) \rceil, \ldots, \lceil \log_2(1/p_n) \rceil$ であるような瞬時符号が存在する.
（ii）任意のこのような符号は $H^{(2)}(\mathbf{p}) + 1$ より真に短い平均符号語長をもつ.

ここで，$\lceil x \rceil$ は x 以上の最小の整数を表す.（i）の性質をもつ符号は，**Shannon 符号** (Shannon code) とよばれる.

証明（i）について，$p_1 \geq \cdots \geq p_n$ としても一般性を失わない. 各 $i \in \{1, \ldots, n\}$ に対して，

$$L_i = \left\lceil \log_2 \frac{1}{p_i} \right\rceil, \qquad q_i = \left(\frac{1}{2} \right)^{L_i}$$

とおく. つまり，q_i は p_i 以下の $1/2$ の累乗の中で最大のものである. ここで，$q_1, \ldots, q_i$ はすべて $(1/2)^{L_i}$ の整数倍であるから，$q_1 + \cdots + q_{i-1}$ と $q_1 + \cdots + q_i$ も $(1/2)^{L_i}$ の整数倍である. このことから，区間

$$J_i = [q_1 + \cdots + q_{i-1}, q_1 + \cdots + q_{i-1} + q_i)$$

の元の二進展開はすべて同じ L_i ビットで始まり，さらに，このビット列で始まる $[0, 1)$ のほかの元はない（ここでは，命題 2.3.3 の証明と同じ二進展開についての約束を用いている）. i 番目の符号語をこのビット列とする. 区間 $J_1, \ldots, J_n$ は交わりをもたないので，どの符号語もほかの符号語の語頭ではない. すなわち，この符号は瞬時符号である.

（ii）については，（i）のような符号を考え，再び $L_i = \lceil \log_2(1/p_i) \rceil$ と書く. 各 $i \in \{1, \ldots, n\}$ に対して

$$L_i < \log_2 \frac{1}{p_i} + 1$$

であるから，望んだとおり

$$\sum_{i=1}^{n} p_i L_i = \sum_{i \in \mathrm{supp}(\mathbf{p})} p_i L_i < \sum_{i \in \mathrm{supp}(\mathbf{p})} p_i \left(\log_2 \frac{1}{p_i} + 1 \right) = H^{(2)}(\mathbf{p}) + 1$$

となる． □

例 2.3.5 頻度分布 $\mathbf{p} = (0.4, 0.3, 0.2, 0.1)$ をもつ，a, b, c, d からなるアルファベットを考える．命題 2.3.4 の証明中の構成にしたがって各頻度をそれ以下で最大の $1/2$ の累乗に丸め，

$$(q_1, q_2, q_3, q_4) = \left(\frac{1}{4}, \frac{1}{4}, \frac{1}{8}, \frac{1}{16} \right) = \left(\left(\frac{1}{2}\right)^2, \left(\frac{1}{2}\right)^2, \left(\frac{1}{2}\right)^3, \left(\frac{1}{2}\right)^4 \right)$$

を得る．だから，$(L_1, L_2, L_3, L_4) = (2, 2, 3, 4)$ であり，区間 J_i は二進数で以下のとおりとなる．

$$J_1 = \left[0, \frac{1}{4} \right) = [0.00, 0.01), \qquad J_2 = \left[\frac{1}{4}, \frac{1}{2} \right) = [0.01, 0.10)$$

$$J_3 = \left[\frac{1}{2}, \frac{5}{8} \right) = [0.100, 0.101), \qquad J_4 = \left[\frac{5}{8}, \frac{11}{16} \right) = [0.1010, 0.1011)$$

したがって，以下のように符号化する．

$$\text{a} : 00, \qquad \text{b} : 01, \qquad \text{c} : 100, \qquad \text{d} : 1010$$

少し計算すると，命題 2.3.4 の証明が保証しているとおり

$$\sum_{i=1}^{4} p_i L_i = 2.4 < 2.846 \cdots = H^{(2)}(\mathbf{p}) + 1$$

となる．

これは最も効率的な符号ではない．たとえば，d を 101 に符号化すれば，平均符号語長をより小さくすることができる．実際，Huffman 符号[148]のような，各 $\mathbf{p}$ に対して可能な限り小さい平均符号長をもつ符号を構成するアルゴリズムがある．しかし，ここではそのような精度は必要ではない． ◆

例 2.3.6 同様に，例 2.3.1 の符号は命題 2.3.4 の証明中のアルゴリズムで構成されたものである． ◆

注意 2.3.7 命題 2.3.4 の上界 $H^{(2)}(\mathbf{p}) + 1$ は，どんな定数 $c < 1$ に対しても $H^{(2)}(\mathbf{p}) + c$ へと改良することはできない．たとえば，二つのシンボルのアルファベットが頻度分布 $\mathbf{p} = (0.99, 0.01)$ をもつとすると，（$H^{(2)}$ は連続であるから）$H^{(2)}(\mathbf{p}) \approx H^{(2)}(1, 0) = 0$ であるが，明らかに平均符号語長を 1 未満にすることはできない．

ここで，Shannon の情報源符号化定理の一つの形を述べる．

定理 2.3.8（Shannon） 頻度分布 $\mathbf{p} = (p_1, \ldots, p_n)$ をもつアルファベットに対して，

$$H^{(2)}(\mathbf{p}) \leq \inf \sum_{i=1}^{n} p_i L_i < H^{(2)}(\mathbf{p}) + 1$$

である．ただし，L_i は i 番目の符号語長を表し，下限は n 個の元上のすべての瞬時符号上でとる．

証明 これは，命題 2.3.3 と命題 2.3.4 からすぐにわかる． $\square$

Shannon によるさらなる重要な洞察は，シンボルを一つずつではなくブロックで符号化してもよいのであれば，任意の $\varepsilon > 0$ に対して，上界 $H^{(2)}(\mathbf{p}) + 1$ は $H^{(2)}(\mathbf{p}) + \varepsilon$ へと小さくできるというものであった．形式ばらずに述べると，これは以下のようにうまくいく．

n 個のシンボルのアルファベットに対して，10 個のシンボルからなるブロックは n^{10} 個ある．もとのアルファベットの頻度分布を $\mathbf{p} \in \Delta_n$ と書き，メッセージ内の連続するシンボルは独立に分布すると仮定すると，n^{10} 個のブロックの頻度分布は $\mathbf{p}^{\otimes 10}$ である．

ここで，10 シンボルの各ブロックを単位として扱い，各ブロックをビット列として符号化する方法を考える．命題 2.3.4 より，1 ブロックあたりに用いる平均ビット数が $H^{(2)}(\mathbf{p}^{\otimes 10}) + 1$ より小さい，ブロックの瞬時符号を見つけることができる．しかし，系 2.2.10 より $H^{(2)}(\mathbf{p}^{\otimes 10}) = 10 H^{(2)}(\mathbf{p})$ であるから，1 文字あたりの平均ビット数は

$$\frac{1}{10}(H^{(2)}(\mathbf{p}^{\otimes 10}) + 1) = H^{(2)}(\mathbf{p}) + \frac{1}{10}$$

より小さい．このようにして，シンボルを個別にではなく大きなブロックごとに符号化することで，1 文字あたりの平均ビット数を下界である $H^{(2)}(\mathbf{p})$ へと好きなだけ近づけることができる．

（応用においては，連続するシンボルは独立でないことが多い．たとえば，英語では，文字の対 ch は hc よりも頻度が高い．しかし，注意 8.1.13 から，たとえ独立でなかったとしても，n^{10} 個のブロックの実際の頻度分布は高々 $H(\mathbf{p}^{\otimes 10})$ のエントロピーしかもたない．そのため，独立性を仮定しないとしても上の論証は妥当である．）

例 2.3.9 頻度分布 $\mathbf{p} = (0.6, 0.4)$ をもつ,二つのシンボル a, b のアルファベットを考える.このとき,$H^{(2)}(\mathbf{p}) = 0.9709\cdots$ である.ブロックを大きくしていきながら,命題 2.3.4 の証明中の符号の構成にしたがって符号化したときの 1 文字あたりの平均ビット数を計算する.

- まず,1 シンボルごとに符号化する.各 p_i をそれ以下の最大の $1/2$ の累乗に丸めると,$((1/2)^1, (1/2)^2)$ となる.ゆえに,1 シンボルあたりの平均ビット数は

$$0.6 \times 1 + 0.4 \times 2 = 1.4$$

である.

- 次に,2 シンボルのブロックで符号化する.(連続するシンボルは独立に分布していると仮定すると)aa, ab, ba, bb の頻度分布は $(0.36, 0.24, 0.24, 0.16)$ である.同じアルゴリズムにしたがって $((1/2)^2, (1/2)^3, (1/2)^3, (1/2)^3)$ へと丸め,2 シンボルのブロックあたり平均

$$0.36 \times 2 + 0.24 \times 3 + 0.24 \times 3 + 0.16 \times 3 = 2.64$$

ビット,言い換えると,1 シンボルあたり平均 1.32 ビットとなる.これは,もとの符号から改良されている.

- 同様に,3 シンボルのブロックで符号化すると 1 シンボルあたり平均 $1.117\cdots$ ビットとなり,理想的な 1 シンボルあたり $H^{(2)}(\mathbf{p}) \approx 0.971$ ビットにさらに近づく.

これら三つのどの符号も,平均符号語長 1 をもつ,a に符号語 0 を,b に符号語 1 を割り当てる素朴な符号ほど効率的ではない.しかし,十分大きなブロックで符号化することで,これよりも改良することができる.たとえば,

$$0.971 + \frac{1}{35} < 1$$

であるから,35 シンボルのブロックを一度に符号化することで,1 より小さい平均符号語長を達成できる. ◆

例 2.3.10 書き言葉の英語では,そのアルファベットの 26 文字の頻度分布の底 2 のエントロピーはおよそ 4.1 である(Shannon[310, 2 節]).だから,十分大きなブロックを用いることにより,英語を 1 文字あたり約 4 ビットを使って符号化できる(これは,英語は $2^{4.1} \approx 17$ 個だけの文字をもち,それらが等しい頻度で使われるかのように考えることにあたる).これは,たとえば ch が hc よりも多く現れることを用いてはいない.Shannon[310]やその後の研究者たちが詳しく明らかにしたように,隣りあう文字の非独立性を用いると,ビット数をさらに減らすことができる. ◆

エントロピーについて議論するときは，すべての確率分布 $\mathbf{p}$ に対して平均符号語長が $H^{(2)}(\mathbf{p})$ の瞬時符号が存在する，と想定すると都合がよい．これは，すべての零でない頻度が図らずも $1/2$ の累乗にならない限りは成り立たないが，先ほど述べた意味で近似的に成り立つ．すなわち，十分大きなブロックで符号化することにより任意に近づくことができる．この（通常は存在しない）符号を，$\mathbf{p}$ に対する**理想符号**（ideal code）とよぶ．

以下のように，理想符号によって，チェイン則（命題2.2.8）を理解することができる．

例2.3.11 文字（たとえば a）とつづり字記号（たとえば `）を組み合わせた，à のようなシンボルで書かれるフランス語（例2.1.5）を再び考える．図2.5に，文字の仮想的な頻度分布 $\mathbf{w}$，各文字に対するつづり字記号の仮想的な頻度分布

$$\mathbf{p}^1 \in \Delta_3, \quad \mathbf{p}^2 \in \Delta_1, \quad \ldots, \quad \mathbf{p}^{26} \in \Delta_1$$

および各分布 $\mathbf{w}, \mathbf{p}^1, \ldots, \mathbf{p}^{26}$ に対する底2のエントロピーを示す．

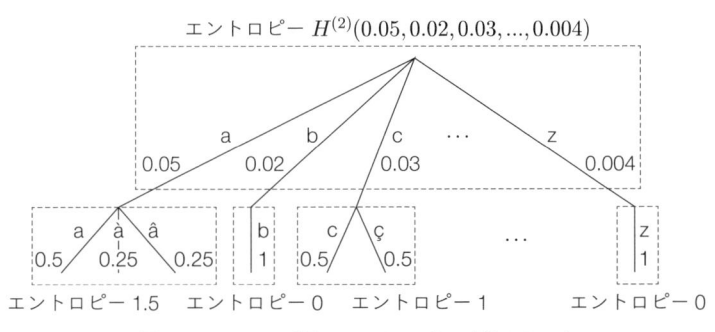

図2.5 フランス語のエントロピー（例2.3.11）

フランス語のシンボル（たとえば à）を伝送するには，その土台となる文字（a）とつづり字記号（`）の両方を伝送する必要がある．理想符号を用いると，1シンボルあたりに必要な平均ビット数は以下のようになる．土台となる文字に対しては，$H^{(2)}(\mathbf{w})$ ビットが必要である．つづり字記号に必要なビット数は，そのつづり字記号が修飾する文字に依存する．すなわち，

- 確率 w_1 で文字は a であり，このときつづり字記号に対して必要な平均ビット数は $H^{(2)}(\mathbf{p}^1)$ である．
- 確率 w_2 で文字は b であり，このときつづり字記号に対して必要な平均ビット数は $H^{(2)}(\mathbf{p}^2)$ である．

などとなる．ゆえに，つづり字記号の符号化に必要な平均ビット数は $\sum_{i=1}^{26} w_i H^{(2)}(\mathbf{p}^i)$ である．1シンボルあたりに必要な平均ビット数は，土台となる文字に対する平均ビッ

ト数とつづり字記号に対する平均ビット数を加えた

$$H^{(2)}(\mathbf{w}) + \sum_{i=1}^{26} w_i H^{(2)}(\mathbf{p}^i) \tag{2.8}$$

である. 一方, フランス語のシンボル a, à, â, b, ..., z 全体の頻度分布は w ∘ $(\mathbf{p}^1, \ldots, \mathbf{p}^n)$ であることを例 2.1.5 で確かめたが, その理想符号は 1 シンボルあたり

$$H^{(2)}(\mathbf{w} \circ (\mathbf{p}^1, \ldots, \mathbf{p}^n)) \tag{2.9}$$

ビットを用いる. 以上の議論が正しければ, 式 (2.8) と式 (2.9) は等しいはずである. チェイン則は, 実際にそうであることを述べている. ◆

2.4 多様度の見地からのエントロピー

多様性の尺度が考えられるようになって以来, ほぼずっと, さまざまな種類のエントロピーが生物多様性を測るのに用いられてきた. たとえば, 生態学者が用いる多様性の尺度の中で, 最も普及しているものの一つが Shannon エントロピー $H(\mathbf{p})$ である. ここで, $\mathbf{p} = (p_1, \ldots, p_n)$ は, 例 2.1.1 のように, 注目している群集の相対存在量分布である. 後述する理由のため, 多様性を測るには, エントロピーそのものよりもエントロピーの指数関数を用いるほうがよい.

まず, n の値を固定して, n 種の群集が多様であるとは何を意味するのかを直感的に考えよう. 「序」で説明したとおり, 「多様性」という語が何を意味すべきかについては視点の幅がある. しかし, おおまかには, 個体群のほとんどが一つあるいは二つの極めて多い普通種に集中しているときは多様性は低く, 個体群がすべての種にわたって均等に分散しているときは多様性は高いといえる. 別の言い方をすると, 無作為に選ばれた個体がたいてい普通種に属するときは多様性は低く, 無作為に選ばれた個体がたいてい希少種に属するときは多様性は高いということである. それゆえ, 群集の多様性は, その群集に属する個体の平均的な希少性として理解することができる.

p_i は i 番目の種の相対存在量を表すので, $1/p_i$ はその希少性 (rarity) あるいは特殊性 (specialness) の尺度になる. 希少性の平均をとりたいが, さしあたり平均の概念として幾何平均を用いる. (後には, 異なる平均の概念を用いる. 最も重要なのはべき乗平均であり, これは 4.2 節で導入され, 幾何平均を含む.) だから, 群集の多様性の一つのもっともな尺度は, 種のサイズ $p_1, \ldots, p_n$ によって重みづけられた, 種の希少性 $1/p_1, \ldots, 1/p_n$ の幾何平均

$$\left(\frac{1}{p_1}\right)^{p_1} \cdots \left(\frac{1}{p_n}\right)^{p_n}$$

である. したがって, 以下のように定義する.

定義 2.4.1　$n \geq 1$ および $\mathbf{p} \in \Delta_n$ とする. $\mathbf{p}$ の**オーダー 1 の多様度**（diversity of order 1）とは,

$$D(\mathbf{p}) = \frac{1}{p_1^{p_1} p_2^{p_2} \cdots p_n^{p_n}}$$

のことである. ただし, $0^0 = 1$ と約束する.

言い換えると,

$$D(\mathbf{p}) = \prod_{i \in \mathrm{supp}(\mathbf{p})} p_i^{-p_i} = e^{H(\mathbf{p})}$$

である. 要するに, 多様度とはエントロピーの指数関数である.

注意 2.4.2

（ⅰ）「オーダー 1」の意味は, 4.3 節で明らかになる. これは, 平均として考えられるさまざまな概念に関連している. この節では,「多様度」はいつでもオーダー 1 の多様度を意味する.

（ⅱ）H に対する状況（注意 2.2.1）とは異なり, D の定義には底の選択は含まれていない. たとえば, $D(\mathbf{p})$ は $e^{H(\mathbf{p})}$ と $2^{H^{(2)}(\mathbf{p})}$ の両方に等しい.

重要なことは,「多様度」という語は絶対存在量ではなく, 相対存在量を参照していることである. 森の半分が火事で燃えたり, 患者が腸の細菌の 90% を失ったりするのは, 生態学的あるいは医学的には大惨事だろう. しかし, 系がよく混合されていると仮定すると, 多様度は変化しない. 物理学の言葉では, 多様度は（質量あるいは熱量のような）示量的な量（extensive quantity）ではなく,（密度あるいは温度のような）示強的な量（intensive quantity）であるということであり, このことは系のサイズと独立であることを意味する.

補題 2.2.4 はすぐに以下を含意する.

補題 2.4.3　$n \geq 1$ とする.

（ⅰ）すべての $\mathbf{p} \in \Delta_n$ に対して $D(\mathbf{p}) \geq 1$ であり, 等号が成り立つのはある $i \in \{1, \ldots, n\}$ に対して $p_i = 1$ であるとき, かつそのときに限る.

（ⅱ）すべての $\mathbf{p} \in \Delta_n$ に対して $D(\mathbf{p}) \leq n$ であり, 等号が成り立つのは $\mathbf{p} = \mathbf{u}_n$ であるとき, かつそのときに限る. □

同様に, エントロピーの連続性（補題 2.2.5）は次を含意する.

補題 2.4.4 各 $n \geq 1$ に対して，オーダー 1 の多様度関数 $D: \Delta_n \to \mathbb{R}$ は連続である．

$\square$

明らかに，すべての $n \geq 1$ に対して

$$D(\mathbf{u}_n) = n$$

である．これは多様性の尺度の非常に重要な性質であり，標準的な用語を採用する．

定義 2.4.5 $(E: \Delta_n \to (0, \infty))_{n \geq 1}$ を関数列とする．このとき，E が**有効数**（effective number）であるとは，すべての $n \geq 1$ に対して $E(\mathbf{u}_n) = n$ となるときをいう．

だから，D は有効数である．すべての種が同じ量だけ現存するとき，その群集には n 種が完全に現存すると考え，多様度の値には n を割り当てる．一方，一つの種が群集のほとんど 100% を占め，ほかのすべての種が極めて希少であるならば，（補題 2.4.3(i) と補題 2.4.4 より）多様度の値は 1 よりわずかに大きい程度である．実質的には，ほとんど 1 種より多くは現存しないということである．

たとえば，ある群集が 18.2 の多様度をもつならば，その群集は 18 種が均等に存在する群集よりもわずかに多様である．偏りのない 18 種よりもわずかに多くの種が「有効に」存在するということである．

例 2.4.6 例 2.2.2 の $\{1, 2, 3, 4\}$ 上の四つの分布に対して，多様度はそれぞれ

$$2^2 = 4, \qquad 2^{7/4} \approx 3.364, \qquad 2^1 = 2, \qquad 2^0 = 1$$

である．とくに，二つ目の分布で表される群集は，D により判断すると，三つの種が同じ割合で含まれる群集よりもやや多様であるが，偏りのない四つの種の群集よりは多様ではない． ◆

生物多様性の尺度として Shannon エントロピーが支持されているにもかかわらず，1965 年の MacArthur[237]，1969 年の Buzas–Gibson[56] および 1972 年の Whittaker [352] をはじめ，多くの生態学者がその指数関数のほうを支持して Shannon エントロピーは拒否されるべきであると論じてきた．近年ではより一般に，多様性を測るときは有効数のみを用いるべきであると，Jost[166][167][169] が説得力をもって論じている（Ellison の論説[91] から判断すると，この原則は受け入れられつつあるようである）．以下の例は，Jost[167] に基づくものである．

例 2.4.7 100 万種が均等に存在する大陸を疫病が襲い，90% の種が絶滅し，残りの 10% の種がそのまま残ったとする．H と D はこの大惨事に対してどのように振る舞うだろうか？

Shannon エントロピー H は

$$1 - \frac{\log 10^5}{\log 10^6} = \frac{1}{6} \approx 17\%$$

だけ下落し，実際に起こったことよりもかなり小さな変化しか示唆しない．比較のために，四つの種が均等に存在する群集においてそのうち一つの種のみが失われ，残りは変化しないままであるとすると，Shannon エントロピーは

$$1 - \frac{\log 3}{\log 4} \approx 21\%$$

だけ下落する．それゆえ，Shannon エントロピーの相対変化量により判断するならば，4 種のうちの 25% を失うことは，100 万種のうちの 90% を失うことよりも，多様性のより大きな割合を破壊することになる．Shannon エントロピーは，種の減少がより小さい状況で，より大きく下落していることになる．それゆえ，多様性の変化の指標として，Shannon エントロピーの相対変化量は明らかに不適切である．

しかし，多様度 D は有効数であるから，疫病によって D は（10^6 から 10^5 へと）90% 下落する．そして同じ理由により，4 種の例では，D は（4 から 3 へと）25% 下落する．これは，変化のスケールを忠実に反映した，直感的にもっともな振る舞いである．◆

情報と符号の理論では，H が理想符号におけるシンボルあたりのビット数であることに対応して，対数的な尺度である H の形がより有用である．しかし，種の多様性に対しては，最も自然に思考できる種の数の形（その対数ではなく）がより有用である．

ここで，多様度の見地からチェイン則について考える．命題 2.2.8 で指数関数をとることで，以下を得る．

系 2.4.8 $n, k_1, \ldots, k_n \geq 1$ とする．このとき，すべての $\mathbf{w} \in \Delta_n$ と $\mathbf{p}^i \in \Delta_{k_i}$ に対して

$$D(\mathbf{w} \circ (\mathbf{p}^1, \ldots, \mathbf{p}^n)) = D(\mathbf{w}) \cdot \prod_{i=1}^{n} D(\mathbf{p}^i)^{w_i}$$

である． □

右辺の二つ目の因子は，$w_1, \ldots, w_n$ により重みづけられた，多様度 $D(\mathbf{p}^1), \ldots, D(\mathbf{p}^n)$ の幾何平均である．

この結果の最も重要な側面は，公式そのものではなく，合成分布の多様度が $\mathbf{w}$ と $D(\mathbf{p}^1), \ldots, D(\mathbf{p}^n)$ のみに依存し，$\mathbf{p}^1, \ldots, \mathbf{p}^n$ 自体には依存しないという事実である．これは，以下のいずれかの方法で理解できる．

例 2.4.9 例 2.1.6 のように，島の間には共通の種がない，相対サイズが $w_1, \ldots, w_n$ の n 個の島のグループを考える．d_i は i 番目の島の多様度 $D(\mathbf{p}^i)$ を表すとする．このとき，島のグループ全体の多様度は

$$D(\mathbf{w}) \cdot d_1^{w_1} \cdots d_n^{w_n} \tag{2.10}$$

である．だから，島のグループ全体の多様度は，各島の相対サイズと多様度により決まり，各島上の個体群分布を参照せずに計算することができる． ◆

例 2.4.10 例 2.1.7 のように，i 番目の属が k_i 種に分かれている，n 属の群集を考える．$\mathbf{w}$ は属の分布を表し，d_i は i 番目の属内の種の多様度を表すとする．このとき，群集全体の種の多様度はやはり (2.10) により得られる．たとえば，均等に存在する二つの属において，一つ目の属は均等に存在する 45 種からなり，二つ目の属は均等に存在する 5 種からなるならば，群集全体の多様度は

$$D(\mathbf{u}_2 \circ (\mathbf{u}_{45}, \mathbf{u}_5)) = D(\mathbf{u}_2) \cdot D(\mathbf{u}_{45})^{1/2} D(\mathbf{u}_5)^{1/2} = 2\sqrt{45}\sqrt{5} = 30$$

である．つまり，$45 + 5 = 50$ 種の群集全体は相対存在量分布

$$\Big(\underbrace{\frac{1}{90}, \ldots, \frac{1}{90}}_{45}, \underbrace{\frac{1}{10}, \ldots, \frac{1}{10}}_{5} \Big)$$

をもつが，これは 30 種が均等に存在する群集と同じ多様度をもつ． ◆

異なるチェイン則が 4.4 節と 6.2 節で登場するが，そこではオーダーが 1 以外の多様度を考える．しかし，すべての多様度は $D(\mathbf{w} \circ (\mathbf{p}^1, \ldots, \mathbf{p}^n))$ が $\mathbf{w}$ と $D(\mathbf{p}^1), \ldots, D(\mathbf{p}^n)$ のみに依存するという重要な性質を共通にもつ．

D のこの性質を，**モジュール性** (modularity) とよぶ．この語は，ここではモジュール化されたソフトウェア設計，建物あるいは家具などの意味で用いられている（合同算術 (modular arithmetic) あるいは環上の加群 (module over a ring) などとは異なる）．この比喩では，例 2.4.9 の島あるいは例 2.4.10 の属が「モジュール」である．すなわち，集合体全体の多様度を計算するときには，これらは内部の特徴を知る必要のないブラックボックスである．

H の対数的性質（系 2.2.10）は，D の乗法的性質に翻訳される．

$$D(\mathbf{w} \otimes \mathbf{p}) = D(\mathbf{w}) \cdot D(\mathbf{p}) \qquad (n, k \geq 1, \ \mathbf{w} \in \Delta_n, \ \mathbf{p} \in \Delta_k) \qquad (2.11)$$

一つの重要で特別な場合は，**複製原理**（replication principle）

$$D(\mathbf{u}_n \otimes \mathbf{p}) = nD(\mathbf{p}) \qquad (n, k \geq 1, \ \mathbf{p} \in \Delta_k)$$

である．例 2.4.9 の言葉では，同じサイズで同じ種の分布をもつが共通の種が現に存在しない n 個の島があるとき，島のグループ全体の多様度はどれか一つの島の多様度の n 倍である，ということをこの原理は述べている．

Jost の（[169]と[171]に基づく）別の論証は，複製原理の重要性に対する説得的な例になっている．

例 2.4.11 ある石油会社が，ある島のグループのうちの半分の島におけるすべての野生動物を全滅させる掘削を計画している．環境保護主義者は，これを阻止するために訴訟を起こしている．生物多様性に対するこの石油掘削の影響はどのようなものだろうか？

この島のグループには均等なサイズの 16 の島があり，島の間には共通の種はなく，各島の多様度は 4 であるとする．このとき石油掘削以前は，島のグループの多様度は

$$16 \times 4 = 64$$

である．同様に，事後では島のグループの多様度は 32 である．だから，多様度は 50% 減少することになる．これは直感的にもっともであり，D に対する複製原理の帰結である．

しかし，生態学において最も普及している多様性の尺度の一つは Shannon エントロピーである（Magurran[240, p. 101]によると，「多くの長期調査で生物多様性のベンチマークとして選ばれてきた」）．したがって，石油会社の弁護士は次のように主張することができる．掘削以前では，「多様性」（Shannon エントロピー）は $\log 64$ であり，掘削後には $\log 32$ となる．だから，保存される多様性の割合は

$$\frac{\log 32}{\log 64} = \frac{5}{6} \approx 83\%$$

である．一方で，環境保護主義者の弁護士は，野生動物が絶滅する島の多様性は合計 $\log 64$ のうちの $\log 32$ であるから，破壊される多様性の割合は

$$\frac{\log 32}{\log 64} = \frac{5}{6} \approx 83\%$$

であると主張することができる．それゆえ，石油会社は科学的に認められている尺度により多様性の83%が保存されると誠実に主張することができ，環境保護主義者は多様性の83%が失われると同じように正当に主張することができる．両者とも正しいとはいえず，いうまでもなく，両者とも間違っている．すなわち，もっともな尺度なら，どれを用いても多様性の50%が保存され，50%が失われる．この矛盾した非論理的な結論が得られる理由は，Shannonエントロピーが複製原理をみたさないことにある．

これは理想化された仮想的な例ではあるが，多様性の尺度の選択が，わかりにくい理論的問題であるというどころか，真に環境へと影響を与えうるものだと理解するのは難しくない． ◆

多様性の尺度Dは複製原理をみたし，その意味で論理的な振る舞いをするにもかかわらず，明白な欠陥がある．すなわち，Dは種間の類似性（similarity）のばらつきを考慮していない．10種のカラマツが均等に存在する森は，10のたいへん多彩な樹木種が均等に存在する森よりも直感的には多様ではない．しかし，尺度Dでは両方とも同じ多様性をもつことになる．同じ批判は生態学で用いられるほとんどの多様性の尺度に浴びせることができ，第6章で，一つの解決策を提示する．

2.5　チェイン則がエントロピーを特徴づける

Shannonエントロピーの特徴づけには，Shannon自身による原論文[309, 定理2]におけるものをはじめとして，多くのものが存在する．ここでは，Dmitry Faddeev[96]による，このような定理で最もよく知られているものの一つの形を証明する．

定理 2.5.1（Faddeev） $(I\colon \Delta_n \to \mathbb{R})_{n \geq 1}$を関数列とする．以下は同値である．
（ⅰ）関数Iは連続であり，かつチェイン則

$$I(\mathbf{w} \circ (\mathbf{p}^1, \ldots, \mathbf{p}^n)) = I(\mathbf{w}) + \sum_{i=1}^{n} w_i I(\mathbf{p}^i)$$

$$(n, k_1, \ldots, k_n \geq 1,\ \mathbf{w} \in \Delta_n,\ \mathbf{p}^i \in \Delta_{k_i})$$

をみたす．
（ⅱ）ある$c \in \mathbb{R}$に対して$I = cH$である．

つまり，定数因子を除いて，エントロピーはチェイン則と連続性により一意的に特徴づけられる．（ⅱ）が（ⅰ）を含意することはすでにわかっているので，課題は（ⅰ）が（ⅱ）を含意することを示すことである．

注意 2.5.2

（ i ）注意 2.2.1 で指摘したように，定数因子が登場するのは驚くべきことではない．たとえば，$I(\mathbf{u}_2) = \log 2$ という公理を追加することにより，定数因子は除去できる．

（ ii ）Faddeev が[96]で証明した定理は少し異なっていた．彼は，I が対称的であること，つまり，引数 $p_1, \ldots, p_n$ が置換されても I は変化しないことを仮定したが，等式 (2.7) として述べた表面的にはより単純なチェイン則の形しか仮定しなかった（注意 2.2.11）．その注意で指摘したように，対称性を仮定すると，簡単な帰納法によりチェイン則の二つの形は同値となる（付録 A.1）．一方，定理 2.5.1 から，チェイン則を一般的な形で仮定するならば，対称性は必要ないことがわかる．これは，Faddeev のもとの定理の自明な帰結ではない．

（iii）対称性を仮定すると，Faddeev のもとの定理の仮定は，連続性を可測性で置き換えるという，異なる方向に弱めることができる．これは，Lee[206] の 1964 年の定理である．第 11 章の最後に Lee の定理を再び論じるが，その証明は省略する．

（iv）正則性条件をまったく仮定せずに Faddeev 型の定理を証明することは（選択公理を捨てない限り）不可能である．実際，$f \colon \mathbb{R} \to \mathbb{R}$ を，注意 1.1.9 のような，加法的な非線形関数とする．このとき，割り当て

$$\mathbf{p} \mapsto - \sum_{i \in \mathrm{supp}(\mathbf{p})} p_i f(\log p_i)$$

はチェイン則をみたすが，Shannon エントロピーのスカラー倍ではない．

　本節の残りは，定理 2.5.1 の証明に費やす．**本節の残りの部分では**，$(I \colon \Delta_n \to \mathbb{R})_{n \geq 1}$ はチェイン則をみたす連続関数の列とする．

　証明の手順は，確率分布のクラスを順次大きくしながら，その上で I が H に比例することを示すというものである．まず，1.2 節の対数的数列に対する結果を用いて，一様分布 $\mathbf{u}_n$ に対して証明する．これが証明の大部分をなす．次に，各 p_i が正の有理数である分布 $\mathbf{p}$ へとこの結果を拡張することは比較的容易であり，そこから連続性により，すべての分布へと拡張する．

　実数列 $(I(\mathbf{u}_n))_{n \geq 1}$ を調べることから始める．

補題 2.5.3

（ i ）すべての $m, n \geq 1$ に対して，$I(\mathbf{u}_{mn}) = I(\mathbf{u}_m) + I(\mathbf{u}_n)$ である．

（ ii ）$I(\mathbf{u}_1) = 0$ である．

証明　チェイン則より，I は対数的性質

$$I(\mathbf{w} \otimes \mathbf{p}) = I(\mathbf{w} \circ (\mathbf{p}, \ldots, \mathbf{p})) = I(\mathbf{w}) + I(\mathbf{p}) \qquad (\mathbf{w} \in \Delta_m, \ \mathbf{p} \in \Delta_n)$$

をもつ．とくに，すべての $m, n \geq 1$ に対して，

$$I(\mathbf{u}_{mn}) = I(\mathbf{u}_m \otimes \mathbf{u}_n) = I(\mathbf{u}_m) + I(\mathbf{u}_n)$$

であり，(i) が証明される．(ii) については，(i) で $m = n = 1$ ととればよい． $\square$

1.2 節で確かめたように，$I(\mathbf{u}_{mn}) = I(\mathbf{u}_m) + I(\mathbf{u}_n)$ という性質だけでは，数列 $(I(\mathbf{u}_n))$ についてあまり多くを知ることはできない．その節の結果を用いるには，この数列についてのある解析的条件を証明する必要がある．具体的には，$n \to \infty$ のとき $I(\mathbf{u}_{n+1}) - I(\mathbf{u}_n) \to 0$ であることを示し，それから系 1.2.3 を適用する．

▌補題 2.5.4 $I(1,0) = 0$ である．

証明 $I(1,0,0)$ を 2 通りの方法で計算する．まず，チェイン則を用いると，

$$I(1,0,0) = I((1,0) \circ ((1,0), \mathbf{u}_1)) = I(1,0) + 1 \cdot I(1,0) + 0 \cdot I(\mathbf{u}_1) = 2I(1,0)$$

となる．他方で，再びチェイン則と $I(\mathbf{u}_1) = 0$ という事実を用いると，

$$I(1,0,0) = I((1,0) \circ (\mathbf{u}_1, (1,0))) = I(1,0) + 1 \cdot I(\mathbf{u}_1) + 0 \cdot I(1,0) = I(1,0)$$

となる．ゆえに，$I(1,0) = 0$ である． $\square$

▌補題 2.5.5 $n \to \infty$ のとき，$I(\mathbf{u}_{n+1}) - (n/(n+1))I(\mathbf{u}_n) \to 0$ である．

証明 まず，

$$\mathbf{u}_{n+1} = \left(\frac{n}{n+1}, \frac{1}{n+1} \right) \circ (\mathbf{u}_n, \mathbf{u}_1)$$

であるから，チェイン則と $I(\mathbf{u}_1) = 0$ という事実より，

$$I(\mathbf{u}_{n+1}) = I\left(\frac{n}{n+1}, \frac{1}{n+1} \right) + \frac{n}{n+1} I(\mathbf{u}_n)$$

である．ゆえに，連続性と補題 2.5.4 より，$n \to \infty$ のとき

$$I(\mathbf{u}_{n+1}) - \frac{n}{n+1} I(\mathbf{u}_n) = I\left(\frac{n}{n+1}, \frac{1}{n+1} \right) \to I(1,0) = 0$$

である． $\square$

これで，1.2 節の結果を用いることができる．

▌補題 2.5.6 定数 $c \in \mathbb{R}$ が存在して，すべての $n \geq 1$ に対して $I(\mathbf{u}_n) = cH(\mathbf{u}_n)$ である．

証明 補題 2.5.3(i) より，数列 $(I(\mathbf{u}_n))$ は対数的である．補題 2.5.5 と補題 1.2.4 より，$\lim_{n \to \infty}(I(\mathbf{u}_{n+1}) - I(\mathbf{u}_n)) = 0$ である．ゆえに系 1.2.3 より，ある $c \in \mathbb{R}$ が存在して，すべての $n \geq 1$ に対して

$$I(\mathbf{u}_n) = c \log n = cH(\mathbf{u}_n)$$

である． □

ここで，定理 2.5.1 の証明の第二のステップに進む．c を，補題 2.5.6 の（ただ一つに決まる）定数とする．

補題 2.5.7 $\mathbf{p} \in \Delta_n$ とし，$p_1, \ldots, p_n$ は零でない有理数であるとする．このとき，$I(\mathbf{p}) = cH(\mathbf{p})$ である．

証明 ある正の整数 $k_1, \ldots, k_n$ に対して

$$\mathbf{p} = \left(\frac{k_1}{k}, \ldots, \frac{k_n}{k} \right)$$

と書くことができる．ただし，$k = k_1 + \cdots + k_n$ である．このとき，

$$\mathbf{p} \circ (\mathbf{u}_{k_1}, \ldots, \mathbf{u}_{k_n}) = \mathbf{u}_k$$

である．I はチェイン則をみたし，すべての $r \geq 1$ に対して $I(\mathbf{u}_r) = cH(\mathbf{u}_r)$ であるから，

$$I(\mathbf{p}) + \sum_{i=1}^{n} p_i \cdot cH(\mathbf{u}_{k_i}) = cH(\mathbf{u}_k)$$

となる．しかし，cH もチェイン則をみたすので，

$$cH(\mathbf{p}) + \sum_{i=1}^{n} p_i \cdot cH(\mathbf{u}_{k_i}) = cH(\mathbf{u}_k)$$

でもある．よって，示すべき結果が導かれる． □

証明の第三，第四ステップは自明である．すなわち，正の有理数の確率からなる確率分布はすべての確率分布の空間 Δ_n において稠密であり，また I と cH はこの稠密な集合上で一致している連続関数であるから，これらはいたるところで等しくなる．これで定理 2.5.1 が証明された．

エントロピーについてのどんな結果もそうであるように，Faddeev の定理は多様度の用語に翻訳することができる．以下の系では，E が有効数であることを要請して，任意定数因子を除去する．

系 2.5.8 $(E: \Delta_n \to (0, \infty))_{n \geq 1}$ を関数列とする. 以下は同値である.

（ⅰ）関数 E は連続であり，チェイン則

$$E(\mathbf{w} \circ (\mathbf{p}^1, \ldots, \mathbf{p}^n)) = E(\mathbf{w}) \cdot \prod_{i=1}^{n} E(\mathbf{p}^i)^{w_i}$$

$$(n, k_1, \ldots, k_n \geq 1, \ \mathbf{w} \in \Delta_n, \ \mathbf{p}^i \in \Delta_{k_i}) \quad (2.12)$$

をみたし，かつ E は有効数である.

（ⅱ）$E = D$ である.

証明 Faddeev の定理を $\log E$ に適用することにより，多様度のチェイン則 (2.12) をみたす連続関数の列 E はちょうど実数のべき乗 D^c（$c \in \mathbb{R}$）となる. しかし，有効数性（あるいはその代わりに，単一の方程式 $E(\mathbf{u}_2) = 2$）により $c = 1$ となる. $\qquad\square$

第**3**章

相対エントロピー
RELATIVE ENTROPY

相対エントロピーの概念を用いると，同じ空間上の二つの確率分布を比較することができる．より具体的には，同じ有限集合上の確率分布 $\mathbf{p}$, $\mathbf{r}$ の対に対して，実数 $H(\mathbf{p} \| \mathbf{r}) \geq 0$ として，$\mathbf{r}$ に対する $\mathbf{p}$ の相対エントロピーが定義される．これはちょうど $\mathbf{p} = \mathbf{r}$ のときに零になる．これは，$\{1, \ldots, n\}$ 上の単一の分布 $\mathbf{p}$ の Shannon エントロピーが一様分布に対する $\mathbf{p}$ の相対エントロピー $H(\mathbf{p} \| \mathbf{u}_n)$ の関数になるという意味で，Shannon エントロピーの定義を拡張したものである．

相対エントロピーには非常に多くの名称があり，このことはその解釈や用途がさまざまであることの裏付けになっている．相対エントロピーは，Kullback–Leibler 情報量 (Kullback–Leibler information)（たとえば[305]），Kullback–Leibler 距離 (Kullback–Leibler distance)[71]，Kullback–Leibler ダイバージェンス (Kullback–Leibler divergence)[173]，有向ダイバージェンス (directed divergence)[198]，情報ダイバージェンス (information divergence)[129]，情報欠損 (information deficiency)[46]，情報の量 (amount of information)[294]，識別情報量 (discrimination information)[199]，相対情報量 (relative information)[324]，情報の利得 (gain of information) あるいは情報利得 (information gain)[295, IX.4 節]，識別距離 (discrimination distance)[180]，エラー (error)[186]などとして知られている．本章では，相対エントロピーのさまざまな説明と応用だけでなく，何が相対エントロピーを比類なく有用にしているのかを示す定理を提示する．

最初に，符号化の見地から相対エントロピーを説明する（3.2 節）．2.3 節で確かめたように，$\mathbf{p}$ の Shannon エントロピーは，頻度分布 $\mathbf{p}$ のアルファベットの符号化に最適化された符号化系において，その符号化に必要な 1 シンボルあたりの平均ビット数になる．同様の意味で，$H(\mathbf{p} \| \mathbf{r})$ は，頻度分布 $\mathbf{r}$ に対して最適化された符号化系を用いて頻度 $\mathbf{p}$ のアルファベットを符号化するのに必要な，1 シンボルあたりの追加のビット数を測る．つまり，$H(\mathbf{p} \| \mathbf{r})$ は，間違った符号化系を用いることに対するペナルティである．

相対エントロピーの指数関数は，相対多様度とよばれる（3.3 節）．多くの場合，普通のあるいは既定の種の分布が何であるかについてあらかじめ想定することができ，ある群集がこの見込みに対してどれくらい普通でないのかを判断する．たとえば，タスマニア島のある特定の地域における顕花植物の多様性を評価する場合，当然タスマニア島全体の基準により判断することになる．相対多様度 $\exp H(\mathbf{p} \| \mathbf{r})$ は，基準となる分布 $\mathbf{r}$ に対する分布 $\mathbf{p}$ の群集の相対的な普通でなさを表す．

　3.4 節では，三つのほかの主題において相対エントロピーが果たす役割を簡単に説明する．測度論では，相対エントロピーの定義は有限集合から任意の可測空間へと容易に一般化されるが，通常の Shannon エントロピーではそうではないことを見いだす．標語は，「すべてのエントロピーは相対的である」である．幾何学では，$H(- \| -)$ は分布の集合 Δ_n 上の距離関数を定義しないが，無限小では距離の平方のように振る舞うことがわかる．Riemann 幾何学の方法で，この無限小の計量を大域的な計量へと拡張することができる．統計学では，$H(\mathbf{p} \| \mathbf{r})$ の 2 番目の引数 $\mathbf{r}$ は事前分布とみなされるべきで，尤度の最大化は相対エントロピーの最小化として再解釈することができる．相対エントロピーの概念はまた，Fisher 情報量や，Bayes 統計学における客観事前分布である Jeffreys 事前分布の概念をもたらす．

　この章の最後に，[218] で初めて発表された，相対エントロピーを特徴づける定理（3.5 節）を示す．通常のエントロピーの Faddeev の特徴づけと同様に，相対エントロピーを特徴づけるおもな性質はチェイン則である．また，通常のエントロピーと同様に，多くの相対エントロピーに対する特徴づけ定理がこれまでに証明されている．しかし，ここで提示するものは最も単純なものであるように思われる．

3.1　相対エントロピーの定義と性質

　この短い節では，さしあたり天下り的に，相対エントロピーの定義と基本的な性質を提示する．後の節で，この定義の複数の解釈や正当化を与える．

定義 3.1.1　$n \geq 1$ および $\mathbf{p}, \mathbf{r} \in \Delta_n$ とする．$\mathbf{r}$ に対する $\mathbf{p}$ の相対エントロピー（entropy of $\mathbf{p}$ relative to $\mathbf{r}$）とは，

$$H(\mathbf{p} \| \mathbf{r}) = \sum_{i \in \mathrm{supp}(\mathbf{p})} p_i \log \frac{p_i}{r_i} \tag{3.1}$$

のことである．$p_i > 0 = r_i$ となる i が存在するならば，$H(\mathbf{p} \| \mathbf{r})$ は ∞ であると定義する．

文献上では，相対エントロピーは $D(\mathbf{p} \,\|\, \mathbf{r})$ と表記されることが多いが，本書では，D という文字は多様性の尺度のために残しておく．

例 3.1.2 $\mathbf{p} \in \Delta_n$ とする．このとき，

$$
\begin{aligned}
H(\mathbf{p} \,\|\, \mathbf{u}_n) &= \sum_{i \in \mathrm{supp}(\mathbf{p})} p_i \log(np_i) \\
&= \log n - H(\mathbf{p}) \\
&= H(\mathbf{u}_n) - H(\mathbf{p})
\end{aligned}
$$

である．だから，通常のエントロピーは本質的に相対エントロピーの特別な場合である．
◆

例 3.1.3 値 ∞ をとることもあるだけでなく，相対エントロピーは（固定された n に対してさえも）任意に大きい有限の値をとることができる．たとえば，$t \in (0,1)$ に対して，$t \to 0$ のとき

$$
H(\mathbf{u}_2 \,\|\, (t, 1-t)) = \frac{1}{2} \log \frac{1}{2t} + \frac{1}{2} \log \frac{1}{2(1-t)} \to \infty
$$

である．
◆

$\mathbf{p} = \mathbf{r}$ でない限りは，i の値には $p_i > r_i$ となるものと $p_i < r_i$ となるものがある．ゆえに，(3.1) における被加数には正のものと負のものがある．それにもかかわらず，以下が成り立つ．

補題 3.1.4 $H(\mathbf{p} \,\|\, \mathbf{r}) \geq 0$ であり，等号が成り立つのは $\mathbf{p} = \mathbf{r}$ のとき，かつそのときに限る．

証明 ある i に対して $p_i > 0 = r_i$ ならば，$H(\mathbf{p} \,\|\, \mathbf{r}) = \infty$ である．そうでないとすると，$\mathrm{supp}(\mathbf{p}) \subseteq \mathrm{supp}(\mathbf{r})$ である．補題 2.2.3 を用いて，

$$
\begin{aligned}
H(\mathbf{p} \,\|\, \mathbf{r}) &= -\sum_{i \in \mathrm{supp}(\mathbf{p})} p_i \log \frac{r_i}{p_i} \\
&\geq -\log \left(\sum_{i \in \mathrm{supp}(\mathbf{p})} p_i \frac{r_i}{p_i} \right) \\
&\geq -\log \left(\sum_{i \in \mathrm{supp}(\mathbf{r})} r_i \right) \\
&= -\log 1 = 0
\end{aligned}
$$

となる．ただし，最初の不等式の等号が成り立つのはすべての $i, j \in \mathrm{supp}(\mathbf{p})$ に対して $r_i/p_i = r_j/p_j$ のとき，かつそのときに限り，二つ目の不等式で等号が成り立つのは $\mathrm{supp}(\mathbf{p}) = \mathrm{supp}(\mathbf{r})$ のとき，かつそのときに限る．ゆえに，全体で等号が成り立つためには，ある定数 α が存在して，すべての $i \in \mathrm{supp}(\mathbf{p}) = \mathrm{supp}(\mathbf{r})$ に対して $r_i = \alpha p_i$ とならなければならない．しかし，$\sum_{i \in \mathrm{supp}(\mathbf{p})} p_i = 1 = \sum_{i \in \mathrm{supp}(\mathbf{r})} r_i$ であるから $\alpha = 1$ であり，それゆえ $\mathbf{p} = \mathbf{r}$ となる．　　　　　　　　$\square$

補題 3.1.4 は，非常に大雑把にいえば，$H(\mathbf{p} \,\|\, \mathbf{r})$ は $\mathbf{p}$ と $\mathbf{r}$ の間の距離のようなものとして理解できることを示唆している．しかし，相対エントロピーは三角不等式をみたさない（例 3.4.2）．また，対称的でもない．というのも，例 3.1.2 と例 3.1.3 が示しているように，すべての $\mathbf{p} \in \Delta_2$ に対して $H(\mathbf{p} \,\|\, \mathbf{u}_2) \leq \log 2$ であるのに，$H(\mathbf{u}_2 \,\|\, \mathbf{p})$ は任意に大きくなることができるからである．距離の尺度としての相対エントロピーの解釈は，3.4 節で再び論じる．

ここで，相対エントロピーの基本的な性質をいくつか挙げる．$H(\mathbf{p} \,\|\, \mathbf{r}) < \infty$ であるような対 $(\mathbf{p}, \mathbf{r})$ だけに制限すると，事態は簡単になる．$n \geq 1$ に対して，

$$A_n = \{(\mathbf{p}, \mathbf{r}) \in \Delta_n \times \Delta_n : r_i = 0 \implies p_i = 0\}$$
$$= \{(\mathbf{p}, \mathbf{r}) \in \Delta_n \times \Delta_n : \mathrm{supp}(\mathbf{p}) \subseteq \mathrm{supp}(\mathbf{r})\}$$

と書く．このとき，

$$H(\mathbf{p} \,\|\, \mathbf{r}) < \infty \iff (\mathbf{p}, \mathbf{r}) \in A_n$$

である．それゆえ，各 $n \geq 1$ に対して，関数

$$\begin{aligned} H(-\,\|\,-): \quad A_n &\to \quad \mathbb{R} \\ (\mathbf{p}, \mathbf{r}) &\mapsto H(\mathbf{p} \,\|\, \mathbf{r}) \end{aligned}$$

がある．この関数列は，とくに以下のような性質をもつ．

2 番目の引数に関する可測性　固定された各 $\mathbf{p} \in \Delta_n$ に対して，関数

$$\begin{aligned} \{\mathbf{r} \in \Delta_n : (\mathbf{p}, \mathbf{r}) \in A_n\} &\to \quad \mathbb{R} \\ \mathbf{r} &\mapsto H(\mathbf{p} \,\|\, \mathbf{r}) \end{aligned}$$

は可測である．実際，関数 $H(-\,\|\,-): A_n \to \mathbb{R}$ は連続であるが，3.5 節で証明する相対エントロピーの一意的特徴づけのためには，2 番目の引数に関する可測性があればよい．

置換不変性（permutation-invariance）　$\mathbf{p}$ と $\mathbf{r}$ の両方の添え字に同じ置換を適用しても，相対エントロピー $H(\mathbf{p} \,\|\, \mathbf{r})$ は変化しない．つまり，すべての $(\mathbf{p}, \mathbf{r}) \in A_n$ と

$\{1, \ldots, n\}$ の置換 σ に対して,

$$H(\mathbf{p} \parallel \mathbf{r}) = H(\mathbf{p}\sigma \parallel \mathbf{r}\sigma)$$

である. ただし,

$$\mathbf{p}\sigma = (p_{\sigma(1)}, \ldots, p_{\sigma(n)}) \tag{3.2}$$

であり, $\mathbf{r}\sigma$ に対しても同様である.

消滅性（vanishing） すべての $\mathbf{p} \in \Delta_n$ に対して, $H(\mathbf{p} \parallel \mathbf{p}) = 0$ である.

チェイン則 $n, k_1, \ldots, k_n \geq 1$ および

$$(\mathbf{w}, \widetilde{\mathbf{w}}) \in A_n, \quad (\mathbf{p}^1, \widetilde{\mathbf{p}}^1) \in A_{k_1}, \quad \ldots, \quad (\mathbf{p}^n, \widetilde{\mathbf{p}}^n) \in A_{k_n}$$

とする. このとき

$$H(\mathbf{w} \circ (\mathbf{p}^1, \ldots, \mathbf{p}^n) \parallel \widetilde{\mathbf{w}} \circ (\widetilde{\mathbf{p}}^1, \ldots, \widetilde{\mathbf{p}}^n)) = H(\mathbf{w} \parallel \widetilde{\mathbf{w}}) + \sum_{i=1}^{n} w_i H(\mathbf{p}^i \parallel \widetilde{\mathbf{p}}^i) \tag{3.3}$$

である. 命題 2.2.8 と同様に, これは簡単に確認できる.

$$(\mathbf{w} \circ (\mathbf{p}^1, \ldots, \mathbf{p}^n), \widetilde{\mathbf{w}} \circ (\widetilde{\mathbf{p}}^1, \ldots, \widetilde{\mathbf{p}}^n)) \in A_{k_1 + \cdots + k_n}$$

であることに注意すると, この対の相対エントロピーは有限であることが保証されている.

特別な場合として, 相対エントロピーは対数的性質をもつ. すなわち, すべての $(\mathbf{w}, \widetilde{\mathbf{w}}) \in A_n$ と $(\mathbf{p}, \widetilde{\mathbf{p}}) \in A_k$ に対して

$$H(\mathbf{w} \otimes \mathbf{p} \parallel \widetilde{\mathbf{w}} \otimes \widetilde{\mathbf{p}}) = H(\mathbf{w} \parallel \widetilde{\mathbf{w}}) + H(\mathbf{p} \parallel \widetilde{\mathbf{p}}) \tag{3.4}$$

である. これは, すべての $i \in \{1, \ldots, n\}$ に対して $k_i = k$, $\mathbf{p}^i = \mathbf{p}$ および $\widetilde{\mathbf{p}}^i = \widetilde{\mathbf{p}}$ ととることにより, チェイン則から導かれる.

通常のエントロピーと同様に, 相対エントロピーの定義において異なる対数の底を選ぶと, 定数因子だけ相対エントロピーが変化する. 3.5 節で, 定数因子を除いて, いま挙げた四つの性質が相対エントロピーを一意に特徴づけることを見る.

3.2 符号化の見地からの相対エントロピー

すでに, Shannon エントロピーを符号化の見地から解釈した（2.3 節）. ここでは, 相対エントロピーに対して同じことを行う.

理解しやすくするために，確率分布 $\mathbf{p} \in \Delta_n$ は，ある人間の言語における n 個のシンボルの頻度分布とみなし，これを**言語 $\mathbf{p}$**（language $\mathbf{p}$）とよぶことにする．p. 51 で導入した都合のよい想定を利用し，言語 $\mathbf{p}$ に対する理想符号，すなわち，その平均符号語長がちょうど $H^{(2)}(\mathbf{p})$ となる符号が存在すると仮定する．符号化は，**機械 $\mathbf{p}$**（machine $\mathbf{p}$）とよばれる機械により実行されるとする．ほとんどの分布 $\mathbf{p}$ は理想符号をもたないが，（2.3 節のように）任意に近づくことはでき，このことにより説明の道具として理想符号を用いることが正当化される．

　$\mathbf{p} \in \Delta_n$ に対して，通常の底 2 のエントロピー

$$H^{(2)}(\mathbf{p}) = \sum_{i \in \mathrm{supp}(\mathbf{p})} p_i \log_2 \frac{1}{p_i}$$

は

$$H^{(2)}(\mathbf{p}) = 機械 \mathbf{p} を用いて言語 \mathbf{p} を符号化するためのビット数/シンボル$$

をみたす．ここで，$\mathbf{p}, \mathbf{r} \in \Delta_n$ とし，$\mathbf{p}$ と $\mathbf{r}$ は同じシンボルの集合上の二つの言語の頻度分布とみなす．底 2 の相対エントロピーを

$$H^{(2)}(\mathbf{p} \,\|\, \mathbf{r}) = \sum_{i \in \mathrm{supp}(\mathbf{p})} p_i \log_2 \frac{p_i}{r_i} = \frac{H(\mathbf{p} \,\|\, \mathbf{r})}{\log 2}$$

と書く．$H^{(2)}(\mathbf{p} \,\|\, \mathbf{r})$ を，言語 $\mathbf{p}$ と $\mathbf{r}$，および機械 $\mathbf{p}$ と $\mathbf{r}$ の見地から解釈する．
　そのために，まず量

$$H^{(2)\times}(\mathbf{p} \,\|\, \mathbf{r}) = \sum_{i \in \mathrm{supp}(\mathbf{p})} p_i \log_2 \frac{1}{r_i}$$

を考える．ここで，$\log_2(1/r_i)$ は，機械 $\mathbf{r}$ が i 番目のシンボルの符号化に用いるビット数である（いうまでもなく，これは通常は整数ではないが，p. 51 の理想符号についてのコメントを思い出す）．ゆえに，

$$H^{(2)\times}(\mathbf{p} \,\|\, \mathbf{r}) = 機械 \mathbf{r} を用いて言語 \mathbf{p} を符号化するためのビット数/シンボル$$

である．この量 $H^{(2)\times}(\mathbf{p} \,\|\, \mathbf{r})$，あるいはその底 e の類似

$$H^{\times}(\mathbf{p} \,\|\, \mathbf{r}) = \sum_{i \in \mathrm{supp}(\mathbf{p})} p_i \log \frac{1}{r_i} = H^{(2)\times}(\mathbf{p} \,\|\, \mathbf{r}) \cdot \log 2 \tag{3.5}$$

は，$\mathbf{r}$ に関する $\mathbf{p}$ の**交差エントロピー**（cross entropy）である．
　相対エントロピー，交差エントロピーおよび通常のエントロピーは，等式

$$H(\mathbf{p} \,\|\, \mathbf{r}) = H^{\times}(\mathbf{p} \,\|\, \mathbf{r}) - H(\mathbf{p}) \tag{3.6}$$

により関連している．ゆえに，

$$H^{(2)}(\mathbf{p} \| \mathbf{r}) = H^{(2)\times}(\mathbf{p} \| \mathbf{r}) - H^{(2)}(\mathbf{p})$$
$$= \text{機械 } \mathbf{r} \text{ を用いて言語 } \mathbf{p} \text{ を符号化するためのビット数/シンボル}$$
$$- \text{機械 } \mathbf{p} \text{ を用いて言語 } \mathbf{p} \text{ を符号化するためのビット数/シンボル}$$

である．それゆえ，言語 $\mathbf{p}$ を符号化する課題に対して，相対エントロピー $H^{(2)}(\mathbf{p} \| \mathbf{r})$ は，機械 $\mathbf{p}$ の代わりに機械 $\mathbf{r}$ を用いたときに必要となる追加のビット数である．機械 $\mathbf{p}$ は，この作業について理想的である．すなわち，機械 $\mathbf{p}$ はちょうどこの目的に対して最適化されている．相対エントロピーはこのとき，間違った機械を用いることに対するペナルティである．

このことは，$H(\mathbf{p} \| \mathbf{r})$ がつねに非負である理由や $H(\mathbf{p} \| \mathbf{p}) = 0$ である理由の直感的な説明になっている．また，相対エントロピーが，次の例のように任意に大きくなることができる理由も示唆している．

例 3.2.1

（i）$n = 2$ 個のシンボルのアルファベットを考える．言語 $\mathbf{p}$ は，二つのシンボルを等しい頻度で用いるとし，言語 $\mathbf{r}$ においては頻度分布は $(2^{-1000}, 1 - 2^{-1000})$ であるとする．このとき，機械 $\mathbf{r}$ は最初のシンボルを 1000 ビットの符号語で符号化する．言語 $\mathbf{p}$ はこのシンボルを半分の時間用いるので，機械 $\mathbf{r}$ を用いて言語 $\mathbf{p}$ を符号化するときの平均符号語長は，少なくとも 500 ビットである．これは，言語 $\mathbf{p}$ を，最も適した機械である機械 $\mathbf{p}$ で符号化するときよりも大幅に悪く，機械 $\mathbf{p}$ を用いると平均符号語長はたった 1 ビットである．それゆえ，相対エントロピー $H^{(2)}(\mathbf{p} \| \mathbf{r})$ は少なくとも 499 である．

（ii）この同じ例から，

$$H(\mathbf{p} \| \mathbf{r}) \neq H(\mathbf{r} \| \mathbf{p})$$

という事実が直感的にわかる．機械 $\mathbf{p}$ は，アルファベットの二つのシンボルをそれぞれ長さが 1 の二進語 0 と 1 で符号化する．ゆえに，機械 $\mathbf{p}$ で言語 $\mathbf{r}$（あるいはそれどころか，任意のほかの言語）を符号化するときに用いられる平均ビット数は 1 である．それゆえ，$H^{(2)}(\mathbf{r} \| \mathbf{p})$ は 1 より小さく，したがって(i)で導き出した $H^{(2)}(\mathbf{p} \| \mathbf{r})$ の値よりかなり小さい． ◆

注意 3.2.2 「交差エントロピー」という名称には，入り組んだ歴史がある．1955 年に Jack Good により導入されたが[121, 6 節]，彼は上述の等式(3.5)のように定義し，その名称を与えた．しかしその後，Good は「交差エントロピー」を相対エントロピーに対する同義語として用い[122, p. 913]，ほかの人々も同様に用いた（たとえば，Shore–Johnson

[313]). 現在では，この用語はオペレーションズリサーチにおける交差エントロピー法の文脈で用いられることが多い[79]. 広い意味では，これは分布 $\mathbf{p}$ を固定して，一定の制約条件をみたすすべての $\mathbf{r}$ の中で $H(\mathbf{p} \parallel \mathbf{r})$ を最小化すること，言い換えると $H^{\times}(\mathbf{p} \parallel \mathbf{r})$ を最小化することを含む. 等式(3.6)より，どちらを最小化するかに違いはない. この観点からは，これらの概念は本質的に交換可能であり，用語上の状況を明確にすることにも役立たない.

　本書では，相対エントロピーには同義語があり余っていることもあり，この用語はもとの意味で用いる.

相対エントロピーに対するチェイン則（等式(3.3)）は，以下の例のように，符号化の見地からも説明できる.

例 3.2.3　例 2.3.11 では，通常の Shannon エントロピーに対するチェイン則を，フランス語の文字とそのアクセントの見地から解釈した. フランス語には多くの方言があり，同じ文字とアクセントを用いても語彙が少しずつ異なるために，文字とアクセントの両方の頻度分布も少しずつ異なる. ここでは，スイス・フランス語とカナダ・フランス語を考え，簡単のため単に「スイス系」および「カナダ系」とよぶことにする.

　分布 $\mathbf{w}$, $\tilde{\mathbf{w}}$, $\mathbf{p}^i$, $\tilde{\mathbf{p}}^i$ を以下のように定義する. すなわち，

$$\mathbf{w} \in \Delta_{26} ： スイス系における文字の頻度分布$$
$$\tilde{\mathbf{w}} \in \Delta_{26} ： カナダ系における文字の頻度分布$$

とし，次に

$$\mathbf{p}^1 \in \Delta_3 ： スイス系における \mathsf{a} のアクセントの頻度分布$$
$$\tilde{\mathbf{p}}^1 \in \Delta_3 ： カナダ系における \mathsf{a} のアクセントの頻度分布$$
$$\vdots$$
$$\mathbf{p}^{26} \in \Delta_1 ： スイス系における \mathsf{z} のアクセントの頻度分布$$
$$\tilde{\mathbf{p}}^{26} \in \Delta_1 ： カナダ系における \mathsf{z} のアクセントの頻度分布$$

とする. それゆえ，「シンボル」は文字と（存在しない可能性もある）アクセントをあわせたものであるという約束を思い出すと，

$$\mathbf{w} \circ (\mathbf{p}^1, \ldots, \mathbf{p}^{26}) = スイス系におけるシンボルの頻度分布$$
$$\tilde{\mathbf{w}} \circ (\tilde{\mathbf{p}}^1, \ldots, \tilde{\mathbf{p}}^{26}) = カナダ系におけるシンボルの頻度分布$$

となる. ここで，スイス系をカナダ系の機械を用いて符号化するとする. スイス系をスイス系の機械で符号化するのに比べて，（1 シンボルあたりのビット数で）これにはどれくらいの追加コストがかかるだろうか？

すべてのシンボルは文字とアクセントからなるので,

1シンボルあたりの平均追加コスト

$$= 1\text{文字あたりの平均追加コスト} + 1\text{アクセントあたりの平均追加コスト} \qquad (3.7)$$

となることが期待される.1シンボルあたりの平均追加コストは,

$$H^{(2)}(\mathbf{w} \circ (\mathbf{p}^1, \ldots, \mathbf{p}^{26}) \, \| \, \widetilde{\mathbf{w}} \circ (\widetilde{\mathbf{p}}^1, \ldots, \widetilde{\mathbf{p}}^{26}))$$

である.1文字あたりの平均追加コストは,

$$H^{(2)}(\mathbf{w} \, \| \, \widetilde{\mathbf{w}})$$

である.1アクセントあたりの平均追加コストは,そのアクセントが修飾する文字で条件づけることで計算される.ここで符号化しているのはカナダ系ではなくスイス系であるから,i番目の文字が現れる確率は w_i であり,それゆえ1アクセントあたりの平均追加コストは

$$\sum_{i=1}^{26} w_i H^{(2)}(\mathbf{p}^i \, \| \, \widetilde{\mathbf{p}}^i)$$

である.ゆえに,期待される等式(3.7)から

$$H^{(2)}(\mathbf{w} \circ (\mathbf{p}^1, \ldots, \mathbf{p}^{26}) \, \| \, \widetilde{\mathbf{w}} \circ (\widetilde{\mathbf{p}}^1, \ldots, \widetilde{\mathbf{p}}^{26})) = H^{(2)}(\mathbf{w} \, \| \, \widetilde{\mathbf{w}}) + \sum_{i=1}^{26} w_i H^{(2)}(\mathbf{p}^i \, \| \, \widetilde{\mathbf{p}}^i)$$

となることが予測される.これは実際に正しく,まさに3.1節のチェイン則である. ◆

3.3　多様度の見地からの相対エントロピー

2.4節で,Shannon エントロピーの指数関数を生物群集の多様度として解釈した.ここでは,相対エントロピーの指数関数を,一つの群集をもう一つの群集の視点から見たときにどれくらい多様であるか,あるいは非典型的であるかの尺度として解釈する.この解釈は,Reeve ら[293]のアイデアに基づくものである.

2.4節のように,n 種から抽出された個体の群集を考える.その相対存在量は,集合 $\{1, \ldots, n\}$ 上の確率分布を定義する.

定義 3.3.1　$n \geq 1$ および $\mathbf{p}, \mathbf{r} \in \Delta_n$ とする.$\mathbf{r}$ に対する $\mathbf{p}$ の(オーダー1の)**相対多様度**(diversity of $\mathbf{p}$ relative to $\mathbf{r}$ (of order 1))とは,

$$D(\mathbf{p} \parallel \mathbf{r}) = e^{H(\mathbf{p}\parallel\mathbf{r})} = \prod_{i\in\mathrm{supp}(\mathbf{p})} \left(\frac{p_i}{r_i}\right)^{p_i} \in [1, \infty]$$

のことである.

（文献上では，$D(\mathbf{p} \parallel \mathbf{r})$ という表記は相対エントロピーの意味で用いられることが多いが，D という文字は多様度のために確保しておいてあるということを繰り返して警告しておく.）

補題 3.1.4 より，$D(\mathbf{p} \parallel \mathbf{r}) \geq 1$ であり，等号が成り立つのは $\mathbf{p} = \mathbf{r}$ であるとき，かつそのときに限る.

$\mathbf{r}$ を基準群集（reference community, 標準的あるいは既定であると考えられている群集）の分布とみなし，$\mathbf{p}$ を主要な関心が寄せられている群集の分布とみなすと有益である. 後で見るように，$D(\mathbf{p} \parallel \mathbf{r})$ は，基準群集の視点から見てこのもう一つの群集がどれくらい風変わりであるか，あるいは非典型的であるかを測っている.

このことを説明するために，もう一つの量から始めるのが有益である.

定義 3.3.2 $n \geq 1$ および $\mathbf{p}, \mathbf{r} \in \Delta_n$ とする. **$\mathbf{r}$ に関する $\mathbf{p}$ の（オーダー 1 の）交差多様度**（cross diversity of $\mathbf{p}$ with respect to $\mathbf{r}$ (of order 1)）とは，

$$D^\times(\mathbf{p} \parallel \mathbf{r}) = e^{H^\times(\mathbf{p}\parallel\mathbf{r})} = \prod_{i\in\mathrm{supp}(\mathbf{p})} \left(\frac{1}{r_i}\right)^{p_i} \in [1, \infty]$$

のことである.

2.4 節で，$\mathbf{p}$ の通常の多様度

$$D(\mathbf{p}) = \prod_{i\in\mathrm{supp}(\mathbf{p})} \left(\frac{1}{p_i}\right)^{p_i}$$

を，以下のように解釈した. すなわち，$1/p_i$ は i 番目の種の群集内での希少性であり，したがって $D(\mathbf{p})$ は群集内の個体の平均的な希少性である（この場合，「平均」は幾何平均を意味する）. 交差多様度も同様に理解できる. 第二の群集 $\mathbf{r}$ を基準点——ほかの群集がそれにより判定されることになる群集——として用いるならば，i 番目の種の希少性あるいは特殊性は，$1/p_i$ ではなく $1/r_i$ であると考えるのが自然である. だから，$D^\times(\mathbf{p} \parallel \mathbf{r})$ は，第二の群集の視点から見た，第一の群集内の個体の平均的な希少性である.

ここで，

$$D(\mathbf{p} \parallel \mathbf{r}) = \frac{D^\times(\mathbf{p} \parallel \mathbf{r})}{D(\mathbf{p})} \tag{3.8}$$

であるから，相対多様度は，第一の群集を第二の群集の視点から見たときに，自身の視点から見たときよりもどれくらい多く多様性があるように見えるのかを測っている．いくつかの例により，この解釈は明確になる．

例 3.3.3 $D(\mathbf{p} \| \mathbf{p}) = 1$ であり，これは相対多様度の可能な値の最小値である．すなわち，どんな群集も自身を完全に標準的であると捉える．　　　　　　　　　　　　◆

例 3.3.4 $\mathbf{p}$ と $\mathbf{r}$ をそれぞれ，ポルトガルとロシアにおける爬虫類の相対存在量分布とする．ヤモリはポルトガルではありふれているが，ロシアでは珍しい．ゆえにロシアの視点からは，少なくともこの点においては，ポルトガルの生態系は風変わりである，あるいは非典型的に見える．

　数学的には，r_i が小さいが p_i はそうではないような（ヤモリの種に対応する）i の値がいくつかあることになる．これは，交差多様度が $(1/r_i)^{p_i}$ という大きな因子をいくつか含み，かつ相対多様度もまた $(p_i/r_i)^{p_i}$ という大きな因子をいくつか含むことを意味する．だから，ポルトガルにおける爬虫類の多様度 $D(\mathbf{p})$ にかかわらず，交差多様度 $D^{\times}(\mathbf{p} \| \mathbf{r})$ と相対多様度 $D(\mathbf{p} \| \mathbf{r})$ の両方が大きくなる．　　　　　　　◆

例 3.3.5 先ほどの例を極端にして，一つ以上の種がテスト群集 $\mathbf{p}$ に現存するが，基準群集 $\mathbf{r}$ には存在しないとすると，$D(\mathbf{p} \| \mathbf{r}) = \infty$ である．　　　　　　　　◆

例 3.3.6 ここで，一様分布をもつ群集を基準点として群集を判定するとする（これはある意味で基準のカノニカルな選択であり，統計学の最大エントロピー法によりもたらされるものである[156][51]）．$\mathbf{p}$ によらず，交差多様度 $D^{\times}(\mathbf{p} \| \mathbf{u}_n)$ は n に等しくなる．それゆえ，等式(3.8)より

$$D(\mathbf{p} \| \mathbf{u}_n) = \frac{n}{D(\mathbf{p})} \tag{3.9}$$

を得る．これは，例 3.1.2 で導き出した等式

$$H(\mathbf{p} \| \mathbf{u}_n) = \log n - H(\mathbf{p})$$

の指数関数でもある．

　等式(3.9)は，種数を固定したとき，一様分布に対する群集の相対多様度は，その群集自体の固有の多様度に反比例することを含意する．n 種すべてが均等に釣り合っている群集の視点からは，この釣り合いからどう変動しても普通でないように見える——そして，釣り合いが破れれば破れるほど，より普通でなくなる．

　一般的な要点の実例を挙げると，イエスズメは英国のいたるところでありふれているが，生息する鳥類がイエスズメだけであるような地域はたいへんまれである．それに伴

い，その地域固有の多様度 $D(\mathbf{p})$ が最小の可能な値である 1 であったとしても，国全体に対するその地域の相対多様度 $D(\mathbf{p} \| \mathbf{r})$ は高くなるであろう．

等式 (3.9) と補題 2.4.3 より，$\mathbf{p} = \mathbf{u}_n$ のとき $D(\mathbf{p} \| \mathbf{u}_n)$ は最小値 1 をとる．最大値 n をとるのは，

$$\mathbf{p} = (0, \ldots, 0, 1, 0, \ldots, 0)$$

のときである．つまり，完全に釣り合いのとれた群集の視点からは，最も普通でない可能な群集は単一の種からなる群集である． ◆

しばしば，ある群集を，それを含むより大きな群集の視点から評価したいことがある．たとえば，地中海東部のプランクトンの多様度は，北極海を基準にするよりも地中海全体を基準にして研究されるであろう．

ここで，相対存在量分布が $\mathbf{r} \in \Delta_n$ の生態群集と，そのいくつかの生物からなる部分群集を考える．この部分群集と i 番目の種の両方に属する個体からなる群集の割合を π_i と書く．このとき，$0 \leq \pi_i \leq r_i$ である．群集全体のうち部分群集の占める割合は $w = \sum \pi_i \leq 1$ であり，部分群集の相対存在量分布は

$$\mathbf{p} = \left(\frac{\pi_1}{w}, \ldots, \frac{\pi_n}{w} \right) \in \Delta_n$$

である．すべての $i \in \operatorname{supp}(\mathbf{r})$ に対して，不等式 $\pi_i \leq r_i$ から $w p_i \leq r_i$ が，言い換えると，

$$\frac{p_i}{r_i} \leq \frac{1}{w} \tag{3.10}$$

が得られる．ゆえに，

$$D(\mathbf{p} \| \mathbf{r}) = \prod_{i \in \operatorname{supp}(\mathbf{p})} \left(\frac{p_i}{r_i} \right)^{p_i} \leq \prod_{i \in \operatorname{supp}(\mathbf{p})} \left(\frac{1}{w} \right)^{p_i} = \frac{1}{w}$$

であり，

$$1 \leq D(\mathbf{p} \| \mathbf{r}) \leq \frac{1}{w} \tag{3.11}$$

が得られる．ここで，これらの限界が達成される場合を考える．

例 3.3.7

（ⅰ）補題 3.1.4 より，$D(\mathbf{p} \| \mathbf{r})$ はその下界 1 をちょうど $\mathbf{p} = \mathbf{r}$ のときに達成する．これは，部分群集がより大きな群集の完全な典型あるいは代表であり，最小限に普通でないことを意味する．

（ii）(3.11)における最大値 $D(\mathbf{p} \| \mathbf{r}) = 1/w$ は，すべての $i \in \mathrm{supp}(\mathbf{p})$ に対して $r_i = wp_i$ であるときに達成される．上述の表記では，これは，すべての $i \in \mathrm{supp}(\mathbf{p})$ に対して $\pi_i = r_i$ であることと同値である．つまり，部分群集は**孤立している** (isolated) ということである．すなわち，部分群集内に存在する種は群集のほかのどこにも存在しない．

孤立した部分群集が非常に小さければ，その種の分布は群集全体の視点からはたいへん普通でないように見え，それに応じて $D(\mathbf{p} \| \mathbf{r}) = 1/w$ は大きくなる．しかし，たとえば孤立した群集が群集全体の 90% を占めるのならば，全体の視点からは，部分群集の生態は非常に典型的に見える．それゆえ，$D(\mathbf{p} \| \mathbf{r}) = 1/0.9$ が 1 という可能な最小値に近いことは，直感的にもっともである．　　　◆

相対多様度と交差多様度の違いは，一様な基準群集の場合（例 3.3.6）と以下の例により説明できる．

例 3.3.8　種の分布 $\mathbf{r}$ をもつ群集が種の分布 $\mathbf{q}$ をもつ部分群集を含み，今度はこの部分群集が種の分布 $\mathbf{p}$ をもつ部分群集を含む場合を考える（図 3.1）．二つの部分群集は，群集全体においては希少種のみからなり，すべての $i \in \mathrm{supp}(\mathbf{q})$ に対して $r_i = 1/100$ であるとする．大きいほうの部分群集は 50 のこのような種からなり，小さいほうの部分群集はただ一つのこのような種からなるとする．

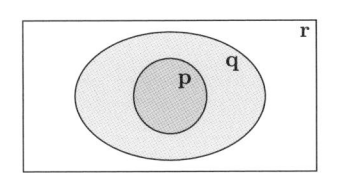

図 3.1　例 3.3.8 の三つの群集

小さいほうの部分群集に対しては，

$$D(\mathbf{p}) = 1, \qquad D^{\times}(\mathbf{p} \| \mathbf{r}) = 100, \qquad D(\mathbf{p} \| \mathbf{r}) = 100$$

である．実際，この部分群集はただ一つの種からなるので $D(\mathbf{p}) = 1$ である．交差多様度については，すべての $i \in \mathrm{supp}(\mathbf{p})$ に対して $1/r_i = 100$ であり，$D^{\times}(\mathbf{p} \| \mathbf{r})$ は $1/r_i$ の $i \in \mathrm{supp}(\mathbf{p})$ にわたる幾何平均であるから，$D^{\times}(\mathbf{p} \| \mathbf{r}) = 100$ である．このとき，$D(\mathbf{p} \| \mathbf{r}) = 100/1 = 100$ である．

大きいほうの部分群集に対しては，同様の論証により，

$$D(\mathbf{q}) = 50, \qquad D^{\times}(\mathbf{q} \| \mathbf{r}) = 100, \qquad D(\mathbf{q} \| \mathbf{r}) = 2$$

である．

これは以下のように理解できる．群集全体の視点からは，どちらの部分群集内の個体の平均的な希少性も 100 である．これが，どちらの部分群集も交差多様度は 100 である理由である．しかし，大きいほうの部分群集は群集全体の中でより多くの部分を占め，群集全体により似ているので，大きいほうの部分群集は小さいほうの部分群集よりも普通でないように見える．これが，小さいほうの部分群集の相対多様度が低い理由である．　　　　　　　　　　　　　　　　　　　　　　　　　　　　　　　◆

注意 3.3.9　生態学には，アルファ多様度，ベータ多様度およびガンマ多様度という概念がある．量 $D(\mathbf{p})$，$D(\mathbf{p} \| \mathbf{r})$ および $D^{\times}(\mathbf{p} \| \mathbf{r})$ は，それぞれアルファ多様度，ベータ多様度およびガンマ多様度の一種であり，等式 (3.8) は（Whittaker[351, p. 321]に始まる）生態学の文献に登場する等式 $\beta = \gamma/\alpha$ の一つの形である．

しかし，$D(\mathbf{p})$，$D(\mathbf{p} \| \mathbf{r})$ および $D^{\times}(\mathbf{p} \| \mathbf{r})$ は，通常理解されているアルファ多様度，ベータ多様度およびガンマ多様度とはいくらか異なる．伝統的な生態学の枠組みでは，大きな群集はいくつかの部分群集に分割され，アルファ多様度は部分群集固有の多様度の何らかの平均であり，ベータ多様度は部分群集間の変動の尺度であり，ガンマ多様度は単に全体の多様度である．ここでは，非伝統的に，ベータ多様度（相対多様度 $D(\mathbf{p} \| \mathbf{r})$）とガンマ多様度（交差多様度 $D^{\times}(\mathbf{p} \| \mathbf{r})$）は，より大きな群集を基準とした，個別の部分群集の性質を表す．これは，Reeve ら[293]の最近の研究で導入された革新の一つであり，第 8 章で詳しく調べる．

3.4　測度論，幾何学および統計学における相対エントロピー

ここでは，これらの三つの主題それぞれの立場から見た相対エントロピーの解釈を手短に与える．

測度論

Shannon エントロピーの概念を，有限集合上の確率分布から任意の可測空間 Ω 上の確率測度へと一般することを試みよう．有限集合に対する定義

$$H(\mathbf{p}) = - \sum_{i \in \mathrm{supp}(\mathbf{p})} p_i \log p_i$$

から出発し，純粋に形式的に議論すると，Ω 上の確率測度 ν のエントロピーを

$$H(\nu) = - \int_{\Omega} \log \nu \, d\nu$$

で定義してみてもよいかもしれない. ところが,「$\log \nu$」のような関数はないので, これは意味をなさない.

しかし, 相対エントロピーは容易に一般化される. 実際, Ω 上の確率測度 ν と μ が与えられたとき, **μ に対する ν の相対エントロピー**は

$$H(\nu \,\|\, \mu) = \int_\Omega \log \frac{d\nu}{d\mu}\, d\nu \in [0, \infty] \tag{3.12}$$

で定義される. ただし, $d\nu/d\mu$ は Radon–Nikodym 微分である.(ν が μ に関して絶対連続でなければ, $d\nu/d\mu$ は値 ∞ をとることがある. しかし, 有限の場合と同様に, ∞ を相対エントロピーとして許す.)

例 3.4.1

(ⅰ) Ω 上の測度 λ を固定し, λ に関する密度 p と r をもつ Ω 上の測度 ν と μ を考える. つまり, $d\nu = p\, d\lambda$, $d\mu = r\, d\lambda$, および $d\nu/d\mu = p/r$ である. このことから,

$$H(\nu \,\|\, \mu) = \int_{\mathrm{supp}(p)} p \log \frac{p}{r}\, d\lambda$$

となる. 基準となる測度 λ の選択が了解されているならば, $H(\nu \,\|\, \mu)$ は $H(p \,\|\, r)$ と書くことができる.

(ⅱ) とくに, Ω が数え上げ測度 λ をもつ有限集合であるとき, 定義 3.1.1 が復元される. ◆

測度論的視点からはまた, 以前に導入したある表記が説明できる. p. 66 で, $H(\mathbf{p} \,\|\, \mathbf{r}) < \infty$ であるような $\{1, \ldots, n\}$ 上の確率分布の対 $(\mathbf{p}, \mathbf{r})$ の集合 A_n を導入した. $\mathbf{p}$ と $\mathbf{r}$ を $\{1, \ldots, n\}$ 上の測度とみなすと, 集合 A_n は, ちょうど $\mathbf{p}$ が $\mathbf{r}$ に関して絶対連続であるような対からなる.

標語

すべてのエントロピーは相対的である

は, ここで確認した事実によって部分的に正当化される. すなわち, 相対エントロピーは, 通常のエントロピーにはないような広い測度論的文脈で意味をなす. 8.5 節では, 異なる正当化が与えられる.

それにもかかわらず, Euclid 空間上の確率分布のエントロピーの有用な概念が存在する. 実際, $\mathbb{R}^n$ 上の確率密度関数 f の**微分エントロピー** (differential entropy) は

$$H(f) = -\int_{\mathrm{supp}(f)} f(x) \log f(x)\, dx$$

で定義され，決まった平均と分散をもつすべての密度関数の中で，エントロピーが最大のものは正規分布（normal distribution）である，という基礎的な事実がある（この事実は，たとえば Johnson[162]で説明されているように，中心極限定理（central limit theorem）と密接に関係している）．しかし，積分は Lebesgue 測度 λ に関して行われているので，やはり $H(f)$ は相対エントロピーの一種である．密度 f に対応する確率測度を ν と書くと $f = d\nu/d\lambda$ であり，ゆえに

$$H(f) = -\int \log \frac{d\nu}{d\lambda}\, d\nu$$

である．形式的には，λ は確率測度ではないにもかかわらず，右辺は等式(3.12)で与えられる $H(\nu \parallel \lambda)$ に対する式に負号をつけたものになっている．

幾何学

$H(\mathbf{p} \parallel \mathbf{r})$ は確率分布 $\mathbf{p}$ と $\mathbf{r}$ の間の，距離（distance），差あるいは不一致のある種の尺度であるとここまで仮に考えてきており，そして $H(\mathbf{p} \parallel \mathbf{r}) \geq 0$ であり，等号は $\mathbf{p} = \mathbf{r}$ のとき，かつそのときに限り成り立つということは正しい．しかし，相対エントロピーは距離関数の標準的な性質の一つをみたさないこと

$$H(\mathbf{p} \parallel \mathbf{r}) \neq H(\mathbf{r} \parallel \mathbf{p})$$

も確認した．これだけが問題ならば，それほど悪いことではない．というのも，Lawvere [204, pp. 138–139]や Gromov[131, p. xv]などが論じているように，また坂道を上り下りしたことがある人なら誰でもすでに知っているように，対称的でない距離の有用な概念が存在する．より深刻な問題は，以下の例からわかるように，相対エントロピーは三角不等式をみたさないことである．

例 3.4.2 $\mathbf{p}, \mathbf{q}, \mathbf{r} \in \Delta_2$ を

$$\mathbf{p} = (0.9, 0.1), \qquad \mathbf{q} = (0.2, 0.8), \qquad \mathbf{r} = (0.1, 0.9)$$

により定義する．このとき，

$$H(\mathbf{p} \parallel \mathbf{q}) + H(\mathbf{q} \parallel \mathbf{r}) = 1.190\cdots < 1.757\cdots = H(\mathbf{p} \parallel \mathbf{r})$$

である．　　　　　　　　　　　　　　　　　　　　　　　　　　　　　　　　　◆

それゆえ，相対エントロピーは距離関数あるいは距離空間の意味での距離（metric）と粗くしか似ていない．

しかし，相対エントロピーの平方根が確率分布の集合上の無限小距離であるというのは，たいへん重要な事実である．ここではこのことを 2 度にわたり説明する．最初は形

式ばらずに，次に Riemann 幾何学の言葉で説明する．

形式ばらずに述べるには，$\mathbf{p} \in \Delta_n^\circ$ とし，$\mathbf{0}$ に近い $\mathbf{t} \in \mathbb{R}^n$ で $\sum t_i = 0$ となるものに対して相対エントロピー

$$H(\mathbf{p} + \mathbf{t} \parallel \mathbf{p})$$

を考える（このとき，$\mathbf{p} + \mathbf{t} \in \Delta_n^\circ$ である）．$H(\mathbf{p} + \mathbf{t} \parallel \mathbf{p})$ は $t_1, \ldots, t_n$ の Taylor 級数として展開できる．$H(\mathbf{p} + \mathbf{t} \parallel \mathbf{p})$ はその最小値 0 を $\mathbf{t} = \mathbf{0}$ でとるので，Taylor 展開の定数項は 0 であり，また $t_1, \ldots, t_n$ の項も消える．簡単な計算により，実際

$$H(\mathbf{p} + \mathbf{t} \parallel \mathbf{p}) = \sum_{i=1}^{n} \frac{1}{2p_i} t_i^2 + \text{高次の項}$$

となることが示される．だから，座標ごとに異なるスケール因子 $1/2p_i$ を除いては，相対エントロピーは局所的に Euclid 距離の平方に似ている．引数を逆にしても同じことがいえる．すなわち，

$$H(\mathbf{p} \parallel \mathbf{p} + \mathbf{t}) = \sum_{i=1}^{n} \frac{1}{2p_i} t_i^2 + \text{高次の項}$$

となる．それゆえ，$H(-\parallel-)$ はその二つの引数について対称的でないにもかかわらず，無限小における二次のオーダーでは対称的である．

これらの公式は，相対エントロピーそのものではなく，相対エントロピーの平方根が距離とみなされることを示唆している．しかしやはり，三角不等式が成り立たないので，距離空間の意味での距離ではない．例 3.4.2 と同じ $\mathbf{p}$，$\mathbf{q}$ および $\mathbf{r}$ が反例となる．

$$\sqrt{H(\mathbf{p} \parallel \mathbf{q})} + \sqrt{H(\mathbf{q} \parallel \mathbf{r})} = 1.281\cdots < 1.325\cdots = \sqrt{H(\mathbf{p} \parallel \mathbf{r})}$$

それでも，$\sqrt{H(-\parallel-)}$ は無限小距離（infinitesimal metric）として首尾よく用いることができる．やはり形式ばらずに述べると，その手続きは以下のようになる．

集合 $X \subseteq \mathbb{R}^n$ と，十分互いに近くにある X のすべての点の対上で定義された非負実数値関数 δ が与えられたとする．このとき，δ に関する適当な仮定のもとで，X 上の距離 d を定義することができる．まず，X 内の任意の道 γ の長さを有限近似により定義する．すなわち，γ に沿って互いに近くにある多くの点 $\mathbf{x}_0, \ldots, \mathbf{x}_m$ を決め，$\sum_{r=1}^{m} \delta(\mathbf{x}_{r-1}, \mathbf{x}_r)$ を γ の長さに対する近似として用い，次に極限をとる．2 点 $\mathbf{x}, \mathbf{y} \in X$ の距離 $d(\mathbf{x}, \mathbf{y}) \in [0, \infty]$ は，$\mathbf{x}$ と $\mathbf{y}$ の間の最短の道の長さとして定義される．この d は，距離空間の意味での距離になる．

$X = \Delta_n^\circ$ かつ $\delta = \sqrt{H(-\parallel-)}$ の場合に適用すると，この手続きからこの単体上の新しい距離 d が得られる．「そんなものを見たことがあるか？」と Gromov は問いかけて

いる[132. 2節]. 結論から述べると，d はそれほど風変わりではない．$n-1$ 次元単位球面を

$$S^{n-1} = \left\{ \mathbf{x} \in \mathbb{R}^n : \sum x_i^2 = 1 \right\}$$

と表すとする．これは，測地距離 $d_{S^{n-1}}$ を伴い，$d_{S^{n-1}}(\mathbf{x}, \mathbf{y})$ はこの球面上の $\mathbf{x}$ と $\mathbf{y}$ の間の最短の道（大円の弧）の長さである．任意の分布 $\mathbf{p} \in \Delta_n^\circ$ には対応する S^{n-1} 上の点 $\sqrt{\mathbf{p}} = (\sqrt{p_1}, \ldots, \sqrt{p_n})$ がある．そしてこれから見るように，Δ_n° 上の距離 d は

$$d(\mathbf{p}, \mathbf{r}) = \sqrt{2} d_{S^{n-1}}(\sqrt{\mathbf{p}}, \sqrt{\mathbf{r}}) \qquad (\mathbf{p}, \mathbf{r} \in \Delta_n^\circ)$$

をみたす．それゆえ，単体がこの距離 d を備えているときは，この単体は半径 $\sqrt{2}$ の球面の部分集合と等長である．以下で詳しく述べるように，定数因子を変えると，$d(\mathbf{p}, \mathbf{r})$ は $\mathbf{p}$ と $\mathbf{r}$ の間の Fisher 距離あるいは Bhattacharyya 角として知られている．

　ここで，正確な展開の概略を述べる．ここで述べる筋書きは，情報幾何学（information geometry）という主題の最初の部分である．さらなる詳細については，情報幾何学の文献を参照せよ．Ay–Jost–Lê–Schwachhöfer[22]と Amari[12]は，情報幾何学への包括的な現代的入門書である．ほかの重要な情報源には，Čencov による 1964 年の論文[62]と 1972 年の著書[63]，Amari–Nagaoka の著書[13]，Amari の 1983 年の論文[11]，1987 年の Lauritzen[202]と Rao[288]の論文がある．多様体上の無限小における距離的関数を真の距離関数へと変換するというアイデアは，Eguchi のコントラスト関数の理論において体系的に展開されており[86][87]，その概要は[13, 3.2 節]にある*.

　$M = (M, g)$ を Riemann 多様体（Riemannian manifold）とし，その測地距離関数を d と書く（一時的に，Riemann 幾何学者の慣習を採用して，**計量**（metric）を Riemann 計量（Riemannian metric）を意味するものとして用い，**距離**（distance）を距離空間の意味での距離（metric）として用いる）．各点 $p \in M$ に対して，関数

$$d(-, p)^2 \colon M \to \mathbb{R}$$

がある．この関数は，p でその最小値 0 をとり，p の近傍で滑らかである．したがって，p の近くの任意の x においてその（Levi-Civita 接続に関する）ヘシアン（Hessian）をとることができ，接空間 $T_x M$ 上の双線形形式

$$\mathrm{Hess}_x(d(-, p)^2)$$

が得られる．とくに，$x = p$ ととることができ，$T_p M$ 上の双線形形式を得る．しかしいうまでもなく，$T_p M$ 上のもう一つの双線形形式である，p での Riemann 計量 g_p がす

---

*　訳注：[13]は日本語版の英訳であるが増補されており，同内容の節は日本語版にはない．

でにある. そして定数因子を除いて, 二つの双線形形式は等しい.

$$g_p = \frac{1}{2} \operatorname{Hess}_p(d(-, p)^2) \qquad (3.13)$$

この等式は, Riemann 計量を (接続とともに) 測地距離の見地から表示している. つまり, 無限小距離を大域的な距離の見地から表示しているのである.

(等式(3.13)は初等的な計算により証明されるが, 文献上では直接述べられることはあまりない. これは, Jost[165, 定理6.6.1]のようなより洗練された結果から, そこで $x \to p$ の極限をとることにより, あるいは Pennec[278, 付録 A の等式(5)]から, 導き出すことができる.)

ここでのアイデアは, 接続をもつ任意の多様体 M と任意の原始的な距離的性質をもつ関数 $\delta : M \times M \to \mathbb{R}$ が与えられると, M 上の Riemann 計量 g を

$$g_p = \frac{1}{2} \operatorname{Hess}_p(\delta(-, p)^2) \qquad (p \in M) \qquad (3.14)$$

により定義できるということである. そうすると今度は, g が M 上の測地距離関数を引き起こす. それゆえ, 距離的関数 δ から始めて, 真の距離関数 d を導き出したことになる. 等式(3.13)と等式(3.14)より, d と δ は無限小において二次までは等しく, d は δ の二次の無限小の振る舞いによって完全に決定されている.

δ を相対エントロピーの平方根として, この手続きを開単体 Δ_n° に適用する. Δ_n° の接空間のそれぞれは, 自然に

$$T_n = \left\{ \mathbf{t} \in \mathbb{R}^n : \sum_{i=1}^n t_i = 0 \right\}$$

と同一視できるので, Δ_n° はカノニカルな接続を備えている. 各 $\mathbf{p} \in \Delta_n^\circ$ に対して, $T_{\mathbf{p}}\Delta_n^\circ = T_n$ 上の双線形形式 g を

$$g(\mathbf{t}, \mathbf{u}) = \frac{1}{2} \operatorname{Hess}_{\mathbf{p}}(H(- \| \mathbf{p})) \qquad (\mathbf{t}, \mathbf{u} \in T_n)$$

により定義する. 簡単な計算により, これは

$$g(\mathbf{t}, \mathbf{u}) = \sum_{i=1}^n \frac{1}{2p_i} t_i u_i \qquad (3.15)$$

に帰着する. これは, Δ_n° 上の Riemann 計量である. 1/2 の因子を除いた $(\mathbf{t}, \mathbf{u}) \mapsto \sum t_i u_i / p_i$ は, **Fisher 計量** (Fisher metric) とよばれる.

ここで, $n-1$ 次元単位球面 S^{n-1} の正の象限を

$$S_+^{n-1} = S^{n-1} \cap (0, \infty)^n$$

と書く．各座標の平方根をとることにより定義される，滑らかな多様体の微分同相写像

$$\sqrt{\ } : \Delta_n^\circ \to S_+^{n-1}$$

がある．S_+^{n-1} 上の標準的な Riemann 構造をこの微分同相写像を通じて移すと，Δ_n° 上の Riemann 構造が得られる．明示的には，$d\sqrt{x}/dx = 1/(2\sqrt{x})$ であるから，$\mathbf{p} \in \Delta_n^\circ$ における接空間 T_n 上に誘導される内積 $\langle -, - \rangle$ は（Ay–Jost–Lê–Schwachhöfer[22, 命題 2.1]のように），

$$\langle \mathbf{t}, \mathbf{u} \rangle = \sum_{i=1}^n \frac{t_i}{2\sqrt{p_i}} \frac{u_i}{2\sqrt{p_i}} = \sum_{i=1}^n \frac{1}{4p_i} t_i u_i \tag{3.16}$$

で与えられる．等式(3.15)と等式(3.16)をあわせると，$g(\mathbf{t}, \mathbf{u}) = 2\langle \mathbf{t}, \mathbf{u} \rangle$ が得られる．だから，Riemann 多様体 (Δ_n°, g) は，半径 $\sqrt{2}$ の $n-1$ 次元球面の正の象限 $\sqrt{2}S_+^{n-1}$ と等長である．

　任意の Riemann 計量と同様に，g は距離関数を誘導する．ここで構成した等長写像により，これが容易に計算できるようになる．実際，その Riemann 構造により誘導される S_+^{n-1} 上の測地距離はすでにわかっている．これは

$$d_{S^{n-1}}(\mathbf{x}, \mathbf{y}) = \cos^{-1}(\mathbf{x} \cdot \mathbf{y}) \in \left[0, \frac{\pi}{2}\right] \qquad (\mathbf{x}, \mathbf{y} \in S_+^{n-1})$$

で与えられる．ただし，$\cdot$ は $\mathbb{R}^n$ の標準的な内積を表す．しかし，前の段落で述べたことより，Δ_n° 上の Riemann 計量 g により誘導される測地距離 d は

$$d(\mathbf{p}, \mathbf{r}) = \sqrt{2} d_{S^{n-1}}(\sqrt{\mathbf{p}}, \sqrt{\mathbf{r}}) \qquad (\mathbf{p}, \mathbf{r} \in \Delta_n^\circ)$$

により与えられる．ゆえに，

$$d(\mathbf{p}, \mathbf{r}) = \sqrt{2} \cos^{-1}\left(\sum_{i=1}^n \sqrt{p_i r_i}\right) \in \left[0, \frac{\pi}{\sqrt{2}}\right]$$

である．さまざまな正規化において，この距離関数には定着した名前がある．すなわち，$\mathbf{p}$ と $\mathbf{r}$ の間の **Fisher 距離**（Fisher distance）と **Bhattacharyya 角**（Bhattacharyya angle）[38]は，それぞれ，

$$2\cos^{-1}\left(\sum_{i=1}^n \sqrt{p_i r_i}\right), \qquad \cos^{-1}\left(\sum_{i=1}^n \sqrt{p_i r_i}\right)$$

である．Fisher 距離は，Fisher 計量 $(\mathbf{t}, \mathbf{u}) \mapsto \sum t_i u_i / p_i$ により誘導される測地距離であり，これにより Δ_n° は半径 2 の球面の正の象限と等長になる．Bhattacharyya 角には，距離関数として用いたとき，Δ_n° が単位球面の部分集合と等長になるという利点がある．

まとめると，相対エントロピーは，距離空間の公理にしたがう，有限集合上の二つの確率分布間の距離の概念を生み出す．相対エントロピーの平方根を無限小距離とみなすならば，その大域的な対応物は（定数倍を除いて）Fisher 距離となる．

　これらのアイデアをさらに発展させると，統計多様体（statistical manifold）という概念に至る．おおまかには，統計多様体はその点が（通常は何らかの無限空間上の）確率分布と考えられるような Riemann 多様体である．Lauritzen の原論文[202]や，再び[22]や[12]などの情報幾何学の教科書を参照せよ．

統計学

　交差エントロピーと相対エントロピーは，初等的な統計学的考察から，以下のように自然に現れる．

　$\{1, \ldots, n\}$ から（何らかの方法で）元を抽出して観察することを k 回行い，結果が

$$x_1, \ldots, x_k \in \{1, \ldots, n\}$$

となったとする．この観察の**経験分布**（empirical distribution）$\hat{\mathbf{p}} = (\hat{p}_1, \ldots, \hat{p}_n) \in \Delta_n$ は，

$$\hat{p}_i = \frac{|\{j \in \{1, \ldots, k\} : x_j = i\}|}{k}$$

で，言い換えると $\hat{\mathbf{p}} = (1/k) \sum_{j=1}^{k} \delta_{x_j}$ で与えられる．ただし，δ_x は x における点質量を表す．たとえば，$n = 4$，$k = 3$ および $(x_1, x_2, x_3) = (4, 1, 4)$ ならば，$\hat{\mathbf{p}} = (1/3, 0, 0, 2/3)$ である．

　ここで，$\mathbf{p} \in \Delta_n$ とし，$\{1, \ldots, n\}$ の k 個の元が $\mathbf{p}$ にしたがって独立に無作為に抽出されたとする．$x_1, \ldots, x_k$ をこの順に観察する確率 $\mathbb{P}(x_1, \ldots, x_k)$ が，実のところ $\mathbf{p}$ に関する $\hat{\mathbf{p}}$ の交差多様度あるいは交差エントロピーの関数になる．実際，

$$\mathbb{P}(x_1, \ldots, x_k) = \prod_{j=1}^{k} p_{x_j} = \prod_{i=1}^{n} p_i^{|\{j : x_j = i\}|} = \prod_{i=1}^{n} p_i^{k \hat{p}_i}$$
$$= D^{\times}(\hat{\mathbf{p}} \parallel \mathbf{p})^{-k}$$
$$= \exp(-k H^{\times}(\hat{\mathbf{p}} \parallel \mathbf{p}))$$

である．

例 3.4.3　$\mathbf{p}$ を，有理数の確率からなる $\{1, \ldots, n\}$ 上の確率分布

$$\mathbf{p} = \left(\frac{k_1}{k}, \ldots, \frac{k_n}{k} \right) \qquad (k_i \geq 0, \ k = \sum k_i)$$

とする．この分布を用いて，k 回の観察を行う．観察された結果が，順に

$$\underbrace{1, \ldots, 1}_{k_1}, \ldots, \underbrace{n, \ldots, n}_{k_n}$$

となる確率はいくらになるか？ これらの観察の経験分布はちょうど $\mathbf{p}$ であるから，答えは

$$D^{\times}(\mathbf{p} \parallel \mathbf{p})^{-k} = D(\mathbf{p})^{-k} = e^{-kH(\mathbf{p})}$$

である．それゆえ，k が固定されているとき，これらの観察を得る確率は，$\mathbf{p}$ のエントロピーの減少関数である．たとえば，$k = n$ ととる．一方の極端な場合で，ある i に対して $p_i = 1$ ならば，観察結果が $i, \ldots, i$ となる確率が最大（値は 1）であり，エントロピーは最小（値は 0）である．他方の極端な場合で，$\mathbf{p} = \mathbf{u}_n$ ならば，結果が $1, \ldots, n$ となる確率は小さく（$1/n^n$），これは $\mathbf{p}$ が最大の可能なエントロピーをもつという事実に対応している． ◆

　統計学において標準的なのは，確率分布は未知であるが，その分布は特定の族 $(\mathbf{p}_{\theta})_{\theta \in \Theta}$ に属していると仮定してもよいという状況である．分布から抽出された観察を何度か行い，次に未知のパラメータ θ の値の推定（inference）を試みる．

　（目下の設定では，Θ は任意の集合であり，各 $\mathbf{p}_{\theta}$ は $\{1, \ldots, n\}$ 上の分布である．しかし，統計学では通常，Θ は $\mathbb{R}^n$ の部分集合であり，その上で分布が定義される集合は無限集合である．たとえば，$\mathbb{R}$ 上のすべての正規分布の族で，対 (μ, σ) でパラメータ化されたものに関心をもつ場合である．ただし，$\mu \in \mathbb{R}$ は平均，$\sigma \in \mathbb{R}^+$ は標準偏差である．）

　このような推定をどのように行うかは，統計学における中心的な問題の一つである．最も単純な方法は**最尤法**（maximum likelihood method）であり，これは以下のようなものである．分布 $\mathbf{p}_{\theta}$ からの抽出を行って $x_1, \ldots, x_k$ が観察される確率を

$$\mathbb{P}(x_1, \ldots, x_k \mid \theta)$$

と書く．最尤法とは，観察 $x_1, \ldots, x_k$ が与えられたとき，$\mathbb{P}(x_1, \ldots, x_k \mid \theta)$ を最大にする θ の値を選ぶ，というものである．

　すでに

$$\mathbb{P}(x_1, \ldots, x_k \mid \theta) = \exp(-k H^{\times}(\hat{\mathbf{p}} \parallel \mathbf{p}_{\theta}))$$

であることは示されているので，等式(3.6)から

$$\mathbb{P}(x_1, \ldots, x_k \mid \theta) = \exp(-k(H(\hat{\mathbf{p}} \parallel \mathbf{p}_{\theta}) + H(\hat{\mathbf{p}})))$$

となる．項 $H(\hat{\mathbf{p}})$ は，観察結果のみに依存し，未知の θ には依存しないという意味で，固定されている．右辺は，$H(\hat{\mathbf{p}} \| \mathbf{p}_\theta)$ の減少関数である．だから，最尤法は相対エントロピー $H(\hat{\mathbf{p}} \| \mathbf{p}_\theta)$ を最小にする θ を選ぶことに相当する．$H(\hat{\mathbf{p}} \| \mathbf{p})$ を，（上述の注意点を踏まえたうえで）$\hat{\mathbf{p}}$ と $\mathbf{p}$ の差あるいは距離の一種であるとみなすと，図3.2のように，このことは $\mathbf{p}_\theta$ が観察された分布 $\hat{\mathbf{p}}$ に可能な限り近くなるように θ を選ぶことを意味する．

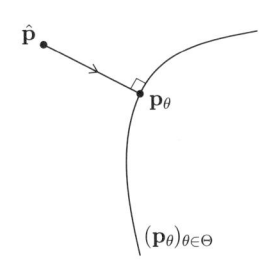

図 **3.2**　最尤法と最小相対エントロピー

より進んだ詳細や背景は，Csiszár–Shields[76]にある．ここで述べたのとは少し異なる文脈において Shore–Johnson[313]により証明されたように，相対エントロピーを最小化する方法は，ほかにはない優れた性質をもっている．

測度論，幾何学および統計学

最尤法と相対エントロピーのつながりは，その引数の $\hat{\mathbf{p}}$ と $\mathbf{p}_\theta$ が Δ_n において互いに近くにある必要のない，相対エントロピー $H(\hat{\mathbf{p}} \| \mathbf{p}_\theta)$ を伴っている．それにもかかわらず，Fisher 計量の議論においては，$\mathbf{p}$ と $\mathbf{r}$ が近い場合の $H(\mathbf{p} \| \mathbf{r})$ の振る舞いがとくに重要であることを確認した．より正確には，二次までの無限小の振る舞いが重要である．以下ではこの二次の振る舞いについて，統計学的視点からさらに先まで手短に調べる．

Ω を測度空間[*]とし，$(f_\theta)_{\theta \in \Theta}$ を実数区間 Θ で添え字づけられた，Ω 上の確率密度関数の滑らかな族とする．$\theta \in \Theta$ を固定する．例 3.4.1(i)で定義した相対エントロピー

$$H(f_\phi \| f_\theta) = \int_\Omega f_\phi(x) \log \frac{f_\phi(x)}{f_\theta(x)} \, dx \qquad (\phi \in \Theta)$$

は，$\phi = \theta$ において最小値 0 をとる（図3.3）．だから，関数 $\phi \mapsto H(f_\phi \| f_\theta)$ は $\phi = \theta$ において値も 0 であり，一次微分も 0 である．二次微分は，θ の近くで ϕ が変化するにつれて分布 f_ϕ がどれくらい速く変化するのかを測っている．これは，族 $(f_\theta)_{\theta \in \Theta}$ の **Fisher 情報量**（Fisher information）$I(\theta)$ とよばれる．

＊　訳注：この段落に登場する積分では，測度は明示されていない．

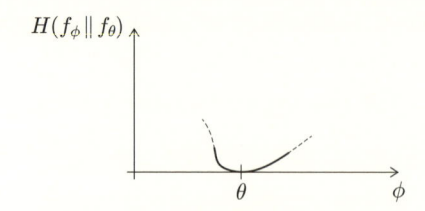

$H(f_\phi \| f_\theta)$

θ

ϕ

図 3.3 パラメータづけられた確率分布の族に対する相対エントロピー.
Fisher 情報量 $I(\theta)$ はこのグラフの θ における二次微分,つまり,
そこでの曲率である.

$$I(\theta) = \frac{\partial^2}{\partial \phi^2} H(f_\phi \| f_\theta) \Big|_{\phi = \theta} \tag{3.17}$$

$H(f_\phi \| f_\theta)$ の定義を (3.17) へと代入し,いくらかの初等的な計算を行うことで,Fisher 情報量の明示的な公式が得られる.

$$I(\theta) = \int_\Omega \frac{1}{f_\theta} \left(\frac{\partial f_\theta}{\partial \theta} \right)^2$$

Fisher 情報量の詳細な議論は Amari–Nagaoka[13, 2.2 節]のような教科書にあり,そこでは複数の実変数 $\theta_1, \ldots, \theta_n$ によりパラメータづけられた分布の族に対して定義が与えられており,Fisher 情報量は Fisher 計量の文脈に位置づけられている.ここでは,統計学における Fisher 情報量の二つの用い方を,単一パラメータの場合にとどめて簡単に説明する.

最初の例は,Cramér–Rao 限界である.パラメータ θ の不偏推定量 $\hat{\theta}$ があるとする.$\hat{\theta}$ に対する **Cramér–Rao 限界** (Cramér–Rao bound) とは,その分散に対する下界である (Cramér[72], Rao[285]).

$$\mathrm{Var}(\hat{\theta}) \geq \frac{1}{I(\theta)} \tag{3.18}$$

この言明は以下のように理解できる.θ は,データから推測しようとしているパラメータの,未知ではあるが真の値を表すとする.θ における Fisher 情報量 $I(\theta)$ が小さければ,ϕ が θ の近くにあるとき f_ϕ はゆっくりとしか変化しない.θ に近いさまざまな値のパラメータから同じような分布が得られるので,任意の精度で観察からパラメータの値を推定することは困難である.Cramér–Rao 限界(3.18)は,この直感を定式化したものである.すなわち,この場合 $1/I(\theta)$ は大きいので,θ の任意の不偏推定量は,大きな分散をもつという意味で不正確になる.逆に,$\phi = \theta$ の近くで f_ϕ が急激に変化するならば,データから θ を推定するのはより容易になり,より正確な不偏推定量を見いだすことが可能になるかもしれない.

Fisher 情報量の2番目の用い方は，Jeffreys 事前分布の定義にある．Bayes 統計学の基本的な課題に，パラメータ空間 Θ 上の事前分布をどのように選択するか，というものがある．とくに，入力として確率分布の族 $(f_\theta)_{\theta \in \Theta}$ を受け取り，事前分布として用いられる Θ 上のカノニカルな分布を出力として生み出す普遍的な方法を求めることができる．1939 年に，統計学者 Harold Jeffreys は，密度関数

$$\theta \mapsto \sqrt{I(\theta)}$$

を，（可能な場合には）積分して1となるように正規化して，事前分布として用いることを提案した[158][159]．これが，**Jeffreys 事前分布**（Jeffreys prior）である．

Jeffreys 事前分布は，再パラメータ化（reparametrization）で不変であるという重要な性質をもつ．たとえば，ある人が平均が0で標準偏差が0から10の間の $\mathbb{R}$ 上の正規分布の族 $(f_\sigma)_{0 \le \sigma \le 10}$ を扱っており，別の人が平均が0で分散が0から100の間の正規分布の族 $(g_V)_{0 \le V \le 100}$ を扱っているとする．二つの族の違いは明らかに見た目だけで，異なるパラメータ化に基づいた計算が異なる結果になるのならば，何か深刻な誤りがあることになる．

しかし，Jeffreys 事前分布は正しく振る舞う．最初の人は，扱っている族の Jeffreys 事前分布を計算して，$[0, 10]$ 上の確率密度関数，したがって $[0, 10]$ 上の確率測度 ν_1 を生み出すことができる．2番目の人は，同様にして，$[0, 100]$ 上の確率測度 ν_2 を得る．不変性とは，ν_1 が平方をとる写像 $[0, 10] \to [0, 100]$ に沿って押し出されたとき，得られる $[0, 100]$ 上の測度が ν_2 に等しくなるということである．つまり，パラメータ化の選択は Jeffreys 事前分布に影響を与えない．

これは非常に重要な論理的性質であり，すべての事前分布を指定する体系がもっているわけではない．たとえば，単に一様事前分布を任意の族に指定するとする（Kass–Wasserman[182, 3節]で議論されている，Bernoulli と Laplace の不充足理由律（principle of insufficient reason））．このとき，不変性は破綻する．上述の例では，1/2 の確率が5未満の標準偏差に割り当てられるが，1/4 の確率が25未満の分散に割り当てられる．これは致命的な欠陥である．

Jeffreys 事前分布の歴史的背景や数学的背景まで含んだ徹底した説明は，Robert–Chopin–Rousseau[298, 4節]にある．これには，ここでの単一パラメータの限られた場合を拡張した，複数パラメータの場合の完全な定義が含まれている．

3.5 相対エントロピーの特徴づけ

ここでは，次の定理を証明して，相対エントロピーが 3.1 節で挙げた四つの性質で一意的に特徴づけられることを示す．

定理 3.5.1 $(I(-\|-)\colon A_n \to \mathbb{R})_{n \geq 1}$ を関数列とする．以下は同値である．

（ i ） $I(-\|-)$ は，2 番目の引数に関して可測であり，置換不変であり，また消滅性とチェイン則（等式(3.3)で，H の代わりに I としたもの）をみたす．

（ii）ある $c \in \mathbb{R}$ に対して $I(-\|-) = cH(-\|-)$ である．

通常の Shannon エントロピーに対して多くの特徴づけ定理が示されてきたように，相対エントロピーにも多くの特徴づけ定理がある．定理 3.5.1 とその証明が最初に登場したのは[218, 定理 II.1]においてであり，これは Baez–Fritz による相対エントロピーの圏論的特徴づけ[24]に強い影響を受けており，一方，Baez–Fritz による特徴づけは Petz の仕事[281]に基づいている．これはまた，証明はまったく異なるにもかかわらず，Kannappan–Ng の結果に非常に近い．歴史的な注釈は注意 3.5.7 にある．

それでは，定理 3.5.1 の証明に着手する．

(i)における四つの条件は，（3.1 節で観察したように）$H(-\|-)$ によりみたされ，ゆえに任意のスカラー c に対する $cH(-\|-)$ によってもみたされる．だから，(ii)は(i)を含意する．

本節の残りの部分では，$I(-\|-)$ は(i)をみたす関数列であるとする．$I(-\|-)$ が $H(-\|-)$ のスカラー倍であることを証明しなければならない．

関数 $L\colon (0,1] \to \mathbb{R}$ を，

$$L(\alpha) = I((1,0) \| (\alpha, 1 - \alpha))$$

により定義する（$\alpha > 0$ であるから，$((1,0),(\alpha,1-\alpha)) \in A_2$ であり，それゆえ $L(\alpha) \in \mathbb{R}$ はきちんと定義されている）．アイデアは，$I(-\|-) = H(-\|-)$ ならば $L = -\log$ である，というものである．ここでは，どうであろうと L が $\log$ のスカラー倍であることを示す．

補題 3.5.2 $(\mathbf{p}, \mathbf{r}) \in A_n$ で，$p_{k+1} = \cdots = p_n = 0$ であるとする．ただし，$1 \leq k \leq n$ である．このとき，$r_1 + \cdots + r_k > 0$ であり，

$$I(\mathbf{p} \| \mathbf{r}) = L(r_1 + \cdots + r_k) + I(\mathbf{p}' \| \mathbf{r}')$$

である. ただし,

$$\mathbf{p}' = (p_1, \ldots, p_k), \qquad \mathbf{r}' = \frac{(r_1, \ldots, r_k)}{r_1 + \cdots + r_k}$$

である.

証明 $k = n$ の場合は, $L(1) = 0$ という言明に帰着するが, これは消滅性から導かれる. そこで, $k < n$ とする.

$\mathbf{p}$ はすべての $i > k$ に対して $p_i = 0$ となる確率分布であるから, ある $i \le k$ が存在して $p_i > 0$ となり, このとき $(\mathbf{p}, \mathbf{r}) \in A_n$ であるから $r_i > 0$ となる. ゆえに, $r_1 + \cdots + r_k > 0$ である. $\mathbf{r}'' \in \Delta_{n-k}$ を, $r_{k+1} + \cdots + r_n > 0$ ならば $(r_{k+1}, \ldots, r_n)$ を規格化したものとし, そうでなければ $\mathbf{r}''$ は Δ_{n-k} において任意に選ぶ ($k < n$ であるから, 集合 Δ_{n-k} は空ではない). このとき合成の定義より,

$$\mathbf{p} = (1, 0) \circ (\mathbf{p}', \mathbf{r}'')$$
$$\mathbf{r} = (r_1 + \cdots + r_k, r_{k+1} + \cdots + r_n) \circ (\mathbf{r}', \mathbf{r}'')$$

である. ゆえにチェイン則より

$$I(\mathbf{p} \parallel \mathbf{r}) = L(r_1 + \cdots + r_k) + 1 \cdot I(\mathbf{p}' \parallel \mathbf{r}') + 0 \cdot I(\mathbf{r}'' \parallel \mathbf{r}'')$$

となり, 示すべき結果が導かれる. □

補題 3.5.3 すべての $\alpha, \beta \in (0, 1]$ に対して, $L(\alpha\beta) = L(\alpha) + L(\beta)$ である.

証明 チェイン則より, $I(- \parallel -)$ は, 3.1 節の終わりに述べた対数的性質 (等式(3.4)で, H の代わりに I としたもの) をもつ. ゆえに

$$I((1, 0) \otimes (1, 0) \parallel (\alpha, 1 - \alpha) \otimes (\beta, 1 - \beta)) = L(\alpha) + L(\beta)$$

である. しかし, ($k = 1$ の) 補題 3.5.2 と消滅性より,

$$
\begin{aligned}
&I((1, 0) \otimes (1, 0) \parallel (\alpha, 1 - \alpha) \otimes (\beta, 1 - \beta)) \\
&= I((1, 0, 0, 0) \parallel (\alpha\beta, \alpha(1 - \beta), (1 - \alpha)\beta, (1 - \alpha)(1 - \beta))) \\
&= L(\alpha\beta) + I(\mathbf{u}_1 \parallel \mathbf{u}_1) \\
&= L(\alpha\beta)
\end{aligned}
$$

でもある. □

これで, 次のことを導き出すことができる.

補題 3.5.4 ある $c \in \mathbb{R}$ が存在して，すべての $\alpha \in (0,1]$ に対して $L(\alpha) = -c \log \alpha$ となる.

証明 仮定より，L は可測であるから，補題 3.5.3 と系 1.1.14 から導かれる. □

次の補題は，Baez–Fritz の論証の最も独創的な部分に基づくものである [24, 補題 4.2].

補題 3.5.5 $n \geq 1$ および $(\mathbf{p}, \mathbf{r}) \in A_n$ とし，$\mathbf{p}$ は完全な台をもつとする．このとき，$I(\mathbf{p} \parallel \mathbf{r}) = cH(\mathbf{p} \parallel \mathbf{r})$ である.

証明 $(\mathbf{p}, \mathbf{r}) \in A_n$ であるから，分布 $\mathbf{r}$ も完全な台をもつ．したがって，ある $\alpha \in (0,1]$ を選んで，すべての i に対して $r_i - \alpha p_i \geq 0$ となるようにできる.

数

$$x = I((p_1, \ldots, p_n, \underbrace{0, \ldots, 0}_{n}) \parallel (\alpha p_1, \ldots, \alpha p_n, r_1 - \alpha p_1, \ldots, r_n - \alpha p_n))$$

を 2 通りの方法で計算する（右辺の分布の対は A_{2n} に属するので，x はきちんと定義されている）．第一に，補題 3.5.2 と消滅性より，

$$x = L(\alpha) + I(\mathbf{p} \parallel \mathbf{p}) = -c \log \alpha$$

である．第二に，置換不変性と，次にチェイン則より，

$$
\begin{aligned}
x &= I((p_1, 0, \ldots, p_n, 0) \parallel (\alpha p_1, r_1 - \alpha p_1, \ldots, \alpha p_n, r_n - \alpha p_n)) \\
&= I\left(\mathbf{p} \circ ((1,0), \ldots, (1,0)) \,\middle\|\, \mathbf{r} \circ \left(\left(\alpha \frac{p_1}{r_1}, 1 - \alpha \frac{p_1}{r_1}\right), \ldots, \left(\alpha \frac{p_n}{r_n}, 1 - \alpha \frac{p_n}{r_n}\right) \right) \right) \\
&= I(\mathbf{p} \parallel \mathbf{r}) + \sum_{i=1}^{n} p_i L\left(\alpha \frac{p_i}{r_i} \right) \\
&= I(\mathbf{p} \parallel \mathbf{r}) - c \log \alpha - cH(\mathbf{p} \parallel \mathbf{r})
\end{aligned}
$$

となる．x に対する二つの式を比較することで，示すべき結果が得られる. □

これで，$\mathbf{p}$ が完全な台をもつときに $I(\mathbf{p} \parallel \mathbf{r}) = cH(\mathbf{p} \parallel \mathbf{r})$ であることが証明された．あとは，任意の $\mathbf{p}$ に対して証明するだけである.

定理 3.5.1 の証明 $(\mathbf{p}, \mathbf{r}) \in A_n$ とする．置換不変性より，

$$p_1, \ldots, p_k > 0, \qquad p_{k+1} = \cdots = p_n = 0$$

と仮定できる．ただし，$1 \leq k \leq n$ である．$R = r_1 + \cdots + r_k$ と書くと，補題 3.5.2 より

$$I(\mathbf{p} \parallel \mathbf{r}) = L(R) + I\left((p_1, \ldots, p_k) \,\middle\|\, \frac{1}{R}(r_1, \ldots, r_k)\right)$$

である．ゆえに補題 3.5.4 と補題 3.5.5 より，

$$I(\mathbf{p} \parallel \mathbf{r}) = -c \log R + cH\left((p_1, \ldots, p_k) \,\middle\|\, \frac{1}{R}(r_1, \ldots, r_k)\right)$$

である．しかし，I の代わりに cH に対して同じ議論を適用する（あるいは直接計算する）ことにより，

$$cH(\mathbf{p} \parallel \mathbf{r}) = -c \log R + cH\left((p_1, \ldots, p_k) \,\middle\|\, \frac{1}{R}(r_1, \ldots, r_k)\right)$$

でもある．よって，示すべき結果が導かれる． □

注意 3.5.6

（ⅰ）交差エントロピーは，消滅性公理をみたさないことを除いて，定理 3.5.1(i) で挙げられているすべての性質をみたす．ゆえに，消滅性公理は定理から外すことはできない．

（ⅱ）チェイン則は，同値な特別な場合に置き換えることができる．すなわち，すべての $(\mathbf{w}, \widetilde{\mathbf{w}}) \in A_n$ と $((p, 1-p), (\widetilde{p}, 1-\widetilde{p})) \in A_2$ に対して，

$$I((pw_1, (1-p)w_1, w_2, \ldots, w_n) \parallel (\widetilde{p}\widetilde{w}_1, (1-\widetilde{p})\widetilde{w}_1, \widetilde{w}_2, \ldots, \widetilde{w}_n))$$
$$= I(\mathbf{w} \parallel \widetilde{\mathbf{w}}) + w_1 I((p, 1-p) \parallel (\widetilde{p}, 1-\widetilde{p}))$$

とできる．あるいは，別の特別な場合で置き換えることもできる．すなわち，すべての $(\mathbf{p}, \widetilde{\mathbf{p}}) \in A_k$, $(\mathbf{r}, \widetilde{\mathbf{r}}) \in A_\ell$, および $((w, 1-w), (\widetilde{w}, 1-\widetilde{w})) \in A_2$ に対して，

$$I(w\mathbf{p} \oplus (1-w)\mathbf{r} \parallel \widetilde{w}\widetilde{\mathbf{p}} \oplus (1-\widetilde{w})\widetilde{\mathbf{r}})$$
$$= I((w, 1-w) \parallel (\widetilde{w}, 1-\widetilde{w})) + wI(\mathbf{p} \parallel \widetilde{\mathbf{p}}) + (1-w)I(\mathbf{r} \parallel \widetilde{\mathbf{r}})$$

とできる．ここでは，

$$w\mathbf{p} \oplus (1-w)\mathbf{r} = (wp_1, \ldots, wp_k, (1-w)r_1, \ldots, (1-w)r_\ell)$$

という表記を用いた．注意 2.2.11 と付録 A.1 のように，どちらの特別な場合も初等的な帰納法により一般的な場合と同値になる．

注意 3.5.7 相対エントロピーの最初の特徴づけは，1961 年に Rényi により証明されたようである [294, 定理 4]．これは，確率分布 $\mathbf{p}$ と $\mathbf{r}$ に対してだけでなく，（$\sum p_i = \sum r_i = 1$ という要請を $\sum p_i, \sum r_i \leq 1$ に弱めた）すべての「一般化」確率分布（generalized probability distribution）に対して定義された $H(\mathbf{p} \parallel \mathbf{r})$ に依拠している．この結果は，通常の確率分布のみに対する相対エントロピーの特徴づけへと容易に変換することができない．

通常の確率分布に対する相対エントロピーを特徴づける定理の中での最初の一つは，1969 年の Hobson [147] のものである．彼の仮定は，同じ結論の定理 3.5.1 のものよりも

強い．彼は，定理 3.5.1 と共通して，置換不変性，消滅性およびチェイン則（注意 3.5.6(ii) で与えた二つの同値な形のうちの後者）を仮定した．しかし，彼はまた，（一方の変数における単なる可測性の代わりに）両方の変数における連続性と，定理 3.5.1 にはない単調性の条件も仮定している．

1973 年に，Kannappan–Ng[177]は定理 3.5.1 に非常に近い結果を証明した．彼らは論文中でその結果を明示的に述べなかったが，同じ著者らによる別の論文[178]の結語と，Kannappan–Rathie による同時代の論文[179]のアプローチから，趣旨は示唆される．定理 3.5.1 に似たこの結果は，2008 年の Csiszár の論文[75, 2.1 節]において明示的に述べられており，Kannappan–Ng によるものとされている．

Kannappan–Ng の定理の仮定と定理 3.5.1 の仮定の間には，いくつかの小さな違いがある．彼らは両方の変数における可測性を仮定しているが，ここでは 2 番目の変数における可測性しか仮定していない（そして，実際には $I((1,0) \parallel -)$ が可測であることしか用いていない）．一方で，彼らは $\mathbf{u}_2$ に対する消滅性条件のみを要請しているが，ここではすべての $\mathbf{p}$ に対して消滅性条件を要請している．情報理論における関数方程式についての多くの著者と同様に，彼らは再帰性という名称で，チェイン則を注意 3.5.6(ii)における最初の同値な形で用いている．

証明は，しかしながら完全に異なっている．彼らの証明は，その中心にいわゆる情報理論の基礎方程式（方程式(11.17)）を据え，四つの未知関数に対する

$$f(x) + (1-x)g\left(\frac{y}{1-x}\right) = h(y) + (1-y)j\left(\frac{x}{1-y}\right)$$

のような関数方程式の解を含む，関数方程式の離れ業であった．上述の証明は，これらの事項を完全に迂回している．

第**4**章

Shannon エントロピーの変形

DEFORMATIONS OF SHANNON ENTROPY

　Shannon エントロピーは基礎的であるが，有限集合上の単一の確率分布を扱う文脈においてさえも，ただ一つの有用あるいは自然なエントロピーの概念ではない．本章では，どちらも Shannon エントロピーをそのメンバーとして含む，二つのエントロピーの一パラメータ族に出会う（図 4.1）．どちらも実パラメータ q で指標づけられており，どちらにおいても $q = 1$ の場合が Shannon エントロピーになる．q の値を 1 から動かすことは，Shannon エントロピーを変形していると考えることができる．「変形」という語が用いられるほかの数学的文脈と同様に，変形されていない対象（Shannon エントロピー）は，変形後には失われるほかにはないよい性質をもつが，それでもなお，変形後の対象はもとの対象の特徴のいくつかを保持している．

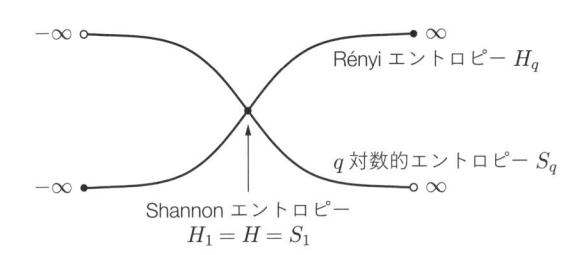

図 4.1 Shannon エントロピーの変形の二つの族である，Rényi エントロピー $(H_q)_{q \in [-\infty, \infty]}$ と q 対数的エントロピー $(S_q)_{q \in (-\infty, \infty)}$

　ここでは，（注意 4.1.4 でつまびらかになるように誤って）「Tsallis エントロピー」とよばれることが多い q 対数的エントロピー $(S_q)_{q \in \mathbb{R}}$ から始める．q 対数的エントロピーは生物多様性の尺度として用いられてきたが，後に見るように（例 4.1.3），そのように用いられるべきではないだろう．

　意外かもしれないが，$q \neq 1$ に対するエントロピー S_q を一意的に特徴づけるのは，Shannon エントロピーの場合の $S_1 = H$ よりも容易である．さらに，ここで証明する特

徴づけ定理はどのような正則性条件も，可測性でさえも，まったく必要としない．同じことがq対数的相対エントロピーに当てはまり，これについてもここで導入して特徴づけを行う．

べき乗平均の古典的な話題に関するいくつかの必要な準備を行った後（4.2 節），もう一つの中心的な Shannon エントロピーの変形の族である，Rényi エントロピー $(H_q)_{q \in [-\infty, \infty]}$ を導入する（4.3 節）．q 対数的エントロピーと Rényi エントロピーは，まったく同じ内容をもつ．すなわち，q の各有限の値に対して，$H_q(\mathbf{p})$ による $S_q(\mathbf{p})$ に対する単純な公式があり，逆もまた同様である．しかし，これらは異なる，相補的な代数的性質をもつ．たとえば，q 対数的エントロピーは Shannon エントロピーに対するチェイン則に類似の単純なチェイン則をみたすのに対して，Rényi エントロピーに対するチェイン則はより煩雑である．一方，Rényi エントロピーは Shannon エントロピーと同様の対数のような性質

$$H_q(\mathbf{p} \otimes \mathbf{r}) = H_q(\mathbf{p}) + H_q(\mathbf{r})$$

をもつが，q 対数的エントロピーはもたない．

Rényi エントロピーの指数関数 $D_q(\mathbf{p}) = \exp H_q(\mathbf{p})$ は，生態学においてはオーダー q の Hill 数として知られている．Hill 数は，（少なくとも，種の集合上の確率分布としての群集の粗いモデルを用いるならば）生物多様性の最も重要な尺度である．q の異なる値は，群集の構成の異なる側面を反映し，q に対して $D_q(\mathbf{p})$ をグラフ化することにより，群集の意味のある特徴を読み取ることができるようになる．4.3 節と 4.4 節でこの点を例示し，Hill 数が多様性の尺度としてよく適していることを示す性質を確立する．

本章の最後に，与えられたオーダー q の Hill 数が，一定の性質で一意的に特徴づけられることを示す（4.5 節）．したがって，（Hill 数は Rényi エントロピーの指数関数であるから）同じことが Rényi エントロピーにもいえるが，その性質は Hill 数に対して述べられたときにより自然に見える．これは，本書で証明する Hill 数に対する二つの特徴づけ定理のうちの最初のものである．二つ目の定理は，未知のオーダーの Hill 数を特徴づけるものであり，7.4 節で到達する．

4.1　q 対数的エントロピー

q 対数的エントロピーの定義を得るには，Shannon エントロピーの定義における対数を，1.3 節で定義した q 対数 $\ln_q$ で単純に置き換えればよい．

定義 4.1.1 $q \in \mathbb{R}$ および $n \geq 1$ とする. **q 対数的エントロピー** (q-logarithmic entropy)

$$S_q \colon \Delta_n \to \mathbb{R}$$

は,

$$S_q(\mathbf{p}) = \sum_{i \in \mathrm{supp}(\mathbf{p})} p_i \ln_q \frac{1}{p_i}$$

により定義される.

だから, $S_1(\mathbf{p})$ は Shannon エントロピー $H(\mathbf{p})$ であり, $q \neq 1$ に対しては,

$$S_q(\mathbf{p}) = \frac{1}{1-q} \left(\sum_{i \in \mathrm{supp}(\mathbf{p})} p_i^q - 1 \right) \tag{4.1}$$

である.

注意 4.1.2 ここでは, Shannon エントロピーに対する式 $\sum p_i \log(1/p_i)$ を一般化することを選んだが, 代わりに $-\sum p_i \log p_i$ を用いることもできよう. $\ln_q(1/x) \neq -\ln_q x$ であるから, これは異なる結果を与えることになる. しかし, 等式 (1.19) より

$$- \sum_{i \in \mathrm{supp}(\mathbf{p})} p_i \ln_q p_i = S_{2-q}(\mathbf{p})$$

であるから, この異なる選択は異なるパラメータ化を行っているというだけである.

q 対数的エントロピー $S_q(\mathbf{p})$ は, 驚きの期待値として解釈できる. $s \colon [0,1] \to \mathbb{R} \cup \{\infty\}$ を, 各確率 p に, その確率で起こる事象を目撃したときに経験するであろう驚きの度合い $s(p)$ を割り当てる, $s(1) = 0$ であるような減少関数とする. このとき, 確率分布 $\mathbf{p} = (p_1, \ldots, p_n)$ から抽出された事象に対する驚きの期待値は,

$$\sum_{i \in \mathrm{supp}(\mathbf{p})} p_i \cdot s(p_i)$$

である. 驚きの期待値は, 不確定性の尺度である. $\mathbf{p} = (1, 0, \ldots, 0)$ ならば, 驚きの期待値は 0 である. すなわち, $\mathbf{p}$ から抽出するという過程は完全に予測可能である. $\mathbf{p} = \mathbf{u}_n$ ならば, 驚きの期待値は $s(1/n)$ であり, これは n の増加関数である. すなわち, 可能性の数が大きければ大きいほど, 結果の予測可能性はより小さくなる.

(形式ばらずに述べると, 驚きの期待値という概念はなじみのあるものである. すなわち, 安定な環境に住んでいる人は, ほとんどの日において何かに少々驚くことはあっても, ひどく驚くことはないと考えているだろう. 環境が安定でなければないほど, 驚きの期待値はより大きくなる.)

この言葉では，$S_q(\mathbf{p})$ は，$p \mapsto \ln_q(1/p)$ を驚きを測る関数として用いるときの，分布 $\mathbf{p}$ から抽出される事象に対する驚きの期待値である．図 4.2 に，$q = 0, 1, 2, 3$ に対する驚きを測る関数を示す．一般の $q > 0$ に対しては，すべての $\mathbf{p} \in \Delta_n$ に対して

$$0 \leq S_q(\mathbf{p}) \leq \ln_q n$$

であり，$S_q(\mathbf{p}) = 0$ であるのは，$\mathbf{p} = (0, \ldots, 0, 1, 0, \ldots, 0)$ であるとき，かつそのときに限り，また $S_q(\mathbf{p}) = \ln_q n$ であるのは，$\mathbf{p} = \mathbf{u}_n$ であるとき，かつそのときに限る．これは，q 対数的エントロピーと Hill 数の関係をひとたび確立すれば（注意 4.4.4(i)），Hill 数 D_q の対応する性質から導かれる．

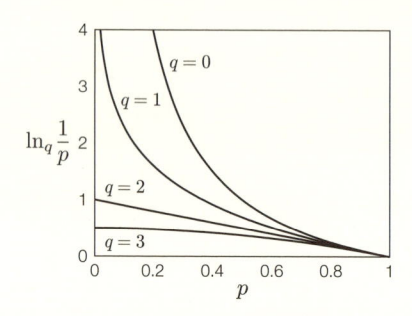

図 4.2　q のいくつかの値に対する関数 $p \mapsto \ln_q(1/p)$

例 4.1.3　この例では，$\mathbf{p} = (p_1, \ldots, p_n) \in \Delta_n$ は生物群集を構成する n 種の相対存在量分布であるとみなす．ときおり，（Patil–Taillie[273]，Keylock[187]および Ricotta–Szeidl[296]のように）$S_q(\mathbf{p})$ は多様性の尺度であると提唱されることがあるが，ここで説明するようにこれには問題がある．

（ⅰ）$S_0(\mathbf{p}) = |\mathrm{supp}(\mathbf{p})| - 1$ である．すなわち，0 対数的エントロピーは，現存する種数より 1 小さい数である．

（ⅱ）$S_1(\mathbf{p}) = H(\mathbf{p})$ である．例 2.4.7 と例 2.4.11 の疫病や石油会社の論証は，S_1 を多様性の尺度として用いるべきでない理由を示している．より一般に，q がどんな値でも，S_q を多様性の尺度として用いるべきではない．S_q は有効数ではないからである．

$$S_q(\mathbf{u}_n) = \ln_q n \neq n$$

しかし，4.3 節で，S_q をよい振る舞いをする多様性の尺度へと変換することができ，その結果がオーダー q の Hill 数であることを見る．

（ⅲ）$\mathbf{p}$ の 2 対数的エントロピーは，

$$S_2(\mathbf{p}) = 1 - \sum_{i=1}^{n} p_i^2 = \sum_{i,j : i \neq j} p_i p_j$$

である．これは，無作為に選択された2個体が異なる種に属する確率である．生態学では，$S_2(\mathbf{p})$ は，1949年に多様性の指標として $S_2(\mathbf{p})$ を導入した Edward H. Simpson[314]と，経済学，統計学および人口学に関する広範な1912年のモノグラフにおいて $S_2(\mathbf{p})$ を用いた Corrado Gini[118]の名前に関連づけられている．このような自然な量であることから，$S_2(\mathbf{p})$ はさまざまな分野で用いられてきた．また，不偏推定量をもつという利点もある．これらの点については，Good[123]の1982年の覚書において議論されている．彼は，「均質性の尺度を求めた今世紀のどんな統計学者も，2秒ほどで $\sum p_i^2$ を提案したであろう」と書いた．

これほどであるにもかかわらず，$S_2(\mathbf{p})$ は有効数でないという欠点をもっている．繰り返すが，4.3節で改善策を述べる． ◆

注意4.1.4 q 対数的エントロピーは，繰り返し発見と再発見がなされてきた．Havrda–Charvát による情報と分類に関する1967年の論文[141]において，底2の対数に対応した形

$$S_q^{(2)}(\mathbf{p}) = \frac{1}{2^{1-q} - 1}\Big(\sum p_i^q - 1\Big)$$

で初めて登場したようである．定数因子は，$S_q^{(2)}(\mathbf{p})$ が $q \to 1$ のとき底2のShannonエントロピー $H^{(2)}(\mathbf{p})$ に収束し，かつすべての q に対して $S_q^{(2)}(\mathbf{u}_2) = 1$ となるように選ばれている．

エントロピー $S_q^{(2)}$ に関するさらなる研究が，1968年に Vajda[340]により行われた（Havrda–Charvát は引用されている）．$S_q^{(2)}$ は1970年に Daróczy[78]により再発見され（Havrda–Charvát は引用されていない），Aczél–Daróczy による1975年の著書[3]の6.3節の主題となった（上述のすべてが引用されている）．

底 e のエントロピー S_q そのものは，Patil–Taillie による1982年の論文[273, 3.2節]において初めて登場したようであり（Aczél–Daróczy の著書は引用されているが，その他の文献は引用されていない），この論文では S_q は生物多様性の指標として提案されている．

一方，物理学では，（Csiszar[75, 2.4節]によると）q 対数的エントロピーは Lindhard–Nielsen の1971年の論文[229]において登場した．Wehrl による，物理学におけるエントロピーに関する総説論文でも短く登場している[350, p.247]．最後に，Tsallis による統計物理学に関する1988年の論文[331]において再び再発見されている（上述のどの文献も引用されていない）．

q 対数的エントロピーは，すでに20年間も活発に研究されてきたにもかかわらず，最も広く使われるのは Tsallis にちなんだ名称である．「q 対数的エントロピー」という用語は新しいものであるが，説明的であり，かつ誤った帰属を永続させないという利点がある．

q 対数的エントロピーの（4.3節で導入する）Rényi エントロピーに対する主要な利点は，q 対数的エントロピーは単純なチェイン則

$$S_q(\mathbf{w} \circ (\mathbf{p}^1, \ldots, \mathbf{p}^n)) = S_q(\mathbf{w}) + \sum_{i \in \operatorname{supp}(\mathbf{w})} w_i^q S_q(\mathbf{p}^i)$$

$$(q \in \mathbb{R}, \ \mathbf{w} \in \Delta_n, \ \mathbf{p}^i \in \Delta_{k_i}) \qquad (4.2)$$

をみたすことである．これは，容易に直接確認することができる．あるいは，∂ を ∂_q: $x \mapsto x \ln_q(1/x)$ に置き換えて

$$\partial_q(xy) = \partial_q(x)y + x^q \partial_q(y)$$

を示すことで，Shannon エントロピーに対するチェイン則（命題 2.2.8）の証明をまねることもできる．より一般的なチェイン則も，命題 6.2.13 として証明する．

$\mathbf{p}^1 = \cdots = \mathbf{p}^n = \mathbf{p}$ の特別な場合から，

$$S_q(\mathbf{w} \otimes \mathbf{p}) = S_q(\mathbf{w}) + \left(\sum_{i \in \operatorname{supp}(\mathbf{w})} w_i^q \right) S_q(\mathbf{p}) \qquad (q \in \mathbb{R}, \ \mathbf{w} \in \Delta_n, \ \mathbf{p} \in \Delta_k) \quad (4.3)$$

を得る．とくに，$q = 1$ の場合に存在する対称性

$$H(\mathbf{w} \otimes \mathbf{p}) = H(\mathbf{w}) + H(\mathbf{p})$$

は，変形して $q = 1$ から離れると消える．このことは，以下の特徴づけ定理の鍵となる．

特徴づけ定理を述べる前に，もう一つの性質を述べておく．すなわち，S_q は**対称的** (symmetric) である．これは，すべての $q \in \mathbb{R}$，$\mathbf{p} \in \Delta_n$，および $\{1, \ldots, n\}$ の置換 σ に対して

$$S_q(\mathbf{p}) = S_q(\mathbf{p}\sigma) \qquad (4.4)$$

であることを意味する．

定理 4.1.5　$1 \neq q \in \mathbb{R}$ とする．$(I \colon \Delta_n \to \mathbb{R})_{n \geq 1}$ を関数列とする．以下は同値である．

（ⅰ）I は対称的であり，すべての $n, k \geq 1$，$\mathbf{w} \in \Delta_n$，および $\mathbf{p} \in \Delta_k$ に対して

$$I(\mathbf{w} \otimes \mathbf{p}) = I(\mathbf{w}) + \left(\sum_{i \in \operatorname{supp}(\mathbf{w})} w_i^q \right) I(\mathbf{p})$$

をみたす．

（ⅱ）ある $c \in \mathbb{R}$ に対して $I = cS_q$ である．

q 対数的エントロピーのこの特徴づけは，[218, 定理 Ⅲ.1]に初めて登場した．注目すべきことに，この特徴づけはどんな正則性条件も必要としていない．これは，Shannon エントロピーの $q = 1$ の場合では，何らかの形の正則性を欠くことができなかった（注意 2.5.2(ⅳ)）のとは対照的である．

証明 先ほどの観察より, (ii)は(i)を含意する. ここで, (i)を仮定する. 対称性より, $I(\mathbf{w} \otimes \mathbf{p}) = I(\mathbf{p} \otimes \mathbf{w})$ であるから, すべての $\mathbf{w} \in \Delta_n$ と $\mathbf{p} \in \Delta_k$ に対して

$$I(\mathbf{w}) + \left(\sum_{i \in \mathrm{supp}(\mathbf{w})} w_i^q \right) I(\mathbf{p}) = I(\mathbf{p}) + \left(\sum_{i \in \mathrm{supp}(\mathbf{p})} p_i^q \right) I(\mathbf{w})$$

であり, 言い換えると,

$$\left(\sum_{i \in \mathrm{supp}(\mathbf{w})} w_i^q - 1 \right) I(\mathbf{p}) = \left(\sum_{i \in \mathrm{supp}(\mathbf{p})} p_i^q - 1 \right) I(\mathbf{w})$$

である. $\mathbf{w} = \mathbf{u}_2$ ととる. このとき, すべての $\mathbf{p} \in \Delta_k$ に対して

$$(2^{1-q} - 1)I(\mathbf{p}) = \left(\sum_{i \in \mathrm{supp}(\mathbf{p})} p_i^q - 1 \right) I(\mathbf{u}_2)$$

である. $q \neq 1$ であるから

$$c = \frac{1-q}{2^{1-q} - 1} I(\mathbf{u}_2)$$

と定義することができ, このとき, $I = cS_q$ となる. $\qquad\square$

注意 4.1.6 q 対数的エントロピーに対しては, いくつかの特徴づけ定理がある. 定理 4.1.5 と類似のものは, 1970 年に Daróczy[78]により発表され, Aczél–Daróczy の著書[3, 定理 6.3.9]にも登場している. ある意味では, これは定理 4.1.5 よりも強い (すなわち, より弱い仮定をもつ). すなわち, 定理 4.1.5 ではすべての n に対して $I \colon \Delta_n \to \mathbb{R}$ が対称的であることを仮定したが, Daróczy は $n = 3$ に対してのみ対称性を仮定している. 一方, Daróczy の定理は, ここで用いられた $I(\mathbf{w} \otimes \mathbf{p})$ の特別な場合に対してだけでなく, $I(\mathbf{w} \circ (\mathbf{p}^1, \dots, \mathbf{p}^n))$ に対する完全な q チェイン則 (等式(4.2)) を本質的に仮定している.

ここでの「本質的」という語は, 歴史の襞を隠してしまう. 注意 2.2.11 で, Shannon エントロピーに対するチェイン則は, 単純な帰納的論証により特別な場合の

$$H(pw_1, (1-p)w_1, w_2, \dots, w_n) = H(\mathbf{w}) + w_1 H(p, 1-p)$$

と同値になることを指摘した. ここでも同様に, 等式(4.2)の q チェイン則は, (付録 A.1 で与える) 同様の単純な帰納的論証により特別な場合の

$$S_q(pw_1, (1-p)w_1, w_2, \dots, w_n) = S_q(\mathbf{w}) + w_1^q S_q(p, 1-p) \tag{4.5}$$

と同値となる. それゆえ, (4.2)と(4.5)が同値であると考えるのはもっともである. しかし, Daróczy の定理における仮定は, 一般の場合の(4.2)ではなく, 特別な場合の(4.5)なのである.

Daróczy により与えられた証明は, 「情報理論の基礎方程式」(方程式(11.17)) の q 類似を含む, 完全に異なるものである.

（Suyari[322, 2 節]や Furuichi[113, 定理 V.2]のような）S_q のほかの特徴づけも証明されているが，定理 4.1.5 よりも強い仮定を用いて同じ結論を得ている．

通常のエントロピーが q 対数的な変形をもつように，相対エントロピーも q 対数的変形をもつ．

定義 4.1.7 $q \in \mathbb{R}$ および $\mathbf{p}, \mathbf{r} \in \Delta_n$ とする．$\mathbf{r}$ に対する $\mathbf{p}$ の q 対数的相対エントロピー（q-logarithmic entropy of $\mathbf{p}$ relative to $\mathbf{r}$）とは，

$$S_q(\mathbf{p} \parallel \mathbf{r}) = - \sum_{i \in \mathrm{supp}(\mathbf{p})} p_i \ln_q \frac{r_i}{p_i} \in [0, \infty]$$

のことである．

明示的には，$S_1(\mathbf{p} \parallel \mathbf{r}) = H(\mathbf{p} \parallel \mathbf{r})$ であり，$q \neq 1$ に対しては，

$$S_q(\mathbf{p} \parallel \mathbf{r}) = \frac{1}{q-1} \left(\sum_{i \in \mathrm{supp}(\mathbf{p})} p_i^q r_i^{1-q} - 1 \right)$$

である．通常の相対エントロピー $H(- \parallel -)$（3.1 節）に対するのと同様に，

$$S_q(\mathbf{p} \parallel \mathbf{r}) < \infty \iff (\mathbf{p}, \mathbf{r}) \in A_n$$

である．

q 対数的相対エントロピーの定義は，1972 年に Rathie–Kannappan[289]により与えられた（注意 4.1.4 で述べた Havrda–Charvát の慣習にしたがって，彼らは底 2 の対数に対応した形を用いている）．彼らの定義は，1984 年に Cressie–Read[73, 5 節]により採用され，底 e の形が適合度検定に関する統計学の研究に用いられている．q 対数的相対エントロピーは，1998 年に物理学において 2 度，Shiino[311]と Tsallis[333]により独立に再発見されている．

注意 4.1.8 非相対的な q 対数的エントロピーの定義のように（注意 4.1.2），$\ln_q(1/x) \neq -\ln_q x$ であることを考えると，通常の相対エントロピーに対する公式をどのように一般化するのかについては選択肢がある．ここでも，もう一方を選んでも，単にパラメータ化がひっくり返るだけである．すなわち，等式(1.19)により

$$\sum_{i \in \mathrm{supp}(\mathbf{p})} p_i \ln_q \frac{p_i}{r_i} = S_{2-q}(\mathbf{p} \parallel \mathbf{r})$$

である．定義 4.1.7 の選び方では，$q = 1$ の場合のように，相対エントロピー $S_q(\mathbf{p} \parallel \mathbf{u}_n)$ が $S_q(\mathbf{p})$ と n の関数になるという利点がある．すなわち，容易に確認できるように，

$$S_q(\mathbf{p} \parallel \mathbf{u}_n) = n^{q-1}(\ln_q n - S_q(\mathbf{p}))$$
$$= n^{q-1}(S_q(\mathbf{u}_n) - S_q(\mathbf{p}))$$

である.

非相対的な q 対数的エントロピーと同様に, q 対数的相対エントロピーは極めて単純な特徴づけをもつ. q 対数的相対エントロピーは, チェイン則

$$S_q(\mathbf{w} \circ (\mathbf{p}^1, \dots, \mathbf{p}^n) \parallel \widetilde{\mathbf{w}} \circ (\widetilde{\mathbf{p}}^1, \dots, \widetilde{\mathbf{p}}^n))$$
$$= S_q(\mathbf{w} \parallel \widetilde{\mathbf{w}}) + \sum_{i \in \mathrm{supp}(\mathbf{w})} w_i^q \widetilde{w}_i^{1-q} S_q(\mathbf{p}^i \parallel \widetilde{\mathbf{p}}^i) \qquad (\mathbf{w}, \widetilde{\mathbf{w}} \in \Delta_n,\ \mathbf{p}^i, \widetilde{\mathbf{p}}^i \in \Delta_{k_i})$$

をみたし, この特別な場合として乗法則

$$S_q(\mathbf{w} \otimes \mathbf{p} \parallel \widetilde{\mathbf{w}} \otimes \widetilde{\mathbf{p}}) = S_q(\mathbf{w} \parallel \widetilde{\mathbf{w}}) + \left(\sum_{i \in \mathrm{supp}(\mathbf{w})} w_i^q \widetilde{w}_i^{1-q} \right) S_q(\mathbf{p} \parallel \widetilde{\mathbf{p}})$$
$$(\mathbf{w}, \widetilde{\mathbf{w}} \in \Delta_n,\ \mathbf{p}, \widetilde{\mathbf{p}} \in \Delta_k) \qquad (4.6)$$

をみたす. さらに, $S_q(-\parallel-)$ は, $q=1$ の場合（3.1 節）と同じ意味で置換不変である. 等式(4.6)と置換不変性が, 定数因子を除いて $S_q(-\parallel-)$ を一意的に特徴づける.

定理 4.1.9 $1 \neq q \in \mathbb{R}$ とする. $(I(-\parallel-) \colon A_n \to \mathbb{R})_{n \geq 1}$ を関数列とする. 以下は同値である.

（ⅰ）$I(-\parallel-)$ は置換不変であり,（S_q の代わりに I とした）乗法則(4.6)をみたす.

（ⅱ）ある $c \in \mathbb{R}$ に対して $I(-\parallel-) = cS_q(-\parallel-)$ である.

この結果は, [218, 定理 IV.1]に初めて登場した. 通常の相対エントロピーに対する特徴づけ定理（定理 3.5.1）に比べると, これは正則性条件と消滅性公理のどちらも必要としていない.

証明 証明は, 定理 4.1.5 のそれと非常に類似している. 先ほどの観察により,（ⅱ）は（ⅰ）を含意する. ここで,（ⅰ）を仮定する. 置換不変性より, すべての $(\mathbf{p}, \widetilde{\mathbf{p}}) \in A_n$ と $(\mathbf{r}, \widetilde{\mathbf{r}}) \in A_k$ に対して

$$I(\mathbf{p} \otimes \mathbf{r} \parallel \widetilde{\mathbf{p}} \otimes \widetilde{\mathbf{r}}) = I(\mathbf{r} \otimes \mathbf{p} \parallel \widetilde{\mathbf{r}} \otimes \widetilde{\mathbf{p}})$$

である. それゆえ乗法則より

$$I(\mathbf{p} \parallel \widetilde{\mathbf{p}}) + \left(\sum p_i^q \widetilde{p}_i^{1-q} \right) I(\mathbf{r} \parallel \widetilde{\mathbf{r}}) = I(\mathbf{r} \parallel \widetilde{\mathbf{r}}) + \left(\sum r_i^q \widetilde{r}_i^{1-q} \right) I(\mathbf{p} \parallel \widetilde{\mathbf{p}})$$

であり, 言い換えると,

$$\left(\sum r_i^q \widetilde{r}_i^{1-q} - 1\right) I(\mathbf{p} \parallel \widetilde{\mathbf{p}}) = \left(\sum p_i^q \widetilde{p}_i^{1-q} - 1\right) I(\mathbf{r} \parallel \widetilde{\mathbf{r}})$$

である. $\mathbf{r} = (1, 0)$ および $\widetilde{\mathbf{r}} = \mathbf{u}_2$ ととる. このとき, すべての $(\mathbf{p}, \widetilde{\mathbf{p}}) \in A_n$ に対して

$$(2^{q-1} - 1) I(\mathbf{p} \parallel \widetilde{\mathbf{p}}) = I((1, 0) \parallel \mathbf{u}_2)\left(\sum p_i^q \widetilde{p}_i^{1-q} - 1\right)$$

である. $q \neq 1$ であるから,

$$c = \frac{(q-1) I((1, 0) \parallel \mathbf{u}_2)}{2^{q-1} - 1}$$

とおくことができ, このとき $I(- \parallel -) = c S_q(- \parallel -)$ となる. $\qquad\square$

注意 4.1.10 q 対数的相対エントロピーに対する特徴づけ定理は, ほかにも証明されている. たとえば, Furuichi[113, IV 節]は同じ結論を得ているが, 乗法則(4.6)だけを仮定する代わりに, 連続性と完全なチェイン則(より正確には, 注意 4.1.6 のような, その同値な特別な場合)も仮定している.

4.2 べき乗平均

Shannon エントロピーの変形の説明を中断して, べき乗平均(一般化平均ともよばれる)に関するいくつかの基本的事実をまとめる. ここでこれを行う理由は, べき乗平均の言葉と理論を用いると, Rényi エントロピーと多様性の尺度について後で扱う題材が, 少なからず簡潔になるからである.

自身の目的に照らして平均に関心のない読者は, 定義 4.2.1 を読み, その後は 4.3 節に進んでも差し支えなく, 必要に応じてこの節を参照するだけでよい.

この節は実質的に, べき乗平均がみたす性質と, それらの性質に対する用語の一覧表である. 用語の要約は付録 B にもある. 平均は解析学の古典的話題であり, この節のほとんどすべては, Hardy–Littlewood–Pólya の著書[137, 第 II 章]にある.

以下では, n は正の整数を表す.

定義 4.2.1 $t \in [-\infty, \infty]$, $\mathbf{p} \in \Delta_n$, および $\mathbf{x} \in [0, \infty)^n$ とする. **$\mathbf{p}$ により重みづけられた, $\mathbf{x}$ のオーダー t のべき乗平均** (power mean of order t of $\mathbf{x}$, weighted by $\mathbf{p}$) は, $0 < t < \infty$ に対しては

$$M_t(\mathbf{p}, \mathbf{x}) = \left(\sum_{i \in \mathrm{supp}(\mathbf{p})} p_i x_i^t\right)^{1/t} \tag{4.7}$$

により, $-\infty < t < 0$ に対しては

$$M_t(\mathbf{p}, \mathbf{x}) = \begin{cases} \left(\displaystyle\sum_{i \in \mathrm{supp}(\mathbf{p})} p_i x_i^t \right)^{1/t} & (\text{すべての } i \in \mathrm{supp}(\mathbf{p}) \text{ に対して } x_i > 0 \text{ のとき}) \\[2em] 0 & (\text{そうでないとき}) \end{cases}$$

$$(4.8)$$

により，そして t の残りの値に対しては

$$M_{-\infty}(\mathbf{p}, \mathbf{x}) = \min_{i \in \mathrm{supp}(\mathbf{p})} x_i$$

$$M_0(\mathbf{p}, \mathbf{x}) = \prod_{i \in \mathrm{supp}(\mathbf{p})} x_i^{p_i}$$

$$M_{\infty}(\mathbf{p}, \mathbf{x}) = \max_{i \in \mathrm{supp}(\mathbf{p})} x_i$$

により定義される．

　この定義におけるさまざまな例外的な場合は，以下の例の後で詳しく述べるように，連続性により正当化される．

例 4.2.2
（ i ）オーダー 1 の平均は，$\mathbf{p}$ により重みづけられた $\mathbf{x}$ の算術平均（arithmetic mean）$\sum p_i x_i$ である．
（ii ）オーダー 0 の平均は，$\mathbf{p}$ により重みづけられた $\mathbf{x}$ の幾何平均（geometric mean）である．
（iii）オーダー -1 の平均は，$\mathbf{p}$ により重みづけられた $\mathbf{x}$ の調和平均（harmonic mean）

$$\frac{1}{p_1/x_1 + \cdots + p_n/x_n}$$

　である． ◆

例 4.2.3 $\mathbf{p} = \mathbf{u}_n$ ととると，**重みなし**（unweighted）（あるいは一様に重みづけられた）べき乗平均 $M_t(\mathbf{u}_n, \mathbf{x})$ を得る． ◆

例 4.2.4 各 $t \in [-\infty, \infty]$ に対して，べき乗平均 M_t は少なくとも平均（average）の基本的な性質はもつ．すなわち，すべての $\mathbf{p} \in \Delta_n$ と $x \in [0, \infty)$ に対して

$$M_t(\mathbf{p}, (x, \ldots, x)) = x$$

であり，またすべての $\mathbf{p} \in \Delta_n$ と $\mathbf{x} \in [0, \infty)^n$ に対して

$$\min_{i \in \mathrm{supp}(\mathbf{p})} x_i \leq M_t(\mathbf{p}, \mathbf{x}) \leq \max_{i \in \mathrm{supp}(\mathbf{p})} x_i$$

である．本節の残りの部分は，べき乗平均の性質をより深く調べていくことに費やす．

$\blacklozenge$

ここで，べき乗平均 $M_t(\mathbf{p}, \mathbf{x})$ の連続性に関する三つの言明を証明する．最初の言明は，$\mathbf{x}$ についての連続性に関するものである．

補題 4.2.5 $t \in [-\infty, \infty]$ および $\mathbf{p} \in \Delta_n$ とする．このとき，関数

$$M_t(\mathbf{p}, -) \colon [0, \infty)^n \to [0, \infty)$$

は連続である．

証明 $\mathbf{x} \in [0, \infty)^n$ とする．定義 4.2.1 より，$t \in (-\infty, 0)$ かつある $i \in \mathrm{supp}(\mathbf{p})$ に対して $x_i = 0$ である場合を除いて，$M_t(\mathbf{p}, \mathbf{x})$ が $\mathbf{x}$ で連続であることはすぐにわかる．それゆえ，$t \in (-\infty, 0)$ とし，たとえば $1 \in \mathrm{supp}(\mathbf{p})$ で $x_1 = 0$ であるとする．すべての $i \in \mathrm{supp}(\mathbf{p})$ に対して $y_i > 0$ として $\mathbf{y} \to \mathbf{x}$ とすると，$M_t(\mathbf{p}, \mathbf{y}) \to 0$ となることを示せば十分である．そして実際，そのような $\mathbf{y}$ に対して $\mathbf{y} \to \mathbf{x}$ とすると，望んだとおり

$$\begin{aligned} |M_t(\mathbf{p}, \mathbf{y})| &= \left(\sum_{i \in \mathrm{supp}(\mathbf{p})} p_i y_i^t \right)^{1/t} \\ &\leq (p_1 y_1^t)^{1/t} \\ &= p_1^{1/t} y_1 \\ &\to p_1^{1/t} x_1 = 0 \end{aligned}$$

となる． $\square$

$\mathbf{p}$ についての $M_t(\mathbf{p}, \mathbf{x})$ の連続性は，より慎重な扱いを要する．実際，オーダーが正でないべき乗平均は $\mathbf{p}$ について連続で$\overset{\cdot\cdot}{\text{ない}}$．というのは，$t \leq 0$ のとき，すべての $\varepsilon \in (0, 1]$ に対して

$$M_t((\varepsilon, 1 - \varepsilon), (0, 1)) = 0$$

であるのに，

$$M_t((0, 1), (0, 1)) = 1$$

だからである．不連続性は，x_i の値が零となるときにのみ生じるのではない．たとえば，すべての $\varepsilon \in (0, 1]$ に対して

$$M_{-\infty}((\varepsilon, 1 - \varepsilon), (1, 2)) = 1, \qquad M_{-\infty}((0, 1), (1, 2)) = 2$$

であるから，$M_{-\infty}(\mathbf{p}, (1, 2))$ は $\mathbf{p}$ について連続でない．M_∞ に対しても同様の反例がある．しかし，以下は成り立つ．

補題 4.2.6

（ i ）すべての $t \in [-\infty, \infty]$ に対して，関数
$$M_t(-,-) \colon \Delta_n^\circ \times [0,\infty)^n \to [0,\infty)$$
は連続である．

（ ii ）すべての $t \in (-\infty, \infty)$ に対して，関数
$$M_t(-,-) \colon \Delta_n \times (0,\infty)^n \to (0,\infty)$$
は連続である．

（ iii ）すべての $t \in (0, \infty)$ に対して，関数
$$M_t(-,-) \colon \Delta_n \times [0,\infty)^n \to [0,\infty)$$
は連続である．

証明 （i）は定義からすぐにわかる．（ii）と（iii）については，これらの場合には i がとる範囲が $\mathrm{supp}(\mathbf{p})$ だけでなく $\{1, \ldots, n\}$ の全体になっても，M_t に対する公式が変わらないことにだけ注意すればよい． □

三つ目の最後の連続性に関する補題は，べき乗平均はそのオーダーについて連続であることを述べるものである．

補題 4.2.7 $\mathbf{p} \in \Delta_n$ および $\mathbf{x} \in [0,\infty)^n$ とする．このとき，$M_t(\mathbf{p}, \mathbf{x})$ は $t \in [-\infty, \infty]$ について連続である．

証明 これは，$t = 0$ と $t = \pm\infty$ を除けば，明らかであろう．

$t = 0$ での連続性については，まずすべての $i \in \mathrm{supp}(\mathbf{p})$ に対して $x_i > 0$ であるとする．t が有限で零でないとき，
$$\log M_t(\mathbf{p}, \mathbf{x}) = \frac{\log(\sum_{i \in \mathrm{supp}(\mathbf{p})} p_i x_i^t)}{t} \tag{4.9}$$
である．$t \to 0$ のとき，
$$\log\left(\sum_{i \in \mathrm{supp}(\mathbf{p})} p_i x_i^t\right) \to \log\left(\sum_{i \in \mathrm{supp}(\mathbf{p})} p_i\right) = 0$$
であるから，l'Hôpital の定理を等式 (4.9) に適用することができ，
$$\lim_{t \to 0} \log M_t(\mathbf{p}, \mathbf{x}) = \lim_{t \to 0} \frac{\sum p_i x_i^t \log x_i}{\sum p_i x_i^t}$$

$$= \sum p_i \log x_i$$
$$= \log M_0(\mathbf{p}, \mathbf{x})$$

を得る．ただし，すべての和は $i \in \mathrm{supp}(\mathbf{p})$ にわたるものとする．ゆえに，写像 $t \mapsto M_t(\mathbf{p}, \mathbf{x})$ は $t = 0$ で連続である．

ここで，ある $i \in \mathrm{supp}(\mathbf{p})$ に対して $x_i = 0$ であるとする．定義より，すべての $t \le 0$ に対して $M_t(\mathbf{p}, \mathbf{x}) = 0$ であるから，$t \to 0+$ のとき $M_t(\mathbf{p}, \mathbf{x}) \to 0$ であることを示せば十分である．$t \in (0, \infty)$ に対して，

$$0 \le M_t(\mathbf{p}, \mathbf{x}) = \left(\sum_{i \in \mathrm{supp}(\mathbf{p})} p_i x_i^t \right)^{1/t} \le M_\infty(\mathbf{p}, \mathbf{x}) \cdot \left(\sum_{i \in \mathrm{supp}(\mathbf{p}) \cap \mathrm{supp}(\mathbf{x})} p_i \right)^{1/t}$$

である．しかし，$\sum_{i \in \mathrm{supp}(\mathbf{p}) \cap \mathrm{supp}(\mathbf{x})} p_i < 1$ であるから，$t \to 0+$ とすると $M_t(\mathbf{p}, \mathbf{x})$ に対するこの上界は 0 に収束する．ゆえに，望んだとおり，$t \to 0+$ のとき $M_t(\mathbf{p}, \mathbf{x}) \to 0$ でもある．

$t = \infty$ での連続性については，一般性を失わずに $\max_{i \in \mathrm{supp}(\mathbf{p})} x_i$ が $i = 1$ で達成されるとしてよい．このとき $t \in (0, \infty)$ に対して，

$$M_t(\mathbf{p}, \mathbf{x}) \le \left(\sum_{i \in \mathrm{supp}(\mathbf{p})} p_i x_1^t \right)^{1/t} = x_1$$

である．一方，$t \to \infty$ のとき

$$M_t(\mathbf{p}, \mathbf{x}) \ge (p_1 x_1^t)^{1/t} = p_1^{1/t} x_1 \to x_1$$

である．ゆえに，望んだとおり，$t \to \infty$ のとき

$$M_t(\mathbf{p}, \mathbf{x}) \to x_1 = M_\infty(\mathbf{p}, \mathbf{x})$$

である．$M_{-\infty}$ に対する証明も同様である． $\square$

ここで，算術平均と幾何平均の有名な不等式を扱う．すなわち，すべての $x_1, \ldots, x_n \ge 0$ に対して，

$$\frac{1}{n} \sum_{i=1}^n x_i \ge \left(\prod_{i=1}^n x_i \right)^{1/n}$$

である．これは，以下の古典的かつ基礎的な結果（たとえば，Hardy–Littlewood–Pólya [137, 定理 9]）の非常に特別な場合である．注意 1.1.15 から，本書では「増加」という語は狭義でない意味で用いていることを思い出す．

定理 4.2.8　$\mathbf{p} \in \Delta_n$ および $\mathbf{x} \in [0, \infty)^n$ とし，すべての $i \in \mathrm{supp}(\mathbf{p})$ に対して $x_i > 0$ であるとする．このとき，関数

$$
\begin{aligned}
[-\infty, \infty] &\to\quad [0, \infty) \\
t &\mapsto\quad M_t(\mathbf{p}, \mathbf{x})
\end{aligned}
$$

は増加する．これは，すべての $i, j \in \mathrm{supp}(\mathbf{p})$ に対して $x_i = x_j$ であるとき一定であり，そうでないとき狭義に増加する．

証明　$\mathbf{x}$ の座標 x_i がすべての $i \in \mathrm{supp}(\mathbf{p})$ に対して同じ値 x をもつならば，明らかにすべての $t \in [-\infty, \infty]$ に対して $M_t(\mathbf{p}, \mathbf{x}) = x$ である．そうでないとすると，$M_t(\mathbf{p}, \mathbf{x})$ は $t \in [-\infty, \infty]$ について狭義に増加することを示さなければならない．すべての $t \in (-\infty, 0) \cup (0, \infty)$ に対して，$d \log M_t(\mathbf{p}, \mathbf{x})/dt > 0$ であることを示す．$M_t(\mathbf{p}, \mathbf{x})$ は $t \in [-\infty, \infty]$ について連続であるので（補題 4.2.7），これで十分である．実数 $t \neq 0$ に対して，

$$
\begin{aligned}
\frac{d}{dt} \log M_t(\mathbf{p}, \mathbf{x}) &= \frac{d}{dt} \left(\frac{\log(\sum p_i x_i^t)}{t} \right) \\
&= \frac{t(\sum p_i x_i^t \log x_i)/(\sum p_i x_i^t) - \log(\sum p_i x_i^t)}{t^2} \\
&= \frac{\sum p_i x_i^t \log x_i^t - (\sum p_i x_i^t) \log(\sum p_i x_i^t)}{t^2 \sum p_i x_i^t} \\
&= \frac{-\sum p_i \partial(x_i^t) + \partial(\sum p_i x_i^t)}{t^2 \sum p_i x_i^t}
\end{aligned}
\tag{4.10}
$$

である．ただし，すべての和は $i \in \mathrm{supp}(\mathbf{p})$ にわたり，（等式 (2.4) のように）$\partial(x) = -x \log x$ である．しかし，すべての $x > 0$ に対して $\partial''(x) = -1/x < 0$ であるから，∂ は狭義凹である．ゆえに，等式 (4.10) より，

$$
\frac{d}{dt} \log M_t(\mathbf{p}, \mathbf{x}) \geq 0
$$

であり，等号はすべての $i, j \in \mathrm{supp}(\mathbf{p})$ に対して $x_i^t = x_j^t$ であるとき，かつそのときに限り成り立つ．しかし，$t \neq 0$ であるから，すべての $i, j \in \mathrm{supp}(\mathbf{p})$ に対して $x_i = x_j$ であるときにのみ等号が成り立ち，これは先ほどおいた仮定に反する．ゆえに，望んだとおり，不等式は狭義に成り立つ．　　　　□

べき乗平均に対する単純な双対法則がある．すなわち，すべての $t \in [-\infty, \infty]$，$\mathbf{p} \in \Delta_n$，および $\mathbf{x} \in (0, \infty)^n$ に対して

$$
M_{-t}(\mathbf{p}, \mathbf{x}) = \frac{1}{M_t(\mathbf{p}, 1/\mathbf{x})}
\tag{4.11}
$$

である．ここで，$1/\mathbf{x}$ はベクトル $(1/x_1, \ldots, 1/x_n)$ を表す．たとえば，$t = 1$ の場合では，調和平均は $1/x_1, \ldots, 1/x_n$ の算術平均の逆数である．

注意 4.2.9 本書では，ベクトルに対して座標ごとの代数的演算を行いたいことがたびたびある．たとえば，与えられた $\mathbf{x}, \mathbf{y} \in \mathbb{R}^n$ に対して，（座標ごとの）和と差である $\mathbf{x} + \mathbf{y}$ と $\mathbf{x} - \mathbf{y}$ だけでなく，座標ごとの積と商

$$\mathbf{xy} = (x_1 y_1, \ldots, x_n y_n), \quad \mathbf{x}/\mathbf{y} = (x_1/y_1, \ldots, x_n/y_n)$$

も用いる（後者においては，$y_i = 0$ に関する通常どおりの注意をする）．これは，集合 S 上の実数値関数の積と商に対する標準的な記法を，単に $S = \{1, \ldots, n\}$ に適用したものである．

ここで，すべてのオーダー $t \in [-\infty, \infty]$ のべき乗平均

$$(M_t \colon \Delta_n \times [0, \infty)^n \to [0, \infty))_{n \geq 1}$$

がみたすいくつかの基本的な性質を通覧する．後の目的のために，I を任意の実区間として，一般の関数列

$$(M \colon \Delta_n \times I^n \to I)_{n \geq 1}$$

において用語を準備しておくことは有用である．最も重要なのは，$I = [0, \infty)$ と $I = (0, \infty)$ の場合である．

定義 4.2.10 I を実区間とし，$(M \colon \Delta_n \times I^n \to I)_{n \geq 1}$ を関数列とする．

（ i ）M が**対称的**（symmetric）であるとは，すべての $n \geq 1$, $\mathbf{p} \in \Delta_n$, $\mathbf{x} \in I^n$, および $\{1, \ldots, n\}$ の置換 σ に対して，$M(\mathbf{p}, \mathbf{x}) = M(\mathbf{p}\sigma, \mathbf{x}\sigma)$ であるときをいう．ただし，$\mathbf{p}\sigma$ と $\mathbf{x}\sigma$ は，等式(3.2)のように定義される．

（ ii ）M が**不在不変**（absence-invariant）であるとは，$\mathbf{p} \in \Delta_n$, $\mathbf{x} \in I^n$, および $1 \leq i \leq n$ で $p_i = 0$ である限り，

$$M(\mathbf{p}, \mathbf{x}) = M((p_1, \ldots, p_{i-1}, p_{i+1}, \ldots, p_n), (x_1, \ldots, x_{i-1}, x_{i+1}, \ldots, x_n))$$

であるときをいう．

（ iii ）M が**反復**（repetition）性をもつとは，$\mathbf{p} \in \Delta_n$, $\mathbf{x} \in I^n$, および $1 \leq i < n$ で $x_i = x_{i+1}$ である限り，

$$M(\mathbf{p}, \mathbf{x})$$
$$= M((p_1, \ldots, p_{i-1}, p_i + p_{i+1}, p_{i+2}, \ldots, p_n), (x_1, \ldots, x_{i-1}, x_i, x_{i+2}, \ldots, x_n))$$

であるときをいう．

不在不変性は，不在である（零の重みをもつ）元 x_i に関して M は論理的な振る舞い
をすることを述べている．すなわち，このような元は無視してもよい．

補題 4.2.11 $t \in [-\infty, \infty]$ とする．このとき，M_t は対称性，不在不変性および反復
性をもつ．

この補題の直接的な証明は，いうまでもなく初等的であるが，以下のように，単一の
一般的な法則から三つすべての性質を導き出しておくとためになる．有限集合間の写像

$$f: \{1, \ldots, m\} \to \{1, \ldots, n\}$$

を考える．任意の分布 $\mathbf{p} \in \Delta_m$ は，押し出し分布 $f\mathbf{p} \in \Delta_n$ を引き起こす（定義 2.1.10）．
一方，任意のベクトル $\mathbf{x} \in [0, \infty)^n$ は f に沿って引き戻すことができて，ベクトル
$\mathbf{x}f \in [0, \infty)^m$ が得られる．ただし，

$$(\mathbf{x}f)_i = x_{f(i)} \qquad (i \in \{1, \ldots, m\})$$

である．

定義 4.2.12 I を実区間とする．関数列 $(M: \Delta_n \times I^n \to I)_{n \geq 1}$ が**自然**（natural）で
あるとは，すべての $m, n \geq 1$，$\mathbf{p} \in \Delta_m$，$\mathbf{x} \in I^n$，および集合間の写像

$$f: \{1, \ldots, m\} \to \{1, \ldots, n\}$$

に対して，

$$M(f\mathbf{p}, \mathbf{x}) = M(\mathbf{p}, \mathbf{x}f)$$

であるときをいう．

注意 4.2.13 x_j を $\phi(j)$ と書くと，ϕ は関数 $\{1, \ldots, n\} \to [0, \infty)$ となり，$\mathbf{x}f = \phi \circ f$ で
ある．また，$M(\mathbf{p}, -)$ を $\int(-)d\mathbf{p}$ と書くと，自然性は変数変換のもとでの積分に対する標
準的な公式である，

$$\int \phi \, d(f\mathbf{p}) = \int (\phi \circ f)d\mathbf{p}$$

を述べていることになる．しかし，この記法は誤解を招く恐れがある．すなわち，通常の
積分とは異なり，$M(\mathbf{p}, \mathbf{x})$ は $\mathbf{x}$ について必ずしも線形ではない（そして，$t \neq 1$ に対する
$M = M_t$ では線形ではない）．

補題 4.2.14（自然性） 各 $t \in [-\infty, \infty]$ に対して，$[0, \infty)$ 上のべき乗平均 M_t は自然
である．

証明 $\mathbf{p}$, $\mathbf{x}$ および f を定義 4.2.12 のようにとる. $M_t(f\mathbf{p}, \mathbf{x}) = M_t(\mathbf{p}, \mathbf{x}f)$ であること を示さなければならない. まず, $t \neq 0, \pm\infty$ およびすべての $j \in \{1, \ldots, n\}$ に対して $x_j > 0$ であるとする. このとき, 望んだとおり

$$M_t(f\mathbf{p}, \mathbf{x}) = \left(\sum_{j \in \text{supp}(f\mathbf{p})} (f\mathbf{p})_j x_j^t \right)^{1/t}$$

$$= \left(\sum_{j \in \text{supp}(f\mathbf{p})} \sum_{i \in f^{-1}(j)} p_i x_j^t \right)^{1/t}$$

$$= \left(\sum_{i \in \text{supp}(\mathbf{p})} p_i x_{f(i)}^t \right)^{1/t}$$

$$= M_t(\mathbf{p}, \mathbf{x}f)$$

となる. ある j の値に対して $x_j = 0$ である場合は, $M_t(\mathbf{p}, \mathbf{x})$ の $\mathbf{x}$ についての連続性 (補題 4.2.5) から導かれ, $t = 0$ と $t = \pm\infty$ に対する結果は M_t の t についての連続性 (補題 4.2.7) より導かれる. □

補題 4.2.11 の証明 三つの性質の証明すべてに対して, べき乗平均の自然性を用いる. $\mathbf{n} = \{1, \ldots, n\}$ と書く. 対称性は, f を全単射 $\mathbf{n} \to \mathbf{n}$ ととることにより導かれる. 不在 不変性は, f を, その像から i を除外する順序を保存する単射 $\mathbf{n} - 1 \to \mathbf{n}$ ととることに より導かれる. 反復性は, f を, $i+1$ を i と同一視する順序を保存する全射 $\mathbf{n} \to \mathbf{n} - 1$ ととることにより導かれる. □

注意 4.2.15 べき乗平均の不在不変性は, $M_t(\mathbf{p}, \mathbf{x})$ が $p_i = 0$ であるような座標 i に対 する x_i の値に影響を受けないことを含意する. 実際, $i_1 < \cdots < i_k$ として $\text{supp}(\mathbf{p}) = \{i_1, \ldots, i_k\}$ と書くと, 不在不変性と帰納法により, すべての $\mathbf{x}$ に対して

$$M_t(\mathbf{p}, \mathbf{x}) = M_t((p_{i_1}, \ldots, p_{i_k}), (x_{i_1}, \ldots, x_{i_k}))$$

を得る. ゆえに, $\mathbf{x}, \mathbf{y} \in [0, \infty)^n$ がすべての $i \in \text{supp}(\mathbf{p})$ に対して $x_i = y_i$ をみたす限り,

$$M_t(\mathbf{p}, \mathbf{x}) = M_t(\mathbf{p}, \mathbf{y})$$

となる.

このため, いくつかあるいはすべての $i \notin \text{supp}(\mathbf{p})$ に対して x_i がたとえ定義されてい ないとしても, 式 $M_t(\mathbf{p}, \mathbf{x})$ は明白な意味をもつ. (すべてのそのような i に対して, 任意 に $x_i = 0$ あるいは $x_i = 17$ とおくことができる. どのようにおいても違いはない.) たと えば, 式

$$M_t(\mathbf{p}, 1/\mathbf{p})$$

は，たとえある i に対して $p_i = 0$ であるとしても，すべての $\mathbf{p} \in \Delta_n$ に対して明白な意味をもつ．上のように $\mathrm{supp}(\mathbf{p}) = \{i_1, \ldots, i_k\}$ と書くと，これは

$$M_t((p_{i_1}, \ldots, p_{i_k}), (1/p_{i_1}, \ldots, 1/p_{i_k}))$$

を意味すると理解できる．

　本書を通じて，次の約束を採用する．べき乗平均 $M_t(\mathbf{p}, \mathbf{x})$ は，たとえある $i \notin \mathrm{supp}(\mathbf{p})$ に対して x_i が未定義であるとしても妥当な式であり，先ほど述べたように解釈される．この約束は，関数 f と測度 μ に対する積分の記法 $\int f \, d\mu$ の標準的な解釈と厳密に類似している．すなわち，この積分は μ の台の外の f の値により影響を受けず，たとえ f がそこで定義されていなくても一意的な意味をもつ．

平均とよばれるものに最小限必要とされることは，x のいくつかのコピーの平均は x になるということである．

定義 4.2.16 I を実区間とする．関数列 $(M \colon \Delta_n \times I^n \to I)_{n \geq 1}$ が**整合的**（consistent）であるとは，すべての $n \geq 1$，$\mathbf{p} \in \Delta_n$，および $x \in I$ に対して，

$$M(\mathbf{p}, (x, \ldots, x)) = x$$

であるときをいう．

補題 4.2.17 各 $t \in [-\infty, \infty]$ に対して，べき乗平均 M_t は整合的である．

証明 明らかである． $\square$

$\mathbf{x}, \mathbf{y} \in \mathbb{R}^n$ に対して，すべての $i \in \{1, \ldots, n\}$ に対して $x_i \leq y_i$ であるとき，$\mathbf{x} \leq \mathbf{y}$ と書く．

定義 4.2.18 I を実区間とし，$(M \colon \Delta_n \times I^n \to I)_{n \geq 1}$ を関数列とする．

（ⅰ）M が**増加する**（increasing）とは，すべての $n \geq 1$，$\mathbf{p} \in \Delta_n$，および $\mathbf{x}, \mathbf{y} \in I^n$ に対して，

$$\mathbf{x} \leq \mathbf{y} \implies M(\mathbf{p}, \mathbf{x}) \leq M(\mathbf{p}, \mathbf{y})$$

であるときをいう．

（ⅱ）M が**狭義に増加する**（strictly increasing）とは，すべての $n \geq 1$，$\mathbf{p} \in \Delta_n$，および $\mathbf{x}, \mathbf{y} \in I^n$ に対して，

$$\mathbf{x} \leq \mathbf{y} \text{ かつある } i \in \mathrm{supp}(\mathbf{p}) \text{ に対して } x_i < y_i \implies M(\mathbf{p}, \mathbf{x}) < M(\mathbf{p}, \mathbf{y})$$

であるときをいう．

以下のように，べき乗平均 M_t が狭義に増加するかどうかは，オーダー t と，定義域を $[0, \infty)$ あるいは $(0, \infty)$ のどちらにとるかの両方に依存する．

補題 4.2.19
（ⅰ）すべての $t \in [-\infty, \infty]$ に対して，$[0, \infty)$ 上のべき乗平均 M_t は増加する．
（ⅱ）すべての $t \in (-\infty, \infty)$ に対して，$(0, \infty)$ 上のべき乗平均 M_t は狭義に増加する．
（ⅲ）すべての $t \in (0, \infty)$ に対して，$[0, \infty)$ 上のべき乗平均 M_t は狭義に増加する．

証明　初等的である．　　　　　　　　　　　　　　　　　　　　　　　　□

注意 4.2.20　成立範囲を制限するさまざまな反例があるため，補題 4.2.19 の注意深い言明は必要なものである．たとえば，

$$M_\infty(\mathbf{u}_2, (1, 3)) = 3 = M_\infty(\mathbf{u}_2, (2, 3))$$

であるから，平均 $M_{\pm\infty}$ は $(0, \infty)$ 上では狭義に増加しない．$t \in [-\infty, 0]$ のとき，平均 M_t は $[0, \infty)$ 上で狭義に増加しない．たとえば，

$$M_t(\mathbf{u}_2, (0, 1)) = 0 = M_t(\mathbf{u}_2, (0, 2))$$

である．

定義 4.2.21　I を，乗法で閉じた実区間とする．関数列 $(M : \Delta_n \times I^n \to I)_{n \geq 1}$ が**斉次**（homogeneous）であるとは，すべての $n \geq 1$, $\mathbf{p} \in \Delta_n$, $c \in I$, および $\mathbf{x} \in I^n$ に対して，

$$M(\mathbf{p}, c\mathbf{x}) = cM(\mathbf{p}, \mathbf{x})$$

であるときをいう．

　I についての仮定が，$M(\mathbf{p}, c\mathbf{x})$ が定義されることを保証している．

補題 4.2.22　各 $t \in [-\infty, \infty]$ に対して，$[0, \infty)$ 上のべき乗平均 M_t は斉次である．

証明　初等的である．　　　　　　　　　　　　　　　　　　　　　　　　□

　べき乗平均の最も重要な代数的性質は，チェイン則である．ベクトル

$$\mathbf{x}^1 = (x_1^1, \ldots, x_{k_1}^1) \in \mathbb{R}^{k_1}, \quad \ldots, \quad \mathbf{x}^n = (x_1^n, \ldots, x_{k_n}^n) \in \mathbb{R}^{k_n}$$

が与えられたとき，

$$\mathbf{x}^1 \oplus \cdots \oplus \mathbf{x}^n = (x_1^1, \ldots, x_{k_1}^1, \ldots, x_1^n, \ldots, x_{k_n}^n) \in \mathbb{R}^{k_1 + \cdots + k_n}$$

と書く．

定義 4.2.23 I を実区間とする. 関数列 $(M: \Delta_n \times I^n \to I)_{n \geq 1}$ が**チェイン則** (chain rule) をみたすとは, すべての $\mathbf{w} \in \Delta_n$, $\mathbf{p}^i \in \Delta_{k_i}$, および $\mathbf{x}^i \in I^{k_i}$ に対して,

$$M(\mathbf{w} \circ (\mathbf{p}^1, \ldots, \mathbf{p}^n), \mathbf{x}^1 \oplus \cdots \oplus \mathbf{x}^n) = M(\mathbf{w}, (M(\mathbf{p}^1, \mathbf{x}^1), \ldots, M(\mathbf{p}^n, \mathbf{x}^n)))$$

であるときをいう.

命題 4.2.24（チェイン則） 各 $t \in [-\infty, \infty]$ に対して, $[0, \infty)$ 上のべき乗平均 M_t はチェイン則をみたす.

証明 2 番目の引数とオーダーについてのべき乗平均の連続性（補題 4.2.5 と補題 4.2.7）より, すべての i, j に対して $x_j^i > 0$ であり, $0 \neq t \in \mathbb{R}$ であるときに, 定義 4.2.23 の等式を証明すれば十分である. このとき, 望んだとおり,

$$
\begin{aligned}
M_t(\mathbf{w} \circ (\mathbf{p}^1, \ldots, \mathbf{p}^n), \mathbf{x}^1 \oplus \cdots \oplus \mathbf{x}^n) &= \left(\sum_{i=1}^{n} \sum_{j=1}^{k_i} w_i p_j^i (x_j^i)^t \right)^{1/t} \\
&= \left(\sum_{i=1}^{n} w_i M_t(\mathbf{p}^i, \mathbf{x}^i)^t \right)^{1/t} \\
&= M_t(\mathbf{w}, (M_t(\mathbf{p}^1, \mathbf{x}^1), \ldots, M_t(\mathbf{p}^n, \mathbf{x}^n)))
\end{aligned}
$$

となる. $\qquad\qquad\square$

チェイン則の重要な帰結は, $\mathbf{w} \circ (\mathbf{p}^1, \ldots, \mathbf{p}^n)$ によって重みづけられた $\mathbf{x}^1 \oplus \cdots \oplus \mathbf{x}^n$ の平均を計算するには, $\mathbf{p}^i$ と $\mathbf{x}^i$ 自体ではなく, $\mathbf{w}$ と平均 $M_t(\mathbf{p}^i, \mathbf{x}^i)$ のみを知っていればよいということである. 多様性の尺度に対するモジュール性の定義（p.56）をまねて, この性質をモジュール性とよぶ（この種のモジュール性は, Hardy–Littlewood–Pólya[137, 6.21 節]のように, **準線形性** (quasilinearity) ともよばれる). 正式には, 以下のとおりである.

定義 4.2.25 I を実区間とする. 関数列 $(M: \Delta_n \times I^n \to I)_{n \geq 1}$ が**モジュール的** (modular) であるとは, すべての $n, k_1, \ldots, k_n, \widetilde{k}_1, \ldots, \widetilde{k}_n \geq 1$ および $\mathbf{w} \in \Delta_n$, $\mathbf{p}^i \in \Delta_{k_i}$, $\widetilde{\mathbf{p}}^i \in \Delta_{\widetilde{k}_i}$, $\mathbf{x}^i \in I^{k_i}$, $\widetilde{\mathbf{x}}^i \in I^{\widetilde{k}_i}$ に対して,

すべての $i \in \{1, \ldots, n\}$ に対して $M(\mathbf{p}^i, \mathbf{x}^i) = M(\widetilde{\mathbf{p}}^i, \widetilde{\mathbf{x}}^i)$

$\implies M(\mathbf{w} \circ (\mathbf{p}^1, \ldots, \mathbf{p}^n), \mathbf{x}^1 \oplus \cdots \oplus \mathbf{x}^n) = M(\mathbf{w} \circ (\widetilde{\mathbf{p}}^1, \ldots, \widetilde{\mathbf{p}}^n), \widetilde{\mathbf{x}}^1 \oplus \cdots \oplus \widetilde{\mathbf{x}}^n)$

であるときをいう.

系 4.2.26 各 $t \in [-\infty, \infty]$ に対して，$[0, \infty)$ 上のべき乗平均 M_t はモジュール的である． $\qquad\square$

オーダー 1 の多様度に対するのと同じように（p. 57 の等式 (2.11)），チェイン則は乗法的性質も含意する．$\mathbf{x} \in \mathbb{R}^n$ と $\mathbf{y} \in \mathbb{R}^k$ に対して，

$$\mathbf{x} \otimes \mathbf{y} = (x_1 y_1, \ldots, x_1 y_k, \ldots, x_n y_1, \ldots, x_n y_k) \in \mathbb{R}^{nk} \tag{4.12}$$

と書く．（この表記は次のように正当化される．すなわち，ベクトル空間のテンソル積 $\mathbb{R}^n \otimes \mathbb{R}^k$ を標準的な仕方で $\mathbb{R}^{nk}$ と同一視するならば，通常 $\mathbf{x} \otimes \mathbf{y} \in \mathbb{R}^n \otimes \mathbb{R}^k$ と書かれるベクトルは，ここで $\mathbf{x} \otimes \mathbf{y} \in \mathbb{R}^{nk}$ と書かれているものに対応する．）

定義 4.2.27 I を乗法で閉じた実区間とする．関数列 $(M \colon \Delta_n \times I^n \to I)_{n \geq 1}$ が**乗法的**（multiplicative）であるとは，すべての $n, n' \geq 1$，$\mathbf{p} \in \Delta_n$，$\mathbf{p}' \in \Delta_{n'}$，$\mathbf{x} \in I^n$，および $\mathbf{x}' \in I^{n'}$ に対して，

$$M(\mathbf{p} \otimes \mathbf{p}', \mathbf{x} \otimes \mathbf{x}') = M(\mathbf{p}, \mathbf{x}) M(\mathbf{p}', \mathbf{x}')$$

であるときをいう．

系 4.2.28 各 $t \in [-\infty, \infty]$ に対して，$[0, \infty)$ 上のべき乗平均 M_t は乗法的である．

証明 チェイン則（命題 4.2.24）を合成分布

$$\mathbf{p} \circ (\mathbf{p}', \ldots, \mathbf{p}') = \mathbf{p} \otimes \mathbf{p}'$$

とベクトル

$$x_1 \mathbf{x}' \oplus \cdots \oplus x_n \mathbf{x}' = \mathbf{x} \otimes \mathbf{x}'$$

に適用する．これを行うことで，

$$M_t(\mathbf{p} \otimes \mathbf{p}', \mathbf{x} \otimes \mathbf{x}') = M_t(\mathbf{p}, (M_t(\mathbf{p}', x_1 \mathbf{x}'), \ldots, M_t(\mathbf{p}', x_n \mathbf{x}')))$$

を得る．ゆえに，斉次性を 2 回用いることにより，

$$\begin{aligned} M_t(\mathbf{p} \otimes \mathbf{p}', \mathbf{x} \otimes \mathbf{x}') &= M_t(\mathbf{p}, (x_1 M_t(\mathbf{p}', \mathbf{x}'), \ldots, x_n M_t(\mathbf{p}', \mathbf{x}'))) \\ &= M_t(\mathbf{p}, \mathbf{x}) M_t(\mathbf{p}', \mathbf{x}') \end{aligned}$$

となる． $\qquad\square$

第 9 章で見るように，乗法的性質は非常に強力である．

最後に，後の目的のために，べき乗平均と q 対数をつなぐ単純な結果を述べておく．

補題 4.2.29 $q \in [0, \infty)$, $\mathbf{p} \in \Delta_n$, および $\mathbf{x} \in [0, \infty)^n$ とし, すべての $i \in \mathrm{supp}(\mathbf{p})$ に対して $x_i > 0$ であるとする. このとき,

$$\ln_q M_{1-q}(\mathbf{p}, \mathbf{x}) = M_1(\mathbf{p}, \ln_q \mathbf{x})$$

である. ただし, $\ln_q \mathbf{x} = (\ln_q x_1, \ldots, \ln_q x_n)$ である.

証明 自明な代数的処理である. □

4.3 Rényi エントロピーと Hill 数

歴史的には, 最初に登場した Shannon エントロピーの変形は, 以下のように定義される Rényi エントロピー[294]であった.

定義 4.3.1 $q \in [-\infty, \infty]$, $n \geq 1$, および $\mathbf{p} \in \Delta_n$ とする. $\mathbf{p}$ の**オーダー q の Rényi エントロピー** (Rényi entropy of order q) とは,

$$H_q(\mathbf{p}) = \log M_{1-q}(\mathbf{p}, 1/\mathbf{p}) \tag{4.13}$$

のことである. ただし, $1/\mathbf{p} = (1/p_1, \ldots, 1/p_n)$ である.

ここでは, 注意 4.2.15 で導入した約束を用いており, ある i の値に対して $1/p_i$ が定義されていない可能性を含んでいる.

明示的には, $q \neq 1, \pm\infty$ に対して

$$H_q(\mathbf{p}) = \frac{1}{1-q} \log\left(\sum_{i \in \mathrm{supp}(\mathbf{p})} p_i^q \right)$$

であり, また

$$H_{-\infty}(\mathbf{p}) = -\log\left(\min_{i \in \mathrm{supp}(\mathbf{p})} p_i \right)$$

$$H_1(\mathbf{p}) = H(\mathbf{p})$$

$$H_\infty(\mathbf{p}) = -\log\left(\max_{i \in \mathrm{supp}(\mathbf{p})} p_i \right)$$

である. 補題 4.2.7 より, $H_q(\mathbf{p})$ は q について連続である.

Rényi は, 1961 年にこれらのエントロピーを導入した[294]. その目的の一つは, Shannon エントロピーが対数的性質

$$H(\mathbf{p} \otimes \mathbf{r}) = H(\mathbf{p}) + H(\mathbf{r}) \qquad (\mathbf{p} \in \Delta_n, \ \mathbf{r} \in \Delta_m) \tag{4.14}$$

をもつただ一つの有用な量ではないことを指摘することであった．実際，H_q はすべての $q \in [-\infty, \infty]$ に対してこの同じ性質をもつ．これは，べき乗平均の乗法性（系 4.2.28）から

$$H_q(\mathbf{p} \otimes \mathbf{r}) = \log M_{1-q}(\mathbf{p} \otimes \mathbf{r}, 1/\mathbf{p} \otimes 1/\mathbf{r})$$
$$= \log(M_{1-q}(\mathbf{p}, 1/\mathbf{p})M_{1-q}(\mathbf{r}, 1/\mathbf{r}))$$
$$= H_q(\mathbf{p}) + H_q(\mathbf{r})$$

のように導かれる．この点で，Rényi エントロピーは，q 対数的エントロピーよりも Shannon エントロピーによく似ている．しかし，それには代償が伴っている．q 対数的エントロピーに対しては，乗法公式（等式(4.3)）の非対称性を利用して非常に単純な特徴づけ定理（定理 4.1.5）を証明できたが，Rényi エントロピーに対してはこの手段はない．以下では任意の与えられたオーダーの Rényi エントロピーに対する特徴づけ定理を証明するが（4.5 節），証明はより入り組んでいる．

　q 対数的エントロピーと Rényi エントロピーは，どちらも $\sum p_i^q$ の可逆な関数であるから，それぞれがもう一方を決定する．明示的には，実数 $q \neq 1$ に対して，

$$S_q(\mathbf{p}) = \frac{1}{1-q}(\exp((1-q)H_q(\mathbf{p})) - 1) \tag{4.15}$$

$$H_q(\mathbf{p}) = \frac{1}{1-q}\log((1-q)S_q(\mathbf{p}) + 1) \tag{4.16}$$

であり，また

$$S_1(\mathbf{p}) = H(\mathbf{p}) = H_1(\mathbf{p}) \tag{4.17}$$

である．等式(4.15)〜(4.17)は，より簡潔に，$q \in \mathbb{R}$ に対して

$$S_q(\mathbf{p}) = \ln_q(\exp H_q(\mathbf{p})) \tag{4.18}$$
$$H_q(\mathbf{p}) = \log(\exp_q S_q(\mathbf{p})) \tag{4.19}$$

と書くことができる．ただし，$\exp_q$ は $\ln_q$ の逆関数であり，明示的には

$$\exp_q y = \begin{cases} (1 + (1-q)y)^{1/(1-q)} & (q \neq 1 \text{ のとき}) \\ \exp y & (q = 1 \text{ のとき}) \end{cases}$$

により与えられる．$S_q(\mathbf{p})$ を $H_q(\mathbf{p})$ へと関係づける変換は狭義に増加するので，一方を最大化あるいは最小化することは，もう一方を最大化あるいは最小化することと同値である．

注意 4.3.2 $q = \pm\infty$ のとき, Rényi エントロピー $H_q(\mathbf{p})$ は定義されるが, q 対数的エントロピー $S_q(\mathbf{p})$ は定義されない. すべての $\mathbf{p}$ に対して

$$\lim_{q \to \infty} S_q(\mathbf{p}) = 0$$

であり, また

$$\lim_{q \to -\infty} S_q(\mathbf{p}) = \begin{cases} 0 & (\text{ある } i \text{ に対して } p_i = 1 \text{ のとき}) \\ \infty & (\text{そうでないとき}) \end{cases}$$

であることを確認するのは簡単である. $S_\infty(\mathbf{p})$ と $S_{-\infty}(\mathbf{p})$ を定義するただ一つの理にかなった方法は, これらの極限として定義することであろう. しかしこのとき, 定義は自明なものとなり, 後者は無限大の値をとることがあり, $H_q(\mathbf{p})$ を $S_q(\mathbf{p})$ から復元できなくなる. したがって, $S_{\pm\infty}(\mathbf{p})$ は未定義のままにしておく.

注意 4.3.3 Shannon エントロピーを拡張したほかのエントロピーの一パラメータ族を作るのは容易である. すなわち, 単に $q \neq 1$ に対して Rényi エントロピーを定義する公式

$$\frac{1}{1-q} \log\left(\sum_{i \in \mathrm{supp}(\mathbf{p})} p_i^q \right)$$

を考え, $\log$ を何らかのほかの関数 λ に置き換えればよい. $q \to 1$ のときの極限が $H(\mathbf{p})$ となるための λ に必要な条件は, $\lambda(1) = 0$ と $\lambda'(1) = 1$ である. これらの性質をもつ最も単純な関数 λ は $\lambda(x) = x - 1$ であり, これは 1 での $\log$ の線形近似である. 実際, この最も単純な λ を考えると, まさに q 対数的エントロピーを得る.

Rényi エントロピーの指数関数は, Rényi エントロピー自体よりもやや都合のよい代数的性質をもつことがわかり, また生物多様性の重要な尺度である. ここでは定義と例を与え, 次節でその性質を説明する.

定義 4.3.4 $q \in [-\infty, \infty]$ および $\mathbf{p} \in \Delta_n$ とする. $\mathbf{p}$ の**オーダー q の Hill 数**(Hill number of order q)とは,

$$D_q(\mathbf{p}) = \exp H_q(\mathbf{p}) = M_{1-q}(\mathbf{p}, 1/\mathbf{p})$$

のことである. これは, $\mathbf{p}$ の**オーダー q の多様度**(diversity of order q)ともよばれる.

だから, Hill 数 D_q は, (定義と等式(4.18)より) Rényi エントロピー H_q および q 対数的エントロピー S_q と,

$$H_q = \log D_q, \qquad S_q = \ln_q D_q \tag{4.20}$$

により関係づけられる．明示的には，$q \neq 1, \pm\infty$ に対して

$$D_q(\mathbf{p}) = \left(\sum_{i \in \text{supp}(\mathbf{p})} p_i^q \right)^{1/(1-q)} \tag{4.21}$$

であり，また

$$D_{-\infty}(\mathbf{p}) = \frac{1}{\min_{i \in \text{supp}(\mathbf{p})} p_i} \tag{4.22}$$

$$D_1(\mathbf{p}) = \prod_{i \in \text{supp}(\mathbf{p})} p_i^{-p_i} = D(\mathbf{p}) \tag{4.23}$$

$$D_\infty(\mathbf{p}) = \frac{1}{\max_{i \in \text{supp}(\mathbf{p})} p_i} \tag{4.24}$$

である．このオーダー q の多様度の定義は，D と書かれていた，以前のオーダー 1 の多様度の定義（定義 2.4.1）を拡張したものである．

　量 D_q は，（Rényi の研究に基づいて）これを多様性の尺度として 1973 年に導入した，生態学者 Mark Hill[146]にちなんで名づけられている．7.4 節で，Hill 数が多様性の尺度として唯一ふさわしいことを示す定理を証明する．さしあたりは，以下のように説明できる．

　$\mathbf{p} = (p_1, \ldots, p_n)$ を，ある群集の相対存在量分布とする．2.4 節のように，$1/p_i$ は i 番目の種の希少性あるいは特殊性を測る．そこでは，多様性の尺度として希少性の幾何平均 $\prod(1/p_i)^{p_i}$ を考えた．しかし，何らかのほかのべき乗平均 $M_t(\mathbf{p}, 1/\mathbf{p})$ を，同じくらいもっともなものとして用いることもできよう．$q = 1 - t$ と再パラメータ化すると，これはまさに Hill 数 $D_q(\mathbf{p})$ となる．

　Hill 数は有効数（定義 2.4.5）である．すなわち，すべての $n \geq 1$ および $q \in [-\infty, \infty]$ に対して，

$$D_q(\mathbf{u}_n) = n \tag{4.25}$$

である．等式(4.20)より，量 D_q, H_q および S_q は，増加する可逆な変換で互いに関係づけられる．だから，Hill 数は Rényi エントロピー H_q あるいは q 対数的エントロピー S_q の一方を考え，有効数に変換した結果である．経済学に由来し（Bishop[39, p. 789]），現在では生態学でも用いられる（たとえば，Ellison[91]）用語では，D_q は，H_q と S_q の両方の**等規模換算数**（numbers equivalent）である*．

---

*　訳注：経済学において，市場における企業の集中度の尺度である Herfindahl–Hirschman 指数の逆数（例 4.3.5(iii)における $D_2(\mathbf{p})$）が「等規模換算企業数」や「等規模換算売手数」などと訳されることにならって，「等規模換算数」という訳語を採用した．

（ ⅰ ）オーダー 0 の多様度あるいは Hill 数 $D_0(\mathbf{p})$ は，単に現存する種数 $|\mathrm{supp}(\mathbf{p})|$ である．生態学では，これは**種の豊富さ**（species richness）とよばれる．これは，通俗的なメディアと生態学の文献の両方において，最も普及している多様性の尺度であるが，希少種と普通種の区別をしておらず，現存する種間の釣り合いについて何も述べない．

（ ⅱ ）オーダー 1 の多様度 $D_1(\mathbf{p})$ はすでに考えたが（2.4 節），これは Shannon エントロピーの指数関数である．

（ⅲ）オーダー 2 の $\mathbf{p}$ の多様度は，

$$D_2(\mathbf{p}) = \frac{1}{\sum_{i=1}^{n} p_i^2}$$

である．二次形式の逆数であるので，とくに数学的には都合がよい．また，直感的な確率的解釈もできる．すなわち，群集から無作為に個体の対を（復元）抽出するとすると，$D_2(\mathbf{p})$ は同じ種の対を得るのに必要な試行回数の期待値である．例 4.1.3(ⅲ)における $S_2(\mathbf{p})$ の確率的解釈と比較せよ．

生態学では，$D_2(\mathbf{p})$ は**逆 Simpson 集中度**（inverse Simpson concentration）とよばれる[314]．

（ⅳ）オーダー ∞ の多様度

$$D_\infty(\mathbf{p}) = \frac{1}{\max_{i \in \mathrm{supp}(\mathbf{p})} p_i}$$

は，**Berger–Parker 指数**（Berger–Parker index）として知られている[37]．これは，群集が単一の種によって優位に占められている程度を測るものである．たとえば，一つの種がほかの種を圧倒し，群集のほとんど 100% を占めているならば，$D_\infty(\mathbf{p})$ はその最小値の 1 に近くなる．対極的に，$\mathbf{p} = \mathbf{u}_n$ ならば，どの種も優位でなく，$D_\infty(\mathbf{p})$ はその最大値の n を達成する（D_q の最大化と最小化についての一般的な言明は，補題 4.4.3 においてなされる）．それゆえ，オーダー 0 の多様度は希少種にどのほかの種とも同じ重要度を与えるが，オーダー ∞ の多様度は希少種をまったく無視する．　　　　　　　　　　　　　　　　　◆

例 4.3.6　生態学で用いられる多様性の尺度の多くは Hill 数であるか，あるいはその変形である．ほかの多様性の尺度は，いくつかの Hill 数の組み合わせで表示できる．

たとえば，Hurlbert[150]および Smith–Grassle[317]は，m 個体の無作為に（復元）抽出された標本に出現する異なる種数の期待値 $H_m^{\mathrm{HSG}}(\mathbf{p})$ を研究した．彼らの尺度は，整数オーダーの Hill 数の組み合わせとなることがわかる．

$$H_m^{\mathrm{IISG}}(\mathbf{p}) = \sum_{q=1}^{m} (-1)^{q-1} \binom{m}{q} D_q(\mathbf{p})^{1-q}$$

これは，Leinster–Cobbold[220，付録の命題 A8]で初めて証明され，その証明は本書の付録 A.2 でも与えている．　　　　　　　　　　　　　　　　　　　　　　　　◆

例 4.3.7　　Hill 数の逆数は，経済学において集中度を測るために用いられてきた．ある産業あるいは市場が，どの程度少数の大企業に支配されているかを問うとする．たとえば，ある産業に競合する n 社があり，市場占有率が $p_1, \dots, p_n$ であるとすると，集中度 $1/D_q(\mathbf{p})$ は 1 社が独占しているときに最大化される．

$$\mathbf{p} = (0, \dots, 0, 1, 0, \dots, 0)$$

たとえば，Hannah–Kay[136]，あるいは Chakravarty–Eichhorn[65]を参照せよ．　◆

　パラメータ q は多様性の尺度 D_q の希少種への感度を制御し，より高い q の値をもつ尺度は希少種への感度がより小さくなる．だから，q は「視点パラメータ」であり，希少種に伴わせたい重要度を反映する．後述する理由により，通常はパラメータの値を $q \geq 0$ に制限する．

　文献上に多様性の尺度が多く存在することで，いいとこ取り（cherry-picking）の危険がある．意識的であろうとなかろうと，科学者は望ましい結論を最もよく支持する尺度を選択してしまうかもしれない．単一の数値を重要視しすぎるという危険もある．すなわち，

> 多様性指数が群集構造の完全な理解に到達するための基礎（あるいは護符）になるという，一部の生態学者の信念（あるいは迷信）には，まったく根拠がない．

（Pielou[282，p. 19]）

どちらの問題も，すべての多様性の尺度 D_q $(0 \leq q \leq \infty)$ を系統的に用いることで軽減される．q に対する $D_q(\mathbf{p})$ のグラフは，$\mathbf{p}$ の**多様度プロファイル**（diversity profile）とよばれ，これを描くことですべての視点が同時に示される．

例 4.3.8　　世界には 8 種の大型類人猿が存在するが，類人猿の個体の 99.99% はヒトである．図 4.3 は，8 種の類人猿の絶対存在量，相対存在量 p_i および多様度プロファイルを示している．

　8 種が現存しているということは，$q = 0$ におけるプロファイルの値 $D_0(\mathbf{p}) = 8$ からわかる．しかし，この単一の統計値は，一つの種がほかの種をほとんど完全に圧倒しているという事実を隠す．視点パラメータ q のほとんどすべてのほかの値に対して，多様度はほぼちょうど 1 であり，このことは単一の種が圧倒的に優位であることを反映して

種	絶対存在量	相対存在量
ヒト	7 466 964 300	0.99989926
ボノボ	20 000	0.00000267
チンパンジー	407 500	0.00005456
ヒガシゴリラ	4 700	0.00000063
ニシゴリラ	200 000	0.00002678
ボルネオオランウータン	104 700	0.00001040
スマトラオランウータン	14 600	0.00000196
タパヌリオランウータン	800	0.00000011

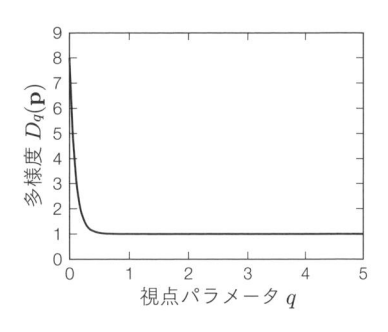

図 4.3 推定された地球全体での大型類人猿（ヒト科）の分布 $\mathbf{p}$ の存在量と種の多様度プロファイル. 個体数の推定値はすべて 2016 年に対するものであり, ヒトのデータは国際連合 [339], タパヌリオランウータンのデータは Nater ら [261], およびほかのすべてのデータは IUCN 絶滅危惧種レッドリスト [14][112][149][241][284][315] による.

いる. たとえば, $D_2(\mathbf{p})$ は無作為に選ばれた二つの個体が同じ種に属する確率の逆数であることを思い出す（例 4.3.5(iii)）. この場合, 確率はほぼ 1 であるから, $D_2(\mathbf{p})$ は 1 より少し大きいだけである.

多様度プロファイルの左端における 8 から 1 の少し上への非常に急激な下落は, 8 種のうち 7 種が並外れて希少であることを示している. ◆

例 4.3.9 図 4.4 は,「序」における二つの鳥の群集（p.3）の多様度プロファイルを示している. 希少種が普通種とほとんど同じ程度の重要度を与えられる, q の低い値の視点からは, 群集 A は群集 B よりも多様である. たとえば, $q = 0$ では, 単純により多くの種をもつという理由から, 群集 A は群集 B より多様である. しかし, 希少種により小さな重要度しか与えない高い値の視点からは, より釣り合いがとれているので群集 B のほうがより多様に見える. 極限の $q = \infty$ のときには最も多い普通種を除いたすべて

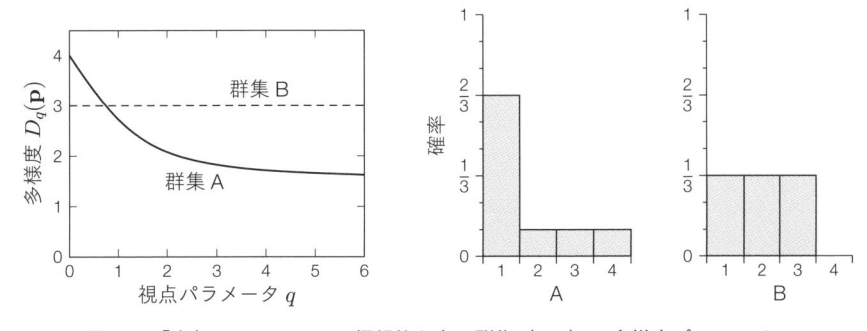

図 4.4 「序」における二つの仮想的な鳥の群集（p.3）の多様度プロファイル

の種が無視され，群集 A における最初の種の優位性は，よく釣り合いのとれた群集 B よりもその多様性を大きく低下させる．

　群集 B の平らなプロファイルは，現存する種の一様性を示している．一般に，多様度プロファイルの形は群集の構造についての情報を与えることを以上の二つの例で確認した．多様度プロファイルの解釈についてのさらなる詳細については，Leinster–Cobbold [220, 例 1 と例 2 および図 2] を参照せよ． ◆

例 4.3.10　実験データから生ずる多様度プロファイルは（直前の例のように）互いに交差することが多く，このことは，希少種の重要性について異なる視点をとると，どの群集がより多様であるかの判断に差が出ることを示している．たとえば，Ellingsen はノルウェーの大陸棚の 16 箇所での海洋生物の個体数に対応する 16 個の分布 $\mathbf{p}$ に対する $D_0(\mathbf{p})$，$D_1(\mathbf{p})$ および $D_2(\mathbf{p})$ の表を作成した [90, 表 1]．位置の対は $\binom{16}{2} = 120$ あり，120 対のうちの少なくとも 53 対に対して，プロファイルが交差することがデータから推測できる．

　典型的には，実験データから得られた多様度プロファイルの対は高々 1 回しか交差しない．しかし，原理的には多様度プロファイルの対が交差できる回数には上界がないことを示すことができる． ◆

　異なる多様性の尺度を用いて異なる判断がなされることの生態学的な意義は，Peet の 1974 年の非常に読みやすい論文 [277] において議論されている．Nagendra[259] も参照せよ．より具体的には，さまざまなタイプの多様度プロファイルが，1973 年の Hill 自身 [146] に始まり，Patil–Taillie[272][273]，Dennis–Patil[82]，Tóthmérész[327]，Patil[271]，Mendes ら [253] などと続いて，長く議論されてきた．政治科学においては，$D_q(\mathbf{p})$ は議会における政党の有効数の尺度として用いられており，多様度プロファイルは異なる時代の異なる国の政治状況を比較するために用いられてきた（Laakso–Taagepera [200, とくに等式 [8] と図 1]）．

　次節では，Hill 数の，したがって多様度プロファイルの，数学的性質を確立する．

4.4　Hill 数の性質

　ここでは，べき乗平均の性質についてすでに知っていることを用いて，Hill 数のおもな性質を確立する．いうまでもなく，一方はもう一方の対数であるから，Hill 数に関するあらゆる言明は Rényi エントロピーに関する言明へと翻訳することができる．しかし，ここでは Hill 数を扱い，多様度の見地から解釈する．

各 $q \in [-\infty, \infty]$ に対して，Hill 数 D_q は有効数であることはすでに指摘した．すなわち，$D_q(\mathbf{u}_n) = n$ である．

多様度プロファイルはつねに減少する．直感的には，希少種がより重要視されなくなるにつれて多様性が減少するからである．正確な言明は，以下のとおりである．

命題 4.4.1 $\mathbf{p} \in \Delta_n$ とする．このとき，$D_q(\mathbf{p})$ は $q \in [-\infty, \infty]$ の減少関数である．$\mathbf{p}$ がその台上で一様であれば一定であり，そうでなければ狭義に減少する．

証明 $D_q(\mathbf{p}) = M_{1-q}(\mathbf{p}, 1/\mathbf{p})$ であるから，これは定理 4.2.8 から導かれる． $\square$

図 4.4 は，一つの狭義に減少するプロファイルと，一つの（その台上で一様である）一定のプロファイルを示している．補題 4.2.7 より，多様度プロファイルはつねに連続である．

> **注意 4.4.2** 興味深いことに，実験的に生ずるほとんどの分布 $\mathbf{p}$ に対して，$\mathbf{p}$ の多様度プロファイルは凸であるように見える（たとえば，4.3 節の末尾で引用した研究を参照せよ）．しかし，これは $\mathbf{p}$ を任意にとると誤りである．図 4.5 は，（Willerton[354]の例に基づく）分布
>
> $$\mathbf{p} = (\underbrace{10^{-6}, \ldots, 10^{-6}}_{999\,000}, 10^{-3})$$
>
> の多様度プロファイルを示しているが，明らかに凸ではない．

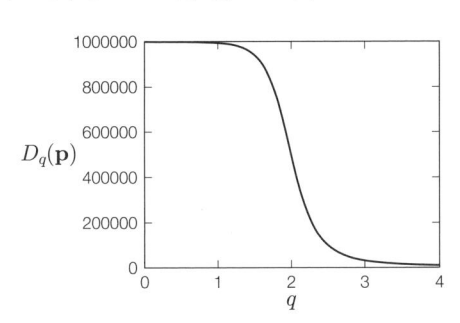

図 4.5 凸でない多様度プロファイル（注意 4.4.2）

各パラメータ値 $q > 0$ に対して，Hill 数 D_q の最大値と最小値，およびそれらが達成される分布は，オーダー 1 の多様度 $D_1 = D$ に対するとき（補題 2.4.3）とまったく同じである．

補題 4.4.3 $n \geq 1$ および $q \in [-\infty, \infty]$ とする．

（i）すべての $\mathbf{p} \in \Delta_n$ に対して $D_q(\mathbf{p}) \geq 1$ であり，等号が成り立つのはある $i \in \{1, \ldots, n\}$ に対して $p_i = 1$ であるとき，かつそのときに限る．

（ii）$q > 0$ ならば，すべての $\mathbf{p} \in \Delta_n$ に対して $D_q(\mathbf{p}) \leq n$ であり，等号が成り立つのは $\mathbf{p} = \mathbf{u}_n$ であるとき，かつそのときに限る．

証明 （i）については，命題 4.4.1 から

$$D_q(\mathbf{p}) \geq D_\infty(\mathbf{p}) = \frac{1}{\max_{i \in \mathrm{supp}(\mathbf{p})} p_i} \geq 1$$

が含意される．二つ目の不等式の等号が成り立つならば，ある i に対して $p_i = 1$ である．逆に，ある i に対して $p_i = 1$ ならば，$D_q(\mathbf{p}) = 1$ である．

（ii）については，命題 4.4.1 から

$$D_q(\mathbf{p}) \leq D_0(\mathbf{p}) = |\mathrm{supp}(\mathbf{p})| \leq n$$

が含意され，最初の不等式の等号は $\mathbf{p}$ がその台上で一様であるとき，かつそのときに限り成り立つ．一方，二つ目の不等式の等号が成り立つのは，$\mathbf{p}$ が完全な台をもつとき，かつそのときに限る．ゆえに，全体で等号が成り立つのは $\mathbf{p} = \mathbf{u}_n$ であるとき，かつそのときに限る． □

注意 4.4.4

（i）このことから，$q > 0$ に対して，Rényi エントロピー $H_q(\mathbf{p})$ はちょうど $\mathbf{p}$ が $(0, \ldots, 0, 1, 0, \ldots, 0)$ の形のときに最小化されて値 0 をとり，ちょうど $\mathbf{p} = \mathbf{u}_n$ のときに最大化されて値 $\log n$ をとる．q 対数的エントロピー $S_q(\mathbf{p})$ は $H_q(\mathbf{p})$ の増加する可逆な変換であるから（等式 (4.18) および (4.19)），$H_q(\mathbf{p})$ の場合と同じ分布で最小化および最大化され，最小値 0 および最大値 $S_q(\mathbf{u}_n) = \ln_q n$ をとる．

（ii）負のオーダーの Hill 数は，一様分布により最大化されない．実際，$q < 0$，$n \geq 2$ として，完全な台をもつ任意の一様でない分布 $\mathbf{p} \in \Delta_n$ を考える．このとき，$D_0(\mathbf{p}) = |\mathrm{supp}(\mathbf{p})| = n$ であり，命題 4.4.1 より $\mathbf{p}$ の多様度プロファイルは狭義に減少するので，

$$D_q(\mathbf{p}) > D_0(\mathbf{p}) = n = D_q(\mathbf{u}_n)$$

となる．「多様」という語が何を意味しようとも，与えられた種の集合上の最も多様な存在量分布は一様分布であるべきであるということは，一般的に認められている．（少なくとも，ここで用いている，確率分布としての群集の粗いモデルに対してはそうであるはずである．6.3 節も参照せよ．）この理由から，負のオーダーの Hill 数は，一般的に多様性の尺度として用いられない．

一方，負のオーダーの Hill 数は，何かは測っている．たとえば，

$$D_{-\infty}(\mathbf{p}) = \frac{1}{\min_{i \in \mathrm{supp}(\mathbf{p})} p_i} = \max_{i \in \mathrm{supp}(\mathbf{p})} \frac{1}{p_i}$$

は最も少ない希少種の希少性を測り，非常に希少な種を少なくとも一つ含む任意の群集で高い値をとる．多様度とよぶべきではないとしても，これは意味のある量である．

ここで，与えられたオーダー q の Hill 数 $D_q(\mathbf{p})$ は，$\mathbf{p} \in \Delta_n$ についてほとんど連続である，つまり，$q \leq 0$ のときに単体の境界で D_q が不連続であるという唯一の例外を除いて，連続であることを示す．たとえば，種の豊富さ D_0 は不連続である．すなわち，現存する種数の見地からは，0.0001 の相対存在量は 0 の相対存在量とは質的に異なる．

定義 4.4.5 $(D: \Delta_n \to (0, \infty))_{n \geq 1}$ を関数列とする．このとき，D が**連続**（continuous）であるとは，各 $n \geq 1$ に対して関数 $D: \Delta_n \to (0, \infty)$ が連続であるときをいい，**正の確率について連続**（continuous in positive probabilities）であるとは，各 $n \geq 1$ に対して開単体への D の制限 $D|_{\Delta_n^\circ}$ が連続であるときをいう．

正の確率についての連続性は，現存する種の存在量がわずかに変化しても，感知される多様度はわずかしか変化しないことを意味する．たとえば，D_0 は不連続であるにもかかわらず，正の確率について連続である．

補題 4.4.6

（ i ）各 $q \in [-\infty, \infty]$ に対して，Hill 数 D_q は正の確率について連続である．

（ ii ）各 $q \in (0, \infty]$ に対して，Hill 数 D_q は連続である．

証明 (i)は，D_q に対する明示的な公式（等式(4.21)～(4.24)）からすぐにわかる．(ii)は，$q > 0$ のときは D_q に対する公式が，i の範囲をちょうど $\mathrm{supp}(\mathbf{p})$ にする代わりに $\{1, \ldots, n\}$ の全体になるようにしても，変化しないことから導かれる． $\square$

次に，Hill 数の代数的性質を確立する．最も初等的なものから始める．

定義 4.4.7 関数列 $(D: \Delta_n \to (0, \infty))_{n \geq 1}$ が**不在不変**（absence-invariant）であるとは，$\mathbf{p} \in \Delta_n$ および $1 \leq i \leq n$ で $p_i = 0$ である限り，

$$D(\mathbf{p}) = D(p_1, \ldots, p_{i-1}, p_{i+1}, \ldots, p_n)$$

であるときをいう．

不在不変性は，D に関する限り，不在である種は言及されていないも同然であることを意味する．

等式(4.4)から，D が対称的であるといわれるのは，すべての $\mathbf{p} \in \Delta_n$ と $\{1, \ldots, n\}$ の置換 σ に対して $D(\mathbf{p}\sigma) = D(\mathbf{p})$ であるときであることを思い出す．これは，多様度は種が列挙された順序に影響を受けないということを意味する．

補題 4.4.8　各 $q \in [-\infty, \infty]$ に対して，オーダー q の Hill 数 D_q は対称的かつ不在不変である.

証明　これらの言明は，べき乗平均の対称性と不在不変性（補題 4.2.11）から導かれる. あるいは，D_q に対する明示的な公式（等式(4.21)〜(4.24)）から直接導き出すことができる. $\qquad\square$

注意 4.4.9　対称性より，$\mathbf{p}$ と $\mathbf{p}\sigma$ は同じ多様度プロファイルをもつ. それどころか，逆も成り立つ. すなわち，$\mathbf{p}, \mathbf{r} \in \Delta_n$ が同じ多様度プロファイルをもつならば，$\mathbf{p}$ と $\mathbf{r}$ は置換を除いて同じでなければならない. これは，付録 A.3 で証明する.

だから，相対存在量分布の多様度プロファイルは，どの種がどの種であるかということを除いて，その分布についてのすべての情報を含んでおり，その群集の多様性についての意味のある情報を示すようにまとめられている.

最後に，チェイン則を扱う. 系 2.4.8 で $q = 1$ の場合を扱い，すべての $\mathbf{w} \in \Delta_n$ と $\mathbf{p}^i \in \Delta_{k_i}$ に対して

$$D_1(\mathbf{w} \circ (\mathbf{p}^1, \ldots, \mathbf{p}^n)) = D_1(\mathbf{w}) \cdot \prod_{i=1}^n D_1(\mathbf{p}^i)^{w_i}$$

であることを示した. 例 2.4.9 で，この公式を，相対サイズ w_i および多様度 $d_i = D_1(\mathbf{p}^i)$ で，共通の種をもたない n 個の島のグループの見地から説明した. ここでは，一般の q に対するチェイン則を，二つの異なる形で与える.

命題 4.4.10（チェイン則，形 1）　$q \in [-\infty, \infty]$，$\mathbf{w} \in \Delta_n$，および $\mathbf{p}^1 \in \Delta_{k_1}, \ldots,$ $\mathbf{p}^n \in \Delta_{k_n}$ とする. $d_i = D_q(\mathbf{p}^i)$ および $\mathbf{d} = (d_1, \ldots, d_n)$ と書く. このとき，

$$D_q(\mathbf{w} \circ (\mathbf{p}^1, \ldots, \mathbf{p}^n)) = M_{1-q}(\mathbf{w}, \mathbf{d}/\mathbf{w})$$

$$= \begin{cases} \left(\sum w_i^q d_i^{1-q} \right)^{1/(1-q)} & (q \neq 1, \pm\infty \text{ のとき}) \\[2mm] \max \dfrac{d_i}{w_i} & (q = -\infty \text{ のとき}) \\[2mm] \prod \left(\dfrac{d_i}{w_i} \right)^{w_i} & (q = 1 \text{ のとき}) \\[2mm] \min \dfrac{d_i}{w_i} & (q = \infty \text{ のとき}) \end{cases}$$

である. ただし，和，最大値，積および最小値は $i \in \operatorname{supp}(\mathbf{w})$ にわたる.

注意 4.2.9 のように，ここでは $\mathbf{d}/\mathbf{w} = (d_1/w_1, \ldots, d_n/w_n)$ である.

証明 次のようになる.

$$D_q(\mathbf{w} \circ (\mathbf{p}^1, \ldots, \mathbf{p}^n)) = M_{1-q}\left(\mathbf{w} \circ (\mathbf{p}^1, \ldots, \mathbf{p}^n), \frac{1}{w_1\mathbf{p}^1} \oplus \cdots \oplus \frac{1}{w_n\mathbf{p}^n}\right)$$

$$= M_{1-q}\left(\mathbf{w}, \left(M_{1-q}\left(\mathbf{p}^1, \frac{1}{w_1\mathbf{p}^1}\right), \ldots, M_{1-q}\left(\mathbf{p}^n, \frac{1}{w_n\mathbf{p}^n}\right)\right)\right)$$

$$= M_{1-q}\left(\mathbf{w}, \left(\frac{d_1}{w_1}, \ldots, \frac{d_n}{w_n}\right)\right)$$

ここで,二つ目の等式は M_{1-q} に対するチェイン則(命題 4.2.24)から,最後の等式は M_{1-q} の斉次性(補題 4.2.22)から導かれる.これで,命題で述べられている最初の等式が証明されたが,二つ目の等式はべき乗平均に対する明示的な公式から導かれる.

$$\square$$

チェイン則には別の形があり,それを述べるのに必要な用語がある.確率分布 $\mathbf{w} \in \Delta_n$ と実数 q が与えられたとき,$\mathbf{w}$ の**オーダー q のエスコート分布**(escort distribution of order q)とは,i 番目の座標が

$$w_i^{(q)} = \begin{cases} \dfrac{w_i^q}{\sum_{j \in \mathrm{supp}(\mathbf{w})} w_j^q} & (i \in \mathrm{supp}(\mathbf{w}) \text{ のとき}) \\ 0 & (\text{そうでないとき}) \end{cases}$$

であるような分布 $\mathbf{w}^{(q)} \in \Delta_n$ である.

補題 4.4.11 $q \in \mathbb{R}$,$\mathbf{w} \in \Delta_n$,および $\mathbf{d} \in [0, \infty)^n$ とする.このとき,

$$M_{1-q}(\mathbf{w}, \mathbf{d}/\mathbf{w}) = D_q(\mathbf{w}) \cdot M_{1-q}(\mathbf{w}^{(q)}, \mathbf{d})$$

である.

証明 $q = 1$ の場合は,すべての $\mathbf{x}, \mathbf{y} \in [0, \infty)^n$ に対して

$$M_0(\mathbf{w}, \mathbf{xy}) = M_0(\mathbf{w}, \mathbf{x})M_0(\mathbf{w}, \mathbf{y})$$

であることに注意する.このことから

$$D_1(\mathbf{w}) \cdot M_0(\mathbf{w}^{(1)}, \mathbf{d}) = M_0(\mathbf{w}, 1/\mathbf{w}) \cdot M_0(\mathbf{w}, \mathbf{d}) = M_0(\mathbf{w}, \mathbf{d}/\mathbf{w})$$

となる.一方,$1 \neq q \in \mathbb{R}$ に対しては,望んだとおり

$$M_{1-q}(\mathbf{w}, \mathbf{d}/\mathbf{w}) = \left(\sum_{i \in \mathrm{supp}(\mathbf{w})} w_i^q d_i^{1-q}\right)^{1/(1-q)}$$

$$= D_q(\mathbf{w}) \cdot \left(\frac{\sum_{i \in \mathrm{supp}(\mathbf{w})} w_i^q d_i^{1-q}}{\sum_{j \in \mathrm{supp}(\mathbf{w})} w_j^q} \right)^{1/(1-q)}$$

$$= D_q(\mathbf{w}) \cdot M_{1-q}(\mathbf{w}^{(q)}, \mathbf{d})$$

となる. □

直前の二つの結果から，すぐに次が含意される.

命題 4.4.12（チェイン則，形 2） $q \in \mathbb{R}$, $\mathbf{w} \in \Delta_n$, および $\mathbf{p}^1 \in \Delta_{k_1}, \ldots, \mathbf{p}^n \in \Delta_{k_n}$ とする. $d_i = D_q(\mathbf{p}^i)$ および $\mathbf{d} = (d_1, \ldots, d_n)$ と書く. このとき，

$$D_q(\mathbf{w} \circ (\mathbf{p}^1, \ldots, \mathbf{p}^n)) = D_q(\mathbf{w}) \cdot M_{1-q}(\mathbf{w}^{(q)}, \mathbf{d})$$

である. □

注意 4.4.13 ここで，エスコート分布の概念に対する背景を与える.

（ⅰ）分布 $\mathbf{w}$ のエスコート分布は，分布の一パラメータ族

$$(\mathbf{w}^{(q)})_{q \in \mathbb{R}}$$

をなし，もとの分布 $\mathbf{w}$ は $q = 1$ に対応するメンバーとなる.「エスコート分布」という用語は，熱力学からとられている（Beck–Schlögl[33, 第 9 章]）. 熱力学では，

$$\frac{(e^{-\beta E_1}, \ldots, e^{-\beta E_n})}{Z(\beta)}$$

のような式が出てくる. ここで，$Z(\beta) = e^{-\beta E_1} + \cdots + e^{-\beta E_n}$ は逆温度 β におけるエネルギー E_i に対する分配関数（partition function）である. 一般性を失わずに $\sum e^{-E_i} = 1$ と仮定でき，逆温度 β はパラメータ q の役割を果たす.

（ⅱ）関数 $(q, \mathbf{w}) \mapsto \mathbf{w}^{(q)}$ は，単体の内部 Δ_n° 上の実ベクトル空間構造のスカラー倍である. 加法は

$$(\mathbf{p}, \mathbf{r}) \mapsto \frac{(p_1 r_1, \ldots, p_n r_n)}{p_1 r_1 + \cdots + p_n r_n}$$

により与えられ，零元は一様分布 $\mathbf{u}_n$ である. 図 4.6 は，2 次元ベクトル空間 Δ_3° の 1 次元線形部分空間をいくつか示している. このベクトル空間構造は，統計的推定の分野で Aitchison[5] により用いられ，彼の名を冠してよばれることがある. これは，代数的には以下のように理解できる.

指数関数と対数関数は $\mathbb{R}$ と $(0, \infty)$ の間の全単射を定義する. これは，$\mathbb{R}^n$ と $(0, \infty)^n$ の間の全単射を引き起こし，$\mathbb{R}^n$ 上のベクトル空間構造をこの全単射を通じて移すことで，$(0, \infty)^n$ 上のベクトル空間構造を得る. 明示的には，ベクトル空間 $(0, \infty)^n$ における加法は座標ごとの乗法，零元は $(1, \ldots, 1)$ であり，$q \in \mathbb{R}$ によるスカラー倍は各座標の q 乗である.

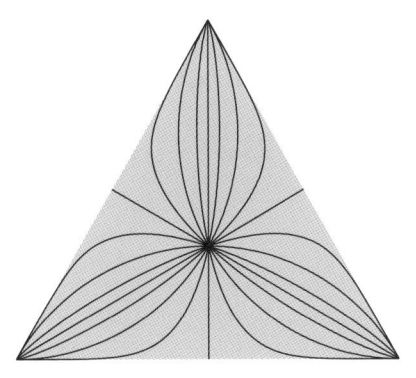

図 4.6 注意 4.4.13(ii) で述べられている，実ベクトル空間構造をもつ
開単体 Δ_3° の 12 個の 1 次元線形部分空間

ここで，$(1, \ldots, 1)$ により張られる $\mathbb{R}^n$ の線形部分空間を考える．対応する $(0, \infty)^n$ の部分空間 W は $\{(\gamma, \ldots, \gamma) : \gamma \in (0, \infty)\}$ であり，商ベクトル空間 $(0, \infty)^n / W$ を形成することができる．

この商の元はベクトル $\mathbf{y} \in (0, \infty)^n$ の同値類であり，このとき $\mathbf{y}$ と $\mathbf{z}$ が同値であるのはある $\gamma > 0$ に対して $\mathbf{y} = \gamma \mathbf{z}$ であるとき，かつそのときに限る．幾何的には，同値類は正の象限 $(0, \infty)^n$ における，原点を通る放射線である．各放射線は，開単体

$$\Delta_n^{\circ} = \{\mathbf{y} \in (0, \infty)^n : y_1 + \cdots + y_n = 1\}$$

の元をちょうど一つ含む．これにより，$(0, \infty)^n / W$ は Δ_n° と全単射になり，したがって Δ_n° にベクトル空間の構造が与えられる．これがまさに，上で明示的に定義したベクトル空間構造である．

(iii) 統計学の言葉では，ベクトル空間 Δ_n° の各線形部分空間は，$\{1, \ldots, n\}$ 上の指数型分布族（exponential family）である．たとえば，$\mathbf{p} \in \Delta_n^{\circ}$ により張られる 1 次元部分空間は，自然パラメータ $q \in \mathbb{R}$，十分統計量 $\log p_i$ および対数分配関数 $\log(\sum p_i^q)$ をもつ一パラメータ指数型分布族である．このつながりについての詳細は，Amari [10] や Ay–Jost–Lê–Schwachhöfer[22, 2.8 節]，およびほかの情報幾何学の教科書にある．

$q = 1$ の場合（例 2.4.9）にすでに議論したように，Hill 数に対するチェイン則は，共通の種をもたない島のグループ全体の多様度を計算するときに，必要な情報は島の多様度と相対サイズのみで，島の内部構造の情報は必要ない，という重要な帰結をもつ．

定義 4.4.14 関数列 $(D \colon \Delta_n \to (0, \infty))_{n \geq 1}$ が**モジュール的**（modular）であるとは，すべての $n, k_1, \ldots, k_n, \widetilde{k}_1, \ldots, \widetilde{k}_n \geq 1$ および $\mathbf{w} \in \Delta_n$, $\mathbf{p}^i \in \Delta_{k_i}$, $\widetilde{\mathbf{p}}^i \in \Delta_{\widetilde{k}_i}$ に対して，

$$\text{すべての } i \in \{1, \ldots, n\} \text{ に対して } D(\mathbf{p}^i) = D(\widetilde{\mathbf{p}}^i)$$
$$\implies D(\mathbf{w} \circ (\mathbf{p}^1, \ldots, \mathbf{p}^n)) = D(\mathbf{w} \circ (\widetilde{\mathbf{p}}^1, \ldots, \widetilde{\mathbf{p}}^n))$$

であるときをいう.

つまり, $D(\mathbf{w} \circ (\mathbf{p}^1, \ldots, \mathbf{p}^n))$ が $\mathbf{w}$ および $D(\mathbf{p}^1), \ldots, D(\mathbf{p}^n)$ にのみ依存するならば, D はモジュール的である.

系 4.4.15（モジュール性） 各 $q \in [-\infty, \infty]$ に対して, Hill 数 D_q はモジュール的である. □

チェイン則から, 二つのさらなる帰結が得られる.

定義 4.4.16 関数列 $(D \colon \Delta_n \to (0, \infty))_{n \geq 1}$ が**乗法的**（multiplicative）であるとは, すべての $m, n \geq 1$, $\mathbf{p} \in \Delta_m$, および $\mathbf{r} \in \Delta_n$ に対して,

$$D(\mathbf{p} \otimes \mathbf{r}) = D(\mathbf{p})D(\mathbf{r})$$

であるときをいう.

系 4.4.17（乗法性） 各 $q \in [-\infty, \infty]$ に対して, Hill 数 D_q は乗法的である.

証明 これは, Hill 数に対するチェイン則か, Rényi エントロピーの対数的性質（等式 (4.14)）かのいずれかから導かれる. □

定義 4.4.18 関数列 $(D \colon \Delta_n \to (0, \infty))_{n \geq 1}$ が**複製原理**（replication principle）をみたすとは, すべての $n, k \geq 1$ および $\mathbf{p} \in \Delta_k$ に対して,

$$D(\mathbf{u}_n \otimes \mathbf{p}) = nD(\mathbf{p})$$

であるときをいう.

例 2.4.11 の石油会社の論証は, 複製原理の基礎的な重要性を示している. n 個の島が, 交わりをもたない種の集合上で同じ相対存在量分布 $\mathbf{p}$ をもつならば, 系全体の多様度は $nD(\mathbf{p})$ になるべきである.

系 4.4.19（複製） 各 $q \in [-\infty, \infty]$ に対して, Hill 数 D_q は複製原理をみたす.

証明 これは, 乗法性と D_q が有効数であるという事実から導かれる. □

Rényi エントロピーには,（Rényi[294, 3 節]において導入された）Rényi 相対エントロピーという概念もあるが, 議論は 7.2 節まで持ち越す.

4.5　与えられたオーダーの Hill 数の特徴づけ

　本書では，Hill 数に対する二つの特徴づけ定理を証明する．最初の定理は，与えられた各 q に対して，（q に依存する）一定の条件をみたすただ一つの関数が D_q であることを述べる．二つ目の定理は，（q への言及がない）異なる条件のリストをみたす関数だけが，族 $(D_q)_{q \in [-\infty, \infty]}$ に属する関数であることを述べる．この節では最初の特徴づけを証明し，二つ目の特徴づけは 7.4 節で証明する．

　q 対数的エントロピーに対しては，最初の結果の類似（定理 4.1.5）をすでに証明している．二つ目の結果の類似は証明しない．しかし，Forte–Ng によるこの型の定理があり，注意 7.4.15 で手短に議論する．

　ここでは，Routledge[302]の研究に基づいて，与えられた各 $q \in (0, \infty)$ に対する Hill 数 D_q の特徴づけを行う．正の q へと制限することで，（補題 4.4.6(ii)より）D_q が Δ_n の全体で連続であることが保証される．

　D_q がチェイン則

$$D_q(\mathbf{w} \circ (\mathbf{p}^1, \dots, \mathbf{p}^n)) = D_q(\mathbf{w}) \cdot M_{1-q}(\mathbf{w}^{(q)}, (D_q(\mathbf{p}^1), \dots, D_q(\mathbf{p}^n))) \qquad (4.26)$$

をみたすことを思い出す（命題 4.4.12）．ただし，$\mathbf{w} \in \Delta_n$ および $\mathbf{p}^i \in \Delta_{k_i}$ である．等式(4.26)について，例 2.1.6 と例 2.4.9 の島の状況の見地から解釈して考える．等式(4.26)は，島のグループの多様度の，二つの因子への分解として解釈できる．すなわち，（$D_q(\mathbf{w})$ により与えられる）島の間のばらつきと，（二つ目の因子により与えられる）島の中の平均的なばらつきあるいは多様性である．これらの例の島の状況においては，島の間では種の重なりがないので，島の間のばらつきはサイズのばらつきにのみ依存していることを思い出す．

　ここで，もっともな多様性の尺度 D がみたすべき性質を列挙したいとする．このような性質の一つは，D は上述の意味で分解可能ということであろう．すなわち，$D(\mathbf{w} \circ (\mathbf{p}^1, \dots, \mathbf{p}^n))$ は，島の間のばらつき $D(\mathbf{w})$ に，各島の中の多様性 $D(\mathbf{p}^1), \dots,$ $D(\mathbf{p}^n)$ の平均を乗じたものに等しい．

　しかし，「平均（average）」のもっともな意味は何であろうか？　べき乗平均が，平均の概念に期待されるであろう多くのよい性質をもつことはすでに確認しており，そしてある正確な意味で唯一のよいものであることを第 5 章で見る．それゆえ，「平均（average）」を何らかのべき乗平均 M_t であると考えるのはもっともであり，そしていつもどおりの何でもない再パラメータ化 $t = 1 - q$ を行うことができる．

　この議論は，ここでの仮想的な多様性の尺度 D が，D_q を D に置き換えた等式(4.26)

のような等式をみたすべきことを示唆する．それでも，島の中の多様性の平均を，ほか
の重みづけではなく，島の重みづけ $\mathbf{w}^{(q)}$ を用いて計算しなければならない理由は説明
されない．明確であるように思われるのは，重みづけが島のサイズのみに依存すべきと
いうことだけである．重みづけを $\theta(\mathbf{w})$ と書くならば，任意のもっともな多様性の尺度
D は，ある q とある関数 $\theta \colon \Delta_n \to \Delta_n$ に対して，等式

$$D(\mathbf{w} \circ (\mathbf{p}^1, \dots, \mathbf{p}^n)) = D(\mathbf{w}) \cdot M_{1-q}(\theta(\mathbf{w}), (D(\mathbf{p}^1), \dots, D(\mathbf{p}^n)))$$

をみたすべきであると結論づけられる．これで，以下の主結果における仮定の中で最も
重要なものが説明できた．

定理 4.5.1 $q \in (0, \infty)$ とする．$(D \colon \Delta_n \to (0, \infty))_{n \geq 1}$ を関数列とする．以下は同値
である．

（ⅰ）関数 D は連続，対称的および有効数であり，各 $n \geq 1$ に対して関数 $\theta \colon \Delta_n \to$
Δ_n が存在して，すべての $\mathbf{w} \in \Delta_n$, $k_1, \dots, k_n \geq 1$, および $\mathbf{p}^i \in \Delta_{k_i}$ に対して

$$D(\mathbf{w} \circ (\mathbf{p}^1, \dots, \mathbf{p}^n)) = D(\mathbf{w}) \cdot M_{1-q}(\theta(\mathbf{w}), (D(\mathbf{p}^1), \dots, D(\mathbf{p}^n)))$$

である．

（ⅱ）$D = D_q$ である．

定理 4.5.1 は，Routledge の 1979 年の結果 [302, 付録の定理 1] の別の形である．

本節の残りは，この定理の証明に費やす．(ⅱ) が (ⅰ) を含意することは，4.4 節ですで
に示した．逆に，そして**本節の残りの部分では**，D と θ を (ⅰ) の条件をみたすものにと
る．標準的な記号の濫用により，同じ文字 θ を，関数 $\theta \colon \Delta_1 \to \Delta_1$, $\theta \colon \Delta_2 \to \Delta_2$ など
のそれぞれに対して用いる．$D = D_q$ であることを示さなければならない．

$\mathbf{p} \in \Delta_n$ に対して，

$$\theta(\mathbf{p}) = (\theta_1(\mathbf{p}), \dots, \theta_n(\mathbf{p}))$$

と書く．最初の補題は，θ_1 が D の見地からどのように表示されるかを示す．一時的に，

$$\mathbf{p}^{\#} = \mathbf{p} \circ (\mathbf{u}_2, \mathbf{u}_1, \dots, \mathbf{u}_1) = \left(\frac{1}{2} p_1, \frac{1}{2} p_1, p_2, \dots, p_n \right) \qquad (\mathbf{p} \in \Delta_n)$$

という表記を採用する．

補題 4.5.2 すべての $n \geq 1$ と $\mathbf{p} \in \Delta_n$ に対して，

$$\theta_1(\mathbf{p}) = \frac{1}{\ln_q 2} \cdot \ln_q \frac{D(\mathbf{p}^{\#})}{D(\mathbf{p})}$$

である．

証明 D についての主仮定と有効数であるという性質より，

$$D(\mathbf{p}^{\#}) = D(\mathbf{p}) \cdot M_{1-q}(\theta(\mathbf{p}), (2, 1, \ldots, 1))$$

である．ゆえに，補題 4.2.29 より，

$$\ln_q \frac{D(\mathbf{p}^{\#})}{D(\mathbf{p})} = M_1(\theta(\mathbf{p}), (\ln_q 2, \ln_q 1, \ldots, \ln_q 1))$$

である．しかし，$\ln_q 1 = 0$ であるから，右辺はちょうど $\theta_1(\mathbf{p}) \ln_q 2$ である． $\square$

ここで，この補題を用いて，合成分布の重みづけ $\theta(\mathbf{w} \circ (\mathbf{p}^1, \ldots, \mathbf{p}^n))$ を計算する．

補題 4.5.3 $\mathbf{w} \in \Delta_n$ および $\mathbf{p}^1 \in \Delta_{k_1}, \ldots, \mathbf{p}^n \in \Delta_{k_n}$ とする．このとき，

$$\theta_1(\mathbf{w} \circ (\mathbf{p}^1, \ldots, \mathbf{p}^n)) = \frac{\theta_1(\mathbf{w}) D(\mathbf{p}^1)^{1-q}}{\sum_{i=1}^n \theta_i(\mathbf{w}) D(\mathbf{p}^i)^{1-q}} \, \theta_1(\mathbf{p}^1)$$

である．

証明 $d_i = D(\mathbf{p}^i)$ および $d_1^{\#} = D(\mathbf{p}^{1\#})$ と書く．

$$\theta_1(\mathbf{w} \circ (\mathbf{p}^1, \ldots, \mathbf{p}^n))$$

$$= \frac{1}{\ln_q 2} \cdot \ln_q \frac{D((\mathbf{w} \circ (\mathbf{p}^1, \ldots, \mathbf{p}^n))^{\#})}{D(\mathbf{w} \circ (\mathbf{p}^1, \ldots, \mathbf{p}^n))} \tag{4.27}$$

$$= \frac{1}{\ln_q 2} \cdot \ln_q \frac{D(\mathbf{w} \circ (\mathbf{p}^{1\#}, \mathbf{p}^2, \ldots, \mathbf{p}^n))}{D(\mathbf{w} \circ (\mathbf{p}^1, \mathbf{p}^2, \ldots, \mathbf{p}^n))} \tag{4.28}$$

$$= \frac{1}{\ln_q 2} \cdot \ln_q \frac{M_{1-q}(\theta(\mathbf{w}), (d_1^{\#}, d_2, \ldots, d_n))}{M_{1-q}(\theta(\mathbf{w}), (d_1, d_2, \ldots, d_n))} \tag{4.29}$$

$$= \frac{1}{\ln_q 2} \cdot \frac{\ln_q M_{1-q}(\theta(\mathbf{w}), (d_1^{\#}, d_2, \ldots, d_n)) - \ln_q M_{1-q}(\theta(\mathbf{w}), (d_1, d_2, \ldots, d_n))}{M_{1-q}(\theta(\mathbf{w}), (d_1, d_2, \ldots, d_n))^{1-q}} \tag{4.30}$$

$$= \frac{1}{\ln_q 2} \cdot \frac{M_1(\theta(\mathbf{w}), (\ln_q d_1^{\#}, \ln_q d_2, \ldots)) - M_1(\theta(\mathbf{w}), (\ln_q d_1, \ln_q d_2, \ldots))}{\sum_{i=1}^n \theta_i(\mathbf{w}) d_i^{1-q}} \tag{4.31}$$

$$= \frac{1}{\ln_q 2} \cdot \frac{\theta_1(\mathbf{w})(\ln_q d_1^{\#} - \ln_q d_1)}{\sum_{i=1}^n \theta_i(\mathbf{w}) d_i^{1-q}} \tag{4.32}$$

$$= \frac{1}{\ln_q 2} \cdot \frac{\theta_1(\mathbf{w}) d_1^{1-q}}{\sum_{i=1}^n \theta_i(\mathbf{w}) d_i^{1-q}} \cdot \ln_q \frac{d_1^{\#}}{d_1} \tag{4.33}$$

$$= \frac{\theta_1(\mathbf{w}) d_1^{1-q}}{\sum_{i=1}^n \theta_i(\mathbf{w}) d_i^{1-q}} \cdot \theta_1(\mathbf{p}^1) \tag{4.34}$$

である．ただし，等式(4.27)と(4.34)は補題 4.5.2 から，等式(4.28)は $\#$ の定義から，等式(4.29)は D についての主仮定から，等式(4.30)と(4.33)は q 対数に対する商の公式（等式(1.20)）

$$\ln_q \frac{x}{y} = \frac{\ln_q x - \ln_q y}{y^{1-q}}$$

から，等式(4.31)は補題 4.2.29 と M_{1-q} の定義から，および等式(4.32)は算術平均 M_1 の定義から導かれる． $\qquad\square$

次に，重みづけがオーダー q のエスコート分布でなければならないことを導き出す．

▌補題 4.5.4 すべての $n \geq 1$ と $\mathbf{w} \in \Delta_n$ に対して，$\theta(\mathbf{w}) = \mathbf{w}^{(q)}$ である．

証明 おなじみのパターンどおり，まず $\mathbf{w}$ が一様であるときに，次に $\mathbf{w}$ の座標が正の有理数であるときに，そして最後に任意の $\mathbf{w}$ に対して，これを証明する．

$\mathbf{w} = \mathbf{u}_n$ の場合，$\theta(\mathbf{u}_n) = \mathbf{u}_n$ を示さなければならない．補題 4.5.2 より，

$$\theta_1(\mathbf{u}_n) = \frac{1}{\ln_q 2} \ln_q \frac{D(\mathbf{u}_n \circ (\mathbf{u}_2, \mathbf{u}_1, \mathbf{u}_1, \ldots, \mathbf{u}_1))}{D(\mathbf{u}_n)}$$

であり，同じ論証により，

$$\theta_2(\mathbf{u}_n) = \frac{1}{\ln_q 2} \ln_q \frac{D(\mathbf{u}_n \circ (\mathbf{u}_1, \mathbf{u}_2, \mathbf{u}_1, \ldots, \mathbf{u}_1))}{D(\mathbf{u}_n)}$$

である．D の対称性より，これらの二つの等式の右辺は等しい．ゆえに，$\theta_1(\mathbf{u}_n) = \theta_2(\mathbf{u}_n)$ である．同様に，すべての i, j に対して $\theta_i(\mathbf{u}_n) = \theta_j(\mathbf{u}_n)$ であるから，$\theta(\mathbf{u}_n) = \mathbf{u}_n$ である．

ここで，$\mathbf{w} \in \Delta_n$ とし，ある正の整数 k_i に対して

$$\mathbf{w} = \left(\frac{k_1}{k}, \ldots, \frac{k_n}{k} \right)$$

であるとする．ただし，$k = \sum k_i$ である．次が成り立つ．

$$\mathbf{w} \circ (\mathbf{u}_{k_1}, \ldots, \mathbf{u}_{k_n}) = \mathbf{u}_k \tag{4.35}$$

θ_1 を両辺に適用し，補題 4.5.3，D の有効数性および前段落を用いることにより，

$$\frac{\theta_1(\mathbf{w}) k_1^{1-q}}{\sum \theta_i(\mathbf{w}) k_i^{1-q}} \frac{1}{k_1} = \frac{1}{k}$$

を得る．これを整理すると，

$$\theta_1(\mathbf{w}) = w_1^q \sum_{i=1}^n \theta_i(\mathbf{w}) w_i^{1-q}$$

となる. 同じ論証により, すべての $j = 1, \ldots, n$ に対して

$$\theta_j(\mathbf{w}) = w_j^q \sum_{i=1}^n \theta_i(\mathbf{w}) w_i^{1-q}$$

となる. 右辺の和は j に依存していないので, $\theta(\mathbf{w})$ は $(w_1^q, \ldots, w_n^q)$ に比例する確率分布であり, $\theta(\mathbf{w}) = \mathbf{w}^{(q)}$ となる.

最後に, すべての $\mathbf{w} \in \Delta_n$ に対して, $\theta(\mathbf{w}) = \mathbf{w}^{(q)}$ であることを示す. 補題 4.5.2 と D についての連続性の仮定より, 写像 θ_1 は連続であり, $\theta_2, \ldots, \theta_n$ についても同様である. ゆえに, $\theta \colon \Delta_n \to \Delta_n$ は連続である. それゆえ, 写像 $\mathbf{w} \mapsto \mathbf{w}^{(q)}$ も連続である. しかし, 前段落より, この最後の二つの写像は正の有理数からなる分布上で等しいので, どこにおいても等しい. $\qquad\square$

定理 4.5.1 の証明 まず, 正の有理数の座標をもつ分布 $\mathbf{w} = (k_1/k, \ldots, k_n/k)$ を考える. D を等式(4.35)の両辺に適用する. このとき, 補題 4.5.4 と D が有効数であるという仮定より,

$$D(\mathbf{w}) \cdot M(\mathbf{w}^{(q)}, (k_1, \ldots, k_n)) = k$$

である. しかし, D_q も等式(4.35)の両辺に適用することができる. このとき, チェイン則と D_q が有効数であるという性質により,

$$D_q(\mathbf{w}) \cdot M(\mathbf{w}^{(q)}, (k_1, \ldots, k_n)) = k$$

である. ゆえに, $D(\mathbf{w}) = D_q(\mathbf{w})$ である. D についての連続性の仮定と D_q の連続性 (補題 4.4.6(ii)) より, すべての $\mathbf{w} \in \Delta_n$ に対して $D(\mathbf{w}) = D_q(\mathbf{w})$ となる. $\qquad\square$

第 5 章

平均

MEANS

　多様性測定への公理的アプローチの理想は，「性質 X，Y および Z をみたす任意の多様性の尺度は，以下のいずれかでなければならない」といえることである．後ほど出てくるこの型の定理は，平均に対する特徴づけ定理を手本にしたものである．

　平均の理論は，Hardy–Littlewood–Pólya の，1934 年に初版が出版され大きな影響力をもった著書『不等式』[137] だけでなく，Kolmogorov[192][194] や Nagumo[260] の 1930 年の論文によって，20 世紀前半に形作られた（Aczél[1] は初期の歴史を記している）．しかし，新しい結果は証明され続けている．Grabisch–Marichal–Mesiar–Pap による 2009 年の著書はいくつかの現代的な発展を記載しており [126, 第 4 章]，本章のほとんどの特徴づけ定理も新しいものであるように思われる．

　ここで用いられる論証は完全に初等的であり，専門的な知識を必要としない．それでも，読者がこの章のほとんどすべてを省略したとしても，以降の章を理解するのに影響はないであろう．後で必要となるのは，定理 5.5.10 と定理 5.5.11 の言明だけである．

　平均の特徴づけについてのほとんどの文献と比較して，本章における結果と証明には特定の趣向がある．第一に，（以下で定義する）準算術平均というずっと大きいクラスではなく，おもにべき乗平均に関心を向ける．そのため，斉次性公理を仮定するのがもっともであり，その結果ほとんどつねに連続性なしに済ませることができる（連続性の仮定がないことは，Fodor–Marichal[107] のものなどのほかの多くの結果と本章の結果との違いである）．第二に，べき乗平均の末端の場合である $M_\infty = \max$ と $M_{-\infty} = \min$ を含めたいが，これらの平均が狭義に増加しないという事実により，用いることができる論証がかなり変わる．

　Tao が「テンソルべきトリック（tensor power trick）」[325, 1.9 節] とよぶものが重要な役割を果たすが，これは以下のように説明できる．集合 X と二つの関数 $F, G\colon X \to \mathbb{R}^+$ を考える．$F \leq G$ を証明したいが，$F \leq CG$ となる（ことによると大きな）定数 C しか見つけることができなかったとする．一般に，これ以上何もいえることはな

い．しかしここで，X は F と G の両方により保存される積を備えることができるとする．$x \in X$ とする．このとき，すべての $n \geq 1$ に対して，

$$F(x) = F(x^n)^{1/n} \leq (CG(x^n))^{1/n} = C^{1/n}G(x)$$

であり，$n \to \infty$ とすることで所望の $F(x) \leq G(x)$ を得る．

とるに足らないように見えるが，テンソルべきトリックは強力な効果をもたらすことができる．典型的には，X としてテンソル積を備えたベクトルや関数の集合を考える．Tao[325]は，テンソルべきトリックを用いて Hausdorff–Young の不等式を証明してみせ，またテンソルべきトリックは Weil 予想の Deligne の証明においても役割を果たしていると指摘している．ここでは，基軸となる補題 5.4.3 の証明で用いる．

本章は，準算術平均の古典的理論から始まるが，これは通常の算術平均を同相写像に沿って移しただけのものである（5.1 節）．本章の大部分（5.2〜5.4 節）は一般的な重みなし平均を扱い，表 5.1 に示している四つの特徴づけ定理で最高点に達する．

表 5.1 対称的で，分解可能な，斉次重みなし平均に対する特徴づけ定理の要約．たとえば，左上の項目は，$(0, \infty)$ 上の狭義に増加するこのような平均はちょうどオーダー $t \in (-\infty, \infty)$ の重みなしべき乗平均 M_t であることを示している．表 5.2（p.167）には，重みつき平均についての対応する結果が与えられている．

	狭義に増加する	増加する
$(0, \infty)$	$t \in (-\infty, \infty)$	$t \in [-\infty, \infty]$
	定理 5.3.2	定理 5.4.7
$[0, \infty)$	$t \in (0, \infty)$	$t \in [-\infty, \infty]$
	定理 5.3.3	定理 5.4.9（連続かつ非零であることも仮定する）

最後に，5.5 節で，重みなし平均に対する特徴づけ定理を重みつき平均に対する特徴づけ定理へと変換する方法を開発する．この方法を，先ほどの四つの定理に適用する．得られる重みつき平均の四つの特徴づけの一つは，1934 年の Hardy–Littlewood–Pólya の著書にさかのぼるものであるが，ほかのものは新しいものであろう．

平均の性質に対するかなりの量の用語を定義することになる．参照しやすいように，これらは付録 B に要約してある．単独の「平均（mean）」という語は，正確な定義をせずに形式ばらずに用いる．

5.1 準算術平均

J を実区間とする．算術平均は関数列

$$(M_1 \colon \Delta_n \times J^n \to J)_{n \geq 1}$$

を定義する．任意の別の集合 I と全単射 $\phi \colon I \to J$ に対して，ϕ に沿って J 上の算術平均を移して I 上の一種の平均を得ることができる．以下のように，I もまた区間であり，ϕ が同相写像（homeomorphism）である（つまり，ϕ と ϕ^{-1} の両方が連続である）場合に焦点をあわせる．

> **定義 5.1.1** $\phi \colon I \to J$ を実区間の間の同相写像とする．ϕ によって生成された I 上の **準算術平均**（quasiarithmetic mean）とは，関数列
>
> $$(M_\phi \colon \Delta_n \times I^n \to I)_{n \geq 1}$$
>
> で，
>
> $$M_\phi(\mathbf{p}, \mathbf{x}) = \phi^{-1}\left(\sum_{i=1}^n p_i \phi(x_i)\right) \qquad (\mathbf{p} \in \Delta_n,\ \mathbf{x} \in I^n)$$
>
> により定義されるもののことである．

準算術平均の理論は古典的であり，本節の内容のほとんどは，多かれ少なかれ明示的に，Hardy–Littlewood–Pólya[137, 第 III 章]にある．

> **注意 5.1.2** 文献上では，「準算術」という用語と，「準線形（quasilinear）」という用語の両方が用いられるが，ときには互換的に，ときには前者は重みなしの場合に対して，ときには後者は本書におけるモジュール性（定義 4.2.25）を意味するものとして用いられる．「準算術」は，準算術平均が変数変換によって装われた算術平均にすぎないという事実を喚起するという利点がある．これは，図式
>
> $$\begin{array}{ccc} \Delta_n \times I^n & \xrightarrow{\ M_\phi\ } & I \\ {\scriptstyle 1 \times \phi^n}\downarrow & & \downarrow{\scriptstyle \phi} \\ \Delta_n \times J^n & \xrightarrow[\ M_1\ ]{} & J \end{array}$$
>
> が可換ということである．

例 5.1.3 実数 $t \neq 0$ に対して, $(0, \infty)$ 上のべき乗平均 M_t は, 同相写像

$$\phi_t\colon (0, \infty) \to (0, \infty)$$
$$t \mapsto x^t$$

によって生成された準算術平均 M_{ϕ_t} である. $(0, \infty)$ 上の幾何平均 M_0 は, 同相写像

$$\phi_0 = \log\colon (0, \infty) \to \mathbb{R}$$

によって生成された準算術平均 M_{ϕ_0} である. だから, $(0, \infty)$ 上のすべての有限オーダーのべき乗平均は準算術的である. ◆

例 5.1.4 例 5.2.8(i)で証明するように, $(0, \infty)$ 上のべき乗平均 $M_{\pm\infty}$ は, 準算術的でない. ◆

例 5.1.5 同相写像 $\exp\colon \mathbb{R} \to (0, \infty)$ によって生成される $\mathbb{R}$ 上の準算術平均は,

$$M_{\exp}(\mathbf{p}, \mathbf{x}) = \log\left(\sum_{i=1}^{n} p_i e^{x_i}\right) \qquad (\mathbf{p} \in \Delta_n, \ \mathbf{x} \in \mathbb{R}^n)$$

により与えられる. これは**指数平均** (exponential mean) であり, その特有の性質は Nagumo[260, p.78]により確立された (あるいは現代的な説明については, Grabisch–Marichal–Mesiar–Pap[126, 定理 4.15(i)]を参照せよ). ◆

本節の残りの部分では, 三つの問いに専念する.

第一に, 一つの区間 I からの二つの同相写像は, いつ I 上の同じ準算術平均を生成するのか?

第二に, $(0, \infty)$ 上のすべての準算術平均の中で, どのようにしてべき乗平均 M_t ($t \in \mathbb{R}$) を選び出すことができるか? つまり, べき乗平均のもつ特有の性質は何なのか?

第三に (いまのところは不正確であるが), ある大きな区間上の平均が与えられて, そのより小さい区間への制限が準算術的ならば, もとの平均自身は準算術的であるのか?

三つの問いすべてに対する答えに関わるのが, アフィン写像という概念である.

定義 5.1.6 I を実区間とする. 関数 $\alpha\colon I \to \mathbb{R}$ が**アフィン** (affine) であるとは, すべての $x_1, x_2 \in I$ と $p \in [0, 1]$ に対して,

$$\alpha(px_1 + (1-p)x_2) = p\alpha(x_1) + (1-p)\alpha(x_2)$$

であるときをいう.

補題 5.1.7 $\alpha\colon I \to J$ を実区間の間の関数とする．以下は同値である．

(ⅰ) α はアフィンである．

(ⅱ) $\sum \lambda_i = 1$ かつ $\sum \lambda_i x_i \in I$ であるようなすべての $n \geq 1$, $x_1, \ldots, x_n \in I$ と $\lambda_1, \ldots, \lambda_n \in \mathbb{R}$ に対して，$\alpha(\sum \lambda_i x_i) = \sum \lambda_i \alpha(x_i)$ である．

(ⅲ) ある定数 $a, b \in \mathbb{R}$ が存在して，すべての $x \in I$ に対して $\alpha(x) = ax + b$ である．

(ⅳ) α は連続であり，すべての $x_1, x_2 \in I$ に対して $\alpha((x_1 + x_2)/2) = (\alpha(x_1) + \alpha(x_2))/2$ である．

(ⅱ)では，係数 λ_i のいくつかは負であってもよいことに注意する．

証明 付録 A.4 を参照せよ． $\square$

(ⅲ)より，任意のアフィン写像は単射であるか，定数であるかのいずれかである．アフィン写像のより大きな定義域への拡張についての，以下の初等的な観察が必要になる．

定義 5.1.8 実区間が**自明** (trivial) であるとは，高々一つの元しかもたないときをいい，そうでないとき，**非自明** (nontrivial) であるという．

補題 5.1.9 $I \subseteq J$ を実区間とし，$\alpha\colon I \to \mathbb{R}$ をアフィン写像とする．このとき，以下が成り立つ．

(ⅰ) α を拡張したアフィン写像 $\bar{\alpha}\colon J \to \mathbb{R}$ が存在する．

(ⅱ) α が単射ならば，$\bar{\alpha}$ を単射であるように選ぶことができる．

(ⅲ) I が非自明ならば，$\bar{\alpha}$ は α により一意に決まる．

証明 $a, b \in \mathbb{R}$ を，すべての $x \in I$ に対して $\alpha(x) = ax + b$ となるように選ぶ．(ⅰ)については，$y \in J$ に対して $\bar{\alpha}(y) = ay + b$ とおけばよい．(ⅱ)については，α が単射ならば，a を非零であるように選ぶことができるので，$\bar{\alpha}$ は単射となる．(ⅲ)は明らかである． $\square$

これで，第一の問い，すなわち，いつ二つの準算術平均は等しくなるのか，に答える準備ができた．

命題 5.1.10 実区間の間の同相写像

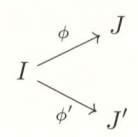

を考える．以下は同値である．

（ⅰ）すべての $n \geq 1$ に対して $M_\phi = M_{\phi'}\colon \Delta_n \times I^n \to I$ である．

（ⅱ）すべての $n \geq 1$ に対して $M_\phi(\mathbf{u}_n, -) = M_{\phi'}(\mathbf{u}_n, -)\colon I^n \to I$ である．

（ⅲ）写像 $\phi' \circ \phi^{-1}\colon J \to J'$ はアフィンである．

これは Hardy–Littlewood–Pólya の著書[137, 定理 83]にあり，Jessen と Knopp によるものとされている．

証明 明らかに，(ⅰ)は(ⅱ)を含意する．

(ⅱ)を仮定し，(ⅲ)を証明する．$\alpha = \phi' \circ \phi^{-1}$ と書く．補題 5.1.7(ⅳ)を用いて，α がアフィンであることを証明しよう．確かに，α は連続である．ここで，$y_1, y_2 \in J$ とする．(ⅱ)より，

$$M_\phi(\mathbf{u}_2, (\phi^{-1}(y_1), \phi^{-1}(y_2))) = M_{\phi'}(\mathbf{u}_2, (\phi^{-1}(y_1), \phi^{-1}(y_2)))$$

である．あるいは明示的に，

$$\phi^{-1}\left(\frac{1}{2}y_1 + \frac{1}{2}y_2\right) = {\phi'}^{-1}\left(\frac{1}{2}\phi'\phi^{-1}(y_1) + \frac{1}{2}\phi'\phi^{-1}(y_2)\right)$$

である．しかし，これは

$$\alpha\left(\frac{1}{2}(y_1 + y_2)\right) = \frac{1}{2}(\alpha(y_1) + \alpha(y_2))$$

と書き直すことができるので，補題 5.1.7 の条件(ⅳ)が成り立ち，α はアフィンである．

最後に，(ⅲ)を仮定し，(ⅰ)を証明する．アフィン写像 $\phi' \circ \phi^{-1}\colon J \to J'$ を α と書く．このとき，$\phi' = \alpha \circ \phi$ であるから，課題はすべての $n \geq 1$，$\mathbf{p} \in \Delta_n$，および $\mathbf{x} \in I^n$ に対して，

$$M_{\alpha \circ \phi}(\mathbf{p}, \mathbf{x}) = M_\phi(\mathbf{p}, \mathbf{x})$$

であることを証明することである．そして実際に，

$$
\begin{aligned}
M_{\alpha \circ \phi}(\mathbf{p}, \mathbf{x}) &= (\alpha \circ \phi)^{-1}\left(\sum_{i=1}^{n} p_i \alpha(\phi(x_i))\right) \\
&= \phi^{-1}\alpha^{-1}\alpha\left(\sum_{i=1}^{n} p_i \phi(x_i)\right) \\
&= M_\phi(\mathbf{p}, \mathbf{x})
\end{aligned}
$$

である．ただし，二つ目の等式で補題 5.1.7(ⅱ)を用いた． $\square$

例 5.1.11 この例は，準算術平均 $M_{\ln_q}$ に関するものである．厳密にいえば，$q = 1$ でない限り q 対数 $\ln_q\colon (0, \infty) \to \mathbb{R}$ は全射でなく（ゆえに，同相写像ではなく），$M_{\ln_q}$ は定

義されない．しかし，全射になるように値域を変更することができる．すなわち，関数

$$(0, \infty) \to \ln_q(0, \infty)$$
$$x \mapsto \ln_q x$$

を考えることができる．ただし，$\ln_q(0, \infty)$ は $\ln_q$ の像である．この関数は，記号の濫用によりまた $\ln_q$ と書くが，同相写像であり，その値域は実区間である．この意味で，準算術平均 $M_{\ln_q}$ について議論することができる．

$q \neq 1$ に対して，関数 $\ln_q \colon (0, \infty) \to \ln_q(0, \infty)$ は，同相写像の合成

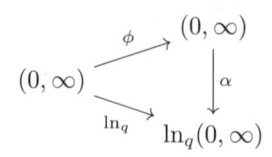

である．ただし，

$$\phi(x) = x^{1-q}, \qquad \alpha(y) = \frac{y-1}{1-q}$$

である．ここで，α はアフィンであるから，命題 5.1.10 と例 5.1.3 より，

$$M_{\ln_q} = M_{1-q} \colon \Delta_n \times (0, \infty)^n \to (0, \infty) \qquad (n \geq 1) \tag{5.1}$$

となる．例 5.1.3 より，この等式はまた $q = 1$ に対しても成り立つ．ゆえに，この等式はすべての実数 q に対して成り立つ．

等式 (5.1) は，いうまでもなく，直接証明することもできる．これは補題 4.2.29 と同値である． ◆

次に，二つ目の問い，すなわち，すべての準算術平均の中でべき乗平均は何により識別されるのか，に答える．以下の結果は，Hardy–Littlewood–Pólya[137, 定理 84]にある．

定理 5.1.12 J を実区間，$\phi \colon (0, \infty) \to J$ を同相写像とする．以下は同値である．

（ i ）すべての $n \geq 1$，$\mathbf{x} \in (0, \infty)^n$，および $c \in (0, \infty)$ に対して，$M_\phi(\mathbf{u}_n, c\mathbf{x}) = cM_\phi(\mathbf{u}_n, \mathbf{x})$ である．

（ii ）すべての $n \geq 1$，$\mathbf{p} \in \Delta_n$，$\mathbf{x} \in (0, \infty)^n$，および $c \in (0, \infty)$ に対して，$M_\phi(\mathbf{p}, c\mathbf{x}) = cM_\phi(\mathbf{p}, \mathbf{x})$ である．

（iii）ある $t \in \mathbb{R}$ に対して $M_\phi = M_t$ である．

証明 明らかに，(iii) は (ii) を含意し，(ii) は (i) を含意する．

ここで，(i) を仮定し，(iii) を証明する．命題 5.1.10 より，$\phi(1) = 0$ と仮定できる．というのも，そうでなければ，J を $J' = J - \phi(1)$ に，ϕ を $\phi' = \phi - \phi(1)$ に置き換えて，

ϕ' は $M_{\phi'} = M_\phi$ と $\phi'(1) = 0$ をみたす同相写像 $(0, \infty) \to J'$ とできるからである.

各 $c > 0$ に対して, $\phi_c(x) = \phi(cx)$ により $\phi_c: (0, \infty) \to J$ を定義する. このとき, ϕ_c は同相写像であり, すべての $\mathbf{x} \in (0, \infty)^n$ に対して,

$$
\begin{aligned}
M_{\phi_c}(\mathbf{u}_n, \mathbf{x}) &= \phi_c^{-1}\left(\sum_{i=1}^n \frac{1}{n} \phi_c(x_i)\right) \\
&= \frac{1}{c} \phi^{-1}\left(\sum_{i=1}^n \frac{1}{n} \phi(cx_i)\right) \\
&= \frac{1}{c} M_\phi(\mathbf{u}_n, c\mathbf{x}) \\
&= M_\phi(\mathbf{u}_n, \mathbf{x})
\end{aligned}
$$

である. ただし, 最後のステップでは (i) における斉次性の仮定を用いた. ゆえに, 命題 5.1.10 より, $\psi(c), \theta(c) \in \mathbb{R}$ で, $\phi_c = \psi(c)\phi + \theta(c)$ となるものが存在する.

これで, 関数 $\psi, \theta: (0, \infty) \to \mathbb{R}$ で, すべての $c, x \in (0, \infty)$ に対して

$$
\phi(cx) = \psi(c)\phi(x) + \theta(c)
$$

であるものを構成したことになる. $x = 1$ とおいて $\phi(1) = 0$ を用いると $\theta = \phi$ を得るので, すべての $c, x \in (0, \infty)$ に対して

$$
\phi(cx) = \phi(c) + \psi(c)\phi(x)
$$

である. ϕ は可測で定数ではないので, q 対数の関数方程式による特徴づけ (定理 1.3.2) から, ある $A, q \in \mathbb{R}$ で $A \neq 0$ となるものに対して, $\phi = A \ln_q$ となることが含意される. ゆえに, 命題 5.1.10 より $M_\phi = M_{\ln_q}$ となる. しかし, 例 5.1.11 より $M_{\ln_q} = M_{1-q}$ であるから, 望んだとおり $M_\phi = M_{1-q}$ となる. $\qquad \square$

それでは, 三つ目の最後の問い, おおまかにいえば, ある大きな区間上の平均で, そのすべての小さな部分区間への制限が準算術的であるものが与えられたとき, もとの平均もまた準算術的であるか, に答える.

本書で最も重要な平均はべき乗平均であり, これは有界でない区間 $(0, \infty)$ あるいは $[0, \infty)$ において定義される. しかし, 平均についてのいくつかの結果は, 有界閉区間上で証明するのが最も容易である. 以下の補題は, 有界閉区間上の結果を用いて, 任意の区間上の結果を証明することを可能にする. これは, 任意の区間上の平均が準算術的であるかどうかは, 有界閉部分区間上のその振る舞いにより完全に決まることを示している.

この補題は, 重みなし平均に関するものである. 重みなし準算術平均に対して省略表記

$$M_\phi(\mathbf{x}) = M_\phi(\mathbf{u}_n, \mathbf{x}) \tag{5.2}$$

を用い，実区間 I 上の関数列 $(M\colon I^n \to I)_{n\geq 1}$ が**準算術平均**（quasiarithmetic mean）であるとは，ある区間 J と同相写像 $\phi\colon I \to J$ が存在して，M が ϕ によって生成される重みなし準算術平均となるときをいうことにする．

補題 5.1.13 I を実区間とし，$(M\colon I^n \to I)_{n\geq 1}$ を関数列とする．M を I の各非自明な有界閉部分区間上に制限したものは準算術平均であるとする．このとき，M は準算術平均である．

証明 I が自明ならば，結果もそうである．そうでないとすると，I を非自明な有界閉部分区間の無限の入れ子列 $I_1 \subseteq I_2 \subseteq \cdots$ の和集合として書くことができる．仮定より，各 $n, r \geq 1$ に対して $M\colon I^n \to I$ を制限した関数 $M|_{I_r}\colon I_r^n \to I_r$ があり，各 $r \geq 1$ に対して関数列 $(M|_{I_r}\colon I_r^n \to I_r)_{n\geq 1}$ は準算術平均となる．

実区間の入れ子列 $J_1 \subseteq J_2 \subseteq \cdots$ と同相写像 $\phi_r\colon I_r \to J_r$ の列で，それぞれが $M_{\phi_r} = M|_{I_r}$ をみたし，それぞれが一つ前の拡張となっているものを以下で帰納的に構成する．

$$
\begin{array}{ccc}
I_1 & \longrightarrow & I_2 & \longrightarrow & \cdots \\
\phi_1 \downarrow & & \phi_2 \downarrow & & \\
J_1 & \longrightarrow & J_2 & \longrightarrow & \cdots
\end{array}
$$

最初のステップとして，$M|_{I_1}$ は準算術平均であるから，区間 J_1 と同相写像 $\phi_1\colon I_1 \to J_1$ で，$M_{\phi_1} = M|_{I_1}$ となるものを選ぶことができる．

ここで，ある $r \geq 1$ に対して，J_r と ϕ_r が $M_{\phi_r} = M|_{I_r}$ となるように，帰納的に定義されたとする．$M|_{I_{r+1}}$ は準算術平均であるから，実区間 L_{r+1} と同相写像 $\theta_{r+1}\colon I_{r+1} \to L_{r+1}$ で，$M_{\theta_{r+1}} = M|_{I_{r+1}}$ となるものを選ぶことができる．このとき，θ_{r+1} を制限した区間の同相写像 $\theta'_{r+1}\colon I_r \to \theta_{r+1}I_r$ があり，図 5.1 における可換図式の上側の四角形が得られる．

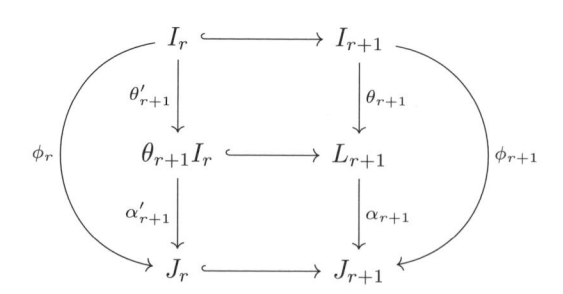

図 5.1 補題 5.1.13 の証明における帰納的ステップ．
垂直の矢印と曲がった矢印はすべて同相写像である．

下側の四角形を構成するために，α'_{r+1}，J_{r+1}，および α_{r+1} を定義する必要がある．$\alpha'_{r+1} = \phi_r \circ \theta'^{-1}_{r+1}$ とおくと，これは同相写像である．θ_{r+1} の定義より $M_{\theta_{r+1}} = M|_{I_{r+1}}$ であるから，

$$M_{\theta'_{r+1}} = M|_{I_r} = M_{\phi_r}$$

である．ゆえに，命題 5.1.10 より，α'_{r+1} はアフィンである．補題 5.1.9 より，$\theta_{r+1}I_r$ 上のアフィン単射 α'_{r+1} は，より大きな区間 L_{r+1} 上で定義されるアフィン単射へと一意的に拡張される．この拡張された関数の像（区間である）を J_{r+1} と書いて，図 5.1 の下側の四角形を可換にするアフィン同相写像 $\alpha_{r+1}: L_{r+1} \to J_{r+1}$ を得る．

$\phi_{r+1} = \alpha_{r+1} \circ \theta_{r+1}$ とおく．このとき，α_{r+1} と θ_{r+1} が同相写像であるから，ϕ_{r+1} は同相写像である．さらに，α_{r+1} はアフィンであるから，$M_{\phi_{r+1}} = M_{\theta_{r+1}}$ である．しかし，$M_{\theta_{r+1}} = M|_{I_{r+1}}$ であるから，$M_{\phi_{r+1}} = M|_{I_{r+1}}$ となり，帰納的構成が完了する．

最後に，J を区間 $\bigcup_{r=1}^{\infty} J_r$ とし，$\phi: I \to J$ を，関数 $\phi_r: I_r \to J_r$ のすべてを拡張した一意的な関数であるとする．このとき，どの ϕ_r も同相写像であるから，ϕ は同相写像である．さらに，$\mathbf{x} \in I^n$ が与えられると，ある $r \geq 1$ に対して $\mathbf{x} \in I_r^n$ であるから，

$$M_\phi(\mathbf{x}) = M_{\phi_r}(\mathbf{x}) = M|_{I_r}(\mathbf{x}) = M(\mathbf{x})$$

である．ただし，中央の等式は ϕ_r の構成によるものであり，ほかの等式は定義からすぐにわかる．ゆえに $M = M_\phi$ であり，M は準算術平均である．　　　　□

注意 5.1.14 Kolmogorov は，実区間上の準算術平均に対する初期の特徴づけ定理を見いだした[192][194]．彼はこれを有界閉区間に対して証明し，その論証は「わずかな修正だけ」で非有界閉区間に対して拡張できると主張した[194, p. 144]．実際，これはすべての区間へと拡張できる．後年の研究者らは，補題 5.1.13 と類似の結果を用いてこの特徴づけ定理や類似の言明を証明した．たとえば，上述の論証は Aczél[2, p. 291]の論証と，Grabisch–Marichal–Mesiar–Pap[126, 定理 4.10]の証明の一部を拡張したものである．

5.2　重みなし平均

ここから三つの節においては，重みのない，すなわち，一様分布 $\mathbf{u}_n$ により重みづけられた平均にもっぱら焦点を当てる．確かに，これは自然な特別な場合である．しかし，このように焦点を当てる真の理由は，ここで確立される結果が重みつき平均についての定理を証明するのに有用であり（5.5 節），それが今度は，価値尺度（7.3 節）や多様性の尺度（7.4 節）の一意的な特徴づけを証明するのに用いられるからである．

本章における論証のパターンは，おおむね Faddeev の定理の証明（2.5 節）と同様である．そこでは，いくつかの公理をみたす仮想的なエントロピー尺度 I が与えられて，証明の作業のほとんどは数列 $(I(\mathbf{u}_n))_{n \geq 1}$ の解析に費やされ，これにより有理数の座標をもつ分布 $\mathbf{p}$ に対する $I(\mathbf{p})$ を比較的容易に得ることができ，それから今度は，すべての $\mathbf{p}$ に対する $I(\mathbf{p})$ を得ることができた．ここでは，重みなし平均 $M(\mathbf{u}_n, -)$ についての結果を証明するのにかなりの時間を費やす．これがなされれば，重みつき平均 $M(\mathbf{p}, -)$ に対する結果を，最初は有理数の $\mathbf{p}$ に対して，次にすべての $\mathbf{p}$ に対して，すぐに導き出すことができるようになる．

　簡単のため，等式 (5.2) のような表記 $M_\phi(\mathbf{x})$ だけでなく，重みなしべき乗平均に対しては省略表記

$$M_t(\mathbf{x}) = M_t(\mathbf{u}_n, \mathbf{x}) \qquad (t \in [-\infty, \infty], \ \mathbf{x} \in [0, \infty)^n)$$

も用いる．

　$(M : I^n \to I)_{n \geq 1}$ を関数列とする．ただし，I は $(0, \infty)$ であるか，$[0, \infty)$ であるかのいずれかである．ここから三つの節にわたって，次の問いに答える．

M が重みなしべき乗平均 M_t の一つであることを保証する
M についての条件は何か？

この問いは，I が $(0, \infty)$ であるか，$[0, \infty)$ であるか，またべき乗平均のオーダー t を正や有限などに制限したいかどうかに応じて，いくつかの解釈ができる．

　ここで，M にもっともな形で課されうる条件をいくつか挙げる．これらの多くについては，重みつき平均に対して同様の条件をすでに考えたことがある（4.2 節）．定義 5.2.1〜5.2.13 に対しては，I を実区間とし，$(M : I^n \to I)_{n \geq 1}$ は関数列とする．

定義 5.2.1　M が**対称的**（symmetric）であるとは，すべての $n \geq 1$, $\mathbf{x} \in I^n$, および $\{1, \ldots, n\}$ の置換 σ に対して，$M(\mathbf{x}) = M(\mathbf{x}\sigma)$ であるときをいう．

例 5.2.2　すべての準算術平均は対称的である．（準算術的でない）M_∞ と $M_{-\infty}$ も含めて，すべてのべき乗平均 M_t もまた対称的である．　◆

定義 5.2.3　M が**整合的**（consistent）（あるいは**べき等**（idempotent））であるとは，すべての $n \geq 1$ と $x \in I$ に対して，

$$M(\underbrace{x, \ldots, x}_{n}) = x$$

であるときをいう．

例 5.2.4 すべての準算術平均とべき乗平均は整合的である. ◆

定義 5.2.5 M が**増加する**（increasing）とは，すべての $n \geq 1$ と $\mathbf{x}, \mathbf{y} \in I^n$ に対して，

$$\mathbf{x} \leq \mathbf{y} \implies M(\mathbf{x}) \leq M(\mathbf{y})$$

であるときをいう．M が**狭義に増加する**（strictly increasing）とは，すべての $n \geq 1$ と $\mathbf{x}, \mathbf{y} \in I^n$ に対して，

$$\mathbf{x} \leq \mathbf{y} \neq \mathbf{x} \implies M(\mathbf{x}) < M(\mathbf{y})$$

であるときをいう.

例 5.2.6 すべての準算術平均は狭義に増加する. ◆

例 5.2.7 与えられた関数列 $(M: \Delta_n \times I^n \to I)_{n \geq 1}$ に対して，定義 4.2.18 の意味で M が増加するか，あるいは狭義に増加するならば，上述の意味で $(M(\mathbf{u}_n, -): I^n \to I)_{n \geq 1}$ は増加するか，あるいは狭義に増加する．とくに，補題 4.2.19 は以下を含意する.

（ⅰ）$[0, \infty)$ 上のすべてのオーダー $t \in [-\infty, \infty]$ の重みなしべき乗平均 M_t は増加する.

（ⅱ）$(0, \infty)$ 上の有限オーダー $t \in (-\infty, \infty)$ の重みなしべき乗平均 M_t は狭義に増加する.

（ⅲ）$[0, \infty)$ 上の正の有限オーダー $t \in (0, \infty)$ の重みなしべき乗平均 M_t は狭義に増加する. ◆

例 5.2.8

（ⅰ）区間 I が非自明であると仮定すると，べき乗平均 $M_\infty = \max$ と $M_{-\infty} = \min$ は増加するが，狭義に増加しない（注意 4.2.20 の反例に基づいて I に対する反例を作るのは容易である）．ゆえに，$M_{\pm\infty}$ は準算術平均ではない.

（ⅱ）オーダー $t \in [-\infty, 0]$ のべき乗平均 M_t は，$[0, \infty)$ 上で狭義に増加しない（これも，注意 4.2.20 のとおりである）．それゆえ，これは $(0, \infty)$ 上の準算術平均であるにもかかわらず，$[0, \infty)$ 上の準算術平均ではない. ◆

定義 5.2.9 M が**分解可能**（decomposable）であるとは，すべての $n, k_1, \ldots, k_n \geq 1$ と $x_j^i \in I$ に対して，

$$M(x_1^1, \ldots, x_{k_1}^1, \ldots, x_1^n, \ldots, x_{k_n}^n) = M(\underbrace{a_1, \ldots, a_1}_{k_1}, \ldots, \underbrace{a_n, \ldots, a_n}_{k_n})$$

であるときをいう．ただし，$i \in \{1, \ldots, n\}$ に対して $a_i = M(x_1^i, \ldots, x_{k_i}^i)$ である.

$r \geq 1$ かつ $x \in \mathbb{R}$ である限り,

$$r * x = \underbrace{x, \ldots, x}_{r} \tag{5.3}$$

という略記を用いる. だから, 分解可能性の等式は

$$M(x_1^1, \ldots, x_{k_1}^1, \ldots, x_1^n, \ldots, x_{k_n}^n) = M(k_1 * a_1, \ldots, k_n * a_n)$$

となる.

分解可能性は, 以下の例が示すように, 重みつき平均のチェイン則 (定義 4.2.23) の重みなしの類似である.

例 5.2.10

(i) 各 $t \in [-\infty, \infty]$ に対して, べき乗平均 M_t は分解可能である. いうまでもなく, これは直接計算により示すことができるが, その代わりにここでは, 重みつきべき乗平均について先に得た結果を用いて証明する.

定義 5.2.9 のように, x_j^i と a_i をとる. 次のように書く.

$$k = k_1 + \cdots + k_n, \qquad \mathbf{p} = \left(\frac{k_1}{k}, \ldots, \frac{k_n}{k} \right) \in \Delta_n$$

このとき,

$$\mathbf{p} \circ (\mathbf{u}_{k_1}, \ldots, \mathbf{u}_{k_n}) = \mathbf{u}_k$$

であるから, べき乗平均に対するチェイン則 (命題 4.2.24) より,

$$\begin{aligned}
M_t(x_1^1, &\ldots, x_{k_1}^1, \ldots, x_1^n, \ldots, x_{k_n}^n) \\
&= M_t(\mathbf{p} \circ (\mathbf{u}_{k_1}, \ldots, \mathbf{u}_{k_n}), (x_1^1, \ldots, x_{k_1}^1) \oplus \cdots \oplus (x_1^n, \ldots, x_{k_n}^n)) \\
&= M_t(\mathbf{p}, (a_1, \ldots, a_n))
\end{aligned}$$

である. 一方, 再びチェイン則と M_t の整合性より,

$$\begin{aligned}
M_t(k_1 * a_1, &\ldots, k_n * a_n) \\
&= M_t(\mathbf{p} \circ (\mathbf{u}_{k_1}, \ldots, \mathbf{u}_{k_n}), (k_1 * a_1) \oplus \cdots \oplus (k_n * a_n)) \\
&= M_t(\mathbf{p}, (M_t(\mathbf{u}_{k_1}, k_1 * a_1), \ldots, M_t(\mathbf{u}_{k_n}, k_n * a_n))) \\
&= M_t(\mathbf{p}, (a_1, \ldots, a_n))
\end{aligned}$$

である. ゆえに, M_t は分解可能である.

(ii) とくに, M_1 は分解可能であり, このことからすべての準算術平均は分解可能となる. ◆

注意 5.2.11 文献上では，分解可能性は非対称的な形

$$M(x_1, \ldots, x_k, y_1, \ldots, y_\ell) = M(k * a, y_1, \ldots, y_\ell) \qquad (k, \ell \geq 1, \ x_i, y_j \in I)$$

で述べられることが多い（これは，たとえば Kolmogorov[192][194] と Nagumo[260] の両者が用いた形である）．ただし，$a = M(x_1, \ldots, x_k)$ である．M は対称的かつ整合的であるという強くない仮定のもとで，簡単な帰納法により，これは上述の定義と同値になる．

定義 5.2.12 M が**モジュール的**（modular）であるとは，各 i に対して

$$M(x_1^i, \ldots, x_{k_i}^i) = M(y_1^i, \ldots, y_{k_i}^i)$$

であるすべての

$$x_1^1, \ldots, x_{k_1}^1, \ldots, x_1^n, \ldots, x_{k_n}^n \in I, \qquad y_1^1, \ldots, y_{k_1}^1, \ldots, y_1^n, \ldots, y_{k_n}^n \in I$$

に対して，

$$M(x_1^1, \ldots, x_{k_1}^1, \ldots, x_1^n, \ldots, x_{k_n}^n) = M(y_1^1, \ldots, y_{k_1}^1, \ldots, y_1^n, \ldots, y_{k_n}^n)$$

であるときをいう．

つまり，M がモジュール的であるのは，

$$M(x_1^1, \ldots, x_{k_1}^1, \ldots, x_1^n, \ldots, x_{k_n}^n)$$

が $k_1, \ldots, k_n$ と

$$M(x_1^1, \ldots, x_1^n), \quad \ldots, \quad M(x_1^n, \ldots, x_{k_n}^n)$$

により決定されるときである．明らかに，M が分解可能ならばこれは正しい．

定義 5.2.13 I が積で閉じているとする．このとき，M が**斉次**（homogeneous）であるとは，すべての $n \geq 1$，$c \in I$，および $\mathbf{x} \in I^n$ に対して，

$$M(c\mathbf{x}) = cM(\mathbf{x})$$

であるときをいう．

例 5.2.14 すべてのべき乗平均は斉次である．しかし，定理 5.1.12 で示したように，ほかの準算術平均は斉次ではない． ◆

平均の理論における重要な初期の結果は，1930 年に Kolmogorov[192] と Nagumo[260] により独立に証明されたことはすでに述べた．彼らが示したことは，実区間 I 上の，任意の連続で，対称的で，整合的で，狭義に増加する，分解可能な関数列 $(M : I^n \to I)_{n \geq 1}$ は準算術平均であるということである．

本書の目的の一つは，多様性の尺度に対する特徴づけ定理を証明することである．特徴づけられる尺度は，べき乗平均 M_t と密接に関係している．ただし，$t \in [-\infty, \infty]$ である．とくに，$M_{\pm\infty}$ を含めたい．Kolmogorov–Nagumo の定理は狭義に増加する平均についての主張であるから，ここでの目的には不十分である．それゆえ，本書では異なる道に進む．

　以下の結果と Kolmogorov–Nagumo の結果には，もう一つの違いがある．ここではべき乗平均に焦点を当てることから，（定理 5.1.12 に照らして）斉次性条件を課すのが自然である．斉次性条件を仮定するときは，Kolmogorov–Nagumo の定理における連続性条件は落とすことができることが判明する．

　5.3 節で，有限オーダー $t \in (-\infty, \infty)$ のべき乗平均を特徴づける．5.4 節でこの結果を用いて，目標であるすべてのオーダー $t \in [-\infty, \infty]$ のべき乗平均の特徴づけを達成する．最初のステップは，Kolmogorov の証明の最初のステップと同じであり，本節の残りの部分における補題のほとんどは，彼の論文[192]にあるものである（[194]として英訳されている）．

　最初の補題は，項の反復に関するものである．

補題 5.2.15　I を区間とし，$(M\colon I^n \to I)_{n \geq 1}$ を対称的で，整合的で，分解可能な関数列とする．このとき，すべての $r, n \geq 1$ と $x_1, \ldots, x_n \in I$ に対して，

$$M(r * x_1, \ldots, r * x_n) = M(x_1, \ldots, x_n) \tag{5.4}$$

である．

証明　$a = M(x_1, \ldots, x_n)$ と書く．対称性より，等式(5.4)の左辺は，全部で rn 項もつとして

$$M(x_1, \ldots, x_n, \ldots, x_1, \ldots, x_n)$$

と等しい．分解可能性より，これは $M(rn * a)$ と等しく，整合性より a と等しい．　□

　次の一連の補題から，以下の問いへの答えを始める．すなわち，区間 I 上の準算術平均 M が与えられたとき，$M = M_\phi$ であるような同相写像 ϕ を M からどのように構成することができるか？　命題 5.1.10 は，この性質をもつ多くの同相写像があることを述べている．しかし，それはまた，ある実数 $a < b$ に対して I が $[a, b]$ の形ならば，$\phi(a) = 0$，$\phi(b) = 1$，および $M = M_\phi$ であるような同相写像 $\phi\colon [a, b] \to [0, 1]$ がただ一つ存在することも述べている．次の補題で構成される関数 ψ は，有理数に制限された，ϕ の逆関数であることが判明する．

補題 5.2.16 $a, b \in \mathbb{R}$ で，$a < b$ とする．$(M \colon [a,b]^n \to [a,b])_{n \geq 1}$ を対称的で，整合的で，分解可能な関数列とする．

（i）関数

$$\psi \colon [0,1] \cap \mathbb{Q} \to [a,b]$$

で，すべての整数 $0 \leq r \leq s$ で $s \geq 1$ であるものに対して

$$\psi\left(\frac{r}{s}\right) = M((s-r) * a, r * b)$$

をみたすものがただ一つ存在する．

（ii）$\psi(0) = a$ および $\psi(1) = b$ である．

（iii）すべての $n \geq 1$ と $q_1, \ldots, q_n \in [0,1] \cap \mathbb{Q}$ に対して，

$$M(\psi(q_1), \ldots, \psi(q_n)) = \psi\left(\frac{1}{n}\sum_{i=1}^{n} q_i\right)$$

である．

（iv）M が増加するならば ψ も増加し，M が狭義に増加するならば ψ も狭義に増加する．

証明 （i）について，一意性はすぐにわかる．存在を証明するには，同じ有理数の異なる表現 r/s が $M((s-r) * a, r * b)$ の同じ値を与えることを示さなければならない．$r/s = r'/s'$ とする．このとき，$s'r = sr'$ であるから，補題 5.2.15 を 2 度用いて，

$$
\begin{aligned}
M((s-r) * a, r * b) &= M(s'(s-r) * a, s'r * b) \\
&= M(s(s' - r') * a, sr' * b) \\
&= M((s' - r') * a, r' * b)
\end{aligned}
$$

となる．これで（i）が証明され，（ii）は ψ に対する公式と整合性から導かれる．

（iii）について，$q_1, \ldots, q_n$ を共通の分母をもつ分数として，たとえば $q_i = r_i/s$ と表示する．このとき，

$$M(\psi(q_1), \ldots, \psi(q_n)) = M(s * \psi(q_1), \ldots, s * \psi(q_n)) \tag{5.5}$$

$$= M((s - r_1) * a, r_1 * b, \ldots, (s - r_n) * a, r_n * b) \tag{5.6}$$

$$= M((ns - r_1 - \cdots - r_n) * a, (r_1 + \cdots + r_n) * b) \tag{5.7}$$

$$= \psi\left(\frac{r_1 + \cdots + r_n}{ns}\right) = \psi\left(\frac{1}{n}\sum_{i=1}^{n} q_i\right)$$

である. ただし，等式(5.5)では補題 5.2.15 が用いられ，等式(5.6)は分解可能性と ψ の定義から導かれ，等式(5.7)は対称性による.

(iv)について，$q, q' \in [0,1] \cap \mathbb{Q}$ で $q < q'$ とする. ある整数 $0 \le r < r' \le s$ で $s \ge 1$ であるものに対して，$q = r/s$ および $q' = r'/s$ と書くことができる. M が増加すると仮定すると，

$$
\begin{aligned}
\psi(q) &= M((s-r)*a, r*b) \\
&= M((s-r')*a, (r'-r)*a, r*b) \\
&\le M((s-r')*a, (r'-r)*b, r*b) \\
&= M((s-r')*a, r'*b) = \psi(q')
\end{aligned}
\tag{5.8}
$$

となるが，M が狭義に増加するとき，(5.8)で狭義の不等式が成り立つ. $\qquad\square$

以下では，$(0,\infty)$ 上の分解可能な斉次平均をおもに扱うことになる. このような平均は，自動的に整合的になる.

補題 5.2.17 $(M\colon (0,\infty)^n \to (0,\infty))_{n \ge 1}$ を，分解可能で斉次な関数列とする. このとき，M は整合的である.

証明 $k \ge 1$ に対して，$a_k = M(k*1)$ と書く. 分解可能性より，$a_k = M(k*a_k)$ である（これは，定義 5.2.9 で $n=1$, $k_1 = k$, および $x_1^1 = \cdots = x_k^1 = 1$ ととることにより導かれる）. ゆえに，斉次性より $a_k = a_k M(k*1) = a_k^2$ であり，$a_k \in \{0,1\}$ を得る. しかし，M は $(0,\infty)$ に値をとるので，$a_k = 1$ である. だから，再び斉次性より，すべての $\mathbf{x} \in (0,\infty)^k$ に対して

$$
M(k*x) = x a_k = x
$$

となる. $\qquad\square$

任意の対称的なこのような平均は，以下の意味で乗法的であることを導き出す.

定義 5.2.18 I を乗法で閉じた実区間とする. 関数列 $(M\colon I^n \to I)_{n \ge 1}$ が**乗法的** (multiplicative) であるとは，すべての $n, m \ge 1$, $\mathbf{x} \in I^n$, および $\mathbf{y} \in I^m$ に対して，

$$
M(\mathbf{x} \otimes \mathbf{y}) = M(\mathbf{x})M(\mathbf{y})
$$

であるときをいう.

たとえば，重みつき平均が定義 4.2.27 の意味で乗法的ならば，その重みなしの場合 $(M(\mathbf{u}_n, -))_{n \ge 1}$ はここで定義した意味で乗法的である.

補題 5.2.19 $(M\colon (0,\infty)^n \to (0,\infty))_{n\geq 1}$ を，対称的で，分解可能で，斉次な関数列とする．このとき，M は乗法的である．

証明 補題 5.2.17 より，M は整合的である．$\mathbf{x} \in (0,\infty)^n$ および $\mathbf{y} \in (0,\infty)^m$ とする．次のように書く．

$$b_i = M(x_i y_1, \ldots, x_i y_m)$$

すると，それぞれ分解可能性と補題 5.2.15 より，

$$M(\mathbf{x} \otimes \mathbf{y}) = M(m * b_1, \ldots, m * b_n) = M(b_1, \ldots, b_n) \tag{5.9}$$

である．しかし，斉次性より $b_i = x_i M(\mathbf{y})$ である．これを (5.9) へと代入し，再び斉次性を用いることで示すべき結果を得る． $\square$

補題 5.2.15〜5.2.19 はおもに Kolmogorov[192][194] によるが，彼は M が連続であることを仮定し，続いて補題 5.2.16 の関数 ψ が $[0,1]$ 上の連続関数に拡張されることを証明した．しかし，ここで彼の道と本書の道は分岐するのである．

5.3　狭義に増加する斉次平均

ここで，狭義に増加し，対称的で，分解可能な，斉次重みなし平均についての二つの定理（表5.1）を証明する．まず，$(0,\infty)$ 上ではこのような平均はちょうど有限オーダーのべき乗平均であることを示す．これから，$[0,\infty)$ 上ではこれらの性質をもつ平均はちょうど正の有限オーダーのべき乗平均であることを導き出す．

適当な性質をもつ任意の関数列 $(M\colon (0,\infty)^n \to (0,\infty))_{n\geq 1}$ が有限オーダーのべき乗平均であることを示すには，M が準算術的であることを示すことがおもな課題となる．これは，M の各有界閉部分区間 $K \subset (0,\infty)$ への制限が準算術的であることを示し，次に補題 5.1.13 に訴えることによりなされる．$M|_K$ が準算術的であることの証明の重要な部分は，補題 5.2.16 によって得られる写像

$$\psi\colon [0,1] \cap \mathbb{Q} \to K$$

をとり，写像 $[0,1] \to K$ へと拡張することにある．このために，平均にもともと関係しているわけではない実解析の補題を用いる．

補題 5.3.1 $\psi\colon [0,1] \cap \mathbb{Q} \to \mathbb{R}$ を狭義に増加する関数とする．すべての $z \in [0,1)$ に対して，

$$\sup\{\psi(p) : 有理数\ p \leq z\} = \inf\{\psi(q) : 有理数\ q > z\} \tag{5.10}$$

であり，すべての $z \in (0, 1]$ に対して，

$$\sup\{\psi(p) : \text{有理数 } p < z\} = \inf\{\psi(q) : \text{有理数 } q \geq z\} \tag{5.11}$$

であるとする．このとき，ψ は連続関数 $[0, 1] \to \mathbb{R}$ へと一意的に拡張され，この拡張された関数は狭義に増加する．

等式 (5.10) と (5.11) は以下のように理解できる．有理数 z にわたっては，これらはあわさって関数 $\psi \colon [0, 1] \cap \mathbb{Q} \to \mathbb{R}$ が連続であることを述べている．z が無理数のとき，(5.10) と (5.11) はどちらも等式

$$\sup\{\psi(p) : \text{有理数 } p < z\} = \inf\{\psi(q) : \text{有理数 } q > z\}$$

に帰着するが，これは ψ が z で跳躍不連続点をもたないことを述べている．だから，この結果は，任意の $[0, 1] \cap \mathbb{Q}$ 上の狭義に増加する連続関数は，跳躍不連続点をもたない限り，$[0, 1]$ 上の同じ性質をもつ関数へと拡張されるというものである．

証明 一意性はすぐにわかる．存在については，まず，すべての $z \in [0, 1]$ に対して

$$\sup\{\psi(p) : \text{有理数 } p \leq z\} = \inf\{\psi(q) : \text{有理数 } q \geq z\} \tag{5.12}$$

であることに注意する．実際，$z \in \mathbb{Q}$ ならば，（ψ は増加するので）両辺は $\psi(z)$ に等しく，$z \notin \mathbb{Q}$ ならば，(5.12) は (5.10) と (5.11) の両方に同値である．関数 $\bar{\psi} \colon [0, 1] \to \mathbb{R}$ を，$\bar{\psi}(z)$ を (5.12) のどちらか一方の辺とすることにより定義する．このとき，$\bar{\psi}|_{\mathbb{Q}} = \psi$ である．

$\bar{\psi}$ が狭義に増加することを見るために，$z, z' \in [0, 1]$ で $z < z'$ とする．$z \leq q < p \leq z'$ となる有理数 q と p を選ぶことができる．このとき，$\bar{\psi}$ の定義と ψ が狭義に増加するという事実により，望んだとおり，

$$\bar{\psi}(z) \leq \psi(q) < \psi(p) \leq \bar{\psi}(z')$$

となる．

最後に，$\bar{\psi}$ が連続であることを示す．$\bar{\psi}$ は増加するので，すべての $z \in [0, 1)$ に対して

$$\bar{\psi}(z) = \inf\{\bar{\psi}(w) : w > z\}$$

であり，かつすべての $z \in (0, 1]$ に対して

$$\bar{\psi}(z) = \sup\{\bar{\psi}(w) : w < z\}$$

であることを示せば十分である．ここでは，これらの等式の最初のものだけを証明する．二つ目も同様に証明できる．$z \in [0, 1)$ とする．このとき，

$$\inf\{\overline{\psi}(w) : w > z\} = \inf\{\inf\{\psi(q) : \text{有理数 } q \geq w\} : w > z\} \tag{5.13}$$

$$= \inf \bigcup_{w > z}\{\psi(q) : \text{有理数 } q \geq w\}$$

$$= \inf\{\psi(q) : \text{有理数 } q > z\}$$

$$= \inf\{\psi(q) : \text{有理数 } q \geq z\} \tag{5.14}$$

$$= \overline{\psi}(z) \tag{5.15}$$

である.ただし,(5.13) と (5.15) は $\overline{\psi}$ の定義より,(5.14) は (5.10) と (5.12) から導かれる. □

それでは,$(0, \infty)$ 上の狭義に増加する重みなし平均に対する特徴づけ定理を証明する（図 5.2）.

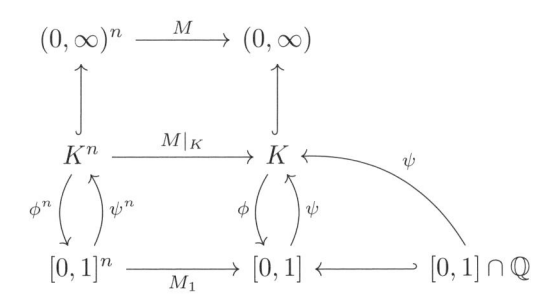

図 5.2 定理 5.3.2 の証明に含まれる写像たち

定理 5.3.2 $(M : (0, \infty)^n \to (0, \infty))_{n \geq 1}$ を関数列とする.以下は同値である.

（ i ）M は対称的で,狭義に増加し,分解可能で,かつ斉次である.

（ ii ）ある $t \in (-\infty, \infty)$ に対して $M = M_t$ である.

証明 例 5.2.2,例 5.2.7(ii),例 5.2.10(i) および例 5.2.14 より,(ii) は (i) を含意する.

ここで,(i) を仮定する.証明のおもな部分は,M の各非自明な有界閉部分区間 $K \subset (0, \infty)$ への制限が準算術平均となることを示すことにある.K をこのような区間とする.

まず,各 $n \geq 1$ に対して,関数 $M : (0, \infty)^n \to (0, \infty)$ は関数 $M|_K : K^n \to K$ へと制限されることに注意する.実際,補題 5.2.17 より M は整合的であり,かつ増加するので,すべての $x_1, \ldots, x_n \in K$ に対して,

$$\min\{x_1, \ldots, x_n\} \leq M(x_1, \ldots, x_n) \leq \max\{x_1, \ldots, x_n\}$$

となり,$M(x_1, \ldots, x_n) \in K$ を得る.

次に，関数列 $(M|_K \colon K^n \to K)_{n \geq 1}$ が準算術平均となることを示す．M が対称的で，整合的で，狭義に増加し，かつ分解可能であるから，この列もそうである．$\psi \colon [0,1] \cap \mathbb{Q} \to K$ を，補題 5.2.16 で定義した関数とする．補題 5.3.1 を用いて，ψ を連続関数 $[0,1] \to K$ へと拡張する．このためには，この補題の仮定，すなわち，ψ は狭義に増加し（これは補題 5.2.16(iv) からすぐにわかる），かつ ψ が等式 (5.10) と等式 (5.11) をみたすことを確かめなければならない．ここでは (5.10) のみを証明する．(5.11) の証明も同様にできる．

$z \in [0,1)$ とする．次のようにおく．

$$u = \sup\{\psi(p) : \text{有理数 } p \leq z\}, \qquad v = \inf\{\psi(q) : \text{有理数 } q > z\}$$

$u = v$ であることを示さなければならない．ψ は増加するので，$u \leq v$ である．あとは，$u \geq v$ であることを示せばよい．

$C > 1$ とする．$v \in K \subset (0, \infty)$ であるから，$v > 0$ であり，$Cv > v$ を得る．したがって，v の定義より，$\psi(q) \leq Cv$ となる有理数 $q \in (z, 1]$ を選ぶことができる．このとき，$(p+q)/2 > z$ となる有理数 $p \in [0, z]$ を選ぶことができる．u の定義より，$\psi(p) \leq u \leq Cu$ である．ここで，

$$CM(u, v) = M(Cu, Cv) \tag{5.16}$$
$$\geq M(\psi(p), \psi(q)) \tag{5.17}$$
$$= \psi\left(\frac{1}{2}(p+q)\right) \tag{5.18}$$
$$\geq v \tag{5.19}$$

である．ただし，(5.16) は斉次性によるものであり，(5.17) は M が増加するから成り立ち，(5.18) は補題 5.2.16(iii) から導かれ，また (5.19) は $(p+q)/2 \in (z, 1] \cap \mathbb{Q}$ であるから成り立つ．ゆえに，すべての $C > 1$ に対して $CM(u, v) \geq v$ となり，$M(u, v) \geq v$ を得る．しかしこのとき，（整合性を用いて）

$$v = M(v, v) \geq M(u, v) \geq v$$

となるので，$M(v, v) = M(u, v)$ である．M は狭義に増加するので，これより $u = v$ となり，補題 5.3.1 における等式 (5.10) が証明された．

これで，関数 $\psi \colon [0,1] \cap \mathbb{Q} \to K$ が補題 5.3.1 の仮定をみたすことが示された．その補題により，ψ は連続な狭義に増加する関数 $[0,1] \to K$ へと一意的に拡張されるが，これも ψ で表す．拡張された関数 ψ は，補題 5.2.16(ii) より端点を保存し，したがって同相写像である．$\phi \colon K \to [0,1]$ をその逆とする．

$M|_K = M_\phi$ であること，言い換えると，

$$M(\psi(z_1), \ldots, \psi(z_n)) = \psi\left(\frac{1}{n}(z_1 + \cdots + z_n)\right) \qquad (z_i \in [0, 1]) \tag{5.20}$$

であることを示す．実際，すべての $z_1, \ldots, z_n \in [0, 1]$ に対して，

$$M(\psi(z_1), \ldots, \psi(z_n)) \geq \sup\{M(\psi(q_1), \ldots, \psi(q_n)) : \text{有理数}\ q_i \leq z_i\} \tag{5.21}$$

$$= \sup\left\{\psi\left(\frac{1}{n}(q_1 + \cdots + q_n)\right) : \text{有理数}\ q_i \leq z_i\right\} \tag{5.22}$$

$$= \psi\left(\sup\left\{\frac{1}{n}(q_1 + \cdots + q_n) : \text{有理数}\ q_i \leq z_i\right\}\right) \tag{5.23}$$

$$= \psi\left(\frac{1}{n}(z_1 + \cdots + z_n)\right) \tag{5.24}$$

である．ただし，(5.21)は M と ψ が増加するので成り立ち，(5.22)は補題 5.2.16 (iii) から導かれ，等式(5.23)は $\psi\colon [0, 1] \to K$ が狭義に増加する全単射であることの帰結であり，また(5.24)は初等的である．それゆえ，

$$M(\psi(z_1), \ldots, \psi(z_n)) \geq \psi\left(\frac{1}{n}(z_1 + \cdots + z_n)\right)$$

である．不等号を反転し，かつ上限を下限へと変更して同じ論証をすれば反対の不等式が証明され，等式(5.20)が導かれる．それゆえ，主張されたとおり，$M|_K = M_\phi$ となる． $\square$

これで，M の $(0, \infty)$ の各非自明な有界閉部分区間上への制限が準算術平均となることが示された．ゆえに，補題 5.1.13 より，M 自身が準算術平均となる．しかし，M は斉次であるから，これで定理 5.1.12 から，ある $t \in (-\infty, \infty)$ に対して $M = M_t$ となることが含意される．

$(0, \infty)$ 上の平均に関するこの定理から，$[0, \infty)$ 上の平均に関する定理を導き出す．

定理 5.3.3 $(M\colon [0, \infty)^n \to [0, \infty))_{n \geq 1}$ を関数列とする．以下は同値である．
（ⅰ）M は対称的で，狭義に増加し，分解可能で，かつ斉次である．
（ⅱ）ある $t \in (0, \infty)$ に対して $M = M_t$ である．

証明 例 5.2.2～5.2.14 より，確かに(ⅱ)は(ⅰ)を含意する．ここで，(ⅰ)を仮定する．$\mathbf{0} \neq \mathbf{x} \in [0, \infty)^n$ ならば，$M(\mathbf{x}) > M(\mathbf{0}) \geq 0$ であるから，$M(\mathbf{x}) > 0$ である．ゆえに，M を制限して関数列

$$M|_{(0,\infty)}\colon (0, \infty)^n \to (0, \infty)$$

を得る．定理 5.3.2 より，ある $t \in (-\infty, \infty)$ に対して $M|_{(0,\infty)} = M_t$ である．

$t > 0$ であることを示すのに，

$$0 < M(1,0) \leq \inf_{\delta > 0} M(1,\delta) = \inf_{\delta > 0} M_t(1,\delta) = M_t(1,0)$$

であることに注意する．ただし，最後のステップにおいて M_t は連続（補題 4.2.5）かつ増加するという事実を用いた．ゆえに，$M_t(1,0) > 0$ である．しかし，すべての $t \in [-\infty, 0]$ に対して $M_t(1,0) = 0$ であるから（定義 4.2.1），$t \in (0, \infty)$ である．

次に，ここまでですべての $\mathbf{x} \in (0, \infty)^n$ に対して成り立つことが証明された等式 $M(\mathbf{x}) = M_t(\mathbf{x})$ が，すべての $\mathbf{x} \in [0, \infty)^n$ に対して成り立つことを示さなければならない．

まず，

$$M(1,0) = M_t(1,0) \tag{5.25}$$

であることを主張する．これを証明するのに，$M(2,1,0)$ を 2 通りの仕方で評価する．$a = M(1,0) > 0$ とおく．M は分解可能であるから，

$$\begin{aligned} M(2,1,0) &= M(2,a,a) \\ &= M_t(2,a,a) \\ &= \left(\frac{1}{3}(2^t + 2a^t)\right)^{1/t} \end{aligned}$$

となる．一方，斉次性より $M(2,0) = 2a$ であるから，分解可能性を再び用いて，

$$\begin{aligned} M(2,1,0) &= M(1,2,0) \\ &= M(1,2a,2a) \\ &= M_t(1,2a,2a) \\ &= \left(\frac{1}{3}(1 + 2^{t+1}a^t)\right)^{1/t} \end{aligned}$$

となる．$M(2,1,0)$ に対するこれらの二つの式が等しいことから，$a = (1/2)^{1/t}$ を得る．言い換えると，主張されたとおり，$M(1,0) = M_t(1,0)$ となる．

それでは，すべての $n \geq 1$ と $\mathbf{x} \in [0, \infty)^n$ に対して $M(\mathbf{x}) = M_t(\mathbf{x})$ となることを証明する．対称性より，ある $k, m \geq 0$ と $x_1, \ldots, x_m > 0$ に対して

$$\mathbf{x} = (x_1, \ldots, x_m, k * 0)$$

のときにこれを証明すれば十分である．証明は，すべての m に対して同時に行われる k についての帰納法による．$k = 0$ に対する結果はすでに得ている．次に $k \geq 1$ とし，

$k-1$ に対して結果が成り立つとする. $m=0$ ならば,(斉次性より)結果は明らかであるから,$m \geq 1$ とする.

$$
\begin{aligned}
M(x_1, &\ldots, x_m, k * 0) \\
&= M(x_1, \ldots, x_{m-1}, x_m, 0, (k-1) * 0) \\
&= M(x_1, \ldots, x_{m-1}, x_m M(1,0), x_m M(1,0), (k-1) * 0) &(5.26) \\
&= M(x_1, \ldots, x_{m-1}, x_m M_t(1,0), x_m M_t(1,0), (k-1) * 0) &(5.27) \\
&= M_t(x_1, \ldots, x_{m-1}, x_m M_t(1,0), x_m M_t(1,0), (k-1) * 0) &(5.28) \\
&= M_t(x_1, \ldots, x_{m-1}, x_m, 0, (k-1) * 0) &(5.29) \\
&= M_t(x_1, \ldots, x_m, k * 0)
\end{aligned}
$$

である.ただし,等式(5.26)と等式(5.29)は M と M_t の分解可能性と斉次性によるものであり,等式(5.27)は等式(5.25)から導かれ,また等式(5.28)は帰納法の仮定によるものである.これで証明は完了となる. □

5.4 増加する斉次平均

べき乗平均の極値の場合である $M_{\pm\infty}$ は,狭義に増加もしないし,準算術的でもない.これらの要因の両方により,$M_{\pm\infty}$ は多くの平均の特徴づけの範囲外におかれている.しかし,後で登場する多様性の尺度の特徴づけ定理から重要な Berger–Parker 指数 D_∞(例 4.3.5(iv))を除外しないようにすることをおもな理由として,ここでは $M_{\pm\infty}$ を含む特徴づけ定理を証明する.

すでに狭義に増加する平均は特徴づけたので,ここでの課題は,増加するが狭義には増加しない平均 M を特徴づけることである.対称性を仮定すると,ある x_i,u,v で $u \neq v$ となるものに対して,

$$
M(x_1, \ldots, x_m, u) = M(x_1, \ldots, x_m, v)
$$

である.この等式と M についてのいつもどおりのほかの仮定から,M が $M_\infty = \max$ か,$M_{-\infty} = \min$ かのいずれかに等しいことを導き出すことが目標となる.

補題 5.4.1 I を実区間とする.$(M : I^n \to I)_{n \geq 1}$ を対称的で,分解可能な関数列とする.$m \geq 1$ および $x_1, \ldots, x_m, u, v \in I$ とし,

$$
M(x_1, \ldots, x_m, u) = M(x_1, \ldots, x_m, v)
$$

であるとする．このとき，すべての $n \geq 0$ に対して

$$M(x_1, \ldots, x_m, n * u) = M(x_1, \ldots, x_m, n * v)$$

である．

証明 これは $n = 0$ に対しては明らかである．帰納的に，$n \geq 0$ として結果が n に対して成り立つとする．M は分解可能であるから，モジュール的である（定義 5.2.12）．ここで，

$$
\begin{aligned}
M(x_1, \ldots, x_m, (n+1) * u) &= M(x_1, \ldots, x_m, n * u, u) \\
&= M(x_1, \ldots, x_m, n * v, u) &(5.30) \\
&= M(x_1, \ldots, x_m, u, n * v) &(5.31) \\
&= M(x_1, \ldots, x_m, v, n * v) &(5.32) \\
&= M(x_1, \ldots, x_m, (n+1) * v)
\end{aligned}
$$

である．ただし，(5.30)と(5.32)ではモジュール性を用いており，(5.31)は対称性によるものである． $\square$

次の結果を導き出す．

補題 5.4.2 I を区間とし，$(M : I^n \to I)_{n \geq 1}$ を対称的で，整合的で，分解可能で，増加するが狭義には増加しない関数列とする．このとき，$x, u, v \in I$ で，$u \neq v$ であるが $M(x, u) = M(x, v)$ であるものが存在する．

証明 対称性より，$n \geq 0$ と $x_1, \ldots, x_n, u, v \in I$ で，$u \neq v$ かつ

$$M(x_1, \ldots, x_n, u) = M(x_1, \ldots, x_n, v)$$

であるものが存在する．整合性より，$n \geq 1$ である．$x = M(x_1, \ldots, x_n)$ と書くと，分解可能性より

$$M(n * x, u) = M(n * x, v)$$

となる．ここで，

$$M(x, u) = M(n * x, n * u) = M(n * x, n * v) = M(x, v)$$

である．ただし，最初と最後の等式は補題 5.2.15 から導かれ，二つ目の等式は補題 5.4.1 から導かれる． $\square$

次の補題は，M が増加するが狭義には増加しなければ，$M = M_{\pm\infty}$ である，という論証のおもな内容を含む．

補題 5.4.3 $(M \colon (0,\infty)^n \to (0,\infty))_{n \geq 1}$ を，対称的で，増加し，分解可能で，斉次な関数列とする．$x \in (0,\infty)$ と，異なる $u, v \geq x$ で $M(x,u) = M(x,v)$ であるものが存在するならば，$(0,\infty)$ の $a < b$ で，$M(a,b) = a$ であるものが存在する．

証明 x，u および v を述べたとおりにとる．一般性を失わずに，$u < v$ および（斉次性より）$x = 1$ と仮定してよい．したがって，実数 $C > 1$ と整数 $N \geq 1$ で，$u \leq C^N < C^{N+1} \leq v$ となるものを選ぶことができる．$M(1, C^N) = 1$ であることを証明する．

M は増加するので，$M(1,u) = M(1,v)$ という仮定は

$$M(1, C^N) = M(1, C^{N+1})$$

を含意する．補題 5.4.1 から，すべての $r \geq 0$ に対して

$$M(1, r * C^N) = M(1, r * C^{N+1})$$

となり，次に斉次性よりすべての $r, s \geq 0$ に対して

$$M(C^s, r * C^{s+N}) = M(C^s, r * C^{s+N+1}) \tag{5.33}$$

となる．

すべての $k, r \geq 0$ に対して

$$M(1, r * C^k) \leq C^N \tag{5.34}$$

であることを主張する．これを証明するのに，まず補題 5.2.17 より M が整合的であることに注意する．$k \leq N$ のときは，$C^k \leq C^N$ であるから，M が整合的かつ増加するので (5.34) が成り立つ．ここで，$k \geq N$ とし，すべての r に対して，(5.34) が k に対して帰納的に成り立つとする．このとき，すべての r に対して，

$$M(1, r * C^{k+1}) = M(1, 1, 2r * C^{k+1}) \tag{5.35}$$
$$\leq M(1, C^{k-N}, 2r * C^{k+1}) \tag{5.36}$$
$$= M(1, C^{k-N}, 2r * C^k) \tag{5.37}$$
$$\leq M(1, (2r+1) * C^k) \tag{5.38}$$
$$\leq C^N \tag{5.39}$$

となる．ここで，等式 (5.35) は補題 5.2.15 から，不等式 (5.36) は $C^{k-N} \geq 1$ という事実から，等式 (5.37) は（$s = k - N$ とした）(5.33) と分解可能性から，不等式 (5.38) は $C^{k-N} \leq C^k$ という事実から，および不等式 (5.39) は帰納法の仮定から導かれる．これで帰納法が完了し，主張された不等式 (5.34) が証明された．

(5.34) から，すべての $r, k_1, \ldots, k_r \geq 0$ に対して

$$M(1, C^{k_1}, \ldots, C^{k_r}) \leq C^N \tag{5.40}$$

となる．実際，M は増加するので，(5.40) の左辺は高々 $M(1, r * C^{\max k_i})$ であり，これは (5.34) より高々 C^N である．

最後に，テンソルべきトリック（Tao[325, 1.9節]）を用いる．すべての $r \geq 1$ に対して，補題 5.2.19 より

$$M(1, C^N) = M((1, C^N)^{\otimes r})^{1/r}$$

である．テンソルべきを

$$(1, C^N)^{\otimes r} = (1, C^N) \otimes \cdots \otimes (1, C^N)$$

と展開することで，M の対称性と不等式 (5.40) より，すべての $r \geq 1$ に対して

$$
\begin{aligned}
M(1, C^N) &= M\left(1, \binom{r}{1} * C^N, \ldots, \binom{r}{r-1} * C^{(r-1)N}, C^{rN}\right)^{1/r} \\
&\leq C^{N/r}
\end{aligned}
$$

であることを得る．$r \to \infty$ とすると，これから $M(1, C^N) \leq 1$ となることが証明される．しかしまた，M は増加し，整合的であるから，

$$M(1, C^N) \geq M(1, 1) = 1$$

である．ゆえに，$C^N > 1$ で $M(1, C^N) = 1$ となり，証明が完了する． $\square$

ここで証明したこの補題は，一定の仮定のもとで，ある異なる数 a と b に対して $M(a, b) = \min\{a, b\}$ となることを述べている．次の補題から，その場合，すべての a と b に対して $M(a, b) = \min\{a, b\}$ となることがわかる．さらによいことに，すべての $n \geq 1$ とすべての x_i に対して $M(x_1, \ldots, x_n) = \min x_i$ となる．

補題 5.4.4 $(M \colon (0, \infty)^n \to (0, \infty))_{n \geq 1}$ を対称的で，増加し，分解可能で，斉次な関数列とする．ある $0 < a < b$ に対して $M(a, b) = a$ ならば，$M = M_{-\infty}$ である．

証明 斉次性より，$a = 1$ と仮定してよく，そのため $b > 1$ で $M(1, b) = 1$ となる．

まず，すべての $r \geq 0$ に対して $M(1, b^r) = 1$ であることを主張する．補題 5.2.17 より，M は整合的であり，これより $r = 0$ の場合を得る．ここで，帰納的に $r \geq 1$ で $M(1, b^{r-1}) = 1$ となるとする．補題 5.2.15 と M が増加するという事実より，

$$M(1, b^r) = M(1, 1, b^r, b^r) \leq M(1, b, b^r, b^r) \tag{5.41}$$

となる．帰納法の仮定と斉次性より，$M(b, b^r) = b$ である．ゆえに，分解可能性を 2 度用いて，

$$M(1, b, b^r, b^r) = M(1, b, b, b^r) = M(1, b, b, b) \tag{5.42}$$

となる．しかし，仮定と整合性より $M(1, b) = 1 = M(1, 1)$ であるから，補題 5.4.1 より，

$$M(1, b, b, b) = M(1, 1, 1, 1) = 1 \tag{5.43}$$

となる．(5.41)，(5.42)および(5.43)をあわせて $M(1, b^r) \leq 1$ を得る．しかしまた，$M(1, b^r) \geq M(1, 1) = 1$ であるから，$M(1, b^r) = 1$ となり，帰納法が完了し，主張が証明された．

次に，すべての $x, y \in (0, \infty)$ に対して，

$$M(x, y) = \min\{x, y\} \tag{5.44}$$

であることを主張する．斉次性より，$x = 1 \leq y$ のときにこれを証明すれば十分である．このとき，課題はすべての $y \geq 1$ に対して $M(1, y) = 1$ であることを証明することになる．確かに，

$$M(1, y) \geq M(1, 1) = 1$$

である．一方，$y \leq b^r$ である $r \geq 0$ を選ぶことができ，このとき上述の主張より

$$M(1, y) \leq M(1, b^r) = 1$$

である．ゆえに，主張されたとおり，$M(1, y) = 1$ となる．

最後に，すべての $n \geq 1$ と $\mathbf{x} \in (0, \infty)^n$ に対して

$$M(x_1, \ldots, x_n) = \min\{x_1, \ldots, x_n\}$$

であることを証明する．対称性より，$x_1 = \min_i x_i$ と仮定できる．このとき，等式 (5.44)より，すべての i に対して $M(x_1, x_i) = x_1$ である．ゆえに

$$\begin{aligned}
M(x_1, x_2, x_3, x_4, \ldots, x_n) &= M(x_1, x_1, x_3, x_4, \ldots, x_n) \\
&= M(x_1, x_1, x_1, x_4, \ldots, x_n) \\
&= \cdots \\
&= M(x_1, x_1, x_1, x_1, \ldots, x_1) \\
&= x_1
\end{aligned}$$

となる．ただし，最初の等式は分解可能性と $M(x_1, x_2) = x_1$ という事実から導かれ，二つ目の等式は分解可能性と $M(x_1, x_3) = x_1$ という事実から導かれ，などと続くが，最後の等式は M の整合性から導かれる． $\square$

ここまでは，$M_\infty = \max$ ではなく，$M_{-\infty} = \min$ に焦点をあわせてきた．いうまでもなく，すべての不等式を反転することにより，M_∞ に対しても同様の結果が成り立つが，この状況を最も体系的に扱えるのは，以下の双対による構成である（図 5.3）．関数列 $(M\colon (0,\infty)^n \to (0,\infty))_{n\geq 1}$ が与えられたとして，もう一つの関数列 $\overline{M}$ を

$$\overline{M}(x_1,\ldots,x_n) = \frac{1}{M(1/x_1,\ldots,1/x_n)} \qquad (x_1,\ldots,x_n \in (0,\infty))$$

により定義する．たとえば，等式 (4.11) (p. 107) は，すべての $t \in [-\infty,\infty]$ に対して，

$$\overline{M_t} = M_{-t}$$

を含意する．明らかに，すべての M に対して $\overline{\overline{M}} = M$ である．

$$
\begin{array}{ccc}
(0,\infty)^n & \xrightarrow{\ M\ } & (0,\infty) \\
{\scriptstyle \rho^n}\big\downarrow & & \big\downarrow{\scriptstyle \rho} \\
(0,\infty)^n & \xrightarrow[\ \overline{M}\ ]{} & (0,\infty)
\end{array}
$$

図 5.3　平均 M とその双対 $\overline{M}$ の関係を示す可換図式．
ただし，$\rho\colon x \mapsto 1/x$ は逆数をとる写像である．

以下の補題は言及されることなく用いられる．この補題の証明は明らかである．

補題 5.4.5　$(M\colon (0,\infty)^n \to (0,\infty))_{n\geq 1}$ を関数列とする．このとき，M が（それぞれ）対称的である，整合的である，増加する，狭義に増加する，分解可能である，あるいは斉次であるのは，$\overline{M}$ がそうであるとき，かつそのときに限る．　　　　□

次の結果では，この双対性を用いる．

命題 5.4.6　$(M\colon (0,\infty)^n \to (0,\infty))_{n\geq 1}$ を，対称的で，分解可能で，斉次で，増加するが狭義には増加しない関数列とする．このとき，$M = M_{\pm\infty}$ である．

証明　補題 5.2.17 より，M は整合的である．補題 5.4.2 より，$u \neq v$ であるが $M(x,u) = M(x,v)$ となる $x,u,v \in (0,\infty)$ を選ぶことができる．一般性を失うことなく，$u < v$ としてよい．ここで，考えるべき 3 通りの場合があり，それぞれで $(0,\infty)$ のある $a < b$ に対して $M(a,b) \in \{a,b\}$ となることを証明する．

　場合 1：$x \leq u < v$ のとき．補題 5.4.3 より，$(0,\infty)$ のある $a < b$ に対して $M(a,b) = a$ である．

　場合 2：$u < x < v$ のとき．

$$M(x,v) \geq M(x,x) = x$$

であるが,

$$M(x,v) = M(x,u) \leq M(x,x) = x$$

でもあるから, $M(x,v) = x$ である. $a = x$ および $b = v$ とおくと, $a < b$ で $M(a,b) = a$ となる.

場合 $3 : u < v \leq x$ のとき. このとき, $1/x \leq 1/v < 1/u$ で $\overline{M}(1/x, 1/v) = \overline{M}(1/x, 1/u)$ である. ゆえに, 補題 5.4.3 を $\overline{M}$ へと適用することにより, $(0,\infty)$ の $B < A$ で, $\overline{M}(B,A) = B$ となるものが存在する. $a = 1/A$ および $b = 1/B$ とおくと, $a < b$ で $M(b,a) = b$ を得る.

それゆえすべての場合において, $(0,\infty)$ の $a < b$ で $M(a,b) \in \{a,b\}$ となるものを選ぶことができる. $M(a,b) = a$ ならば, 補題 5.4.4 より $M = M_{-\infty}$ である. そうでなければ, $M(a,b) = b$ であるから, $1/b < 1/a$ で $\overline{M}(1/a, 1/b) = 1/b$ となる. 補題 5.4.4 を $\overline{M}$ へと適用することで, $\overline{M} = M_{-\infty}$ を得る. 言い換えると, $M = M_{\infty}$ である. □

これより, 今度は極値の場合 $M_{\pm\infty}$ を含む, 重みなしべき乗平均に対する第三の特徴づけ定理が得られる.

定理 5.4.7 $(M \colon (0,\infty)^n \to (0,\infty))_{n \geq 1}$ を関数列とする. 以下は同値である.
（ⅰ）M は対称的で, 増加し, 分解可能で, かつ斉次である.
（ⅱ）ある $t \in [-\infty, \infty]$ に対して $M = M_t$ である.

証明 例 5.2.2〜5.2.14 より, (ⅱ)は(ⅰ)を含意する. ここで, (ⅰ)を仮定する. M が狭義に増加するならば, 定理 5.3.2 より, ある $t \in (-\infty, \infty)$ に対して $M = M_t$ である. そうでなければ, 命題 5.4.6 より $M = M_{\pm\infty}$ である. □

重みなしべき乗平均に対する第四の最後の特徴づけ定理は, より大きな区間 $[0,\infty)$ 上の, $M_{\pm\infty}$ を含めたすべてのべき乗平均 M_t を捉えるものである. これは, 定理 5.4.7 から容易に導かれるが, その代償として, 各 $n \geq 1$ に対して, 関数 $M \colon [0,\infty)^n \to [0,\infty)$ が連続であるという, 本質的に追加の仮定をおくことになる.

準備として, 一つの補題が必要である.

補題 5.4.8 $(M \colon [0,\infty)^n \to [0,\infty))_{n \geq 1}$ を関数列とし, どの関数も恒等的に零でないとする. M が増加し, 分解可能で, かつ斉次ならば, M は整合的である.

証明 $n \geq 1$ とする. 補題 5.2.17 と同じ論証により, $M(n * 1) \in \{0, 1\}$ となる. $M(n * 1) = 0$ として, 矛盾を導く. このとき斉次性より, すべての $x \in [0,\infty)$ に対して $M(n * x) = 0$ である. M は増加するので, すべての $\mathbf{x} \in [0,\infty)^n$ に対して,

$$M(\mathbf{x}) \leq M(n * \max_i x_i) = 0$$

である．ゆえに，$M\colon [0,\infty)^n \to [0,\infty)$ は恒等的に零であることになり，仮定に反する．だから，$M(n*1) = 1$ である．斉次性より，M は整合的であることとなる． $\square$

定理 5.4.9 $(M\colon [0,\infty)^n \to [0,\infty))_{n \geq 1}$ を関数列とする．以下は同値である．

（ i ）M は対称的で，増加し，分解可能で，斉次で，かつ連続であり，どの関数 $M\colon [0,\infty)^n \to [0,\infty)$ も恒等的に零ではない．

（ ii ）ある $t \in [-\infty,\infty]$ に対して $M = M_t$ である．

証明 (ii) が (i) を含意することはすぐにわかる．ただし，連続性は補題 4.2.5 から得られる．ここで，(i) を仮定する．

補題 5.4.8 より，M は整合的である．M は増加もするので，すべての $\mathbf{x} \in (0,\infty)^n$ に対して $M(\mathbf{x}) \geq \min_i x_i > 0$ である．ゆえに，M を制限して関数列

$$(M|_{(0,\infty)}\colon (0,\infty)^n \to (0,\infty))_{n \geq 1}$$

を得る．関数 $M|_{(0,\infty)}$ は対称的で，増加し，分解可能で，かつ斉次であるから，定理 5.4.7 より，$(0,\infty)$ 上で $M = M_t$ となる $t \in [-\infty,\infty]$ が存在する．各 $n \geq 1$ に対して，関数

$$M, M_t\colon [0,\infty)^n \to [0,\infty)$$

は連続であり，稠密な部分集合 $(0,\infty)^n$ 上で等しいので，これらはいたるところで等しい． $\square$

注意 5.4.10

（ i ）定理 5.4.9 における連続性条件は落とすことができない．実際，任意の $t \in (0,\infty]$ をとり，各 $n \geq 1$ に対して関数 $M\colon [0,\infty)^n \to [0,\infty)$ を

$$M(\mathbf{x}) = \begin{cases} M_t(\mathbf{x}) & (\mathbf{x} \in (0,\infty)^n \text{ のとき}) \\ 0 & (\text{そうでないとき}) \end{cases}$$

により定義する．このとき，M は定理 5.4.9(i) の連続性以外のすべての条件をみたし，かつべき乗平均ではない．

（ ii ）どの関数 $M\colon [0,\infty)^n \to [0,\infty)$ も恒等的に零でないという仮定も落とすことができない．実際，任意の $t \in [-\infty,\infty]$ と任意の整数 $k \geq 1$ をとり，$\mathbf{x} \in \mathbb{R}^n$ に対して，

$$M(\mathbf{x}) = \begin{cases} M_t(\mathbf{x}) & (n \leq k \text{ のとき}) \\ 0 & (n > k \text{ のとき}) \end{cases}$$

と定義する．このとき，M は定理 5.4.9(i) のほかのすべての条件をみたし，かつべき乗平均ではない．

5.5 重みつき平均

　ここまで，本章では重みなし平均に対する特徴づけ定理（表 5.1 に要約した，定理 5.3.2, 定理 5.3.3, 定理 5.4.7 および定理 5.4.9）について述べてきた．しかし，いまやそれよりもほとんど労力をかけずに，重みつき平均に対する特徴づけ定理を導き出すことができる．

　これを三つのステップで行う．第一に，重みつき平均の概念がみたす可能性のある性質の間の，および重みつき平均と重みなし平均についての条件の間の，いくつかの初等的な含意について述べる．第二に，重みなし平均に対する特徴づけ定理を重みつき平均に対する特徴づけ定理へと変換する方法を生み出す．第三に，この方法を上述の定理に適用する．これにより，表 5.2 に要約した，重みつき平均に対する四つの定理が得られる．

表 5.2 対称的で，不在不変で，整合的で，モジュール的な斉次重みつき平均に対する特徴づけ定理の要約．たとえば，左上の項目は，$(0, \infty)$ 上の狭義に増加するこのような平均が，ちょうどオーダー $t \in (-\infty, \infty)$ の重みつきべき乗平均となることを示す．表 5.1 (p.137) は，重みなし平均についての対応する結果を与えている．

	狭義に増加する	増加する
$(0, \infty)$	$t \in (-\infty, \infty)$	$t \in [-\infty, \infty]$
	定理 5.5.8	定理 5.5.10
$[0, \infty)$	$t \in (0, \infty)$	$t \in [-\infty, \infty]$
	定理 5.5.9	定理 5.5.11（2 番目の引数の連続性も仮定する）

　初等的な含意（補題 5.5.1〜5.5.4）を，図 5.4 に示す．これらの補題では，I は実区間を表し，M は関数列 $(M \colon \Delta_n \times I^n \to I)_{n \geq 1}$ を表す．ここで言及している平均の性質は，（以下で定義される，移行性と近似性を除いて）すべて 4.2 節で定義し，付録 B に要約している．

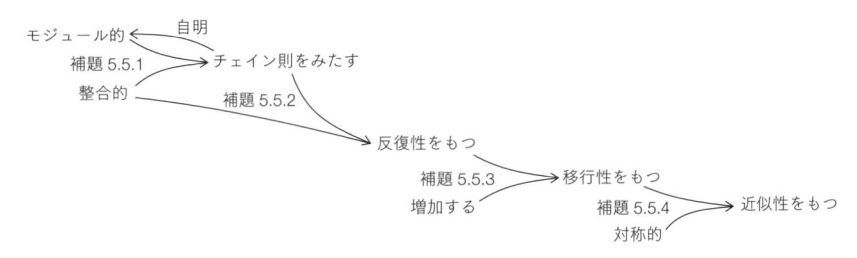

図 5.4 重みつき平均の性質間の含意（補題 5.5.1〜5.5.4）

明らかに，チェイン則はモジュール性を含意する．一種の逆もまたある．

▎補題 5.5.1 M が整合的かつモジュール的ならば，M はチェイン則をみたす．

証明 $\mathbf{w} \in \Delta_n$, $\mathbf{p}^1 \in \Delta_{k_1}, \ldots, \mathbf{p}^n \in \Delta_{k_n}$, および $\mathbf{x}^1 \in I^{k_1}, \ldots, \mathbf{x}^n \in I^{k_n}$ とする．ただし，$n, k_i \geq 1$ は整数である．$a_i = M(\mathbf{p}^i, \mathbf{x}^i)$ と書く．整合性より，各 i に対して

$$M(\mathbf{p}^i, \mathbf{x}^i) = a_i = M(\mathbf{u}_1, (a_i))$$

である．ゆえに，モジュール性より，

$$M(\mathbf{w} \circ (\mathbf{p}^1, \ldots, \mathbf{p}^n), \mathbf{x}^1 \oplus \cdots \oplus \mathbf{x}^n) = M(\mathbf{w} \circ (\mathbf{u}_1, \ldots, \mathbf{u}_1), (a_1) \oplus \cdots \oplus (a_n))$$

である．しかし，右辺は $M(\mathbf{w}, (a_1, \ldots, a_n))$ であるから，示すべき結果は証明された．

$\square$

▎補題 5.5.2 M が整合的かつチェイン則をみたすならば，M は反復性をもつ．

証明 $\mathbf{p} \in \Delta_n$ および $\mathbf{x} \in I^n$ とする．ある $i < n$ に対して，$x_i = x_{i+1}$ であるとする．次が成り立つことを証明しなければならない．

$$M(\mathbf{p}, \mathbf{x})$$
$$= M((p_1, \ldots, p_{i-1}, p_i + p_{i+1}, p_{i+2}, \ldots, p_n), (x_1, \ldots, x_{i-1}, x_i, x_{i+2}, \ldots, x_n))$$

表記を簡単にするため，$i = n - 1$ であると仮定する（一般の場合も同様である）．補題 2.1.9 より，ある $\mathbf{r} \in \Delta_2$ に対して

$$\mathbf{p} = (p_1, \ldots, p_{n-2}, p_{n-1} + p_n) \circ (\mathbf{u}_1, \ldots, \mathbf{u}_1, \mathbf{r})$$

である．このとき，

$$M(\mathbf{p}, \mathbf{x}) = M((p_1, \ldots, p_{n-2}, p_{n-1} + p_n) \circ (\mathbf{u}_1, \ldots, \mathbf{u}_1, \mathbf{r}),$$
$$(x_1) \oplus \cdots \oplus (x_{n-2}) \oplus (x_{n-1}, x_{n-1}))$$

であるから，チェイン則と整合性より，望んだとおり

$$M(\mathbf{p}, \mathbf{x}) = M((p_1, \ldots, p_{n-2}, p_{n-1} + p_n),$$
$$(M(\mathbf{u}_1, (x_1)), \ldots, M(\mathbf{u}_1, (x_{n-2})), M(\mathbf{r}, (x_{n-1}, x_{n-1}))))$$
$$= M((p_1, \ldots, p_{n-2}, p_{n-1} + p_n), (x_1, \ldots, x_{n-2}, x_{n-1}))$$

となる．

$\square$

補題 5.5.3 M が反復性をもち，かつ増加するならば，M はまた**移行**（transfer）性をもつ．すなわち，$1 \leq i < n$，$\mathbf{p} \in \Delta_n$，$\mathbf{x} \in I^n$ で $x_i \leq x_{i+1}$，および $0 \leq \delta \leq p_i$ である限り，

$$M(\mathbf{p}, \mathbf{x}) \leq M((p_1, \ldots, p_{i-1}, p_i - \delta, p_{i+1} + \delta, p_{i+2}, \ldots, p_n), \mathbf{x})$$

である．

移行性は，より小さな引数からより大きな引数へと重みが移されると，重みつき平均は増加することを述べている．

証明 一つ前の証明と同様に，$i = n - 1$ と仮定しても問題ない．すると，

$$M(\mathbf{p}, \mathbf{x}) = M((p_1, \ldots, p_{n-2}, p_{n-1} - \delta, \delta, p_n), (x_1, \ldots, x_{n-2}, x_{n-1}, x_{n-1}, x_n)) \tag{5.45}$$

$$\leq M((p_1, \ldots, p_{n-2}, p_{n-1} - \delta, \delta, p_n), (x_1, \ldots, x_{n-2}, x_{n-1}, x_n, x_n)) \tag{5.46}$$

$$= M((p_1, \ldots, p_{n-2}, p_{n-1} - \delta, p_n + \delta), \mathbf{x}) \tag{5.47}$$

である．ここで，(5.45)および(5.47)は反復性により成り立ち，(5.46)は M が増加するので成り立つ． $\square$

補題 5.5.4 M は対称的かつ移行性をもつとする．このとき，M はまた以下の**近似**（approximation）性をもつ．すなわち，すべての $\mathbf{p} \in \Delta_n$，$\mathbf{x} \in I^n$，および $\delta > 0$ に対して，$\mathbf{p}^-, \mathbf{p}^+ \in \Delta_n$ で，$\mathbf{p}^-$ と $\mathbf{p}^+$ のすべての座標が有理数であり，

$$\max_i |p_i^- - p_i| < \delta, \qquad \max_i |p_i^+ - p_i| < \delta$$

かつ

$$M(\mathbf{p}^-, \mathbf{x}) \leq M(\mathbf{p}, \mathbf{x}) \leq M(\mathbf{p}^+, \mathbf{x})$$

であるものが存在する．

証明 このような $\mathbf{p}^+$ の存在を証明するだけにする．$\mathbf{p}^-$ に対する論証も同様である．対称性より，$x_1 \leq \cdots \leq x_n$ と仮定してよい．

$\delta_1 \in [0, \delta)$ で，$0 \leq p_1 - \delta_1 \in \mathbb{Q}$ であるものをとる．移行性より，

$$M(\mathbf{p}, \mathbf{x}) \leq M((p_1 - \delta_1, p_2 + \delta_1, p_3, \ldots, p_n), \mathbf{x})$$

である．次に，$\delta_2 \in [0, \delta)$ で，$0 \leq p_2 + \delta_1 - \delta_2 \in \mathbb{Q}$ となるものをとる．移行性より，

$$M((p_1 - \delta_1, p_2 + \delta_1, p_3, \ldots, p_n), \mathbf{x}) \leq M((p_1 - \delta_1, p_2 + \delta_1 - \delta_2, p_3 + \delta_2, p_4, \ldots, p_n), \mathbf{x})$$

である．このように続けていくことで，$n-1$ 個の不等式が得られ，これらはあわさって

$$M(\mathbf{p}, \mathbf{x}) \leq M((p_1 - \delta_1, p_2 + \delta_1 - \delta_2, \ldots, p_{n-1} + \delta_{n-2} - \delta_{n-1}, p_n + \delta_{n-1}), \mathbf{x})$$

を含意する．右辺の分布を $\mathbf{p}^+$ としてとることにより，示すべき結果が導かれる． □

重みつき平均 $M(-, -)$ の多くの性質は，その重みなしの場合 $M(\mathbf{u}_n, -)$ の対応する性質を含意する．

補題 5.5.5 I を区間とし，$(M \colon \Delta_n \times I^n \to I)_{n \geq 1}$ を関数列とする．M が（それぞれ）対称的である，整合的である，増加する，あるいは狭義に増加するならば，関数列 $(M(\mathbf{u}_n, -) \colon I^n \to I)_{n \geq 1}$ もそうである．さらに，I が乗法で閉じており，M が斉次ならば，$(M(\mathbf{u}_n, -))_{n \geq 1}$ もそうである．

証明 明らかである． □

p. 148 で，分解可能性はチェイン則の重みなしの類似であると述べた．以下の補題はこの主張を支持する．

補題 5.5.6 I を実区間とし，$(M \colon \Delta_n \times I^n \to I)_{n \geq 1}$ を整合的でチェイン則をみたす関数列とする．このとき，$(M(\mathbf{u}_n, -) \colon I^n \to I)_{n \geq 1}$ は分解可能である．

証明 $n, k_1, \ldots, k_n \geq 1$ および $\mathbf{x}^1 \in I^{k_1}, \ldots, \mathbf{x}^n \in I^{k_n}$ とする．$a_i = M(\mathbf{u}_{k_i}, \mathbf{x}^i)$ および $k = \sum k_i$ と書く．次が成り立つことを示さなければならない．

$$M(\mathbf{u}_k, \mathbf{x}^1 \oplus \cdots \oplus \mathbf{x}^n) = M(\mathbf{u}_k, (k_1 * a_1, \ldots, k_n * a_n))$$

まず，

$$\mathbf{u}_k = \left(\frac{k_1}{k}, \ldots, \frac{k_n}{k} \right) \circ (\mathbf{u}_{k_1}, \ldots, \mathbf{u}_{k_n})$$

であるから，チェイン則より，

$$M(\mathbf{u}_k, \mathbf{x}^1 \oplus \cdots \oplus \mathbf{x}^n) = M\left(\left(\frac{k_1}{k}, \ldots, \frac{k_n}{k} \right), (a_1, \ldots, a_n) \right) \tag{5.48}$$

となる．しかし，補題 5.5.2 より，M は反復性をもち，これは帰納法により，(5.48) の右辺が

$$M(\mathbf{u}_k, (k_1 * a_1, \ldots, k_n * a_n))$$

に等しいことを含意する．これで証明は完了となる． □

ここで，重みなし平均についての定理を重みつき平均についての定理へと変換する手段を構築する．

命題 5.5.7 I を実区間とし，

$$(M, M' : \Delta_n \times I^n \to I)_{n \geq 1}$$

を二つの関数列とする．以下が成り立つとする．

（ⅰ）M と M' の両方とも不在不変性と反復性をもつ．

（ⅱ）M は対称的かつ増加する．

（ⅲ）各 $\mathbf{x} \in I^n$ に対して，関数 $M'(-, \mathbf{x})$ は開単体 Δ_n° 上で連続である．

また，すべての $n \geq 1$ に対して

$$M(\mathbf{u}_n, -) = M'(\mathbf{u}_n, -) : I^n \to I$$

であるとする．このとき，$M = M'$ である．

証明 まず，$\mathbf{p}$ の座標が有理数で非零のとき，$M(\mathbf{p}, -) = M'(\mathbf{p}, -)$ であることを証明する．次のように書く．

$$\mathbf{p} = \left(\frac{k_1}{k}, \ldots, \frac{k_n}{k} \right)$$

ただし，$k_1, \ldots, k_n$ は正の整数であり，$k = \sum k_i$ である．$\mathbf{x} \in I^n$ とする．このとき，M の反復性と帰納法より，

$$M(\mathbf{p}, \mathbf{x}) = M(\mathbf{u}_k, (k_1 * x_1, \ldots, k_n * x_n)) \tag{5.49}$$

となる．同じ論証を M' に適用して，

$$M'(\mathbf{p}, \mathbf{x}) = M'(\mathbf{u}_k, (k_1 * x_1, \ldots, k_n * x_n)) \tag{5.50}$$

を得る．しかし，仮定より (5.49) と (5.50) の右辺は等しいので，$M(\mathbf{p}, \mathbf{x}) = M'(\mathbf{p}, \mathbf{x})$ である．

次に，$n \geq 1$ についての帰納法により，すべての $\mathbf{p} \in \Delta_n$ と $\mathbf{x} \in I^n$ に対して $M(\mathbf{p}, \mathbf{x}) = M'(\mathbf{p}, \mathbf{x})$ であることを示す．

$n = 1$ に対しては，$\mathbf{p} = \mathbf{u}_1$ でなければならず，ゆえに，仮定より $M(\mathbf{p}, \mathbf{x}) = M'(\mathbf{p}, \mathbf{x})$ となる．

$n \geq 2$ とし，$n - 1$ に対する結果を仮定する．ある i に対して $p_i = 0$ ならば，帰納法の仮定と，M と M' の不在不変性より，$M(\mathbf{p}, \mathbf{x}) = M'(\mathbf{p}, \mathbf{x})$ となる．そこで，$\mathbf{p} \in \Delta_n^\circ$ であるとする．

$\varepsilon > 0$ とする．$M'(-, \mathbf{x})$ は $\mathbf{p}$ で連続であるから，$\delta \in (0, \min_i p_i)$ で，$\mathbf{r} \in \Delta_n^\circ$ に対して，

$$\max_i |p_i - r_i| < \delta \implies |M'(\mathbf{p}, \mathbf{x}) - M'(\mathbf{r}, \mathbf{x})| < \varepsilon$$

となるものを選ぶことができる．補題 5.5.3 より，M は移行性をもつので，補題 5.5.4 より，M はまた近似性ももつ．補題 5.5.4 のように $\mathbf{p}^+$ を選ぶ．このとき，

$$|M'(\mathbf{p}, \mathbf{x}) - M'(\mathbf{p}^+, \mathbf{x})| < \varepsilon \tag{5.51}$$

である．また，$\mathbf{p} \in \Delta_n^\circ$ かつ

$$\max_i |p_i - p_i^+| < \delta < \min_i p_i$$

であるから，$\mathbf{p}^+ \in \Delta_n^\circ$ でもある．ここで，

$$M(\mathbf{p}, \mathbf{x}) \leq M(\mathbf{p}^+, \mathbf{x}) \tag{5.52}$$
$$= M'(\mathbf{p}^+, \mathbf{x}) \tag{5.53}$$
$$< M'(\mathbf{p}, \mathbf{x}) + \varepsilon \tag{5.54}$$

である．ただし，不等式 (5.52) は $\mathbf{p}^+$ を定義する性質の一つであり，等式 (5.53) は $\mathbf{p}^+$ の座標が有理数かつ非零であるから（この証明の最初のステップを用いて）成り立ち，不等式 (5.54) は (5.51) から導かれる．しかし，これはすべての $\varepsilon > 0$ に対して成り立つので，

$$M(\mathbf{p}, \mathbf{x}) \leq M'(\mathbf{p}, \mathbf{x})$$

である．補題 5.5.4 の分布 $\mathbf{p}^-$ を用いてまったく同様の論証を行うことで，反対の不等式が証明される．ゆえに，$M(\mathbf{p}, \mathbf{x}) = M'(\mathbf{p}, \mathbf{x})$ となり，証明は完了する． $\square$

あとは，重みつきべき乗平均に対する四つの特徴づけ定理を読み上げるだけでよい．これらは表 5.2 に要約しており，表 5.1 に示している重みなし平均についての四つの定理から導き出される．

定理 5.5.8 $(M\colon \Delta_n \times (0, \infty)^n \to (0, \infty))_{n \geq 1}$ を関数列とする．以下は同値である．

（ i ）M は対称的で，不在不変で，整合的で，狭義に増加し，モジュール的で，かつ斉次である．

（ ii ）ある $t \in (-\infty, \infty)$ に対して $M = M_t$ である．

証明 4.2 節における結果より，(ii) は (i) を含意する．ここで，(i) を仮定する．重みなし平均

$$(M(\mathbf{u}_n, -)\colon (0, \infty)^n \to (0, \infty))_{n \geq 1}$$

は対称的で，狭義に増加し，分解可能で，かつ斉次である（分解可能性については，補題 5.5.1 と補題 5.5.6 を用いる）．ゆえに，定理 5.3.2 より，ある $t \in (-\infty, \infty)$ が存在して，すべての $n \geq 1$ に対して

$$M(\mathbf{u}_n, -) = M_t(\mathbf{u}_n, -)$$

となる．補題 5.5.1 と補題 5.5.2 より，M は反復性をもつ．ゆえに，M_t のこれまでに確立された性質より命題 5.5.7 を $M' = M_t$ として適用することができ，$M = M_t$ を得る． □

定理 5.5.8 は，本質的には Hardy–Littlewood–Pólya[137]によるものである．いくつかの細かなことは別にして，これは Stieltjes 積分の言葉から初等的な用語へと翻訳された，彼らの定理 84 と定理 215 の連言である．詳細は，[137, 6.21 節]にある．

定理 5.5.9 $(M : \Delta_n \times [0, \infty)^n \to [0, \infty))_{n \geq 1}$ を関数列とする．以下は同値である．
 （ i ）M は対称的で，不在不変で，整合的で，狭義に増加し，モジュール的で，かつ斉次である．
 （ii）ある $t \in (0, \infty)$ に対して $M = M_t$ である．

証明 これは，直前の定理に対するのとまったく同じ論証により得られるが，定理 5.3.2 の代わりに定理 5.3.3 を用いる． □

定理 5.5.10 $(M : \Delta_n \times (0, \infty)^n \to (0, \infty))_{n \geq 1}$ を関数列とする．以下は同値である．
 （ i ）M は対称的で，不在不変で，整合的で，増加し，モジュール的で，かつ斉次である．
 （ii）ある $t \in [-\infty, \infty]$ に対して $M = M_t$ である．

証明 これは，定理 5.4.7 から同じ論証により得られる． □

定理 5.5.11 $(M : \Delta_n \times [0, \infty)^n \to [0, \infty))_{n \geq 1}$ を関数列とする．以下は同値である．
 （ i ）M は対称的で，不在不変で，整合的で，増加し，モジュール的で，斉次で，かつ 2 番目の引数について連続である．
 （ii）ある $t \in [-\infty, \infty]$ に対して $M = M_t$ である．

証明 これは，定理 5.4.9 から再び同じ論証により導かれる．今度は，整合性より，どの関数 $M(\mathbf{u}_n, -)$ も恒等的に零でないことにも注意する． □

定理 5.5.10 を用いて，群集の価値尺度の公理的特徴づけを証明し（7.3 節），またこれに基づいて，Hill 数を特徴づける（7.4 節）．

第**6**章

種の類似度とマグニチュード

SPECIES SIMILARITY AND MAGNITUDE

Charles Darwin と同時に現在では進化論とよばれているものを発見した Alfred
Russel Wallace は，1850 年代のほとんどを熱帯の東南アジアや南アメリカを旅して
過ごした．帰国後，彼は自身の経験したことについて広く書き記し，その中で熱帯林の
多様性について以下のように記述した．

> 旅人がある特定の種を見つけ，それと同じようなものをもっと探そうとすると，あらゆる
> 方向にいたずらに目を向けることによくなるだろう．周囲にはさまざまな形，大きさ，色
> の樹木があるが，そのどれも繰り返し見かけることはほとんどない．再三再四，探してい
> るものに似た樹木に向かうが，注意深く吟味するとそれは別のものであることが判明する．
> 半マイル離れた地点で二つ目の標本にようやく出会うこともあれば，別の機会に偶然出会
> うまでまったく出会えないこともある． （Wallace[346, p. 65][*]）

Wallace が観察したことの一つは，多くの種が存在していてそのほとんどが希少である
ことに加え，異なる種間に強い類似性もあるということである．明らかに，生命の異種
性あるいは多様性を包括的に説明しようとするなら，種間の類似性の度合いのばらつき
を取り入れなければならない．ほかのすべての条件が同じであるならば，互いに近縁の
種からなる群集は，非類似性が高い場合よりも多様でないと判断されるべきである．

これは抽象的な関心事ではない．経済協力開発機構（OECD）の生物多様性に対する
政策立案者向けガイドはこれと同じ点を認識し，次のように述べている．

> 多様性の概念には，**距離**（distance）の概念，すなわち，問題となっている資源の非類似性
> の何らかの尺度が関連する． （OECD[268, p. 25]）

地球上の生物多様性が歴史的に先例のない速さで失われている現在，政治家と科学者が
同じ言葉で話すことがきわめて重要である．しかし，ほとんどの従来の多様性の尺度，

---

[*]　訳注：邦訳では p. 95．ここでの訳文は本書の訳者によるもの．

174

および本書においてこれまでに議論したすべての多様性の尺度は，種間の非類似性が異なることを考慮に入れていない．

ここでは，種の相対存在量にだけでなく，種間の類似性のばらつきにも依存する尺度の体系を定義することで，この問題を解決する（6.1 節と 6.2 節）．これは，Leinster–Cobbold の 2012 年の論文[220]で最初に導入された．ここでは，どのように類似性を測るかについては何も仮定しない．たとえば，遺伝的，系統的，機能的に測定するなどして，遺伝的多様性，系統的多様性，機能的多様性などを得ることができるだろう．このように，この体系は広い分野にわたる科学的要求に対応できる．

より具体的には，ここでは種間の類似性は実行列 Z としてコード化し，種の相対存在量は引き続き確率分布 $\mathbf{p}$ として表現する．この群集のモデルで，各 $q \in [0, \infty]$ に対して群集の多様性の尺度 $D_q^Z(\mathbf{p})$ を定義する．Hill 数に対するのと同様に，パラメータ q は，この尺度が希少種を犠牲にして普通種を強調する程度を制御する．異なる種に共通点がないという極端な仮定のもとで，Z は単位行列 I となり，多様度 $D_q^I(\mathbf{p})$ は Hill 数 $D_q(\mathbf{p})$ に帰着する．この意味で，これらの類似度に鋭敏な多様性の尺度は，Hill 数の一般化になっている．

$\mathbf{p}$ を有限集合上の確率分布とする．4.3 節で，Hill 数 $D_q(\mathbf{p})$，Rényi エントロピー $H_q(\mathbf{p})$ および q 対数的エントロピー $S_q(\mathbf{p})$ は，すべて互いの単純な増加する変換となることを確認した．同じことが，ここでのより一般的な文脈においても正しい．だから，類似度に鋭敏な多様性の尺度 $D_q^Z(\mathbf{p})$ に関連して，類似度に鋭敏な Rényi エントロピー $H_q^Z(\mathbf{p})$ と q 対数的エントロピー $S_q^Z(\mathbf{p})$ がある．これから見るように，有限集合上の任意の距離は，自然に類似度行列 Z を引き起こす．それゆえ，有限集合上の古典的な定義を拡張した，有限距離空間上の確率分布の Rényi エントロピーと q 対数的エントロピーの定義を得る．

多様度はどのように最大化されるのだろうか？ 固定された類似度行列 Z に対して（またとくに，有限距離空間に対して），与えられたオーダー q の多様度あるいはエントロピーを最大化する確率分布 $\mathbf{p}$ を求めることができる．Hill 数という特別な場合において見たように，q の値が変わると，二つの群集のどちらがより多様であるかの判断が変わることがある．それゆえ原理的には，最大化する分布と最大多様度の値の両方が q に依存することになる．しかし，どちらもそうではないという定理があるのである．すべての類似度行列は，q に独立な，一意的な最大多様度と，同時にすべてのオーダー q の多様度を最大化する分布をもつ．これが，6.3 節の主題である．

行列 Z の最大多様度は，行列のマグニチュードという，もう一つの量に密接に関係している．マグニチュードは豊穣圏の枠組みにおいて表された一般的な概念で，濃度，Euler 標数，体積，表面積，次元およびほかの幾何学的測度を含む，数学における広い

範囲のサイズのような不変量を一つにまとめる．6.4 節と 6.5 節は，マグニチュードの広く浅い概説であり，最大多様度には生態学を超えた，幾何学の基礎的な不変量との深いつながりがあることを示す．

6.1　種の類似度の重要性

ここでは，Leinster–Cobbold[220]の研究にしたがい，種間の類似性のばらつきを考慮した生態群集の多様性の尺度の族を導入する．

これらの多様性の尺度は，以前に議論した多様性の尺度が存在量の意味に関して中立であった（例 2.1.1）のとまったく同じように，「類似性」が何を意味するか，あるいはそれがどのように定量化されるかに関しては，ほとんど完全に中立である．以下の例では，類似性を定量化する方法をいくつか示す．これらの例においては，2 種間の類似度 z は 0 から 1 のスケールで測られ，0 は完全に非類似であること，1 は同一種であることを表現する．

例 6.1.1

（ⅰ）2 種間の類似度 z は，遺伝的類似性の割合として解釈することができる（いくつかの意味のいずれにおいてでもよく，典型的には，ゲノムの特定の部分に制限して考えるであろう）．DNA 配列決定のコストが急激に低下しており，この方法での類似性の定量化はますます普及している．この方法は，微生物群集でよくあるように（この問題は，たとえば，Johnson[161]や Watve–Gangal[349]により議論されている），注目している生物の分類学的分類が不明確あるいは不完全であるときにも用いることができる．

（ⅱ）機能的多様性もまた，定量化することができる．たとえば，ある種がみたし，ほかの種がみたさない k 個の機能的形質のリストがあるとする．このとき，2 種間の類似度 z を j/k として定義することができる．ただし，j は両方の種がもつか，両方の種がもたないかのいずれかの形質の個数である（機能的多様性の概要については，Petchey–Gaston[280]を参照せよ）．

（ⅲ）類似性はまた，系統的に，すなわち進化系統樹の見地からも測ることができる．たとえば，ある定められた開始時点に対する，二つの種が枝分かれするまでの進化時間の割合として z を定義することができる．

（ⅳ）よりよいデータがないときは，分類体系を用いて粗く類似性を測ることができる．たとえば，2 種間の類似度 z を

$$
z = \begin{cases}
1 & （種が同じとき） \\
0.8 & （種は異なるが，属が同じとき） \\
0.5 & （属は異なるが，科が同じとき） \\
0 & （以上のいずれでもないとき）
\end{cases}
$$

により定義できよう．定数や分類階級の数はどう選んでもよい．

（v）よりいっそう粗く，2種間の類似度 z を

$$
z = \begin{cases}
1 & （種が同じとき） \\
0 & （種が異なるとき）
\end{cases}
$$

により定義することができる．この定義は，異なる種は決して共通点をもたないという仮定を具体的に表現したものである．これは非現実的であるが，これから見ていくように，これまでに本書で定義した多様性の尺度のすべてと，生態学の文献において普及している多様性の尺度のほとんどにおいて，このことは暗に仮定されている．◆

　ここで，$1, \ldots, n$ と番号づけられた種のリストを考え，種間の類似性を定量化する方法を定めたとする．このとき，$n \times n$ 行列

$$
Z = (Z_{ij})_{1 \le i,j \le n}
$$

が得られる．ただし，Z_{ij} は種 i と種 j の間の類似度である．

　正式には，実正方行列 Z が**類似度行列**（similarity matrix）であるとは，すべての i, j に対して $Z_{ij} \ge 0$ であり，かつすべての i に対して $Z_{ii} > 0$ であるときをいう．上述の例からは，さらにすべての i, j に対して $Z_{ij} \le 1$，すべての i に対して $Z_{ii} = 1$，および Z が対称的であるという仮定が示唆される（実際，本節のもとになった論文[220]においては，「類似度行列」という用語はこれらの追加の仮定の最初の二つを含んでいた）．しかし，以下のほとんどの部分では，これらの余分な仮定を必要としないので，これらを仮定することはしない．

例 6.1.2

（i）例 6.1.1 の遺伝的，機能的，系統的および分類学的類似性の尺度から，Z_{ij} をそこで述べられた量 z のいずれかにとることで，遺伝的，機能的，系統的および分類学的類似度行列 Z が得られる．

（ii）異なる種は完全に非類似であるとする．例 6.1.1(v) の非常に粗い類似度 z からは，単位類似度行列 $Z = I$ が得られる．これを，群集の**単純モデル**（naive model）とよぶ．◆

任意の有限距離空間で，距離が d，点が $1, \ldots, n$ とラベルづけられたものが与えられると，$n \times n$ 類似度行列 Z が

$$Z_{ij} = e^{-d(i,j)}$$

と定めることにより得られる．だから，距離が大きいと類似度は小さくなる．極端な場合として，すべての $i \neq j$ に対して $d(i,j) = \infty$ により定義された距離は，単純モデルに対応する（ここでの距離空間においては，距離として ∞ を許す）．例 6.1.1(iv) で示した，任意の一般的な形の分類学的類似度行列は，**超距離空間**（ultrametric space），すなわち，三角不等式のより強い形

$$d(i,k) \leq \max\{d(i,j), d(j,k)\}$$

をみたす距離空間に対応する．

　純粋に数学的な視点からは，マグニチュードの理論に到達したときにわかるように（6.4 節と 6.5 節），有限距離空間に付随するこの行列 $Z = (e^{-d(i,j)})$ はたいへん重要である．生物学的な視点からは，（たとえば，Warwick–Clarke[348]のように）0 から ∞ の値をとる種間の差の尺度 δ から出発していると考えられ，この場合，変換 $z = e^{-\delta}$ により 0 から 1 の値をとる類似度 z へと変換される．どちらの視点からも，定数 e の選択は任意であり，これを任意のほかの定数に置き換える，言い換えると，距離を線形因子でスケーリングすることを考えるべきである．6.5 節の定理により示されるように，これもまたマグニチュードの理論における基礎的な要点である．　　　　　◆

例 6.1.4　その成分がすべて 0 あるいは 1 の対称類似度行列は，多重辺のない有限反射的グラフに対応する．ここで，グラフが**反射的**（reflexive）であるとは，各頂点からそれ自身への辺（**ループ**（loop））があることを意味する．対応は以下のようになる．すなわち，グラフの頂点を $1, \ldots, n$ とラベルづけ，i と j の間に辺がある限り $Z_{ij} = 1$ とおき，そうでないときは $Z_{ij} = 0$ とおく．Z はこのグラフの**隣接行列**（adjacency matrix）とよばれる．反射性は，すべての i に対して $Z_{ii} = 1$ であることを意味する．

　この例の族には生態学的な意義は何も要求されないが，数学的には自然な特別な場合であり，最大多様度を求めるときの計算的な側面を明確にするものである（注意 6.3.24）．　　　　　◆

　これまでの多様度の議論では，生態群集は有限確率分布 $\mathbf{p} = (p_1, \ldots, p_n)$ として粗くモデル化された．新しい，より粗くない群集のモデルは二つの要素からなる．すなわち，相対存在量分布 $\mathbf{p} \in \Delta_n$ と $n \times n$ 類似度行列 Z である．ここでは，このようにモデル化された群集の多様度の定義を確立していく．

$\mathbf{p}$ を列ベクトルとして扱うと，行列の積 $Z\mathbf{p}$ を作ることができ，これは成分

$$(Z\mathbf{p})_i = \sum_{j=1}^{n} Z_{ij} p_j \qquad (1 \leq i \leq n) \tag{6.1}$$

をもつ．量(6.1)は，種 i の個体と無作為に選ばれた個体の間の類似度の期待値である．したがって，これは種 i の普通さ（ordinariness）として理解できる．（上述のすべての例のように）Z の対角成分がすべて 1 ならば，

$$(Z\mathbf{p})_i = \sum_{j} Z_{ij} p_j \geq Z_{ii} p_i = p_i \tag{6.2}$$

となる．この不等式は，種は，種間の類似度が無視されているときよりも認識されているときに，より普通に見えるということを述べている．

不等式(6.2)より，たいへん豊富に存在する種はどれもまたたいへん普通でもあることになる．すなわち，大きな p_i は大きな $(Z\mathbf{p})_i$ を含意する．しかし，たとえ種 i が希少であるとしても，それに非常に類似する普通種が存在するならば，その普通さ $(Z\mathbf{p})_i$ は高くなる．それぞれは希少であるが，それらの全存在量が多いいくつかの種に類似していても，種 i の普通さは高くなる（たとえば，Wallace の熱帯林の例において，多くの樹木種は相対存在量 p_i よりも非常に高い普通さ $(Z\mathbf{p})_i$ をもつ）．これは直感的に理解できる．すなわち，棘のある灌木が多い地域ほど，たとえその特定の種が希少であっても，棘のある灌木はどれも普通に見えてしまう．

何が「普通」であるかについての判断は，類似性の捉え方に依存する．異なる種を強く区別したければ，非対角成分が小さい類似度行列 Z を用いるべきであり，これにはすべての種の普通さを下げる効果がある．

$(Z\mathbf{p})_i$ は i 番目の種がどれくらい普通であるかを測っているので，$1/(Z\mathbf{p})_i$ はそれがどれくらい特殊であるかを測っている．$Z = I$ の場合においては（例 6.1.2(ii)の単純モデル），これは $1/p_i$ に帰着し，2.4 節と 4.3 節で種 i の特殊性あるいは希少性とよんだものとなる．ここでは，その概念をより洗練されたモデルへと拡張している．

群集を単純な確率分布としてモデル化したときは，群集の多様度はその群集内の個体の特殊性の平均値として定義された．新しいモデルにおいても，また同じように定義する．

定義 6.1.5 $\mathbf{p} \in \Delta_n$，Z を $n \times n$ 類似度行列，および $q \in [0, \infty]$ とする．Z に関する**オーダー q の $\mathbf{p}$ の多様度**（diversity of $\mathbf{p}$ of order q）とは，

$$D_q^Z(\mathbf{p}) = M_{1-q}(\mathbf{p}, 1/Z\mathbf{p})$$

のことである．

ここで，ベクトル $1/Z\mathbf{p}$ は

$$(1/(Z\mathbf{p})_1, \ldots, 1/(Z\mathbf{p})_n)$$

で定義される．$(Z\mathbf{p})_i = 0$ となる i の値があるかもしれないが，これは $p_i = 0$ のときにのみ起こりうる．というのは，類似度行列の定義より $Z_{ii} > 0$ であるから，$p_i > 0$ ならば，

$$(Z\mathbf{p})_i = \sum_j Z_{ij} p_j \geq Z_{ii} p_i > 0$$

だからである．それゆえ，注意 4.2.15 の約束より，$M_{1-q}(\mathbf{p}, 1/Z\mathbf{p})$ はきちんと定義されていることになる．明示的には，$q \neq 1, \infty$ に対しては

$$D_q^Z(\mathbf{p}) = \left(\sum_{i \in \mathrm{supp}(\mathbf{p})} p_i (Z\mathbf{p})_i^{q-1} \right)^{1/(1-q)}$$

であり，かつ

$$D_1^Z(\mathbf{p}) = \prod_{i \in \mathrm{supp}(\mathbf{p})} (Z\mathbf{p})_i^{-p_i} = \frac{1}{(Z\mathbf{p})_1^{p_1} \cdots (Z\mathbf{p})_n^{p_n}}$$

$$D_\infty^Z(\mathbf{p}) = \frac{1}{\max_{i \in \mathrm{supp}(\mathbf{p})} (Z\mathbf{p})_i}$$

である．定義 6.1.5 は負の q へと拡張することもできようが，注意 4.4.4(ii) で述べた理由のために，q が負のときに $D_q^Z(\mathbf{p})$ を「多様度」とよぶことには語弊があるであろう．したがって，ここでは $q \in [0, \infty]$ に制限しておく．

例 6.1.6 ここでは，Z と q のいくつかの特別な値を考え，そうすることでこれまでに出てきたさまざまな多様性の尺度を復元する．

（ⅰ）単純モデル $Z = I$ においては，別々の種は完全に非類似であるとみなされ，$Z\mathbf{p} = \mathbf{p}$ であるから $D_q^Z(\mathbf{p})$ はちょうど Hill 数 $D_q(\mathbf{p})$ となる．この意味で，Hill 数は暗に群集の単純モデルを用いていることになる．

（ⅱ）一般の類似度行列に対して，オーダー 0 の多様度は

$$D_0^Z(\mathbf{p}) = \sum_{i \in \mathrm{supp}(\mathbf{p})} \frac{p_i}{(Z\mathbf{p})_i}$$

である．これは，現存するすべての種からの寄与の和である．i 番目の種による寄与の $p_i/(Z\mathbf{p})_i$ は，（$Z_{ii} = 1$ を仮定すると）不等式 (6.2) より，0 と 1 の間にある．これは，i 番目の種のサイズと比較して，ほかの類似の種の個体が多くないと

き——つまり，i 番目の種が珍しいとき，大きくなる．例 7.1.7 で，この $p_i/(Z\mathbf{p})_i$ という量についてより詳しく議論する．

(iii) 単純モデルにおいて，オーダー ∞ の多様度は Berger–Parker 指数（例 4.3.5 (iv)）

$$D_\infty^I(\mathbf{p}) = D_\infty(\mathbf{p}) = \frac{1}{\max_i p_i}$$

である．これは，最も多い普通種の優位性を測るものであり，多様な群集においては，どの種も優位になりすぎてはならないという考え方によるものである．一般の類似度行列に対して，オーダー ∞ の多様度

$$D_\infty^Z(\mathbf{p}) = \frac{1}{\max_{i \in \mathrm{supp}(\mathbf{p})}(Z\mathbf{p})_i}$$

は同様に解釈できるが，これは種の類似性に対して鋭敏である．すなわち，$D_\infty^Z(\mathbf{p})$ は，単一のたいへん豊富に存在する種があるときだけではなく，たいへん豊富に存在する種の集団があるときにも低くなる．

(iv) オーダー 2 の多様度は，

$$D_2^Z(\mathbf{p}) = \frac{1}{\sum_{i,j=1}^n p_i Z_{ij} p_j} = \frac{1}{\mathbf{p}^\mathrm{T} Z \mathbf{p}}$$

である（引き続き $\mathbf{p}$ は列ベクトルとみなし，そのためその転置 $\mathbf{p}^\mathrm{T}$ は行ベクトルである）．数 $\mathbf{p}^\mathrm{T} Z \mathbf{p}$ は，無作為に選ばれた個体の対間の類似度の期待値である．これは，群集の多様性の欠如の尺度であり，したがって，その逆数 $D_2^Z(\mathbf{p})$ は多様性そのものの尺度である．

たとえば，グラフの頂点上の確率分布 $\mathbf{p}$ をとり，（例 6.1.4 のように）Z を隣接行列とする．このとき，$D_2^Z(\mathbf{p})$ は無作為に選ばれた二つの頂点が**隣接する**（adjacent，辺でつながれている）確率の逆数である．言い換えると，頂点の対を繰り返し無作為に選んだとき，$D_2^Z(\mathbf{p})$ は隣接する対を見つけるのに必要な試行回数の期待値である． ◆

例 6.1.7 例 6.1.6 (iv) より，群集のオーダー 2 の多様度は，無作為に個体の対を抽出し，それらの間の類似度を記録し，これらの類似度の平均を計算し，それから逆数をとることにより推定できる．より一般に，任意の整数 $q \geq 2$ に対して，$D_q^Z(\mathbf{p})$ は以下のように推定できる．群集から無作為に q 個体を（復元）抽出する．これらは種 $i_1, \ldots, i_q$ に属するとして，積

$$Z_{i_1 i_2} Z_{i_1 i_3} \cdots Z_{i_1 i_q}$$

を仮に「グループ類似度（group similarity）」とよぶことにする．μ_q をこの群集の q 個体のグループ類似度の期待値とする．このとき，

$$D_q^Z(\mathbf{p}) = \mu_q^{1/(1-q)}$$

である．これを最初に証明したのは [220, 付録の命題 A3] であり，その証明は本書の付録 A.5 でも与えている．

たとえば，単純モデルにおいては，μ_q は無作為な q 個体がすべて同じ種に属する確率であり，これは $\sum_i p_i^q$ となる．この場合においては，$D_q(\mathbf{p}) = \mu_q^{1/(1-q)}$ となることはすぐにわかる．

オーダー $2, 3, \ldots$ の多様度を推定するためのこの手続きには，生物が種に分類されていなくてもよいという利点がある．必要とされるのは，任意の個体の対間の類似性の尺度だけである．これは，完全な分類学的分類がなされていないことが多く，二つの標本間の類似度を測る方法だけがある，微生物系の研究において，非常に有用である可能性がある．群集から繰り返し q 個の標本を抽出し，それらのグループ類似度を記録し，それから平均をとることにより μ_q を推定でき，ゆえに $D_q^Z(\mathbf{p})$ を推定できる．　◆

相対存在量と類似度のどちらも，目の前の科学的問題に適してさえいれば，どんな方法でも定量化することができる．このため，多様性の尺度 $D_q^Z(\mathbf{p})$ はたいへん汎用的である．たとえば，類似度係数 Z_{ij} が遺伝的に定義されるならば，D_q^Z は遺伝的多様性を測ることになり，同様に，系統的，機能的，あるいは分類学的類似度行列は，系統的，機能的，あるいは分類学的多様性の尺度をもたらす．

類似度行列の選び方を変えることで多様性の尺度が変わり，相反する結果が得られることがある．これは特徴であり，欠陥ではない．たとえば，ある期間にわたって，群集の遺伝的多様性が増加するが，形態学的多様性が減少するならば，この相反する傾向は科学的関心を集めるものになる．

類似度行列を選択するとき，以下の観察は有用である．すなわち，

$$Z = \begin{pmatrix} 1 & z \\ z & 1 \end{pmatrix}$$

ならば，すべての $q \in [0, \infty]$ に対して

$$D_q^Z\left(\frac{1}{2}, \frac{1}{2}\right) = \frac{2}{1+z}$$

である．言い換えると，

$$z = \frac{2}{D_q^Z(1/2, 1/2)} - 1$$

である．それゆえ，種 i と j の間の類似度 Z_{ij} を決めることは，等しい割合の種 i と j からなる群集の多様度 d を決めることと同値である．

$$Z_{ij} = \frac{2}{d} - 1$$

$d = 1$ ととることは，この2種群集は実質的には1種のみからなるという視点を体現することであり，類似度係数 $Z_{ij} = 1$ が得られる．すなわち，これらの種は同一であるとみなされる．対極的に，このような群集はすべての i と j に対して多様度2（「実質的に2種」）をもつべきであると判断するならば，単純モデルの行列 $Z = I$ が得られる．

類似度行列の選択によりもたらされる柔軟性により，尺度 D_q^Z を捨てて，そのような選択の必要のない，より単純な Hill 数 D_q を選びたくなるかもしれない．しかし，そのようにすることは単純モデル $Z = I$（例 6.1.6(i)）を選ぶことにあたるというのは数学的事実であり，これは別々の種には共通点が何もないという極端な立場を表す．これは，つねに多様性の過大評価につながる（補題 6.2.3）．類似度行列の枠組みにおいて，ごまかしはきかない．すなわち，単純な類似度行列 I を用いることは，任意のほかの類似度行列に対するのと同様に，生態学的な仮定を体現するものを選んでいるということである．

次の例は，[220, 例3]に基づくものであり，種の類似性を考慮することにより生態学的な判断がどのように変化するのかを説明している．第4章の用語を拡張し，q に対する $D_q^Z(\mathbf{p})$ のグラフを**多様度プロファイル**（diversity profile）とよぶ．

例 6.1.8 DeVries ら[83, 表5]は，エクアドルの熱帯雨林のある地点で，樹冠と下層におけるチョウの個体数を数えた．フタオチョウ（Charaxinae）亜科においては，存在量は表 6.1 に示すとおりであった．樹冠と下層の多様度プロファイルを，単純な類似度行列を用いる方法と，非単純な行列を用いる方法の2通りで比較する．

表 6.1　あるエクアドルの熱帯雨林の地点の樹冠と下層における，フタオチョウ（Charaxinae）亜科のチョウの個体数（例 6.1.8，データは DeVries ら[83, 表5]による）

種	樹冠における存在量	下層における存在量
Prepona laertes	15	0
Archaeoprepona demophon	14	37
Zaretis itys	25	11
Memphis arachne	89	23
Memphis offa	21	3
Memphis xenocles	32	8

単純な類似度行列 I を用いると，多様度プロファイルは図 6.1(a)に示したようになる．樹冠のプロファイルは，$q=5$ 程度までは下層のプロファイルよりも上にあり，その後は二つのプロファイルはほとんど同一になる．それゆえ，希少種あるいは普通種をどのように重視したとしても，樹冠は少なくとも下層と同じ程度には多様である．

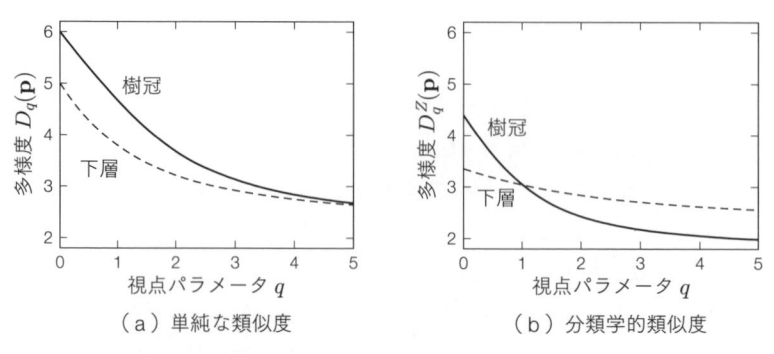

（ a ）単純な類似度 　　　　 （ b ）分類学的類似度

図 6.1 (a)単純な類似度行列 I，(b)分類学的類似度行列を用いた，ある熱帯雨林の地点の樹冠と下層におけるチョウの多様度プロファイル．グラフは Leinster–Cobbold[220, 図3]に基づく．

次に，分類学的類似度行列を用いてこれらの群集を比較する．次のようにおく．

$$Z_{ij} = \begin{cases} 1 & (i=j \text{ のとき}) \\ 0.5 & (\text{種 } i \text{ と } j \text{ は異なるが，属が同じであるとき}) \\ 0 & (\text{以上のいずれでもないとき}) \end{cases}$$

図(b)に示している得られた多様度プロファイルは，異なる筋書きを述べている．ほとんどの q の値に対して，より多様であるのは下層である．これは以下のとおり説明できる．樹冠の個体群のほとんどは，*Memphis* 属の中の3種に属しているので，同じ属に属する種はある程度類似している傾向があるという原則をモデルに取り入れると，樹冠は以前より多様でなく見えるようになる．一方，下層の個体群は，種は異なるが属が同じ個体を多く含んでいないので，分類学的類似性を取り入れても多様度はそれほど減少しない． ◆

尺度 D_q^Z は，多くの以前からある多様性の尺度を一つの族に統一するだけでなく，微生物（Bakker ら[26]），菌類（Veresoglou ら[344]），甲殻類プランクトン（Jeziorski ら[160]）から高山植物（Chalmandrier ら[66]）や北極地方の大型捕食者（Bromaghin ら[50]）まで，多くのスケールのさまざまな生態系においても応用されている．期待どおり，類似性を取り入れることで自然の系の多様性についての推定が改善されることがわかった[344]．この尺度はまた，コンピュータネットワークセキュリティのような非

生物的文脈においても応用されている（Wang ら[347]）.

ここで，多様度からエントロピーへと転じる．有限集合上の確率分布 $\mathbf{p}$ という，より単純な文脈においては，各パラメータ値 q に対して，三つの密接に関係した量を定義した．すなわち，Hill 数 $D_q(\mathbf{p})$，Rényi エントロピー $H_q(\mathbf{p})$ および q 対数的エントロピー $S_q(\mathbf{p})$ である．これらは，増加する可逆な変換により互いに関係している（等式(4.20)）.

$$H_q(\mathbf{p}) = \log D_q(\mathbf{p})$$
$$S_q(\mathbf{p}) = \ln_q D_q(\mathbf{p})$$

類似度行列 Z も与えられたとして，**類似度に鋭敏な Rényi エントロピー**（similarity-sensitive Rényi entropy）$H_q^Z(\mathbf{p})$ と**類似度に鋭敏な q 対数的エントロピー**（similarity-sensitive q-logarithmic entropy）$S_q^Z(\mathbf{p})$ を，同じ変換により定義する.

$$H_q^Z(\mathbf{p}) = \log D_q^Z(\mathbf{p}) \tag{6.3}$$
$$S_q^Z(\mathbf{p}) = \ln_q D_q^Z(\mathbf{p}) \tag{6.4}$$

一つ目の定義においては $q \in [0, \infty]$ であり，二つ目の定義においては $q \in [0, \infty)$ である.

明示的に述べる． $q \neq 1, \infty$ に対して，類似度に鋭敏な Rényi エントロピーは

$$H_q^Z(\mathbf{p}) = \frac{1}{1-q} \log\left(\sum_{i \in \text{supp}(\mathbf{p})} p_i (Z\mathbf{p})_i^{q-1}\right)$$

であり，例外的な場合は（Shannon エントロピーを一般化した）

$$H_1^Z(\mathbf{p}) = -\sum_{i \in \text{supp}(\mathbf{p})} p_i \log(Z\mathbf{p})_i$$

と

$$H_\infty^Z(\mathbf{p}) = -\log\left(\max_{i \in \text{supp}(\mathbf{p})} (Z\mathbf{p})_i\right)$$

である．次に， $S_q^Z(\mathbf{p})$ を明示的に書き下す．補題 4.2.29 より，

$$S_q^Z(\mathbf{p}) = \ln_q M_{1-q}(\mathbf{p}, 1/Z\mathbf{p}) = \sum_{i \in \text{supp}(\mathbf{p})} p_i \ln_q \frac{1}{(Z\mathbf{p})_i}$$

である．このとき， $\ln_q$ の定義を適用することで， $q \neq 1$ のときは

$$S_q^Z(\mathbf{p}) = \frac{1}{1-q}\left(\sum_{i \in \text{supp}(\mathbf{p})} p_i (Z\mathbf{p})_i^{q-1} - 1\right)$$

を得て，また

$$S_1^Z(\mathbf{p}) = H_1^Z(\mathbf{p}) = - \sum_{i \in \mathrm{supp}(\mathbf{p})} p_i \log(Z\mathbf{p})_i$$

を得る. 図 4.1 は,変形されたエントロピーの二つの族を特別な場合 $Z = I$ において概略的に描いたものであったが,任意の類似度行列 Z に対しても同様にあてはまる.

例 6.1.9　上述の定義の特別な場合に,有限距離空間上の確率分布に対する Rényi エントロピーと q 対数的エントロピーの定義がある.実際,$A = \{1, \ldots, n\}$ を有限距離空間とし,例 6.1.3 のように $Z = (e^{-d(i,j)})$ と書く.A 上の任意の確率分布 $\mathbf{p}$ および任意のパラメータ値 q に対して,付随する Rényi エントロピー $H_q^Z(\mathbf{p})$ と q 対数的エントロピー $S_q^Z(\mathbf{p})$ がある.当然,これらの量は距離に依存している.すべての $i \neq j$ に対して $d(i, j) = \infty$ である極端な場合においては,有限集合上の確率分布の Rényi エントロピーと q 対数的エントロピーの標準的な定義が復元される.

　(古典的な情報理論の結果を距離空間の文脈へと拡張することについて思索することができる.通常どおり,集合 $A = \{1, \ldots, n\}$ の元は情報源シンボルを表し,分布 $\mathbf{p}$ はそれらの頻度を指定するが,ここでは情報源シンボル上の距離 d もある.i 番目のシンボルと j 番目のシンボルが互いに間違えられやすいとき,あるいは一方がもう一方を代用できるとき $d(i, j)$ は小さくなるように定義して,カラー画像の符号化などに応用できよう.)　◆

例 6.1.10　任意の類似度行列 Z に対して,**非類似度行列**(dissimilarity matrix)Δ を $\Delta_{ij} = 1 - Z_{ij}$ により定義できる(ここでは,すべての i と j に対して $Z_{ij} \leq 1$ であると仮定する).この言葉では,2 対数的エントロピーは

$$S_2^Z(\mathbf{p}) = 1 - \sum_{i,j} p_i Z_{ij} p_j = \sum_{i,j} p_i \Delta_{ij} p_j = \mathbf{p}^{\mathrm{T}} \Delta \mathbf{p}$$

となる.だから,$S_2^Z(\mathbf{p})$ は無作為に選ばれた個体の対間の非類似度である.この量は,統計学者 C. R. Rao[286][287]により研究され,**Rao の二次エントロピー**(Rao's quadratic entropy)として知られている.

　いうまでもなく,Z で表示できるものは Δ でも表示でき,逆もまた同様である.類似度に鋭敏な多様性の尺度への重要な初期のステップは,Ricotta–Szeidl[296]により踏み出され,彼らは非類似度行列 Δ で表示されたエントロピー $S_q^Z(\mathbf{p})$ の一つの形を与えた.　◆

例 6.1.11　Z を,例 6.1.4 のように,頂点集合 $\{1, \ldots, n\}$ をもつ有限反射的グラフ G の隣接行列とする.頂点 i と j が辺でつながれていることを意味するのに $i \sim j$ と書き,そうでないときは $i \not\sim j$ と書く.このとき,直前の例の非類似度行列 Δ は,非隣接頂点

対に対して成分 1 を，隣接頂点対に対して成分 0 をもつ．ゆえに，G 上の確率分布 $\mathbf{p}$ の2対数的エントロピーは

$$S_2^Z(\mathbf{p}) = \sum_{i,j: i \not\sim j} p_i p_j$$

により与えられる．これは，$\mathbf{p}$ にしたがって無作為に選ばれた二つの頂点が辺でつながれていない確率である．だから，確率が高い頂点が隣接しない傾向にあるとき，エントロピーは高くなる．6.3 節でこの型のより正確な言明を行い，そこでは類似度を伴う集合上のエントロピーを最大化する問題——とくに，グラフ上のエントロピーを最大化する問題を解く． ◆

6.2 類似度に鋭敏な多様性の尺度の性質

ここでは，Hill 数（$Z = I$ の場合）に対して 4.4 節ですでに証明した結果を拡張して，類似度に鋭敏な多様性の尺度 $D_q^Z(\mathbf{p})$ の代数的性質と解析的性質を確立する．数学的にいえば，多様性の尺度のほとんどの性質は，平均の性質から容易に導かれる．しかし，生態学的に解釈すると，それらには新しい意義が与えられる．

$D_q^Z(\mathbf{p})$ の列挙された性質のそれぞれが，どんな多様性の尺度もその性質をみたさなければならないという点で，尺度 $D_q^Z(\mathbf{p})$ が論理的な振る舞いをすることの証拠となる．たとえば，例 2.4.11 の石油会社の論証における Shannon エントロピーの振る舞いと対比せよ．ほとんどすべての性質は，Leinster–Cobbold の 2012 年の論文[220]で初めて確立された．

単純モデルでは，多様度プロファイルは狭義に減少するか，一定であるかのいずれかであるが（命題 4.4.1），以下ではこのことが一般の場合でも正しいことを示す．しかし，単純モデルでは，プロファイルが一定であるための条件はすべての現存する種が等しい存在量 p_i をもつことであるが，一般の場合では，その条件はすべての現存する種が等しい普通さ $(Z\mathbf{p})_i$ をもつことである．

命題 6.2.1 Z を $n \times n$ 類似度行列とし，$\mathbf{p} \in \Delta_n$ とする．このとき，$D_q^Z(\mathbf{p})$ は $q \in [0, \infty]$ の減少する関数である．これは，すべての $i, j \in \mathrm{supp}(\mathbf{p})$ に対して $(Z\mathbf{p})_i = (Z\mathbf{p})_j$ であるとき一定であり，そうでないときは狭義に減少する．

証明 $D_q^Z(\mathbf{p}) = M_{1-q}(\mathbf{p}, 1/Z\mathbf{p})$ であるから，これは定理 4.2.8 から導かれる． □

集団内の種がより類似していると感知されればされるほど，感知される多様性はより小さくなる．ここでの多様性の尺度は，この直感に合致するものである．

補題 6.2.2 Z' と Z を $n \times n$ 類似度行列とし,すべての i, j に対して $Z'_{ij} \leq Z_{ij}$ であるとする.このとき,すべての $\mathbf{p} \in \Delta_n$ と $q \in [0, \infty]$ に対して $D_q^{Z'}(\mathbf{p}) \geq D_q^Z(\mathbf{p})$ である.

証明 $D_q^Z(\mathbf{p}) = M_{1-q}(\mathbf{p}, 1/Z\mathbf{p})$ であるから,これはべき乗平均が増加するという事実(補題 4.2.19)から導かれる. □

ここでの類似度行列の例(例 6.1.2〜6.1.4)は,どれもすべての類似度が高々 1 であり,各種の自身に対する類似度が 1 であるという追加の性質をもつ.これらの性質を仮定すると,多様度のとりうる範囲を抑えることができる.

補題 6.2.3(範囲) Z を $n \times n$ 類似度行列で,すべての i, j に対して $Z_{ij} \leq 1$ であり,すべての i に対して $Z_{ii} = 1$ であるものとする.このとき,すべての $\mathbf{p} \in \Delta_n$ と $q \in [0, \infty]$ に対して

$$1 \leq D_q^Z(\mathbf{p}) \leq D_q(\mathbf{p}) \leq n$$

である.

証明 補題 6.2.2 で $Z' = I$ ととり,Z についての仮定を用いて

$$D_q^Z(\mathbf{p}) \leq D_q^I(\mathbf{p}) = D_q(\mathbf{p})$$

を得て,また補題 4.4.3(ii)で $D_q(\mathbf{p}) \leq n$ であることはすでに示した.あとは $D_q^Z(\mathbf{p}) \geq 1$ であることを示せばよい.各 $i \in \{1, \ldots, n\}$ に対して

$$(Z\mathbf{p})_i = \sum_{j=1}^n Z_{ij} p_j$$

である.これは,$\mathbf{p}$ により重みづけられた,数 $Z_{ij} \in [0, 1]$ の平均である.ゆえに $(Z\mathbf{p})_i \in [0, 1]$ であり,それゆえ $1/(Z\mathbf{p})_i \geq 1$ である.このことから,

$$D_q^Z(\mathbf{p}) = M_{1-q}(\mathbf{p}, 1/Z\mathbf{p}) \geq 1$$

となる. □

補題 6.2.3 の仮定をみたす行列 Z を固定する.最小多様度 $D_q^Z(\mathbf{p}) = 1$ は,一つの種のみが現存する任意の分布,すなわち,

$$\mathbf{p} = (0, \ldots, 0, 1, 0, \ldots, 0)$$

により達成される.はるかに難しいのは,Z を固定して $\mathbf{p}$ を変数としたとき,$D_q^Z(\mathbf{p})$ を最大化することである.これは,6.3 節で行う.

ここでの類似度行列の例はすべて補題 6.2.3 の仮定をみたすので，対応する多様度はつねに $[1, n]$ の範囲にある．最大値の n は，補題 4.4.3 と補題 6.2.3 より，ちょうど $Z = I$ および $\mathbf{p} = \mathbf{u}_n$ のときに達成される．

$Z = I$ の場合は，$D_q(\mathbf{p})$ を群集内の種の有効数として解釈した（4.3 節）．前段落における限界から，（少なくとも補題 6.2.3 の仮定がみたされるときに）$D_q^Z(\mathbf{p})$ を一般の行列 Z に対する有効数として解釈できそうである．より正確には，均等に存在する，完全に非類似な n 種の群集が多様度 n をもつので，$D_q^Z(\mathbf{p})$ は完全に非類似な種の有効数である．

多様度 $D_q^Z(\mathbf{p})$ が q，Z および $\mathbf{p}$ のそれぞれについて連続であるということは，ほとんど正しい．正確な言明は，以下のとおりである．

補題 6.2.4

（ⅰ）Z を $n \times n$ 類似度行列とし，$\mathbf{p} \in \Delta_n$ とする．このとき，$D_q^Z(\mathbf{p})$ は $q \in [0, \infty]$ について連続である．

（ⅱ）$q \in [0, \infty]$ および $\mathbf{p} \in \Delta_n$ とする．このとき，$D_q^Z(\mathbf{p})$ は $n \times n$ 類似度行列 Z について連続である．

（ⅲ）$q \in (0, \infty)$ とし，Z を $n \times n$ 類似度行列とする．このとき，$D_q^Z(\mathbf{p})$ は $\mathbf{p} \in \Delta_n$ について連続である．

（ⅰ）は，単純モデルと同様に，多様度プロファイルが連続であることを述べている．

最初の二つはべき乗平均についての結果からすぐに導かれるが，最後のものはそうではない．注意を要する点は，多様度の定義における和

$$D_q^Z(\mathbf{p}) = \left(\sum_{i \in \text{supp}(\mathbf{p})} p_i (Z\mathbf{p})_i^{q-1} \right)^{1/(1-q)} \tag{6.5}$$

が $\text{supp}(\mathbf{p})$ にわたってのみとられていることにある．だから，$p_i = 0$ ならば，i 番目の種の和への貢献は 0 である．しかし，p_i が非零であるが小さければ $(Z\mathbf{p})_i$ は小さいかもしれず，これは $q < 1$ ならば $(Z\mathbf{p})_i^{q-1}$ が大きいことを意味する．それにもかかわらず，$p_i (Z\mathbf{p})_i^{q-1}$ が 0 に近いことを示す必要がある．

証明　(ⅰ)は補題 4.2.7 から，(ⅱ)は補題 4.2.5 から導かれる．

(ⅲ)については，三つの場合に分ける．すなわち，$q \in (1, \infty)$，$q \in (0, 1)$，および $q = 1$ の場合である．

$q \in (1, \infty)$ ならば，等式(6.5)における和は $i \in \{1, \ldots, n\}$ にわたってとっても（被加数はそれでもきちんと定義されており）同じことであるから，示すべき結果は明らかである．

次に, $q \in (0,1)$ とする. 関数 $\phi_1, \ldots, \phi_n \colon \Delta_n \to \mathbb{R}$ を,

$$\phi_i(\mathbf{p}) = \begin{cases} p_i(Z\mathbf{p})_i^{q-1} & (p_i > 0 \text{ のとき}) \\ 0 & (\text{そうでないとき}) \end{cases}$$

により定義する. このとき, $D_q^Z(\mathbf{p}) = (\sum_{i=1}^n \phi_i(\mathbf{p}))^{1/(1-q)}$ であるから, 各 ϕ_i が連続であることを示せば十分である.

$i \in \{1, \ldots, n\}$ を固定する. 次のように書く.

$$\Delta_n^{(i)} = \{\mathbf{p} \in \Delta_n : p_i > 0\}$$

このとき, ϕ_i は $\Delta_n^{(i)}$ 上で連続で, その補集合上で零であるから, $\mathbf{p} \in \Delta_n$ について $p_i = 0$ ならば, $\mathbf{r} \to \mathbf{p}$ のとき $\phi_i(\mathbf{r}) \to 0$ であることさえ証明すればよく, そのうえ $\mathbf{r}$ は $\Delta_n^{(i)}$ にあるという制約を課してよい. $(Z\mathbf{r})_i \geq Z_{ii}r_i$ であり, それゆえ ($q < 1$ であるから)

$$0 \leq \phi_i(\mathbf{r}) \leq r_i(Z_{ii}r_i)^{q-1} = Z_{ii}^{q-1}r_i^q \tag{6.6}$$

である. 類似度行列の定義より $Z_{ii} > 0$ であるから, Z_{ii}^{q-1} は有限であることに注意する. $\mathbf{r} \to \mathbf{p}$ のとき, ($q > 0$ であるから) $r_i^q \to p_i^q = 0$ である. ゆえに, 望んだとおり限界(6.6)より $\phi_i(\mathbf{r}) \to 0$ を得る.

最後に, $q = 1$ のときを考える. 関数 $\psi_1, \ldots, \psi_n \colon \Delta_n \to \mathbb{R}$ を,

$$\psi_i(\mathbf{p}) = \begin{cases} (Z\mathbf{p})_i^{-p_i} & (p_i > 0 \text{ のとき}) \\ 1 & (\text{そうでないとき}) \end{cases}$$

により定義する. このとき, $D_q^Z(\mathbf{p}) = \prod_{i=1}^n \psi_i(\mathbf{p})$ であるから, 各 ψ_i が連続であることを示せば十分である.

$i \in \{1, \ldots, n\}$ を固定する. 前の場合と同様に, $\mathbf{p} \in \Delta_n$ について $p_i = 0$ ならば, $\mathbf{r} \in \Delta_n^{(i)}$ として, $\mathbf{r} \to \mathbf{p}$ のとき $\psi_i(\mathbf{r}) \to 1$ であることを示せば十分である. $K = \max_j Z_{ij}$ と書くと,

$$Z_{ii}r_i \leq (Z\mathbf{r})_i = \sum_{j=1}^n Z_{ij}r_j \leq \sum_{j=1}^n Kr_j = K$$

であるから,

$$K^{-r_i} \leq \psi_i(\mathbf{r}) \leq Z_{ii}^{-r_i}r_i^{-r_i} \tag{6.7}$$

である. ここで, $K \geq Z_{ii} > 0$ であるから, $\mathbf{r} \to \mathbf{p}$ のとき $K^{-r_i} \to 1$ かつ $Z_{ii}^{-r_i} \to 1$ である. また, $\lim_{x \to 0+} x^x = 1$ であるから, $\mathbf{r} \to \mathbf{p}$ のとき $r_i^{-r_i} \to 1$ である. ゆえに限界(6.7)より, $\mathbf{r} \to \mathbf{p}$ のとき $\psi_i(\mathbf{r}) \to 1$ であることを得る. $\qquad\square$

注意 6.2.5 q が 0 あるいは ∞ のときは，$D_q^Z(\mathbf{p})$ は $\mathbf{p}$ について連続でないので，$q=0$ と $q=\infty$ の場合は補題 6.2.4(iii) の言明からは除外されている．$Z=I$ の単純な場合においてさえ，D_0^Z は不連続であることはすでに確認したが，この場合の $D_0^Z(\mathbf{p})=D_0(\mathbf{p})$ は種の豊富さ $|\mathrm{supp}(\mathbf{p})|$ である．オーダー ∞ の多様度

$$D_\infty^Z(\mathbf{p}) = \frac{1}{\max_{i\in\mathrm{supp}(\mathbf{p})}(Z\mathbf{p})_i}$$

は $Z=I$ のとき連続であるが，一般にはそうでない．たとえば，

$$Z = \begin{pmatrix} 1 & 1 & 0 \\ 1 & 1 & 1 \\ 0 & 1 & 1 \end{pmatrix}$$

とする（この類似度行列には，例 6.3.20 で再び出会う）．$0 \leq t < 1/2$ に対して，

$$\mathbf{p} = \begin{pmatrix} 1/2 - t \\ 2t \\ 1/2 - t \end{pmatrix}$$

とおく．このとき，

$$Z\mathbf{p} = \begin{pmatrix} 1/2 + t \\ 1 \\ 1/2 + t \end{pmatrix}$$

であるから，

$$D_\infty^Z(\mathbf{p}) = \begin{cases} 1 & (t > 0 \text{ のとき}) \\ 2 & (t = 0 \text{ のとき}) \end{cases}$$

となる．ゆえに，D_∞^Z は不連続である．

この反例の背後にある考え方は，二つ目の種は，ほかの二つの種と密接に関係しているために，たとえそれ自体が非常に希少であるとしても（t が小さい），それらよりも普通に見える（$((Z\mathbf{p})_2 = \max_i(Z\mathbf{p})_i$)，というものである．しかしながら，二つ目の種が完全に消滅するならば（$t=0$），その普通さ $(Z\mathbf{p})_2$ は $D_\infty^Z(\mathbf{p})$ を定義する最大値からは除外され，不連続性が引き起こされる．

次に，この尺度の論理的な基礎となる三つの性質を確立する．べき乗平均に対して用いた（4.2 節）のと同様の手順にしたがって，これらすべてを（圏論的な自然変換の意味における）自然性から導き出す．集合間の写像

$$\theta: \{1,\ldots,m\} \to \{1,\ldots,n\} \tag{6.8}$$

を考え（$m,n \geq 1$），$\mathbf{p} \in \Delta_m$，および Z を $n \times n$ 類似度行列とする．このとき，押し出し分布 $\theta\mathbf{p} \in \Delta_n$（定義 2.1.10）と

$$(Z\theta)_{ii'} = Z_{\theta(i),\theta(i')} \qquad (i,i' \in \{1,\ldots,m\})$$

により定義される $m \times m$ 類似度行列 $Z\theta$ が得られる．

補題 6.2.6（自然性） θ. $\mathbf{p}$ および Z を上述のとおりとして，すべての $q \in [0, \infty]$ に対して

$$D_q^{Z\theta}(\mathbf{p}) = D_q^Z(\theta\mathbf{p})$$

である．

証明 べき乗平均の自然性（補題 4.2.14）を用いるが，これはすべての $\mathbf{x} \in [0, \infty)^n$ に対して

$$M_{1-q}(\theta\mathbf{p}, \mathbf{x}) = M_{1-q}(\mathbf{p}, \mathbf{x}\theta) \tag{6.9}$$

であることを含意する．とくに断らない限り，添え字 i と i' は $\{1, \dots, m\}$ にわたり，添え字 j と j' は $\{1, \dots, n\}$ にわたるという約束をする．このとき，

$$((Z\theta)\mathbf{p})_i = \sum_{i'} (Z\theta)_{ii'} p_{i'} = \sum_{i'} Z_{\theta(i),\theta(i')} p_{i'}$$

$$(Z(\theta\mathbf{p}))_j = \sum_{j'} Z_{jj'} (\theta\mathbf{p})_{j'} = \sum_{j'} \sum_{i' \in \theta^{-1}(j')} Z_{jj'} p_{i'} = \sum_{i'} Z_{j,\theta(i')} p_{i'}$$

である．ゆえに，すべての i に対して

$$((Z\theta)\mathbf{p})_i = Z(\theta\mathbf{p})_{\theta(i)}$$

である．言い換えると，

$$(Z\theta)\mathbf{p} = (Z(\theta\mathbf{p}))\theta \tag{6.10}$$

である．ここで，

$$D_q^Z(\theta\mathbf{p}) = M_{1-q}\left(\theta\mathbf{p}, \frac{1}{Z(\theta\mathbf{p})}\right)$$

$$= M_{1-q}\left(\mathbf{p}, \frac{1}{Z(\theta\mathbf{p})}\theta\right)$$

$$= M_{1-q}\left(\mathbf{p}, \frac{1}{(Z(\theta\mathbf{p}))\theta}\right)$$

である．ただし，二つ目の等式は等式 (6.9) から導かれ，ほかの等式はすぐにわかる．これで等式 (6.10) より，望んだとおり

$$D_q^Z(\theta\mathbf{p}) = M_{1-q}\left(\mathbf{p}, \frac{1}{(Z\theta)\mathbf{p}}\right) = D_q^{Z\theta}(\mathbf{p})$$

を得る． $\square$

　自然性から，多様性の尺度の三つの初等的な性質を導き出す（$Z = I$ の特別な場合の Hill 数においては，最初の二つは補題 4.4.8 としてすでに登場している）．第一に，多様度は種が列挙される順とは独立である．

補題 6.2.7（対称性） Z を $n \times n$ 類似度行列, $\mathbf{p} \in \Delta_n$, および σ を $\{1, \ldots, n\}$ の置換とする. Z' と $\mathbf{p}'$ を, $Z'_{ij} = Z_{\sigma(i), \sigma(j)}$ と $p'_i = p_{\sigma(i)}$ により定義する. このとき, すべての $q \in [0, \infty]$ に対して $D_q^{Z'}(\mathbf{p}') = D_q^Z(\mathbf{p})$ である.

証明 定義より, $Z' = Z\sigma$ および $\mathbf{p} = \sigma\mathbf{p}'$ であるから, 示すべき結果は補題 6.2.6 から導かれる. □

第二に, 多様度は存在量が 0 の任意の種を無視しても変化しない.

補題 6.2.8（不在不変性） Z を $n \times n$ 類似度行列, および $\mathbf{p} \in \Delta_n$ で $p_n = 0$ とする. Z の最初の $n-1$ 種への制限を Z' と書き, $\mathbf{p}' = (p_1, \ldots, p_{n-1}) \in \Delta_{n-1}$ と書く. このとき, すべての $q \in [0, \infty]$ に対して $D_q^{Z'}(\mathbf{p}') = D_q^Z(\mathbf{p})$ である.

証明 θ を包含写像 $\{1, \ldots, n-1\} \hookrightarrow \{1, \ldots, n\}$ とする. このとき, $Z' = Z\theta$ および $\mathbf{p} = \theta\mathbf{p}'$ であるから, 示すべき結果は補題 6.2.6 から導かれる. □

最後に第三に, 二つの種が同一であるならば, それらを一つにあわせても多様度は変化しない.

補題 6.2.9（同一種性） Z を $n \times n$ 類似度行列で, すべての $i \in \{1, \ldots, n\}$ に対して

$$Z_{in} = Z_{i,n-1}, \qquad Z_{ni} = Z_{n-1,i}$$

であるものとする. $\mathbf{p} \in \Delta_n$ とする. Z の最初の $n-1$ 種への制限を Z' と書き, $\mathbf{p}' \in \Delta_{n-1}$ を

$$p'_j = \begin{cases} p_j & (j < n-1 \text{ のとき}) \\ p_{n-1} + p_n & (j = n-1 \text{ のとき}) \end{cases}$$

により定義する. このとき, すべての $q \in [0, \infty]$ に対して $D_q^{Z'}(\mathbf{p}') = D_q^Z(\mathbf{p})$ である.

証明 関数 $\theta \colon \{1, \ldots, n\} \to \{1, \ldots, n-1\}$ を,

$$\theta(i) = \begin{cases} i & (i < n \text{ のとき}) \\ n-1 & (i = n \text{ のとき}) \end{cases}$$

により定義する. このとき, $Z = Z'\theta$ および $\mathbf{p}' = \theta\mathbf{p}$ であるから, 示すべき結果は補題 6.2.6 から導かれる. □

同一種性は,「あらゆる点において同一である 100 種の群集は, ただ一つの種の群集と何も異ならない」(Ives[151, p. 102]) ことを意味する.

種の境界は，微生物に対してだけでなく，よく研究されている大型哺乳類に対してさえも可変であり，いくらか恣意的である．（たとえば，マダガスカルのキツネザルの分類はたびたび変更されている．Mittermeier ら[254]を参照せよ．）このことが多様性の定量化に対してもたらす課題は長く認識されていた．Good は 1982 年に，「難しい『種の問題』」を解消し，「種の定義に対する理想主義的な全か無かのアプローチ」を避けるようにして多様性を測る必要があると書いた[123, p. 562]．

　ここで行ったように，多様性の測定に種の類似性を取り入れることで，これらの課題に対処することができる．とくに，以下の例が示すように，このような尺度は種が再分類されたときにもっともな振る舞いをする．

例 6.2.10　この仮想的な例は，[220]によるものである．相対存在量が $\mathbf{p} = (0.1, 0.3, 0.6)$ のまったく非類似な三つの種からなる系を考える．新しい遺伝的証拠に基づいて，最後の種が均等に存在する二つの別の種へと再分類され，相対存在量が $(0.1, 0.3, 0.3, 0.3)$ になるとする．

　二つの新しい種が互いにまったく非類似であると仮定するならば，多様度プロファイルは大幅に変化する（図 6.2）．たとえば，オーダー ∞ の多様度は $1.66\cdots$ から $3.33\cdots$ へと 100% も急に変化する．いうまでもなく，最近まで同一であると考えられていたということを考えると，新しい種がまったく非類似であると仮定するのは完全に非現実的である．しかし，より現実的に，二つの新しい種に高い類似度を割り当てるならば，多様度プロファイルはわずかに変化するだけである．図 6.2 は，二つの新しい種間の類似度 $Z_{34} = Z_{43} = 0.9$（およびそれ以外のときは，$i \neq j$ に対して $Z_{ij} = 0$）に基づいたプロファイルを示している．

　この理にかなった振る舞いは，多様性の尺度の二つの特徴により保証されている．すなわち，同一種性と Z についての連続性である．実際，二つの新しい種が同一であるとみなされるならば，プロファイルは変化しない．それゆえ連続性より，新しい種がほと

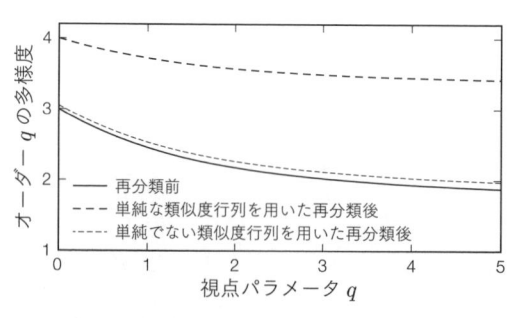

図 6.2　一つの種が再分類される前と後の，ある仮想的な群集の多様度
プロファイル（例 6.2.10）．[220, 図 1]に基づく図.

んど同一であるとみなされるならば，プロファイルはほとんど変化しない．◆

同様の理由で，多様性の尺度 D_q^Z は，データの解像度のレベルが変化したときにもっともな振る舞いをする．たとえば，ある群集の最初の粗い調査では属のレベルで個体群の存在量のデータを収集し，2回目の調査では種のレベルで存在量を記録し，3回目では亜種のレベルで存在量を記録したとする．類似度が首尾一貫して測定されたと仮定して，結果として得られる三つの多様度は，同じスケールで測定されたという意味において，比較可能である．データが細かくとられているほど，より多くのばらつきが見えるので，後の調査のほうが多様度はより大きくなる．しかし，例 6.2.10 と同じ理由で，多様度は一つの調査から次の調査で不釣り合いに急に変化することはない．属内に大きなばらつきがあるときにのみ，最初と2回目の調査から計算された多様度の間に大きな差が出ることになる．同様に，2回目と3回目の調査から得られた多様度の差は，種内のばらつきの大きさを忠実に反映する．

命題 4.4.10 と命題 4.4.12 で，Hill 数に対するチェイン則の二つの形を証明し，それらをいくつもの島にわたって広がる群集の多様度に対する，これらの島の多様度と相対サイズの見地からの公式として解釈した．その際，島々には共通の種が存在しないと仮定した．ここでは，別々の島の種は異なるだけでなく完全に非類似であるという，より強い仮定のもとで，より一般の類似度に鋭敏な多様性の尺度 $D_q^Z(\mathbf{p})$ に対するチェイン則の二つの形を導き出す．

だから，相対存在量分布 $\mathbf{p}^1 \in \Delta_{k_1}, \ldots, \mathbf{p}^n \in \Delta_{k_n}$，類似度行列 $Z^1, \ldots, Z^n$，および（例 2.1.6 の意味における）相対サイズ $w_1, \ldots, w_n$ の n 個の島の群集を考える．グループ全体の種の分布は，このとき，

$$\mathbf{w} \circ (\mathbf{p}^1, \ldots, \mathbf{p}^n) \in \Delta_k$$

である．ただし，$k = k_1 + \cdots + k_n$ である．別々の島の種は完全に非類似であると仮定すると，グループ全体に対する $k \times k$ 類似度行列 Z はブロック和

$$Z = Z^1 \oplus \cdots \oplus Z^n = \begin{pmatrix} Z^1 & 0 & \cdots & 0 \\ 0 & Z^2 & \ddots & \vdots \\ \vdots & \ddots & \ddots & 0 \\ 0 & \cdots & 0 & Z^n \end{pmatrix}$$

となる．それゆえ，全体の多様度は

$$D_q^Z(\mathbf{w} \circ (\mathbf{p}^1, \ldots, \mathbf{p}^n))$$

であり，課題はこれを島の多様度 $D_q^{Z^i}(\mathbf{p}^i)$ と相対サイズ w_i で表示することである．

命題 6.2.11（チェイン則） $q \in [0, \infty]$ および $n, k_1, \ldots, k_n \geq 1$ とする. 各 $i \in \{1, \ldots, n\}$ に対して, Z^i を $k_i \times k_i$ 類似度行列とし, $\mathbf{p}^i \in \Delta_{k_i}$ とする. また, $\mathbf{w} \in \Delta_n$ とする. $Z = Z^1 \oplus \cdots \oplus Z^n$ および $d_i = D_q^{Z^i}(\mathbf{p}^i)$ と書く.

（ i ）このとき,

$$D_q^Z(\mathbf{w} \circ (\mathbf{p}^1, \ldots, \mathbf{p}^n)) = M_{1-q}(\mathbf{w}, \mathbf{d}/\mathbf{w})$$

$$= \begin{cases} \left(\sum w_i^q d_i^{1-q} \right)^{1/(1-q)} & (q \neq 1, \infty \text{ のとき}) \\ \prod \left(\dfrac{d_i}{w_i} \right)^{w_i} & (q = 1 \text{ のとき}) \\ \min \dfrac{d_i}{w_i} & (q = \infty \text{ のとき}) \end{cases}$$

である. ただし, $\mathbf{d}/\mathbf{w} = (d_1/w_1, \ldots, d_n/w_n)$ であり, 和, 積および最小値はすべての $i \in \mathrm{supp}(\mathbf{w})$ にわたってとる.

（ ii ）$q < \infty$ に対して,

$$D_q^Z(\mathbf{w} \circ (\mathbf{p}^1, \ldots, \mathbf{p}^n)) = D_q(\mathbf{w}) \cdot M_{1-q}(\mathbf{w}^{(q)}, \mathbf{d})$$

である. ただし, $\mathbf{w}^{(q)}$ は命題 4.4.10 に続いて定義されたエスコート分布である.

証明 (i)については, 初等的な計算により,

$$Z(\mathbf{w} \circ (\mathbf{p}^1, \ldots, \mathbf{p}^n)) = w_1(Z^1 \mathbf{p}^1) \oplus \cdots \oplus w_n(Z^n \mathbf{p}^n)$$

であることが示される. ゆえに, べき乗平均に対するチェイン則と, 次にべき乗平均の斉次性を用いて,

$$D_q^Z(\mathbf{w} \circ (\mathbf{p}^1, \ldots, \mathbf{p}^n))$$

$$= M_{1-q}\left(\mathbf{w} \circ (\mathbf{p}^1, \ldots, \mathbf{p}^n), \frac{1}{w_1(Z^1\mathbf{p}^1)} \oplus \cdots \oplus \frac{1}{w_n(Z^n\mathbf{p}^n)} \right)$$

$$= M_{1-q}\left(\mathbf{w}, \left(M_{1-q}\left(\mathbf{p}^1, \frac{1}{w_1(Z^1\mathbf{p}^1)} \right), \ldots, M_{1-q}\left(\mathbf{p}^n, \frac{1}{w_n(Z^n\mathbf{p}^n)} \right) \right) \right)$$

$$= M_{1-q}\left(\mathbf{w}, \left(\frac{d_1}{w_1}, \ldots, \frac{d_n}{w_n} \right) \right)$$

となる. これで(i)の最初の等式が証明されたことになり, 二つ目の等式はべき乗平均に対する明示的な公式から導かれる. そうすると, 補題 4.4.11 より(ii)が得られる. $\qquad \square$

とくに，群集全体の多様度は島の多様度とサイズのみに依存する.

系 6.2.12（モジュール性） 命題 6.2.11 の状況で，全体の多様度 $D_q^Z(\mathbf{w} \circ (\mathbf{p}^1, \ldots, \mathbf{p}^n))$ は q, $\mathbf{w}$, および $D_q^{Z^1}(\mathbf{p}^1), \ldots, D_q^{Z^n}(\mathbf{p}^n)$ にのみ依存する. $\square$

チェイン則のさらなる帰結もまた重要である. 島はすべて同じサイズと同じ多様度 d をもつとする（たとえば，島々は交わりのない種の集合上ですべて同じ種の分布をもつとき，あるいは形式的には $k_1 = \cdots = k_n$ および $\mathbf{p}^1 = \cdots = \mathbf{p}^n$ のとき，同じ多様度をもつ）. このとき，命題 6.2.11 の表記で，

$$\mathbf{d}/\mathbf{w} = (d/(1/n), \ldots, d/(1/n)) = (nd, \ldots, nd)$$

であるから，

$$D_q^Z(\mathbf{w} \circ (\mathbf{p}^1, \ldots, \mathbf{p}^n)) = nd$$

である. つまり，それぞれの島の多様度が d である n 個の島のグループの多様度は，nd である. これは，類似度に鋭敏な尺度 D_q^Z に対する**複製原理**（replication principle）である. これは，4.4 節の末尾で言及した，Hill 数に対する複製原理の一般化である. 多様性の尺度が複製原理をみたすという事実は，石油会社の例（例 2.4.11）で述べた問題に煩わされることはないことを意味する.

多様度 D_q^Z, Rényi エントロピー H_q^Z および q 対数的エントロピー S_q^Z は，可逆な変換によってすべて互いに関係しているので，D_q^Z に対するチェイン則は H_q^Z と S_q^Z に対するチェイン則へと翻訳される. S_q^Z の場合においては，q 対数的エントロピーに対するチェイン則（等式(4.2)）を一般化した，単純な形になる.

命題 6.2.13（チェイン則） $q \in [0, \infty)$ とする. 命題 6.2.11 におけるような $\mathbf{w}$, $\mathbf{p}^i$, Z^i および Z に対して，

$$S_q^Z(\mathbf{w} \circ (\mathbf{p}^1, \ldots, \mathbf{p}^n)) = S_q(\mathbf{w}) + \sum_{i \in \mathrm{supp}(\mathbf{w})} w_i^q \cdot S_q^{Z^i}(\mathbf{p}^i)$$

である.

証明 命題 6.2.11(i) より，

$$\ln_q D_q^Z(\mathbf{w} \circ (\mathbf{p}^1, \ldots, \mathbf{p}^n)) = \ln_q M_{1-q}(\mathbf{w}, \mathbf{d}/\mathbf{w})$$

を得る. S_q^Z の定義（等式(6.4)）と補題 4.2.29 より，これは

$$S_q^Z(\mathbf{w} \circ (\mathbf{p}^1, \ldots, \mathbf{p}^n)) = \sum_{i \in \mathrm{supp}(\mathbf{w})} w_i \ln_q \frac{d_i}{w_i}$$

と同値である．しかし，$d_i/w_i = (1/w_i)d_i$ と書いて積の q 対数に対する公式(1.18)を適用すると，右辺は

$$
\sum_{i\in\mathrm{supp}(\mathbf{w})} w_i\left(\ln_q \frac{1}{w_i} + \left(\frac{1}{w_i}\right)^{1-q}\ln_q d_i\right) = \sum_{i\in\mathrm{supp}(\mathbf{w})} w_i\ln_q\frac{1}{w_i} + \sum_{i\in\mathrm{supp}(\mathbf{w})} w_i^q\ln_q d_i
$$

$$
= S_q(\mathbf{w}) + \sum_{i\in\mathrm{supp}(\mathbf{w})} w_i^q\cdot S_q^{Z^i}(\mathbf{p}^i)
$$

となる． □

6.3 多様度の最大化

相互の類似度が既知の，固定された種のリストから抽出された生物で構成される群集を考える．群集内の種の存在量を制御することができるとする．多様度を最大化するためには，それらの存在量をどのように選べばよいであろうか？　また，達成可能な最大の多様度はどれほどであろうか？

数学の用語では，$n \times n$ 類似度行列 Z を固定する．基礎的な問題は以下である．

- オーダー q の多様度 $D_q^Z(\mathbf{p})$ を最大化するのはどの分布 $\mathbf{p}$ か？
- 最大多様度の値 $\sup_{\mathbf{p}\in\Delta_n} D_q^Z(\mathbf{p})$ はいくらになるか？

原理的には，どちらの問題に対する答えも q に依存する．何といっても，（例 4.3.9 と例 6.1.8 のように）二つの存在量分布を比較するときには，q の値が異なるとどちらの分布がより多様であるかについての判断は異なる可能性があるということを確認したのである．たとえば，オーダー 1 の多様度を最大化する分布がオーダー 2 の多様度も最大化すると想定する理由はないように見える．同様に，オーダー 1 の最大多様度 $\sup_{\mathbf{p}} D_1^Z(\mathbf{p})$ がオーダー 2 の最大多様度と等しくあるべきであることを示唆するものは何も見当たらない．

しかし，Z が対称的である限り，どちらの問題に対する答えも，実際には q に依存しないという定理がある．すなわち，すべての対称類似度行列は一意的な最大多様度をもち，すべての q に対して同時に $D_q^Z(\mathbf{p})$ を最大化する分布 $\mathbf{p}$ がある．

この結果は，Leinster[211]により最初に述べられ，証明された．改良された証明とさらなる結果が Leinster–Meckes の論文[221]によって得られており，本節のほとんどはこれに基づいている．ほとんどの証明を省略し，[221]を参照することにする．

定理を述べる前に，形式ばらずに最大多様度問題を調べる．

例 6.3.1 1 種のみ（$n = 1$）しか存在しなければ，問題は自明である．2 種存在するならば，Z は対称的であると仮定すると，それらの役割は交換可能であるから，多様度を最大化する分布は明らかに $(1/2, 1/2)$ である．

次に，2 種の非常に類似したカエルと 1 種のイモリからなる，3 種の池の群集を考える．カエルの種間の類似性を無視して 3 種に同等の地位を与えるならば，最大化する分布は一様，すなわち，$(1/3, 1/3, 1/3)$ になるはずである．しかし，直感的にはこの群集は 2/3 のカエルと 1/3 のイモリからなるので，これは多様度を最大化する分布ではない．もう一方の極端な場合で，二つのカエルの種を同一種として扱うならば，（2 種の例のように）等しい量のカエルとイモリが存在するときに多様度は最大化される．それゆえ，分布 $(1/4, 1/4, 1/2)$ が多様度を最大化するはずである．実際には，種間の類似性の妥当な尺度に応じて，多様度を最大化する分布はこれらの両極端の間のどこかにあるはずである．例 6.3.16 で，実際にそうであることを確認する． ◆

本節の残りの部分では，整数 $n \geq 1$ と $n \times n$ 対称類似度行列 Z を固定する．例 6.3.17 で見るように，対称性の仮定は重要である．

定理 6.3.2（最大多様度）

（ i ）すべての $q \in [0, \infty]$ に対して同時に D_q^Z を最大化する $\{1, \ldots, n\}$ 上の確率分布が存在する．

（ ii ）最大多様度 $\sup_{\mathbf{p} \in \Delta_n} D_q^Z(\mathbf{p})$ は $q \in [0, \infty]$ に依存しない．

証明 これは，[221, 定理 1]にある． □

各 $q \in [0, \infty]$ に対して $D_q^Z(\mathbf{p})$ が D_q^Z を最大化するとき，確率分布 $\mathbf{p} \in \Delta_n$ は（Z に関して）**最大化する**（maximizing）ということにする．定理 6.3.2(ii)からすぐに，最大化する分布の多様度プロファイルが平坦であることが含意される．

系 6.3.3 $\mathbf{p}$ を最大化する分布とする．このとき，すべての $q, q' \in [0, \infty]$ に対して $D_q^Z(\mathbf{p}) = D_{q'}^Z(\mathbf{p})$ である． □

定理 6.3.2 は以下のように理解できる（図 6.3(a)）．視点パラメータのそれぞれの特定の値 q は，すべての分布 $\mathbf{p}$ の集合を多様度の順に，$D_q^Z(\mathbf{p}) > D_q^Z(\mathbf{p}')$ のとき $\mathbf{p}$ が $\mathbf{p}'$ の上に位置づけられるように，順序づける．q の値が変わると，分布の集合の順序づけも変わる．それにもかかわらず，すべての順序づけの最上位に位置する分布 $\mathbf{p}_{\max}$ が存在する．これが，定理 6.3.2(i)の内容である．

あるいは，多様度プロファイルの見地から定理を可視化することもできる（図(b)）．多様度プロファイルは，q の異なる値によって体現される異なる優先事項を反映して，

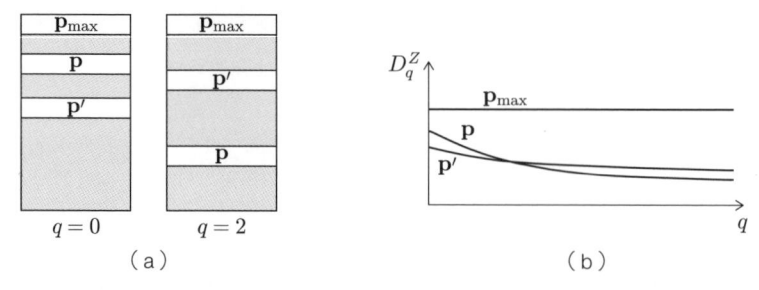

図 6.3 定理 6.3.2 の可視化．(a) q の異なる値が分布の集合をどのように順序づけるかという見地から，および (b) 多様度プロファイルの見地から．

交差しうる．しかし，そのプロファイルがすべてのほかのプロファイルの上に位置する少なくとも一つの分布 $\mathbf{p}_{\max}$ がある．さらに，そのプロファイルは一定である．多様性をよい特性とみなすならば，$\mathbf{p}_{\max}$ はありうる限り最善の世界である．

行列 Z には一つの実数が付随する．すなわち，任意の最大化する分布のその一定値である．

定義 6.3.4　行列 Z の**最大多様度**（maximum diversity）とは，任意の $q \in [0, \infty]$ に対する $D_{\max}(Z) = \sup_{\mathbf{p} \in \Delta_n} D_q^Z(\mathbf{p})$ のことである．

定理 6.3.2(ii) より，$D_{\max}(Z)$ は q に依存しない．

後ほど，行列の最大化する分布と最大多様度を計算する方法を見る．いまは，自明な例に言及するだけにする．

例 6.3.5　Z を $n \times n$ 単位行列 I とする．$D_q^I(\mathbf{p}) = D_q(\mathbf{p})$ は $\mathbf{p}$ が一様分布 $\mathbf{u}_n$ であるときに最大化され，最大値が n であることはすでに確認した（補題 4.4.3(ii)）．この最大値 n が q に依存しないことは，定理 6.3.2(ii) の特別な場合である．ここで導入した表記では，$D_{\max}(I) = n$ である．　◆

分布 $\mathbf{p}$ がオーダー 2 の多様度を最大化するならば，これは，たとえばオーダー 1 とオーダー ∞ の多様度も最大化しなければならないであろうか？　答えは肯定的であることがわかる．

系 6.3.6　$\mathbf{p} \in \Delta_n$ とする．ある $q \in (0, \infty]$ に対して $\mathbf{p}$ が D_q^Z を最大化するならば，すべての $q \in [0, \infty]$ に対して $\mathbf{p}$ は D_q^Z を最大化する．

証明　これは，[221, 系 2]にある．　□

この結果の意義は，すべてのオーダー q の多様度を最大化する分布を求めたければ，どれでも最も都合のよい非零オーダーの多様度を最大化するものを求めればよい，ということにある．

$q > 0$ という仮定は系 6.3.6 から落とすことはできない．実際，$Z = I$ ととる．このとき，$D_0^I(\mathbf{p})$ は種の豊富さ（$\mathrm{supp}(\mathbf{p})$ の濃度）であり，これは完全な台をもつ任意の分布 $\mathbf{p}$ により最大化される．一方，$q > 0$ のとき，多様度 $D_q^I(\mathbf{p}) = D_q(\mathbf{p})$ は $\mathbf{p}$ が一様であるときにのみ最大化される（補題 4.4.3(ii)）．

注意 6.3.7 類似度に鋭敏な Rényi エントロピー H_q^Z と類似度に鋭敏な q 対数的エントロピー S_q^Z は D_q^Z の増加する変換であるから，すべての q に対して D_q^Z を最大化する同一の分布は，すべての q に対して H_q^Z と S_q^Z も最大化する．また $H_q^Z = \log D_q^Z$ であるから，最大の類似度に鋭敏な Rényi エントロピー $\sup_{\mathbf{p}} H_q^Z(\mathbf{p})$ も，q に依存しない．すなわち，単に $\log D_{\max}(Z)$ である．

これに対して，最大の類似度に鋭敏な q 対数的エントロピー $\sup_{\mathbf{p}} S_q^Z(\mathbf{p})$ は，q に依存する．これは $\ln_q D_{\max}(Z)$ であり，q に伴って変化する．これは，Rényi エントロピー（とその指数関数）の q 対数的エントロピーに対する一つの利点である．

定理 6.3.2 から最大化する分布 $\mathbf{p}_{\max}$ の存在は保証されるが，どのように見つけるかはわからない．また，$D_q^Z(\mathbf{p}_{\max})$ が q に依存しないことは述べているが，その値はわからない．次の定理は両方の手落ちを補うものである．それを述べるには，いくつかの定義が必要になる．

定義 6.3.8 行列 M 上の**重みづけ**（weighting）とは，列ベクトル $\mathbf{w}$ で，$M\mathbf{w} = \begin{pmatrix} 1 \\ \vdots \\ 1 \end{pmatrix}$ をみたすもののことである．

補題 6.3.9 M を行列とする．M とその転置 M^{T} のそれぞれが少なくとも一つの重みづけをもつとする．このとき，$\sum_i w_i$ は M 上の重みづけ $\mathbf{w}$ の選択に依存しない．

証明 $\mathbf{w}$ と $\mathbf{w}'$ を M 上の重みづけとする．M^{T} 上の重みづけ $\mathbf{v}$ を選ぶ．このとき，

$$\sum_i w_i = \begin{pmatrix} 1 & \cdots & 1 \end{pmatrix}\mathbf{w} = (M^{\mathrm{T}}\mathbf{v})^{\mathrm{T}}\mathbf{w} = \mathbf{v}^{\mathrm{T}}M\mathbf{w} = \mathbf{v}^{\mathrm{T}}\begin{pmatrix} 1 \\ \vdots \\ 1 \end{pmatrix} = \sum_j v_j$$

である．同様に，$\sum_i w_i' = \sum_j v_j$ である．ゆえに，$\sum_i w_i = \sum_i w_i'$ である． $\square$

定義 6.3.10 M を，M と M^{T} の両方が少なくとも一つの重みづけをもつような行列とする．その**マグニチュード**（magnitude）$|M|$ とは，$\sum_i w_i$ のことである．ただし，$\mathbf{w}$ は M 上の任意の重みづけである．

補題 6.3.9 より，マグニチュードは重みづけの選択に依存しない．

注意 6.3.11

（ⅰ）M が対称的であるとき（ここで関心のある場合），$|M|$ は M が少なくとも一つの重みづけをもつ限り定義される．

（ⅱ）M が可逆なとき，M はちょうど一つの重みづけをもつ．その成分は，M^{-1} の行和である．だから，$|M|$ は M^{-1} のすべての成分の和である．

定義 6.3.12 $\mathbb{R}$ 上のベクトル $\mathbf{v} = (v_i)$ が**非負**（nonnegative）であるとは，すべての i に対して $v_i \geq 0$ であるときをいい，また**正**（positive）であるとは，すべての i に対して $v_i > 0$ であるときをいう．

空でない部分集合 $B \subseteq \{1, \ldots, n\}$ に対して，Z_B は Z の小行列 $(Z_{ij})_{i,j \in B}$ を表すとする．これも対称類似度行列である．Z_B 上の非負の重みづけ $\mathbf{w}$ があるとする．このとき，$\mathbf{w} \neq \mathbf{0}$ であるから，$\sum_{j \in B} w_j \neq 0$ である．したがって，規格化と 0 による拡張により，確率分布 $\hat{\mathbf{w}} \in \Delta_n$ を次のように定義することができる．

$$\hat{w}_i = \begin{cases} \dfrac{w_i}{|Z_B|} & (i \in B \text{ のとき}) \\ 0 & (\text{そうでないとき}) \end{cases} \qquad (i \in \{1, \ldots, n\})$$

定理 6.3.13（最大多様度の計算）

（ⅰ）Z の最大多様度は

$$D_{\max}(Z) = \max_B |Z_B| \tag{6.11}$$

により与えられる．ただし，最大値は，すべての空でない $B \subseteq \{1, \ldots, n\}$ で，Z_B が非負の重みづけをもつものにわたってとる．

（ⅱ）最大化する分布の集合は

$$\bigcup_B \{\hat{\mathbf{w}} : B \text{ 上の非負の重みづけ } \mathbf{w}\}$$

である．ただし，和集合は (6.11) で最大値を達成するすべての B にわたってとる．

証明 これは，[221, 定理 2] にある． □

注意 6.3.14 $B \subseteq \{1, \ldots, n\}$ を，(6.11) における最大値を達成する部分集合とし，$\mathbf{w}$ を Z_B 上の非負の重みづけとすると，$\hat{\mathbf{w}} \in \Delta_n$ は最大化する分布である．簡単な計算から，すべての $i \in B$ に対して

$$(Z\hat{\mathbf{w}})_i = \frac{1}{|Z_B|}$$

となることが示される．とくに，$(Z\hat{\mathbf{w}})_i$ は $i \in B$ にわたって一定である．これは以下のように理解できる．Hill 数に対しては（$Z = I$ の場合），最大化する分布における相対存在量 p_i はすべての種 i に対して同じである．種間の類似性を考慮に入れると，このことはもはや正しくない．その代わりに，最大化する分布は，すべての現存する種 i に対して普通さ $(Z\mathbf{p})_i$ が同じであるという性質をもつ．

　最大化する分布において，どの種が現存するのかを決定するのは簡単ではない．とくに，最大化する分布はつねに完全な台をもつとは限らず，この現象は本節の末尾で議論する．

　定理 6.3.13 より，Z の最大多様度とそのすべての最大化する分布を計算する有限時間のアルゴリズムが，以下のように得られる．

　$\{1, \dots, n\}$ の $2^n - 1$ 個の空でない部分集合 B のそれぞれに対して，単純な線形代数を行って Z_B 上の非負の重みづけの空間を求める．この空間が空でなければ，B を**実行可能**（feasible）とよび，そのマグニチュード $|Z_B|$ を記録する．このとき，$D_{\max}(Z)$ はすべての記録されたマグニチュードの最大値である．$|Z_B| = D_{\max}(Z)$ であるような実行可能な B のそれぞれ，および Z_B 上の非負の重みづけ $\mathbf{w}$ のそれぞれに対して，分布 $\hat{\mathbf{w}}$ は最大化するものである．これで，最大化する分布のすべてが生成される．

　このアルゴリズムでは，必要なステップ数が n について指数関数的に増加する．また注意 6.3.24 では，多項式時間で最大多様度を計算できるアルゴリズムはないという強い証拠を与える．しかし，二つの理由からこの状況は見かけほど絶望的ではない．

　第一に，アルゴリズムの各ステップは，連立一次方程式を解くことからなるため，高速である．たとえば，標準的なノートパソコンと標準的な計算代数のパッケージを用いて，最適化を試みない場合でも，25×25 行列の最大化する分布は数秒で計算された．第二に，あるクラスの行列 Z に対しては，これから見るように計算時間を劇的に減少させることができる．

　まず，最も単純な場合から始めて，いくつかの例を考える．

例 6.3.15　2×2 類似度行列

$$Z = \begin{pmatrix} 1 & z \\ z & 1 \end{pmatrix}$$

を考える．ただし，$0 \leq z < 1$ である．先ほど述べたアルゴリズムを実行する．

- まず，どの空でない $B \subseteq \{1, \dots, n\}$ に対して，小行列 Z_B が非負の重みづけをもつのかを決定し，そのような小行列のマグニチュードを記録する．

　$B = \{1\}$ のとき，小行列 Z_B は (1) である．これはただ一つの非負の重みづけ $\mathbf{w} = (1)$ をもつので，$|Z_B| = 1$ である．同じことが $B = \{2\}$ に対しても正しい．

$B = \{1, 2\}$ のとき,$Z_B = Z$ であり,これはただ一つの非負の重みづけ

$$\mathbf{w} = \frac{1}{1+z}\begin{pmatrix} 1 \\ 1 \end{pmatrix} \tag{6.12}$$

とマグニチュード $|Z_B| = 2/(1+z)$ をもつ.

- Z の最大多様度は

$$D_{\max}(Z) = \max\left\{1, 1, \frac{2}{1+z}\right\}$$

により与えられ,$2/(1+z) > 1$ であるから,$D_{\max}(Z) = 2/(1+z)$ となる.一意的な最大化する分布は重みづけ(6.12)を規格化したもので,これは一様分布 $\mathbf{u}_2$ である.

最大化する分布が一様であることは,例 6.3.1 の直感的期待と合致する.$D_{\max}(Z)$ の計算値も,最大多様度は種間の類似度の減少関数であるべきであるという期待と合致する. ◆

例 6.3.16 次に,図 6.4 に示すような類似度をもつ,例 6.3.1 の 3 種の池の群集を考える.アルゴリズムを実装するか,以下の命題 6.3.25 を用いるかすると,一意的な最大化する分布が,(小数点以下第 3 位までで)$(0.261, 0.261, 0.478)$ であることが明らかになる.これは,例 6.3.1 の直感的推測を裏づけるものである. ◆

$$Z = \begin{pmatrix} 1 & 0.9 & 0.4 \\ 0.9 & 1 & 0.4 \\ 0.4 & 0.4 & 1 \end{pmatrix}$$

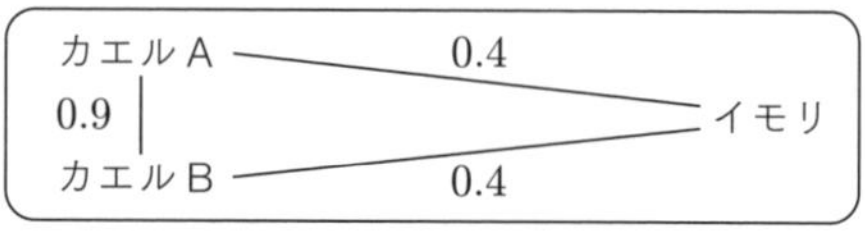

図 6.4 仮想的な 3 種系.種間の距離は,非類似性の度合いを (正確ではない縮尺で) 示している.

ここでの Z についての前提条件の一つは対称性である.これなしには,主定理はあらゆる点において成り立たなくなる.

例 6.3.17 $Z = \begin{pmatrix} 1 & 1/2 \\ 0 & 1 \end{pmatrix}$ とすると,これは類似度行列であるが,対称的ではない.分布 $\mathbf{p} = (p_1, p_2) \in \Delta_2$ を考える.$\mathbf{p}$ が $(1, 0)$ あるいは $(0, 1)$ ならば,すべての q に対して $D_q^Z(\mathbf{p}) = 1$ である.そうでないとき,

$$D_0^Z(\mathbf{p}) = 3 - \frac{2}{1+p_1} \tag{6.13}$$

$$D_2^Z(\mathbf{p}) = \frac{2}{3(p_1 - 1/2)^2 + 5/4} \tag{6.14}$$

$$D_\infty^Z(\mathbf{p}) = \begin{cases} \dfrac{1}{1 - p_1} & (p_1 \leq 1/3 \text{ のとき}) \\[2mm] \dfrac{2}{1 + p_1} & (p_1 \geq 1/3 \text{ のとき}) \end{cases} \tag{6.15}$$

である. このことから, $\sup_{\mathbf{p} \in \Delta_2} D_0^Z(\mathbf{p}) = 2$ となる. しかし, D_0^Z を最大化する分布は
ない. これは, $\mathbf{p} \to (1, 0)$ のとき $D_0^Z(\mathbf{p}) \to 2$ であるが, $D_0^Z(1, 0) = 1$ となるためであ
る. 等式(6.14)と(6.15)は

$$\sup_{\mathbf{p} \in \Delta_2} D_2^Z(\mathbf{p}) = 1.6, \qquad \sup_{\mathbf{p} \in \Delta_2} D_\infty^Z(\mathbf{p}) = 1.5$$

を含意し, 一意的な最大化する分布は, それぞれ $(1/2, 1/2)$ と $(1/3, 2/3)$ である.

だから, Z が対称的でないとき, 主定理は全面的に成り立たない. すなわち, 上限
$\sup_{\mathbf{p} \in \Delta_n} D_0^Z(\mathbf{p})$ は達成されなくてもよい. すべての q に対して同時に $\sup_{\mathbf{p} \in \Delta_n} D_q^Z(\mathbf{p})$
を最大化する分布は存在しなくてもよい. また, その上限は q によって変化してもよい.

◆

意外かもしれないが, 非対称的な類似度行列 Z には実用的な用途がある. たとえば,
Leinster–Cobbold[220, 付録の命題A7]では, Chao–Chiu–Jost[67]の平均的な系統的
多様性の尺度は, 注目している系統樹から構成される特定の Z をとることで得られる,
尺度 $D_q^Z(\mathbf{p})$ の特別な場合であることが示されている. 進化的時間の非対称性を反映し
て, この Z は通常は非対称的である. より一般に, 距離空間に対する対称性公理を落と
した場合は Lawvere[204, pp. 138–139]により考案されており, また Gromov は, 対
称性は「不愉快に多くの応用を制限する」[131, p. xv]と論じた. それゆえ, 非対称的
な Z に対して最大多様度定理が成り立たない事実は, 重大な制約である.

ここで, 多重辺のない有限無向グラフ（以下では, **グラフ**（graph）と略す）を考え
る. 例 6.1.4 のように, このようなグラフはどれもある対称類似度行列と対応する. こ
のとき, グラフの隣接行列の最大多様度は何であろうか?

これに答えるのに必要な用語がある. グラフの頂点 x と y が隣接しているといわ
れ, $x \sim y$ と書かれるのは, それらの間に辺があるときであることを思い出す（とく
に, 反射的グラフのすべての頂点はそれ自身に隣接している）. 頂点の集合が**独立**（in-
dependent）であるとは, どの二つの異なる頂点も隣接していないことをいう. グラフ
G の**独立数**（independence number）$\alpha(G)$ とは, 最大濃度の独立集合における頂点の
個数のことである.

命題 6.3.18 G を, 隣接行列 Z をもつ反射的グラフとする. このとき, 最大多様度
$D_{\max}(Z)$ は独立数 $\alpha(G)$ に等しい.

証明 オーダー ∞ の多様度を最大化する．頂点集合 $\{1,\ldots,n\}$ 上の任意の確率分布 $\mathbf{p}$ に対して，

$$D^Z_\infty(\mathbf{p}) = \frac{1}{\max_{i\in\mathrm{supp}(\mathbf{p})} \sum_{j:\,i\sim j} p_j} \tag{6.16}$$

である．まず，$D_{\max}(Z) \geq \alpha(G)$ であることを示す．濃度 $\alpha(G)$ の独立集合 B を選び，$\mathbf{p} \in \Delta_n$ を

$$p_i = \begin{cases} \dfrac{1}{\alpha(G)} & (i \in B \text{ のとき}) \\[2mm] 0 & (\text{そうでないとき}) \end{cases}$$

により定義する．各 $i \in \mathrm{supp}(\mathbf{p}) = B$ に対して，等式 (6.16) の右辺の和は $1/\alpha(G)$ である．ゆえに $D^Z_\infty(\mathbf{p}) = \alpha(G)$ となり，$D_{\max}(Z) \geq \alpha(G)$ を得る．

次に，$D_{\max}(Z) \leq \alpha(G)$ を示す．等式 (6.16) より，これは，各 $\mathbf{p} \in \Delta_n$ に対してある $i \in \mathrm{supp}(\mathbf{p})$ が存在して

$$\sum_{j:\,i\sim j} p_j \geq \frac{1}{\alpha(G)} \tag{6.17}$$

となるといっても同値である．$\mathbf{p} \in \Delta_n$ とする．$\mathrm{supp}(\mathbf{p})$ のすべての独立部分集合の中で最大濃度の独立集合 $B \subseteq \mathrm{supp}(\mathbf{p})$ を選ぶ．このとき，$\mathrm{supp}(\mathbf{p})$ 内のすべての頂点は B 内の少なくとも一つの頂点と隣接する．そうでなければ，その頂点を B に加えてより大きな独立部分集合を作ることができてしまう．これより不等式

$$\sum_{i\in B}\sum_{j:\,i\sim j} p_j = \sum_{i\in B}\sum_{j\in\mathrm{supp}(\mathbf{p}):\,i\sim j} p_j \geq \sum_{j\in\mathrm{supp}(\mathbf{p})} p_j = 1$$

を得る．それゆえ，ある $i \in B$ を選んで $\sum_{j:\,i\sim j} p_j \geq 1/\#B$ とすることができる．ただし，$\#$ は濃度を表す．しかし，B は独立であるから，$\#B \leq \alpha(G)$ であり，それゆえ所望の不等式 (6.17) が導かれる．　　　　　　　　　　　　　　　　　　　　　　□

> **注意 6.3.19**　この証明の最初の部分は（系 6.3.6 とあわせて），反射的グラフ上の最大化する分布は，ある最大濃度の独立集合上の一様分布をとり，頂点集合全体に零で拡張することにより，構成できることを示している．異なる頂点間に辺がないグラフという自明な場合を除いて，この最大化する分布が完全な台をもつことはない．

例 6.3.20　反射的グラフ $G = \bullet\!-\!\bullet\!-\!\bullet$（ループは示されていない）は隣接行列 $Z = \begin{pmatrix} 1 & 1 & 0 \\ 1 & 1 & 1 \\ 0 & 1 & 1 \end{pmatrix}$ をもつ．G の独立数は 2 で，よってこれが Z の最大多様度である．濃度 2 のただ一つの独立集合，およびただ一つの最大化する分布 $(1/2, 0, 1/2)$ が存在する．　　◆

例 6.3.21　反射的グラフ ●—●—● の独立数も 2 である．三つの最大濃度の独立集合が存在するので，注意 6.3.19 より，すべて異なる台をもつ少なくとも三つの最大化する分布

$$\left(\frac{1}{2}, 0, \frac{1}{2}, 0\right), \qquad \left(\frac{1}{2}, 0, 0, \frac{1}{2}\right), \qquad \left(0, \frac{1}{2}, 0, \frac{1}{2}\right)$$

が存在する（最大化する分布が複数ある可能性は，Pavoine–Bonsall[275]によっても，$q = 2$ の場合で観察されている）．実際には，命題 6.3.18 の証明で構成したもの以外にも最大化する分布が存在する，すなわち，すべての $t \in (0, 1/2)$ に対する $(1/2, 0, t, 1/2-t)$ および $(1/2-t, t, 0, 1/2)$ である．◆

例 6.3.22　Kolmogorov の距離空間の ε エントロピーの概念[193]は，ε の個別の値ではなく，$\varepsilon \to 0$ での振る舞いが関心の対象であると仮定すると，おおよそ最大多様度の例となる．

A を有限距離空間とする．与えられた $\varepsilon > 0$ に対して，ε **被覆数**（ε-covering number）$N_\varepsilon(A)$ とは，A を被覆するのに必要な閉 ε 球の最小個数のことである．しかし，さらに ε に伴って，A の点を頂点とし，$d(a, b) \leq \varepsilon$ である限り a と b の間に辺があるようなグラフ $G_\varepsilon(A)$ がある．$G_\varepsilon(A)$ の隣接行列を $Z_\varepsilon(A)$ と書く．命題 6.3.18 から，

$$N_\varepsilon(A) \leq D_{\max}(Z_\varepsilon(A)) \leq N_{\varepsilon/2}(A)$$

であることを導き出すのは難しくない[221, 例 11]．

エントロピーとよばれる量は，多様度とよばれる量の対数となる傾向があることを繰り返し見てきた．A の Kolmogorov の ε **エントロピー**（ε-entropy）とは $\log N_\varepsilon(A)$ のことであり，また上述の不等式より，これは最大多様度の対数に密接に関係している．◆

命題 6.3.18 の証明の教訓は，オーダー ∞ の多様度を最大化するという単純な課題を行うことで，すべてのほかのオーダーの多様度が自動的に最大化されるということである．以下は，この観察がどのように利用できるのかの例である．

すべてのグラフ G には，G と同じ頂点集合をもつ**補グラフ**（complement）$\overline{G}$ がある．$\overline{G}$ における二つの頂点が隣接するのは，それらが G において隣接しないとき，かつそのときに限る．だから，反射的グラフの補グラフは**非反射的**（irreflexive）（ループをもたない）であり，逆もまた同様である．非反射的グラフ X における頂点の集合 B が**クリーク**（clique）であるとは，B の異なる元の対がどれも X において隣接するときをいう．X の**クリーク数**（clique number）$\omega(X)$ とは，X におけるクリークの最大濃度のことである．だから，$\omega(X) = \alpha(\overline{X})$ である．

ここで，Motzkin–Straus によって最初に証明された結果[256, 定理1]を復元する．

系 6.3.23（Motzkin–Straus） X を非反射的グラフとする．このとき，

$$\sup_{\mathbf{p}} \sum_{(i,j):\, i \sim j} p_i p_j = 1 - \frac{1}{\omega(X)}$$

である．ただし，上限は X の頂点集合上の確率分布 $\mathbf{p}$ にわたり，和は X の隣接する頂点の順序対にわたる．

証明 X の頂点集合を $\{1, \dots, n\}$，反射的グラフ $\overline{X}$ の隣接行列を Z と書く．このとき，すべての $\mathbf{p} \in \Delta_n$ に対して，

$$
\begin{aligned}
\sum_{(i,j):\, i \sim j \text{ in } X} p_i p_j &= \sum_{i,j=1}^{n} p_i p_j - \sum_{(i,j):\, i \sim j \text{ in } \overline{X}} p_i p_j \\
&= 1 - \sum_{i,j=1}^{n} p_i Z_{ij} p_j \\
&= 1 - \frac{1}{D_2^Z(\mathbf{p})}
\end{aligned}
$$

である．ゆえに，命題 6.3.18 より，

$$\sup_{\mathbf{p} \in \Delta_n} \sum_{(i,j):\, i \sim j \text{ in } X} p_i p_j = 1 - \frac{1}{D_{\max}(\mathbf{p})} = 1 - \frac{1}{\alpha(\overline{X})} = 1 - \frac{1}{\omega(X)}$$

である． □

この証明と注意 6.3.19 より，$\sum_{(i,j):\, i \sim j} p_i p_j$ は以下のように最大化することができる．すなわち，X におけるある最大濃度のクリーク上の一様分布をとり，次に全頂点集合へと零により拡張する．この分布は，例 6.1.6(iv)の，無作為に選ばれた二つの頂点が隣接する確率を最大化する．

注意 6.3.24 命題 6.3.18 は，計算量的には，任意の $n \times n$ 対称類似度行列の最大多様度を求めることは，n 頂点の反射的グラフの独立数を求めることと少なくとも同程度に難しいことを含意する．これは，非常によく研究されている問題であり，通常は双対的な形（非反射的グラフのクリーク数を求めよ）で提示され，**最大クリーク問題**（maximum clique problem）とよばれる[181]．これは **NP** 困難である．ゆえに，$\mathbf{P} \neq \mathbf{NP}$ であることを仮定すると，最大多様度を計算する多項式時間アルゴリズムは存在せず，最大化する分布の台を計算する多項式時間アルゴリズムさえも存在しない．

ここで，一般の対称類似度行列に戻り，二つの残された問題，すなわち，最大化する分布がただ一つとなるのはいつか，また最大化する分布が完全な台をもつのはいつか，について議論する．

実対称行列 Z が**正定値** (positive definite) であるのは，すべての $0 \neq \mathbf{x} \in \mathbb{R}^n$ に対して $\mathbf{x}^\mathrm{T} Z \mathbf{x} > 0$ となるときであり，**半正定値** (positive semidefinite) であるのは，すべての $\mathbf{x} \in \mathbb{R}^n$ に対して $\mathbf{x}^\mathrm{T} Z \mathbf{x} \geq 0$ となるときであることを思い出す．言い換えると，Z が正定値であるのはそのすべての固有値が正のときであり，半正定値であるのはそのすべての固有値が非負のときである．正定値行列は可逆であり，したがってただ一つの重みづけをもつ．

> **命題 6.3.25**
> （ⅰ）Z が半正定値であり，非負の重みづけ $\mathbf{w}$ をもつならば，$D_{\max}(Z) = |Z|$ であり，$\mathbf{w}/|Z|$ は最大化する分布である．
> （ⅱ）Z が正定値であり，そのただ一つの重みづけ $\mathbf{w}$ が正であるならば，$\mathbf{w}/|Z|$ はただ一つの最大化する分布である．

証明 これは，[221, 命題 3]にある． □

とくに，Z が半正定値であり，非負の重みづけをもつならば，その最大多様度は自明に計算される．

Z が正定値であり，そのただ一つの重みづけが正のとき，そのただ一つの最大化する分布はどの種も排除しない．以下は，このような行列 Z の二つのクラスである．

例 6.3.26 すべての i, j, k に対して $Z_{ik} \geq \min\{Z_{ij}, Z_{jk}\}$ であり，$j \neq k$ であるすべての i, j, k に対して $Z_{ii} > Z_{jk}$ であるとき，Z を**超距離的** (ultrametric) とよぶ．たとえば，任意の超距離空間の行列 $Z = (e^{-d(i,j)})$ は超距離的である．例 6.1.3 を参照せよ．Z が超距離的ならば，Leinster[216, 命題 2.4.18]より，Z は正定値で正の重みづけをもつ．

（超距離的行列の正定値性は，より以前に Varga–Nabben[343]によっても証明されており，Meckes[250, 定理 3.6]ではさらに異なる証明が与えられている．重みづけが正であることの初期の間接的証明は，Pavoine–Ollier–Pontier[276]にある．）

このような行列は実用上現れる．たとえば，例 6.1.1(ⅲ)および(ⅳ)のように，Z が系統樹か分類体系から定義されていれば，Z は超距離的である． ◆

例 6.3.27 単位行列 $Z = I$ は確かに，正定値で正の重みづけをもつ．位相的な論証により，対称行列の空間における I の近傍 U で，U 内のすべての行列もこれらの性質をもつものが存在する（Leinster[216, 命題 2.2.6 と命題 2.4.6 の証明]を参照せよ）．

この結果の定量版もある．たとえば，すべての i に対して $Z_{ii} = 1$ とし，Z は**狭義対角優位**（strictly diagonally dominant）である，すなわち，すべての i に対して $Z_{ii} > \sum_{j \neq i} Z_{ij}$ とする．このとき，Z は正定値で正の重みづけをもつ（Leinster–Meckes [221, 命題4]）．　◆

まとめると，類似度行列 Z が超距離的であるか，あるいは単純モデルをコード化した行列 I に近ければ，Z は多くの特別な性質をもつ．すなわち，最大多様度はマグニチュードに等しく，ただ一つの最大化する分布が存在し，最大化する分布は完全な台をもち，最大化する分布と最大多様度のどちらも多項式時間で計算できる．

例 6.3.20 と例 6.3.21 で，どんな最大化する分布も完全な台をもたない類似度行列 Z があることを確認した．数学的には，これは単に，最大化する分布が Δ_n の境界上にある場合があることを意味する．しかし生態学的には，衝撃的に聞こえるかもしれない．すなわち，ある種を排除することにより多様度が増加するということはもっともであろうか？

そうであることを主張しよう．たとえば，1 種のオークと 10 種のマツからなる森で，すべての種が均等に存在するものを考える．すべての既存の種と同じ存在量の，11 種目のマツが追加されたとする（図 6.5）．これにより，森は以前に比べてさらに大きくマツが優位になるので，多様度が減少するはずであることは，直感的にもっともである．しかし，ここで時間を逆向きに進めるとして，オークと 11 種すべてのマツの種を含む森から始めると，11 番目の種を排除することは多様度を増加させるはずであるという結論になる．

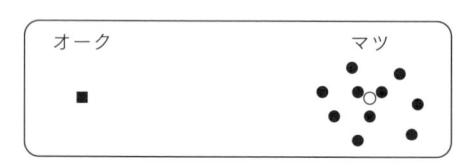

図 6.5　1 種のオーク（■）と 10 種のマツ（●）からなる仮想的群集に，一つのさらなるマツの種（○）が追加されている．種間の距離は非類似性の度合いを（正確ではない縮尺で）示している．

さらに明確にするために，多様度は相対存在量の見地からのみ定義されていることを思い出す．だから，i 番目の種を排除することは，p_i の減少だけでなく，ほかの相対存在量 p_j の増加も引き起こす．i 番目の種が（11 番目のマツの種のように）群集の中でとりわけ普通であるならば，それを排除することは，より普通でない種の相対存在量を増加させ，群集はより多様になる．

多様度を最大化するときにどの種も排除すべきではないという直感は，種間の区別に

高い意義があるという仮定に基づいている（なにしろ，2 種がほとんど同一である——あるいは極端な場合，実際に同一である——ならば，一方を失うことはほとんど重要ではないだろうから）．このように仮定したければ，それはモデルに組み込まなければならない．これは，各 $i \neq j$ に対して低い類似度係数 Z_{ij} をもつ類似度行列 Z を選ぶことによりなされる．だから，（類似度が 0 から 1 のスケールで測られると仮定すると）Z は単位行列 I に近い．例 6.3.27 は，この場合ただ一つの最大化する分布が存在して，これは実際に，どの種も排除しないことを保証する．

最大化する分布でいくつかの種が排除されていてもよいという事実は，Rao の二次エントロピー（$q = 2$）の場合に生態学の文献で以前に議論されている（Izsák–Szeidl [152]，Pavoine–Bonsall[275]およびその参考文献を参照せよ）．同じ現象は，やはり $q = 2$ の場合に，遺伝学において Shimatani[312]により観察され，調べられた．

最後に，対称類似度行列 Z が少なくとも一つの完全な台をもつ最大化する分布をもち，どの種も排除することなく多様度を最大化することができるための必要十分条件を述べる．また，す・べ・て・の最大化する分布が完全な台をもつための必要十分条件も述べる．後者の条件は，真により限定的である．たとえば，$Z = \left(\begin{smallmatrix} 1 & 1 \\ 1 & 1 \end{smallmatrix}\right)$ ならば，どんな分布も最大化するので，完全な台をもつ最大化する分布はあるが，すべての最大化する分布が完全な台をもつとは限らない．

> **命題 6.3.28** 以下は同値である．
> （ⅰ）Z に対して完全な台をもつ最大化する分布が存在する．
> （ⅱ）Z は半正定値であり，少なくとも一つの正の重みづけをもつ．

証明 これは，[221，命題 5]にある． □

> **命題 6.3.29** 以下は同値である．
> （ⅰ）Z に対するすべての最大化する分布は完全な台をもつ．
> （ⅱ）Z はちょうど一つの最大化する分布をもち，これは完全な台をもつ．
> （ⅲ）Z は正定値であり，正の重みづけをもつ．
> （ⅳ）$\{1, \ldots, n\}$ のすべての空でない真部分集合 B に対して $D_{\max}(Z_B) < D_{\max}(Z)$ である．

証明 これは，[221，命題 6]にある． □

以上の最大多様度についての結果の背景を述べる．第一に，これらは最大エントロピーについての膨大な研究に属している．たとえば，決まった平均と分散をもつ $\mathbb{R}$ 上のすべての確率分布の中で，最大エントロピー（maximum entropy）をもつものは正規分布である[232][29]．正規分布の基礎的な性格を考えると，この事実だけでも，熱力

学，機械学習などにおける最大エントロピーの重要性とはまったく別に，（ここでの状況のような）ほかの状況における最大エントロピー分布を求める十分な動機となるであろう．

第二に，最大多様度定理（定理 6.3.2）は，類似度行列を備えた有限集合上の確率分布に対して述べられているが，これは点どうしの類似性を測る適切な関数 $Z: A \times A \to [0, \infty)$ を備えたコンパクト Hausdorff 空間に対して一般化できる．このより一般的な定理は，計算定理（定理 6.3.13）の一つの形とともに，最近 Leinster–Roff[223]により証明された．これは，有限の場合と類似度 $Z(a, b) = e^{-d(a,b)}$ を伴うコンパクト距離空間の場合の両方を含んでいる．

第三に，最大多様度は，マグニチュードとして知られる新興の不変量に密接に関係している．これを次に説明する．

6.4　マグニチュードへの入門

最大多様度問題を解くにあたって，行列のマグニチュードの概念（定義 6.3.10）が補助的な役割を果たした．定理 6.3.13 は，対称類似度行列 Z の最大多様度がつねにその主小行列 Z_B の中の一つのマグニチュードに等しいことを含意し，例 6.3.26 と例 6.3.27 で最大多様度が実際にマグニチュードに等しい行列のクラスが説明されている．

マグニチュードの定義は天下り的に導入され，技術的なものにすぎないように見えるかもしれない．しかし実際には，マグニチュードは以下の非常に広い概念的な課題に対する答えとなるものである．

数学における多くの種類の対象に対して，サイズ（size）のカノニカルな概念がある．例を挙げる．

- すべての（たとえば，有限）集合 A は濃度（cardinality）$|A|$ をもち，これは（あるより大きな集合の部分集合 A と B に対して）包除公式

$$|A \cup B| = |A| + |B| - |A \cap B|$$

  と乗法公式

$$|A \times B| = |A| \cdot |B|$$

  をみたす．

- Euclid 空間のすべての可測部分集合 A は体積 $\mathrm{Vol}(A)$ をもち，同様の公式をみたす．

$$\mathrm{Vol}(A \cup B) = \mathrm{Vol}(A) + \mathrm{Vol}(B) - \mathrm{Vol}(A \cap B)$$

$$\mathrm{Vol}(A \times B) = \mathrm{Vol}(A) \cdot \mathrm{Vol}(B)$$

- すべての十分に望ましい性質をみたす位相空間 A は，Euler 標数（Euler charac-teristic）$\chi(A)$ をもち，やはり同様の公式をみたす.

$$\chi(A \cup B) = \chi(A) + \chi(B) - \chi(A \cap B)$$

$$\chi(A \times B) = \chi(A) \cdot \chi(B)$$

（ここで，包除性は，適切な仮定のもとで，あるより大きな空間の部分空間 A と B に対して成り立つ．技術的には，Hatcher[140, 3.3 節]のように，コンパクト台をもつコホモロジーか，van den Dries[341, 第 4 章]あるいは Ghrist[116, 第 3 章]のように，テイム位相（tame topology）の設定において扱うのが最も好ましい.）Euler 標数が濃度の位相的な類似であるという洞察は，主として Schanuel によるものであり，彼は Euler による負の「濃度」（Euler 標数）をもつ空間の探求を，Cantor による無限濃度をもつ集合の探求と比較した.

> 適切に「有限」な空間を数えることで，きちんと定義された負の整数を得ることができるということを示した Euler の解析は，基数という考え方における画期的な進展であった――これは，影響を及ぼした数学の分野の数から判断するならば，Cantor の無限集合への拡張よりいっそう重要であるかもしれない.

（Schanuel[304, 3 節]）

これらの不変量がよく似ていることは，これらの三つの不変量とほかの不変量を含む，数学的対象のサイズの一般的な概念を見いだす，という一つの課題を示唆する．そして，この課題には解答がある．すなわち，豊穣圏のマグニチュードである.

豊穣圏は非常に一般的な構造であり，豊穣圏のマグニチュードの理論は，そのほとんどは多様度の測定からは非常にかけ離れた，数学の多くの部分に及ぶ．本節と次節では，すべての詳細を省略しておおまかな絵を描く．この題材への一般的な文献は，Leinster–Meckes[222]および Leinster[216]である.

通常の圏から始める．有限圏 $\mathbf{A}$ は，まず第一に，有限有向多重グラフからなる．すなわち，有限個の対象の集まり $a_1, \ldots, a_n$ とあわせて各 i と j に対する有限集合 $\mathrm{Hom}(a_i, a_j)$ があり，$\mathrm{Hom}(a_i, a_j)$ の元は a_i から a_j への射（map）*あるいは矢印（arrow）と考えることができる（図 6.6）．$\mathbf{A}$ はまた，射の結合的な合成演算と，各対象上の恒等射を備えている（たとえば，Mac Lane[236]を参照せよ）.

---

* 訳注：本書では（圏論の文脈においては）'map' を「射」と訳す．なお，単独の 'morphism' という語は，第 10 章冒頭の引用中を除いて，原著では登場しない.

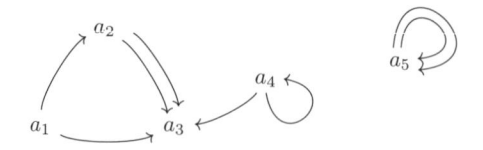

図 6.6 ある有限圏の対象と射（恒等射は示されていない）

　任意の有限圏 $\mathbf{A}$ は，その (i, j) 成分が a_i から a_j への射の個数 $|\mathrm{Hom}(a_i, a_j)|$ であるような，$n \times n$ 行列 $Z_{\mathbf{A}}$ を引き起こす．圏 $\mathbf{A}$ の**マグニチュード**（magnitude）$|\mathbf{A}| \in \mathbb{Q}$ は，行列 $Z_{\mathbf{A}}$ のマグニチュード $|Z_{\mathbf{A}}|$ が存在するとき，$|Z_{\mathbf{A}}|$ と定義される．

　ここで，表記 $|\cdot|$ を二つの用途に用いた．すなわち，まず有限集合の濃度に対して，次に圏のマグニチュードに対してである．これは意図的である．どちらの場合でも，$|\cdot|$ は注目している構造のサイズの尺度である．

　たとえば，$\mathbf{A}$ が恒等射以外の射をもたなければ，$Z_{\mathbf{A}}$ は $n \times n$ 単位行列であるから，マグニチュード $|\mathbf{A}|$ は，対象の集合の濃度 n となる．それほど自明ではない例に，任意の（小）圏* $\mathbf{A}$ の分類空間（classifying space）$B\mathbf{A}$（脈体（nerve）あるいは幾何学的実現（geometric realization）ともよばれる）がある．これは，まず $\mathbf{A}$ の各対象に対して一つの 0 単体を用意し，次に $\mathbf{A}$ における各射に対して一つの 1 単体を，$\mathbf{A}$ における各可換な三角形に対して一つの 2 単体を，などと貼りつけていくことにより $\mathbf{A}$ から構成される位相空間である（Segal[308]）．$B\mathbf{A}$ の Euler 標数がきちんと定義されることを保証する有限性条件のもとで，

$$|\mathbf{A}| = \chi(B\mathbf{A}) \tag{6.18}$$

であるという定理がある（Leinster[210, 命題 2.11]）．それゆえ，状況は群のホモロジー（homology）と類似している．すなわち，群 G のホモロジーは，（$|\mathbf{A}|$ のような）直接的な代数的定式を通じてか，あるいは（$\chi(B\mathbf{A})$ のように）その分類空間のホモロジーとして定義することができ，その二つが等しいという定理がある．

例 6.4.1　$\mathbf{A} = (\bullet \rightrightarrows \bullet)$ とする（恒等射は示されていない）．このとき，

$$Z_{\mathbf{A}} = \begin{pmatrix} 1 & 2 \\ 0 & 1 \end{pmatrix}$$

であり，

$$Z_{\mathbf{A}}^{-1} = \begin{pmatrix} 1 & -2 \\ 0 & 1 \end{pmatrix}$$

---

*　訳注：小圏（small category）は，射の全体が集合をなす圏のことである．

が得られるので,

$$|\mathbf{A}| = |Z_{\mathbf{A}}| = 1 + (-2) + 0 + 1 = 0$$

である. 一方, $B\mathbf{A} = S^1$ であるから, $\chi(B\mathbf{A}) = 0$ であり, 等式(6.18)が確認できる.

◆

等式(6.18)は, 一定の仮定のもとで, 圏に対するマグニチュードを位相空間に対する Euler 標数からどのように導き出すことができるかを示している. 逆向きには, 圏論的なマグニチュードから位相的な Euler 標数を導き出すことができる. M を有限三角形分割された多様体とする. このとき, 三角形分割に伴って, その対象が三角形分割の単体 $s_1, \ldots, s_n$ であり, $s_i \subseteq s_j$ である限り一つの射 $s_i \to s_j$ があり, そうでないときは射 $s_i \to s_j$ はないような圏 $\mathbf{A}_M$ が存在する. このとき,

$$\chi(M) = |\mathbf{A}_M|$$

である (Stanley[320, 3.8 節]および Leinster[210, 2 節]).

この二つの結果の教訓は, 位相的な Euler 標数と圏論的なマグニチュードは,（適切な仮定のもとで）それぞれ他方を決定するということである. 実際, 圏のマグニチュードは Euler 標数とよばれることが多い. たとえば, Leinster[210], Berger–Leinster[36], Fiore–Lück–Sauer[105][106], Noguchi[264][265][266]および Tanaka[323]を参照せよ.

圏のマグニチュードをオービフォールド (orbifold) の Euler 標数[210, 命題 2.12]や亜群 (groupoid) の Baez–Dolan 濃度（[210, 例 2.7]および Baez–Dolan[23, 3 節]）とつなげるさらに進んだ定理がある. これらは両方とも通常は整数ではなく, 有理数である. マグニチュードの概念はまた,（Rota[301]の名前に最もよく関連づけられる）半順序集合に対する Möbius 反転 (Möbius–Rota inversion) の拡張と見ることもでき, これはそれ自身, 数論の古典的な Möbius 関数の一般化である. その説明については[210][215]を参照せよ.

圏のマグニチュードの定義は, a_i から a_j への射の集合の濃度 $|\mathrm{Hom}(a_i, a_j)|$ を含んでいた. だから, 有限圏のマグニチュードを定義するのに有限集合の濃度の概念を用いたことになる. $\mathrm{Hom}(a_i, a_j)$ がサイズの概念をあらかじめ伴うほかの種類の構造であるならば, 同様に定義できるであろうと想像できる. そして実際に, このアイデアは, 以下のように豊穣圏の言葉で実装することができる.

モノイダル圏（monoidal category）とは, 大雑把にいえば, もっともな条件をみたす積演算を備えた圏 $\mathscr{V}$ のことである. Mac Lane[236, VII.1 節]が完全な定義を与えているが, ここで必要とされることは以下の例ですべてである.

例 6.4.2 モノイダル圏の典型的な例は，デカルト積 × を伴う集合の圏 **Set** と，テンソル積 ⊗ を伴うベクトル空間の圏 **Vect** である．

それほど自明でない例として，対象が区間 $[0, \infty]$ の元であり，$x \geq y$ である限り一つの射 $x \to y$ があり，そうでないときは射 $x \to y$ はないような圏がある．ここでは，＋が「積」演算として扱われる（通常の乗法を積とすることもできようが，ここで関心があるのは＋である）． ◆

ここで，モノイダル圏 $\mathscr{V}$ を固定し，積を ⊗ で表す．大雑把には，**$\mathscr{V}$ において豊穣化された圏**（category enriched in $\mathscr{V}$），あるいは **$\mathscr{V}$ 圏**（$\mathscr{V}$-category）**A** とは，

- **A の対象** $a, b, \ldots$ の集合
- 各 **A** の対象の対 (a, b) に対して，$\mathscr{V}$ の対象 $\mathrm{Hom}(a, b)$
- 各 **A** の対象の三つ組 (a, b, c) に対して，（**A** における**合成**とよばれる）$\mathscr{V}$ における射

$$\mathrm{Hom}(a, b) \otimes \mathrm{Hom}(b, c) \to \mathrm{Hom}(a, c) \tag{6.19}$$

からなり，一定の条件をみたすものである（完全な定義については，Kelly[184, 1.2 節]あるいは Borceux[44, 6.2 節]を参照せよ）．

例 6.4.3 以下の豊穣圏の例は，図 6.7 に描かれているものである．

（ⅰ）(**Set**, ×) において豊穣化された圏は，単に通常の圏である．それゆえ，豊穣圏は特別な性質をもつ圏ではない．圏よりも一般的なものである．

（ⅱ）(**Vect**, ⊗) において豊穣化された圏は，**線形圏**（linear category）である．すなわち，それぞれの集合 $\mathrm{Hom}(a, b)$ 上に，合成が双線形となるようなベクトル空間構造を備えた圏である．

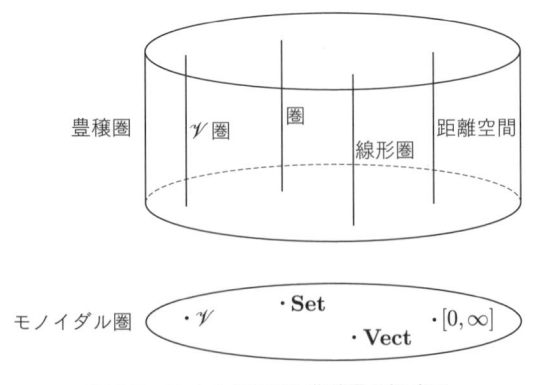

図 6.7 モノイダル圏と豊穣圏の概略図

（iii）Lawvere[204]により最初に観察されたように，任意の距離空間 A は $([0, \infty], +)$ において豊穣化された圏 **A** と見ることができる．すなわち，**A** の対象は A の点であるが，$\mathrm{Hom}(a, b) \in [0, \infty]$ は距離 $d(a, b)$ であり，合成(6.19)は三角不等式

$$d(a, b) + d(b, c) \geq d(a, c)$$

である． ◆

だから，圏，線形圏および距離空間はすべて，豊穣圏という単一の一般的な概念の例である．これにより構成や洞察をその間で行き来させることができるが，この手順は大きな力をもつことが証明されている．

とくに，有限圏のマグニチュードの定義を有限豊穣圏へと一般化するのは簡単である．$\mathscr{V}$ を，$\mathscr{V}$ の各対象 X に対してある環の元 $|X|$ を割り当てる関数 $|\cdot|$ を備えたモノイダル圏とする．この関数 $|\cdot|$ が有限集合の濃度の役割を果たすようにするため，同型不変および乗法的であるという条件を課す（Leinster[216, 1.3 節]に詳細がある）．

$$X \cong Y \implies |X| = |Y|, \qquad |X \otimes Y| = |X| \cdot |Y|$$

このとき，有限個の対象 $a_1, \ldots, a_n$ をもつ任意の $\mathscr{V}$ 圏 **A** は，行列

$$Z_{\mathbf{A}} = (|\mathrm{Hom}(a_i, a_j)|)_{i,j}$$

を引き起こす．**A** の**マグニチュード**（magnitude）$|\mathbf{A}|$ は，$Z_{\mathbf{A}}$ のマグニチュードが存在するとき，$Z_{\mathbf{A}}$ のマグニチュードと定義される．

例 6.4.4 デカルト積を備えた有限集合のモノイダル圏 $\mathscr{V}$ と，有限集合上の濃度関数 $|\cdot|$ から始めると，有限圏のマグニチュードの概念が復元される． ◆

例 6.4.5 $\mathscr{V}$ を，ある体上の，テンソル積を伴う有限次元ベクトル空間の圏とし，有限次元ベクトル空間 X に対して $|X| = \dim X$ とおく．このとき，有限個の対象と有限次元の射空間 $\mathrm{Hom}(a, b)$ をもつ線形圏 **A** のマグニチュード $|\mathbf{A}|$ の概念を得る．定義より，$|\mathbf{A}|$ は行列

$$(\dim \mathrm{Hom}(a, b))_{a,b \in \mathbf{A}}$$

のマグニチュードである．たとえば，E を代数閉体上の結合的代数（associative algebra）とする．代数の表現論において，E に付随する重要な線形圏に，直既約射影 E 加群（indecomposable projective E-module）の圏 $\mathbf{IP}(E)$ がある．E についての有限性の仮定のもとで，$\mathbf{IP}(E)$ はマグニチュード

$$|\mathbf{IP}(E)| = \sum_{n=0}^{\infty} (-1)^n \dim \mathrm{Ext}_E^n(S, S) \tag{6.20}$$

をもつという定理がある（Chuang–King–Leinster[69, 定理1.1]）．ただし，S は単純 E 加群の直和*である．行列 $Z_{\mathbf{IP}(E)}$ は，E の **Cartan 行列**（Cartan matrix）として よりよく知られている．等式(6.20)の右辺は，対 (S, S) の **Euler 形式**（Euler form） $\chi(S, S)$ とよばれ，ここにも Euler 標数の概念が現れている． ◆

豊穣圏のマグニチュードのこれまでの例は，ほかのより古い不変量に密接に関係して いた．しかし，その定義を距離空間に適用すると，新しいものが得られる．

$\mathscr{V}$ を，積 $+$ をもつモノイダル圏 $[0, \infty]$ とする．$x \in [0, \infty]$ に対して，

$$|x| = e^{-x} \in \mathbb{R}$$

と定義する．（$|\cdot|$ は「乗法的」であることが要請されている，すなわち，$\mathscr{V}$ 上のテンソ ル積を乗法へと変換しなければいけないことを思い出す．この場合，これは $|x + y| = |x| \cdot |y|$ を意味し，系 1.1.11(i)より，本質的にある定数 c に対して $|x| = c^x$ とならなけ ればならない．）このとき，有限 $\mathscr{V}$ 圏，とくに，有限距離空間のマグニチュードの概念 を得る．

明示的な言葉では，以下のように定義される．$A = \{a_1, \ldots, a_n\}$ を有限距離空間とす る．$n \times n$ 行列

$$Z_A = \left(e^{-d(a_i, a_j)}\right)$$

を作る．（可能ならば）Z_A の逆行列をとる．このとき，A の**マグニチュード**（magni- tude）$|A|$ は，Z_A^{-1} の n^2 個のすべての成分の和である．

ここで，行列のマグニチュードの，その逆行列の見地からの注意 6.3.11(ii)を用いた． Z_A は実数の正方行列であるから，通常は可逆であり，A が Euclid 空間の部分空間のと きは，実際つ・ね・に・可逆である（Leinster[216, 定理 2.5.3]あるいは Meckes[250, 4 節]）．

例 6.4.6

（i）点のない空間のマグニチュードは 0 であり，一点空間のマグニチュードは 1 で ある．

（ii）距離 ℓ だけ離れた 2 点からなる距離空間 A を考える．

$$\bullet \xleftrightarrow{\ell} \bullet$$

このとき，図 6.8 に示すように，

$$|A| = \begin{pmatrix} e^{-0} & e^{-\ell} \\ e^{-\ell} & e^{-0} \end{pmatrix}^{-1} \text{ の成分の和} = \frac{2}{1 + e^{-\ell}}$$

である．

---

* 訳注：単純 E 加群の同型類のそれぞれから代表元を一つ選んで，それらの直和をとる．

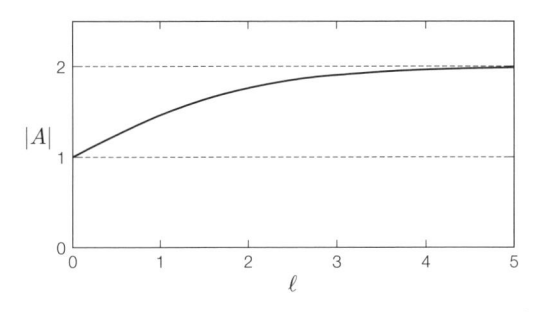

図 6.8 点が距離 ℓ だけ離れている，2 点空間 A のマグニチュード（例 6.4.6(ii)）

この例は，以下のように理解できる．ℓ が小さいとき，2 点はほとんど区別できず，一つの点だけに見えよう（たとえば，分解能が悪いとき）．ℓ が増加するにつれて，2 点はだんだん区別できるようになり，マグニチュードは 2 へ向かって増加する．極限の $\ell = \infty$ の場合，2 点は完全に分離されて，マグニチュードはちょうど 2 になる．この例やほかの例から，有限距離空間のマグニチュードは「点の有効数」，あるいはより詳しくは，完全に分離された点の有効数であると考えると有用であることが示唆される．

(iii) A を，すべての零でない距離が ∞ であるような有限距離空間とする．このとき，$Z_A = I$ であり，$|A|$ は単に A の濃度である．これは，点の有効数としてのマグニチュードの解釈とも合致する．

(iv) この例は，Willerton[357, 図 1]に基づくものである．A を，図 6.9 におけるような，点が細長い三角形状に配置された 3 点空間とする．ℓ が小さいとき，この空間は 1 点だけに見え，マグニチュードは 1 に近い．ℓ が中くらいのとき，空間は 2 点をもつように見え，マグニチュードはおよそ 2 である．ℓ が大きいとき，3 点すべての区別は明確であり，マグニチュードは 3 に近い．

このような経験的データは，マグニチュードとパーシステントホモロジー（persistent homology）の間のつながりを示唆する．実際，Otter[269]の結果は，こ

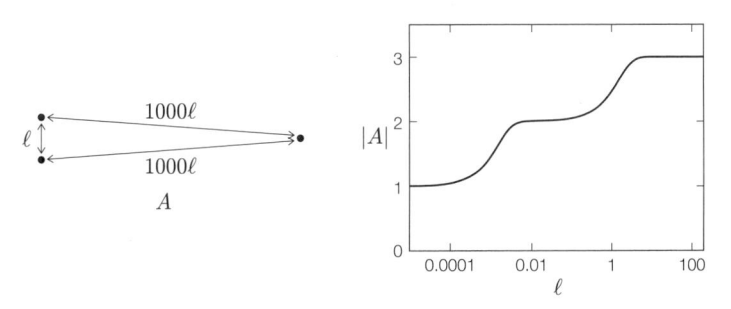

図 6.9 ある 3 点距離空間 A のマグニチュード（例 6.4.6(iv)）．対数スケールに注意せよ．

のようなつながりを確立し始めている．本節の末尾で，この話題を再び論じる．

◆

すべての距離空間 A は空間の一パラメータ族 $(tA)_{t>0}$ に属する．ただし，tA は因子 t だけスケールを大きくした A を表す．それゆえ，マグニチュードは，各有限距離空間 A に単に数 $|A|$ だけを割り当てるのではなく，（部分的に定義された）関数，すなわち，A の**マグニチュード関数**（magnitude function）

$$
\begin{aligned}
(0, \infty) &\to \mathbb{R} \\
t &\mapsto |tA|
\end{aligned}
$$

を割り当てる．たとえば，図 6.8 と図 6.9 は，ある 2 点空間とある 3 点空間のマグニチュード関数を示している．

例 **6.4.7** マグニチュード関数は，激しく振る舞うことがある．完全二部グラフ $K_{2,3}$（図 6.10）を考え，以下のように距離空間とみなす．すなわち，空間の点はグラフの頂点とし，2 頂点間の距離はそれらの間の最短経路における辺の個数とする．

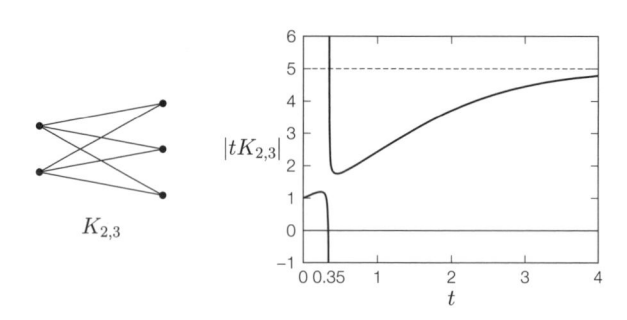

図 **6.10** 完全二部グラフ $K_{2,3}$ とそのマグニチュード関数（例 6.4.7）．$\log \sqrt{2} \approx 0.35$ に特異性がある．

$K_{2,3}$ のマグニチュード関数は，いくつかの著しい特徴をもつ．すなわち，負になることがあったり，点の個数よりも大きくなったり，未定義であったり，スケール因子 t について減少したりする．Leinster[216, 例 2.2.7]に詳細がある．

◆

しかし，有限距離空間のマグニチュード関数は，決して悪すぎる振る舞いをすることはない．マグニチュード関数は，有限個の特異点しかもたないこと（Euclid 空間の部分空間に対しては特異点は存在しない），$t \gg 0$ に対して増加すること，$|tA|$ は $t \to \infty$ で A の濃度に収束することがわかっている（Leinster[216, 命題 2.2.6]）．とくに，この最後の言明は，空間のマグニチュード関数はその空間の濃度を知っていることを含意する．

例 6.4.7 では，グラフから始めて，その点が頂点であり，距離が最短経路の長さであるような距離空間を構成し，その空間のマグニチュードを考えた．これは一般的な関心を引く構成であり，Leinster[217]で調べられた．この文脈においては，マグニチュードの定義における実数 e^{-1} は，形式的な変数 x で置き換えられる．このとき，グラフのマグニチュードは，有理関数か，あるいは x についての整数係数のべき級数として表示することができる[217, 2 節]．たとえば，グラフ

はすべてマグニチュード

$$\frac{5 + 5x - 4x^2}{(1+x)(1+2x)} = 5 - 10x + 16x^2 - 28x^3 + 52x^4 - 100x^5 + \cdots$$

をもつ[217, 例 4.11]．グラフのマグニチュードは，あらゆるグラフ不変量の中で最も重要なものの一つである Tutte 多項式と，同じ不変性をいくつかもっている．たとえば，Whitney ツイスト（Whitney twist）のもとで，同一視される点が隣接しているときにはマグニチュードは不変である．しかし，グラフのマグニチュードは Tutte 多項式の特別な場合ではない．すなわち，Tutte 多項式がもたない情報をもつ．

　グラフのマグニチュードは，乗法性と包除原理をみたす．

$$|G \times H| = |G| \cdot |H|$$
$$|G \cup H| = |G| + |H| - |G \cap H|$$

（ただし，後者はきわめて厳しい仮定のもとで成り立つ．）これらは，Leinster[217, 補題 3.6 と定理 4.9]で示されている．そうであるから，グラフのマグニチュードが濃度のグラフ理論的な類似であるというのはもっともな主張である．

　この主張に対する追加の証拠として，Hepworth–Willerton[144]は，その Euler 標数がマグニチュードになる，グラフの次数つきホモロジー理論を構築した．より詳しくは，彼らのホモロジー理論は次数つきであるので，グラフの Euler 標数は単一の数ではなく数列であり，これをべき級数と解釈するとちょうどそのグラフのマグニチュードになる．だから，彼らのホモロジー理論は，結び目と絡み目の Khovanov ホモロジー[189]が Jones 多項式の圏論化であるのと同じ意味で，マグニチュードの圏論化である．これは，同じマグニチュードをもつが異なるホモロジー群をもつグラフが存在するという点で，マグニチュードよりも精密な不変量である（Gu[133, 付録 A]．Summers[321]も参照せよ）．

　グラフに対するマグニチュードの定義だけでなく，グラフについての定理にも圏論化できるものがある．たとえば，Hepworth–Willerton は，マグニチュードに対する乗法

性定理と包除定理はホモロジーにおける Künneth の定理と Mayer–Vietoris の定理へと持ち上がることを証明した．この意味で，グラフのマグニチュードの既知の性質はホモロジーにおける函手的な結果の影である．

Hepworth–Willerton のアイデアは，豊穣圏という完全に一般的な文脈においてさえ有効である．すなわち，豊穣圏のマグニチュード（数値的不変量）は，豊穣圏に対する次数つきホモロジー理論（代数的不変量）へと圏論化できる．グラフの場合と同様に，「圏論化」は，ホモロジー理論の Euler 標数がちょうどマグニチュードとなることを意味する．この豊穣圏に対する**マグニチュードホモロジー**（magnitude homology）は，Shulman[224]により率いられた研究で定義され，発展させられた．これは，Hochschild ホモロジーの一種である．

距離空間は特別な種類の豊穣圏であるので，この構成から距離空間に対する新しいホモロジー理論が得られる．これは，位相的であるというよりも，真に距離的である．たとえば，$\mathbb{R}^n$ の閉部分集合 X の一次のマグニチュードホモロジーが自明であるのは，X が凸であるとき，かつそのときに限る[224, 4 節]．実際，$\mathbb{R}^n$ の凸部分集合のすべてのマグニチュードホモロジー群は自明であり，これは，可縮空間のホモロジーが自明であるという位相空間での事実の距離空間での類似である．これは，Kaneta–Yoshinaga [176, 系 5.3]および Jubin[174, 定理 7.2]により独立に証明された．Gomi[119]は，以下の標語を述べている．

> 測地線が一意的であればあるほど，マグニチュードホモロジーはより自明である．

距離空間のマグニチュードホモロジーを計算する方法は近年発展しており，具体的なホモロジー群の計算に応用されている．Gomi[120, 4 節]は，スペクトル系列の技法を開発し，それを用いて円周のマグニチュードホモロジー群についての結果を証明した．Kaneta–Yoshinaga[176]は，通常の位相的ホモロジーが穴の存在を検出するのに対し，マグニチュードホモロジーは，彼らの定理 5.7 での正確な意味において穴の直径を検出することを示した．Asao[19, 定理 5.3]は，空間が閉測地線を含むならば，その二次のマグニチュードホモロジー群は非自明であることを証明し，Gomi[119]は，距離空間の二次と三次のマグニチュードホモロジー群についての一般的な結果を証明した．

マグニチュードホモロジーは，距離空間に対する最初のホモロジー理論ではない．すなわち，位相的データ解析の分野の基礎であるパーシステントホモロジーもある（パーシステントホモロジーの説明については，Ghrist[115]あるいは Carlsson[59]を参照せよ）．Otter[269]は，二つのホモロジー理論を関係づける結果を証明し，この目的のために「ぼやけた（blurred）マグニチュードホモロジー」の概念を導入した（Govc–Hepworth[125]および Cho[68]も参照せよ）．

最後に，Hepworth[143]は，豊穣圏に対するマグニチュードコホモロジーの理論を導入した．これは，形式的には通常のカップ積に類似する積をもつが，この積は非可換である．有限距離空間に対しては，マグニチュードコホモロジーは完全不変量である．すなわち，そのような空間のコホモロジー環は，等長同型を除いて一意的に空間を決定する．

6.5　幾何学と解析学におけるマグニチュード

幾何学的な関心の的となる距離空間のほとんどは有限ではない．一般の豊穣圏的なマグニチュードの概念は，無限距離空間のマグニチュードの定義を与えることはない．一方，有限距離空間からコンパクト距離空間へとマグニチュードの定義を拡張するためのもっともらしい手順はいくつかある．Meckes[250][251]は，空間が一定の古典的条件をみたす限り，それらはすべて同じ結果を与えることを示した．

その条件とは，空間が**負タイプ**（negative type）でなければならないというものである．ここではもとの定義は必要ではないが，Meckes は Schoenberg[307]の古い結果を改良して，A が負タイプであるのは，すべての有限な $B \subseteq A$ と実数 $t > 0$ に対して行列 Z_{tB} が正定値であるとき，かつそのときに限ることを示した[250, 定理 3.3]．Euclid 距離あるいは ℓ^1（タクシー）距離をもつ $\mathbb{R}^n$ のすべての部分空間，すべての超距離空間，実および複素双曲空間，および測地距離をもつ球面を含んだ，非常に多くの空間が負タイプである．[250, 定理 3.6]に負タイプの空間のリストがある．

拡張されたマグニチュードの定義を最も直接的に述べると，以下のようになる．

定義 6.5.1　A を負タイプのコンパクト距離空間とする．A の**マグニチュード**（magnitude）とは，

$$|A| = \sup\{|B| : \text{有限部分集合 } B \subseteq A\} \in [0, \infty]$$

のことである．

言い換えると，A の有限部分空間 B_n の列 $B_1 \subseteq B_2 \subseteq \cdots \subseteq A$ で，$\bigcup B_n$ が A において稠密であるものを選ぶことができ，このとき $|A| = \lim_{n \to \infty}|B_n|$ とおく．さらに言い換えると，A のマグニチュードを変分公式

$$|A| = \sup_{\mu} \frac{\mu(A)^2}{\int_A \int_A e^{-d(a,b)} \, d\mu(a) \, d\mu(b)} \tag{6.21}$$

により定義することができる．ただし，上限は A 上の有限符号つき Borel 測度 μ で，分母が非零となるものにわたる．

この最後の特徴づけは，さらに別の定式化に関係している．A 上の**重み測度**（weight measure）とは，有限符号つき Borel 測度 μ で，すべての $a \in A$ に対して

$$\int_A e^{-d(a,b)} \, d\mu(b) = 1$$

となるものである．この定義は Willerton[355, 1.1 節]により導入されたもので，重みづけ（定義 6.3.8）の概念の連続類似である．μ が A 上の重み測度であるならば，Meckes[250, 定理 2.3]あるいは Leinster–Meckes[222, 命題 5.3.6]より，$|A| = \mu(A)$ となる．しかし，すべての負タイプのコンパクト距離空間が重み測度をもつわけではない．ほとんどの重みづけは，Meckes[251]で定義された，より一般的な種類の分布である．

これらやほかのマグニチュードの定義の同値性は，調和解析や関数解析の技法を用いて，Meckes[250][251]により確立された．

ここで，コンパクト空間 A とそのマグニチュード関数 $t \mapsto |tA|$ の例をいくつか与える．

例 6.5.2 長さ ℓ の線分 $[0, \ell]$ のマグニチュード関数は

$$|t \cdot [0, \ell]| = 1 + \frac{1}{2}\ell \cdot t$$

により与えられる．Leinster–Willerton[225, 定理 7]，Willerton[355, 定理 2]および Leinster[216, 命題 3.2.1]のように，いくつかの証明が知られている．最も容易な証明は，重み測度を用いるものである．δ_0 と δ_ℓ は 0 と ℓ での点測度を，$\lambda_{[0,\ell]}$ は $[0, \ell]$ 上の Lebesgue 測度を表すとし，

$$\mu = \frac{1}{2}(\delta_0 + \lambda_{[0,\ell]} + \delta_\ell)$$

とおく．μ が $[0, \ell]$ 上の重み測度となることは容易に確かめられる．ゆえに，

$$|[0, \ell]| = 1 + \frac{1}{2}\ell$$

であり，それゆえ $[0, \ell]$ のマグニチュード関数は

$$|t \cdot [0, \ell]| = 1 + \frac{1}{2}\ell \cdot t$$

で与えられる． ◆

例 6.5.3 マグニチュードは，距離空間の ℓ^1 積，すなわち，その二つの因子の距離の和をとることで与えられる距離をもつ積空間に関して，乗法的である（Leinster[216, 命題 3.1.4]）．これは以下の帰結をもつ．$\mathbb{R}^n$ に ℓ^1 距離

$$d(\mathbf{x}, \mathbf{y}) = \sum_{i=1}^{n} |x_i - y_i| \qquad (\mathbf{x}, \mathbf{y} \in \mathbb{R}^n)$$

を備えさせる．このとき直前の例より，矩形

$$A = [0, \ell] \times [0, m] \subseteq \mathbb{R}^2$$

のマグニチュード関数は

$$|tA| = \left(1 + \frac{1}{2}\ell \cdot t\right)\left(1 + \frac{1}{2}m \cdot t\right)$$
$$= 1 + \frac{1}{2}(\ell + m) \cdot t + \frac{1}{4}\ell m \cdot t^2$$

により与えられる．定数因子を除いて，t^2 の係数は A の面積，t の係数は A の周長，また定数項は A の Euler 標数である．類似の言明が高次元の矩形に対して成り立つ（Leinster[216, 系 3.4.3]）．

矩形に対しては，また一般に空でない凸集合に対しては，Euler 標数はつねに 1 である．そうであるから，定数項を「Euler 標数」とよぶのは仰々しく見えるかもしれない．この言葉遣いは，すぐ後で正当化される．◆

マグニチュードの幾何学的な内容の説明を始めるために，内在的体積（Klain–Rota[190]あるいは Schneider[306, 4.1 節]）の概念を思い出す必要がある．これは，異なる正規化を行うと投影体積積分（quermassintegral）＊あるいは Minkowski 汎関数としても知られているものである．

$\mathbb{R}^n$ のコンパクト凸部分集合（ここでの議論では単に凸（convex）集合とよばれる）のサイズを測るすべてのもっともな方法を考える．平面 $\mathbb{R}^2$ においては，集合を測る方法は少なくとも 3 通りある，すなわち，面積，周長および Euler 標数である．これらは，それぞれ 2 次元，1 次元および 0 次元の測度である．$\mathbb{R}^n$ の凸部分集合を測る $n+1$ 通りのカノニカルな方法があるという一般的な事実があり，これらは関数

$$V_0, \ldots, V_n : \{\mathbb{R}^n \text{ の凸部分集合}\} \to \mathbb{R}$$

＊ 訳注：ドイツ語に由来する用語．ここでの訳語には，『岩波数学辞典 第 4 版』（日本数学会 編，岩波書店，2007）の項目「積分幾何学」中で用いられている該当する語を当てた．

を定義する．ここで，$V_i(tA) = t^i V_i(A)$ となるという意味で V_i は i 次元的であり，$V_i(A)$ は A の i 次**内在的体積**（intrinsic volume）とよばれる．

凸集合 $A \subseteq \mathbb{R}^n$ の i 次内在的体積は，以下のように定義される．$\mathbb{R}^n$ の i 次元線形部分空間 L を無作為に選び，L 上への A の正射影 $\pi_L(A)$ をとり，次にその i 次元体積 $\mathrm{Vol}(\pi_L(A))$ をとる．定数因子を除いて，$V_i(A)$ は $\mathrm{Vol}(\pi_L(A))$ の期待値である．

例 6.5.4 A を $\mathbb{R}^3$ の凸部分集合とする．このとき，$V_0(A)$ は，A が空のとき 0 であり，そうでないとき 1 である（どちらの場合も，$V_0(A)$ は A の Euler 標数である）．一次内在的体積 $V_1(A)$ は，無作為な直線上への A の射影の長さの期待値に比例し，A の**平均幅**（mean width）とよばれる．二次内在的体積 $V_2(A)$ は，無作為な平面上への A の射影の面積の期待値に比例し，これが A の表面積（surface area）に比例するというのが Cauchy の定理である（Klain–Rota[190, 定理 5.5.2]）．最後に，$V_3(A)$ はちょうど A の体積である． ◆

凸集合上の内在的体積 V_i は，等長不変，Hausdorff 距離に関して連続および**付値**（valuation）である．すなわち，$V_i(\varnothing) = 0$ であり，A，B および $A \cup B$ が凸である限り

$$V_i(A \cup B) = V_i(A) + V_i(B) - V_i(A \cap B)$$

である．したがって，任意の内在的体積の線形結合で同じことがいえる．Hadwiger[134]の有名な定理は，凸集合上の等長不変な連続付値は，このような線形結合のみであることを述べている．

内在的体積は，より一般のクラスの空間および異なる幾何学に適合させることができる．たとえば，$\mathbb{R}^n$ の十分に滑らかな部分集合の体積あるいは表面積について議論することができるが，その文脈では，内在的体積は曲率測度に密接に関係している（この関係の簡潔な概観については Alesker–Fu[8, 2.1.1 節]を，曲率測度の完全な説明については Morvan[255]あるいは Gray[127]を，いくつかのより最近の発展の概説については Alesker[6]を参照せよ）．内在的体積は，（Klain–Rota[190]のように）任意の凸集合の有限和上でも定義することができる．この一般性の水準では，V_0 はもはや自明ではない．それは Euler 標数である．これにより，凸集合の場合においてさえも，「Euler 標数」が V_0 に対する適切な名称であることが正当化される．

次の例では，ℓ^1 距離をもつ $\mathbb{R}^n$ に適合された内在的体積の概念を用いる．

例 6.5.5 例 6.5.3 を一般化して，$A \subseteq \mathbb{R}^n$ を**凸体**（convex body），すなわち空でない内部をもつ凸集合とする．A に ℓ^1 距離を与える．このとき，A のマグニチュード関数は，多項式

$$|tA| = \sum_{i=0}^{n} \frac{1}{2^i} V_i'(A) \cdot t^i$$

である（Leinster–Meckes[222, 定理 5.4.6(2)]）．ここで，$V_i'(A)$ は，A の i 次内在的体積の ℓ^1 類似であり，[222]および Leinster[213, 5 節]で議論されている．明示的には，これは $\mathbb{R}^n$ の i 次元座標部分空間上への A の射影の i 次元体積の和である．2^i は，$\mathbb{R}^i$ 上の 1 ノルムにおける単位球の体積が $2^i/i!$ であるということに由来する．

それゆえ，ℓ^1 距離を備えた $\mathbb{R}^n$ における凸体に対しては，マグニチュード関数はその次数が次元であり，i 番目の係数が i 次元の幾何学的測度である多項式となる． ◆

$\mathbb{R}^n$ 上の ℓ^1 距離ではなく Euclid 距離に対しては，マグニチュードについての結果を得るのはより難しい．2015 年まで，マグニチュードが知られている $\mathbb{R}^n$ の凸部分集合は線分のみであった．しかし，重要な進展が Barceló–Carbery[28]によりなされた．彼らは，偏微分方程式の技法を用いて以下を証明した．

定理 6.5.6（Barceló–Carbery） $n \geq 1$ を奇数とする．

（i）n 次元 Euclid 単位球 B^n のマグニチュード関数 $t \mapsto |tB^n|$ は，$\mathbb{Z}$ 上の，半径 t についての有理関数である．

（ii）B^1，B^3 および B^5 のマグニチュード関数は，

$$|tB^1| = 1 + t$$
$$|tB^3| = \frac{1}{3!}(6 + 12t + 6t^2 + t^3)$$
$$|tB^5| = \frac{1}{5!} \frac{360 + 1080t + 525t^2 + 135t^4 + 18t^5 + t^6}{3 + t}$$

により与えられる．

証明 (i)は[28, 定理 4]にある．(ii)については，$|tB^3|$ と $|tB^5|$ に対する公式は[28, 定理 2 と定理 3]にあり，$|tB^1|$ に対する公式は例 6.5.2 である（これは Barceló–Carbery によるものではないが，完全を期すために定理の言明に含めた）． □

例 6.5.5 より，$\mathbb{R}^n$ 上の ℓ^1 距離では球のマグニチュードはその半径についての多項式になる．Euclid 距離ではもはや多項式ではないが，その次によいものになる．すなわち，有理関数である．Willerton[359][358]はその後の研究で，Bessel 多項式（Bessel polynomial）と Hankel 行列式（Hankel determinant）の見地から，$|tB^n|$ がどの有理関数となるのかを正確に同定した．

定理 6.5.6 は，n が奇数であるという，証明を擬微分方程式ではなく微分方程式の範囲で済ませるために課された条件を仮定して述べられている．偶数次元の球のマグニ

チュードは未知のままである．2次元円板 B^2 のマグニチュードすら未知であるが，数値実験により半径についてのある二次多項式であることが示唆されている（Willerton [353, 3.2節]）．

Barceló–Carbery は，一般のコンパクト集合についての以下の結果も証明した[28, 定理1]．

定理 6.5.7（Barceló–Carbery） すべての $n \geq 1$ とコンパクトな $A \subseteq \mathbb{R}^n$ に対して，

$$\mathrm{Vol}(A) = c_n \lim_{t \to \infty} \frac{|tA|}{t^n}$$

である．ただし，定数 c_n は $n! \, \mathrm{Vol}(B^n)$ である． □

Euclid 単位球 B^n の体積は，たとえば Klain–Rota[190, 命題6.2.1 と命題6.2.2]にある，標準的な古典的公式により与えられる．

定理 6.5.7 より，集合の体積をそのマグニチュード関数から抽出することができる．これは，豊穣圏のマグニチュードという一般的な概念が体積の概念を包含するという先の主張を裏づけるものである．

さらによい結果として，大域解析の方法を用いて，Gimperlein–Goffeng は以下を証明した[117, 定理2(d)]．

定理 6.5.8（Gimperlein–Goffeng） $n \geq 1$ を奇数とし，$A \subseteq \mathbb{R}^n$ を，その内部の閉包が A となるような，滑らかな境界をもつ有界集合とする．このとき，A のマグニチュード関数は漸近展開

$$t \to \infty \text{ のとき } |tA| \sim \sum_{i=0}^{\infty} m_i(A) t^{n-i}$$

をもち，$i = 0, 1, 2$ に対して（n と i に依存するが A には依存しない）既知の定数因子を除いて，係数 $m_i(A)$ は内在的体積 $V_{n-i}(A)$ に等しい． □

いまのところ未出版の Gimperlein–Goffeng–Louca の最近の研究は，n が奇数であるという制限を取り除いている*．

たとえば，（定理6.5.7のように）$m_0(A) = \mathrm{Vol}(A)/(n! \, \mathrm{Vol}(B^n))$ であり，$m_1(A)$ は A の $n-1$ 次元表面積に比例する．定理 6.5.8 の言明において，「内在的体積」という用語は通常の凸集合の文脈を超えて拡張されている．$i = 2$ に対するより精密な言明は，$m_2(A)$ は ∂A の平均曲率（mean curvature）の ∂A にわたる積分（A が凸のときは，そ

---

* 訳注：H. Gimperlein, M. Goffeng, and N. Louca. The magnitude and spectral geometry. *American Journal of Mathematics*, to appear, 2024. プレプリント版は arXiv:2201.11363.

れ自身 $V_{n-2}(A)$ に比例する）に比例するというものである.

　距離空間のマグニチュードは，考えられる最も強い意味で包除原理をみたさない．そうでなければ，すべての n 点空間のマグニチュードが n となってしまう．しかし，Gimperlein–Goffeng は，Atiyah–Singer の指数定理の熱方程式による証明に関係する技法を用い，また複素スケール因子 t を本質的に活用することで，マグニチュードは包除原理を漸近的な意味でみたすことを示した．実際，定理 6.5.8 の正則性条件をみたす $\mathbb{R}^n$ の部分集合 A，B および $A \cap B$ に対して，

$$t \to \infty \text{ のとき } |t(A \cup B)| + |t(A \cap B)| - |tA| - |tB| \to 0$$

となる[117, 注意3]．これは，マグニチュードをサイズの尺度とみなすべきであるという主張に対するさらなる裏づけである．

　最後に，多様度を再び論じる．Meckes は，負タイプのコンパクト空間 A の**最大多様度**（maximum diversity）を

$$D_{\max}(A) = \sup_{\mu} \frac{1}{\int_A \int_A e^{-d(a,b)} \, d\mu(a) \, d\mu(b)}$$

として定義した．これは，マグニチュードに対する公式(6.21)に類似しているが，上限がすべての符号つき測度ではなく Borel 確率測度 μ のみにわたるという点が異なる（原則としては，この公式はオーダー 2 の最大多様度に対するものであるが，Leinster–Roff [223, 定理7.1]から，すべてのオーダーの最大多様度は同じであることが含意される）．明らかに，$D_{\max}(A) \le |A|$ である．

　A が Euclid 空間の部分集合のとき，$D_{\max}(A)$ は古典的な量である，Bessel 容量（Bessel capacity）$C_{(n+1)/2}(A)$ に等しい．Meckes が示したように，容量の理論における深い結果から，n のみに関係する $|A|/D_{\max}(A)$ の上界が得られる[251, 系6.2]．だから，マグニチュードは，この Bessel 容量から大きく異なることはない．

　Meckes[251]は，マグニチュードと最大多様度のつながりを利用して，コンパクト集合 $A \subseteq \mathbb{R}^n$ の次元についての情報をそのマグニチュード関数から抽出した．マグニチュード関数が次元を次数とする多項式である空間の族のいくつかには，すでに出会った（例 6.5.5）．しかし，ここでは非整数次元も許す．

　最も重要な小数次元の概念の一つは，**Minkowski 次元**あるいは**ボックス次元**（box-counting dimension）である（Falconer[98, 3.1節]）．$\mathbb{R}^n$ の部分集合の Minkowski 次元はつねに Hausdorff 次元以上であり，等号が成り立つことが多い（二つの次元がどのように関係しているかの概要については，[98, p.43]*を参照せよ）．たとえば，Cantor

---

*　訳注：邦訳では p.59.

の三進集合の Minkowski 次元と Hausdorff 次元は，どちらも $\log 2/\log 3$ である．コンパクト集合 $A \subseteq \mathbb{R}^n$ の Minkowski 次元が定義されるとき，$\dim_{\mathrm{M}} A$ と書く．

　大雑把にいえば，以下の結果は，t が大きいとき $|tA|$ は $t^{\dim_{\mathrm{M}} A}$ のように成長することを述べている．だから，空間の Minkowski 次元をそのマグニチュード関数から復元することができる．これは，Meckes[251, 系 7.4] によるものである．

定理 6.5.9（Meckes）　A を $\mathbb{R}^n$ のコンパクト部分集合とする．このとき，

$$\dim_{\mathrm{M}} A = \lim_{t \to \infty} \frac{\log|tA|}{\log t}$$

であり，この等式の一方の辺が定義されるとき，かつそのときに限り他方も定義される．　　　　　　　　　　　　　　　　　　　　　　　　　　　　　　　　□

　たとえば，A が非零の体積をもつ $\mathbb{R}^n$ の部分集合ならば，$|tA|$ は t が大きいとき t^n のように成長し，Barceló–Carbery の体積定理より，$|tA|/t^n$ は既知の定数と A の体積の積に収束する．A が三進 Cantor 集合のとき，$|tA|$ は $t^{\log 2/\log 3}$ のように成長する（実際には，Leinster–Willerton[225, 3 節] で示されているように，Cantor 集合のマグニチュード関数はある種の隠れた周期性ももつ）．$\mathbb{R}^n$ の凸部分集合に対しては，より精密な言明を行うことができる．Meckes[252, 定理 1] は，凸集合のマグニチュード関数を，係数がその内在的体積に比例する多項式により上から抑えた．

　定理 6.5.9 は，どんな生物学的応用とも無関係に，幾何学と解析学における純粋数学的な目的に対して最大多様度の概念が有用であることを示している．

第 7 章

価値

VALUE

> 種の概念やその応用に影響を与え続けている多くの理論的および実践的な問題はさておき，
> このようにすべての種が同等であるとみなすことは保全の目的に対して適切であろうか？
> 保護主義者にとっては，相対存在量に関わりなく，ウェルウィッチア（*Welwitschia*）はタ
> ンポポ（*Taraxacum*）の一種と同等であろうか？　パンダは，ラットの一種と同等であろ
> うか？
> （Vane-Wright ら [342, p. 237]）

エントロピーと多様度のことは忘れて，非常に一般的な問題を考える．すなわち，

部分から見た全体の価値とは何か？

この形の問題では数学的に扱うにはあまりにも漠然としているが，正確に提起さえできれば，完全な答えをもつことをこれから見る．その答えから，多様度の概念は自動的に生ずる．この答えはまた，4.5 節の特徴づけ定理よりも強力な，Hill 数（言い換えると，Rényi エントロピー）の一意的な特徴づけをもたらす．

それぞれ $v_1, \ldots, v_n$ の価値が割り当てられている，相対サイズ $p_1, \ldots, p_n$ の n 個の「部分」へと分割された「全体」を考える（図 7.1）．問題は，このような部分の価値を，部分の価値 v_i と同じ単位において測られた，全体に対する単一の価値 $\sigma(\mathbf{p}, \mathbf{v})$ へとどのように集約するかである．この集約の方法は，理にかなった性質をもつべきである．たとえば，等しいサイズで等しい価値 v の二つの部分を一緒にするならば，その結果は価

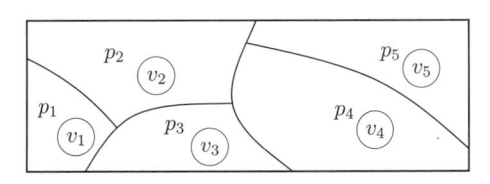

図 7.1　相対サイズ $(p_1, \ldots, p_5) \in \Delta_5$ と価値 $(v_1, \ldots, v_5)$ をもつ，5 個の部分へと分割された全体

値 $2v$ をもつべきである.

一つの単純な方法は,部分のサイズを無視して単にその価値の和をとり,

$$\sigma(\mathbf{p}, \mathbf{v}) = v_1 + \cdots + v_n$$

とすることである(よりよいのは,$\sigma(\mathbf{p}, \mathbf{v}) = \sum_{i \in \mathrm{supp}(\mathbf{p})} v_i$ とすることである).しかし,多くのほかの可能性がある.実際,価値尺度の一パラメータ族 (σ_q) をこれから定義する.これは,Hill 数 D_q,第 6 章のより一般の類似度に鋭敏な多様性の尺度 D_q^Z,(Chao–Chiu–Jost[67]による)ある系統的多様性の尺度,および本質的に ℓ^p ノルムを特別な場合として含む.たとえば,群集が $p_1, \ldots, p_n$ の割合で n 種へと分割されていて,各種に同じ価値 1 が割り当てられているとき,σ_q による全体の価値はオーダー q の Hill 数である.

$$\sigma_q(\mathbf{p}, (1, \ldots, 1)) = D_q(\mathbf{p})$$

いま挙げたほとんどの場合においては,全体は生態群集であると考えており,部分はその種である.しかし,重要な相補的状況がある.それは,全体は依然として群集であるが,部分として部分群集を考える状況である.たとえば,群集が地域へと地理的に分割されていて,それらの地域のサイズや価値に基づいて群集を全体として評価しようと試みることがあるかもしれない.価値を多様度として解釈する場合,それはちょうど,多様度に対するチェイン則を導き出したときに行ったことである(命題 4.4.10 と命題 6.2.11).実際,例 7.1.8 で説明する意味で,関数 σ_q は D_q と D_q^Z に対するチェイン則を体現したものとして見ることができる.

まず,価値尺度 σ_q を定義し,生態学と社会的厚生の分析の両者からの重要な例を挙げて,いくつかの特別な場合を分析する(7.1 節).次に,Rényi 相対エントロピーを導入するが,これは価値尺度 σ_q と非常に密接な関係にある(q 対数的相対エントロピーはすでに 4.1 節で取り扱った).おまけとして,Rényi 相対エントロピーと q 対数的相対エントロピーを用いて,確率分布たちの上の Fisher 距離がカノニカルであることに対するさらなる裏づけを与える(注意 7.2.3(i)).

次に,平均についての以前の結果を用いて,もっともな性質をもつ価値尺度は族 (σ_q) に属するもののみであることを証明する(7.3 節).このことから,その相対存在量分布でモデル化された群集に対しては,もっともな多様性の尺度は Hill 数のみであることを導き出す(7.4 節).

4.5 節で Hill 数 D_q に対する特徴づけ定理をすでに証明したが,これは固定された q に対して,多様性の尺度 D が q に依存する一定の性質をもつならば,D は D_q に等しくなければならないことを示すものである.しかし,本章で証明する定理では,仮定にお

いて「q」に言及することはなく，結論はある$\dot{q}$に対して D は D_q に等しくなければならないというものである．要するに，以前の定理は Hill 数を個別に特徴づけていたが，この定理は Hill 数を族として特徴づけるのである．

7.1 価値への入門

ここでは関数列

$$(\sigma\colon \Delta_n \times [0,\infty)^n \to [0,\infty))_{n\geq 1}$$

を考えるが，これを**価値尺度**（value measure）とよぶことにする．対 $(\mathbf{p}, \mathbf{v}) \in \Delta_n \times [0,\infty)^n$ は，相対サイズ $p_1,\ldots,p_n$ と価値 $v_1,\ldots,v_n$ をもつ n 個の交わりのない部分からなる全体を表しているとみなし，また $\sigma(\mathbf{p}, \mathbf{v})$ は σ が全体に対して割り当てる価値とみなす．

とくに，

$$\sigma_q(\mathbf{p}, \mathbf{v}) = M_{1-q}(\mathbf{p}, \mathbf{v}/\mathbf{p}) \qquad (n \geq 1,\ \mathbf{p} \in \Delta_n,\ \mathbf{v} \in [0,\infty)^n)$$

により定義される価値尺度の族

$$(\sigma_q)_{q\in[-\infty,\infty]}$$

は，特別な役割を果たす．注意 4.2.15 で採用した約束より，$\sigma_q(\mathbf{p}, \mathbf{v})$ はつねにきちんと定義されることが保証される．σ_q を**オーダー q の価値尺度**（value measure of order q）とよぶ．明示的には，$q \neq 1, \pm\infty$ のとき，$q > 1$ かつある $i \in \mathrm{supp}(\mathbf{p})$ に対して $v_i = 0$ ならば $\sigma_q(\mathbf{p}, \mathbf{v}) = 0$ であり，そうでない限りは，

$$\sigma_q(\mathbf{p}, \mathbf{v}) = \left(\sum_{i\in\mathrm{supp}(\mathbf{p})} p_i^q v_i^{1-q} \right)^{1/(1-q)}$$

である．$q \in \{1, \pm\infty\}$ に対しては，

$$\sigma_{-\infty}(\mathbf{p}, \mathbf{v}) = \max_{i\in\mathrm{supp}(\mathbf{p})} \frac{v_i}{p_i}$$

$$\sigma_1(\mathbf{p}, \mathbf{v}) = \prod_{i\in\mathrm{supp}(\mathbf{p})} \left(\frac{v_i}{p_i} \right)^{p_i}$$

$$\sigma_{\infty}(\mathbf{p}, \mathbf{v}) = \min_{i\in\mathrm{supp}(\mathbf{p})} \frac{v_i}{p_i}$$

である．

例 7.1.1

（ i ） k 個体の集合で，n 個の同値類（「部分」）に分割されており，i 番目の部分が k_i 個体からなるものを考える．$p_i = k_i/k$ を，i 番目の部分に入る個体の割合とする．$v_1, \ldots, v_n \in [0, \infty)$ を，部分に割り当てられた任意の価値とする．このとき，

$$\sigma_q(\mathbf{p}, \mathbf{v}) = M_{1-q}\left(\mathbf{p}, \left(\frac{kv_1}{k_1}, \ldots, \frac{kv_n}{k_n}\right)\right)$$

である．言い換えると，

$$\sigma_q(\mathbf{p}, \mathbf{v}) = k \cdot M_{1-q}\left(\mathbf{p}, \left(\frac{v_1}{k_1}, \ldots, \frac{v_n}{k_n}\right)\right) \tag{7.1}$$

である．これは以下のように理解できる．i 番目の部分の価値 v_i が k_i 個の元に均等に分配されるならば，i 番目の部分における個体あたりの価値は v_i/k_i である．ゆえに，全体における個体あたりの価値の平均は

$$M_{1-q}\left(\mathbf{p}, \left(\frac{v_1}{k_1}, \ldots, \frac{v_n}{k_n}\right)\right)$$

である．それゆえ，等式(7.1)は

全体の価値 = 個体数 × 個体あたりの価値の平均

であることを述べている．これが，価値尺度と平均の間の基本的な概念的関係である．

（ ii ）（i）で「平均」を算術平均と解釈するならば，$q = 0$ の場合を扱っていることになり，（本章の序文のように）σ_0 は単に

$$\sigma_0(\mathbf{p}, \mathbf{v}) = \sum_{i \in \mathrm{supp}(\mathbf{p})} v_i$$

により与えられる．しかし，本書では算術平均だけが有用な種類の平均ではないことを繰り返し見てきた．ほかのべき乗平均をつねに算術平均と並んで考慮するべきであり，ここでの場合では，族 (σ_q) の全体がそれにあたる． ◆

注意 7.1.2 価値尺度 σ_q とべき乗平均 M_t は，同じ型の関数列である．

$$(\sigma_q, M_t \colon \Delta_n \times [0, \infty)^n \to [0, \infty))_{n \geq 1}$$

しかし，例 7.1.1(i)より，価値尺度のクラスと平均のクラスの間に重複があるべきではないことは明白である．実際，もっとも価値尺度 σ は

$$\sigma(\mathbf{u}_n, (v, \ldots, v)) = nv$$

234 第 7 章 価値

をみたすべきであるが，平均 M の最小限の要件は整合性条件

$$M(\mathbf{u}_n, (x, \ldots, x)) = x$$

である．それゆえ，もっともな平均がもっともな価値尺度であることはない．平均と価値尺度の関係については，7.3 節で再び論じる．

正のパラメータ q に対して，全体の価値は決して部分の価値の和を超えることはない．

補題 7.1.3 すべての $q \geq 0$，$\mathbf{p} \in \Delta_n$，および $\mathbf{v} \in [0, \infty)^n$ に対して，

$$\sigma_q(\mathbf{p}, \mathbf{v}) \leq \sum_{i=1}^{n} v_i$$

である．$q > 0$ に対しては，等号が成り立つのは $\mathbf{v}$ が $\mathbf{p}$ のスカラー倍であるとき，かつそのときに限る．

それゆえ，固定された $\sum v_i$ に対しては，全体を構成する部分にわたってそのサイズに比例して価値が均等に分布するとき，全体の価値は最大化される．

証明 すべての $q \geq 0$ に対して，

$$\sigma_q(\mathbf{p}, \mathbf{v}) = M_{1-q}(\mathbf{p}, \mathbf{v}/\mathbf{p}) \leq M_1(\mathbf{p}, \mathbf{v}/\mathbf{p}) = \sum_{i \in \mathrm{supp}(\mathbf{p})} v_i \leq \sum_{i=1}^{n} v_i$$

である．ここで $q > 0$ であると仮定すると，最初の不等号における等号は，（定理 4.2.8 より）v_i/p_i が $i \in \mathrm{supp}(\mathbf{p})$ 上で一定であるとき，かつそのときに限り成り立ち，また二つ目の不等号における等号は，すべての $i \notin \mathrm{supp}(\mathbf{p})$ に対して $v_i = 0$ であるとき，かつそのときに限り成り立つ．よって，示すべき結果が導かれる． $\square$

次の二つの例から，パラメータ q の意味が明らかになる．これらは，部分が等しいサイズである場合（$\mathbf{p} = \mathbf{u}_n$）に関するもので，$\sigma_q$ は

$$\sigma_q(\mathbf{u}_n, \mathbf{v}) = n \cdot M_{1-q}(\mathbf{u}_n, \mathbf{v}) \qquad (q \in [-\infty, \infty],\ \mathbf{v} \in [0, \infty)^n)$$

により与えられる．

例 7.1.4 厚生経済学における古典的な問いに，それぞれが与えられた効用をもつエージェントのグループを考え，その個々の効用をグループ全体の効用の尺度へと集約するにはどうすればよいか，というものがある．たとえば，エージェントはある社会の市民であり，市民の効用は個人の厚生，富，あるいは幸福の水準であるかもしれない．このとき，それらを社会の集合的厚生を表す単一の数にまとめることが課題となる（この例

のすべてに対する一般的な文献として，Moulin[257, 1.2 節と第 3 章]を挙げる）．

　具体的には，n を固定し，それぞれ効用 $v_1, \ldots, v_n \geq 0$ をもつ n 個体のグループを考える．**集合的効用関数**（collective utility function）は，このような組 $\mathbf{v} = (v_1, \ldots, v_n)$ のそれぞれに実数 $f(\mathbf{v})$ を割り当てる．たとえば，各 $q \in [-\infty, \infty]$ に対して

$$\sigma_q(\mathbf{u}_n, -) \colon [0, \infty)^n \to \mathbb{R}$$

は集合的効用関数である．

　集合的効用関数 f そのものよりも重要なのは，それに伴う**社会的厚生順序づけ**（social welfare ordering）であり，これは

$$\mathbf{v} \preceq \mathbf{v}' \iff f(\mathbf{v}) \leq f(\mathbf{v}')$$

により定義される $[0, \infty)^n$ 上の関係 $\preceq$ である．ある社会の市民の厚生の場合では，$\mathbf{v} \preceq \mathbf{v}'$ は，市民の厚生水準が $v_1, \ldots, v_n$ であるときは $v_1', \ldots, v_n'$ であるときに比べて，社会はより貧しい状態にあるという判断として解釈される．

　いうまでもなく，このような判断は集合的効用関数 f の選択に依存する．$f = \sigma_q(\mathbf{u}_n, -)$ のときは，q の値が変わると視点も対応して変わり，そのいくつかは政治哲学の特定の学派に関連づけられる．$q = 0$ の場合は

$$\sigma_0(\mathbf{u}_n, -) \colon \mathbf{v} \mapsto \sum v_i$$

であり，集合的厚生は単に個々の厚生の和となる．この関数は古典的な功利主義に関連づけられ，その起源は Jeremy Bentham の哲学と John Stuart Mill の「幸福の総和」にある．$q = \infty$ のときは，集合的効用関数は

$$\sigma_\infty(\mathbf{u}_n, -) \colon \mathbf{v} \mapsto n \min v_i$$

であり，

$$\mathbf{v} \preceq \mathbf{v}' \iff \min v_i \leq \min v_i'$$

となる．集合的厚生についてのこの視点は，John Rawls の哲学に関連づけられる．すなわち，社会は，その最も不幸な市民の厚生により判断されるべきというものである．$q = 1$ は中間の立場であり，

$$\sigma_1(\mathbf{u}_n, -) \colon \mathbf{v} \mapsto n \cdot \left(\prod v_i \right)^{1/n}$$

であるから

$$\mathbf{v} \preceq \mathbf{v}' \iff \prod v_i \leq \prod v_i'$$

である．この文脈において，積演算 $\mathbf{v} \mapsto \prod v_i$ は **Nash 集合的効用関数**（Nash collective utility function）として知られているものであり，（エントロピーの文脈における $q=1$ の場合が果たす特別な役割から予想できるように）どんなほかの集合的効用関数にもない特有の性質をもっている．

集合的効用関数の重要な性質に，Pigou–Dalton 原理がある．富の言葉では，これはより富裕な市民からより貧困な市民へと少量の富を移転することは社会全体の厚生に有益であるということを述べるものである．形式的には，$\mathbf{v} \in [0, \infty)^n$ および $i, j \in \{1, \ldots, n\}$ で $v_i < v_j$ とし，また $0 \le \delta \le (v_j - v_i)/2$ とする．$\mathbf{v}' \in [0, \infty)^n$ を

$$v'_k = \begin{cases} v_i + \delta & (k = i \text{ のとき}) \\ v_j - \delta & (k = j \text{ のとき}) \\ v_k & (\text{以上のいずれでもないとき}) \end{cases}$$

により定義する．**Pigou–Dalton 原理**（Pigou–Dalton principle）とは，すべてのこのような $\mathbf{v}$，i，j，および δ に対して，$\mathbf{v} \preceq \mathbf{v}'$ であるというものである．

$q \in [0, \infty]$ のとき，初等的な計算により $\sigma_q(\mathbf{u}_n, -)$ が Pigou–Dalton 原理をみたすことが示される．したがって，富の再分配は肯定的に捉えられる．一方，すべての $q \in [-\infty, 0)$ に対して Pigou–Dalton 原理は成り立たない．実際，$q \in (-\infty, 0)$ に対しては，より富裕な市民からより貧困な市民への再分配は厚生全体を狭義に減少させる．$q = -\infty$ の極端な場合，集合的効用関数は

$$\sigma_{-\infty}(\mathbf{u}_n, -): \mathbf{v} \mapsto n \max_i v_i$$

であるため，社会の富はその最も特権的な市民の厚生に比例する（n は固定されていることを思い出す）．だから，$q = -\infty$ の視点からは，集合的厚生はすべての富が単一の個人へと移転されたときに最適化されることになる．厚生経済学の文献では，負の値の q は除外されることが多い．

ここで用いた集合的効用関数の族 $(\sigma_q(\mathbf{u}_n, -))$ は，Moulin[257]のような経済学の教科書において用いられる族とは異なるが，違いは表面的なものである．文献においては，関数

$$\mathbf{v} \mapsto \sum v_i^t \qquad (t \in (0, \infty))$$
$$\mathbf{v} \mapsto \sum \log v_i$$
$$\mathbf{v} \mapsto -\sum v_i^t \qquad (t \in (-\infty, 0))$$

を用いるという習慣があるが，ここでは

$$\mathbf{v} \mapsto \sigma_q(\mathbf{u}_n, \mathbf{v}) = \begin{cases} n^{q/(q-1)} \left(\sum v_i^{1-q} \right)^{1/(1-q)} & (1 \neq q \in (-\infty, \infty) \text{ のとき}) \\ n \prod v_i^{1/n} & (q = 1 \text{ のとき}) \end{cases} \tag{7.2}$$

を用いている．しかし，$q = 1 - t$ と再パラメータ化することで，引き起こされる社会的厚生順序づけは同一になる． ◆

例 7.1.5　集合的厚生や多様度の文脈では，パラメータ q が正であるように制限するのは自然である．しかし，負のパラメータ q に対しても，少なくとも部分が等しいサイズであるとき，価値尺度 σ_q は重要なものを定義する．すなわち，ℓ^p ノルムである．実際，$-\infty < q \leq 0$ に対して，等式 (7.2) より

$$\sigma_q(\mathbf{u}_n, \mathbf{v}) = n^{q/(q-1)} \|\mathbf{v}\|_{1-q}$$

を得る．ただし，ノルム $\|\cdot\|_{1-q}$ は例 9.3.2 で定義するとおりである． ◆

ここで，以前の章で議論した多様性の尺度のすべてが，価値尺度 σ_q に包含されることを示す．

例 7.1.6　相対存在量が $p_1, \ldots, p_n$ の種からなる生態群集を考える．ほかの情報がないとき，すべての種に 1 という同じ価値を与えるのが自然である．すると

$$\sigma_q(\mathbf{p}, (1, \ldots, 1)) = M_{1-q}(\mathbf{p}, 1/\mathbf{p}) = D_q(\mathbf{p})$$

であるから，σ_q により群集へと割り当てられる価値は Hill 数 $D_q(\mathbf{p})$ である． ◆

例 7.1.7　次に，群集のモデルを $n \times n$ 類似度行列で改良する．Z の対角成分は，（p. 177 で議論したとおり）すべて 1 であると仮定する．このモデルに基づいて，それぞれの種にどのような価値 v_i をもっともな仕方で割り当てることができるであろうか？
　6.1 節で，i 番目の種に関連する量

$$(Z\mathbf{p})_i = \sum_{j=1}^{n} Z_{ij} p_j$$

を考えた．これは，種 i の個体と群集から無作為に選ばれた個体の間の類似度の期待値である．$(Z\mathbf{p})_i$ は種 i の普通さとよばれ，$1/(Z\mathbf{p})_i$ は種 i の特殊性とよばれた．
　これは，$1/(Z\mathbf{p})_i$ を i 番目の種の価値として用いることを示唆しているように見えるかもしれない．しかし，$1/(Z\mathbf{p})_i$ は i 番目の種の個体の特殊性の尺度であるが，v_i は i 番目の部分（種）全体としての価値を測るもののはずである．したがって，v_i を，その種の個体あたりの特殊性に種のサイズを乗じたもの，すなわち，

$$v_i = \frac{p_i}{(Z\mathbf{p})_i}$$

と定義する．Z が単純な類似度行列 I であるとき，例 7.1.6 のように，この式は $v_i = 1$ へと帰着する．より一般に，種 i がほかのすべての種と完全に非類似であるならば（すべての $i \neq j$ に対して $Z_{ij} = 0$），$v_i = 1$ である．いずれにせよ，$(Z\mathbf{p})_i \geq p_i$（p. 179 の不等式(6.2)）であるから $v_i \leq 1$ である．価値 v_i が低いほど，i 番目の種のサイズに比べて，i 番目の種に類似する種に属する個体が多いことを示す．これは，そのような種は全体の多様性にほとんど寄与しないという直感と一致する．

このように $\mathbf{v}$ を $\mathbf{p}/Z\mathbf{p}$ と定義することで，第 6 章の類似度に鋭敏な多様性の尺度 D_q^Z が復元される．すなわち，D_q^Z の定義より，

$$\sigma_q(\mathbf{p}, \mathbf{p}/Z\mathbf{p}) = M_{1-q}(\mathbf{p}, 1/Z\mathbf{p}) = D_q^Z(\mathbf{p})$$

である． ◆

例 7.1.8 ここで，個体がいくつかの種へと分類されて（類似度が行列 Z でコード化されて）いるだけでなく，n 個の交わりのない部分群集へも分割されている個体の群集を考える．だから，各個体はちょうど一つの種とちょうど一つの部分群集に属する．（部分群集が「島」とよばれていた，例 2.4.9 や，命題 4.4.10 および命題 6.2.11 のように）異なる部分群集に共通する種はなく，異なる部分群集に属する種は完全に非類似であると仮定する．

群集全体に対する i 番目の部分群集の相対的な個体群サイズを w_i と書くと，$\sum w_i = 1$ である．また，i 番目の部分群集のオーダー q の多様度を d_i と書く．このとき，類似度に鋭敏な多様度に対するチェイン則（命題 6.2.11）より，群集全体のオーダー q の多様度は

$$\sigma_q(\mathbf{w}, \mathbf{d})$$

である．これが，価値と多様度の基礎的な関係である．価値がオーダー q の多様度を意味するとみなされるならば，σ_q は群集の部分の価値を正しく集約して全体の価値を与えていることになる． ◆

例 7.1.9 ここまで議論してきた生態学的な設定においては，ずっと種の相対存在量のみを考えてきた．しかし，絶対存在量が問題となることもある．群集内の種の価値をその絶対存在量で測るとどうなるであろうか？

n 種へと分割され，絶対存在量が $A_1, \ldots, A_n$ である個体の群集を考える．$A = \sum A_i$ と書くと，相対存在量は $p_i = A_i/A$ である．すべての $q \in [-\infty, \infty]$ に対して，

$$\sigma_q(\mathbf{p}, (A_1, \ldots, A_n)) = M_{1-q}\bigg(\mathbf{p}, \bigg(\frac{A_1}{p_1}, \ldots, \frac{A_n}{p_n}\bigg)\bigg)$$
$$= M_{1-q}(\mathbf{p}, (A, \ldots, A))$$
$$= A$$

である．それゆえ，全体の価値は単に総存在量である．

この例では，価値尺度 σ_q から興味深く新しい量は得られず，提起された問いに対する答えは自明である．しかし，それはもっともなものでもある．すなわち，群集の各部分の価値を単にその群集に含まれる個体の数とみなすならば，群集全体の価値もそのように測られるのは自然である． ◆

より実のある例を挙げて，この価値への入門の節を終える．

例 7.1.10 ここでは，Chao–Chiu–Jost[67] の系統的多様性の尺度について説明し，これも価値尺度 σ_q の特別な場合であることを示す．

系統樹（phylogenetic tree）とは，図 7.2 のように，種のグループの進化の歴史を描いたものである（この主題への一般的な入門書としては，Lemey ら[226]を参照せよ）．垂直軸は時間，あるいは時間の代わりになるものを示している．系統樹の水平方向の距離に意味はない．図 7.2(a) は，単一の種の子孫である 9 種を示している．この例では，系統樹は**超距離木**（ultrametric tree）であり，これは系統樹の先端（現生種）がすべて同じ高さにあることを意味する．

進化の歴史は遺伝的データから推定されることが多く，時間を見積もる手段としては遺伝子突然変異の回数が用いられる．遺伝子突然変異率は一定ではないので，（理由はほかにもあるが）この方法で作成された系統樹は一般に超距離木ではない．図(b)はそ

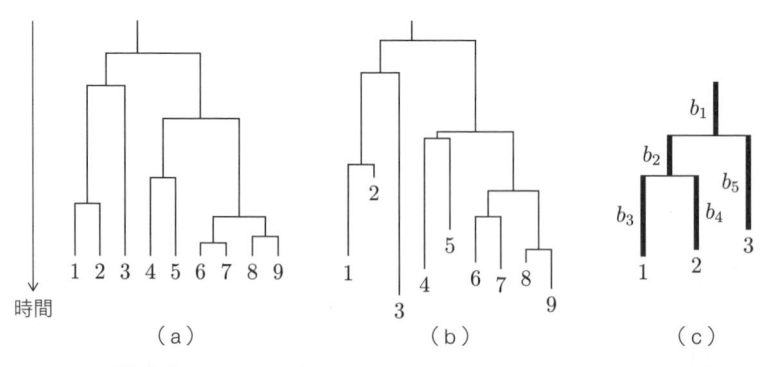

図 7.2　系統樹の単純な例．現生種は $1, 2, \ldots$ とラベルづけられている．系統樹(a)は超距離木であるが，系統樹(b)と系統樹(c)はそうではない．系統樹(c)は，$b_1, \ldots, b_5$ とラベルづけられて太線で示されている，五つの枝をもつ．

の例である.

　系統樹からは，以下の情報を抽出することができる.

- 現生種の集合. ここでは，$1, \ldots, S$ とラベルづける.
- 枝の集合 B
- 二項関係 $\lhd$. ただし，現生種 r と枝 b に対して，r が b から下った先にあるときに $r \lhd b$ と書く.
- 各枝 b の長さ $L(b) \geq 0$

これらの四つの情報だけが，ここでの目的のために必要な系統樹の特徴である. たとえば，図(c)の系統樹では $S = 3$，$B = \{b_1, b_2, b_3, b_4, b_5\}$，および

$$
\begin{aligned}
1 \lhd b_1, \quad & 1 \lhd b_2, \quad & 1 \lhd b_3 \\
2 \lhd b_1, \quad & 2 \lhd b_2, \quad & 2 \lhd b_4 \\
3 \lhd b_1, \quad & 3 \lhd b_5 &
\end{aligned}
$$

である. ここでは，考慮される期間内で現生種がすべて一つの共通祖先の子孫であることは要請しない. すなわち，「系統樹」は実際にはいくつかの交わりのない系統樹（数学用語における森 (forest)）から構成されていてもよい.

　種の系統樹と，現生種の相対存在量分布 $(\pi_1, \ldots, \pi_S)$ という二つの因子に基づく群集の多様性の尺度を考える. このために，多少の表記を導入する.

　各枝 b に対して

$$
\pi(b) = \sum_{r \,:\, r \lhd b} \pi_r \tag{7.3}
$$

と書くが，これは枝 b から下った先の現生種の総相対存在量である. それゆえ，系統樹が超距離木であるならば，（進化的時間における特定の時点 t を表す）系統樹を横断する水平線を描くと，つねにその水平線と交わるすべての枝 b にわたる $\pi(b)$ の和は 1 となる. したがって，進化的時間における任意の与えられた時点に対して，そのときに現存した種の集合上の確率分布があるが，Chao らが警告しているように，「これらの存在量 $[\pi(b)]$ は時刻 t でのこれらの祖先的な種の実際の存在量の見積もりではなく，現生の集団に対するその重要性の尺度である」[67, 4(a)節].

　各現生種 $r \in \{1, \ldots, S\}$ に対して，

$$
L_r = \sum_{b \,:\, r \lhd b} L(b)
$$

と書く. これは，系統樹内での種 r の系統の長さである. 系統樹が超距離木であることは，$L_1 = \cdots = L_S$ であることを意味する. 系統樹が超距離木であろうとなかろうと，

平均系統長 $\bar{L}$ を三つの同値な式のどれかにより定義することができる.

$$\bar{L} = \sum_r \pi_r L_r = \sum_{r,b:\, r \lhd b} \pi_r L(b) = \sum_b \pi(b) L(b)$$

ゆえに, $\bar{L}$ は現生群集から無作為に選ばれた個体の系統の長さの期待値である.

　Chao–Chiu–Jost は, 系統的多様性の尺度を以下のように定義した. 考慮される期間の各時点 t に対して, 彼らは等式(7.3)で記述される存在量分布をとった. 次に, そのオーダー q の Hill 数をとり, すべての時間 t にわたるこれらの Hill 数の平均を求めた. いくらか簡略化した後, 結果として得られる多様性の尺度は, $1 \neq q \in [0, \infty)$ に対しては

$$\mathrm{CCJ}_q = \left(\sum_b \frac{L(b)}{\bar{L}} \pi(b)^q \right)^{1/(1-q)}$$

であり, また

$$\mathrm{CCJ}_1 = \prod_b \pi(b)^{-(L(b)/\bar{L})\pi(b)}$$

である.（彼らの導出は, 系統樹が超距離木であるときに最も基盤がしっかりしている. そうでないときに何がうまくいかないかの議論は, Chao–Chiu–Jost[67, 補遺]および Leinster–Cobbold[220, 付録の例 A20]にある.）たとえば, $q = 0$ の場合は単に

$$\mathrm{CCJ}_0 = \frac{1}{\bar{L}} \sum_b L(b)$$

である. $\bar{L}$ の因子を除いて, これは系統樹のすべての枝の長さの合計であり, **Faith の系統的多様度**（Faith's phylogenetic diversity）[97] として知られているものである.

　ここで, Chao–Chiu–Jost の尺度 CCJ_q は価値尺度 σ_q の簡単な例になっていることを示す. このために, 系統樹を全体, 枝をその部分とみなす. 枝 b の価値は, その枝が存続している進化的時間の割合

$$v(b) = \frac{L(b)}{\bar{L}}$$

として定義される. これは, 純粋に枝の歴史的持続期間の尺度であり, 現生種の存在量に依存しない. 枝の相対サイズ $p(b)$ を

$$p(b) = \frac{\pi(b)L(b)}{\bar{L}}$$

で定義する. つまり, $p(b)$ は, 枝 b から下った先の現生個体の割合 $\pi(b)$ と, 枝の相対長 $L(b)/\bar{L}$ の積である. このとき, $\sum_b p(b) = 1$ である.

これらの定義から，群集の価値 $\sigma_q(\mathbf{p}, \mathbf{v})$ は

$$\sigma_q(\mathbf{p}, \mathbf{v}) = \left(\sum_b p(b)^q v(b)^{1-q} \right)^{1/(1-q)}$$

$$= \left(\sum_b \frac{\pi(b)^q L(b)^q}{\overline{L}^q} \frac{L(b)^{1-q}}{\overline{L}^{1-q}} \right)^{1/(1-q)}$$

$$= \left(\sum_b \frac{L(b)}{\overline{L}} \pi(b)^q \right)^{1/(1-q)}$$

$$= \mathrm{CCJ}_q \qquad (q \neq 1, \infty)$$

である．同様に，$\sigma_1(\mathbf{p}, \mathbf{v}) = \mathrm{CCJ}_1$ である．

個々の枝の価値 $v(b) = L(b)/\overline{L}$ は無単位であるから，群集の価値 $\sigma_q(\mathbf{p}, \mathbf{v}) = \mathrm{CCJ}_q$ は無単位である．代わりに $v(b) = L(b)$ とおくこともでき，これは年あるいは突然変異の回数で測られるだろう．このとき，$\sigma_q(\mathbf{p}, \mathbf{v})$ は同じ単位で測られ，$\sigma_0(\mathbf{p}, \mathbf{v})$ は $1/\overline{L}$ の因子を含まない，Faith の系統的多様度そのものになる． ◆

まとめると，価値尺度 σ_q は，Hill 数 D_q，類似度に鋭敏な多様性の尺度 D_q^Z および完全に非類似な部分群集に分割された群集の多様度（例 7.1.8）だけでなく，いくつかの既知の系統的多様性の尺度をも統一する．

それぞれの種には，より文字どおりの（ことによると金銭的な）功利主義的意味における価値を割り当てることもできよう．Solow と Polasky は，「種の保全を正当化する理由の一つは，将来的に医療上の利益をもたらすかもしれない種があるということにある」[319, p.98]と指摘し，その視点から多様性を分析した．この類の探求は，明白な科学的理由からだけでなく，(p.9 で物語られたように) そのようにして Solow と Polasky が現在はマグニチュードとよばれる数学的に深い不変量に到達したということからも，価値がある．しかし，ここではそれを追求せず，代わりに価値尺度と情報理論における確立された量とを結びつける．

7.2　価値と相対エントロピー

価値尺度 σ_q は，古典的な研究対象である Rényi 相対エントロピーあるいは Rényi ダイバージェンス（Rényi[294, 3 節]）の単純な変換である．この短い節では，価値，相対エントロピーおよびこれまでに考察してきたいくつかのほかの量の間の関係を説明する．以降の節で論理的に必要なものはここにはないが，これは有用な背景を与えるもの

である.

$q \in [-\infty, \infty]$ および確率分布 $\mathbf{p}, \mathbf{r} \in \Delta_n$ に対して，**$\mathbf{r}$ に対する $\mathbf{p}$ のオーダー q の Rényi 相対エントロピー**（Rényi entropy of order q of $\mathbf{p}$ relative to $\mathbf{r}$）は，$q \neq 1, \pm\infty$ のとき

$$H_q(\mathbf{p} \parallel \mathbf{r}) = \frac{1}{q-1} \log \left(\sum_{i \in \mathrm{supp}(\mathbf{p})} p_i^q r_i^{1-q} \right)$$

として定義され，例外的な場合は

$$H_{-\infty}(\mathbf{p} \parallel \mathbf{r}) = \log \left(\min_{i \in \mathrm{supp}(\mathbf{p})} \frac{p_i}{r_i} \right)$$

$$H_1(\mathbf{p} \parallel \mathbf{r}) = \sum_{i \in \mathrm{supp}(\mathbf{p})} p_i \log \frac{p_i}{r_i} = H(\mathbf{p} \parallel \mathbf{r})$$

$$H_\infty(\mathbf{p} \parallel \mathbf{r}) = \log \left(\max_{i \in \mathrm{supp}(\mathbf{p})} \frac{p_i}{r_i} \right)$$

により定義される．すべての場合において，（p.107 の双対性の等式(4.11)より）

$$H_q(\mathbf{p} \parallel \mathbf{r}) = \log M_{q-1}(\mathbf{p}, \mathbf{p}/\mathbf{r}) = -\log M_{1-q}(\mathbf{p}, \mathbf{r}/\mathbf{p})$$

であり，

$$H_q(\mathbf{p} \parallel \mathbf{r}) = -\log \sigma_q(\mathbf{p}, \mathbf{r}) \tag{7.4}$$

が得られる．Rényi 相対エントロピーは値 ∞ をとることができる．しかし，古典的な相対エントロピーに対する議論（$q = 1$, p.66）と同様に，$r_i = 0$ である限り $p_i = 0$ となるような対 $(\mathbf{p}, \mathbf{r})$ に制限すると都合がよい．このとき，すべての q に対して $H_q(\mathbf{p} \parallel \mathbf{r}) < \infty$ である．

Rényi 相対エントロピーは，すべての分布 $\mathbf{p}$ に対して $H_q(\mathbf{p} \parallel \mathbf{p}) = 0$ となるという基本的な性質を，その古典的な形と同じくもっている．$q > 0$ のときは，補題 3.1.4 として古典的な場合において述べた正定値性も，Rényi 相対エントロピーはもっている．

補題 7.2.1　すべての $q > 0$ および $\mathbf{p}, \mathbf{r} \in \Delta_n$ に対して，

$$H_q(\mathbf{p} \parallel \mathbf{r}) \geq 0$$

であり，等号が成り立つのは $\mathbf{p} = \mathbf{r}$ のとき，かつそのときに限る．

証明　$\sum_{i=1}^n r_i = 1$ であるから，これは等式(7.4)および補題 7.1.3 から導かれる．　□

Rényi 相対エントロピーの上述の定義では，両方の引数が確率分布であることが要請されているが，価値尺度 σ_q の 2 番目の引数 $\mathbf{v}$ は任意の非負実ベクトルであってよい．

実際，Rényi が自身の相対エントロピーを導入したとき，彼は $\mathbf{p}$ と $\mathbf{r}$ が「一般化確率分布（generalized probability distribution）」（その成分の和が高々 1 となる非負実ベクトル）であることを許し，そのため規格化因子 $\sum p_i$ を挿入した[294, 3 節]．しかし，ここでは純粋な確率分布の対に対してのみ相対エントロピーを考える．

ちょうどオーダー q の Rényi 相対エントロピーが価値尺度 σ_q と密接に関係しているように，q 対数的エントロピー（定義 4.1.7）

$$S_q(\mathbf{p} \parallel \mathbf{r}) = - \sum_{i \in \mathrm{supp}(\mathbf{p})} p_i \ln_q \frac{r_i}{p_i}$$

も価値尺度 σ_q と密接に関係している．価値の見地からの q 対数的相対エントロピーに対する公式は，価値の見地からの Rényi 相対エントロピーに対する公式(7.4)で，対数を q 対数で置き換えたものと同じである．すなわち

$$S_q(\mathbf{p} \parallel \mathbf{r}) = -\ln_q \sigma_q(\mathbf{p}, \mathbf{r}) \qquad (-\infty < q < \infty)$$

である．これを証明するには，補題 4.2.29 を用いる．すなわち，

$$\begin{aligned} S_q(\mathbf{p} \parallel \mathbf{r}) &= -M_1(\mathbf{p}, \ln_q(\mathbf{r}/\mathbf{p})) \\ &= -\ln_q M_{1-q}(\mathbf{p}, \mathbf{r}/\mathbf{p}) \\ &= -\ln_q \sigma_q(\mathbf{p}, \mathbf{r}) \end{aligned}$$

である．ゆえに，$\sigma_q(-,-)$，$H_q(- \parallel -)$ および $S_q(- \parallel -)$ はすべて互いの単純な変換である．

Rényi 相対エントロピーは，通常の相対エントロピーと

$$H_q(\mathbf{p} \parallel \mathbf{u}_n) = H_q(\mathbf{u}_n) - H_q(\mathbf{p}) \qquad (q \in [-\infty, \infty],\ \mathbf{p} \in \Delta_n)$$

であるという性質を共有している．この点で，Rényi 相対エントロピーは q 対数的相対エントロピーよりやや都合のよい代数的性質をもつ．注意 4.1.8 における $S_q(\mathbf{p} \parallel \mathbf{u}_n)$ に対する公式と比較せよ．

注意 7.2.2 注意 4.3.3 で，任意の微分可能関数 $\lambda: (0, \infty) \to \mathbb{R}$ で $\lambda(1) = 0$ と $\lambda'(1) = 1$ をみたすものに対して，式

$$\frac{1}{1-q} \lambda \left(\sum_{i \in \mathrm{supp}(\mathbf{p})} p_i^q \right)$$

は $q \to 1$ のとき $H(\mathbf{p})$ に収束するという意味で，Shannon エントロピーの変形の一パラメータ族を定義することを観察した．相対エントロピーに対して同様の言明が成り立つ．

すなわち，任意のそのような関数 λ に対して，一般化相対エントロピー

$$\frac{1}{q-1} \lambda \left(\sum_{i \in \mathrm{supp}(\mathbf{p})} p_i^q r_i^{1-q} \right)$$

は $q \to 1$ のとき通常の相対エントロピー $H(\mathbf{p} \| \mathbf{r})$ に収束する．$\lambda = \log$ ととることで Rényi 相対エントロピーが得られ，$\lambda(x) = x - 1$ から q 対数的相対エントロピーが得られる．

注意 7.2.3 ここで，変形された相対エントロピーを確率分布たちの上の Fisher 計量へと関係づける．

（ⅰ）3.4 節で，通常の相対エントロピーの平方根は開単体 Δ_n° 上の距離関数ではない（すなわち，距離空間の意味での距離ではない）が，Riemann の意味での無限小計量であることを示した．そのとき確認したように，これは Fisher 計量に比例し，Fisher 計量自体は単位球面の正の象限上の標準的な Riemann 計量に比例し，全単射 $\mathbf{p} \leftrightarrow \sqrt{\mathbf{p}}$ を通じて Δ_n° へ移される．

ある $q \neq 1$ に対して，オーダー q の Rényi 相対エントロピー，あるいは q 対数的相対エントロピーに同じ手続きを適用すると何が起こるのかを問うのは自然である．何か新しく，変形された Fisher 的な Δ_n° 上の計量が得られるのであろうか？

答えは，否定的であることがわかる．通常の相対エントロピー $H(-\|-)$ の代わりに $H_q(-\|-)$ あるいは $S_q(-\|-)$ を用いても，Δ_n° 上の誘導された計量に q の定数因子がかかるだけである．より一般に，注意 7.2.2 で構成された型の相対エントロピーの変形の任意の族に対して同じことがいえる．（その証明は省略するが，それは通常の相対エントロピーに対する論証に類似している．Ay–Jost–Lê–Schwachhöfer [22, 2.7 節]および Amari[12, 第 3 章]とも比較せよ．）このことから，Fisher 距離と（等式(3.17)のように定義される）Fisher 情報量の q 類似は，古典的な Fisher 距離と Fisher 情報量に比例し，Jeffreys 事前分布の q 類似はその古典的な概念にちょうど等しい．

ここでの教訓は，確率分布たちの上の Fisher 計量は非常に安定で，カノニカルな概念であるということである．相対エントロピーをどのように変形しても，誘導される計量はつねに本質的に同じである．

（ⅱ）パラメータ値 $q = 1/2$ は特別な役割を果たす．オーダー $1/2$ の Rényi 相対エントロピーと q 対数的相対エントロピーは

$$H_{1/2}(\mathbf{p} \| \mathbf{r}) = -2 \log \left(\sum \sqrt{p_i r_i} \right), \qquad S_{1/2}(\mathbf{p} \| \mathbf{r}) = 2 \left(1 - \sum \sqrt{p_i r_i} \right)$$

である．どちらも $\mathbf{p}$ と $\mathbf{r}$ について対称的である（また，$q = 1/2$ はこの性質をもつただ一つのパラメータ値である）．実際，どちらも Fisher 距離

$$d_{\mathrm{F}}(\mathbf{p}, \mathbf{r}) = 2 \cos^{-1} \left(\sum \sqrt{p_i r_i} \right)$$

の増加する，可逆な変換である．だから，分布の対のオーダー $1/2$ の Rényi 相対エントロピーが，それらの間の Fisher 距離を決定する．同様に，$(\mathbf{p}, \mathbf{r})$ の $1/2$ 対数的エントロピーか，オーダー $1/2$ の価値

$$\sigma_{1/2}(\mathbf{p}, \mathbf{r}) = \left(\sum \sqrt{p_i r_i} \right)^2$$

かのいずれかがわかると，$\mathbf{p}$ と $\mathbf{r}$ の間の Fisher 距離が決まる．

7.3 価値の特徴づけ

ここでは，もっともな性質をもつ価値尺度は，ある $q \in [-\infty, \infty]$ に対して σ_q の形をしているものたちだけであることを示す．

非負半直線 $[0, \infty)$ 上の価値尺度 σ_q を定義したが，これは真に正である実数上の関数列

$$(\sigma_q \colon \Delta_n \times (0, \infty)^n \to (0, \infty))_{n \geq 1}$$

へと制限される．ここで特徴づけるのは，この族 $(\sigma_q)_{q \in [-\infty, \infty]}$ である．余分な仮定をおくという代償を払えば $[0, \infty)$ 上の類似の定理を証明することができるが（注意 7.3.5），ここでは真に正である値に注目する．だから，各 $q \in [-\infty, \infty]$ に対する σ_q はみたし，ほかのどんな σ もみたさない，関数列

$$(\sigma \colon \Delta_n \times (0, \infty)^n \to (0, \infty))_{n \geq 1} \tag{7.5}$$

に対する条件のリストを特定することになる．

まず，これらの条件を説明する．

$(0, \infty)$ 上の重みつき平均 M は，$(0, \infty)$ 上の価値尺度と同じ型の関数列

$$(M \colon \Delta_n \times (0, \infty)^n \to (0, \infty))_{n \geq 1}$$

であることを思い出す．もっともな平均ともっともな価値尺度のクラスに交わりはないと考えられるが（注意 7.1.2），平均がもつと見込まれる性質のいくつかは，価値尺度ももつと見込むことができる．したがって，重みつき平均に対して以前に定義し，付録 B に要約した用語のいくつかを再利用する．

以下では，σ は (7.5) のような関数列を表すこととする．このとき，σ は，すべて重みつき平均の文脈において以前に定義された，以下の性質をもつかもしれないしもたないかもしれない．

対称性　σ が対称的である（定義 4.2.10(i)）とは，全体の価値は部分が列挙される順序に依存しないことを意味する．

不在不変性　σ が不在不変である（定義 4.2.10(ii)）とは，不在である部分（$p_i = 0$）は全体の価値に寄与せず，無視してもよいことを意味する．

増加性　σ が増加する（定義 4.2.18）とは，部分が全体に対して正の（あるいは少なくとも，非負の）寄与をすることを意味する．すなわち，ある部分の価値が増加し，残りは同じままであるならば，それによって全体の価値が小さくなることはない．

斉次性　σ が斉次である（定義 4.2.21）とは，全体の価値と部分の価値が同じ単位で測られることを意味する．たとえば，各部分の価値がキログラムで測られるならば，全体の価値もキログラムで測られる．グラムへと変換すると，どちらも 1000 倍になる．

チェイン則　σ に対するチェイン則（定義 4.2.23）は，ここで必要とされる性質の中で最も煩雑なものであるが，論理的には基礎的なものである．これは，すべての $n, k_1, \ldots, k_n \geq 1$, $\mathbf{w} \in \Delta_n$, $\mathbf{p}^i \in \Delta_{k_i}$, および $\mathbf{v}^i \in (0, \infty)^{k_i}$ に対して

$$\sigma(\mathbf{w} \circ (\mathbf{p}^1, \ldots, \mathbf{p}^n), \mathbf{v}^1 \oplus \cdots \oplus \mathbf{v}^n) = \sigma(\mathbf{w}, (\sigma(\mathbf{p}^1, \mathbf{v}^1), \ldots, \sigma(\mathbf{p}^n, \mathbf{v}^n))) \quad (7.6)$$

というものである．

チェイン則は再帰的な性質である（図 7.3）．全体が部分に分割されていて，部分がさらに小部分に分割されているときに，価値を集約する方法 σ が整合的に振る舞うことを意味する．

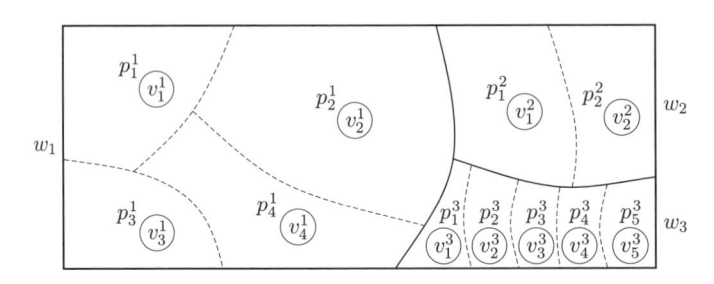

図 **7.3**　等式 (7.6) の，価値尺度に対するチェイン則．ここでは，全体は $n = 3$ 個の部分に，最初の部分は $k_1 = 4$ 個の小部分に，2 番目の部分は $k_2 = 2$ 個の小部分に，および 3 番目の部分は $k_3 = 5$ 個の小部分に分割されている．

たとえば，全世界の土地の何らかの評価を行うとし，各国に対する価値はすでに割り当てられているとする．まず σ を用いて各大陸の価値を計算し，次に再び σ をこれらの大陸の価値に用いて地球全体の価値を計算することができよう．これは，v_j^i が i 番目の大陸上の j 番目の国の価値を表し，$\mathbf{p}^i$ が i 番目の大陸上の国々の相対サイズ分布であり，$\mathbf{w}$ が大陸の相対サイズ分布であるとき，等式 (7.6) の右辺である．代わりに，

中間の大陸のレベルを無視して，σ を用いて国の価値から直接地球全体の価値を計算することもできよう．これは，等式 (7.6) の左辺を与える．地球全体の価値を計算するこの二つの方法は同じ結果を与えるはずであるが，チェイン則はそうであることを述べている．

$(0, \infty)$ 上の価値尺度 σ に対する，さらなる二つの定義を行う．

定義 7.3.1 σ が**正の確率について連続** (continuous in positive probabilities) であるとは，各 $n \geq 1$ と $\mathbf{v} \in (0, \infty)^n$ に対して，開単体上の関数

$$\sigma(-, \mathbf{v}) \colon \Delta_n^\circ \ \to \ (0, \infty)$$
$$\mathbf{p} \ \mapsto \ \sigma(\mathbf{p}, \mathbf{v})$$

が連続であるときをいう．

この条件は，現存する部分の価値ではなく，そのサ̇イ̇ズ̇についての連続性のみを含んでいる．単体の内部へと制限しているのは，現存することと現存しないことの間をはっきり区別する価値尺度を禁止しないことを意味する．

定義 7.3.2 σ が**有効数** (effective number) であるとは，すべての $n \geq 1$ に対して

$$\sigma(\mathbf{u}_n, (1, \ldots, 1)) = n$$

であるときをいう．

斉次性を仮定すると，有効数性は，すべての $n \geq 1$ と $v \in (0, \infty)$ に対して

$$\sigma(\mathbf{u}_n, (v, \ldots, v)) = nv \tag{7.7}$$

であることと同値である．すなわち，同じサイズで同じ価値 v の n 個の部分をあわせたとき，その結果は価値 nv をもつ．

注意 7.3.3 σ を，不在不変な価値尺度とする．このとき，$i \notin \mathrm{supp}(\mathbf{p})$ に対して，$\sigma(\mathbf{p}, \mathbf{v})$ は v_i に依存しない．実際，$i_1 < \cdots < i_k$ として $\mathrm{supp}(\mathbf{p}) = \{i_1, \ldots, i_k\}$ と書くと，不在不変性は

$$\sigma(\mathbf{p}, \mathbf{v}) = \sigma((p_{i_1}, \ldots, p_{i_k}), (v_{i_1}, \ldots, v_{i_k})) \tag{7.8}$$

を含意する．それゆえ，$\sigma(\mathbf{p}, \mathbf{v})$ の定義を，v_i が許容範囲 $(0, \infty)$ 内になくてもよい，あるいは $i \notin \mathrm{supp}(\mathbf{p})$ のときはまったく定義されてさえいなくてもよいような対 $(\mathbf{p}, \mathbf{v})$ へと整合的に拡張することができる．その場合，$\sigma(\mathbf{p}, \mathbf{v})$ を等式 (7.8) の右辺で定義する．この約束は，注意 4.2.15 で導入した平均に対する約束や，測度零の集合上で未定義の関数の積分に対する通常の約束とまったく類似のものである．

それでは，上に挙げた性質が価値尺度の族 (σ_q) を一意的に特徴づけることを証明する．

定理 7.3.4 $(\sigma\colon \Delta_n \times (0,\infty)^n \to (0,\infty))_{n\geq 1}$ を関数列とする．以下は同値である．
(ⅰ) σ は，対称的で，不在不変で，増加し，斉次で，正の確率について連続で，有効数であり，かつチェイン則をみたす．
(ⅱ) ある $q \in [-\infty, \infty]$ に対して $\sigma = \sigma_q$ である．

証明 (ⅱ)が(ⅰ)を含意することを証明するのに，$q \in [-\infty, \infty]$ とする．σ_q が対称的で，不在不変で，増加し，斉次で，かつ正の確率について連続であることは，σ_q の定義

$$\sigma_q(\mathbf{p}, \mathbf{v}) = M_{1-q}(\mathbf{p}, \mathbf{v}/\mathbf{p})$$

と，対応する M_{1-q} の性質（補題 4.2.11，補題 4.2.19，補題 4.2.22 および補題 4.2.6(ⅰ)）から導かれる．σ_q が有効数であることは M_{1-q} の整合性から導かれ，また σ_q に対するチェイン則は M_{1-q} に対するチェイン則から導かれる（命題 4.2.24）．

逆に，σ が(ⅰ)における条件をみたすことを仮定する．関数列

$$(M\colon \Delta_n \times (0,\infty)^n \to (0,\infty))_{n\geq 1}$$

を

$$M(\mathbf{p}, \mathbf{x}) = \sigma(\mathbf{p}, \mathbf{px}) \qquad (\mathbf{p} \in \Delta_n, \ \mathbf{x} \in (0,\infty)^n)$$

により定義する．ある i に対して $(\mathbf{px})_i = 0$ となることもあり，この場合 $\sigma(\mathbf{p}, \mathbf{px})$ は厳密には未定義であるが，これが起こるのは $p_i = 0$ のときだけである．ゆえに，$\sigma(\mathbf{p}, \mathbf{px})$ は注意 7.3.3 の約束にしたがって解釈することができる．

M がべき乗平均であることを証明する．M が定理 5.5.10 の仮定をみたすことを示すことでこれを行う．すなわち，M は対称的で，不在不変で，増加し，斉次で，モジュール的で，かつ整合的であることを示す．最初の四つは σ の対応する性質から導かれる．あとは，M がモジュール的かつ整合的であることを証明すればよい．

モジュール性について，$\mathbf{w} \in \Delta_n$，$\mathbf{p}^i \in \Delta_{k_i}$，および $\mathbf{x}^i \in (0,\infty)^{k_i}$ とする．σ のチェイン則と斉次性を用いて，

$$
\begin{aligned}
M(\mathbf{w} &\circ (\mathbf{p}^1, \ldots, \mathbf{p}^n), \mathbf{x}^1 \oplus \cdots \oplus \mathbf{x}^n) \\
&= \sigma(\mathbf{w} \circ (\mathbf{p}^1, \ldots, \mathbf{p}^n), w_1 \mathbf{p}^1 \mathbf{x}^1 \oplus \cdots \oplus w_n \mathbf{p}^n \mathbf{x}^n) \\
&= \sigma(\mathbf{w}, (\sigma(\mathbf{p}^1, w_1 \mathbf{p}^1 \mathbf{x}^1), \ldots, \sigma(\mathbf{p}^n, w_n \mathbf{p}^n \mathbf{x}^n))) \\
&= \sigma(\mathbf{w}, (w_1 M(\mathbf{p}^1, \mathbf{x}^1), \ldots, w_n M(\mathbf{p}^n, \mathbf{x}^n))) \\
&= M(\mathbf{w}, (M(\mathbf{p}^1, \mathbf{x}^1), \ldots, M(\mathbf{p}^n, \mathbf{x}^n)))
\end{aligned}
$$

であることがわかる．ゆえに M はチェイン則をみたし，したがってモジュール的である．

M が整合的であることを証明することは，斉次性より，すべての $n \geq 1$ と $\mathbf{p} \in \Delta_n$ に対して

$$\sigma(\mathbf{p}, \mathbf{p}) = 1$$

であることを示すことと同値である．これは三つのステップで行われる．

最初に，$\mathbf{p}$ の座標が正かつ有理数として，和が k となる正の整数 k_i の組を用いて $\mathbf{p} = (k_1/k, \ldots, k_n/k)$ とする．このとき，

$$\mathbf{u}_k = \mathbf{p} \circ (\mathbf{u}_{k_1}, \ldots, \mathbf{u}_{k_n})$$

であるから，σ に対するチェイン則より，

$$\sigma(\mathbf{u}_k, k * 1) = \sigma(\mathbf{p}, (\sigma(\mathbf{u}_{k_1}, k_1 * 1), \ldots, \sigma(\mathbf{u}_{k_n}, k_n * 1)))$$

である．σ の有効数性より，これは

$$k = \sigma(\mathbf{p}, (k_1, \ldots, k_n))$$

であることを意味する．k で全体を割り，σ の斉次性を用いて，望んだとおり $1 = \sigma(\mathbf{p}, \mathbf{p})$ を得る．

第二のステップについて，$\mathbf{p}$ を Δ_n° の任意の点とする．$\varepsilon > 0$ とする．σ は正の確率について連続であるから，ある $\delta > 0$ が存在して，$\mathbf{r} \in \Delta_n^\circ$ に対して，

$$\|\mathbf{p} - \mathbf{r}\| < \delta \implies |\sigma(\mathbf{p}, \mathbf{p}) - \sigma(\mathbf{r}, \mathbf{p})| < \frac{\varepsilon}{2} \tag{7.9}$$

である．ただし，$\|\cdot\|$ は Euclid 長を表す．有理数の座標をもつ $\mathbf{r} \in \Delta_n^\circ$ で，

$$\|\mathbf{p} - \mathbf{r}\| < \delta, \qquad \max_i \frac{p_i}{r_i} \leq 1 + \frac{\varepsilon}{2}, \qquad \min_i \frac{p_i}{r_i} \geq 1 - \frac{\varepsilon}{2}$$

であるものを選ぶことができる．σ は増加し，かつ斉次であるから，

$$\sigma(\mathbf{r}, \mathbf{p}) \leq \sigma\left(\mathbf{r}, \left(\max_i \frac{p_i}{r_i}\right)\mathbf{r}\right) = \left(\max_i \frac{p_i}{r_i}\right)\sigma(\mathbf{r}, \mathbf{r})$$

となり，最初のステップより

$$\sigma(\mathbf{r}, \mathbf{p}) \leq \max_i \frac{p_i}{r_i} \leq 1 + \frac{\varepsilon}{2}$$

を得る．同様に，$\sigma(\mathbf{r}, \mathbf{p}) \geq 1 - \varepsilon/2$ であるから，

$$|\sigma(\mathbf{r}, \mathbf{p}) - 1| \leq \frac{\varepsilon}{2}$$

となる．(7.9) および三角不等式とあわせると，これは $|\sigma(\mathbf{p}, \mathbf{p}) - 1| < \varepsilon$ を含意する．しかし，ε は任意であるから，$\sigma(\mathbf{p}, \mathbf{p}) = 1$ である．

最後に第三に，任意の $\mathbf{p} \in \Delta_n$ をとる．$i_1 < \cdots < i_k$ として $\mathrm{supp}(\mathbf{p}) = \{i_1, \ldots, i_k\}$ と書き，また $\mathbf{r} = (p_{i_1}, \ldots, p_{i_k}) \in \Delta_k^\circ$ と書く．このとき，

$$\sigma(\mathbf{p}, \mathbf{p}) = \sigma(\mathbf{r}, \mathbf{r}) = 1$$

である．ただし，最初の等式は注意 7.3.3 で与えられた理由から成り立ち，二つ目の等式は上述の第二のステップから導かれる．

以上で，M が整合的であることの証明が完了となる．これで，M が定理 5.5.10 の仮定をみたすことが示された．その定理より，ある $q \in [-\infty, \infty]$ に対して $M = M_{1-q}$ となる．このことから，すべての $n \geq 1$，$\mathbf{p} \in \Delta_n$，および $\mathbf{v} \in (0, \infty)^n$ に対して

$$\sigma(\mathbf{p}, \mathbf{v}) = M_{1-q}(\mathbf{p}, \mathbf{v}/\mathbf{p}) = \sigma_q(\mathbf{p}, \mathbf{v})$$

となる． $\square$

注意 7.3.5 $[0, \infty)$ 上の平均についての定理 5.5.11 を用いると，$(0, \infty)$ ではなく $[0, \infty)$ での価値に対して，同様の特徴づけ定理を証明することができる．この場合，連続性の要請を強くして，それぞれの固定された $\mathbf{p}$ に対して $\sigma(\mathbf{p}, \mathbf{v})$ が $\mathbf{v}$ について連続であることも要求しなければならない．

7.2 節の観察を用いて，定理 7.3.4 は Rényi 相対エントロピーか，q 対数的相対エントロピーかのいずれかに対する特徴づけ定理へと翻訳することができる．この課題は，読者に委ねる．

7.4　Hill 数の全体的特徴づけ

多様性の測定に対する公理的アプローチとは，多様性の概念がもつことが望ましい数学的性質を特定し，次に特定された性質をもつすべての多様性の尺度を分類する定理を証明するというものである．

ここでは，相対存在量分布 $\mathbf{p} = (p_1, \ldots, p_n)$ という単純であるが非常にありふれた群集のモデルに対してこのことを行う．いくつかの直感的な性質をみたす尺度 $\mathbf{p} \mapsto D(\mathbf{p})$ は，どれも Hill 数 D_q の一つでなければならないことを証明する．これを行うのに，価値尺度に対する特徴づけ定理（定理 7.3.4）を用いる．その手順は，仮の多様性の尺度 D から価値尺度 σ を構築し，定理 7.3.4 を適用してある q に対して $\sigma = \sigma_q$ であることを示し，これから $D = D_q$ であることを導き出すというものである．

これは，本書で証明する Hill 数に対する二つ目の特徴づけ定理であり，仮定がより単純かつ生態学的により直接的に説明できるという意味において，最初の定理（定理 4.5.1）よりも強力である．もう一つの違いは，以前の定理ではパラメータ値 q が固定されているが，以下の定理はすべての q に対して同時に D_q を特徴づけるということである．この違いについては，本章の序文の末尾でさらに議論した．

それでは，任意の n 種の群集で相対存在量 $\mathbf{p} = (p_1, \dots, p_n)$ をもつものの多様度 $D(\mathbf{p})$ を測ることを意図した関数列

$$(D \colon \Delta_n \to (0, \infty))_{n \geq 1}$$

を考える．D は，どのような性質をもつと期待されるであろうか？

すでに 4.4 節でいくつかの望ましい性質について議論し，任意のもっとも多様性の尺度 D は，対称的で，不在不変で，正の確率について連続であるべきであり，また複製原理にしたがうべきであると主張した．スケールを固定するために，一つの種だけからなる群集は多様度 1 をもつことも要求する．形式的には，$D(\mathbf{u}_1) = 1$ であるとき，D は**規格化されている**（normalized）という．

仮の多様性の尺度に対して，さらなる条件を一つ課す．異なる個体群サイズをもつかもしれない，共通の種がない島の対を考える．最初の島の個体群を，存在量は同じだが多様度がより大きいか等しい，やはり二つ目の島と種を共有しない個体群に置き換える．このとき，二つの島からなる群集の多様度は，もとの多様度以上であるべきである．

より一般に，異なる個体群サイズをもつかもしれない，島の間で種が共有されていないいくつかの島のグループを考える．それぞれの島の個体群を，存在量は同じだが多様度がより大きいか等しい，やはり島の間で種を共有しない個体群に置き換える．このとき，島のグループ全体の多様度は，もとの多様度以上となるべきである．この条件は，前段落で述べた特別な場合よりも表面的にはより強いが，帰納法により同値となる．これを，以下のように定式化する．

> **定義 7.4.1**　関数列 $(D \colon \Delta_n \to (0, \infty))_{n \geq 1}$ が**モジュール単調**（modular-monotone）であるとは，すべての $n, k_i, \tilde{k}_i \geq 1$ と，$\mathbf{w} \in \Delta_n$，$\mathbf{p}^i \in \Delta_{k_i}$ および $\widetilde{\mathbf{p}}^i \in \Delta_{\tilde{k}_i}$ に対して，
>
> $$\text{すべての } i \in \{1, \dots, n\} \text{ に対して } D(\mathbf{p}^i) \leq D(\widetilde{\mathbf{p}}^i)$$
> $$\implies D(\mathbf{w} \circ (\mathbf{p}^1, \dots, \mathbf{p}^n)) \leq D(\mathbf{w} \circ (\widetilde{\mathbf{p}}^1, \dots, \widetilde{\mathbf{p}}^n))$$
>
> であるときをいう．

比較のために，D がモジュール的であるのは，定義より

$$
\text{すべての } i \in \{1, \ldots, n\} \text{ に対して } D(\mathbf{p}^i) = D(\widetilde{\mathbf{p}}^i)
$$
$$
\implies D(\mathbf{w} \circ (\mathbf{p}^1, \ldots, \mathbf{p}^n)) = D(\mathbf{w} \circ (\widetilde{\mathbf{p}}^1, \ldots, \widetilde{\mathbf{p}}^n))
$$

であるとき，かつそのときに限ることを思い出す（定義 4.4.14）．モジュール単調性はモジュール性を含意し（補題 7.4.4），またモジュール性と同様に多様性の尺度に対する基本的な要請である．

例 7.4.2 $q \in [-\infty, \infty]$ とする．D_q に対するチェイン則（命題 4.4.10）より

$$
D_q(\mathbf{w} \circ (\mathbf{p}^1, \ldots, \mathbf{p}^n)) = M_{1-q}(\mathbf{w}, (D_q(\mathbf{p}^1)/w_1, \ldots, D_q(\mathbf{p}^n)/w_n))
$$

であり，べき乗平均 M_{1-q} は増加するので，Hill 数 D_q はモジュール単調である．　◆

以下を証明する．

定理 7.4.3 $(D \colon \Delta_n \to (0, \infty))_{n \geq 1}$ を関数列とする．以下は同値である．
（ⅰ）D は対称的で，不在不変で，正の確率について連続であり，規格化されていて，モジュール単調であり，かつ複製原理をみたす．
（ⅱ）ある $q \in [-\infty, \infty]$ に対して $D = D_q$ である．

本節の残りの部分は，この証明と，q の負の値を排除する定理の改良に費やす．(ⅱ)が(ⅰ)を含意することはすでに示したので，あとは逆を証明すればよい．
本節の残りの部分では，

$$
(D \colon \Delta_n \to (0, \infty))_{n \geq 1}
$$

は定理 7.4.3(ⅰ)の六つの条件をみたす関数列であるとする．

D について仮定した性質が，4.4 節で議論したほかの望ましい性質のいくつかを含意することを示すことから，証明を始める．

補題 7.4.4 D は有効数であり，かつモジュール的ある．

証明 有効数性については，各 $n \geq 1$ に対して，複製原理と規格化されていることより，

$$
D(\mathbf{u}_n) = D(\mathbf{u}_n \otimes \mathbf{u}_1) = nD(\mathbf{u}_1) = n
$$

である．

定義 4.4.14 の表記で $D(\mathbf{p}^i) = D(\widetilde{\mathbf{p}}^i)$ ならば $D(\mathbf{p}^i) \leq D(\widetilde{\mathbf{p}}^i) \leq D(\mathbf{p}^i)$ であるから，モジュール単調性からモジュール性が導かれる．　□

次のいくつかの結果は，D が乗法的であることを確立する．これはより難しい．ま
ず，$D(\mathbf{p} \otimes \mathbf{r})$ は $D(\mathbf{p})$ と $D(\mathbf{r})$ にのみ依存するという，より弱い言明を証明する．

補題 7.4.5 $\mathbf{p} \in \Delta_m$, $\mathbf{p}' \in \Delta_{m'}$, $\mathbf{r} \in \Delta_n$, および $\mathbf{r}' \in \Delta_{n'}$ とする．このとき，

$$D(\mathbf{p}) = D(\mathbf{p}'), D(\mathbf{r}) = D(\mathbf{r}') \implies D(\mathbf{p} \otimes \mathbf{r}) = D(\mathbf{p}' \otimes \mathbf{r}')$$

である．

証明 $D(\mathbf{p}) = D(\mathbf{p}')$ および $D(\mathbf{r}) = D(\mathbf{r}')$ とする．$\otimes$ の定義とモジュール性より，

$$
\begin{aligned}
D(\mathbf{p} \otimes \mathbf{r}) &= D(\mathbf{p} \circ (\mathbf{r}, \ldots, \mathbf{r})) \\
&= D(\mathbf{p} \circ (\mathbf{r}', \ldots, \mathbf{r}')) \\
&= D(\mathbf{p} \otimes \mathbf{r}')
\end{aligned}
$$

である．D の対称性より，テンソル積における因子の順序は無関係であるから，同じ論
証により $D(\mathbf{p} \otimes \mathbf{r}') = D(\mathbf{p}' \otimes \mathbf{r}')$ である．よって，示すべき結果が導かれる． $\square$

D が乗法的であることを示すための次のステップとして，一つの技術的な補題を証明
する（図 7.4）．

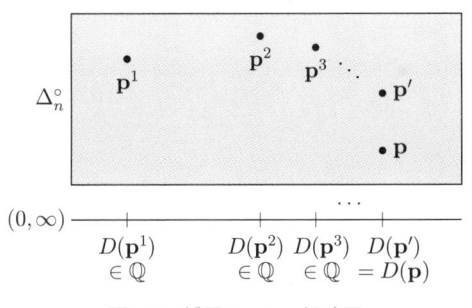

図 7.4 補題 7.4.6 の概略図

補題 7.4.6 $n \geq 1$ および $\mathbf{p} \in \Delta_n^\circ$ とする．このとき，点 $\mathbf{p}' \in \Delta_n^\circ$ に収束する Δ_n° に
おける点列 $(\mathbf{p}^j)_{j=1}^\infty$ で，すべての j に対して $D(\mathbf{p}^j)$ は有理数であり，$D(\mathbf{p}') = D(\mathbf{p})$
であるものが存在する． $\square$

証明 連続写像 $\gamma \colon [0,1] \to \Delta_n^\circ$ で，$\gamma(0) = \mathbf{u}_n$ および $\gamma(1) = \mathbf{p}$ となるものを選ぶこ
とができる（たとえば，$\gamma(t) = (1-t)\mathbf{u}_n + t\mathbf{p}$ ととればよい）．正の確率についての連
続性より，$D\gamma[0,1]$ は連結であり，したがって $(0, \infty)$ の部分区間である．$D\gamma[0,1]$ は
$D(\gamma(0))$ を含み，これは有効数性より n であり，また $D(\gamma(1)) = D(\mathbf{p})$ も含む．ゆえ
に，$D\gamma[0,1]$ は n と $D(\mathbf{p})$ の間のすべての実数を含む．$D(\mathbf{p}) = n$ であるか $D(\mathbf{p}) \neq n$

であるかのいずれかであり，いずれの場合においても，$D(\mathbf{p})$ に収束し，かつ増加するか減少するかのいずれかであるような，$D\gamma[0,1]$ 内のある有理数列 $(d_j)_{j=1}^{\infty}$ が存在する（$D(\mathbf{p}) = n$ の場合は，単にすべての j に対して $d_j = n$ ととればよい）．

$d_1 \in D\gamma[0,1]$ であるから，$t_1 \in [0,1]$ を選んで $D(\gamma(t_1)) = d_1$ とできる．このとき，正の確率についての連続性より，$D\gamma[t_1, 1]$ は d_1 と $D(\gamma(1)) = D(\mathbf{p})$ を含む区間になる．しかし，(d_j) は $D(\mathbf{p})$ に収束する，増加する数列または減少する数列であるから，区間 $D\gamma[t_1, 1]$ は d_2 も含む．ゆえに，$t_2 \in [t_1, 1]$ を選んで $D(\gamma(t_2)) = d_2$ とできる．このように続けることで，すべての $j \geq 1$ に対して $D(\gamma(t_j)) = d_j$ となる，$[0,1]$ 内の増加する数列 $(t_j)_{j=1}^{\infty}$ を得る．

各 $j \geq 1$ に対して，$\mathbf{p}^j = \gamma(t_j) \in \Delta_n^{\circ}$ とおく．このとき，すべての j に対して $D(\mathbf{p}^j) = d_j \in \mathbb{Q}$ である．また，$t = \sup_j t_j \in [0,1]$ および $\mathbf{p}' = \gamma(t) \in \Delta_n^{\circ}$ とおく．このとき，$j \to \infty$ のとき $t_j \to t$ であるから，$j \to \infty$ とすると

$$\mathbf{p}^j = \gamma(t_j) \to \gamma(t) = \mathbf{p}'$$

となる．D は正の確率について連続であるから，これは $j \to \infty$ のとき $D(\mathbf{p}^j) \to D(\mathbf{p}')$ であることを含意する．しかし，数列 (d_j) の定義より，$j \to \infty$ のとき $D(\mathbf{p}^j) = d_j \to D(\mathbf{p})$ でもある．ゆえに，望んだとおり $D(\mathbf{p}') = D(\mathbf{p})$ となる． $\square$

▍補題 7.4.7 D は乗法的である．

証明 $\mathbf{p} \in \Delta_m$ および $\mathbf{r} \in \Delta_n$ とする．$D(\mathbf{p} \otimes \mathbf{r}) = D(\mathbf{p})D(\mathbf{r})$ であることを示さなければならない．

まず，$D(\mathbf{p})$ が有理数で，正の整数 a と b に対して $D(\mathbf{p}) = a/b$ とする．D は有効数であるから，$bD(\mathbf{p}) = D(\mathbf{u}_a)$ である．ゆえに複製原理より，

$$D(\mathbf{u}_b \otimes \mathbf{p}) = D(\mathbf{u}_a) \tag{7.10}$$

である．ここで，

$$bD(\mathbf{p} \otimes \mathbf{r}) = D(\mathbf{u}_b \otimes \mathbf{p} \otimes \mathbf{r}) \tag{7.11}$$

$$= D(\mathbf{u}_a \otimes \mathbf{r}) \tag{7.12}$$

$$= aD(\mathbf{r}) \tag{7.13}$$

である．ただし，(7.11) と (7.13) は D に対する複製原理から導かれ，(7.12) は (7.10) と補題 7.4.5 から導かれる．ゆえに，望んだとおり

$$D(\mathbf{p} \otimes \mathbf{r}) = \frac{a}{b}D(\mathbf{r}) = D(\mathbf{p})D(\mathbf{r})$$

となる．

次に，$\mathbf{p} \in \Delta_m^{\circ}$ および $\mathbf{r} \in \Delta_n^{\circ}$ である場合に $D(\mathbf{p} \otimes \mathbf{r}) = D(\mathbf{p})D(\mathbf{r})$ であることを証明する．補題 7.4.6 のように，$\mathbf{p}' \in \Delta_m^{\circ}$ に収束する Δ_m° 内の数列 $(\mathbf{p}^j)$ を選ぶ．前段落より，すべての $j \geq 1$ に対して

$$D(\mathbf{p}^j \otimes \mathbf{r}) = D(\mathbf{p}^j)D(\mathbf{r}) \tag{7.14}$$

である．いま，すべての j に対して $\mathbf{p}^j \otimes \mathbf{r} \in \Delta_{mn}^{\circ}$ であり，かつ $j \to \infty$ のとき $\mathbf{p}^j \otimes \mathbf{r} \to \mathbf{p}' \otimes \mathbf{r}$ である．ゆえに，等式 (7.14) で $j \to \infty$ の極限をとり，正の確率についての連続性を用いて，

$$D(\mathbf{p}' \otimes \mathbf{r}) = D(\mathbf{p}')D(\mathbf{r})$$

となる．しかし，$D(\mathbf{p}') = D(\mathbf{p})$ であるから，補題 7.4.5 より，望んだとおり

$$D(\mathbf{p} \otimes \mathbf{r}) = D(\mathbf{p})D(\mathbf{r})$$

となる．

最後に，任意の $\mathbf{p} \in \Delta_m$ と $\mathbf{r} \in \Delta_n$ に対する乗法性を証明する．対称性より，$\mathbf{p} = (p_1, \ldots, p_{m'}, 0, \ldots, 0)$ で $p_1, \ldots, p_{m'} > 0$ としてよい．$\mathbf{p}' = (p_1, \ldots, p_{m'}) \in \Delta_{m'}$ と書き，$\mathbf{r}' \in \Delta_{n'}$ も同様に書く．前段落より，$D(\mathbf{p}' \otimes \mathbf{r}') = D(\mathbf{p}')D(\mathbf{r}')$ である．一方，不在不変性より，$D(\mathbf{p}') = D(\mathbf{p})$ および $D(\mathbf{r}') = D(\mathbf{r})$ である．ゆえに，補題 7.4.5 より $D(\mathbf{p} \otimes \mathbf{r}) = D(\mathbf{p})D(\mathbf{r})$ となり，証明が完了する． $\qquad\square$

定理 7.4.3 の証明の残りの部分に対する計画は，以下のとおりである．ある q に対して $D = D_q$ であることを示したい．Hill 数 D_q がチェイン則

$$D_q(\mathbf{w} \circ (\mathbf{p}^1, \ldots, \mathbf{p}^n)) = \sigma_q(\mathbf{w}, (D_q(\mathbf{p}^1), \ldots, D_q(\mathbf{p}^n)))$$

をみたすことはわかっている（例 7.1.8）．多様性の尺度 D はモジュール的であり，これは $D(\mathbf{w} \circ (\mathbf{p}^1, \ldots, \mathbf{p}^n))$ が $\mathbf{w}$ と $D(\mathbf{p}^1), \ldots, D(\mathbf{p}^n)$ の何らかの関数であることを意味している．したがって，関数 σ を

$$D(\mathbf{w} \circ (\mathbf{p}^1, \ldots, \mathbf{p}^n)) = \sigma(\mathbf{w}, (D(\mathbf{p}^1), \ldots, D(\mathbf{p}^n))) \tag{7.15}$$

により定義することができる．大雑把にいえば，以下では多様性の尺度 D について仮定されたよい性質が σ のよい性質を含意することを示し，先の価値尺度の特徴づけからある q に対して $\sigma = \sigma_q$ であることを導き出し，$D = D_q$ であることを結論づける．

一つ注意を要する点がある．価値尺度の特徴づけ（定理 7.3.4）を用いるためには，σ は $\mathbf{p} \in \Delta_n$ および $\mathbf{v} \in (0, \infty)^n$ であるすべての対 $(\mathbf{p}, \mathbf{v})$ に対して定義されている必要があるが，等式 (7.15) は，その座標 v_i が多様性の尺度 D の値として表されるベクトル

$\mathbf{v}$ 上においてのみ $\sigma(\mathbf{p}, \mathbf{v})$ を定義している．そして，$(0, \infty)$ の元で D の値として生じないものがあるかもしれない．実際，$D = D_q$ ならば，すべての分布 $\mathbf{r}$ に対して $D_q(\mathbf{r}) \geq 1$ である．

　この理由から，ここで多様度 $D(\mathbf{p})$ として生じる実数の集合を分析する．次のように書く．

$$\mathrm{im}\,D = \bigcup_{n=1}^{\infty} D\Delta_n \subseteq (0, \infty)$$

Hill 数の場合から，状況はまったく単純ではないことがわかる．

例 7.4.8　$q \in [-\infty, \infty]$ に対して，Hill 数 D_q は像

$$\mathrm{im}\,D_q = \begin{cases} [1, \infty) & (q > 0 \text{ のとき}) \\ \{1, 2, 3, \ldots\} & (q = 0 \text{ のとき}) \\ \{1\} \cup [2, \infty) & (q < 0 \text{ のとき}) \end{cases} \tag{7.16}$$

をもつ．$q > 0$ に対する言明は，すべての $\mathbf{p}$ に対して $D_q(\mathbf{p}) \geq 1$ であり（補題 4.4.3(i)），D_q は有効数であり（等式 (4.25)），かつ D_q は連続である（補題 4.4.6(ii)）という事実から導かれる．$q = 0$ については，$D_0(\mathbf{p}) = |\mathrm{supp}(\mathbf{p})|$ であるから，この結果はすぐにわかる．

　次に，$q < 0$ とする．多様度プロファイルは減少するので（命題 4.4.1），すべての $\mathbf{p}$ に対して

$$D_q(\mathbf{p}) \geq |\mathrm{supp}(\mathbf{p})|$$

である．$|\mathrm{supp}(\mathbf{p})| = 1$ ならば，$\mathbf{p} = (0, \ldots, 0, 1, 0, \ldots, 0)$ であるから $D_q(\mathbf{p}) = 1$ である．そうでなければ，$|\mathrm{supp}(\mathbf{p})| \geq 2$ であるから $D_q(\mathbf{p}) \in [2, \infty)$ である．ゆえに，$\mathrm{im}\,D_q \subseteq \{1\} \cup [2, \infty)$ である．逆の包含関係を証明するのに，まず $1 = D_q(\mathbf{u}_1)$ と $2 = D_q(\mathbf{u}_2)$ のどちらも $\mathrm{im}\,D_q$ に属することに注意する．初等的な計算から，

$$t \to 0+ \text{ のとき } D_q(t, 1-t) \to \infty$$

となることがわかる．$D_q : \Delta_2^\circ \to (0, \infty)$ は連続であるから（補題 4.4.6(i)），$D_q\Delta_2^\circ$ は 2 を含む上に非有界な区間である．ゆえに，$D_q\Delta_2^\circ \supseteq [2, \infty)$ であり，これで等式 (7.16) の最後の場合の証明が完了する．　　　　◆

補題 7.4.9　$\mathrm{im}\,D$ は乗法で閉じている．

証明　これは，D の乗法性から導かれる（補題 7.4.7）．　　　　□

補題 7.4.10 $D \neq D_0$ とする．このとき，ある $L > 0$ に対して，$\mathrm{im}\, D \supseteq [L, \infty)$ である．

証明 $D\Delta_n^\circ$ が各 $n \geq 1$ に対して一点集合であるならば，有効数性より各 n に対して $D\Delta_n^\circ = \{n\}$ となる．ゆえに，不在不変性より $D = D_0$ となり，矛盾する．

したがって，$D\Delta_n^\circ$ が 1 点より多くの点をもつ $n \geq 1$ を選ぶことができ，このことは正の確率についての連続性より $D\Delta_n^\circ$ が非自明な区間であることを含意する．D は有効数であるから，この区間は n を含む．ここで，（$D\Delta_1^\circ$ は自明であるから）$n \neq 1$ であり，それゆえ $n \geq 2$ となり，それゆえ $\mathrm{im}\, D \cap [1, \infty)$ は非自明な区間を含む．$\mathrm{im}\, D$ と $[1, \infty)$ のどちらも乗法で閉じているので，$\mathrm{im}\, D \cap [1, \infty)$ も乗法で閉じている．

いまや，乗法で閉じていて非自明な区間を含む $[1, \infty)$ の任意の部分集合 B が，ある $L \geq 1$ に対して $[L, \infty)$ を含んでいなければならないことを証明すれば十分である．実際，B は非自明な区間を含むので，ある実数 $b > 1$ と正の整数 r に対して $B \supseteq [b, b^{1+1/r}]$ である．B は乗法で閉じているので B は正の整数の累乗で閉じており，それゆえすべての整数 $m \geq r$ に対して，

$$B \supseteq [b^m, b^{m+m/r}] \supseteq [b^m, b^{m+1}]$$

である．ゆえに，

$$B \supseteq \bigcup_{m \geq r} [b^m, b^{m+1}] = [b^r, \infty)$$

であるが，最後のステップでは $b > 1$ を用いた． $\square$

それでは，D から価値尺度 σ を構成する．この構成は，二つのステップで進行する．第一に，D はモジュール的であるから，関数列

$$(\rho \colon \Delta_n \times (\mathrm{im}\, D)^n \to \mathrm{im}\, D)_{n \geq 1}$$

を，すべての $n, k_1, \ldots, k_n \geq 1$，$\mathbf{w} \in \Delta_n$ および $\mathbf{p}^i \in \Delta_{k_i}$ に対して

$$\rho(\mathbf{w}, (D(\mathbf{p}^1), \ldots, D(\mathbf{p}^n))) = D(\mathbf{w} \circ (\mathbf{p}^1, \ldots, \mathbf{p}^n))$$

とすることにより矛盾なく定義することができる．第二に，ρ を $\Delta_n \times (\mathrm{im}\, D)^n$ 上だけでなく，$\Delta_n \times (0, \infty)^n$ の全体の上で定義された関数列へと拡張する．

補題 7.4.11 $D \neq D_0$ とする．このとき，斉次な関数列

$$(\sigma \colon \Delta_n \times (0, \infty)^n \to (0, \infty))_{n \geq 1}$$

で，すべての $n, k_1, \ldots, k_n \geq 1$，$\mathbf{w} \in \Delta_n$，および $\mathbf{p}^i \in \Delta_{k_i}$ に対して

$$\sigma(\mathbf{w}, (D(\mathbf{p}^1), \ldots, D(\mathbf{p}^n))) = D(\mathbf{w} \circ (\mathbf{p}^1, \ldots, \mathbf{p}^n))$$

であるものがただ一つ存在する.

手短にいうと, $\operatorname{im} D$ から $(0, \infty)$ への関数 ρ のただ一つの斉次な拡張が存在する.

証明　まず, ρ の斉次性を確立する. すなわち, すべての $\mathbf{w} \in \Delta_n$, $\mathbf{x} \in (\operatorname{im} D)^n$, および $c \in \operatorname{im} D$ に対して

$$\rho(\mathbf{w}, c\mathbf{x}) = c\rho(\mathbf{w}, \mathbf{x}) \tag{7.17}$$

を証明する (補題 7.4.9 より, $\operatorname{im} D$ は乗法で閉じているので, 左辺はきちんと定義されている). そのために, 各 $i \in \{1, \ldots, n\}$ に対して $D(\mathbf{p}^i) = x_i$ となるような $\mathbf{p}^i \in \Delta_{k_i}$ を選び, また $D(\mathbf{r}) = c$ となるような $\mathbf{r} \in \Delta_m$ を選ぶ. このとき,

$$\rho(\mathbf{w}, c\mathbf{x}) = \rho(\mathbf{w}, (D(\mathbf{p}^1)D(\mathbf{r}), \ldots, D(\mathbf{p}^n)D(\mathbf{r}))) \tag{7.18}$$

$$= \rho(\mathbf{w}, (D(\mathbf{p}^1 \otimes \mathbf{r}), \ldots, D(\mathbf{p}^n \otimes \mathbf{r}))) \tag{7.19}$$

$$= D(\mathbf{w} \circ (\mathbf{p}^1 \otimes \mathbf{r}, \ldots, \mathbf{p}^n \otimes \mathbf{r})) \tag{7.20}$$

$$= D((\mathbf{w} \circ (\mathbf{p}^1, \ldots, \mathbf{p}^n)) \otimes \mathbf{r}) \tag{7.21}$$

$$= D(\mathbf{w} \circ (\mathbf{p}^1, \ldots, \mathbf{p}^n))D(\mathbf{r}) \tag{7.22}$$

$$= c\rho(\mathbf{w}, \mathbf{x}) \tag{7.23}$$

である. ただし, 等式 (7.18) は $\mathbf{p}^i$ と $\mathbf{r}$ の定義により, 等式 (7.19) と (7.22) は D の乗法性 (補題 7.4.7) により, 等式 (7.20) と (7.23) は ρ の定義により, また (7.21) は分布の合成の結合律 (注意 2.1.8) による. これで, 主張された斉次性の等式 (7.17) が証明された.

次に, この補題の言明にある一意性と存在を証明する.

一意性: $\mathbf{p} \in \Delta_n$ および $\mathbf{v} \in (0, \infty)^n$ とする. 補題 7.4.10 より, $\operatorname{im} D$ はすべての十分大きい実数を含むので, $c\mathbf{v} \in (\operatorname{im} D)^n$ となるような $c \in (0, \infty)$ を選ぶことができる. このとき, $\rho(\mathbf{p}, c\mathbf{v})$ は定義されており, ρ を拡張した任意の斉次関数列 σ は

$$\sigma(\mathbf{p}, \mathbf{v}) = \frac{1}{c}\rho(\mathbf{p}, c\mathbf{v})$$

をみたす. これで一意性が証明された.

存在: まず, すべての $\mathbf{p} \in \Delta_n$, $\mathbf{v} \in (0, \infty)^n$, および $c, d \in (0, \infty)$ で, $c\mathbf{v}, d\mathbf{v} \in (\operatorname{im} D)^n$ となるものに対して,

$$\frac{1}{c}\rho(\mathbf{p}, c\mathbf{v}) = \frac{1}{d}\rho(\mathbf{p}, d\mathbf{v}) \tag{7.24}$$

であることを主張する。実際，$\operatorname{im} D$ はすべての十分大きい実数を含むので，$ac, ad \in \operatorname{im} D$ となる $a > 0$ を選ぶことができる。このとき，ρ の斉次性 (7.17) より

$$ad \cdot \rho(\mathbf{p}, c\mathbf{v}) = \rho(\mathbf{p}, acd\mathbf{v})$$

である。同様に，

$$ac \cdot \rho(\mathbf{p}, d\mathbf{v}) = \rho(\mathbf{p}, acd\mathbf{v})$$

である。この二つの等式を組み合わせて，主張されたとおり，等式 (7.24) を得る。

このことから，関数列

$$(\sigma \colon \Delta_n \times (0, \infty)^n \to (0, \infty))_{n \geq 1}$$

で，$\mathbf{p} \in \Delta_n$，$\mathbf{v} \in (0, \infty)^n$，および $c \in (0, \infty)$ で $c\mathbf{v} \in (\operatorname{im} D)^n$ である限り

$$\sigma(\mathbf{p}, \mathbf{v}) = \frac{1}{c}\rho(\mathbf{p}, c\mathbf{v}) \tag{7.25}$$

をみたすものがただ一つ存在する。

あとは，σ が斉次であることを証明すればよい。$\mathbf{p} \in \Delta_n$，$\mathbf{v} \in (0, \infty)^n$，および $a \in (0, \infty)$ とする。

$$\sigma(\mathbf{p}, a\mathbf{v}) = a\sigma(\mathbf{p}, \mathbf{v}) \tag{7.26}$$

であることを示さなければならない。$ad\mathbf{v}, d\mathbf{v} \in (\operatorname{im} D)^n$ となる $d \in (0, \infty)$ を選ぶ。先ほど証明された主張より，

$$\frac{1}{ad}\rho(\mathbf{p}, ad\mathbf{v}) = \frac{1}{d}\rho(\mathbf{p}, d\mathbf{v})$$

言い換えると，

$$\frac{1}{d}\rho(\mathbf{p}, d \cdot a\mathbf{v}) = a \cdot \frac{1}{d}\rho(\mathbf{p}, d\mathbf{v})$$

である。しかし σ を定義する性質 (7.25) より，これはちょうど所望の等式 (7.26) である。

$\square$

例 7.4.12 $D = D_q$ の場合を考える。すべての $\mathbf{w}$ と $\mathbf{p}^i$ に対して，例 7.1.8 より，

$$\sigma_q(\mathbf{w}, (D_q(\mathbf{p}^1), \dots, D_q(\mathbf{p}^n))) = D_q(\mathbf{w} \circ (\mathbf{p}^1, \dots, \mathbf{p}^n))$$

である。さらに，σ_q は斉次である。ゆえに，補題 7.4.11 の一意性の部分より，$\sigma = \sigma_q$ となる。◆

これで，多様性の尺度 D から価値尺度 σ を構成することができた。D が一定のよい性質をもつという前提条件から，σ もよい性質をもつことになる。

補題 7.4.13 $D \neq D_0$ とする. このとき, σ は対称的で, 不在不変で, 増加し, 斉次で, 正の確率について連続で, 有効数であり, かつチェイン則をみたす.

証明 D の対称性, 不在不変性および有効数性は σ の対応する性質を含意する. D のモジュラー単調性は ρ が, ゆえに σ が増加することを含意する. 斉次性は σ を定義する性質の一つである (補題 7.4.11). あとは, 正の確率についての連続性とチェイン則を証明すればよい.

σ が正の確率について連続であることを証明するのに, $\mathbf{v} \in (0, \infty)^n$ とする. このとき,

$$\sigma(-, \mathbf{v}) \colon \Delta_n^\circ \to (0, \infty)$$

が連続であることを証明したい. $c\mathbf{v} \in (\operatorname{im} D)^n$ となるような $c \in (0, \infty)$ を選ぶ. このとき, $\sigma(-, \mathbf{v}) = (1/c)\rho(-, c\mathbf{v})$ である. したがって, すべての $\mathbf{x} \in (\operatorname{im} D)^n$ に対して

$$\rho(-, \mathbf{x}) \colon \Delta_n^\circ \to (0, \infty)$$

が連続であることを証明すれば十分である. 各 $i \in \{1, \dots, n\}$ に対して, $x_i = D(\mathbf{p}^i)$ となるような $\mathbf{p}^i \in \Delta_{k_i}$ を選ぶ. 不在不変性より, 各 $\mathbf{p}^i$ は完全な台をもつと仮定してよい. すべての $\mathbf{w} \in \Delta_n$ に対して

$$\rho(\mathbf{w}, \mathbf{x}) = D(\mathbf{w} \circ (\mathbf{p}^1, \dots, \mathbf{p}^n))$$

であり, $\mathbf{w}$ が完全な台をもつならば, $\mathbf{w} \circ (\mathbf{p}^1, \dots, \mathbf{p}^n)$ も完全な台をもつ. だから, $\rho(-, \mathbf{x})$ の Δ_n° への制限は連続写像の合成

$$\begin{array}{ccccc} \Delta_n^\circ & \longrightarrow & \Delta_{k_1 + \cdots + k_n}^\circ & \xrightarrow{D} & (0, \infty) \\ \mathbf{w} & \longmapsto & \mathbf{w} \circ (\mathbf{p}^1, \dots, \mathbf{p}^n) & & \end{array}$$

である. したがって, 主張されたとおり, これは連続である.

σ がチェイン則をみたすことを証明するのに, まず ρ に対するチェイン則を証明する. すなわち, すべての $\mathbf{w} \in \Delta_n$, $\mathbf{p}^i \in \Delta_{k_i}$, および $\mathbf{x}^i \in (\operatorname{im} D)^{k_i}$ に対して,

$$\rho(\mathbf{w} \circ (\mathbf{p}^1, \dots, \mathbf{p}^n), \mathbf{x}^1 \oplus \cdots \oplus \mathbf{x}^n) = \rho(\mathbf{w}, (\rho(\mathbf{p}^1, \mathbf{x}^1), \dots, \rho(\mathbf{p}^n, \mathbf{x}^n))) \tag{7.27}$$

を確認する. そのために, まず, 各 $i \in \{1, \dots, n\}$ と $j \in \{1, \dots, k_i\}$ に対して, $D(\mathbf{r}_j^i) = x_j^i$ となる確率分布 $\mathbf{r}_j^i$ を選ぶ. このとき, ρ の定義より, 等式(7.27)の左辺は

$$D((\mathbf{w} \circ (\mathbf{p}^1, \dots, \mathbf{p}^n)) \circ (\mathbf{r}_1^1, \dots, \mathbf{r}_{k_1}^1, \dots, \mathbf{r}_1^n, \dots, \mathbf{r}_{k_n}^n))$$

に等しい. 分布の合成の結合律 (注意 2.1.8) より, これは

$$D(\mathbf{w} \circ (\mathbf{p}^1 \circ (\mathbf{r}^1_1, \ldots, \mathbf{r}^1_{k_1}), \ldots, \mathbf{p}^n \circ (\mathbf{r}^n_1, \ldots, \mathbf{r}^n_{k_n})))$$

に等しい. ρ の定義より, 今度はこれは

$$\rho(\mathbf{w}, (D(\mathbf{p}^1 \circ (\mathbf{r}^1_1, \ldots, \mathbf{r}^1_{k_1})), \ldots, D(\mathbf{p}^n \circ (\mathbf{r}^n_1, \ldots, \mathbf{r}^n_{k_n}))))$$

に等しく, 再び ρ の定義よりこれは(7.27)の右辺に等しい. これで, 主張された ρ に対するチェイン則(7.27)が証明された.

次に, σ に対するチェイン則, すなわち, すべての $\mathbf{w} \in \Delta_n$, $\mathbf{p}^i \in \Delta_{k_i}$, および $\mathbf{v}^i \in (0, \infty)^{k_i}$ に対して

$$\sigma(\mathbf{w} \circ (\mathbf{p}^1, \ldots, \mathbf{p}^n), \mathbf{v}^1 \oplus \cdots \oplus \mathbf{v}^n) = \sigma(\mathbf{w}, (\sigma(\mathbf{p}^1, \mathbf{v}^1), \ldots, \sigma(\mathbf{p}^n, \mathbf{v}^n)))$$

であることを証明したい. $c \in (0, \infty)$ を選んで, すべての i, j に対して $cv^i_j \in \mathrm{im}\, D$ とできる. このとき, σ の定義と ρ に対するチェイン則(7.27)より, 望んだとおり,

$$
\begin{aligned}
\sigma(\mathbf{w} \circ (\mathbf{p}^1, \ldots, \mathbf{p}^n), \mathbf{v}^1 \oplus \cdots \oplus \mathbf{v}^n) &= \frac{1}{c}\rho(\mathbf{w} \circ (\mathbf{p}^1, \ldots, \mathbf{p}^n), c\mathbf{v}^1 \oplus \cdots \oplus c\mathbf{v}^n) \\
&= \frac{1}{c}\rho(\mathbf{w}, (\rho(\mathbf{p}^1, c\mathbf{v}^1), \ldots, \rho(\mathbf{p}^n, c\mathbf{v}^n))) \\
&= \frac{1}{c}\rho(\mathbf{w}, (c\sigma(\mathbf{p}^1, \mathbf{v}^1), \ldots, c\sigma(\mathbf{p}^n, \mathbf{v}^n))) \\
&= \sigma(\mathbf{w}, (\sigma(\mathbf{p}^1, \mathbf{v}^1), \ldots, \sigma(\mathbf{p}^n, \mathbf{v}^n)))
\end{aligned}
$$

となる. $\qquad\qquad\qquad\qquad\qquad\qquad\qquad\qquad\qquad\qquad\qquad\qquad\qquad\square$

これで, 群集を確率分布としてモデル化したとき, Hill 数のみが理にかなった多様性の尺度であることを証明する準備が整った.

定理 7.4.3 の証明 ある $q \in [-\infty, \infty]$ に対して $D = D_q$ となることを示さなければならない. $D = D_0$ ならば, これはすぐにわかる. そうでなければ, 補題 7.4.13 より, σ は定理 7.3.4 の仮定をみたす価値尺度である. その定理より, ある $q \in [-\infty, \infty]$ に対して $\sigma = \sigma_q$ である. $\mathbf{p} \in \Delta_n$ とする. このとき,

$$D(\mathbf{p}) = D(\mathbf{p} \circ (\underbrace{\mathbf{u}_1, \ldots, \mathbf{u}_1}_{n}))$$

$$= \rho(\mathbf{p}, (D(\mathbf{u}_1), \ldots, D(\mathbf{u}_1))) \tag{7.28}$$

$$= \rho(\mathbf{p}, (1, \ldots, 1)) \tag{7.29}$$

$$= \sigma_q(\mathbf{p}, (1, \ldots, 1)) \tag{7.30}$$

$$= D_q(\mathbf{p}) \tag{7.31}$$

である．ただし，等式(7.28)は ρ の定義により，等式(7.29)は D が規格化されているので成り立ち，等式(7.30)は σ が ρ の拡張かつ $\sigma = \sigma_q$ であることから成り立ち，また等式(7.31)は例 7.1.6 による．ゆえに，$D = D_q$ である． □

　この定理は，Hill 数全体の族 $(\sigma_q)_{q \in [-\infty, \infty]}$ を公理的に特徴づける．しかし，注意 4.4.4(ii)で論じたように，q が負のときは D_q は多様性の尺度とよぶのにおそらくふさわしくないであろう．したがって，$q \geq 0$ に対する Hill 数 D_q を特徴づけることができればよいが，以下の結果はこれを達成する．

補題 7.4.14　$q \in [-\infty, \infty]$ とする．以下は同値である．
（ i ）すべての $n \geq 1$ と $\mathbf{p} \in \Delta_n$ に対して $D_q(\mathbf{p}) \leq D_q(\mathbf{u}_n)$ である．
（ ii ）すべての $\mathbf{p} \in \Delta_2$ に対して $D_q(\mathbf{p}) \leq 2$ である．
（iii）$q \in [0, \infty]$ である．

証明　(i)は自明に(ii)を含意し，注意 4.4.4(ii)より(ii)は(iii)を含意し，また補題 4.4.3 (ii)より(iii)は(i)を含意する． □

注意 7.4.15　ここでの Hill 数に対する特徴づけ定理は，7.2 節の変換を用いて，Rényi エントロピーあるいは q 対数的エントロピーに対する特徴づけ定理へと容易に翻訳することができる．しかし，定理 7.4.3 の仮定は多様度の文脈においてとりわけ自然である．

　q 対数的エントロピーの用語へと翻訳すると，定理 7.4.3 は（Aczél–Daróczy[3，定理 6.3.12]でも述べられている）Forte–Ng[109]の結果と同じくらい一般的な形の定理となる．仮定におけるいくつかの違いはさておき，Forte–Ng の特徴づけは $q = 0$ の場合を排除しており，これは多様性の測定の視点からは重大な欠点である．すなわち，Hill 数 D_0 は種の豊富さであり，これはすべての多様性の尺度の中で最も普及しているものである．

第 8 章

相互情報量とメタ群集

MUTUAL INFORMATION AND METACOMMUNITIES

　情報理論の視点からは，これまで本書で露骨に抜け落ちているものがある．有限集合に値をとる確率変数 X が与えられたとき，X に伴う情報量の尺度がある．すなわち，X のエントロピー $H(X)$ である．しかし，もう一つの有限集合に値をとる，X と独立であるとは限らないもう一つの確率変数 Y も与えられたとする．X の値を知ったとき，これは Y の値についてどれぐらいの情報を与えるのであろうか？

　たとえば，Y が X の関数であるとすると，この場合は X の値を知ることは Y についての完全な情報を与える．あるいは，もう一方の極端な場合で，X と Y が独立であるとすると，この場合は X の値を知っても Y についてわかることは何もない．二つの変数の間の依存性を定量化したい．共分散や相関係数は，通常 $\mathbb{R}^n$ に値をとる確率変数に対してのみ定義されるので，用いることはできない．これらは広く一般的に定義することができるとはいえ，任意の有限集合の対に対する定義はない．

　多様性測定の視点からも欠落しているものがある．単一の群集の多様性を定量化する方法はすでにわかった．しかし，いくつかの関連する，あるいは隣接する群集——たとえば，健康な成人と不健康な成人の腸内環境，あるいは河口近くの異なる塩分の場所における水生生物——があるとき，いくつかの自然な問いが生じる．群集間にはどれくらいのばらつきがあるのであろうか？　どの群集が全体の多様性に最も貢献しているのであろうか？　系全体の中で，最も典型的あるいは典型的でないのはどの群集であるか？これまでに議論した多様性の尺度は，このような問いに対する答えを与えはしない．

　これらの二つの問題は，一つは情報理論的であり，もう一つは生態学的であるが，同じ解をもつことを見る．

　出発点は，古典的な情報理論の概念である相互情報量（二つの確率変数の間の依存性の尺度）と，これに密接に関係する概念である条件つきエントロピーと結合エントロピーである．これらは，8.1 節で導入される．次に，これらすべての量の指数関数をとることで，より小さな部分群集へと分割される生態学的なメタ群集（大きな群集）の意

味のある尺度の組が得られる．ここでの二つの確率変数は，種の選択と部分群集の選択に対応する．尺度には，個々の部分群集の特徴を反映するものと（8.2 節），メタ群集全体についての情報をまとめるものとがある（8.3 節）．8.4 節で，これらの尺度の多くのよい論理的な性質を確立する．

本章のエントロピーと多様度はすべて，相対エントロピーに帰着することができる（8.5 節）．多様度の場合は，第 7 章の意味での価値の見地からも有用に表すことができる．さまざまなメタ群集と部分群集の尺度を単一の概念へと帰着することで，それらの生態学的な意味についての新しい洞察が得られる．

本章で扱う多様性の尺度は，Reeve ら[293]の研究で導入されたものの非常に特別な場合である．第 6 章の用語では，$q = 1$（変形なし）および $Z = I$（種間の類似性なし）の場合にあたる．Reeve らの枠組みは，一般の q（希少種あるいは普通種に対する可変的な強調）と一般の Z（種間の類似性のばらつきのモデル化）を許すものである．8.6 節は一般の q への発展の見取り図であり，その詳細は本書の範囲外である．

8.1 結合エントロピー，条件つきエントロピーおよび相互情報量

Shannon エントロピー H は，各確率分布 $\mathbf{p}$ に対して実数 $H(\mathbf{p})$ を割り当てるが，情報理論は任意の確率分布の対にもいくつかの量を結びつける．これらの量を体系づけるのに，二つの型の量を区別することが有用である．すなわち，同じ集合上の分布の対に対して定義される量と，異なりうる集合上の分布の対に対して定義される量である．

最初の型の量にはすでに二つ出会っている．すなわち，同じ有限集合上の二つの確率分布 $\mathbf{p}$ と $\mathbf{r}$ の相対エントロピー $H(\mathbf{p} \parallel \mathbf{r})$ と，交差エントロピー $H^{\times}(\mathbf{p} \parallel \mathbf{r})$ である（第 3 章）．

ここでは，二つ目の型の標準的な情報理論的量を導入する．本節の題材はすべて古典的であり，Cover–Thomas[71，第 2 章]や MacKay[238，第 8 章]のような教科書にあるものである．相変わらず，有限集合上の確率分布のみを考えることにする．しかし，確率分布の言葉から確率変数（random variable）の言葉へと切り替えたほうが都合がよい．

それゆえ，**本節の残りの部分では**，有限集合 $\mathcal{X}$ に値をとる確率変数 X と，有限集合 $\mathcal{Y}$ に値をとるもう一つの確率変数 Y を考える．X と Y が同じ標本空間をもつと仮定すると，$\mathcal{X} \times \mathcal{Y}$ に値をとる確率変数 (X, Y) もあることになる．

$x \in \mathcal{X}$ と $y \in \mathcal{Y}$ が与えられたとして，$\mathbb{P}((X, Y) = (x, y))$ を $\mathbb{P}(X = x, Y = y)$ と書く．通常，$\mathbb{P}(X = x)$ を $\mathbb{P}(x)$ などと略記する．だから，定義より，X と Y が独立

(independent) であるのは，すべての $x \in \mathcal{X}$ と $y \in \mathcal{Y}$ に対して

$$\mathbb{P}(x, y) = \mathbb{P}(x)\,\mathbb{P}(y)$$

であることと同値である．y が与えられたときの x の条件つき確率（conditional probability）は

$$\mathbb{P}(x \mid y) = \frac{\mathbb{P}(x, y)}{\mathbb{P}(y)}$$

であり，$\mathbb{P}(y) > 0$ である限り定義される．

確率変数 X の **Shannon エントロピー**（Shannon entropy）は，その分布の Shannon エントロピー

$$H(X) = \sum_{x \,:\, \mathbb{P}(x) > 0} \mathbb{P}(x) \log \frac{1}{\mathbb{P}(x)}$$

である．以下では，とくに断らない限り，和における変数 x は集合 $\mathcal{X}$ にわたるものとし，$\mathcal{Y}$ に含まれる y についても同様とする．

結合エントロピー

確率変数のエントロピーの一般的な定義を確率変数 (X, Y) に適用することで，X と Y の**結合エントロピー**（joint entropy）

$$H(X, Y) = \sum_{x, y \,:\, \mathbb{P}(x, y) > 0} \mathbb{P}(x, y) \log \frac{1}{\mathbb{P}(x, y)}$$

を得る．

例 8.1.1

（i）X と Y が独立であるとする．X が分布 $\mathbf{p}$ をもち，Y が分布 $\mathbf{r}$ をもつならば，(X, Y) は分布 $\mathbf{p} \otimes \mathbf{r}$ をもつので，系 2.2.10 より

$$H(X, Y) = H(X) + H(Y)$$

である．

（ii）$\mathcal{Y}$ が一点集合であるとする．このとき，Y の分布は一意的に決まり，$H(Y) = 0$ であり，かつ $H(X, Y) = H(X)$ である．

（iii）$\mathcal{X} = \mathcal{Y}$ および $X = Y$ であるとする．このとき，$H(X, Y) = H(X) = H(Y)$ である．

（iv）直前の二つの例を一般化して，$\mathbb{P}(x) > 0$ となるすべての $x \in \mathcal{X}$ に対して $\mathbb{P}(x, y) > 0$ となる $y \in \mathcal{Y}$ がただ一つ存在するならば，Y は X により**決定される**

(determined by) ということにする. この元 y を $f(x)$ と書くと, $\mathbb{P}(x, f(x)) = \mathbb{P}(x)$ である. 言い換えると, $\mathbb{P}(f(x) \mid x) = 1$ である. 結合エントロピーは

$$H(X, Y) = \sum_{x,y:\, \mathbb{P}(x,y)>0} \mathbb{P}(x, y) \log \frac{1}{\mathbb{P}(x, y)}$$

$$= \sum_{x:\, \mathbb{P}(x)>0} \mathbb{P}(x) \log \frac{1}{\mathbb{P}(x)}$$

$$= H(X)$$

により与えられる. ◆

条件つきエントロピー

条件つきエントロピー $H(X \mid Y)$ と $H(Y \mid X)$, および相互情報量 $I(X; Y)$ の定義は, 図 8.1 の概略図により示唆されている. この図は, 結合エントロピー $H(X, Y)$ を二つの円板の和集合として, 条件つきエントロピー $H(X \mid Y)$ をこの和集合内での二つ目の円板の補集合として描いている. これは以下の定義を示唆する.

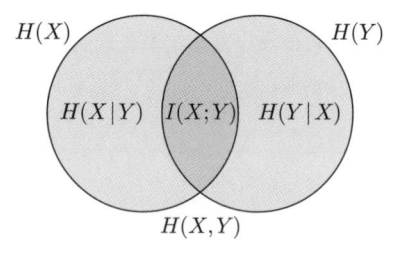

図 8.1 異なる集合に値をとる確率変数の対に付随するエントロピー的量である, Shannon エントロピー $H(X)$ と $H(Y)$, 結合エントロピー $H(X, Y)$, 条件つきエントロピー $H(X \mid Y)$ と $H(Y \mid X)$, および相互情報量 $I(X; Y)$ を示す Venn 図.

定義 8.1.2 Y の下での X の**条件つきエントロピー** (conditional entropy) とは,

$$H(X \mid Y) = H(X, Y) - H(Y)$$

のことである.

ここで, この定義を調べてみる. $\mathbb{P}(y) > 0$ となる各 $y \in Y$ に対して, $\mathcal{X}$ に値をとる確率変数 $X \mid y$ で, 分布

$$\mathbb{P}((X \mid y) = x) = \mathbb{P}(x \mid y) \qquad (x \in \mathcal{X})$$

をもつものが存在する. あらゆる確率変数がそうであるように, これはエントロピー $H(X \mid y)$ をもつ.「条件つきエントロピー」とよばれる理由は, 以下の結果の (ii) により明白になる.

補題 8.1.3

（i）$H(X \mid Y) = \displaystyle\sum_{x,y:\, \mathbb{P}(x,y)>0} \mathbb{P}(x,y) \log \frac{1}{\mathbb{P}(x \mid y)}$

（ii）$H(X \mid Y) = \displaystyle\sum_{y:\, \mathbb{P}(y)>0} \mathbb{P}(y) H(X \mid y)$

証明 (i) については, まず各 $y \in \mathcal{Y}$ に対して $\mathbb{P}(y) = \sum_x \mathbb{P}(x,y)$ であり, とくに, $\mathbb{P}(x,y) > 0$ となる x が存在するならば $\mathbb{P}(y) > 0$ であることに注意する. ゆえに,

$$H(Y) = \sum_{x,y:\, \mathbb{P}(x,y)>0} \mathbb{P}(x,y) \log \frac{1}{\mathbb{P}(y)} \tag{8.1}$$

である. このことから,

$$
\begin{aligned}
H(X \mid Y) &= \sum_{x,y:\, \mathbb{P}(x,y)>0} \mathbb{P}(x,y) \log \frac{1}{\mathbb{P}(x,y)} - \sum_{x,y:\, \mathbb{P}(x,y)>0} \mathbb{P}(x,y) \log \frac{1}{\mathbb{P}(y)} \\
&= \sum_{x,y:\, \mathbb{P}(x,y)>0} \mathbb{P}(x,y) \log \frac{\mathbb{P}(y)}{\mathbb{P}(x,y)} \\
&= \sum_{x,y:\, \mathbb{P}(x,y)>0} \mathbb{P}(x,y) \log \frac{1}{\mathbb{P}(x \mid y)}
\end{aligned}
$$

となり, (i) が証明される. 次に, 今度はこれは

$$\sum_{y:\, \mathbb{P}(y)>0} \mathbb{P}(y) \sum_{x:\, \mathbb{P}(x|y)>0} \mathbb{P}(x \mid y) \log \frac{1}{\mathbb{P}(x \mid y)} = \sum_{y:\, \mathbb{P}(y)>0} \mathbb{P}(y) H(X \mid y)$$

に等しく, (ii) が証明される. □

したがって, 条件つきエントロピー $H(X \mid Y)$ は, y が無作為に選ばれたときの条件つき確率変数 $X \mid y$ のエントロピーの期待値である. このことから, $H(X \mid Y) \geq 0$ となる. 言い換えると, $H(X,Y) \geq H(Y)$ となる.

例 8.1.4 例 8.1.1 の四つの状況を再び考える.

（i）X と Y が独立であるとする. このとき, 例 8.1.1 (i) より,

$$H(X \mid Y) = H(X), \qquad H(Y \mid X) = H(Y)$$

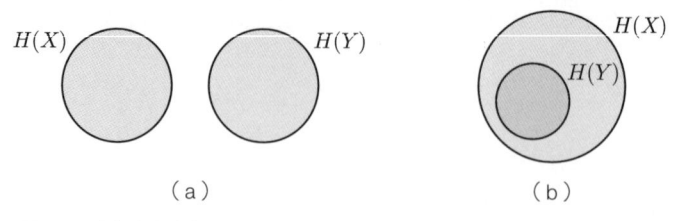

図 8.2 (a)確率変数 X と Y が独立な場合, および(b)Y が X により
決定される場合に対する Venn 図

である. Y の値を知っても X の値についての情報は得られず, 逆もまた同様で
ある. これは図 8.2(a)で示している状況である.

(ii) $\mathcal{Y}$ が一点集合であるとする. このとき, 例 8.1.1(ii)より,

$$H(X \mid Y) = H(X, Y) - H(Y) = H(X)$$
$$H(Y \mid X) = H(X, Y) - H(X) = 0$$

である.

(iii) $\mathcal{X} = \mathcal{Y}$ かつ $X = Y$ であるとする. 例 8.1.1(iii)より, $H(X \mid Y) = 0$ である. こ
れは, 直感的にもっともらしい. すなわち, Y の値さえわかれば, X の値は確実
にわかるので, その確率分布は単一の元に集中し, したがってエントロピーは 0
となる. 同様に, $H(Y \mid X) = 0$ である.

(iv) より一般に, Y が X により決定されるとする (図(b)). このとき, 例 8.1.1(iv)
より,

$$H(X \mid Y) = H(X) - H(Y) \tag{8.2}$$
$$H(Y \mid X) = 0$$

である. $H(X \mid Y) \geq 0$ であるから, Y が X により決定される限り

$$H(Y) \leq H(X)$$

である. ◆

注意 8.1.5 ほとんどの教科書では, 補題 8.1.3(ii)が条件つきエントロピーの定義とされ,
ここでは定義とした等式 $H(X \mid Y) = H(X, Y) - H(Y)$ が定理として証明されている. こ
の定理は, **チェイン則** (chain rule) とよばれる. つまり, チェイン則は

$$H(X, Y) = H(Y) + \sum_{y \,:\, \mathbb{P}(y) > 0} \mathbb{P}(y) H(X \mid y) \tag{8.3}$$

であることを述べている. これは, (命題 2.2.8 以来) 本書にわたってチェイン則とよばれ
てきたものと本質的に同じものである. このことは, 以下のようにしてわかる.

$\mathcal{X} = \{1, \dots, k\}$ および $\mathcal{Y} = \{1, \dots, n\}$ と書く. Y の分布を $\mathbf{w} = (w_1, \dots, w_n) \in \Delta_n$ と書く. だから, 各 $i \in \mathcal{Y}$ に対して $w_i = \mathbb{P}(Y = i)$ である. また, 各 $i \in \mathcal{Y}$ と $j \in \mathcal{X}$ に対して, p_j^i を

$$w_i p_j^i = \mathbb{P}(X = j, Y = i)$$

により定義し, $\mathbf{p}^i = (p_1^i, \dots, p_k^i) \in \Delta_k$ が確率変数 $X \mid i$ の分布となるようにする. (ここで, $\mathbb{P}(i) > 0$ であると仮定した. そうでなければ, $\mathbf{p}^i \in \Delta_k$ は任意に選ぶ.) このとき, $\mathbf{w} \circ (\mathbf{p}^1, \dots, \mathbf{p}^n) \in \Delta_{nk}$ は X と Y の結合分布である. この表記では, 等式(8.3)は

$$H(\mathbf{w} \circ (\mathbf{p}^1, \dots, \mathbf{p}^n)) = H(\mathbf{w}) + \sum_{i:\, w_i > 0} w_i H(\mathbf{p}^i)$$

であることを述べている. これはまさに, 本書の通常の意味でのチェイン則である.

相互情報量

図 8.1 で, 二つの円板の交わりを $I(X;Y)$ とラベルづけしており, 包除原理により公式

$$H(X, Y) = H(X) + H(Y) - I(X;Y)$$

が示唆される. これが正しくなるように $I(X;Y)$ を定義する.

定義 8.1.6 X と Y の **相互情報量** (mutual information) とは,

$$I(X;Y) = H(X) + H(Y) - H(X, Y)$$

のことである.

明らかに I は対称的である.

$$I(X;Y) = I(Y;X) \tag{8.4}$$

結合エントロピーではなく条件つきエントロピーの見地からの I に対する別の式が定義からすぐに導かれ, またこれは Venn 図によっても示唆されている.

$$I(X;Y) = H(X) - H(X \mid Y) = H(Y) - H(Y \mid X) \tag{8.5}$$

相互情報量も, やはり二つのさらなる方法で表示することができる.

補題 8.1.7

（ i ）$\displaystyle I(X;Y) = \sum_{x,y:\, \mathbb{P}(x,y) > 0} \mathbb{P}(x, y) \log \frac{\mathbb{P}(x, y)}{\mathbb{P}(x)\, \mathbb{P}(y)}$

（ ii ）$\displaystyle I(X;Y) = \sum_{y:\, \mathbb{P}(y) > 0} \mathbb{P}(y) H((X \mid y) \parallel X)$

(ii)の右辺は，$\mathcal{X}$ に値をとる確率変数 $X \mid y$ と X，および後者に関する前者の相対エントロピーを参照している．

証明　(i)については，等式 (8.1) と補題 $8.1.3$(i)より，

$$I(X;Y) = H(X) - H(X \mid Y)$$
$$= \sum_{x,y:\, \mathbb{P}(x,y)>0} \mathbb{P}(x,y) \log \frac{1}{\mathbb{P}(x)} - \sum_{x,y:\, \mathbb{P}(x,y)>0} \mathbb{P}(x,y) \log \frac{\mathbb{P}(y)}{\mathbb{P}(x,y)}$$

である．項をまとめることで，示すべき結果が導かれる．

(ii)を証明するのに，(i)と等式 $\mathbb{P}(x,y) = \mathbb{P}(y)\,\mathbb{P}(x \mid y)$ を用いる．すなわち，望んだとおり

$$I(X;Y) = \sum_{x,y:\, \mathbb{P}(y)>0,\, \mathbb{P}(x|y)>0} \mathbb{P}(y)\,\mathbb{P}(x \mid y) \log \frac{\mathbb{P}(x \mid y)}{\mathbb{P}(x)}$$
$$= \sum_{y:\, \mathbb{P}(y)>0} \mathbb{P}(y) H((X \mid y) \parallel X)$$

となる．　　　　　　　　　　　　　　　　　　　　　　　　　　　　　　　　$\square$

(ii)における公式は，以下のように解釈できる．同じ有限集合上の確率分布 $\mathbf{p}$ と $\mathbf{r}$ に対して，$H(\mathbf{p} \parallel \mathbf{r})$ は，ある確率変数の分布が $\mathbf{r}$ であると以前は信じられていたときに，それが $\mathbf{p}$ であるとわかったときに得られる情報量として理解できる．だから，$H((X \mid y) \parallel X)$ は，$Y = y$ であると知ることにより得られる X についての情報量である．結果として，

$$\sum_{y:\, \mathbb{P}(y)>0} \mathbb{P}(y) H((X \mid y) \parallel X)$$

は Y の値を知ることにより得られる X についての情報量の期待値である．これが相互情報量 $I(X;Y)$ である．簡単にいうと，Y が X について与える情報量のことである．

たとえば，X と Y が独立であるならば，Y の値を知ることは X の値についての手がかりを何も与えないので，$I(X;Y) = 0$ であると予想されるであろう．そして実際に，（各 y に対して）$X \mid y$ は X と同じ分布をもつので，$H((X \mid y) \parallel X) = 0$ となり，$I(X;Y) = 0$ が得られる．命題 $8.1.12$ で，極値の場合をより体系的に検討する．

いうまでもなく，補題 $8.1.7$(ii)は X と Y を交換した対応物をもち，相互情報量の対称性 $I(X;Y) = I(Y;X)$ （等式 (8.4)）は

$$\sum_{y:\, \mathbb{P}(y)>0} \mathbb{P}(y) H((X \mid y) \parallel X) = \sum_{x:\, \mathbb{P}(x)>0} \mathbb{P}(x) H((Y \mid x) \parallel Y)$$

を含意する．すなわち，Y が X について与える情報量は X が Y について与える情報量に等しい．これが，「相互」という語がつく理由である．

例 8.1.8 例 8.1.1 と例 8.1.4 の四つの場合で導かれた結果を用いて，これらの場合について再び考える．

（ i ）X と Y が独立であるならば，$I(X;Y) = 0$ である．すなわち，どちらの変数からも，もう一方についての情報は何も得られない．

（ ii ）$\mathcal{Y}$ が一点集合であるならば，$I(X;Y) = 0$ である．一方から見ると，とにかく Y の値はあらかじめ決まっているので，X の値を知っても Y の値についての情報は何も得られない．もう一方から見ると，Y の値を知っても X の値について（あるいは実際には，どんなものについても）何の情報も得られない．

（iii）$\mathcal{X} = \mathcal{Y}$ かつ $X = Y$ ならば，$I(X;Y) = H(X) = H(Y)$ である．これは（以下の命題 8.1.12 (iii) より）$I(X;Y)$ がとることができる最大の値であり，直感的にもっともらしい．すなわち，X について知ることから Y についての完全な情報が得られる．

（iv）一般に，Y が X により決定されているならば，$I(X;Y) = H(Y)$ である．(iii) のように，これは（この場合，たとえ Y の知識から X の確実な知識が得られるわけではないとしても）X の知識から Y の確実な知識が得られるということである．◆

図 8.1 の Venn 図は，単なる隠喩あるいは類比ではない．それには以下の具体的な例が描かれている．

例 8.1.9 この例では，結合エントロピー，条件つきエントロピーおよび相互情報量は任意の底の対数を用いて定義できることに，まず注意する．ちょうど $H^{(2)}(X) = H(X)/\log 2$ と書くように（注意 2.2.1），結合エントロピーの底 2 の形を $H^{(2)}(X,Y) = H(X,Y)/\log 2$ と書き，$H^{(2)}(X \mid Y)$ と $I^{(2)}(X;Y)$ についても同様に書くことにする．

ある集合の有限部分集合 K と L を固定する．Z は $K \cup L$ の一様に無作為に選ばれた部分集合を表すとし，

$$X = Z \cap K, \quad Y = Z \cap L$$

とおく（図 8.3）．このとき，X と Y はそれぞれべき集合 $\mathscr{P}(K)$ と $\mathscr{P}(L)$ に値をとる，一様に分布する確率変数であるから，

$$H^{(2)}(X) = \log_2 2^{|K|} = |K|$$
$$H^{(2)}(Y) = \log_2 2^{|L|} = |L|$$

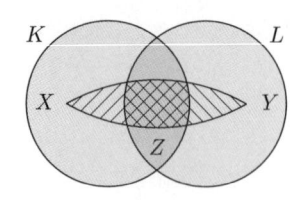

図 8.3　無作為部分集合（例 8.1.9）．部分集合 Z はひし形状の全体であり，$X = Z \cap K$ は $\boxed{/}$ で網掛けられており，$Y = Z \cap L$ は $\boxed{\backslash}$ で網掛けられている．

である．確率変数 (X, Y) は $\mathscr{P}(K) \times \mathscr{P}(L)$ に値をとり，対の集合

$$\{(A, B) \in \mathscr{P}(K) \times \mathscr{P}(L) : \text{ある } C \subseteq K \cup L \text{ に対して } A = C \cap K \text{ かつ } B = C \cap L\}$$

上で一様に分布する．このような対は $K \cup L$ の部分集合と一対一に対応するので，(X, Y) のエントロピーは $\mathscr{P}(K \cup L)$ 上の一様分布のエントロピーと等しい．ゆえに，

$$H^{(2)}(X, Y) = \log_2 2^{|K \cup L|} = |K \cup L|$$

である．このとき，条件つきエントロピーと相互情報量の定義より，

$$H^{(2)}(X \mid Y) = |K \cup L| - |L| = |K \setminus L|$$
$$H^{(2)}(Y \mid X) = |K \cup L| - |K| = |L \setminus K|$$
$$I^{(2)}(X; Y) = |K| + |L| - |K \cup L| = |K \cap L|$$

である．それゆえ，この例は図 8.1 の Venn 図に示されているさまざまなエントロピーを，実際の集合の濃度として実現している． ◆

極値の場合

結合エントロピー，条件つきエントロピーおよび相互情報量へのこの入門の最後に，通常のエントロピーの見地からのこれらの最大値および最小値を見いだすことにする．中心的な事実は以下である．

補題 8.1.10　$I(X; Y) \geq 0$ であり，等号が成り立つのは X と Y が独立であるとき，かつそのときに限る．

証明　補題 8.1.7(ii) より

$$I(X; Y) = \sum_{y \,:\, \mathbb{P}(y) > 0} \mathbb{P}(y) H((X \mid y) \parallel X)$$

である．$\mathbb{P}(y) > 0$ であるような $y \in \mathcal{Y}$ が与えられると，補題 3.1.4 は，$H((X \mid y) \parallel X) \geq 0$ であり，等号が成り立つのはすべての $x \in \mathcal{X}$ に対して $\mathbb{P}(x \mid y) = \mathbb{P}(x)$ であるとき，か

つそのときに限ることを含意する．だから，$I(X;Y) \geq 0$ であり，等号が成り立つのはすべての x と $\mathbb{P}(y) > 0$ である y に対して $\mathbb{P}(x\,|\,y) = \mathbb{P}(x)$ であるとき，かつそのときに限る．しかしこの条件は，X と Y が独立であるということと同値である．　　　　□

注意 8.1.11　同じ標本空間をもつ三つの確率変数 X，Y および Z が与えられると，これまでの定義の指針であったのと同じ包除原理により，三重相互情報量 $I(X;Y;Z)$ を定義することができる．

$$I(X;Y;Z) = (H(X) + H(Y) + H(Z)) - (H(X,Y) + H(X,Z) + H(Y,Z)) + H(X,Y,Z)$$

しかし，二項の場合と対照的に，$I(X;Y;Z)$ は負になることがある．たとえば，三つすべての確率変数が $\{0,1\}$ に値をとり，(X,Y,Z) が四つの三つ組

$$(0,0,0),\ (0,1,1),\ (1,0,1),\ (1,1,0)$$

上に一様に分布し，ほかの四つの三つ組上では確率が零となる場合である．この量やほかの多変数の情報尺度の議論については，Timme ら [326，とくに 4.2 節] を参照せよ．

　以下の命題は，さまざまな最大値と最小値，およびそれらが達成される条件をまとめたものである．すべての結果は，図 8.1 と図 8.2 の Venn 図から推測されるとおりになる．

命題 8.1.12

（ⅰ）結合エントロピーは以下のように抑えられる．

　　（a）$\max\{H(X), H(Y)\} \leq H(X,Y) \leq H(X) + H(Y)$ である．

　　（b）$H(X,Y) = \max\{H(X), H(Y)\}$ であるのは，X が Y により決定される，あるいは Y が X により決定されるとき，かつそのときに限る．

　　（c）$H(X,Y) = H(X) + H(Y)$ であるのは，X と Y が独立であるとき，かつそのときに限る．

（ⅱ）条件つきエントロピーは以下のように抑えられる．

　　（a）$0 \leq H(X\,|\,Y) \leq H(X)$ である．

　　（b）$H(X\,|\,Y) = 0$ であるのは，X が Y により決定されるとき，かつそのときに限る．

　　（c）$H(X\,|\,Y) = H(X)$ であるのは，X と Y が独立であるとき，かつそのときに限る．

（ⅲ）相互情報量は以下のように抑えられる．

　　（a）$0 \leq I(X;Y) \leq \min\{H(X), H(Y)\}$ である．

（b）$I(X;Y) = 0$ であるのは，X と Y が独立であるとき，かつそのときに限る．

（c）$I(X;Y) = \min\{H(X), H(Y)\}$ であるのは，X が Y により決定される，あるいは Y が X により決定されるとき，かつそのときに限る．

証明　(ii)から始める．補題 8.1.3(ii) より，

$$H(X \mid Y) = \sum_{y:\, \mathbb{P}(y)>0} \mathbb{P}(y)H(X \mid y)$$

である．$\mathbb{P}(y) > 0$ である各 y に対して，補題 2.2.4(i)は，$H(X \mid y) \geq 0$ であり，等号が成り立つのは，ある x が存在して $\mathbb{P}(x \mid y) = 1$ であるとき，かつそのとき限ることを含意する．それゆえ，$H(X \mid Y) \geq 0$ であり，等号が成り立つのは，X が Y により決定されるとき，かつそのときに限る．上界については，補題 8.1.10 から

$$H(X) - H(X \mid Y) = I(X;Y) \geq 0$$

が得られ，等号が成り立つのは X と Y が独立なとき，かつそのときに限る．

(i)については，((ii)より)

$$H(X,Y) - H(X) = H(Y \mid X) \geq 0$$

であり，等号が成り立つのは，Y が X により決定されるとき，かつそのときに限る．ゆえに，$H(X,Y) \geq \max\{H(X), H(Y)\}$ であり，等号が成立するならば，Y は X により決定される，あるいは X は Y により決定される．逆に，一般性を失うことなく Y が X により決定されるとする．例 8.1.1(iv) より $H(X,Y) = H(X)$ であり，例 8.1.4(iv) より $H(Y) \leq H(X)$ であるから，望んだとおり $H(X,Y) = \max\{H(X), H(Y)\}$ となる．$H(X,Y)$ の上界については，補題 8.1.10 より

$$H(X) + H(Y) - H(X,Y) = I(X;Y) \geq 0$$

であり，等号が成り立つのは，X と Y が独立であるとき，かつそのときに限る．

(iii)については，下界とその等号成立条件は補題 8.1.10 として証明されている．上界は，(i)における下界から，$H(X) + H(Y)$ からの減算により導かれる．すなわち，

$$\max\{H(X), H(Y)\} \leq H(X,Y)$$
$$\iff H(X) + H(Y) - \max\{H(X), H(Y)\} \geq H(X) + H(Y) - H(X,Y)$$
$$\iff \min\{H(X), H(Y)\} \geq I(X;Y)$$

であり，等号は(i)と同じ条件で成り立つ．　　　　　　　　　　　　　□

注意 8.1.13 それぞれ有限集合 $\mathcal{X}$ と $\mathcal{Y}$ に値をとる確率変数 X と Y が与えられると，$\mathcal{X} \times \mathcal{Y}$ に値をとる確率変数 $X \otimes Y$ で，分布

$$\mathbb{P}(X \otimes Y = (x, y)) = \mathbb{P}(X = x)\,\mathbb{P}(Y = y) \qquad (x \in \mathcal{X},\ y \in \mathcal{Y})$$

をもつ，X と Y の**独立カップリング**（independent coupling）が存在する．すなわち，X が分布 $\mathbf{p}$ をもち，Y が分布 $\mathbf{r}$ をもつならば，$X \otimes Y$ は分布 $\mathbf{p} \otimes \mathbf{r}$ をもつ．このとき，系 2.2.10 より

$$H(X \otimes Y) = H(X) + H(Y)$$

であるから，命題 8.1.12 (i) における上界は

$$H(X, Y) \leq H(X \otimes Y)$$

と同値である．これは，以下のように述べることもできる．$\mathcal{X}$ 上の確率分布 $\mathbf{p}$ と $\mathcal{Y}$ 上の確率分布 $\mathbf{r}$ をとる．このとき，周辺分布 $\mathbf{p}$ と $\mathbf{r}$ をもつ $\mathcal{X} \times \mathcal{Y}$ 上のすべての確率分布の中で，$\mathbf{p} \otimes \mathbf{r}$ よりも大きなエントロピーをもつものはない．

これは「Shannon」エントロピー特有の性質である．ほかの Rényi エントロピー H_q あるいは q 対数的エントロピー S_q では，自明な $q = 0$ のときを除いて成り立たない．反例を付録 A.6 で与える．カップリングのエントロピーについては，かなりの文献が存在する．たとえば，Sason[303] や Kovačević–Stanojević–Šenk[197] と，その参考文献を参照せよ．

8.2　部分群集に対する多様性の尺度

本節と次節で，本章の序文で提起した生態学的な問いに答えるために，より小さな群集（**部分群集**（subcommunity））へと分割される生物の大きな群集（**メタ群集**（meta-community））の特徴を測定する量を導入する．以前のように，ここでの数学はあらゆる種類の対象にはるかに一般的に適用できるが，生態学により触発された用語を用いる．

特別な種類のメタ群集について，すでに何度か議論している．すなわち，島のグループである（例 2.1.6, 例 2.4.9, 例 2.4.11 など）．そこでは，部分群集は島であり，メタ群集はそれらすべての合併であり，また島の間で種が共有されていないという，非常に強い仮定がなされている．これは仮想的で極端な，有用な仮定だが現実的ではない．これから考えるメタ群集においては，各種は一つの，多くの，あるいはすべての部分群集に，どんな割合で現存していてもよい．

生態学では，メタ群集の多様性の尺度に対する定着した用語がある．

- **アルファ多様度**（alpha-diversity）は，（何らかの意味の「平均（average）」における）部分群集の平均多様度（average diversity of the subcommunities）である．
- **ベータ多様度**（beta-diversity）は，部分群集間のばらつき（variation between the subcommunities）である．
- **ガンマ多様度**（gamma-diversity）は，部分群集への分割を無視した，メタ群集全体の多様度（global diversity）である．

これらの用語は，生態学者 Robert Whittaker により，影響力のある 1960 年の論文において導入された[351, p. 320]．Tuomisto がベータ多様度についての概説論文において述べたように，「明らかに，Whittaker(1960) はベータ多様度の正確な定義を考えてはいなかった」[334, p. 2]．しかし，これらの三つの量を数学的に定義するために多くの具体的な提案がなされてきた．この主題についていくつかの初期の研究は，グループ内のばらつきとグループ間のばらつきを定量化しようとする，統計学における分散分析（ANOVA）に触発されていたようである．しかし，アルファ，ベータ，ガンマ多様度という広い概念は，ずっと以前にそれ自身の独立した地位を獲得している．

本節と次節は，メタ群集とその部分群集に対する包括的かつ非伝統的な多様性の尺度の一群を提示した Reeve らの論文[293]におもに基づいている．この尺度の体系は非常に柔軟であり，（希少種と普通種で異なる重点の置き方を許す）パラメータ q と（種間で異なる類似性をコード化する）類似度行列 Z の両者を組み込んでいる．ここでは，$q=1$ および $Z=I$ の非常に特別な場合に限定する（だから，種間の類似性は無視される）．たとえそうでも，この体系の力と巧妙さをいくらか見ることができるであろう．

表記を固定することから始める（図 8.4）．メタ群集は，個体の集まりからなり，各個体は（$1,\ldots,S$ と番号づけられた）S 種の中のちょうど一つに属し，（$1,\ldots,N$ と番号づけられた）部分群集のちょうど一つに属する．i 番目の種および j 番目の部分群集に属する個体の割合あるいは相対存在量を P_{ij} と書く．だから，$\sum_{i,j} P_{ij}=1$ である．添え字 i は種の集合 $\{1,\ldots,S\}$ にわたり，添え字 j は部分群集の集合 $\{1,\ldots,N\}$ にわ

$$\overset{\text{部分群集}}{\longleftrightarrow}$$

$$\text{種}\updownarrow \quad P=\begin{pmatrix} P_{11} & \cdots & P_{1N} \\ \vdots & & \vdots \\ P_{S1} & \cdots & P_{SN} \end{pmatrix} \qquad \mathbf{p}=\begin{pmatrix} p_1 \\ \vdots \\ p_S \end{pmatrix}$$

$$\mathbf{w}=\begin{pmatrix} w_1 & \cdots & w_N \end{pmatrix}$$

図 8.4 メタ群集における相対存在量に対する表記

たると約束する.

各種 i に対して,

$$p_i = \sum_j P_{ij}$$

と書く. これは, メタ群集全体における種 i の相対存在量である. このとき, $\sum_i p_i = 1$ である. 各部分群集 j に対して,

$$w_j = \sum_i P_{ij}$$

と書く. これは, メタ群集における部分群集 j の相対サイズである. このとき, $\sum_j w_j = 1$ である.

純粋に数学的な用語では, 行列 P は集合 $\{1, \ldots, S\} \times \{1, \ldots, N\}$ 上の確率分布を定義し, 周辺分布

$$\mathbf{p} = (p_1, \ldots, p_S), \qquad \mathbf{w} = (w_1, \ldots, w_N)$$

をもつ. 確率変数の言葉へと翻訳するのに, $\{1, \ldots, S\} \times \{1, \ldots, N\}$ に値をとり, 分布 P をもつ確率変数 (X, Y) を考える. このとき, X は $\{1, \ldots, S\}$ に値をもつ分布が $\mathbf{p}$ の確率変数であり, Y は $\{1, \ldots, N\}$ に値をもつ分布が $\mathbf{w}$ の確率変数である. だから, X は無作為な種であり, Y は無作為な部分群集である.

確率変数 X と Y の結合エントロピー, 条件つきエントロピーおよび相互情報量の生態学的な意味は何であろうか？ また, 相対エントロピーや交差エントロピーの役割は何であろうか？ 多様性を測定するときは, エントロピーそれ自体よりもエントロピーの指数関数を用いるほうがより適切であることを見た (2.4 節, とくに例 2.4.7). それゆえ, 相対エントロピーや相互情報量などの指数関数の生態学的な意味は何であろうか, と問うほうがよりよい.

それでは, Reeve ら [293] の表記と用語にしたがいつつ, これらの問いに答えていくことにする.

まず, 同じ集合上の分布の対に対して定義される二つのエントロピーを考える. すなわち, 相対エントロピーと交差エントロピーである. j 番目の部分群集は種の分布

$$\frac{P_{\bullet j}}{w_j} = \left(\frac{P_{1j}}{w_j}, \ldots, \frac{P_{Sj}}{w_j} \right)$$

をもち, これは行列 P の第 j 列 $P_{\bullet j}$ を規格化したものである (j 番目の部分群集は空でない, すなわち, $w_j > 0$ であると仮定する). j 番目の部分群集のオーダー 1 の多様度を

$$\bar{\alpha}_j(P) = D\left(\frac{P_{\bullet j}}{w_j} \right) = \exp H\left(\frac{P_{\bullet j}}{w_j} \right)$$

と書き，これを**部分群集アルファ多様度**（subcommunity alpha-diversity）とよぶ．だから，$\bar{\alpha}_j(P)$ は j 番目の部分群集のみに依存し，メタ群集の残りの部分には影響されない．ここで，（2.4 節のように）D はオーダー 1 の Hill 数 D_1 を表す．パラメータ q のほかの値は考慮しない．

j 番目の部分群集を分離して考えるだけでなく，相対エントロピー $H(P_{\bullet j}/w_j \parallel \mathbf{p})$ を用いて，その種の分布 $P_{\bullet j}/w_j$ をメタ群集全体の種の分布 $\mathbf{p}$ と比較することができる．よりよいのは，相対エントロピーの指数関数である，3.3 節の意味での相対多様度を用いることである．だから，**部分群集ベータ多様度**（subcommunity beta-diversity）$\bar{\beta}_j(P)$ を

$$\bar{\beta}_j(P) = D\left(\frac{P_{\bullet j}}{w_j} \,\Big\|\, \mathbf{p}\right) = \prod_i \left(\frac{P_{ij}}{p_i w_j}\right)^{P_{ij}/w_j} \tag{8.6}$$

により定義する．これは，メタ群集の種の分布に対する j 番目の部分群集の種の分布の相対多様度である．3.3 節で確立したように，これはメタ群集全体のもとでの部分群集の珍しさあるいは非典型性を反映する．たとえば，部分群集がメタ群集全体を正確に代表しているならば，$\bar{\beta}_j(P)$ はその最小の可能な値である 1 をとる．

（Reeve らは，ここでは議論しない，α_j および β_j とよばれる量も定義した．その研究では，バーは部分群集のサイズによる規格化を示すのに用いられている．）

あるいは，相対エントロピーではなく交差エントロピーを用いて，部分群集をメタ群集と比較することもできる．交差エントロピーの指数関数 $D^{\times}(P_{\bullet j}/w_j \parallel \mathbf{p})$ は，（やはり 3.3 節の意味での）交差多様度であり，**部分群集ガンマ多様度**（subcommunity gamma-diversity）

$$\gamma_j(P) = D^{\times}\left(\frac{P_{\bullet j}}{w_j} \,\Big\|\, \mathbf{p}\right) = \prod_i \left(\frac{1}{p_i}\right)^{P_{ij}/w_j} \tag{8.7}$$

とよばれる．だから，$\gamma_j(P)$ はメタ群集の種の分布に関する j 番目の部分群集の種の分布の交差多様度である．これは，（平均の概念として幾何平均を用いて）メタ群集の基準により希少性を測るときの，部分群集内の種の平均的な希少性である．たとえば，部分群集がメタ群集の正確な代表であるならば，$\gamma_j(P)$ はちょうどメタ群集の多様度である．

相対多様度と交差多様度のほかの例は 3.3 節で与えており，$\bar{\beta}_j(P)$ あるいは $\gamma_j(P)$ が高い値あるいは低い値をとることの生態学的な意味を説明した．

等式 (3.6)（p. 68）は

$$\bar{\alpha}_j(P) \cdot \bar{\beta}_j(P) = \gamma_j(P) \tag{8.8}$$

であることを含意する．この恒等式は以下のように理解できる．

- $\overline{\alpha}_j(P)$ は，部分群集内で平均的な個体がどれくらい珍しいかを測る．
- $\overline{\beta}_j(P)$ は，メタ群集内で部分群集がどれくらい珍しいかを測る．
- $\gamma_j(P)$ は，メタ群集内で部分群集内の平均的な個体がどれくらい珍しいかを測る．

だから等式(8.8)は，大域的な多様性の尺度 $\gamma_j(P)$ を，解像度の異なる水準の多様性を測る成分へと分割するものである．

次節では，一方ではここで定義した部分群集アルファ，ベータおよびガンマ多様度と，他方では生態学者が通常アルファ，ベータおよびガンマ多様度とよぶ，メタ群集に付随する量の間のつながりを説明する．その際，確率変数の言葉を用いる．その言葉では，条件つき確率変数 $X \mid j$ の分布が j 番目の部分群集における種の分布 $P_{\bullet j}/w_j$ であるから，ここで定義した部分群集の尺度は

$$\overline{\alpha}_j(P) = \exp H(X \mid j)$$
$$\overline{\beta}_j(P) = \exp H((X \mid j) \parallel X)$$
$$\gamma_j(P) = \exp H^{\times}((X \mid j) \parallel X)$$

により与えられる．

8.3 メタ群集に対する多様性の尺度

前節では，j 番目の部分群集のアルファ，ベータおよびガンマ多様度を，種の集合に値をとる二つの確率変数を比較することにより定義した．すなわち，j 番目の部分群集から無作為に選ばれた個体の種である $X \mid j$ と，メタ群集全体から無作為に選ばれた個体の種である X である．

この節では，異なる集合に値をとる二つの確率変数を比較することによりメタ群集の尺度を導き出す．すなわち，メタ群集から無作為に選ばれた個体の種 X と部分群集 Y である．具体的には，これらの結合エントロピー，条件つきエントロピーおよび相互情報量の指数関数を考える．

図 8.5(a) に状況がまとめてあり，図(b)には参考のためにエントロピーに対する以前の Venn 図（図 8.1）を再掲している．図(a)の表記も Reeve ら[293]のものであり，これから各項を順次説明する．表 8.1 と表 8.2 に要約がある．

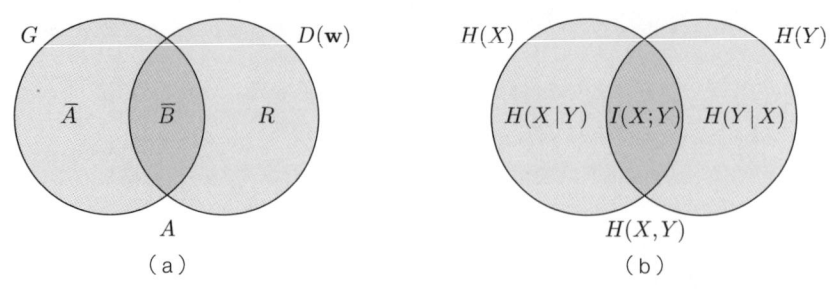

(a) 　　　　　　　　　　　　　　　　　　(b)

図 8.5　(a)に示すメタ群集ガンマ多様度は，(b)に示すエントロピーの指数関数である．
たとえば，$\overline{A}(P) = \exp H(X \mid Y)$ である．

表 8.1　メタ群集多様度の公式と説明．最初の積は **p** の台にわたり，
二つ目の積は **w** の台にわたり，ほかの積は P の台にわたる．

量	名称	公式	説明
$\exp H(X)$	$G(P)$	$\displaystyle\prod_i \left(\frac{1}{p_i}\right)^{p_i}$	部分群集への分割を無視したときの，メタ群集における種の有効数
$\exp H(Y)$	$D(\mathbf{w})$	$\displaystyle\prod_j \left(\frac{1}{w_j}\right)^{w_j}$	種への分割を無視したときの，メタ群集における部分群集の有効数
$\exp H(X,Y)$	$A(P)$	$\displaystyle\prod_{i,j} \left(\frac{1}{P_{ij}}\right)^{P_{ij}}$	(種，部分群集) 対の有効数
$\exp H(X \mid Y)$	$\overline{A}(P)$	$\displaystyle\prod_{i,j} \left(\frac{w_j}{P_{ij}}\right)^{P_{ij}}$	部分群集あたりの種の平均有効数
$\exp H(Y \mid X)$	$R(P)$	$\displaystyle\prod_{i,j} \left(\frac{p_i}{P_{ij}}\right)^{P_{ij}}$	部分群集の冗長度
$\exp I(X;Y)$	$\overline{B}(P)$	$\displaystyle\prod_{i,j} \left(\frac{P_{ij}}{p_i w_j}\right)^{P_{ij}}$	孤立した部分群集の有効数

メタ群集ガンマ多様度

まず，種に対する確率変数 X を考える．その Shannon エントロピー $H(X)$ の指数関数は

$$D(\mathbf{p}) = \prod_{i \in \mathrm{supp}(\mathbf{p})} \left(\frac{1}{p_i}\right)^{p_i}$$

である．これは単に，その部分群集への分割を無視した，メタ群集全体の種の分布 **p** のオーダー 1 の多様度である（本節を通じて，すべての多様度はオーダー 1 である）．$G(P) = D(\mathbf{p})$ と書き，これを**メタ群集ガンマ多様度** (metacommunity gamma-diversity) とよぶ．

メタ群集ガンマ多様度 $G(P)$ は，以下のように部分群集ガンマ多様度 $\gamma_1(P), \dots, \gamma_N(P)$ に関係している．

表 8.2 メタ群集多様度の最小値と最大値. 示されている限界は S と N にのみ依存する. より厳しい限界は, 本文で与えられている. 偏りがない (balanced) とは, すべての種が等しい存在量をもつことを意味する.

名称	範囲	最小化されるのは	最大化されるのは
$G(P)$	$[1, S]$	メタ群集に一つの種のみのとき	メタ群集の種に偏りがないとき
$D(\mathbf{w})$	$[1, N]$	メタ群集に一つの部分群集のみのとき	部分群集が同じサイズのとき
$A(P)$	$[1, SN]$	メタ群集に一つの種と一つの部分群集のみのとき	部分群集が同じサイズですべて偏りがないとき
$\overline{A}(P)$	$[1, S]$	各部分群集が一つの種のみを含むとき	各部分群集に偏りがないとき
$R(P)$	$[1, N]$	部分群集が種を共有しないとき	部分群集が同じサイズと組成をもつとき
$\overline{B}(P)$	$[1, N]$	部分群集が同じ組成をもつとき	部分群集が同じサイズで種を共有しないとき

$$G(P) = \prod_{i,j:\, i \in \mathrm{supp}(\mathbf{p})} \left(\frac{1}{p_i}\right)^{P_{ij}}$$

$$= \prod_j \gamma_j(P)^{w_j}$$

$$= M_0(\mathbf{w}, (\gamma_1(P), \ldots, \gamma_N(P))) \tag{8.9}$$

ここで, p_i が $\sum_j P_{ij}$ で定義されること, および $\gamma_j(P)$ に対する公式 (8.7) を用いた. それゆえ, メタ群集ガンマ多様度 $G(P)$ は部分群集ガンマ多様度 $\gamma_j(P)$ の, 部分群集のサイズにより重みづけられた幾何平均である.

この意味で, 部分群集ガンマ多様度 $\gamma_j(P)$ は, メタ群集多様度への, j 番目の部分群集に属する個体あたりの平均寄与である.

補題 2.4.3 より, メタ群集ガンマ多様度は

$$1 \leq G(P) \leq S$$

で抑えられる. 下界 $G(P) = 1$ はメタ群集が単一の種からなるときに達成され, 上界 $G(P) = S$ は S 種すべてが (部分群集にわたってどのように分布するのかにかかわらず) メタ群集において等しい存在量をもつときに達成される.

次に, 部分群集に対する確率変数 Y を考える. $H(Y)$ の指数関数は

$$D(\mathbf{w}) = \prod_{j \in \mathrm{supp}(\mathbf{w})} \left(\frac{1}{w_j}\right)^{w_j}$$

である．これは，個体群が（種にわたってどのように分布するのかにかかわらず）部分群集にわたってどのくらい均等に分布しているのかを測る．（再び補題 2.4.3 より）これは

$$1 \leq D(\mathbf{w}) \leq N$$

で抑えられ，メタ群集が空でない部分群集をただ一つ含むときに $D(\mathbf{w}) = 1$ となり，N 個の部分群集の個体群が同じサイズのときに $D(\mathbf{w}) = N$ となる．

メタ群集アルファ多様度

結合エントロピー $H(X, Y)$ の指数関数は，

$$D(P) = \prod_{(i,j) \in \mathrm{supp}(P)} \left(\frac{1}{P_{ij}} \right)^{P_{ij}}$$

である．ここで，$S \times N$ 行列 P は集合 $\{1, \ldots, S\} \times \{1, \ldots, N\}$ 上の確率分布として扱われている．それゆえ，2.4 節の意味において，$D(P)$ は（種，部分群集）対の有効数である．これは，異なる部分群集における個体が（島の状況のように）異なる種であると想定したときにメタ群集がもつであろう種の多様度である．$A(P) = D(P)$ と書き，これを**原メタ群集アルファ多様度**（raw metacommunity alpha-diversity）とよぶ．

$A(P)$ は，部分群集間で種が共有されていないかのようにして多様性を測るので，真の多様度を過大評価する．実際，命題 8.1.12 (i) の不等式

$$H(X) \leq H(X, Y) \leq H(X) + H(Y)$$

の指数関数をとることで，

$$G(P) \leq A(P) \leq D(\mathbf{w})G(P) \tag{8.10}$$

を得る．上界は，過大評価の因子が高々部分群集の有効数 $D(\mathbf{w})$ であることを述べている．

最小値 $A(P) = G(P)$ は，$H(X, Y) = H(X)$ のとき達成されるが，命題 8.1.12 (ii) より，これは Y が X により決定されることを意味する．すなわち，部分群集が種により決定されるということである．それゆえ，部分群集間で種が共有されないとき，$A(P) = G(P)$ となる．

最大値 $A(P) = D(\mathbf{w})G(P)$ は，$H(X, Y) = H(X) + H(Y)$ のとき達成される．命題 8.1.12 (i) より，これはちょうど X と Y が独立であるときに正しい．言い換えると，$A(P)$ がその最大値を達成するのはメタ群集が**よく混合されている**（well-mixed）とき

であり，これは部分群集の種の分布 $P_{\bullet j}/w_j$ のそれぞれがメタ群集の種の分布 $\mathbf{p}$ に等しいことを意味する．

まとめると，部分群集が種を共有しないとき $A(P)$ は $G(P)$ をまったく過大評価しないが，すべての部分群集が同一の組成をもつとき過大評価は最も顕著になる．

$1 \le G(P) \le S$ および $1 \le D(\mathbf{w}) \le N$ であるから，不等式(8.10)はより粗い限界

$$1 \le A(P) \le SN$$

を含意する．これは，（種，部分群集）対の有効数としての $A(P)$ の解釈にかなっている．一つの種のみが現存し，空でない部分群集が一つだけのとき，最小値 $A(P) = 1$ が達成される．メタ群集がよく混合されており，部分群集がすべて同じサイズであるとき，最大値 $A(P) = SN$ が達成される．

次に，条件つきエントロピーを考える．補題 8.1.3(i) より，条件つきエントロピー $H(X \mid Y)$ は

$$H(X \mid Y) = \sum_{i,j:\, \mathbb{P}(i,j)>0} \mathbb{P}(i,j) \log \frac{\mathbb{P}(j)}{\mathbb{P}(i,j)}$$

により与えられる．**規格化されたメタ群集アルファ多様度**（normalized meta-community alpha-diversity）$\bar{A}(P)$ とは，その指数関数のことである．

$$\bar{A}(P) = \exp H(X \mid Y) = \prod_{i,j:\, P_{ij}>0} \left(\frac{w_j}{P_{ij}} \right)^{P_{ij}} \tag{8.11}$$

$\bar{A}$ を理解するのに，条件つきエントロピーに対する別の公式の一つを用いる（補題 8.1.3(ii)）．

$$H(X \mid Y) = \sum_{j:\, \mathbb{P}(j)>0} \mathbb{P}(j) H(X \mid j) \tag{8.12}$$

確率変数 $X \mid j$ は，j 番目の部分群集から無作為に選ばれた個体の種であるから，等式(8.12)の全体にわたって指数関数をとることにより

$$\begin{aligned}
\bar{A}(P) &= \prod_{j:\, w_j>0} \bar{\alpha}_j(P)^{w_j} \\
&= M_0(\mathbf{w}, (\bar{\alpha}_1(P), \ldots, \bar{\alpha}_N(P)))
\end{aligned} \tag{8.13}$$

が得られる．ゆえに，$\bar{A}(P)$ は，個々の部分群集多様度 $\bar{\alpha}_j(P)$ の，そのサイズにより重みづけられた幾何平均である．したがって，これは伝統的な意味におけるアルファ多様度である（注意 3.3.9 および p. 278）．

$\overline{A}$ の最大値と最小値を見いだすために，不等式（命題 8.1.12 (ii)）

$$0 \le H(X \mid Y) \le H(X)$$

の全体にわたる指数関数をとる．これから

$$1 \le \overline{A}(P) \le G(P) \tag{8.14}$$

が得られ，各部分群集が高々一つの種を含むとき $\overline{A}(P) = 1$ となり，メタ群集がよく混合されているとき $\overline{A}(P) = G(P)$ となる．$G(P) \le S$ であるから，より粗い限界

$$1 \le \overline{A}(P) \le S$$

も得られ，各部分群集がすべての S 種を等しい割合で含むとき $\overline{A}(P) = S$ となる．

原メタ群集アルファ多様度 $A(P)$ と規格化されたメタ群集アルファ多様度 $\overline{A}(P)$ は，等式

$$\overline{A}(P) = \frac{A(P)}{D(\mathbf{w})} \tag{8.15}$$

でつながっており，これは条件つきエントロピーの定義

$$H(X \mid Y) = H(X, Y) - H(Y)$$

の指数関数である．

例 8.3.1 ここで，8.1 節から引き続く四つの例を考え，生態学的な用語に翻訳する．以下の結果は，これらの例からすぐに導かれ，表 8.3 の最初の数行に要約されている．

(ⅰ) メタ群集がよく混合されているとする．このとき，$P = \mathbf{p} \otimes \mathbf{w}$ および $A(P) = D(P) = D(\mathbf{p})D(\mathbf{w})$ である．各部分群集はメタ群集と同じ種の組成をもつので，平均部分群集多様度 $\overline{A}(P)$ はメタ群集多様度 $G(P)$ と同じになる．

(ⅱ) メタ群集が単一の部分群集からなるとする．このとき，$N = 1$，$\mathbf{w} = (1)$，および $P = \mathbf{p}$ である．（種，部分群集）対の有効数 $A(P)$ はちょうど種の有効数 $D(\mathbf{p})$

表 8.3 例 8.3.1 と例 8.3.2 の要約

量	名称	(ⅰ)よく混合されたメタ群集	(ⅱ)ただ一つの部分群集	(ⅲ)部分群集が種と一致	(ⅳ)孤立した部分群集
$\exp H(X)$	$G(P)$	$D(\mathbf{p})$	$D(\mathbf{p})$	$D(\mathbf{p})$	$D(\mathbf{p})$
$\exp H(Y)$	$D(\mathbf{w})$	$D(\mathbf{w})$	1	$D(\mathbf{p})$	$D(\mathbf{w})$
$\exp H(X, Y)$	$A(P)$	$D(\mathbf{p})D(\mathbf{w})$	$D(\mathbf{p})$	$D(\mathbf{p})$	$D(\mathbf{w})\overline{A}(P)$
$\exp H(X \mid Y)$	$\overline{A}(P)$	$D(\mathbf{p})$	$D(\mathbf{p})$	1	$\overline{A}(P)$
$\exp H(Y \mid X)$	$R(P)$	$D(\mathbf{w})$	1	1	1
$\exp I(X; Y)$	$\overline{B}(P)$	1	1	$D(\mathbf{p})$	$D(\mathbf{w})$

となり，ただ一つの部分群集しかないので，平均部分群集多様度 $\overline{A}(P)$ も $D(\mathbf{p})$ となる.

(iii) 部分群集がちょうど種と一致するとする．だから，$N = S$, $\mathbf{w} = \mathbf{p}$, および P は対角成分 $p_1, \ldots, p_S$ をもつ対角行列である．（種，部分群集）対の有効数 $A(P)$ はやはりちょうど $D(\mathbf{p})$ となるが，各部分群集は多様度 1 をもつので，平均部分群集多様度 $\overline{A}(P)$ は今度は 1 となる.

(iv) 最後に，すべての部分群集が孤立している（種を共有していない）とする．平均部分群集多様度 $\overline{A}(P)$ については，部分群集間の種の重なりの程度に影響を受けないので，何か特別なことを述べることはできない．相変わらず，$A(P) = D(\mathbf{w})\overline{A}(P)$ ではある． ◆

メタ群集の冗長度

すでに，一方の条件つきエントロピー $H(X \mid Y)$ については考察した．もう一方の

$$H(Y \mid X) = \sum_{i,j:\, \mathbb{P}(i,j)>0} \mathbb{P}(i,j) \log \frac{\mathbb{P}(i)}{\mathbb{P}(i,j)}$$

の指数関数は

$$R(P) = \prod_{i,j:\, P_{ij}>0} \left(\frac{p_i}{P_{ij}} \right)^{P_{ij}} \tag{8.16}$$

である．これは，メタ群集の**冗長度**（redundancy）である．この語の意味は以下のとおりである．すなわち，部分群集がいくつか破壊されたとしたら，メタ群集における多様性はどのくらい保存されるのであろうか？　冗長度が高いことは，部分群集にわたって種が十分に繰り返し現れるので，部分群集がいくつか失われても多様性の大きな喪失が引き起こされないであろうことを意味する.

それでは，この解釈を正当化する．各種 i に対して，N 個の部分群集内でのその相対存在量 $P_{i1}, \ldots, P_{iN}$ を考え，規格化して部分群集の集合 $\{1, \ldots, N\}$ 上の確率分布

$$\frac{P_{i\bullet}}{p_i} = \left(\frac{P_{i1}}{p_i}, \ldots, \frac{P_{iN}}{p_i} \right)$$

を得る（この説明においては $p_i > 0$ であると仮定する）．このとき，$D(P_{i\bullet}/p_i)$ は，i 番目の種が部分群集にわたって均等に分布している度合いを測っている．たとえば，すべての部分群集において種 i が同じ量存在するとき，最大値 N をとる．これが，i 番目の種の「冗長度」である.

メタ群集全体の冗長性の尺度を得るために，その相対存在量により重みづけられた，種の冗長度の幾何平均

$$\prod_{i \in \operatorname{supp}(\mathbf{p})} D\left(\frac{P_{i\bullet}}{p_i}\right)^{p_i} \tag{8.17}$$

をとる．しかし，これはちょうど $R(P)$ である．補題 8.1.3(ii) を用いると，

$$\prod_{i \in \operatorname{supp}(\mathbf{p})} D\left(\frac{P_{i\bullet}}{p_i}\right)^{p_i} = \exp\left(\sum_{i \in \operatorname{supp}(\mathbf{p})} p_i H\left(\frac{P_{i\bullet}}{p_i}\right)\right)$$

$$= \exp\left(\sum_{i:\, \mathbb{P}(i)>0} \mathbb{P}(i) H(Y \mid i)\right)$$

$$= \exp H(Y \mid X)$$

$$= R(P)$$

となるからである．結論を述べると，$R(P)$ は種の冗長度の平均 (8.17) である．すなわち，典型的な種が分布している部分群集の有効数である．

冗長度を理解する別の方法に，等式

$$R = \frac{A}{G} \tag{8.18}$$

によるものがあるが，これは条件つきエントロピーの定義

$$H(Y \mid X) = H(X, Y) - H(X)$$

の指数関数である．ガンマ多様度 $G(P)$ はメタ群集における種の有効数であるが，$A(P)$ は異なる部分群集における個体はつねに異なる種であると考えるときの種の有効数である．$A(P)$ が $G(P)$ をどれほど過大評価するかは，実際に種が部分群集にわたって共有されている程度を反映している．だから，これは冗長度を測っている．

冗長度の限界は，不等式 (8.10) を $G(P)$ で割ることにより得られる．これから

$$1 \le R(P) \le D(\mathbf{w})$$

が得られ，極値の場合は (8.10) に対するものと同じである．すなわち，部分群集間で種が共有されないとき冗長度は最小値の 1 をとり，部分群集における種の分布がすべて同じとき最大値の $D(\mathbf{w})$ をとる．このことから

$$1 \le R(P) \le N$$

となり，$R(P) = N$ となるのは部分群集の組成が同じであるだけでなく，すべてサイズが同じでもあるときである．

メタ群集ベータ多様度

最後に，相互情報量 $I(X;Y)$ を考える．補題 8.1.7(i) より，その指数関数 $\overline{B}(P)$ は

$$\overline{B}(P) = \prod_{i,j:\,P_{ij}>0} \left(\frac{P_{ij}}{p_i w_j}\right)^{P_{ij}}$$

により与えられる．これが**メタ群集ベータ多様度**（metacommunity beta-diversity）である（Reeve ら[293]においては，これは「規格化された」ベータ多様度とよばれており，ここでは扱わない「原」ベータ多様度 $B(P)$ もある）．8.1 節における相互情報量の議論より，$\overline{B}(P)$ は，個体の種の知識から得られるその部分群集についての情報量——あるいはその逆の情報量といっても同じである——の指数関数として理解できる．

そうすると，大雑把には，$\overline{B}(P)$ は部分群集の構造と種の構造の間の一致度を測っていることになる．これは，注意 3.3.9 と p. 278 の伝統的な意味におけるベータ多様度である．

相互情報量についての命題 8.1.12(iii) より，

$$1 \le \overline{B}(P) \le \min\{G(P), D(\mathbf{w})\} \tag{8.19}$$

である．最小値 $\overline{B}(P) = 1$ は X と Y が独立なとき，すなわち，メタ群集がよく混合されているときに達成される．その場合，個体の種がわかってもその部分群集を推測することには役に立たず，その逆も同様である．命題 8.1.12(iii) より，最大値が達成される二つの場合がある．一方は，X が Y により決定される場合，すなわち，部分群集に高々一つの種しかない場合である．このとき，例 8.1.4(iv) より，

$$\overline{B}(P) = G(P) \le D(\mathbf{w})$$

となる．この場合，個体が属する部分群集がわかれば確実にその種を推定することができる．最大値が達成されるもう一方の場合は，Y が X により決定される，すなわち，部分群集が孤立している場合である．このとき，再び例 8.1.4(iv) より，

$$\overline{B}(P) = D(\mathbf{w}) \le G(P)$$

となり，個体の種がわかれば確実にその部分群集を推定することができる．

$\overline{B}$ は，孤立した部分群集の有効数としても解釈することができる．実際，$1 \le D(\mathbf{w}) \le N$ であるから，不等式 (8.19) は

$$1 \le \overline{B}(P) \le N \tag{8.20}$$

を含意する．最大値 $\overline{B}(P) = N$ は N 個の部分群集が孤立し，かつサイズが等しいとき達成される．命題 8.4.8 と系 8.4.10 において，$\overline{B}$ がチェイン則と複製原理をみたすこと

を見るが，これは有効数としての解釈を支持するものである．

$\overline{B}$ についてさらに別の視点から見るために，等式(8.5)から

$$H(X \mid Y) + I(X;Y) = H(X)$$

であることを思い出す．この等式全体にわたって指数関数をとることで

$$\overline{A}\,\overline{B} = G \tag{8.21}$$

を得る，すなわち，

$$アルファ多様度 \times ベータ多様度 = ガンマ多様度$$

である．この等式は，メタ群集の多様度（ガンマ多様度）を二つの成分に分割している．すなわち，部分群集内多様度の平均（アルファ多様度）と部分群集間のばらつき（ベータ多様度）である．この一般的な原理は長い歴史をもっており，Whittaker の基礎的な研究[351, p. 321][352, p. 232]にまでさかのぼる．

等式(8.21)，(8.15)および(8.18)から，

$$\overline{B}(P) = \frac{G(P)}{\overline{A}(P)} = \frac{G(P)D(\mathbf{w})}{A(P)} = \frac{D(\mathbf{w})}{R(P)}$$

となり，

$$\overline{B}(P) = \frac{D(\mathbf{w})}{R(P)}$$

を得る．それゆえ，部分群集のサイズ $\mathbf{w}$ が固定されているときは，孤立した部分群集の有効数 $\overline{B}(P)$ は冗長度 $R(P)$ に反比例する．これはもっともである．なぜなら，$R(P)$ は部分群集間の種の重なりを測るが，$\overline{B}(P)$ は部分群集がどれくらい分離されているかを測るからである．

（これまで扱ってきた $q=1$，$Z=I$ の場合以外では，話は何ともいえなくなる．Reeve らの研究における $q \neq 1$ のときでは，$\overline{B}$ と R はもはや互いに他方を決定することはないという強い意味において，この二つの量の依存関係は破れる．すなわち，$\overline{B}$ と R は異なる情報を担っている．）

例 8.3.2 例 8.3.1 の四つの状況を再び論じ，冗長度 $R(P)$ とメタ群集ベータ多様度 $\overline{B}(P)$ を調べる．結果は表8.3 に要約している．

（ⅰ）よく混合されたメタ群集は，すべての部分群集が同等であるので，最大限に冗長である（$R(P) = D(\mathbf{w})$）．同じ理由から，孤立した部分群集の有効数 $\overline{B}(P)$ はちょうど1になる．

（ii）メタ群集が単一の部分群集からなるならば（$N = 1$），孤立した部分群集の冗長度 $R(P)$ と有効数 $\overline{B}(P)$ はどちらも最小値の 1 をとる.

（iii）部分群集がちょうど種に一致しているとする．このとき，メタ群集は最小限に冗長であり（$R(P) = 1$），これは各種がちょうど一つの部分群集にしか現存しないという事実を反映している．すなわち，どの部分群集を失っても，種を失うことを意味する．また部分群集は種であるから，孤立した部分群集の有効数 $\overline{B}(P)$ は種の有効数 $D(\mathbf{p})$ となる.

（iv）より一般に，すべての部分群集が孤立しているとする．どの種も部分群集にわたって繰り返し現れないので，冗長度は最小となる（$R(P) = 1$）．孤立した部分群集の有効数 $\overline{B}(P)$ は単に部分群集の分布 $\mathbf{w}$ の多様度 $D(\mathbf{w})$ となるが，実際，部分群集たちは孤立しているので，これはもっともである. ◆

　　メタ群集ガンマ多様度 $G(P)$ が部分群集ガンマ多様度 $\gamma_j(P)$ の幾何平均であり，またメタ群集アルファ多様度 $\overline{A}(P)$ が部分群集アルファ多様度 $\overline{\alpha}_j(P)$ の幾何平均であるように，メタ群集ベータ多様度 $\overline{B}(P)$ は部分群集ベータ多様度 $\overline{\beta}_j(P)$ の幾何平均である．実際，補題 8.1.7(ii) から

$$I(X;Y) = \sum_{j:\ \mathbb{P}(j) > 0} \mathbb{P}(j) H((X \mid j) \parallel X)$$

であることを思い出す．この等式全体にわたって指数関数をとることで，主張されたとおり

$$\overline{B}(P) = \prod_{j:\ w_j > 0} \overline{\beta}_j(P)^{w_j}$$
$$= M_0(\mathbf{w}, (\overline{\beta}_1(P), \ldots, \overline{\beta}_N(P))) \tag{8.22}$$

を得る.

　　$\overline{\beta}_j(P)$ が，メタ群集という背景において j 番目の部分群集がどれくらい珍しいかを測っていることは確認した．すべての部分群集にわたる幾何平均をとることで $\overline{B}(P)$ を得るが，したがって，これはメタ群集内における部分群集の非典型性あるいは孤立性の全体的尺度である.

　　ベータ多様度と情報理論的な量の間のさらなるつながりは，Reeve らの論文[293]の最初の付録で説明されている.

8.4 メタ群集に対する尺度の性質

これまで本章では，メタ群集の多様性と構造の尺度の体系を導入し，さまざまな仮想的な例におけるその振る舞いを説明してきた．しかし，単一の群集の多様性の尺度が論理的な振る舞いをすることを示すことができるまでそれを受け入れたり用いたりすべきではないように（2.4節），メタ群集の尺度も理にかなった論理的性質と代数的性質をもつことを要請される．ここでは，そうであることを示す．

独立性

アルファ多様度 $\overline{A}$ とベータ多様度 $\overline{B}$ が独立であること——確率論の意味においてではなく，確実な知識の意味において独立であること——を示すことから始める．形式ばらない例によりアイデアを説明する．簡単のため，世界のすべての人は黒髪であるか，金髪であるかのいずれかであり，また茶色い目であるか，青い目であるかのいずれかであると仮定する．これらの二つの変数，髪の色と目の色は，確率の意味においては独立ではない．すなわち，黒髪の人々は暗い目をしている傾向がある．しかし，これらはより弱い意味において独立である．すなわち，個人の髪の色を知ることはその人の目の色についての確実な知識は与えず，逆もまた同様である．四つの組み合わせはすべて起こる．

正式な定義は，以下のとおりである．

> **定義 8.4.1** J, K, L を集合とする．関数
>
>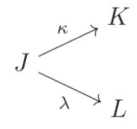
>
> は，すべての $k \in \kappa J$ と $\ell \in \lambda J$ に対して $\kappa(j) = k$ かつ $\lambda(j) = \ell$ となる $j \in J$ が存在するとき，**独立**（independent）であるという．

κ と λ が独立であるということは，J の元 j が秘密裏に選ばれ，$\kappa(j) \in K$ の値を教えられたとしても，$\lambda(j)$ の値についての確実な情報は得られないことを意味する（というのは，独立性の定義より，ファイバー $\kappa^{-1}\{\kappa(j)\}$ の λ のもとでの像は，像全体 λJ より小さくはないからである）．いうまでもなく，κ と λ の役割を逆にしても同じことが成り立つ．上の形式ばらない例においては，J はすべての人の集合，$K = \{黒髪, 金髪\}$，および $L = \{茶色い目, 青い目\}$ である．

これまで，任意のメタ群集の多様性の尺度（任意の「ガンマ多様度」）を，グループ

内（アルファ）成分とグループ間（ベータ）成分へと分解するという一般的な目標について議論してきた．アルファ多様度とベータ多様度は独立であるべきである．そうでなければ，「分解」という言葉はふさわしくない．すなわち，アルファのある値はベータのある値を排除してしまうであろうし，逆もまた同様である．この要請は，少なくとも1984 年の Wilson–Shmida[360]の研究以来，生態学においては認識されてきた．Jostは，次のように述べている．

> 〔アルファ多様度とベータ多様度は〕地域多様性のまったく異なる側面を測るものであるから，これらは独立して自由に変化できなければならない．アルファはベータのとりうる値に数学的制約を与えるべきではなく，逆もまた同様である．ベータがアルファに依存するならば，アルファ多様度が異なる地域のベータ多様度を比較することは不可能であろう．

(Jost[167, p. 2428])

分解（等式(8.21)）

$$\overline{A}\,\overline{B} = G$$

はこのテストに合格することを示す．部分群集の個数 N は通常は既知であるが，種数 S はそうとは限らないので，ここでは独立性を，各 $N \geq 1$ に対して，関数

$$\coprod_{S \geq 1} \Delta_{SN} \begin{array}{c} \overset{\overline{A}}{\longrightarrow} \mathbb{R} \\ \\ \underset{\overline{B}}{\longrightarrow} \mathbb{R} \end{array}$$

が独立であることを意味するものとして解釈する．ここで，Δ_{SN} は和が 1 となる非負実数の $S \times N$ 行列 P の集合として理解すると，非交和 $\coprod_{S \geq 1} \Delta_{SN}$ は列の数が N で行の数は任意なこのようなすべての行列 P の集合となる．

これら二つの関数の独立性は，既知の数の N 個の部分群集へと分割されたメタ群集が与えられたとき，部分群集の平均多様度 $\overline{A}(P)$ の知識は，孤立した部分群集の有効数 $\overline{B}(P)$ のとりうる値の範囲を制限しないことを意味する．だから，$\overline{B}(P)$ は，$\overline{A}(P)$ を知らなければとりえたであろうすべての値をなおとることができる．言い換えると，独立性は，$\overline{B}(P)$ の値を知っても $\overline{A}(P)$ について何も導き出すことができないことを意味する．このことをここで証明する．

命題 8.4.2（アルファ多様度とベータ多様度の独立性） 各 $N \geq 1$ に対して，関数

$$\coprod_{S \geq 1} \Delta_{SN} \underset{\overline{B}}{\overset{\overline{A}}{\rightrightarrows}} \mathbb{R}$$

は独立である．

証明 すべての $P \in \coprod_{S \geq 1} \Delta_{SN}$ に対して，$\overline{A}(P) \geq 1$ および $1 \leq \overline{B}(P) \leq N$ である ことはすでに示した（不等式 (8.14) および (8.20)）．それゆえ，任意の $a \in [1, \infty)$ と $b \in [1, N]$ が与えられたとき，ある $S \geq 1$ とある $S \times N$ 行列 $P \in \Delta_{SN}$ が存在して， $\overline{A}(P) = a$ かつ $\overline{B}(P) = b$ となることを示せば十分である．

このことを示す一つの方法は，以下のとおりである．整数 $T \geq a$ を選ぶ．多様性の尺 度 $D \colon \Delta_T \to \mathbb{R}$ は連続で（補題 2.4.4），最小値 1 と最大値 T をもつので（補題 2.4.3）， $D(\mathbf{t}) = a$ となる $\mathbf{t} \in \Delta_T$ を選ぶことができる．同様に，$D(\mathbf{w}) = b$ となる $\mathbf{w} \in \Delta_N$ を 選ぶことができる．

ここで，種を共有しない，相対サイズ $w_1, \ldots, w_N$ の部分群集からなるメタ群集を考 える．ただし，各部分群集は $t_1, \ldots, t_T$ の割合で T 種を含むとする．だから，全部で TN 種が存在し，

$$
P = \begin{pmatrix}
w_1 t_1 & 0 & & 0 \\
\vdots & \vdots & \cdots & \vdots \\
w_1 t_T & 0 & & 0 \\
0 & w_2 t_1 & & 0 \\
\vdots & \vdots & \cdots & \vdots \\
0 & w_2 t_T & & 0 \\
\vdots & \vdots & & \vdots \\
0 & 0 & & w_N t_1 \\
\vdots & \vdots & \cdots & \vdots \\
0 & 0 & & w_N t_T
\end{pmatrix}
$$

となる．j 番目の部分群集における種の分布 $P_{\bullet j} / w_j$ は

$$
(0, \ldots, 0, t_1, \ldots, t_T, 0, \ldots, 0)
$$

であるから，その多様度 $\overline{\alpha}_j(P)$ は $D(\mathbf{t}) = a$ である．しかし，$\overline{A}(P)$ は $\overline{\alpha}_1(P), \ldots,$ $\overline{\alpha}_N(P)$ の平均であるから（等式 (8.13)），$\overline{A}(P) = a$ である．さらに，部分群集は孤立 しているので，例 8.3.2(iv) より $\overline{B}(P) = D(\mathbf{w}) = b$ である． $\square$

同じ意味で，平均部分群集多様度 $\overline{A}$ と冗長度 R は独立である．

命題 8.4.3（アルファ多様度と冗長度の独立性） 各 $N \geq 1$ に対して，関数

$$
\coprod_{S \geq 1} \Delta_{SN} \underset{R}{\overset{\overline{A}}{\rightrightarrows}} \mathbb{R}
$$

は独立である．

証明 この証明は直前の命題と同様である．すべての $P \in \coprod_{S \geq 1} \Delta_{SN}$ に対して $\overline{A}(P) \in [1, \infty)$ および $R(P) \in [1, N]$ となることはすでに確認した．それゆえ，$a \in [1, \infty)$ と $r \in [1, N]$ が与えられたとき，整数 $S \geq 1$ と $S \times N$ 行列 $P \in \Delta_{SN}$ が存在して，$\overline{A}(P) = a$ および $R(P) = r$ となることを示せば十分である．

これを証明するのに，整数 $S \geq a$ と分布 $\mathbf{p} \in \Delta_S$，$\mathbf{w} \in \Delta_N$ で，$D(\mathbf{p}) = a$ および $D(\mathbf{w}) = r$ となるものを選ぶ．それぞれ同じ S 種を $p_1, \ldots, p_S$ の割合でもつ，相対サイズが $w_1, \ldots, w_N$ の N 個の部分群集からなるよく混合されたメタ群集を考える．だから，$P = \mathbf{p} \otimes \mathbf{w}$ である．例 8.3.1(i) と例 8.3.2(i) より，$\overline{A}(P) = D(\mathbf{p}) = a$ および $R(P) = D(\mathbf{w}) = r$ である． $\square$

同一部分群集

単一の群集の多様性を分析したとき，一つの種が二つの同一のより小さい種へと再分類されても，類似度に鋭敏な多様性の尺度はどれも変化すべきではないと論じ，多様性の尺度 D_q^Z は実際にこの性質をもつことを証明した（補題 6.2.9，例 6.2.10 およびその後の本文）．連続性より，一つの種が二つのほとんど同じ部分に分割されると，多様度はわずかにだけ増加することとなる．多様度は完全に非類似な種の有効数を測ることが意図されているとすると，これは理にかなった振る舞いである（p.189）．

同じ原理を，メタ群集における孤立した部分群集の有効数である $\overline{B}$ に適用する．一つの部分群集が二つのより小さい同一組成の部分群集へと分割されても，$\overline{B}$ は変化すべきではない．つまり，孤立した部分群集の有効数は，同一の部分群集間の境界の有無により変化すべきではない．平均部分群集多様度 $\overline{A}$ も同様に，影響を受けるべきではない．

まとめると，大域的な多様度の部分群集内成分と部分群集間成分への分解

$$\overline{A}\,\overline{B} = G \tag{8.23}$$

は，部分群集の境界がどこにあるかについての恣意的な決定に影響を受けるべきではない．このことを説明するには，例によるのが最もよい．

例 8.4.4 生態学的な意義のない行政区に分割されたある国の樹木の多様性に関心があるとする．さらに，ある特定の隣接する行政区の対において，樹木種の分布が同一であるとする．この場合，全体の多様性の行政区内成分および行政区間成分への分割 (8.23) は，この隣接する行政区が一つに合併された場合と同じになるべきである．孤立した部分群集の有効数は，生態学的に無意味な境界の削除あるいは追加のもとで不変であるべきである． ◆

例 8.4.5　ある丘陵の草のさまざまな種を調査するとする．さまざまな標高におけるさまざまな種の存在量のばらつきを調べるために，丘陵を標高帯（0〜10 m，10〜20 m など）に区分し，これらを部分群集とみなす．

ベータ多様度 $\overline{B}$ は，孤立したあるいは分離した部分群集の有効数を測るので，一番下の二つの標高帯が同じ種の分布をもつならば，$\overline{B}$ はこれらを単一の標高帯（0〜20 m）と考えた場合と同じになるべきである．　　　　　　　　　　　　　　　　　　　◆

要するに，メタ群集多様度のアルファ成分とベータ成分への分解(8.23)には生態学的に意味がなければならず，部分群集の特定の区分を選ぶことによる人為的な産物であってはならない．可能な限り，この分解は解像度（すなわち，部分群集の区分がどれくらい細かいか粗いか）に依存すべきではない．一般に，用いる区分が細かければ細かいほど，観察される部分群集間のばらつきは大きくなる．しかし，ある部分群集が生態学的に一様である（全体にわたって同じ種の分布をもつ）ならば，この部分群集をさらに分割しても $\overline{B}$ あるいは $\overline{A}$ に違いが生じるべきではない．

ここで，$\overline{A}$, $\overline{B}$ および G の所望の不変性の正式な言明と証明を与える．表記による負荷を最小化するために，すべての部分群集を任意個数のより小さな部分に分割することではなく，単一の部分群集を二つに分割することを考える．しかし，一般の場合は帰納法により導かれる．

本章の標準的な表記で，種の分布 $\mathbf{p} \in \Delta_S$ と部分群集のサイズの分布 $\mathbf{w} \in \Delta_N$ をもつ $S \times N$ 行列 $P \in \Delta_{SN}$ をとると，$p_i = \sum_j P_{ij}$ および $w_j = \sum_i P_{ij}$ である．最後の部分群集を相対サイズ t と $1-t$ の二つの部分に分割し（ただし，$0 \le t \le 1$），この二つの部分は同じ種の分布をもつとする．このとき，新しい相対存在量行列は，

$$
P'_{ij} = \begin{cases}
P_{ij} & (1 \le j \le N-1 \text{のとき}) \\
tP_{iN} & (j = N \text{のとき}) \\
(1-t)P_{iN} & (j = N+1 \text{のとき})
\end{cases}
$$

で与えられる $S \times (N+1)$ 行列 P' である．

命題 8.4.6（同一部分群集（identical subcommunity））　上述の状況において，

$$
\overline{A}(P') = \overline{A}(P), \qquad \overline{B}(P') = \overline{B}(P), \qquad G(P') = G(P)
$$

である．

（Reeve ら[293]では，ある部分群集の，同じ種の分布をもつより小さな部分への分割は「破砕（shattering）」とよばれているので，この結果は $\overline{A}$, $\overline{B}$ および G は破砕のもとで不変であるということである．）

証明の背後にあるアイデアは，$\overline{A}$ は無作為に選ばれた個体が属する部分群集の平均多様度であり，よく混合された部分群集がより小さい部分に分割されてもこの量は変化しない，というものである．

証明　P' の行和と列和を，$\mathbf{p}' \in \Delta_S$ および $\mathbf{w}' \in \Delta_{N+1}$ と書く．このとき，各 $i \in \{1, \ldots, S\}$ に対して，

$$p_i' = \sum_{j=1}^{N-1} P_{ij} + tP_{iN} + (1-t)P_{iN} = \sum_{j=1}^{N} P_{ij} = p_i$$

であるから $\mathbf{p}' = \mathbf{p}$ であり，また各 $j \in \{1, \ldots, N+1\}$ に対して，

$$w_j' = \sum_{i=1}^{S} P_{ij}' = \begin{cases} w_j & (j \leq N-1 \text{ のとき}) \\ tw_N & (j = N \text{ のとき}) \\ (1-t)w_N & (j = N+1 \text{ のとき}) \end{cases}$$

である．

　まず，$G(P') = D(\mathbf{p}') = D(\mathbf{p}) = G(P)$ であるから，$G(P') = G(P)$ である（メタ群集ガンマ多様度 G の定義は部分群集への分割を参照していないので，これは形式ばらずとも明らかである）．

　次に，$\overline{A}(P')$ を計算するのに，部分群集アルファ多様度 $\overline{\alpha}_j(P')$ を考える．各 $j \in \{1, \ldots, N+1\}$ で $w_j' > 0$ となるものに対して，部分群集 j の種の分布は

$$\frac{P_{\bullet j}'}{w_j'} = \begin{cases} \dfrac{P_{\bullet j}}{w_j} & (1 \leq j \leq N-1 \text{ のとき}) \\ \dfrac{P_{\bullet N}}{w_N} & (j \in \{N, N+1\} \text{ のとき}) \end{cases}$$

であり，

$$\overline{\alpha}_j(P') = \begin{cases} \overline{\alpha}_j(P) & (1 \leq j \leq N-1 \text{ のとき}) \\ \overline{\alpha}_N(P) & (j \in \{N, N+1\} \text{ のとき}) \end{cases}$$

を得る．等式(8.13)より，このとき，

$$\begin{aligned} \overline{A}(P') &= M_0(\mathbf{w}', (\overline{\alpha}_1(P'), \ldots, \overline{\alpha}_N(P'), \overline{\alpha}_{N+1}(P'))) \\ &= M_0((w_1, \ldots, w_{N-1}, tw_N, (1-t)w_N), (\overline{\alpha}_1(P), \ldots, \overline{\alpha}_N(P), \overline{\alpha}_N(P))) \\ &= M_0((w_1, \ldots, w_{N-1}, w_N), (\overline{\alpha}_1(P), \ldots, \overline{\alpha}_{N-1}(P), \overline{\alpha}_N(P))) \qquad (8.24) \\ &= \overline{A}(P) \end{aligned}$$

を得る．ただし，等式(8.24)ではべき乗平均の反復性（補題 4.2.11）を用いた．ゆえに，$\overline{A}(P') = \overline{A}(P)$ である．

最後に，等式(8.23)より，

$$\overline{B}(P') = \frac{G(P')}{\overline{A}(P')} = \frac{G(P)}{\overline{A}(P)} = \overline{B}(P)$$

となり，証明が完了する． □

$\overline{A}$，$\overline{B}$ および G はこのような不変性をもつが，冗長度 R と原メタ群集アルファ多様度 A はこの不変性をもたない．

例 8.4.7　例 8.3.1(ii)と例 8.3.2(ii)のように，単一の部分群集からなるメタ群集を考える．このメタ群集は生態学的に均一であるとし，相対サイズ $w_1, \ldots, w_N$ の新しい部分群集へと任意に分割する．このとき，新しい部分群集における種の分布は同一である．表 8.3 の列(i)と列(ii)からわかるように，大域的多様度 G，平均部分群集多様度 $\overline{A}$ および孤立した部分群集の有効数 $\overline{B}$ は，分割の前後で同じである．

一方，（種，部分群集）対の有効数 A は，新しく分割されたメタ群集では $D(\mathbf{w})$ の因子だけより大きくなる．これは，A は異なる部分群集に属する同じ種の個体を異なるグループに入るものとして数えており，したがって，たとえ部分群集の分割がどれだけ恣意的であっても，それに直接依存しているからである．冗長度 R もまた，部分群集の分割の性質（つまり，典型的な種がその上に分布する部分群集の有効数）を測っているので，分割されたメタ群集では $D(\mathbf{w})$ の因子だけより大きくなる．それゆえ，部分群集がよく混合されているときでさえ，部分群集がより小さい単位へと分割されると A と R が増加するのはもっともである． ◆

チェイン則，モジュール性および複製原理

単一群集の多様性の尺度については，最も重要な代数的性質がチェイン則とモジュール性および複製原理であることを見てきた．ここでは，これらの性質のある形がメタ群集の尺度に対しても成り立つことを示す．

それぞれがいくつかの地域に分割されている，島のグループを考える（図 8.6）．各島はメタ群集とみなすことができ，上で議論されたすべてのメタ群集尺度 A，$\overline{A}$，R，$\overline{B}$ などを付随してもつ．一方，島のグループ全体は，島という中間レベルを無視して，島の地域からなるメタ群集とみなすことができる．島のグループ全体の冗長度は，個々の島の冗長度と相対サイズから計算することができるであろうか？　そうであるならば，どのようにしてであろうか？　また，すべてのほかのメタ群集尺度に対して同じ問いを立てることができる．

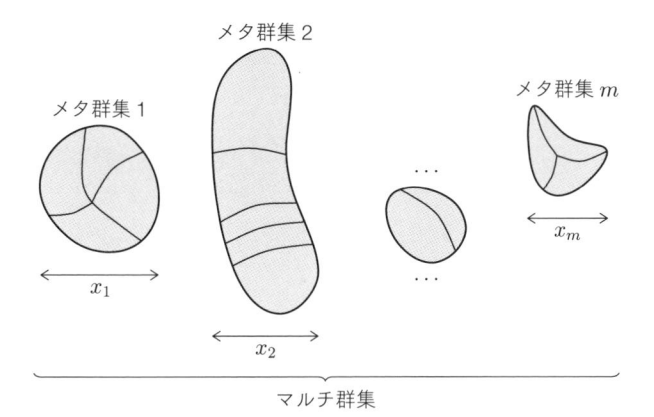

図 **8.6** チェイン則，モジュール性および複製原理に対する用語．あるマルチ群集が，共通する種をもたない，相対サイズが $x_1, \ldots, x_m$ の m 個のメタ群集へと分割されている．各メタ群集は，さらに部分群集へと分割されており，これらは共通する種をもってよい．示されている例においては，$m = 4$ 個のメタ群集があり，それぞれ $N_1 = 4$, $N_2 = 5$, $N_3 = 2$, $N_4 = 3$ 個の部分群集へと分割されている．メタ群集のレベルを無視して，マルチ群集が $\sum_k N_k = 14$ 個の部分群集へと分割されていると見ることもできる．

この問題とその解の正確な言明を与えるのに，そのための表記と用語が必要となる．

共通する種をもたない，m 個のメタ群集へと分割された**マルチ群集**（multi-community）を考える．k 番目のメタ群集（$1 \leq k \leq m$）は，さらに N_k 個の部分群集と S_k 種へと分割される．各メタ群集の部分群集は，共通する種をもってよい．マルチ群集全体で $N_1 + \cdots + N_m$ 個の部分群集と $S_1 + \cdots + S_m$ 種が存在する．メタ群集の相対サイズ（すなわち，相対的な個体群存在量）は $x_1, \ldots, x_m$ と表され，$\mathbf{x} = (x_1, \ldots, x_m) \in \Delta_m$ である．

その部分群集へと分割された k 番目のメタ群集の相対存在量行列を P^k と書く．だから，P^k は $S_k \times N_k$ 行列である．k 番目のメタ群集における種の相対存在量分布を $\mathbf{p}^k \in \Delta_{S_k}$，その部分群集の相対サイズを $\mathbf{w}^k \in \Delta_{N_k}$ と書く．メタ群集は種を共有しないので，マルチ群集の（メタ群集レベルを無視した，その部分群集への分割に関する）相対存在量行列 $P^\star$ は行列ブロック和

$$P^\star = x_1 P^1 \oplus \cdots \oplus x_m P^m \tag{8.25}$$
$$= \begin{pmatrix} x_1 P^1 & 0 & \cdots & 0 \\ 0 & x_2 P^2 & \ddots & \vdots \\ \vdots & \ddots & \ddots & 0 \\ 0 & \cdots & 0 & x_m P^m \end{pmatrix}$$

となる．マルチ群集における種の相対存在量分布 $\mathbf{p}^\star$ は

$$\mathbf{p}^\star = x_1\mathbf{p}^1 \oplus \cdots \oplus x_m\mathbf{p}^m = \mathbf{x} \circ (\mathbf{p}^1, \ldots, \mathbf{p}^m) \in \Delta_{S_1+\cdots+S_m}$$

により与えられ，マルチ群集における $N_1 + \cdots + N_k$ 個の部分群集の相対サイズ分布 $\mathbf{w}^\star$ は

$$\mathbf{w}^\star = x_1\mathbf{w}^1 \oplus \cdots \oplus x_m\mathbf{w}^m = \mathbf{x} \circ (\mathbf{w}^1, \ldots, \mathbf{w}^m)$$

により与えられる．主要な結果は以下である．

> **命題 8.4.8（チェイン則）** 上述の表記のもとで，
>
> $$G(P^\star) = D(\mathbf{x}) \cdot \prod_k G(P^k)^{x_k}$$
>
> $$D(\mathbf{w}^\star) = D(\mathbf{x}) \cdot \prod_k D(\mathbf{w}^k)^{x_k}$$
>
> $$A(P^\star) = D(\mathbf{x}) \cdot \prod_k A(P^k)^{x_k}$$
>
> $$\overline{A}(P^\star) = \prod_k \overline{A}(P^k)^{x_k}$$
>
> $$R(P^\star) = \prod_k R(P^k)^{x_k}$$
>
> $$\overline{B}(P^\star) = D(\mathbf{x}) \cdot \prod_k \overline{B}(P^k)^{x_k}$$
>
> である．ただし，積は $x_k > 0$ であるすべての $k \in \{1, \ldots, m\}$ にわたる．

証明　ガンマ多様度に対する言明は，単に単一群集の多様度に対するチェイン則である（系 2.4.8）．すなわち，

$$
\begin{aligned}
G(P^\star) &= D(\mathbf{p}^\star) \\
&= D(\mathbf{x} \circ (\mathbf{p}^1, \ldots, \mathbf{p}^m)) \\
&= D(\mathbf{x}) \cdot \prod_k D(\mathbf{p}^k)^{x_k} \\
&= D(\mathbf{x}) \cdot \prod_k G(P^k)^{x_k}
\end{aligned}
$$

である．同じ論証により，$D(\mathbf{w}^\star)$ に対する公式が得られる．それはまた，以下のように $A(P^\star)$ に対する公式も与える．行列 $P^\star$ と $P^1, \ldots, P^m$ を有限確率分布とみなすとき，等式 (8.25) は $P^\star$ が $\mathbf{x} \circ (P^1, \ldots, P^m)$ からその成分の置換と零の挿入により得られることを含意する．D の対称性と不在不変性より，

$$D(P^\star) = D(\mathbf{x} \circ (P^1, \ldots, P^m))$$

となる．このとき，D に対するチェイン則より，

$$D(P^\star) = D(\mathbf{x}) \cdot \prod_k D(P^k)^{x_k}$$

言い換えると，

$$A(P^\star) = D(\mathbf{x}) \cdot \prod_k A(P^k)^{x_k}$$

を得る．これで，最初の三つの等式が証明された．残りの三つの等式の左辺は最初の三つから計算できるので（図 8.5），証明の残りは型どおりである．実際，等式 (8.15) より，

$$\overline{A}(P^\star) = \frac{A(P^\star)}{D(\mathbf{w}^\star)} = \prod_k \left(\frac{A(P^k)}{D(\mathbf{w}^k)} \right)^{x_k} = \prod_k \overline{A}(P^k)^{x_k}$$

となり，また同様に，等式 (8.18) より，

$$R(P^\star) = \frac{A(P^\star)}{G(P^\star)} = \prod_k \left(\frac{A(P^k)}{G(P^k)} \right)^{x_k} = \prod_k R(P^k)^{x_k}$$

となる．最後に，等式 (8.21) より，

$$\overline{B}(P^\star) = \frac{G(P^\star)}{\overline{A}(P^\star)} = D(\mathbf{x}) \cdot \prod_k \left(\frac{G(P^k)}{\overline{A}(P_k)} \right)^{x_k} = D(\mathbf{x}) \cdot \prod_k \overline{B}(P^k)^{x_k}$$

となり，証明が完了する． $\qquad\qquad\qquad\qquad\qquad\qquad\qquad \square$

　とくに，($A(P^\star)$ のような）各マルチ群集尺度は，対応する $(A(P^1), \ldots, A(P^m)$ のような）メタ群集尺度とメタ群集の相対サイズ $(x_1, \ldots, x_m)$ により決定される．これは，尺度 G, A, $\overline{A}$, R および $\overline{B}$ の**モジュール性**（modularity）である．

　命題 8.4.8 における公式は，（7.1 節において定義された）価値尺度 σ_1 と幾何平均 M_0 の見地からより簡潔に述べ直すことができる．ここで

$$A(P^\bullet) = (A(P^1), \ldots, A(P^m)) \in \mathbb{R}^m$$

と書き，ほかの尺度に対しても同様に書く．このとき，命題 8.4.8 は以下のことを述べている．

系 8.4.9 命題 8.4.8 の表記において，

$$G(P^\star) = \sigma_1(\mathbf{x}, G(P^\bullet)), \quad D(\mathbf{w}^\star) = \sigma_1(\mathbf{x}, D(\mathbf{w}^\bullet)), \quad A(P^\star) = \sigma_1(\mathbf{x}, A(P^\bullet))$$
$$\overline{A}(P^\star) = M_0(\mathbf{x}, \overline{A}(P^\bullet)), \quad R(P^\star) = M_0(\mathbf{x}, R(P^\bullet))$$
$$\overline{B}(P^\star) = \sigma_1(\mathbf{x}, \overline{B}(P^\bullet))$$

である。 □

ここで，1 行目は通常のエントロピーと結合エントロピーの指数関数からなり，2 行目は条件つきエントロピーの指数関数からなり，3 行目は相互情報量の指数関数からなる。

本質的な区別は明確である。1 行目と 3 行目の公式は価値尺度であり，これはマルチ群集尺度 $G(P^\star)$ はそのマルチ群集を構成する島の尺度 $G(P^1), \ldots, G(P^m)$ を集約していることを意味し，$D(\mathbf{w}^\star)$，$A(P^\star)$ および $\overline{B}(P^\star)$ に対しても同様である。2 行目の公式は平均である。すなわち，$\overline{A}(P^\star)$ は島の尺度 $\overline{A}(P^1), \ldots, \overline{A}(P^m)$ を平均しており，$R(P^\star)$ に対しても同様である。

具体的な場合を検討することにより要点が明確になる。m 個の島がほとんどすべての面で同一であるとする。すなわち，同じサイズ，同じ種数 S，同じ部分群集への分割および各部分群集内において同じ種の分布をもつとする。ただ一つの違いは，それぞれの島が交わりをもたない種の集合を用いていることである。だから，$G(P^k)$，$D(\mathbf{w}^k)$，$A(P^k)$，$\overline{A}(P^k)$，$R(P^k)$ および $\overline{B}(P^k)$ はすべて $k \in \{1, \ldots, m\}$ に依存せず，また $\mathbf{x} = \mathbf{u}_m$ である。

系 8.4.10（複製） この状況において，

$$G(P^\star) = mG(P^1), \qquad D(\mathbf{w}^\star) = mD(\mathbf{w}^1), \qquad A(P^\star) = mA(P^1)$$
$$\overline{A}(P^\star) = \overline{A}(P^1), \qquad R(P^\star) = R(P^1)$$
$$\overline{B}(P^\star) = m\overline{B}(P^1)$$

である。 □

例 8.4.11 部分群集へと分割された単一の島を考え，交わりをもたない種の集合を用いてその複製を作る。両方の島からなる，新しい，より大きな系においては，メタ群集尺度の四つ，すなわち，種の有効数 G，部分群集の相対サイズ分布の多様度，（種，部分群集）対の有効数 A および孤立した部分群集の有効数 $\overline{B}$ は，単一の島に対するものの 2 倍となる。

しかし，その他の二つは同じままである。第二の島上の部分群集は第一の島上の部分群集と同じ存在量分布をもつので，部分群集の平均多様度 $\overline{A}$ は変化しない。二つの島は

共通の種をもたないので，冗長度 R もまた変化しない．別の言い方をすると，部分群集にわたる種の平均的な広がりは，2 島系においてもどちらかの島上で個別に考えられたものと同じである． ◆

8.5 すべてのエントロピーは相対的である

この節の表題には二つの意味がある．まず，有限集合上の確率分布のエントロピーの定義は，暗黙のうちに一様分布に相対的なものである．ゆえに，一般の可測空間上では，通常のエントロピーは意味をもつことすらできず，相対エントロピーのみが意味をもつ．この点については，3.4 節において議論した．

ここでは，異なる意味について調べる．すなわち，確率変数の対に伴うすべてのエントロピー——交差エントロピー，結合エントロピー，条件つきエントロピーおよび相互情報量——は，相対エントロピーに帰着することができる．この帰着は，部分群集やメタ群集の多様性の尺度に新しい光を当てる．

通常の Shannon エントロピーから始めて，順にエントロピーのそれぞれの形について調べる．X を有限集合 $\mathcal{X}$ に値をとる確率変数とし，$U_{\mathcal{X}}$ は $\mathcal{X}$ に一様に分布する確率変数を表すとする．すると

$$H(X) = \log|\mathcal{X}| - H(X \| U_{\mathcal{X}}) \tag{8.26}$$

であることはすでに見たが（例 3.1.2），これは通常のエントロピーを集合 $\mathcal{X}$ の濃度 $|\mathcal{X}|$ とともに相対エントロピーで表している．

交差エントロピーについては，X_1 と X_2 を同じ有限集合 $\mathcal{X}$ に値をとる確率変数とする．等式(3.6)と(8.26)より，

$$\begin{aligned} H^{\times}(X_1 \| X_2) &= H(X_1 \| X_2) + H(X_1) \\ &= \log|\mathcal{X}| + H(X_1 \| X_2) - H(X_1 \| U_{\mathcal{X}}) \end{aligned} \tag{8.27}$$

であり，これは交差エントロピーを相対エントロピーと $|\mathcal{X}|$ で表している．

次に，X と Y を，必ずしも独立とは限らない，それぞれ有限集合 $\mathcal{X}$ と $\mathcal{Y}$ に値をとる確率変数とする．だから，確率変数 (X, Y) は $\mathcal{X} \times \mathcal{Y}$ に値をとる．等式(8.26)により，X と Y の結合エントロピーは

$$H(X, Y) = \log|\mathcal{X}| + \log|\mathcal{Y}| - H((X, Y) \| U_{\mathcal{X}} \otimes U_{\mathcal{Y}}) \tag{8.28}$$

である．ただし，（注意 8.1.13 のように）$\otimes$ は確率変数の独立カップリングを表す．ここでは，$U_{\mathcal{X}} \otimes U_{\mathcal{Y}}$ が $\mathcal{X} \times \mathcal{Y}$ 上に一様に分布しているという観察を用いた．

補題 8.1.7(i) における相互情報量に対する明示的な公式より，

$$I(X;Y) = H((X,Y) \parallel X \otimes Y) \tag{8.29}$$

である．だから，相互情報量は相対エントロピーで表すことができるだけではなく，相対エントロピーの一例である．相対エントロピーについての補題 3.1.4 より，$I(X;Y) \geq 0$ であり，等号が成り立つのは (X,Y) と $X \otimes Y$ が同一分布であるとき，すなわち，X と Y が独立であるとき，かつそのときに限る．これより，命題 8.1.12(iii) における下界の別の証明を得る．

あとは，条件つきエントロピーについての検討である．

補題 8.5.1 それぞれ有限集合 $\mathcal{V}$ と $\mathcal{W}$ に値をとる，同じ標本空間上の確率変数 V と W をとる．また，それぞれ $\mathcal{V}$ と $\mathcal{W}$ に値をとる確率変数 V' と W' もとる．このとき，

$$H((V,W) \parallel V' \otimes W') = H((V,W) \parallel V \otimes W') + H(V \parallel V')$$

である．

この形の等式は，相対エントロピーが距離の二乗と共通の特徴をもつことから（3.4 節），(Csiszár–Shields[76, 定理 4.2] のように) **Pythagoras の恒等式**（Pythagorean identity）とよばれる．

証明 定義より，右辺は

$$\sum_{v,w:\, \mathbb{P}(V=v,W=w)>0} \mathbb{P}(V=v, W=w) \log \frac{\mathbb{P}(V=v, W=w)}{\mathbb{P}(V=v)\, \mathbb{P}(W'=w)}$$

$$+ \sum_{v:\, \mathbb{P}(V=v)>0} \mathbb{P}(V=v) \log \frac{\mathbb{P}(V=v)}{\mathbb{P}(V'=v)}$$

である．しかし，$\mathbb{P}(V=v) = \sum_w \mathbb{P}(V=v, W=w)$ であるから，第二項は

$$\sum_{v,w:\, \mathbb{P}(V=v,W=w)>0} \mathbb{P}(V=v, W=w) \log \frac{\mathbb{P}(V=v)}{\mathbb{P}(V'=v)}$$

に等しい．項をまとめ，相殺することで，示すべき結果を得る． $\square$

有限集合 $\mathcal{X}$ と $\mathcal{Y}$ に値をとる確率変数 X と Y という設定に戻る．等式 (8.26) と (8.29) より，条件つきエントロピーを

$$H(X \mid Y) = H(X) - I(X;Y)$$
$$= \log|\mathcal{X}| - (H(X \parallel U_{\mathcal{X}}) + H((X,Y) \parallel X \otimes Y))$$

と表すことができ，補題 8.5.1 より，これから相対エントロピーの見地からの条件つきエントロピーに対する公式が得られる．

$$H(X \mid Y) = \log|\mathcal{X}| - H((X,Y) \| U_\mathcal{X} \otimes Y) \qquad (8.30)$$

たとえば，$\mathcal{X}$, $\mathcal{Y}$ および Y を固定して X を変化させるとすると，相対エントロピー $H((X,Y) \| U_\mathcal{X} \otimes Y)$ が最小のとき条件つきエントロピー $H(X \mid Y)$ は最大になる．こうなるのは，(X,Y) が $U_\mathcal{X} \otimes Y$ と同じ分布をもつとき，すなわち，X が Y と独立で，一様に分布するときである．

これで，さまざまな種類のエントロピーをそれぞれ相対エントロピーに帰着したことになる．このように帰着することの目的は，部分群集やメタ群集の多様性のさまざまな尺度に光を当てることである．この設定では，相対エントロピーは（3.3 節において導入された）相対多様度に置き換えられ，価値の概念（第 7 章）も重要な役割を果たす．結果を，表 8.4 に要約する．

表 8.4 相対多様度 $D(- \| -)$ と価値 σ で表された部分群集尺度とメタ群集尺度

$\overline{\alpha}_j(P) = \sigma(\overline{P}_{\bullet j}, \mathbf{1}_S)$	$\overline{\beta}_j(P) = D(\overline{P}_{\bullet j} \| \mathbf{p})$	$\gamma_j(P) = \sigma(\overline{P}_{\bullet j}, \overline{P}_{\bullet j}/\mathbf{p})$
$\overline{A}(P) = \sigma(P, \mathbf{1}_S \otimes \mathbf{w})$	$\overline{B}(P) = D(P \| \mathbf{p} \otimes \mathbf{w})$	$G(P) = \sigma(\mathbf{p}, \mathbf{1}_S)$
$A(P) = \sigma(P, \mathbf{1}_S \otimes \mathbf{1}_N)$	$R(P) = \sigma(P, \mathbf{p} \otimes \mathbf{1}_N)$	

本章で以前そうしたように，$P \in \Delta_{SN}$ を N 個の部分群集における S 種の相対存在量を表現する $S \times N$ 行列とし，全体にわたる種の相対存在量ベクトルを $\mathbf{p} \in \Delta_S$ と書き，部分群集の相対サイズを $\mathbf{w} \in \Delta_N$ と書く．j 番目の部分群集における種の相対存在量分布 $P_{\bullet j}/w_j$ を参照したいことがよくあるので，$w_j > 0$ となる各 $j \in \{1, \ldots, N\}$ に対して，

$$\overline{P}_{\bullet j} = \frac{P_{\bullet j}}{w_j} = \left(\frac{P_{1j}}{w_j}, \ldots, \frac{P_{Sj}}{w_j} \right) \in \Delta_S$$

と書くことにする．

ベータ多様度から始める．部分群集尺度 $\overline{\beta}_j(P)$ は，定義（等式(8.6)）より相対多様度

$$\overline{\beta}_j(P) = D(\overline{P}_{\bullet j} \| \mathbf{p})$$

である．その解釈については，3.3 節と 8.2 節で議論した．メタ群集尺度 $\overline{B}(P)$ は，孤立した部分群集の有効数であるが，

$$\overline{B}(P) = D(P \| \mathbf{p} \otimes \mathbf{w})$$

により与えられる．これは単に，等式(8.29)の指数関数である（(X,Y) は分布 P をもつようにとる）．ここで，P は（種，部分群集）対の分布であり，$\mathbf{p} \otimes \mathbf{w}$ は，種と部分

群集の全体にわたる割合は正しいが，部分群集はすべて同じ組成をもつ（種，部分群集）対の仮想的な分布であり，そして $\overline{B}(P)$ は二つ目の分布に対する最初の分布の相対多様度である．これは，メタ群集の，よく混合されていることからのずれである．

$\overline{B}(P)$ の最小値は 1 であるが，これはメタ群集がよく混合されているときに達成される．$\mathbf{w}$ を固定して，P と $\mathbf{p}$ を変化させるとすると，$\overline{B}(P)$ の最大値は $D(\mathbf{w})$ である（不等式(8.19)）．この最大値は，メタ群集が可能な限りよく混合されていないとき，すなわち，部分群集が種を共有しないときに達成される．

ほかの部分群集尺度とメタ群集尺度を相対エントロピーの見地から解釈するために，7.1 節で定義した価値尺度

$$\sigma_1 \colon \Delta_n \times [0, \infty)^n \to \quad [0, \infty)$$
$$(\mathbf{p}, \mathbf{v}) \quad \mapsto \prod_{i=1}^{n} \left(\frac{v_i}{p_i} \right)^{p_i}$$

を用いる．目下のところ D_1 を D と略記し，パラメータ値 $q = 1$ に限っているので，σ_1 も σ と略記する．$\mathbf{v}$ が $\{1, \dots, n\}$ 上の確率分布のとき，

$$\sigma(\mathbf{p}, \mathbf{v}) = \frac{1}{D(\mathbf{p} \,\|\, \mathbf{v})} \tag{8.31}$$

であることに注意する．

次に，メタ群集ガンマ多様度 $G(P)$ を考える．相対エントロピーの見地からの通常のエントロピーに対する等式(8.26)より，

$$G(P) = D(\mathbf{p}) = \frac{S}{D(\mathbf{p} \,\|\, \mathbf{u}_S)}$$

である．しかし，$D(-\|-)$ の逆数は σ であり（等式(8.31)），これは 2 番目の引数について斉次であるから，

$$G(P) = \sigma(\mathbf{p}, \mathbf{1}_S)$$

となる．ただし，

$$\mathbf{1}_S = (1, \dots, 1) \in [0, \infty)^S$$

である．同じ結論は，種の分布 $\mathbf{p}$ の多様度はそれぞれの種が価値 1 を与えられたときの群集の価値であることを示した，例 7.1.6 からも導かれる．

j 番目の部分群集のガンマ多様度 $\gamma_j(P)$ は，定義より交差多様度

$$\gamma_j(P) = D^\times(\overline{P}_{\bullet j} \,\|\, \mathbf{p})$$

である．σ の定義から直接的に，

$$\gamma_j(P) = \sigma(\overline{P}_{\bullet j}, \overline{P}_{\bullet j}/\mathbf{p}) \tag{8.32}$$

でもある．この式では，種 i の価値 $\overline{P}_{ij}/p_i$ は，種 i が部分群集 j ではありふれているが，メタ群集全体では希少であるとき，高くなる．だから，$\gamma_j(P)$ は，部分群集 j が大域的に希少な種を豊富に含んでいるとき，高くなる．このことは，メタ群集多様度への部分群集 j の寄与としての $\gamma_j(P)$ の以前の解釈（p. 283）を支持するものである．

相対エントロピーの見地からの結合エントロピーに対する公式(8.28)の指数関数をとることで，

$$A(P) = \frac{SN}{D(P \parallel \mathbf{u}_S \otimes \mathbf{u}_N)} = \sigma(P, \mathbf{1}_S \otimes \mathbf{1}_N)$$

を得る．これは（種，部分群集）対の有効数である．ここでは，同じ種が異なる部分群集にどれくらい現れるかは考慮せず，単にこれらの SN 個の対を別々のクラスとして扱っている．この公式は，単一の群集の多様度を価値の見地から表した，例 7.1.6 の別の場合である．部分群集 j 単独の多様度 $\overline{\alpha}_j(P)$ に対する価値の式も同様である．すなわち，

$$\overline{\alpha}_j(P) = D(\overline{P}_{\bullet j}) = \sigma(\overline{P}_{\bullet j}, \mathbf{1}_S)$$

である．

平均部分群集多様度 $\overline{A}(P)$ と冗長度 $R(P)$ はどちらも条件つきエントロピーの指数関数であるから，等式(8.30)より，

$$\overline{A}(P) = \frac{S}{D(P \parallel \mathbf{u}_S \otimes \mathbf{w})} = \sigma(P, \mathbf{1}_S \otimes \mathbf{w}) \tag{8.33}$$

$$R(P) = \frac{N}{D(P \parallel \mathbf{p} \otimes \mathbf{u}_N)} = \sigma(P, \mathbf{p} \otimes \mathbf{1}_N) \tag{8.34}$$

である．ゆえに補題 7.1.3 より，P_{ij} が $(\mathbf{1}_S \otimes \mathbf{w})_{ij} = w_j$ に比例するとき，すなわち，各部分群集が一様な種の分布をもつとき，平均部分群集多様度 $\overline{A}(P)$ は最大になる．同様に，P_{ij} が $(\mathbf{p} \otimes \mathbf{1}_N)_{ij} = p_i$ に比例するとき，すなわち，各種が部分群集にわたって一様に分布するとき，冗長度 $R(P)$ は最大になる．これらの観察からは，8.3 節で得られた $\overline{A}(P)$ と $R(P)$ の上界が確かめられる．

8.6 発展

これまで本章で議論したエントロピーと多様度は，すべて $q=1$ かつ $Z=I$ の場合である（ゆえに，種間の類似度や距離の概念は何も取り入れられていない）．この短い節で一般の q に対する定義の概略を述べるが，証明や詳細については省略する．より詳細な展開は Reeve ら[293]にあり，本節はそれに基づいている．

$q = 1$ から任意の $q \in [0, \infty]$ への一般化においては，Shannon エントロピー H は Rényi エントロピー H_q で，その指数関数 D は Hill 数 D_q で置き換えられる．相対エントロピーの Rényi 類似についてはすでに議論しており（7.2 節），条件つきエントロピーと相互情報量の Rényi 型の類似は Arimoto[17] や Csiszár[74] のようなほかの研究で登場している．

多様度の見地からは，q は希少種と普通種の，およびより小さな部分群集とより大きな部分群集の，相対的な重要度を制御している（4.3 節の末尾の議論を参照せよ）．$\overline{\alpha}_j$, γ_j, A, $\overline{A}$, R および G それぞれの q 類似は，価値 σ を用いて表し（表 8.4），σ を σ_q に置き換えることで得られる．$\overline{\beta}_j(P)$ の q 類似は，表 8.4 と等式 (8.31) から期待されるとおり，$1/\sigma_q(\overline{P}_{\bullet j}, \mathbf{p})$ である．しかし，$\overline{B}$ の扱いには注意を要する．これについては Reeve ら [293] を参照せよ．

以前に確立された関係（等式 (8.13)，(8.22) および (8.9)）

$$\overline{A} = M_0(\mathbf{w}, (\overline{\alpha}_1, \ldots, \overline{\alpha}_N))$$
$$\overline{B} = M_0(\mathbf{w}, (\overline{\beta}_1, \ldots, \overline{\beta}_N))$$
$$G = M_0(\mathbf{w}, (\gamma_1, \ldots, \gamma_N))$$

は，M_0 を M_{1-q} に置き換えても引き続き成り立つ．さらに，8.3 節で確立し，表 8.2 に挙げたすべての限界と極値の場合は，Reeve ら [293] の二つ目の付録で証明されたとおり，一般の q に対しても変更なく正しいままである．

例 8.6.1 $q = 1$ の設定において（等式 (8.10)），

$$1 \le \frac{A(P)}{G(P)} \le D(\mathbf{w})$$

言い換えると，

$$0 \le \frac{A(P)}{G(P)} - 1 \le D(\mathbf{w}) - 1$$

であることを証明した．これらの不等式は任意の q に対してそのまま成り立ち，とくに $q = 0$ に対しては

$$0 \le \frac{|\mathrm{supp}(P)|}{|\mathrm{supp}(\mathbf{p})|} - 1 \le N - 1 \tag{8.35}$$

という初等的な言明に帰着される．ここで，$|\mathrm{supp}(\mathbf{p})|$ はメタ群集に現存する種の個数，$|\mathrm{supp}(P)|$ は種 i が部分群集 j に現存する対 (i, j) の個数であり，また部分群集が空であることはない（そのため $|\mathrm{supp}(\mathbf{w})| = N$ となる）と仮定している．

たとえば，メタ群集がちょうど二つの部分群集へと分割されており（$N=2$），(8.35)が

$$0 \leq \frac{|\mathrm{supp}(P)|}{|\mathrm{supp}(\mathbf{p})|} - 1 \leq 1 \tag{8.36}$$

となるとする．(8.36)の中央の項は，20 世紀初頭の植物学者 Paul Jaccard[153]にちなんで，**Jaccard 指数**（Jaccard index）として知られているものである（現代的な参考文献としては，Magurran[240, pp. 172–173]を参照せよ）．伝統的には，両方の部分群集に現存する種の個数を a，最初の部分群集のみに現存する種の個数を b，二つ目の部分群集のみに現存する種の個数を c と書く．このとき，(8.36)の中央の項は

$$\frac{(a+b)+(a+c)}{a+b+c} - 1 = \frac{a}{a+b+c}$$

となる．つまり，Jaccard 指数は両方の部分群集に現存するメタ群集の種の割合である．したがって，これは二つの部分群集がどのくらい重なっているかの単純な尺度である．$A(P)/G(P)-1$ の q 類似はしたがって，Jaccard 指数の，部分群集の個数と，希少種あるいは普通種の強調の度合い q を任意にとれる一般化としてはたらく（この観察については，Richard Reeve に感謝する）． ◆

メタ群集尺度のいくつかのよい性質を 8.4 節で証明した．すなわち，$\overline{A}$ と $\overline{B}$ の独立性，$\overline{A}$ と R の独立性，同一部分群集性，さまざまなメタ群集尺度に対するチェイン則およびそれから帰結するモジュール性と複製原理である．これらの結果はすべて，Reeveら[293, 二つ目の付録]で示されているとおり，変更なく任意の $q \in [0, \infty]$ へと拡張される．

これに対して，等式

$$\overline{\alpha}_j \overline{\beta}_j = \gamma_j, \qquad \overline{A}\,\overline{B} = G$$

は $q=1$ の場合に特有のものである．これらの関係は，突き詰めていくと恒等式

$$M_0(\mathbf{p}, \mathbf{xy}) = M_0(\mathbf{p}, \mathbf{x})M_0(\mathbf{p}, \mathbf{y}) \qquad (\mathbf{p} \in \Delta_n, \; \mathbf{x}, \mathbf{y} \in [0, \infty)^n)$$

から導き出されるが，これは M_0 を M_{1-q} で置き換えると正しくなくなる．任意の q に対しては，$\overline{A}$ と $\overline{B}$ で G を表す公式はないように思われる．すなわち，$\overline{A}$ と $\overline{B}$ は部分群集内の多様度の平均と部分群集間のばらつきのカノニカルな尺度であるにもかかわらず，これらをあわせてもメタ群集の多様度 G は決まらない．何度も見てきたとおり，また Shannon 自身が認識していたとおり，オーダー 1 のエントロピーは独特のよい性質をもっている．

任意の q に対して，メタ群集多様度を部分群集内の成分と部分群集間の成分へと分割するという課題は，Jost[167][170]により取り上げられ，アルファ多様度とベータ多様度に対する公式が提案された．$q = 1$ のときは，それらは $\overline{A}$ および $\overline{B}$ と等しいが，$q \neq 1$ に対しては，一致しない．Jost の尺度は，任意の q に対して関係式

$$\text{アルファ} \times \text{ベータ} = \text{ガンマ}$$

をみたすが，ベータ多様度は命題 8.4.6 の「同一部分群集」性をもたない（Reeve ら[293, 二つ目の付録]に反例が与えられている）．すなわち，ある部分群集を人為的に二つの同一成分のより小さい部分群集へと分割すると，Jost が提案したアルファ多様度とベータ多様度は変化してしまうことがある．

　まとめると，メタ群集と部分群集の多様性の尺度の $q = 1$ から任意の $q \in [0, \infty]$ への一般化は，メタ群集ガンマ多様度はメタ群集アルファ多様度とメタ群集ベータ多様度により決定されなければならないという考え方を捨てさえすれば，大部分は簡単である．

　しかし，種の類似度行列 Z をこれらの尺度に取り入れるには，より注意が必要となる．ここでは，この一般化については議論しない．やはり，Reeve ら[293]を参照せよ．

第**9**章

確率的手法
PROBABILISTIC METHODS

本書の内容の多くは，エントロピー，多様度および平均に対する特徴づけ定理についてのものであり，これらの量を特徴づける条件のほとんどは関数方程式である．本章では，Aubrun–Nechita[20] の先駆的な 2011 年の研究にしたがって，確率論の結果を用いたある関数方程式の解き方について見る．この手法はまず，彼らの驚くほど単純な ℓ^p ノルムの特徴づけで説明され，次に第 5 章における特徴づけとは異なる，べき乗平均に対する類似の定理で説明される．

関数方程式は，確率的要素のない，完全に決定論的な存在である．そうすると，確率論の力はどのように生かすことができるのであろうか？

単純な類比で一般的なアイデアを説明する．式

$$(x+y)^{1000} = (x+y)(x+y)\cdots(x+y)$$

を項 $x^a y^b$ の和に展開したいとする．どの項 $x^a y^b$ が現れ，またその個数はいくつであろうか？

標準的な答えは，いうまでもなく，この展開における項はすべて $a, b \geq 0$ で $a + b = 1000$ をみたし，このような項の個数はちょうど $1000!/a!b!$ である，というものである．しかし，異なる種類の答えがある．すなわち，ほとんどの項は，a と b がそれぞれおよそ 500 であるような $x^a y^b$ という形をしている，というものである．これを確認するには，括弧を展開する過程を考えればよく，その過程においては x か y かを 1000 回選択する 2^{1000} 通りの方法すべてを尽くさなければならない．公平なコインを 1000 回投げ上げると，通常は表と裏がおよそ 500 回ずつ出るが，これが a と b の値のほとんどがおよそ 500 となる理由である．

この別の答えには，際立った特徴がいくつかある．これはおおよその答えであり，その近似は確率的論法により得られている．目下の目的に必要な精度の度合いと，「ほとんど」や「おおよそ」の意味によっては，この近似で十分なこともある．また，最初の，

正確な答えより単純でもある．これらの特徴はすべて，本章で説明する確率的方法でも見られる．

　ここで重要となる確率論の定理は，モーメント母関数に対する変分公式である（9.1 節）．概念的には，この公式は Cramér の大偏差定理の凸共役として理解できる（9.2 節）．この確率的手法を応用して，9.3 節では ℓ^p ノルムを，9.4 節ではべき乗平均を特徴づける．

　本章では基本的な確率論をいくらか仮定するが，確率変数の言葉を大きく超えるものではない．最も技術的に洗練された部分である 9.2 節は，背景だけのためのものであり，以降の節には論理的には必要ない．

9.1　モーメント母関数

　この短い節では，任意の実確率変数のモーメント母関数に対する変分公式を与える．これは Cerf–Petit[64] にあるもので，彼らは「双対等式」とよんでいるが，この名称は次節で説明する．ここでの証明は，彼らのものとは異なる．

　X を実確率変数とする．X の**モーメント母関数**（moment generating function）とは，関数

$$m_X \colon \mathbb{R} \to [0, \infty]$$
$$\lambda \mapsto \mathbb{E}(e^{\lambda X})$$

のことである．ただし，$\mathbb{E}$ は期待値を表す．

定理 9.1.1　$X, X_1, X_2, \ldots$ を独立同一分布にしたがう実確率変数とする．次のように書く．

$$\overline{X}_r = \frac{1}{r}(X_1 + \cdots + X_r) \qquad (r \geq 1)$$

このとき，すべての $\lambda \geq 0$ に対して，

$$m_X(\lambda) = \sup_{x \in \mathbb{R},\, r \geq 1} e^{\lambda x}\, \mathbb{P}(\overline{X}_r \geq x)^{1/r} \tag{9.1}$$

である．ただし，上限はすべての実数 x と正の整数 r にわたる．

　等式 (9.1) の両辺において，無限大の値が許される．

　以下の証明では，**Markov の不等式**（Markov's inequality）（Grimmett–Stirzaker [130, 補題 7.2(7)]）として知られている確率論の初等的な結果を用いる．

補題 9.1.2（Markov） Z を，非負実数値をとる確率変数とする．このとき，すべての $z \in \mathbb{R}$ に対して，

$$\mathbb{E}(Z) \geq z \cdot \mathbb{P}(Z \geq z)$$

である．

これは，直感的には明らかである．すなわち，ある部屋の 3 分の 1 の人が 60 歳以上であるならば，平均年齢は 20 歳以上である．

証明では，ある標準的な記法を用いる．すなわち，$S \subseteq \mathbb{R}$ が与えられたとき，$I_S \colon \mathbb{R} \to \mathbb{R}$ は，

$$I_S(x) = \begin{cases} 1 & (x \in S \text{ のとき}) \\ 0 & (\text{そうでないとき}) \end{cases}$$

により定義される，S の**指示関数**（indicator function）あるいは**特性関数**（characteristic function）を表すとする．

証明 $Z \geq z$ の場合と $Z < z$ の場合を分けて考えることにより，

$$Z \geq z \cdot I_{[z,\infty)}(Z)$$

となる．ゆえに，

$$\mathbb{E}(Z) \geq \mathbb{E}(z \cdot I_{[z,\infty)}(Z)) = z \cdot \mathbb{P}(Z \geq z)$$

である． □

定理 9.1.1 の証明 $\lambda \geq 0$ とする．等式 (9.1) を，それぞれの辺が他方の辺以上であることを示すことにより証明する．

まず，

$$m_X(\lambda) \geq \sup_{x \in \mathbb{R},\, r \geq 1} e^{\lambda x} \, \mathbb{P}(\overline{X}_r \geq x)^{1/r}$$

であることを示す．$x \in \mathbb{R}$ および $r \geq 1$ として，

$$\mathbb{E}(e^{\lambda X})^r \geq e^{r \lambda x} \, \mathbb{P}(\overline{X}_r \geq x)$$

であることを示さなければならない．そして実際，

$$\mathbb{E}(e^{\lambda X})^r = \mathbb{E}(e^{\lambda(X_1 + \cdots + X_r)}) \tag{9.2}$$

$$= \mathbb{E}(e^{r \lambda \overline{X}_r})$$

$$\geq e^{r \lambda x} \, \mathbb{P}(e^{r \lambda \overline{X}_r} \geq e^{r \lambda x}) \tag{9.3}$$

$$\geq e^{r \lambda x} \, \mathbb{P}(\overline{X}_r \geq x) \tag{9.4}$$

である. ただし, (9.2)は $X, X_1, X_2, \ldots$ が独立同一分布にしたがうので成り立ち, (9.3)
は Markov の不等式から導かれ, また(9.4)は $e^{r\lambda y}$ が $y \in \mathbb{R}$ について増加するので成り
立つ.

次に, 反対の不等式

$$m_X(\lambda) \leq \sup_{x \in \mathbb{R}, \, r \geq 1} e^{\lambda x} \, \mathbb{P}(\overline{X}_r \geq x)^{1/r} \tag{9.5}$$

を証明する. その手順は, 各 $a > 0$ に対して $\mathbb{E}(e^{\lambda X} I_{[-a,a]}(X))$ が(9.5)の右辺により上
から抑えられることを示し, 同じことが $\mathbb{E}(e^{\lambda X}) = m_X(\lambda)$ 自体についても正しいこと
を導き出すというものである.

$a > 0$ と $\delta > 0$ を実数とする. 整数 $d \geq 1$ と実数 $v_0, \ldots, v_d$ で,

$$-a = v_0 < v_1 < \cdots < v_d = a$$

であり, かつすべての $k \in \{1, \ldots, d\}$ に対して $v_k \leq v_{k-1} + \delta$ となるものを選ぶことが
できる. このとき, すべての整数 $s \geq 1$ に対して,

$$\mathbb{E}(e^{\lambda X} I_{[-a,a]}(X))^s = \mathbb{E}(e^{\lambda X_1} I_{[-a,a]}(X_1) \cdots e^{\lambda X_s} I_{[-a,a]}(X_s)) \tag{9.6}$$

$$\leq \mathbb{E}(e^{s\lambda \overline{X}_s} I_{[-a,a]}(\overline{X}_s)) \tag{9.7}$$

$$\leq \sum_{k=1}^{d} \mathbb{P}(v_{k-1} \leq \overline{X}_s \leq v_k) e^{s\lambda v_k} \tag{9.8}$$

$$\leq \sum_{k=1}^{d} \mathbb{P}(\overline{X}_s \geq v_{k-1}) e^{s\lambda v_{k-1}} e^{s\lambda \delta} \tag{9.9}$$

$$\leq e^{s\lambda \delta} d \sup_{x \in \mathbb{R}} e^{s\lambda x} \mathbb{P}(\overline{X}_s \geq x)$$

である. ただし, (9.6)は $X, X_1, X_2, \ldots$ が独立同一分布にしたがうので成り立ち, (9.7)
は区間 $[-a,a]$ 内の数の集まりの平均はまたこの区間に属するので成り立ち, (9.8)は期
待値の定義から導かれ, また(9.9)は $v_0, \ldots, v_d$ を定義する性質から導かれる. ゆえに,

$$\mathbb{E}(e^{\lambda X} I_{[-a,a]}(X)) \leq e^{\lambda \delta} d^{1/s} \sup_{x \in \mathbb{R}} e^{\lambda x} \mathbb{P}(\overline{X}_s \geq x)^{1/s}$$

$$\leq e^{\lambda \delta} d^{1/s} \sup_{x \in \mathbb{R}, r \geq 1} e^{\lambda x} \mathbb{P}(\overline{X}_r \geq x)^{1/r}$$

である. これがすべての実数 $\delta > 0$ と整数 $s \geq 1$ に対して成り立つので, $\delta \to 0$ および
$s \to \infty$ とすることができ,

$$\mathbb{E}(e^{\lambda X} I_{[-a,a]}(X)) \leq \sup_{x \in \mathbb{R}, \, r \geq 1} e^{\lambda x} \mathbb{P}(\overline{X}_r \geq x)^{1/r}$$

が得られる．最後に，$a \to \infty$ として単調収束定理を用いて所望の不等式 (9.5) を得る． $\square$

以下の例が，あとで必要となる定理 9.1.1 のただ一つの場合である．

例 9.1.3 $n \geq 1$ および $c_1, \ldots, c_n \in \mathbb{R}$ とする．$X, X_1, X_2, \ldots$ を，分布 $(1/n)\sum_{i=1}^n \delta_{c_i}$ をもつ独立な確率変数とする．ただし，δ_c は実数 c における点質量を表す．だから，これらの確率変数は値 $c_1, \ldots, c_n$ をそれぞれ確率 $1/n$ でとり，c_i の中に重複があるときは確率の和がとられる．たとえば，$n = 3$ および $(c_1, c_2, c_3) = (7, 7, 8)$ ならば，X は値 7 を確率 $2/3$ でとり，値 8 を確率 $1/3$ でとる．

X のモーメント母関数は

$$m_X(\lambda) = \frac{1}{n}(e^{c_1 \lambda} + \cdots + e^{c_n \lambda}) \qquad (\lambda \in \mathbb{R})$$

により与えられる．一方，$r \geq 1$ に対して，

$$\mathbb{P}(\overline{X}_r \geq x) = \frac{1}{n^r}|\{(i_1, \ldots, i_r) : c_{i_1} + \cdots + c_{i_r} \geq rx\}|$$

である．ゆえに定理 9.1.1 より，すべての $\lambda \geq 0$ に対して，

$$e^{c_1 \lambda} + \cdots + e^{c_n \lambda} = \sup_{x \in \mathbb{R},\, r \geq 1} e^{\lambda x}|\{(i_1, \ldots, i_r) : c_{i_1} + \cdots + c_{i_r} \geq rx\}|^{1/r} \qquad (9.10)$$

である．これは，実数 $c_1, \ldots, c_n, \lambda$ についての完全に決定論的な言明である． $\blacklozenge$

定理 9.1.1 からは $\lambda \geq 0$ のみに対して $m_X(\lambda)$ の値が得られるが，負の λ に対する値を導き出すのは容易である．

系 9.1.4 定理 9.1.1 の状況において，すべての $\lambda \leq 0$ に対して

$$m_X(\lambda) = \sup_{x \in \mathbb{R},\, r \geq 1} e^{\lambda x} \mathbb{P}(\overline{X}_r \leq x)^{1/r}$$

である．

証明 定理 9.1.1 を $-X$ と $-\lambda$ に適用し，x を $-x$ に置き換えればよい． $\square$

9.2 大偏差と凸双対性

この節は，次節以降には論理的には必要ないが，定理 9.1.1 の母関数公式をより広い背景の中で捉えるものである．簡単にいうと，この公式は Cramér の大偏差定理の凸共役である．ここでは，その意味とそれが正しい理由を説明する．

Cramér の定理

$X, X_1, X_2, \ldots$ を独立同一分布にしたがう実確率変数とし，たとえば平均 μ をもつとする．$x \in \mathbb{R}$ が与えられたとき，大きな整数 r に対する $\mathbb{P}(\overline{X}_r \geq x)$ について何かいうことはできるだろうか？

大数の法則（law of large numbers）は，（$\mathbb{E}(|X|)$ が有限であるとして）$r \to \infty$ のとき

$$\mathbb{P}(\overline{X}_r \geq x) \to \begin{cases} 1 & (x < \mu \text{ のとき}) \\ 0 & (x > \mu \text{ のとき}) \end{cases}$$

であることを含意する．しかし，これは $\mathbb{P}(\overline{X}_r \geq x)$ が $r \to \infty$ のときどれくらい速く収束するのかという問いについては何も述べない．

次に，中心極限定理を考える．大雑把には，これは r が大きいときに $\overline{X}_r$ の分布が近似的に正規分布になることを述べるものである．これにより，大きな r に対する $\mathbb{P}(\overline{X}_r \geq x)$ を見積もることができる．しかしやはり，これは収束の速さについては役立たない．

より正確には，一般性を失わずに $\mu = 0$ と仮定すると，各 $r \geq 1$ に対して，確率変数

$$\sqrt{r}\, \overline{X}_r = \frac{1}{\sqrt{r}}(X_1 + \cdots + X_r)$$

は平均 0 と X と同じ分散（たとえば，σ^2 とする）をもつ．中心極限定理は，$r \to \infty$ のとき $\sqrt{r}\, \overline{X}_r$ の分布が平均 0 と分散 σ^2 の正規分布に収束することを述べる．これにより，任意の $x \in \mathbb{R}$ と大きな整数 r に対して，確率

$$\mathbb{P}\left(\frac{1}{\sqrt{r}}(X_1 + \cdots + X_r) \geq x\right) = \mathbb{P}\left(\overline{X}_r \geq \frac{x}{\sqrt{r}}\right)$$

を見積もる方法が得られる．しかし，もとの問いは $\mathbb{P}(\overline{X}_r \geq x/\sqrt{r})$ ではなく，$\mathbb{P}(\overline{X}_r \geq x)$ についてのものであった．つまり，中心極限定理により扱われる平均からの偏差よりもより大きな偏差に，ここでは関心があるのである．

それゆえ，大数の法則と中心極限定理のどちらからも，$r \to \infty$ のときの $\mathbb{P}(\overline{X}_r \geq x)$ の収束の速さはわからない．しかし，大偏差理論からはわかるのである．大雑把にいうと，基本的な事実は，各 $x \in \mathbb{R}$ に対して，定数 $k(x) \in [0,1]$ が存在して，r が大きいとき

$$\mathbb{P}(\overline{X}_r \geq x) \approx k(x)^r$$

となる，というものである．$x > \mu$ ならば $k(x) < 1$ であり，それゆえ $r \to \infty$ のときの $\mathbb{P}(\overline{X}_r \geq x)$ の減衰は幾何級数的である．正確な結果は以下である．

定理 9.2.1（Cramér） $X, X_1, X_2, \ldots$ を独立同一分布にしたがう実確率変数とし，また $x \in \mathbb{R}$ とする．このとき，極限

$$\lim_{r \to \infty} \mathbb{P}(\overline{X}_r \geq x)^{1/r}$$

が存在して，

$$\inf_{\lambda \geq 0} \frac{\mathbb{E}(e^{\lambda X})}{e^{\lambda x}}$$

と等しい．

この言明の一部は，Markov の不等式から容易に導かれる．実際，等式 $(9.2) \sim (9.4)$ において Markov の不等式を用いて各 $r \geq 1$ と $\lambda \geq 0$ に対して

$$\mathbb{P}(\overline{X}_r \geq x)^{1/r} \leq \frac{\mathbb{E}(e^{\lambda X})}{e^{\lambda x}}$$

であることを示したので，Cramér の定理における極限が存在するならば，それは高々定理で述べられた下限となる．ここでは Cramér の定理を証明しないが，（これから議論する凸双対性を用いて定理 9.1.1 からそれを導き出す）短い証明が Cerf–Petit[64] にある．あるいは，Grimmett–Stirzaker[130, 定理 5.11(4)]のような標準的な確率論の教科書を参照せよ．

例 9.2.2 X が平均 μ と分散 σ^2 の正規分布にしたがうとき，そのモーメント母関数は

$$\mathbb{E}(e^{\lambda X}) = \exp\left(\lambda \mu + \frac{1}{2} \lambda^2 \sigma^2 \right)$$

である．ゆえに，

$$\frac{\mathbb{E}(e^{\lambda X})}{e^{\lambda x}} = \exp\left(\frac{1}{2} \sigma^2 \cdot \lambda^2 - (x - \mu) \cdot \lambda \right)$$

である．したがって，$\lambda \geq 0$ について $\mathbb{E}(e^{\lambda X})/e^{\lambda x}$ を最小化することは，二次関数を最小化する型どおりの作業に帰着する．これを行うと，Cramér の定理から

$$\lim_{r \to \infty} \mathbb{P}(\overline{X}_r \geq x)^{1/r} = \begin{cases} 1 & (x \leq \mu \text{ のとき}) \\ \exp\left(-\frac{(x - \mu)^2}{2\sigma^2} \right) & (x \geq \mu \text{ のとき}) \end{cases}$$

を得る．期待どおり，これは x の減少する関数であるが，μ と σ の両方の増加する関数である． ◆

この例が示唆するように，Cramér の定理は，x が $\mathbb{E}(X)$ より大きいかあるいは小さいかによって，自然に二つの場合に分けられる．

系 9.2.3 $X, X_1, X_2, \ldots$ を独立同一分布にしたがう実確率変数とする.

（ i ）すべての $x \geq \mathbb{E}(X)$ に対して,

$$\lim_{r \to \infty} \mathbb{P}(\overline{X}_r \geq x)^{1/r} = \inf_{\lambda \in \mathbb{R}} \frac{\mathbb{E}(e^{\lambda X})}{e^{\lambda x}}$$

であり，またすべての $x \leq \mathbb{E}(X)$ に対して,

$$\lim_{r \to \infty} \mathbb{P}(\overline{X}_r \leq x)^{1/r} = \inf_{\lambda \in \mathbb{R}} \frac{\mathbb{E}(e^{\lambda X})}{e^{\lambda x}}$$

である（定理 9.2.1 とは対照的に，どちらの下限もすべての $\lambda \in \mathbb{R}$ にわたることに注意せよ）.

（ ii ）すべての $x \leq \mathbb{E}(X)$ に対して,

$$\lim_{r \to \infty} \mathbb{P}(\overline{X}_r \geq x)^{1/r} = 1$$

であり，またすべての $x \geq \mathbb{E}(X)$ に対して,

$$\lim_{r \to \infty} \mathbb{P}(\overline{X}_r \leq x)^{1/r} = 1$$

である.

証明 どちらの場合も，不等式 $e^x \geq 1 + x$ を用いる．これは，すべての $\lambda, x \in \mathbb{R}$ に対して

$$\frac{\mathbb{E}(e^{\lambda X})}{e^{\lambda x}} = \mathbb{E}(e^{\lambda(X-x)}) \geq \mathbb{E}(1 + \lambda(X - x)) = 1 + \lambda(\mathbb{E}(X) - x) \qquad (9.11)$$

を含意する．また，すべての $x \in \mathbb{R}$ に対して

$$\frac{\mathbb{E}(e^{0X})}{e^{0x}} = 1 \qquad (9.12)$$

であるという事実も用いる.

（i）について，$x \geq \mathbb{E}(X)$ とする．$\lambda \leq 0$ のとき，(9.11)と(9.12)から

$$\frac{\mathbb{E}(e^{\lambda X})}{e^{\lambda x}} \geq 1 = \frac{\mathbb{E}(e^{0X})}{e^{0x}} \qquad (9.13)$$

が得られるので，λ が $\mathbb{R}$ のすべてにわたるようにしても定理 9.2.1 の下限は変化しない．これから，(i)の最初の等式を得る．二つ目の等式は，最初の等式を $-X$ と $-x$ に適用し，λ を $-\lambda$ で置き換えることにより導かれる.

（ii）について，$x \leq \mathbb{E}(X)$ とする．$\lambda \geq 0$ のとき，(9.11)と(9.12)は再び(9.13)を含意するので，定理 9.2.1 の下限は 1 である．これから(ii)の最初の等式が得られ，また再び，二つ目の等式は最初の等式を $-X$ と $-x$ に適用することにより導かれる． $\qquad \square$

凸双対性

定理 9.1.1 におけるモーメント母関数に対する公式を Cramér の定理に関係づけるために，凸双対性の原理を用いる．

> **定義 9.2.4** $f: \mathbb{R} \to [-\infty, \infty]$ を関数とする．その **凸共役**（convex conjugate）あるいは **Legendre–Fenchel 変換**（Legendre–Fenchel transform）とは，
>
> $$f^*(\lambda) = \sup_{x \in \mathbb{R}}(\lambda x - f(x)) \tag{9.14}$$
>
> により定義される関数 $f^*: \mathbb{R} \to [-\infty, \infty]$ のことである．

凸共役の理論は，Borwein–Lewis[47]および Rockafellar[299]のような教科書で徹底的に展開されている．ここでは，以下での必要に適した形で手短にまとめる．

例 9.2.5

（i）$f: \mathbb{R} \to \mathbb{R}$ を，$f': \mathbb{R} \to \mathbb{R}$ が増加する全単射であるような微分可能関数とする．このとき，各 $\lambda \in \mathbb{R}$ に対して，関数

$$x \mapsto \lambda x - f(x)$$

はただ一つの臨界点 $x_\lambda = f'^{-1}(\lambda)$ をもち，またこれはただ一つの大域的な最大点である．ゆえに，

$$f^*(\lambda) = \lambda x_\lambda - f(x_\lambda)$$

である．グラフに関する言葉では，各実数 λ に対して，f のグラフの勾配（傾き）λ の接線がただ一つ存在し，その方程式は

$$y = \lambda x - f^*(\lambda)$$

となる（図 9.1）．だから，$f^*(\lambda)$ はこの接線の y 切片の符号を変えたものである．したがって，凸共役 f^* は f をその接線たちの包絡線の見地から記述するものである．

（ii）$p, q \in (1, \infty)$ を共役な指数とする，すなわち，$1/p + 1/q = 1$ であるとする．このとき，関数 $x \mapsto |x|^p/p$ と $x \mapsto |x|^q/q$ は，（i）を用いて示すことができるように，互いの凸共役である．

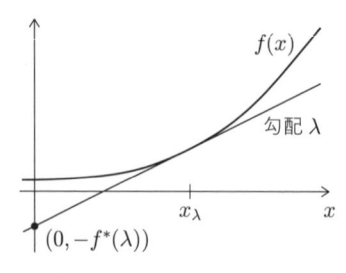

図 9.1 微分可能関数 f とその凸共役 f^* の関係（例 9.2.5 (i)）

(iii) より一般的には，$f, g \colon \mathbb{R} \to \mathbb{R}$ を，f' と g' が増加し，$f'(0) = 0 = g'(0)$ であるような微分可能関数とする．$f', g' \colon \mathbb{R} \to \mathbb{R}$ が互いの逆であるならば，f と g は互いの凸共役になることを示すことができる（Zygmund[363, I.9 節]）．この一般性の水準では，[363] あるいは Arnold[18, 14D 節] のように，凸双対性は Young 相補性あるいは Young 双対性ともよばれる． ◆

補題 9.2.6 すべての関数 $f \colon \mathbb{R} \to [-\infty, \infty]$ に対して，その凸共役 $f^* \colon \mathbb{R} \to [-\infty, \infty]$ は凸である．

これが証明できる前に，$[-\infty, \infty]$ への関数が凸であるとは何を意味するのかを述べる必要がある．関数が有限の値のみをとるか，値として ∞ はとるが $-\infty$ はとらないか，あるいはその逆であるかならば，意味は明らかである．値として $-\infty$ と ∞ の両方をとるならば，注意が必要である．注意深い取り扱いが Willerton[356, 2.2.2 節] にある（突き詰めていくと Lawvere[205] から導き出される）．幸いにも，ここではこの問題は回避することができる．$f \equiv \infty$ ならば，$f^* \equiv -\infty$ であり，この場合 f^* は任意のもっともな定義により凸になる．そうでなければ，f^* が値 $-\infty$ をとることはないので，問題は生じない．

証明 $\lambda, \mu \in \mathbb{R}$ および $p \in [0, 1]$ とする．このとき，望んだとおり

$$
\begin{aligned}
f^*(p\lambda + (1-p)\mu) &= \sup_{x \in \mathbb{R}} (p\lambda x + (1-p)\mu x - f(x)) \\
&= \sup_{x \in \mathbb{R}} (p(\lambda x - f(x)) + (1-p)(\mu x - f(x))) \\
&\leq \sup_{y, z \in \mathbb{R}} (p(\lambda y - f(y)) + (1-p)(\mu z - f(z))) \\
&= p f^*(\lambda) + (1-p) f^*(\mu)
\end{aligned}
$$

となる． □

上の例から，よく $f^{**} = f$ となることが示唆される．補題 9.2.6 より，f が凸でない限り，これは成り立ちえない．有限値の f に対しては，そのことだけが制限である．

│ 定理 9.2.7（Legendre–Fenchel） $f\colon \mathbb{R} \to \mathbb{R}$ を凸関数とする．このとき，$f^{**} = f$ である．

証明 この標準的な結果は凸解析の教科書にある．たとえば，Borwein–Lewis[47, 定理 4.2.1]あるいは Arnold[18, 14C 節]を参照せよ．本書にも一つの証明が付録 A.7 にある． □

注意 9.2.8

（ⅰ）定理 9.2.7 は，完全な Legendre–Fenchel の定理の非常に特別な場合である．まず，ここでは有限値関数に制限されており，だから $\pm\infty$ の値が許されるときに必要になる f についての半連続性の要請が回避されている．しかし，より重要なのは，双対性が $\mathbb{R}$ 上の関数を超えて有限次元実ベクトル空間 X 上の関数へと一般化できることである．

その状況では，関数 $f\colon X \to [-\infty, \infty]$ の凸共役は，双対ベクトル空間 X^* 上の関数 $f^*\colon X^* \to [-\infty, \infty]$ である．関数 f^* は以前と同じ公式 (9.14) により定義されるが，ここで項 λx は，汎関数 $\lambda \in X^*$ がベクトル $x \in X$ で評価されたものを意味すると理解する．この一般性の水準での Legendre–Fenchel の定理については，Borwein–Lewis[47, 定理 4.2.1]，Rockafellar[299, 定理 12.2]，あるいは Fenchel [100]を参照せよ．

（ⅱ）ベクトル空間に対する Legendre–Fenchel の定理はそれ自体，最近 Willerton[356] により発見された，さらにより一般的な双対性の一例である．これは，以下のように豊穣圏の枠組みで考えられる．

$\mathscr{V}$ を，完備対称モノイダル閉圏とする．この注意の残りの部分においては，すべての圏，函手，随伴などは，$\mathscr{V}$ において豊穣化されているとする．任意の圏 $\mathbf{A}$ と $\mathbf{B}$ および函手 $M\colon \mathbf{A}^{\mathrm{op}} \times \mathbf{B} \to \mathscr{V}$ に対して，函手圏の間に誘導された随伴

$$[\mathbf{A}^{\mathrm{op}}, \mathscr{V}] \rightleftarrows [\mathbf{B}, \mathscr{V}]^{\mathrm{op}}$$

が存在し，どちらの函手も M へと移すことにより定義される．たとえば，$X \in [\mathbf{A}^{\mathrm{op}}, \mathscr{V}]$ が与えられて，その結果得られる函手 $\mathbf{B} \to \mathscr{V}$ は

$$b \mapsto [\mathbf{A}^{\mathrm{op}}, \mathscr{V}](X, M(-, b)) \qquad (b \in \mathbf{B})$$

である．一方，任意の随伴は，その固定点からなる充満部分圏の間の同値へと，カノニカルに制限される．ここでは，これにより $[\mathbf{A}^{\mathrm{op}}, \mathscr{V}]$ の充満部分圏 $\mathscr{C}$ と $[\mathbf{B}, \mathscr{V}]$ の充満部分圏 $\mathscr{D}$ の間の双対同値

$$\mathscr{C} \rightleftarrows \mathscr{D}^{\mathrm{op}} \tag{9.15}$$

が得られる．Pavlovic は，圏 $\mathscr{C}$ と $\mathscr{D}^{\mathrm{op}}$ のどちらも M の**中核** (nucleus)* とよんでいる [274, 定義 3.9]．

Willerton は，Legendre–Fenchel の定理がこの非常に一般的な圏論的構成の特別な場合であることを示した．$\mathscr{V}$ を順序集合 $([-\infty, \infty], \geq)$ として，標準的な仕方で圏とみなし，和により定義されたモノイダル構造をもつものとする．任意の実ベクトル空間 X は $\mathscr{V}$ において豊穣化された圏を引き起こす．すなわち，対象は X の元であり，$\mathrm{Hom}(x, y) \in \mathscr{V}$ は $x = y$ ならば 0，そうでなければ ∞ である．ベクトル空間とその双対の間の通常のペアリングから，カノニカルな函手 $M \colon (X^*)^{\mathrm{op}} \times X \to \mathscr{V}$ が得られる．上の一般的な構成を適用することで，二つの豊穣圏の間の双対同値 (9.15) が得られる．Willerton が示したように，これは有限次元ベクトル空間上の $[-\infty, \infty]$ 値関数に対する古典的な Legendre–Fenchel の定理により確立された凸双対性と一致する．

Cramér の定理の双対

以前のように，$X, X_1, X_2, \ldots$ を独立同一分布にしたがう実確率変数とする．系 9.2.3 (i) において，Cramér の定理は

$$
\inf_{\lambda \in \mathbb{R}} \frac{\mathbb{E}(e^{\lambda X})}{e^{\lambda x}} = \begin{cases} \lim_{r \to \infty} \mathbb{P}(\overline{X}_r \geq x)^{1/r} & (x \geq \mathbb{E}(X) \text{ のとき}) \\ \lim_{r \to \infty} \mathbb{P}(\overline{X}_r \leq x)^{1/r} & (x \leq \mathbb{E}(X) \text{ のとき}) \end{cases}
$$

と言い換えられた．対数をとって符号を変えると，

$$
(\log m_X)^*(x) = \begin{cases} -\lim_{r \to \infty} \frac{1}{r} \log \mathbb{P}(\overline{X}_r \geq x) & (x \geq \mathbb{E}(X) \text{ のとき}) \\ -\lim_{r \to \infty} \frac{1}{r} \log \mathbb{P}(\overline{X}_r \leq x) & (x \leq \mathbb{E}(X) \text{ のとき}) \end{cases} \tag{9.16}
$$

という同値な言明になる．$\log m_X$ は X の**キュムラント母関数** (cumulant generating function) とよばれ，これが凸関数になるということは一般的な事実である（付録 A.8）．それゆえ，(9.16) の各辺の凸共役をとり，Legendre–Fenchel の定理を用いることにより，$\log m_X$ の，したがってモーメント母関数 m_X 自体の一つの表示を得る．

具体的には，等式 (9.16) と Legendre–Fenchel の定理は，すべての $\lambda \in \mathbb{R}$ に対して，

$$
\log m_X(\lambda) = \max\bigg\{ \sup_{x \geq \mathbb{E}(X)} \bigg(\lambda x + \lim_{r \to \infty} \frac{1}{r} \log \mathbb{P}(\overline{X}_r \geq x) \bigg),
$$
$$
\sup_{x \leq \mathbb{E}(X)} \bigg(\lambda x + \lim_{r \to \infty} \frac{1}{r} \log \mathbb{P}(\overline{X}_r \leq x) \bigg) \bigg\}
$$

---

* 訳注：「核心」とも訳せるかもしれないが，古い文献では群や環などの中心 (center) の訳語に「核心」が当てられていることがある．そこで，ここでは「中核」を nucleus の訳語として採用した．

言い換えると,

$$m_X(\lambda) = \max\left\{ \sup_{x \geq \mathbb{E}(X)} e^{\lambda x} \lim_{r \to \infty} \mathbb{P}(\overline{X}_r \geq x)^{1/r}, \sup_{x \leq \mathbb{E}(X)} e^{\lambda x} \lim_{r \to \infty} \mathbb{P}(\overline{X}_r \leq x)^{1/r} \right\}$$

$$(9.17)$$

であることを含意する. $\lambda \geq 0$ とする. 等式 (9.17) における二つ目の上限を分析する. 量 $e^{\lambda x} \lim_{r \to \infty} \mathbb{P}(\overline{X}_r \leq x)^{1/r}$ は x について増加するので, 上限は $x = \mathbb{E}(X)$ のとき達成される. しかし系 9.2.3(ii) より,

$$\lim_{r \to \infty} \mathbb{P}(\overline{X}_r \leq \mathbb{E}(X))^{1/r} = 1$$

であるから, 二つ目の上限はちょうど $e^{\lambda \mathbb{E}(X)}$ になる. 一方, 系 9.2.3(ii) はまた, すべての $x \leq \mathbb{E}(X)$ に対して,

$$\lim_{r \to \infty} \mathbb{P}(\overline{X}_r \geq x)^{1/r} = 1$$

であることも述べているので, 二つ目の上限を

$$\sup_{x \leq \mathbb{E}(X)} e^{\lambda x} \lim_{r \to \infty} \mathbb{P}(\overline{X}_r \geq x)^{1/r}$$

と表すことができる. ゆえに (9.17) より,

$$m_X(\lambda) = \sup_{x \in \mathbb{R}} e^{\lambda x} \lim_{r \to \infty} \mathbb{P}(\overline{X}_r \geq x)^{1/r} \qquad (9.18)$$

である. 等式 (9.18) は, Cramér の定理の凸共役として導き出された. これは, 定理 9.1.1 のモーメント母関数公式に非常に近いものである. (9.18) が $r \to \infty$ の極限をとるところで, 定理 9.1.1 は $r \geq 1$ にわたる上限をとるということだけが異なる. しかし, Cerf–Petit[64, p. 928] は二つの形が同値であることを示した. すなわち,

$$\lim_{r \to \infty} \mathbb{P}(\overline{X}_r \geq x)^{1/r} = \sup_{r \geq 1} \mathbb{P}(\overline{X}_r \geq x)^{1/r} \qquad (9.19)$$

である. この意味で, 定理 9.1.1 もまた Cramér の定理の双対とみなすことができる.

注意 9.2.9 Cerf–Petit[64] の研究は, ここでの説明とは逆の道をたどった. 彼らは定理 9.1.1 を証明することから始め, 凸共役をとり, (9.19) を用いて Cramér の定理を導き出した.

9.3 p ノルムの乗法的特徴づけ

ここでは,関数方程式を解くのに確率的方法をどのように用いることができるのかを,Aubrun–Nechita[20]にしたがって示す.彼らの定理の一つの形として,ベクトル空間 $\mathbb{R}^0, \mathbb{R}^1, \mathbb{R}^2, \ldots$ のそれぞれにノルムを入れる首尾一貫したすべての方法の中で,一定の乗法性条件をみたすものは p ノルムのみであるというものを述べる.

> **定義 9.3.1** $n \geq 0$ とする.$\mathbb{R}^n$ 上の**ノルム**(norm)$\|\cdot\|$ とは,関数 $\mathbb{R}^n \to [0, \infty)$ で,$\mathbf{x} \mapsto \|\mathbf{x}\|$ と書かれ,以下の性質をもつもののことである.
>   (i) $\|\mathbf{x}\| = 0 \implies \mathbf{x} = \mathbf{0}$
>   (ii) すべての $c \in \mathbb{R}$ と $\mathbf{x} \in \mathbb{R}^n$ に対して,$\|c\mathbf{x}\| = |c| \, \|\mathbf{x}\|$ である.
>   (iii) すべての $\mathbf{x}, \mathbf{y} \in \mathbb{R}^n$ に対して,$\|\mathbf{x} + \mathbf{y}\| \leq \|\mathbf{x}\| + \|\mathbf{y}\|$(**三角不等式**(triangle inequality))である.

例 9.3.2 $n \geq 0$ および $p \in [1, \infty]$ とする.$\mathbb{R}^n$ 上の p **ノルム**(p-norm)あるいは ℓ^p **ノルム**(ℓ^p norm)$\|\cdot\|_p$ は,$p < \infty$ に対しては

$$\|\mathbf{x}\|_p = \left(\sum_{i=1}^n |x_i|^p \right)^{1/p} \qquad (\mathbf{x} \in \mathbb{R}^n)$$

により定義され,$p = \infty$ に対しては

$$\|\mathbf{x}\|_\infty = \max_{1 \leq i \leq n} |x_i| \qquad (\mathbf{x} \in \mathbb{R}^n)$$

により定義される.このとき,べき乗平均についての補題 4.2.7 より,$\|\mathbf{x}\|_\infty = \lim_{p \to \infty} \|\mathbf{x}\|_p$ である.すなわち,$|\mathbf{x}| = (|x_1|, \ldots, |x_n|)$ と書くと,$p \to \infty$ のとき

$$\|\mathbf{x}\|_p = n^{1/p} M_p(\mathbf{u}_n, |\mathbf{x}|) \to M_\infty(\mathbf{u}_n, |\mathbf{x}|) = \|\mathbf{x}\|_\infty$$

である. ◆

例 9.3.3 $\phi \colon [0, \infty) \to [0, \infty)$ を,$\phi^{-1}\{0\} = \{0\}$ であるような増加する凸関数とする.$n \geq 0$ に対して,

$$K_n = \left\{ \mathbf{x} \in \mathbb{R}^n : \sum_{i=1}^n \phi(|x_i|) \leq 1 \right\}$$

とおくと,これは $\mathbb{R}^n$ の凸部分集合である.このとき,$\mathbf{x} \in \mathbb{R}^n$ に対して,

$$\|\mathbf{x}\| = \inf\{\lambda \geq 0 : \mathbf{x} \in \lambda K_n\}$$

とおく．$\|\cdot\|$ は $\mathbb{R}^n$ 上の（**Orlicz ノルム**（Orlicz norm）として知られている）ノルムになることを示すことができ，その単位球 $\{\mathbf{x} \in \mathbb{R}^n : \|\mathbf{x}\| \leq 1\}$ は K_n である．たとえば，ある $p \in [1, \infty)$ に対して $\phi(x) = x^p$ ととると，例 9.3.2 の p ノルムが得られる．　　　◆

$p \in [1, \infty]$ を固定する．空間の列 $\mathbb{R}^0, \mathbb{R}^1, \mathbb{R}^2, \dots$ 上の p ノルムたちは，以下の二つの仕方で互いに両立する．

第一に，ベクトルの p ノルムはその成分を置換しても，あるいは零を挿入しても変化しない．たとえば，

$$\|(x_1, x_2, x_3)\|_p = \|(x_2, 0, x_3, x_1)\|_p \tag{9.20}$$

である．一般に，$\mathbf{n} = \{1, \dots, n\}$ と書くと，任意の単射 $f : \mathbf{n} \to \mathbf{m}$ は

$$(f_* \mathbf{x})_j = \begin{cases} x_i & \text{（ある } i \in \{1, \dots, n\} \text{ に対して } j = f(i) \text{ のとき）} \\ 0 & \text{（そうでないとき）} \end{cases}$$

（$\mathbf{x} \in \mathbb{R}^n$, $j \in \{1, \dots, m\}$）により定義される，単射線形写像 $f_* : \mathbb{R}^n \to \mathbb{R}^m$ を引き起こす．このとき p ノルムは，すべての単射 $f : \mathbf{n} \to \mathbf{m}$ とすべての $\mathbf{x} \in \mathbb{R}^n$ に対して

$$\|f_* \mathbf{x}\|_p = \|\mathbf{x}\|_p \tag{9.21}$$

となるという性質をもつ．たとえば，等式 (9.20) は等式 (9.21) の一例になっており，f は $f(1) = 4$, $f(2) = 1$, $f(3) = 3$ により定義される写像 $\{1, 2, 3\} \to \{1, 2, 3, 4\}$ である．

第二に，p ノルムは乗法律をみたす．$\mathbf{x} \in \mathbb{R}^n$ および $\mathbf{y} \in \mathbb{R}^m$ とし，等式 (4.12)（p. 114）から $\mathbf{x} \otimes \mathbf{y} \in \mathbb{R}^{nm}$ の定義を思い出す．このとき，

$$\|\mathbf{x} \otimes \mathbf{y}\|_p = \|\mathbf{x}\|_p \|\mathbf{y}\|_p$$

である．たとえば，すべての $A, B, x, y, z \in \mathbb{R}$ に対して，

$$\|(Ax, Ay, Az, Bx, By, Bz)\|_p = \|(A, B)\|_p \|(x, y, z)\|_p$$

である．

これから見るように，これらの二つの性質により p ノルムは完全に決定される．

定義 9.3.4

（ⅰ）**ノルムの系**（system of norms）とは，各 $n \geq 0$ に対する $\mathbb{R}^n$ 上のノルム $\|\cdot\|$ で，各 $n, m \geq 0$ と単射 $f : \mathbf{n} \to \mathbf{m}$ に対して，すべての $\mathbf{x} \in \mathbb{R}^n$ に対して

$$\|f_* \mathbf{x}\| = \|\mathbf{x}\|$$

であるものからなるものである．

（ii）ノルムの系 $\|\cdot\|$ が**乗法的**（multiplicative）であるとは，すべての $n, m \geq 0$，$\mathbf{x} \in \mathbb{R}^n$，および $\mathbf{y} \in \mathbb{R}^m$ に対して，

$$\|\mathbf{x} \otimes \mathbf{y}\| = \|\mathbf{x}\| \, \|\mathbf{y}\|$$

であるときをいう．

例 9.3.5

（ i ）各 $p \in [1, \infty]$ に対して，p ノルム $\|\cdot\|_p$ は乗法的なノルムの系である．

（ii）例 9.3.3 のように関数 ϕ を固定する．そこで定義されたノルム $\|\cdot\|$ はつねにノルムの系をなすが，一般には乗法的ではない． ◆

注意 9.3.6 ノルムの系の概念は，二つの同値な仕方で述べ直すことができる．

まず，自然数 n に対する $\mathbb{R}^n$ だけを考える代わりに，任意の有限集合 I に対する

$$\mathbb{R}^I = \{関数 \, I \to \mathbb{R}\} = \{実数の族 \, (x_i)_{i \in I}\}$$

を考えることができる（これは，Leinster[214]でとられたアプローチである）．このとき，すべての有限集合間の単射 $f\colon I \to J$ に対して等式 $\|f_* \mathbf{x}\| = \|\mathbf{x}\|$ が成り立つことを要請する．とくに，f を全単射にとると，$\mathbb{R}^J$ 上のノルムは，J と同じ濃度のすべての集合 I に対する $\mathbb{R}^I$ 上のノルムを決定する．それゆえ，$\mathbb{R}^n$ 上のノルムはすべての n 点集合 I に対する $\mathbb{R}^I$ 上のノルムを決定する．このことから，より一般的に見えるこのノルムの系の概念は，もとのノルムの系の概念と同値になる．

正反対の方向においては，ノルムの系を，対称性公理を課された，非零成分が有限個のみの実数の無限列からなる単一の空間 c_{00} 上のノルムとして解釈することができる（これは，Aubrun–Nechita[20]でとられたアプローチである）．乗法律を述べるには，非負整数の集合とそのデカルト平方の間の全単射を選ばなければならないが，対称性より，乗法律の定義はその選択に影響を受けない．

それでは，この節の主定理を述べる．この定理をこの形で述べたのは，Aubrun–Nechita[20]が最初である．この結果は，（少なくとも $\|\cdot\|_\infty$ に関するいくつかの注意を要する点を無視すると）Fernández-González–Palazuelos–Pérez-García のより以前の論文[102, 定理 3.9]からも導かれる．[102]における論証は，Banach 空間の理論に由来するもので，非常に異なっている．ここでは Aubrun–Nechita の方法のみを考える．

定理 9.3.7 すべての乗法的なノルムの系は，ある $p \in [1, \infty]$ に対する $\|\cdot\|_p$ に等しい．

証明は，定理 9.1.1 のモーメント母関数公式に基づく．具体的には，その定理の以下の帰結が必要になる．$\mathbf{v} = (v_1, \ldots, v_n) \in \mathbb{R}^n$ と $t \in \mathbb{R}$ が与えられたとき，

$$N(\mathbf{v}, t) = |\{i \in \{1, \ldots, n\} : v_i \geq t\}|$$

と書く.

命題 9.3.8（Aubrun–Nechita） $p \in [1, \infty)$, $n \geq 0$, および $\mathbf{x} \in (0, \infty)^n$ とする. このとき,

$$\|\mathbf{x}\|_p = \sup_{u > 0,\, r \geq 1} u \cdot N(\mathbf{x}^{\otimes r}, u^r)^{1/(rp)}$$

である. ただし, 上限は実数 $u > 0$ と整数 $r \geq 1$ にわたる.

この公式は[20]における Aubrun–Nechita の論証の中心をなすものであるが, そこでは完全に明示的には述べられていない.

証明 等式 (9.10) (例 9.1.3) において, $c_i = \log x_i$ および $\lambda = p$ とおく. このとき,

$$\begin{aligned}
x_1^p + \cdots + x_n^p &= \sup_{y \in \mathbb{R},\, r \geq 1} e^{py} |\{(i_1, \ldots, i_r) : x_{i_1} \cdots x_{i_r} \geq e^{ry}\}|^{1/r} \\
&= \sup_{u > 0,\, r \geq 1} u^p N(\mathbf{x}^{\otimes r}, u^r)^{1/r}
\end{aligned}$$

であり, 全体にわたって p 乗根をとることにより示すべき結果が導かれる. $\qquad\square$

それでは, おおよそ Aubrun–Nechita[20]にしたがって定理 9.3.7 の証明に着手する. ただし, 注意 9.3.10 で説明する単純化をいくつか行う. Aubrun–Nechita の言葉では, この証明は「r 次のテンソルべき $\mathbf{x}^{\otimes r}$（r は大きい）の大きな座標の統計的分布を調べる」([20, 1.1 節], 表記は改変されている) ことにより進められる.

本節の残りの部分では, $\|\cdot\|$ を乗法的なノルムの系とする.

ステップ 1：初等的な結果

まず, ノルム $\|\cdot\|$ の初等的な性質をいくつか導き出す. $n \geq 0$ に対して, $\mathbf{1}_n = (1, \ldots, 1) \in \mathbb{R}^n$ と書く.

補題 9.3.9 $n \geq 0$ および $\mathbf{x}, \mathbf{y} \in \mathbb{R}^n$ とする.

（ⅰ）各 i に対して $y_i = \pm x_i$ ならば, $\|\mathbf{x}\| = \|\mathbf{y}\|$ である.

（ⅱ）$\mathbf{0} \leq \mathbf{x} \leq \mathbf{y}$ ならば, $\|\mathbf{x}\| \leq \|\mathbf{y}\|$ である.

（ⅲ）$0 \leq m \leq n$ である限り, $\|\mathbf{1}_m\| \leq \|\mathbf{1}_n\|$ である.

証明 (ⅰ)について, ベクトル $\mathbf{x} \otimes (1, -1)$ は $\mathbf{y} \otimes (1, -1)$ の置換であるから, ノルムの系の定義より,

$$\|\mathbf{x} \otimes (1, -1)\| = \|\mathbf{y} \otimes (1, -1)\|$$

である．しかし乗法性より，この等式は

$$\|\mathbf{x}\| \, \|(1, -1)\| = \|\mathbf{y}\| \, \|(1, -1)\|$$

と同値である．ゆえに，$\|\mathbf{x}\| = \|\mathbf{y}\|$ となる．

(ii)について，S を，$\varepsilon_i = \pm 1$ として $(\varepsilon_1 y_1, \ldots, \varepsilon_n y_n) \in \mathbb{R}^n$ の形のベクトルの集合とする．S の**凸包**（convex hull）とは，その和が 1 となるある非負実数の族 $(\lambda_\mathbf{s})_{\mathbf{s} \in S}$ に対して $\sum_{\mathbf{s} \in S} \lambda_\mathbf{s} \mathbf{s}$ と表示することができるベクトルの集合のことであることを思い出す．簡単な帰納法から，S の凸包が

$$\prod_{i=1}^{n} [-y_i, y_i] = [-y_1, y_1] \times \cdots \times [-y_n, y_n]$$

であることが示される（図 9.2）．しかし，$\mathbf{x} \in \prod [-y_i, y_i]$ であり，また(i)より各 $\mathbf{s} \in S$ に対して $\|\mathbf{s}\| = \|\mathbf{y}\|$ である．ゆえに，$\mathbf{x} = \sum \lambda_\mathbf{s} \mathbf{s}$ と書いて三角不等式を用いると，

$$\|\mathbf{x}\| \le \sum_{\mathbf{s} \in S} \lambda_\mathbf{s} \|\mathbf{s}\| = \sum_{\mathbf{s} \in S} \lambda_\mathbf{s} \|\mathbf{y}\| = \|\mathbf{y}\|$$

となる．

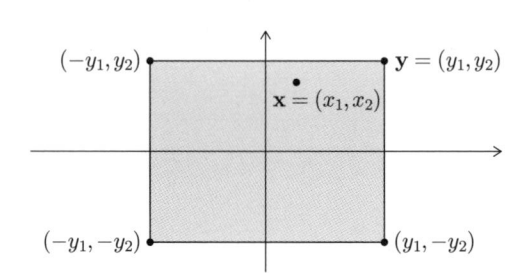

図 9.2 $n = 2$ に対して示された，補題 9.3.9(ii) の証明における，集合 S の凸包内にあるベクトル $\mathbf{x}$

(iii)について，$0 \le m \le n$ とする．

$$\|\mathbf{1}_m\| = \|(\overbrace{\underbrace{1, \ldots, 1}_{m}, 0, \ldots, 0}^{n})\| \le \|\mathbf{1}_n\|$$

である．ただし，等式はノルムの系の定義から導かれ，不等式は(ii)から導かれる．　□

ステップ2：p を見いだす

ここでのアイデアは，すべての $p \in [1, \infty]$ と $n \geq 1$ に対して $\|\mathbf{1}_n\|_p = n^{1/p}$ であるから，数列 $(\|\mathbf{1}_n\|)_{n \geq 1}$ を調べることにより $\|\cdot\|$ から p を復元できるはずである，というものである．

実際，すべての $m, n \geq 1$ に対して，乗法性から

$$\|\mathbf{1}_{mn}\| = \|\mathbf{1}_m \otimes \mathbf{1}_n\| = \|\mathbf{1}_m\| \, \|\mathbf{1}_n\|$$

を得る．さらに，補題 9.3.9(iii) は数列 $(\|\mathbf{1}_n\|)_{n \geq 1}$ が増加することを含意する．ゆえに，定理 1.2.1 を数列 $(\log\|\mathbf{1}_n\|)_{n \geq 1}$ に適用することにより，ある $c \geq 0$ が存在して，すべての $n \geq 1$ に対して $\|\mathbf{1}_n\| = n^c$ となる．ここで，

$$2^c = \|(1,1)\| \leq \|(1,0)\| + \|(0,1)\| = 2 \cdot \|(1)\| = 2 \cdot 1^c = 2$$

であるから，$c \in [0,1]$ である．$p = 1/c \in [1, \infty]$ とおく．このとき，すべての $n \geq 1$ に対して

$$\|\mathbf{1}_n\| = n^{1/p} = \|\mathbf{1}_n\|_p$$

である．

すべての $n \geq 0$ と $\mathbf{x} \in \mathbb{R}^n$ に対して $\|\mathbf{x}\| = \|\mathbf{x}\|_p$ であることを示す．ノルムの系の定義と補題 9.3.9(i) より，$\mathbf{x} \in (0, \infty)^n$ のときにこのことを証明すれば十分である．$n = 0$ の場合は明らかであるから，$n \geq 1$ に限ってもよい．

ステップ3：$p = \infty$ の場合

この場合は別に処理する必要があるものの，簡単である．$p = \infty$ ならば（すなわち，すべての $n \geq 1$ に対して $\|\mathbf{1}_n\| = 1$ ならば），$\|\cdot\| = \|\cdot\|_\infty$ であることを直接示す．

$\mathbf{x} \in (0, \infty)^n$ とし，$x_j = \|\mathbf{x}\|_\infty$ となる j を選ぶ．このとき，補題 9.3.9(ii) より，

$$\|\mathbf{x}\| \leq \|(x_j, \ldots, x_j)\| = x_j \|\mathbf{1}_n\| = x_j$$

である．しかし，

$$\|\mathbf{x}\| \geq \|(\underbrace{0, \ldots, 0}_{j-1}, x_j, \underbrace{0, \ldots, 0}_{n-j})\| = \|(x_j)\| = x_j \|\mathbf{1}_1\| = x_j$$

でもある．ゆえに，望んだとおり，$\|\mathbf{x}\| = x_j = \|\mathbf{x}\|_\infty$ となる．

それゆえ，これから先は $p \in [1, \infty)$ と仮定してよい．

ステップ 4：p ノルムに対する変分公式を利用する

ここで，命題 9.3.8 における p ノルムに対する公式を用いる．すなわち，$\mathbf{x} \in (0, \infty)^n$ に対して，

$$\|\mathbf{x}\|_p = \sup_{u>0,\, r \geq 1} (u^r \cdot N(\mathbf{x}^{\otimes r}, u^r)^{1/p})^{1/r}$$

である（命題 9.3.8 はモーメント母関数に対する変分公式から導き出されたので，ここで確率論が用いられている）．すべての m に対して $m^{1/p} = \|\mathbf{1}_m\|$ であるから，

$$\|\mathbf{x}\|_p = \sup_{u>0,\, r \geq 1} \|(N(\mathbf{x}^{\otimes r}, u^r) * u^r)\|^{1/r} \tag{9.22}$$

は同値な言明である．ここで，定義 5.2.9 の後で導入した表記 $*$ を用いた．

$\|\mathbf{x}\|_p$ に対する式 (9.22) は，p に言及していないという特徴をもつ．これを用いて，まず $\|\mathbf{x}\| \geq \|\mathbf{x}\|_p$ を証明し，次に $\|\mathbf{x}\| \leq \|\mathbf{x}\|_p$ を証明する．

ステップ 5：下界

$\mathbf{x} \in (0, \infty)^n$ とする．$\|\mathbf{x}\| \geq \|\mathbf{x}\|_p$ であることを示す．(9.22) と乗法性より，これはすべての実数 $u > 0$ と整数 $r \geq 1$ に対して

$$\|\mathbf{x}^{\otimes r}\| \geq \|(N(\mathbf{x}^{\otimes r}, u^r) * u^r)\|$$

であることを示すことと同値である．しかし，補題 9.3.9(ii) とノルムの系の定義より

$$\|\mathbf{x}^{\otimes r}\| \geq \|(\underbrace{\overbrace{u^r, \ldots, u^r}^{n^r}, 0, \ldots, 0}_{N(\mathbf{x}^{\otimes r}, u^r)})\| = \|(N(\mathbf{x}^{\otimes r}, u^r) * u^r)\|$$

であるから，これは明らかである．

ステップ 6：上界

$\mathbf{x} \in (0, \infty)^n$ とする．$\|\mathbf{x}\| \leq \|\mathbf{x}\|_p$ であることを示す．この論証は定理 9.1.1 の証明の二つ目の部分に構造的に非常に類似しており，テンソルべきトリック（Tao[325, 1.9 節]）を用いる．

$\theta \in (1, \infty)$ とする．$\|\mathbf{x}\| \leq \theta\|\mathbf{x}\|_p$ であることを証明する．$\min_i x_i > 0$ であるから，整数 $d \geq 1$ と実数 $u_0, \ldots, u_d$ で，

$$\min_i x_i = u_0 < u_1 < \cdots < u_d = \max_i x_i$$

かつすべての $k \in \{1, \ldots, d\}$ に対して $u_k/u_{k-1} < \theta$ となるものを選ぶことができる．

$r \geq 1$ とする．ベクトル $\mathbf{x}^{\otimes r} \in \mathbb{R}^{n^r}$ があるが，新しいベクトル $\mathbf{y}_r \in \mathbb{R}^{n^r}$ を，$\mathbf{x}^{\otimes r}$ の各座標を集合 $\{u_1^r, \ldots, u_d^r\}$ の次の元へと切り上げることにより定義する．（形式的には，写像 $f_r \colon [u_0^r, u_d^r] \to [u_0^r, u_d^r]$ を $f_r(w) = u_k^r$ により定義する．ただし，$k \in \{1, \ldots, d\}$ は $w \leq u_k^r$ となる最小のものである．このとき，$\mathbf{y}_r$ は f_r を各座標に適用することにより $\mathbf{x}^{\otimes r}$ から得られる．）

構成から，$\mathbf{x}^{\otimes r} \leq \mathbf{y}_r$ であり，u_k^r と等しい $\mathbf{y}_r$ の座標の個数 $n_{k,r}$ は高々 $N(\mathbf{x}^{\otimes r}, u_{k-1}^r)$ である．ゆえに，

$$\|\mathbf{x}^{\otimes r}\| \leq \|\mathbf{y}_r\| \tag{9.23}$$

$$= \|(n_{1,r} * u_1^r, \ldots, n_{d,r} * u_d^r)\| \tag{9.24}$$

$$\leq \sum_{k=1}^d \|((n_{1,r} + \cdots + n_{k-1,r}) * 0, n_{k,r} * u_k^r, (n_{k+1,r} + \cdots + n_{d,r}) * 0)\| \tag{9.25}$$

$$= \sum_{k=1}^d \|(n_{k,r} * u_k^r)\| \tag{9.26}$$

$$\leq d \max_{1 \leq k \leq d} \|(n_{k,r} * u_k^r)\| \tag{9.27}$$

$$\leq d\theta^r \max_{1 \leq k \leq d} \|(n_{k,r} * u_{k-1}^r)\| \tag{9.28}$$

$$\leq d\theta^r \max_{1 \leq k \leq d} \|(N(\mathbf{x}^{\otimes r}, u_{k-1}^r) * u_{k-1}^r)\| \tag{9.29}$$

$$\leq d\theta^r \|\mathbf{x}\|_p^r \tag{9.30}$$

である．ただし，(9.23)は補題 9.3.9(ii)により，(9.24)は対称性と $n_{k,r}$ の定義により，(9.25)は三角不等式により，(9.26)はノルムの系の定義により，(9.27)は初等的であり，(9.28)は $u_0, \ldots, u_d$ についての仮定と補題 9.3.9(ii)により，(9.29)は補題 9.3.9(iii)を用いており，また(9.30)は(9.22)から導かれる．ゆえに乗法性より，

$$\|\mathbf{x}\| = \|\mathbf{x}^{\otimes r}\|^{1/r} \leq d^{1/r}\theta\|\mathbf{x}\|_p$$

である．これは，すべての整数 $r \geq 1$ と実数 $\theta > 1$ に対して成り立つ．$r \to \infty$ および $\theta \to 1$ とすることで $\|\mathbf{x}\| \leq \|\mathbf{x}\|_p$ が得られ，定理 9.3.7 の証明が完了する．

注意 9.3.10 Aubrun–Nechita により最初に与えられた定理 9.3.7 の証明は，Cramér の定理と Legendre–Fenchel の定理の両方に依拠していた．実際上，彼らは定理 9.1.1 のモーメント母関数公式の必要な特定の場合を導き出すのに Cramér の定理と凸双対性を用いた．

しかし，Cerf–Petit[64]は，これらの手段なしにモーメント母関数公式が証明できる方法を示した（実際，彼らはそれを Cramér の定理の証明の一部に用いている）．9.1 節で与

えたモーメント母関数公式の証明は，同じように初等的である．本書での定理 9.3.7 の証明は，モーメント母関数公式から直接なされるので，Cramér の定理，Legendre–Fenchel の定理，あるいは凸共役の概念さえも必要としない．

Aubrun–Nechita はさらに，L^p ノルム[20, 定理 1.2]と Schatten p ノルム（同，定理 4.2）の類似の特徴づけを証明した．L^p ノルムは，Fernández-González–Palazuelos–Pérez-García の論文[102, 定理 3.1]でも中心的に扱われた．ここでは，これらの結果についてこれ以上は議論しない．

9.4　べき乗平均の乗法的特徴づけ

p ノルムの乗法的特徴づけから，オーダーが 1 以上のべき乗平均の乗法的特徴づけを導出する．これは，モジュール性を仮定しないという点で，5.5 節におけるべき乗平均の特徴づけとは異なる．その代わりに，定義 4.2.27 の乗法性条件と，ノルムとのつながりを与える凸性公理を用いる．

> **定義 9.4.1**　関数列 $(M: \Delta_n \times [0, \infty)^n \to [0, \infty))_{n \geq 1}$ が凸（convex）であるとは，すべての $n \geq 1$，$\mathbf{p} \in \Delta_n$，および $\mathbf{x}, \mathbf{y} \in [0, \infty)^n$ に対して，
>
> $$M\left(\mathbf{p}, \frac{1}{2}(\mathbf{x} + \mathbf{y})\right) \leq \max\{M(\mathbf{p}, \mathbf{x}), M(\mathbf{p}, \mathbf{y})\}$$
>
> であるときをいう．

例 9.4.2　すべての $t \in [-\infty, \infty]$ に対して，べき乗平均 M_t は乗法的である（系 4.2.28）．$t \in [1, \infty]$ ならば，M_t は凸でもある．これを示すには，定義 9.4.1 における不等式を，$\mathbf{p}$ が完全な台をもつ場合において証明すれば十分である．その場合，M_t は公式

$$M_t(\mathbf{p}, \mathbf{x}) = \|\mathbf{p}^{1/t}\mathbf{x}\|_t \qquad (\mathbf{x} \in [0, \infty)^n)$$

により $\|\cdot\|_t$ で表すことができる．ただし，ベクトルのべき乗と積はどちらも座標ごとに定義する．ここで，$\mathbf{x}, \mathbf{y} \in [0, \infty)^n$ に対して，$\|\cdot\|_t$ に対する三角不等式より，

$$
\begin{aligned}
M_t\left(\mathbf{p}, \frac{1}{2}(\mathbf{x} + \mathbf{y})\right) &= \left\|\frac{1}{2}\mathbf{p}^{1/t}\mathbf{x} + \frac{1}{2}\mathbf{p}^{1/t}\mathbf{y}\right\|_t \\
&\leq \frac{1}{2}\|\mathbf{p}^{1/t}\mathbf{x}\|_t + \frac{1}{2}\|\mathbf{p}^{1/t}\mathbf{y}\|_t \\
&= \frac{1}{2}(M_t(\mathbf{p}, \mathbf{x}) + M_t(\mathbf{p}, \mathbf{y})) \\
&\leq \max\{M_t(\mathbf{p}, \mathbf{x}), M_t(\mathbf{p}, \mathbf{y})\}
\end{aligned}
$$

である．だから，$t \in [1, \infty]$ に対して M_t は凸である．

一方，$t \in [-\infty, 1)$ に対して M_t は凸ではない．というのも，このとき

$$M_t\left(\left(\frac{1}{2}, \frac{1}{2}\right), \frac{1}{2}((1,0) + (0,1))\right) = \frac{1}{2}$$

であるが，

$$\max\left\{M_t\left(\left(\frac{1}{2}, \frac{1}{2}\right), (1,0)\right), M_t\left(\left(\frac{1}{2}, \frac{1}{2}\right), (0,1)\right)\right\} = M_t\left(\left(\frac{1}{2}, \frac{1}{2}\right), (1,0)\right)$$

$$= \begin{cases} \left(\dfrac{1}{2}\right)^{1/t} & (t \in (0,1) \text{ のとき}) \\ 0 & (t \in [-\infty, 0] \text{ のとき}) \end{cases}$$

であり，これは $1/2$ より真に小さいからである． ◆

以下が，べき乗平均の乗法的特徴づけである．（i）で用いている用語の概観については，付録 B を参照せよ．

定理 9.4.3 $(M \colon \Delta_n \times [0, \infty)^n \to [0, \infty))_{n \geq 1}$ を関数列とする．以下は同値である．
（ⅰ）M は自然で，整合的で，増加し，乗法的で，かつ凸である．
（ⅱ）ある $t \in [1, \infty]$ に対して $M = M_t$ である．

証明はすぐ後で行う．

注意 9.4.4
（ⅰ）この定理の（i）における性質の組み合わせからの初等的な推論をすでにいくつか行った．補題 4.2.11 の証明（p. 110）では，自然性が対称性，不在不変性および反復性を含意することを示した．M は増加するので，このとき補題 5.5.3 は M が移行性ももつことを含意する．さらに，M は斉次である．というのは，すべての $\mathbf{p} \in \Delta_n$, $\mathbf{x} \in [0, \infty)^n$, および $c \in [0, \infty)$ に対して，$\otimes$ の定義，乗法性および整合性より，

$$M(\mathbf{p}, c\mathbf{x}) = M(\mathbf{u}_1 \otimes \mathbf{p}, (c) \otimes \mathbf{x})$$
$$= M(\mathbf{u}_1, (c))M(\mathbf{p}, \mathbf{x})$$
$$= cM(\mathbf{p}, \mathbf{x})$$

となるからである．
（ⅱ）定理 9.4.3 は Leinster[214, 定理 1.3]に最初に登場した．そこでは，この結果は，すべての $x \in [0, \infty)$ に対して $M(\mathbf{u}_1, (x)) = x$ となるという，表面的にはより弱い整合性公理とともに述べられていた．しかし，自然性があるときは，これは完全な整合性をすぐに含意する．というのも，（先ほど注意したように）自然性は反復性を

含意し，反復性は今度は，すべての $\mathbf{p} \in \Delta_n$ と $x \in [0, \infty)$ に対して

$$M(\mathbf{p}, (x, \ldots, x)) = M((p_1 + \cdots + p_n), (x)) = M(\mathbf{u}_1, (x)) = x$$

となることを含意するからである．

それでは，定理 9.4.3 の証明に着手する．補題 4.2.14，補題 4.2.17，補題 4.2.19，系 4.2.28，および例 9.4.2 より，確かに (ii) は (i) を含意する．逆について，**本節の残りの部分では**，M を定理 9.4.3(i) の条件をみたす関数列とする．ある $t \in [1, \infty]$ に対して $M = M_t$ であることを証明する．

ステップ 1：t を見いだす

このステップの背後にある観察は，すべての $p \in (0, 1)$ に対して

$$M_t((p, 1-p), (1, 0)) = p^{1/t}$$

であるというものである．

関数 $f \colon (0, 1) \to [0, \infty)$ を

$$f(p) = M((p, 1-p), (1, 0))$$

により定義する．乗法性と（注意 9.4.4(i) において証明した）反復性より，すべての $p, r \in (0, 1)$ に対して，

$$
\begin{aligned}
f(p)f(r) &= M((p, 1-p), (1, 0)) \cdot M((r, 1-r), (1, 0)) \\
&= M((p, 1-p) \otimes (r, 1-r), (1, 0) \otimes (1, 0)) \\
&= M((pr, p(1-r), (1-p)r, (1-p)(1-r)), (1, 0, 0, 0)) \\
&= M((pr, 1-pr), (1, 0)) \\
&= f(pr)
\end{aligned}
$$

である．移行性（注意 9.4.4(i)）より，f は増加する．ある $r \in (0, 1)$ に対して $f(r) = 0$ ならば，すべての $p \in (0, 1)$ に対して，

$$f(p) = f\left(\frac{p}{r}\right) f(r) = 0 = p^{\infty}$$

である．そうでなければ，f は増加する乗法的関数 $(0, 1) \to (0, \infty)$ を定義するので，系 1.1.16 より，ある定数 $c \in [0, \infty)$ が存在して，すべての $p \in (0, 1)$ に対して $f(p) = p^c$ となる．それゆえ，いずれの場合においても，ある定数 $c \in [0, \infty]$ が存在して，すべての $p \in (0, 1)$ に対して $f(p) = p^c$ となる．しかし，対称性より

$$f\left(\frac{1}{2}\right) = M(\mathbf{u}_2, (1, 0)) = M(\mathbf{u}_2, (0, 1))$$

であるから，凸性と整合性より

$$\left(\frac{1}{2}\right)^c = f\left(\frac{1}{2}\right)$$
$$= \max\{M(\mathbf{u}_2, (1, 0)), M(\mathbf{u}_2, (0, 1))\}$$
$$\geq M\left(\mathbf{u}_2, \left(\frac{1}{2}, \frac{1}{2}\right)\right) = \frac{1}{2}$$

である．このことから，$c \in [0, 1]$ となる．$t = 1/c \in [1, \infty]$ とおく．このとき，すべての $p \in (0, 1)$ に対して

$$M((p, 1-p), (1, 0)) = p^{1/t} = M_t((p, 1-p), (1, 0)) \tag{9.31}$$

である．

ステップ 2：ノルムの系を構成する

ここでの着想のもとは，t ノルムとオーダー t のべき乗平均の間の関係

$$\|\mathbf{x}\|_t = n^{1/t} M_t(\mathbf{u}_n, (|x_1|, \dots, |x_n|)) \qquad (\mathbf{x} \in \mathbb{R}^n)$$

である．

各 $n \geq 1$ に対して，関数 $\|\cdot\| \colon \mathbb{R}^n \to [0, \infty)$ を

$$\|\mathbf{x}\| = n^{1/t} M(\mathbf{u}_n, (|x_1|, \dots, |x_n|)) \qquad (\mathbf{x} \in \mathbb{R}^n)$$

により定義する．$n = 0$ の場合を含めるために，$\|\cdot\| \colon \mathbb{R}^0 \to [0, \infty)$ をその単一の値が 0 である関数とする．次のいくつかの補題で，$\|\cdot\|$ が乗法的なノルムの系であることを示す．

┃ **補題 9.4.5** すべての $n \geq 1$ に対して，$n^{-1/t} = M(\mathbf{u}_n, (1, 0, \dots, 0))$ である．

証明 t を定義する性質（等式 (9.31)）と M の反復性より，どちらの辺も $M((1/n, 1 - 1/n), (1, 0))$ に等しい． $\qquad\qquad\qquad\qquad\qquad\qquad\qquad\qquad\qquad\qquad\qquad$ □

┃ **補題 9.4.6** 各 $n \geq 0$ に対して，関数 $\|\cdot\| \colon \mathbb{R}^n \to [0, \infty)$ はノルムである．

証明 $n = 0$ のとき，これは明らかである．$n \geq 1$ とする．ノルムの定義（定義 9.3.1）における三つの条件を確かめる．

まず，$\mathbf{0} \neq \mathbf{x} \in \mathbb{R}^n$ ならば，$\|\mathbf{x}\| \neq 0$ であることを証明しなければならない．対称性より $x_1 \neq 0$ と仮定してよく，このとき $\|\mathbf{x}\|$ の定義，M の増加性と斉次性，および補

題 9.4.5 より,

$$\|\mathbf{x}\| \geq n^{1/t} M(\mathbf{u}_n, (|x_1|, 0, \ldots, 0))$$
$$= n^{1/t} |x_1| M(\mathbf{u}_n, (1, 0, \ldots, 0))$$
$$= |x_1| > 0$$

である.

M の斉次性は, すべての $\mathbf{x} \in \mathbb{R}^n$ と $c \in \mathbb{R}$ に対して $\|c\mathbf{x}\| = |c| \, \|\mathbf{x}\|$ であることを含意する.

あとは三角不等式を証明すればよいが, これは段階的に行われる. まず, $\mathbf{x}, \mathbf{y} \in \mathbb{R}^n$ を, $\|\mathbf{x}\|, \|\mathbf{y}\| \leq 1$ かつすべての i に対して $x_i, y_i \geq 0$ となるものとする. M の凸性を用いて,

$$\left\|\frac{1}{2}\mathbf{x} + \frac{1}{2}\mathbf{y}\right\| = n^{1/t} M\left(\mathbf{u}_n, \frac{1}{2}(\mathbf{x} + \mathbf{y})\right)$$
$$\leq n^{1/t} \max\{M(\mathbf{u}_n, \mathbf{x}), M(\mathbf{u}_n, \mathbf{y})\}$$
$$= \max\{\|\mathbf{x}\|, \|\mathbf{y}\|\}$$
$$\leq 1$$

となる. このことから, すべての二進有理数 $\lambda = k/2^\ell \in [0, 1]$ に対して, ℓ についての帰納法により

$$\|\lambda\mathbf{x} + (1 - \lambda)\mathbf{y}\| \leq 1 \tag{9.32}$$

となる. 次に, すべての $\lambda \in [0, 1]$ に対して (9.32) が成り立つことを示す. 実際, 与えられた $\lambda \in [0, 1]$ と $\varepsilon > 0$ に対して, 二進有理数 $\lambda' \in [0, 1]$ で

$$\lambda \leq (1 + \varepsilon)\lambda', \qquad 1 - \lambda \leq (1 + \varepsilon)(1 - \lambda')$$

となるものを選ぶことができ, このとき

$$\|\lambda\mathbf{x} + (1 - \lambda)\mathbf{y}\| \leq \|(1 + \varepsilon)\lambda'\mathbf{x} + (1 + \varepsilon)(1 - \lambda')\mathbf{y}\|$$
$$= (1 + \varepsilon)\|\lambda'\mathbf{x} + (1 - \lambda')\mathbf{y}\|$$
$$\leq 1 + \varepsilon$$

である. ここで, 最初の不等式においては M が増加するという仮定と $x_i, y_i \geq 0$ であるという仮定を用いた. これはすべての $\varepsilon > 0$ に対して成り立ち, 主張された不等式 (9.32) が証明される.

次に, 任意の $\mathbf{x}, \mathbf{y} \in \mathbb{R}^n$ で, すべての i に対して $x_i, y_i \geq 0$ であるものをとる. このとき,

$$\|\mathbf{x} + \mathbf{y}\| \leq \|\mathbf{x}\| + \|\mathbf{y}\| \tag{9.33}$$

であることを証明する．$\mathbf{x} = \mathbf{0}$ あるいは $\mathbf{y} = \mathbf{0}$ ならば，これはすぐにわかる．そうでないとして，

$$\hat{\mathbf{x}} = \frac{\mathbf{x}}{\|\mathbf{x}\|}, \qquad \hat{\mathbf{y}} = \frac{\mathbf{y}}{\|\mathbf{y}\|}, \qquad \lambda = \frac{\|\mathbf{x}\|}{\|\mathbf{x}\| + \|\mathbf{y}\|}$$

とおく．このとき，$\|\hat{\mathbf{x}}\| = \|\hat{\mathbf{y}}\| = 1$ であるから，不等式 (9.32) を $\hat{\mathbf{x}}$, $\hat{\mathbf{y}}$ および λ に適用することにより，

$$\|\mathbf{x} + \mathbf{y}\| = (\|\mathbf{x}\| + \|\mathbf{y}\|) \|\lambda \hat{\mathbf{x}} + (1 - \lambda)\hat{\mathbf{y}}\| \leq \|\mathbf{x}\| + \|\mathbf{y}\|$$

となる．

最後に，任意の $\mathbf{x}, \mathbf{y} \in \mathbb{R}^n$ をとる．三角不等式 (9.33) を証明するのに，$\mathbf{x}' = (|x_1|, \ldots, |x_n|)$ および $\mathbf{y}' = (|y_1|, \ldots, |y_n|)$ とおく．このとき，$\|\cdot\|$ の定義より $\|\mathbf{x}\| = \|\mathbf{x}'\|$ および $\|\mathbf{y}\| = \|\mathbf{y}'\|$ であり，また M は増加するので

$$\|\mathbf{x} + \mathbf{y}\| \leq \|\mathbf{x}' + \mathbf{y}'\|$$

である．前の段落において証明された不等式より

$$\|\mathbf{x}' + \mathbf{y}'\| \leq \|\mathbf{x}'\| + \|\mathbf{y}'\|$$

であり，三角不等式 (9.33) が導かれる． $\qquad\qquad\square$

▌補題 9.4.7 $\|\cdot\|$ は乗法的なノルムの系である．

証明 $\|\cdot\|$ が個々の n に対して $\mathbb{R}^n$ 上のノルムであることを先ほど示した．M の対称性は $\|\cdot\|$ の対称性を含意するので，$\|\cdot\|$ がノルムの系であることを示すには，すべての $n \geq 1$ と $\mathbf{x} \in \mathbb{R}^n$ に対して

$$\|(x_1, \ldots, x_n)\| = \|(x_1, \ldots, x_n, 0)\| \tag{9.34}$$

であることを証明すれば十分である．$\|\cdot\|$ の定義と補題 9.4.5 より，等式 (9.34) は

$$\frac{M(\mathbf{u}_n, (|x_1|, \ldots, |x_n|))}{M(\mathbf{u}_n, (1, 0, \ldots, 0))} = \frac{M(\mathbf{u}_{n+1}, (|x_1|, \ldots, |x_n|, 0))}{M(\mathbf{u}_{n+1}, (1, 0, \ldots, 0, 0))}$$

言い換えると，

$$M(\mathbf{u}_{n+1}, (1, 0, \ldots, 0, 0)) \cdot M(\mathbf{u}_n, (|x_1|, \ldots, |x_n|))$$
$$= M(\mathbf{u}_n, (1, 0, \ldots, 0)) \cdot M(\mathbf{u}_{n+1}, (|x_1|, \ldots, |x_n|, 0))$$

と同値である．しかし，乗法性と対称性より，どちらの辺も

$$M(\mathbf{u}_{n(n+1)}, (|x_1|, \ldots, |x_n|, \underbrace{0, \ldots, 0}_{n^2}))$$

に等しく，(9.34)が証明される．

最後に，M の乗法性より，ノルムの系 $\|\cdot\|$ は乗法的である． □

ステップ3：ノルム定理を用いる

これで，定理 9.3.7 から，ある $s \in [1, \infty]$ に対して $\|\cdot\| = \|\cdot\|_s$ となる．だから，すべての $n \geq 1$ と $\mathbf{x} \in [0, \infty)^n$ に対して，$\|\mathbf{x}\|_s = n^{1/t} M(\mathbf{u}_n, \mathbf{x})$ である．しかしまた，$\|\mathbf{x}\|_s = n^{1/s} M_s(\mathbf{u}_n, \mathbf{x})$ であるから，すべての $n \geq 1$ と $\mathbf{x} \in [0, \infty)$ に対して

$$n^{1/t} M(\mathbf{u}_n, \mathbf{x}) = n^{1/s} M_s(\mathbf{u}_n, \mathbf{x})$$

である．$n = 2$ および $\mathbf{x} = (1, 1)$ とおき，M と M_s の両方に対する整合性を用いて，$s = t$ を得る．ゆえに，すべての $n \geq 1$ と $\mathbf{x} \in [0, \infty)^n$ に対して，

$$M(\mathbf{u}_n, \mathbf{x}) = M_t(\mathbf{u}_n, \mathbf{x})$$

である．

ステップ4：任意の重み

これで，すべての $n \geq 1$ に対して $M(\mathbf{u}_n, -) = M_t(\mathbf{u}_n, -)$ であることが示された．この等式を任意の重みに対して拡張するには，命題 5.5.7 を $M' = M_t$ として用いればよい．注意 9.4.4(i) と補題 4.2.6(i) より，その命題の仮定はみたされている．ゆえに，$M = M_t$ である．

これで，べき乗平均の乗法的特徴づけである定理 9.4.3 の証明は完了である．

第 **10** 章

情報損失
INFORMATION LOSS

> Grothendieck がやって来ていった，「違う，Riemann–Roch の定理は多様体についての定理
> ではなく，多様体間の射についての定理だ」．
>
> （Nicholas Katz，［154，p. 1046］における引用）

　この短い章では，以下の筋書きを述べる．有限確率空間の間の保測写像は，決定論的
過程とみなすことができる．そのため，情報が失われる．どのくらい情報が失われるか
の定量化を試みることができる．この量についてのもっともな要請をいくつか課すと，
この量はおおいに制約されることがわかる．すなわち，定数因子を除いて，域（domain）
と余域（codomain）のエントロピーの差でなければならなくなるのである．これが，本
章における主定理である．

　この結果は，Shannon エントロピーの本質的に異なる別の特徴づけであり，Baez–
Fritz–Leinster の 2011 年の論文[25]で初めて登場した．おおまかなアイデアは，焦点
を対象（有限確率空間）から対象間の射（保測写像）へと転換することである．エント
ロピーは有限確率空間の不変量であり，情報損失は保測写像の不変量である．対象か
ら射への重点の転換は圏論に不可欠であり，冒頭の引用においてほのめかされている
Grothendieck–Riemann–Roch の定理のような成果や，ここで説明するずっと控えめな
情報損失の特徴づけも生んできた．

　完全に一般的な圏論の話として，任意の種類の射 $\mathcal{X} \xrightarrow{f} \mathcal{Y}$ は，もう一つの対象 $\mathcal{Y}$ に
よりパラメータづけられた対象 $\mathcal{X}$ と見ることができる．対象 $\mathcal{X}$ は特別な種類の射，す
なわち，考えている圏の終対象 1 へのただ一つの射 $\mathcal{X} \xrightarrow{!_{\mathcal{X}}} 1$ と見ることができる．目下
の場合においては，任意の確率空間 $\mathcal{X}$ に一点空間 1 へのただ一つの保測写像 $\mathcal{X} \xrightarrow{!_{\mathcal{X}}} 1$
が付随し，そして射 $!_{\mathcal{X}}$ の情報損失は空間 $\mathcal{X}$ のエントロピーに等しい．だから，エント
ロピーは情報損失の特別な場合になる．

　エントロピーではなく情報損失（すなわち，対象ではなく射）を扱うことの利点は，
特徴づけ定理が新たな簡潔性を帯びるようになることである．たとえば，本章の主要な

結果（定理 10.2.1）における条件は，数学のあらゆる分野で登場する線形あるいは準同型の条件とそっくりである．対照的に，エントロピーに対するチェイン則は，ほかにも数多くの方法で正当化されるが，より煩雑な代数的な形をもつ．

　以下では保測写像の復習から始め，次に情報損失を定義する（10.1 節）．情報損失の単純な性質をいくつか述べた後，それらが情報損失を一意的に特徴づけることを証明する（10.2 節）．次に，q 対数的情報損失（$q \neq 1$）について，類似しているがより単純ですらある結果を証明する．これらの定理は，どちらも Baez–Fritz–Leinster の 2011 年の論文 [25] で初めて登場したものである．

10.1　保測写像

　本書ではこれまで，$\{1, \ldots, n\}$ という特別な形の有限集合上の確率分布に注目してきた．ここでは，任意の有限集合を用いるのが都合がよい．違いは表面的であるが，以下のように表記を変更することになる．

定義 10.1.1
（ⅰ）$\mathcal{X}$ を有限集合とする．$\mathcal{X}$ 上の**確率分布**（probability distribution）$\mathbf{p}$ とは，$\sum_{i \in \mathcal{X}} p_i = 1$ であるような非負実数の族 $(p_i)_{i \in \mathcal{X}}$ のことである．$\mathcal{X}$ 上の確率分布の集合を $\Delta_{\mathcal{X}}$ と書く．
（ⅱ）**有限確率空間**（finite probability space）とは，対 $(\mathcal{X}, \mathbf{p})$ のことである．ただし，$\mathcal{X}$ は有限集合であり，$\mathbf{p} \in \Delta_{\mathcal{X}}$ である．

集合 $\Delta_{\mathcal{X}}$ は，直積空間 $\mathbb{R}^{\mathcal{X}}$ の部分空間として位相空間になる．

定義 10.1.2　$(\mathcal{Y}, \mathbf{s})$ と $(\mathcal{X}, \mathbf{p})$ を有限確率空間とする．**保測写像**（measure-preserving map）$(\mathcal{Y}, \mathbf{s}) \to (\mathcal{X}, \mathbf{p})$ とは，すべての $i \in \mathcal{X}$ に対して

$$p_i = \sum_{j \in f^{-1}(i)} s_j \tag{10.1}$$

であるような関数 $f \colon \mathcal{Y} \to \mathcal{X}$ のことである．

　$f \colon (\mathcal{Y}, \mathbf{s}) \to (\mathcal{X}, \mathbf{p})$ が保測であるのは，すべての $\mathcal{V} \subseteq \mathcal{X}$ に対して

$$\sum_{i \in \mathcal{V}} p_i = \sum_{j \in f^{-1}\mathcal{V}} s_j \tag{10.2}$$

であるとき，かつそのときに限る，としても同値な言明になる．実際，(10.1) は (10.2) で $\mathcal{V} = \{i\}$ とした場合であり，(10.2) は (10.1) からすべての $i \in \mathcal{V}$ にわたって和をとることにより導かれる．

注意 10.1.3

（ i ）任意の有限確率空間 $(\mathcal{Y}, \mathbf{s})$ と，$\mathcal{Y}$ からもう一つの有限集合 $\mathcal{X}$ への関数 f に対して，$\mathcal{X}$ 上に誘導される確率分布 $f\mathbf{s}$ が存在し，これを f に沿った $\mathbf{s}$ の**押し出し**（pushforward）という．これは，定義 2.1.10 の明白な一般化により定義される．すなわち，

$$(f\mathbf{s})_i = \sum_{j \in f^{-1}(i)} s_j \quad (i \in \mathcal{X})$$

である．この言葉では，関数 $f\colon (\mathcal{Y}, \mathbf{s}) \to (\mathcal{X}, \mathbf{p})$ が保測であるのは，$f\mathbf{s} = \mathbf{p}$ であるとき，かつそのときに限る．

（ ii ）有限確率空間と保測写像は圏 **FinProb** をなす．ちなみに，(i) より，忘却函手 **FinProb** → **FinSet** は離散反ファイブレーション（discrete opfibration）であることを注意しておく．実際，**FinProb** は，対象上では $\mathcal{X} \mapsto \Delta_{\mathcal{X}}$ により，射上では押し出しにより定義された函手 **FinSet** → **Set** の要素の圏（category of elements）である．

（ここで用いた圏論の用語については，たとえば Riehl[297, 定義 2.4.1 と練習問題 2.4.viii] を参照せよ．）

保測写像は文字どおりの全射である必要はないが，像に入らないすべての元の確率が零であるという意味において，本質的に全射である．

例 10.1.4 $\mathcal{Y} = \{a, à, â, b, c, ç, \ldots\}$ をフランス語のシンボルの集合とし，$\mathbf{s} \in \Delta_{\mathcal{Y}}$ を（例 2.1.5 におけるような）その頻度分布とする．$\mathcal{X} = \{a, b, c, \ldots\}$ を 26 個の文字からなる集合とし，$\mathbf{p} \in \Delta_{\mathcal{X}}$ をその頻度分布とする．つづり字記号を忘れる関数 $f\colon \mathcal{Y} \to \mathcal{X}$ が存在する．たとえば，$f(a) = f(à) = f(â) = a$ である．このとき，$f\colon (\mathcal{Y}, \mathbf{s}) \to (\mathcal{X}, \mathbf{p})$ は保測かつ全射である． ◆

例 10.1.5 ℓ を包含関数 $\{1\} \hookrightarrow \{1, 2\}$ とする．$\{1\}$ に，その上のただ一つの確率分布 $(1) = \mathbf{u}_1$ を与え，$\{1, 2\}$ に分布 $(1, 0)$ を与える．このとき，ℓ は保測であるが，全射ではない． ◆

任意の有限確率空間の間の保測写像は，これらの二つの例における二つの型の写像へとカノニカルに分解することができる．すなわち，全射とそれに続く部分集合の包含射であり，この部分集合は全確率 1 をもつ．具体的には，$f\colon (\mathcal{Y}, \mathbf{s}) \to (\mathcal{X}, \mathbf{p})$ は

$$(\mathcal{Y}, \mathbf{s}) \xrightarrow{f'} (f\mathcal{Y}, \mathbf{p}') \xrightarrow{\ell} (\mathcal{X}, \mathbf{p})$$

と分解する．ただし，$\mathbf{p}'$ は，すべての $i \in f\mathcal{Y}$ に対して $p'_i = p_i$ により定義される $f\mathcal{Y}$ 上の確率分布であり，全射 f' はすべての $j \in \mathcal{Y}$ に対して $f'(j) = f(j)$ により定義され，ℓ は包含射である．

保測な全射は，単に（例 10.1.4 におけるつづり字記号のような）情報を捨てるだけである．これは，（つづり字記号を伴う文字のような）細かな情報を，（単なる文字のような）より粗い情報へと変換するという意味において，粗視化である．保測な包含射は本質的に自明であり，単に確率零の事象を追加するだけである．

有限確率空間の間の任意の保測な全単射 $f \colon (\mathcal{Y}, \mathbf{s}) \to (\mathcal{X}, \mathbf{p})$ に対して，逆 f^{-1} もまた保測である．このような f を**同型**（isomorphism）とよび，$(\mathcal{Y}, \mathbf{s}) \cong (\mathcal{X}, \mathbf{p})$ と書く．

確率空間の重要な特徴は，凸結合をとることができるということである．$\mathbf{w} \in \Delta_n$ と有限確率空間 $(\mathcal{X}_1, \mathbf{p}^1), \ldots, (\mathcal{X}_n, \mathbf{p}^n)$ が与えられると，新しい確率空間

$$\left(\coprod_{i=1}^{n} \mathcal{X}_i, \ \coprod_{i=1}^{n} w_i \mathbf{p}^i \right)$$

が得られる．ただし，$\coprod \mathcal{X}_i$ は集合の非交和 $\mathcal{X}_1 \sqcup \cdots \sqcup \mathcal{X}_n$ であり，$\coprod w_i \mathbf{p}^i$ は $\coprod \mathcal{X}_i$ 上の確率分布で元 $j \in \mathcal{X}_i$ に対して確率 $w_i p^i_j$ を与えるものである．

確率空間の凸結合は，確率分布の合成を異なる表記へと翻訳しただけのものである．より正確には，$\mathcal{X}_i = \{1, \ldots, k_i\}$ ならば $\coprod \mathcal{X}_i$ と $\{1, \ldots, k_1 + \cdots + k_n\}$ の間にはカノニカルな全単射があり，この全単射のもとで $\coprod w_i \mathbf{p}^i$ は合成分布 $\mathbf{w} \circ (\mathbf{p}^1, \ldots, \mathbf{p}^n)$ に対応する．

凸結合の構成は函手的である，すなわち，確率空間だけでなく確率空間の間の射に対しても適用される．実際，有限確率空間の間の保測写像

$$(\mathcal{Y}_1, \mathbf{s}^1) \xrightarrow{f_1} (\mathcal{X}_1, \mathbf{p}^1)$$
$$\vdots$$
$$(\mathcal{Y}_n, \mathbf{s}^n) \xrightarrow{f_n} (\mathcal{X}_n, \mathbf{p}^n)$$

と，確率分布 $\mathbf{w} \in \Delta_n$ をとる．関数

$$\coprod_{i=1}^{n} \mathcal{Y}_i \xrightarrow{\coprod_{i=1}^{n} f_i} \coprod_{i=1}^{n} \mathcal{X}_i$$

で，$j \in \mathcal{Y}_i$ を $f_i(j) \in \mathcal{X}_i$ へと対応づけるものが存在し，$\coprod f_i$ が保測写像

$$\left(\coprod_{i=1}^{n} \mathcal{Y}_i, \ \coprod_{i=1}^{n} w_i \mathbf{s}^i \right) \xrightarrow{\coprod_{i=1}^{n} f_i} \left(\coprod_{i=1}^{n} \mathcal{X}_i, \ \coprod_{i=1}^{n} w_i \mathbf{p}^i \right) \tag{10.3}$$

であることを確認するのは容易である．(10.3)の保測写像 $\coprod_{i=1}^{n} f_i$ に対して，別の表記

$$\coprod_{i=1}^{n} w_i f_i \qquad \text{あるいは} \qquad w_1 f_1 \sqcup \cdots \sqcup w_n f_n$$

を用いると都合がよいことがある.

Shannon エントロピーは $\{1,\ldots,n\}$ という形の集合上の確率分布に対してのみ定義されたが, いうまでもなく, 一般の有限確率空間 $(\mathcal{X}, \mathbf{p})$ に対する定義は

$$H(\mathbf{p}) = - \sum_{i \in \mathrm{supp}(\mathbf{p})} p_i \log p_i$$

である. ここで, $\mathrm{supp}(\mathbf{p}) = \{i \in \mathcal{X} : p_i > 0\}$ である. Shannon エントロピーは**同型不変**(isomorphism-invariant)であり, これは $(\mathcal{X}, \mathbf{p})$ と $(\mathcal{Y}, \mathbf{s})$ が同型な有限確率空間である限り $H(\mathbf{p}) = H(\mathbf{s})$ であることを意味する.

この表記に翻訳すると, Shannon エントロピーに対するチェイン則が述べているのは, すべての $\mathbf{w} \in \Delta_n$ と有限確率空間 $(\mathcal{X}_1, \mathbf{p}^1), \ldots, (\mathcal{X}_n, \mathbf{p}^n)$ に対して

$$H\left(\coprod_{i=1}^{n} w_i \mathbf{p}^i\right) = H(\mathbf{w}) + \sum_{i=1}^{n} w_i H(\mathbf{p}^i) \tag{10.4}$$

である, ということである. エントロピーの連続性は, 各有限集合 $\mathcal{X}$ に対して, 関数

$$\begin{aligned} \Delta_{\mathcal{X}} &\to \quad \mathbb{R} \\ \mathbf{p} &\mapsto \quad H(\mathbf{p}) \end{aligned} \tag{10.5}$$

が連続である, ということである.

ここで, 保測写像 f による情報損失の定量化に着手するが, まず例を通じて情報損失のもっともな定義がどのように振る舞うべきかを調べる.

例 10.1.6 f が同型ならば, f は情報をまったく失うべきではない. より一般に, f が単射ならば同じことが成り立つべきである. ◆

例 10.1.7 ただ一つの保測写像 $(\{1,2\}, \mathbf{u}_2) \to (\{1\}, \mathbf{u}_1)$ は, 公正なコイン投げの結果を忘れるものである. 直感的には, このとき, 1 ビットの情報が失われる. ◆

例 10.1.8 より一般には, 任意の有限確率空間 $(\mathcal{X}, \mathbf{p})$ に対して, ただ一つの保測写像

$$f \colon (\mathcal{X}, \mathbf{p}) \to (\{1\}, \mathbf{u}_1)$$

を考えると, これは分布 $\mathbf{p}$ から抽出された観察の結果を忘れるものである. このような観察は (2.3 節の意味で) $H^{(2)}(\mathbf{p})$ ビットの情報を含んでいるので, f による情報損失は $H^{(2)}(\mathbf{p})$ ビットであるべきである. ◆

例 10.1.9　私が 1 組のトランプから公平にカードを引いて，あなたに選ばれたカードのランク（番号）のみを伝えるとする．私が伝えないでおいている情報はスート（絵柄）であり，これは符号化に $\log_2 4 = 2$ ビットを必要とする．だから，$f\colon \mathcal{Y} \to \mathcal{X}$ が 52 元集合 $\mathcal{Y}$ から 13 元集合 $\mathcal{X}$ への 4 対 1 の写像であり，$\mathcal{Y}$ と $\mathcal{X}$ に一様分布 $\mathbf{u}_\mathcal{Y}$ と $\mathbf{u}_\mathcal{X}$ を与えるならば，保測写像 $f\colon (\mathcal{Y}, \mathbf{u}_\mathcal{Y}) \to (\mathcal{X}, \mathbf{u}_\mathcal{X})$ の情報損失は 2 ビットであるべきである．◆

例 10.1.10　フランス語の文字のつづり字記号を忘れる過程を表す，例 10.1.4 の保測写像

$$f\colon (\{\mathsf{a}, \mathsf{à}, \mathsf{â}, \mathsf{b}, \ldots\}, \mathbf{s}) \to (\{\mathsf{a}, \mathsf{b}, \ldots\}, \mathbf{p})$$

を考える．過程 f による「情報損失の量」とよぶのがもっともであろう二つの量がある．

　まず，土台となる文字で条件づけることができよう．これを行うには，26 文字を調べ，各文字に対してその文字のつづり字記号を忘れることによる情報損失の量をとり，重みつき平均をとる．各文字上のつづり字記号の分布を

$$\mathbf{r}^1 \in \Delta_3, \quad \mathbf{r}^2 \in \Delta_1, \quad \ldots, \quad \mathbf{r}^{26} \in \Delta_1$$

と書くと，$\mathbf{s} = \coprod_{i=1}^{26} p_i \mathbf{r}^i$ となる．例 10.1.8 のように，（たとえば）a のつづり字記号を忘れることによる情報損失の量は，$H^{(2)}(\mathbf{r}^1)$ ビットであるべきである．それゆえ，無作為な文字のつづり字記号を忘れることによる情報損失の量の期待値は

$$\sum_{i=1}^{26} p_i H^{(2)}(\mathbf{r}^i) \tag{10.6}$$

であるべきである．これが，f による情報損失の量の一つの可能な定義である．

　あるいは，情報損失を過程の始めにもっていた情報量から終わりに残っている情報量を差し引いたものとして定義することもできよう．これは

$$H^{(2)}(\mathbf{s}) - H^{(2)}(\mathbf{p}) \tag{10.7}$$

である．しかし，$\mathbf{s} = \coprod p_i \mathbf{r}^i$ であるから，チェイン則 (10.4) から二つの量 (10.6) と (10.7) は等しいことがわかる．それゆえ，情報損失を定量化するこの二つの方法は同値である．◆

　これらの例に動機づけられて，以下のように定義する．

定義 10.1.11

$$f\colon (\mathcal{Y}, \mathbf{s}) \to (\mathcal{X}, \mathbf{p})$$

を有限確率空間の保測写像とする．f の**情報損失**（information loss）とは，

$$L(f) = H(\mathbf{s}) - H(\mathbf{p})$$

のことである.

これまでに出会ったほかのエントロピー的量と同様に,情報損失の定義は対数の底の選択に依存し,底を変更すると情報損失は定数倍される.

決定論的過程は新しい情報を作り出すことはできず,それに対応して情報損失はつねに非負である.

補題 10.1.12 $f\colon (\mathcal{Y}, \mathbf{s}) \to (\mathcal{X}, \mathbf{p})$ を有限確率空間の保測写像とする. 以下が成り立つ.

(i) $L(f) = \displaystyle\sum_{j \in \mathrm{supp}(\mathbf{s})} s_j \log \frac{p_{f(j)}}{s_j}$

(ii) $L(f) \geq 0$

証明 保測写像の定義(定義 10.1.2)より,すべての $j \in \mathcal{Y}$ に対して $p_{f(j)} \geq s_j$ である. このことから

$$j \in \mathrm{supp}(\mathbf{s}) \implies f(j) \in \mathrm{supp}(\mathbf{p}) \tag{10.8}$$

となる. また,すべての $j \in \mathrm{supp}(\mathbf{s})$ に対して $\log(p_{f(j)}/s_j) \geq 0$ ともなるので,(ii)は(i)を証明すると導かれる.

(i)を証明するのに,まず保測写像の定義より,

$$
\begin{aligned}
H(\mathbf{p}) &= \sum_{i \in \mathrm{supp}(\mathbf{p})} p_i \log \frac{1}{p_i} \\
&= \sum_{i \in \mathrm{supp}(\mathbf{p}),\, j \in \mathcal{Y}\colon f(j)=i} s_j \log \frac{1}{p_i} \\
&= \sum_{j\colon f(j) \in \mathrm{supp}(\mathbf{p})} s_j \log \frac{1}{p_{f(j)}}
\end{aligned}
$$

であることに注意する. (10.8)より,この和は代わりに j が $\mathrm{supp}(\mathbf{s})$ にわたるとしても変わらない. ゆえに,主張されたとおり,

$$
\begin{aligned}
L(f) &= H(\mathbf{s}) - H(\mathbf{p}) \\
&= \sum_{j \in \mathrm{supp}(\mathbf{s})} s_j \log \frac{1}{s_j} - \sum_{j \in \mathrm{supp}(\mathbf{s})} s_j \log \frac{1}{p_{f(j)}} \\
&= \sum_{j \in \mathrm{supp}(\mathbf{s})} s_j \log \frac{p_{f(j)}}{s_j}
\end{aligned}
$$

となる. $\qquad\square$

注意 10.1.13 以下のように，この結果は条件つきエントロピーについての補題 8.1.3(i) の一例でもある．V を $\mathcal{Y}$ に値をとり，分布 $\mathbf{s}$ をもつ確率変数とする．$U = f(V)$ とおくと，これは $\mathcal{X}$ に値をとり，分布 $f\mathbf{s} = \mathbf{p}$ をもつ確率変数である．このとき，U は V により決定されているので，例 8.1.4(iv) より，

$$0 \leq H(V \mid U) = H(V) - H(U) = H(\mathbf{s}) - H(\mathbf{p}) = L(f)$$

である．一方，補題 8.1.3(i) より，

$$H(V \mid U) = \sum_{j,i:\, \mathbb{P}(j,i)>0} \mathbb{P}(j,i) \log \frac{\mathbb{P}(i)}{\mathbb{P}(j,i)} = \sum_{j:\, s_j>0} s_j \log \frac{p_{f(j)}}{s_j}$$

である．$H(V \mid U)$ に対するこの二つの表示を比較することにより，補題 10.1.12 の別の証明が得られる．

この論証は，情報損失が条件つきエントロピーの特別な場合であることを示している．しかし，条件つきエントロピーも情報損失の特別な場合である．実際，U と V を同じ標本空間をもつ確率変数で，それぞれ有限集合 $\mathcal{X}$ と $\mathcal{Y}$ に値をとる確率変数とする．$\mathcal{X} \times \mathcal{Y}$ に (U,V) の分布を与え，$\mathcal{X}$ に U の分布を与える．このとき，射影

$$\mathrm{pr}_1 \colon \mathcal{X} \times \mathcal{Y} \to \mathcal{X}$$
$$(i,j) \;\mapsto\; i$$

は保測写像である．定義より，その情報損失は

$$L(\mathrm{pr}_1) = H(U,V) - H(U) = H(V \mid U)$$

である．したがって $H(V \mid U) = L(\mathrm{pr}_1)$ であり，これは条件つきエントロピーを情報損失で表したものである．

10.2　情報損失の特徴づけ

この節では，情報損失が四つの基本的な性質により（定数因子を除いて）一意的に特徴づけられることを証明する．

第一に，可逆過程では情報は失われない．すなわち，すべての同型 f に対して $L(f) = 0$ である．これは，L の定義と H の同型不変性から導かれる．

第二に，直列につながれた二つの過程による情報損失の量は，それぞれの個別の情報損失の量の和である．形式的には，

$$(\mathcal{Y},\mathbf{s}) \xrightarrow{f} (\mathcal{X},\mathbf{p}) \xrightarrow{g} (W,\mathbf{t})$$

が有限確率空間の保測写像である限り，

$$L(g \circ f) = L(g) + L(f) \tag{10.9}$$

である．これは情報損失の定義からすぐにわかる．

第三に，n 個の保測写像

$$(\mathcal{Y}_1, \mathbf{s}^1) \xrightarrow{f_1} (\mathcal{X}_1, \mathbf{p}^1)$$
$$\vdots$$
$$(\mathcal{Y}_n, \mathbf{s}^n) \xrightarrow{f_n} (\mathcal{X}_n, \mathbf{p}^n)$$

と分布 $\mathbf{w} \in \Delta_n$ が与えられたとき，凸結合 $\coprod w_i f_i$ による情報損失の量は

$$L\left(\coprod_{i=1}^n w_i f_i\right) = \sum_{i=1}^n w_i L(f_i) \tag{10.10}$$

により得られる．これはチェイン則 (10.4) から導かれる．

$$\begin{aligned} L\left(\coprod w_i f_i\right) &= H\left(\coprod w_i \mathbf{s}^i\right) - H\left(\coprod w_i \mathbf{p}^i\right) \\ &= \left(H(\mathbf{w}) + \sum w_i H(\mathbf{s}^i)\right) - \left(H(\mathbf{w}) + \sum w_i H(\mathbf{p}^i)\right) \\ &= \sum w_i L(f_i) \end{aligned}$$

とくに，保測写像

$$(\mathcal{Y}, \mathbf{s}) \xrightarrow{f} (\mathcal{X}, \mathbf{p})$$
$$(\mathcal{Y}', \mathbf{s}') \xrightarrow{f'} (\mathcal{X}', \mathbf{p}')$$

と定数 $\lambda \in [0, 1]$ が与えられたとき，

$$L(\lambda f \sqcup (1 - \lambda) f') = \lambda L(f) + (1 - \lambda) L(f')$$

である．直感的には，これは確率 λ のコインを投げ上げて，その結果によって過程 f か過程 f' かのいずれかを実行するとき，情報損失の期待値は f の情報損失に λ を掛けたものと f' の情報損失に $1 - \lambda$ を掛けたものを足したものになるということである．それゆえ，直前の L の性質（等式 (10.9)）は直列につながれた二つの過程による情報損失に関するものであるのに対し，この性質（等式 (10.10)）は並列におかれた二つ以上の過程による情報損失に関するものである．

最後に第四に，情報損失は以下の意味で連続である．$f: \mathcal{Y} \to \mathcal{X}$ を有限集合の写像とする．$\mathcal{Y}$ 上の各確率分布 $\mathbf{s}$ に対して，$\mathcal{X}$ 上の押し出し分布 $f\mathbf{s}$ があり，f は保測写像

$$f: (\mathcal{Y}, \mathbf{s}) \to (\mathcal{X}, f\mathbf{s})$$

を定義する（注意 10.1.3(i)）．連続性の言明は，写像

$$\Delta_{\mathcal{Y}} \to \qquad \mathbb{R}$$
$$\mathbf{s} \mapsto L((\mathcal{Y}, \mathbf{s}) \xrightarrow{f} (\mathcal{X}, f\mathbf{s}))$$

が連続である，というものである．これは，（非可換な）三角形

$$\Delta_{\mathcal{Y}} \xrightarrow{\mathbf{s} \mapsto f\mathbf{s}} \Delta_{\mathcal{X}}$$

におけるすべての写像が連続であるという事実から導かれる．

連続性は，以下のように言い換えられる．有限確率空間の保測写像の無限列

$$((\mathcal{Y}_m, \mathbf{s}^m) \xrightarrow{f_m} (\mathcal{X}_m, \mathbf{p}^m))_{m \geq 1}$$

が射

$$(\mathcal{Y}, \mathbf{s}) \xrightarrow{f} (\mathcal{X}, \mathbf{p})$$

へと**収束する**（converge）とは，すべての十分大きな m に対して

$$(\mathcal{Y}_m \xrightarrow{f_m} \mathcal{X}_m) = (\mathcal{Y} \xrightarrow{f} \mathcal{X})$$

であり，$m \to \infty$ のとき $\mathbf{s}^m \to \mathbf{s}$ かつ $\mathbf{p}^m \to \mathbf{p}$ であるときをいうことにする．このとき，L の連続性は，任意のこのような収束列に対して，

$$m \to \infty \text{ のとき } L((\mathcal{Y}_m, \mathbf{s}^m) \xrightarrow{f_m} (\mathcal{X}_m, \mathbf{p}^m)) \to L((\mathcal{Y}, \mathbf{s}) \xrightarrow{f} (\mathcal{X}, \mathbf{p}))$$

であるという言明と同値である．これら二つの連続性の定式化が同値であることは，距離化可能空間の写像が連続であるのは，その写像が収束列を保存するとき，かつそのときに限る，という初等的な事実から導かれる．

それでは主定理を述べるが，これは Baez–Fritz–Leinster[25, 定理 2]に最初に登場したものである．

定理 10.2.1（Baez–Fritz–Leinster） K を，有限確率空間の保測写像 f それぞれに対して実数 $K(f)$ を割り当てる関数とする．以下は同値である．

（ i ）K は次の四つの性質をもつ．

（ a ）すべての同型 f に対して $K(f) = 0$ である．

（ b ）すべての合成可能な保測写像の対 (f, g) に対して $K(g \circ f) = K(g) + K(f)$ である．

（ c ）すべての保測写像 f, f' およびすべての $\lambda \in [0,1]$ に対して $K(\lambda f \sqcup (1-\lambda)f') = \lambda K(f) + (1-\lambda)K(f')$ である.

（ d ）K は連続である.

（ ii ）ある $c \in \mathbb{R}$ に対して $K = cL$ である.

以下で与えられる証明は，Faddeev の定理のある形を用いる.

定理 10.2.2（Faddeev, 形 2） I を各有限確率空間 $(\mathcal{X}, \mathbf{p})$ に対して実数 $I(\mathbf{p})$ を割り当てる関数とする. 以下は同値である.

（ i ）I は同型不変で，チェイン則(10.4)をみたし，(H の代わりに I として) (10.5) の意味において連続である.

（ ii ）ある $c \in \mathbb{R}$ に対して $I = cH$ である.

証明 H が(i)の条件をみたすことはすでに確認しており，このことから(ii)は(i)を含意する.

逆に，(i)をみたす関数 I をとる. 各 $n \geq 1$ に対して，I を $\{1, \ldots, n\}$ という形の有限集合に制限することにより，チェイン則をみたす連続関数 $I\colon \Delta_n \to \mathbb{R}$ が定義される. ゆえに，Faddeev の定理 2.5.1 より，ある $c \in \mathbb{R}$ が存在して，すべての $n \geq 1$ と $\mathbf{p} \in \Delta_n$ に対して $I(\mathbf{p}) = cH(\mathbf{p})$ となる. 次に，任意の有限確率空間 $(\mathcal{Y}, \mathbf{s})$ をとる. ある $n \geq 1$ と $\mathbf{p} \in \Delta_n$ に対して

$$(\mathcal{Y}, \mathbf{s}) \cong (\{1, \ldots, n\}, \mathbf{p})$$

であり，このとき I と H の両方に対する同型不変性より，望んだとおり

$$I(\mathbf{s}) = I(\mathbf{p}) = cH(\mathbf{p}) = cH(\mathbf{s})$$

となる. $\qquad\qquad\qquad\qquad\qquad\qquad\qquad\qquad\qquad\qquad\qquad\qquad\qquad\qquad\qquad\square$

注意 10.2.3 先ほど述べた Faddeev の定理の形は，以前の形の定理 2.5.1 よりも少し弱い. これを確認するのに，$\mathbf{p} \in \Delta_n$ と $\{1, \ldots, n\}$ の置換 σ をとる. このとき，σ は保測全単射

$$\sigma\colon (\{1, \ldots, n\}, \mathbf{p}\sigma) \to (\{1, \ldots, n\}, \mathbf{p})$$

を定義する. したがって，定理 10.2.2 において，I についての同型不変公理は，特別な場合としてすべての $\mathbf{p} \in \Delta_n$ と置換 σ に対して $I(\mathbf{p}\sigma) = I(\mathbf{p})$ であることを含んでいる. これは，Faddeev の定理の言明に伝統的に含まれている対称性公理であるが，注意 2.5.2(ii) において確認したように，実際には必要のないものである. それゆえ，定理 10.2.2 は，伝統的な，Faddeev の定理のより弱い形を言い換えたものである. より強い定理 2.5.1 の類似の言い換えは，順序確率空間を必要とするであろう.

これで，情報損失に対する特徴づけ定理を証明することができる．

定理 10.2.1 の証明 情報損失 L が (i) の四つの条件をみたすことはすでに示しており，このことから (ii) は (i) を含意する．

逆について，K が (i) をみたすとする．有限確率空間 $(\mathcal{X}, \mathbf{p})$ が与えられたとして，ただ一つの保測写像

$$!_{\mathbf{p}} \colon (\mathcal{X}, \mathbf{p}) \to (\{1\}, \mathbf{u}_1)$$

を $!_{\mathbf{p}}$ と書き，$I(\mathbf{p}) = K(!_{\mathbf{p}})$ と定義する．任意の保測写像 $f \colon (\mathcal{Y}, \mathbf{s}) \to (\mathcal{X}, \mathbf{p})$ に対して，三角形

$$(\mathcal{Y}, \mathbf{s}) \xrightarrow{\quad f \quad} (\mathcal{X}, \mathbf{p})$$
$$\searrow{\scriptstyle !_{\mathbf{s}}} \qquad \swarrow{\scriptstyle !_{\mathbf{p}}}$$
$$(\{1\}, \mathbf{u}_1)$$

は可換であるから，K についての合成条件より，

$$K(!_{\mathbf{s}}) = K(!_{\mathbf{p}}) + K(f)$$

となる．言い換えると，

$$K(f) = I(\mathbf{s}) - I(\mathbf{p}) \tag{10.11}$$

である．それゆえ，この定理を証明するには，ある定数 c に対して $I = cH$ であることを示せば十分である．そしてこれについては，I が定理 10.2.2 の仮定をみたすことを証明すれば十分である．

第一に，$f \colon (\mathcal{Y}, \mathbf{s}) \to (\mathcal{X}, \mathbf{p})$ が同型ならば $K(f) = 0$ であるから (10.11) より $I(\mathbf{s}) = I(\mathbf{p})$ となるので，I は同型不変である．

第二に，I はチェイン則 (10.4) をみたす．すなわち，すべての $\mathbf{w} \in \Delta_n$ と有限確率空間 $(\mathcal{X}_1, \mathbf{p}^1), \ldots, (\mathcal{X}_n, \mathbf{p}^n)$ に対して，

$$I\left(\prod_{i=1}^{n} w_i \mathbf{p}^i\right) = I(\mathbf{w}) + \sum_{i=1}^{n} w_i I(\mathbf{p}^i) \tag{10.12}$$

である．これを確認するのに，$j \in \mathcal{X}_i$ である限り $f(j) = i$ とすることにより定義される関数を

$$f \colon \prod_{i=1}^{n} \mathcal{X}_i \to \{1, \ldots, n\}$$

と書く．このとき，f は保測写像

$$f \colon \left(\coprod \mathcal{X}_i, \coprod w_i \mathbf{p}^i\right) \to (\{1, \ldots, n\}, \mathbf{w})$$

を定義する．ここで，$K(f)$ を 2 通りの方法で評価する．一方では，等式(10.11)より

$$K(f) = I\left(\coprod w_i \mathbf{p}^i\right) - I(\mathbf{w})$$

である．他方では，

$$f = \coprod w_i\, !_{\mathbf{p}^i}$$

であるから K についての仮定と帰納法により，

$$K(f) = \sum w_i K(!_{\mathbf{p}^i}) = \sum w_i I(\mathbf{p}^i)$$

である．$K(f)$ に対するこの二つの表示を比較することから，I に対するチェイン則 (10.12)が得られる．

最後に第三に，K の連続性より，各有限集合 $\mathcal{X}$ に対して関数 $I: \Delta_{\mathcal{X}} \to \mathbb{R}$ は連続である．

したがって定理 10.2.2 を適用することができ，ある $c \in \mathbb{R}$ に対して $I = cH$ を得る．等式(10.11)から，$K = cL$ となる．　　　　　　　　　　　　　　　　　　□

[25, p. 1947]で観察されたように，定理 10.2.1 の興味深い点は，情報損失関数 K についての公理が完全に線形であるということである．それらの公理は，関数

$$p \mapsto -p \log p$$

の果たすどんな特別な役割も示唆することはない．それでも，この関数が結論には現れるのである．

定理 10.2.1 の別の著しい特徴は，K に課せられた自然な条件から，$K(f)$ が f の域と余域にのみ依存するようになるということである．等式(10.11)に至る論証からわかるように，これは（合成過程による情報損失についての）条件(b)だけからの帰結である．これは，圏論における一般的な事実の一例である．すなわち，終対象をもつ圏 $\mathscr{P}$ から亜群への任意の函手 K に対して，f と f' が $\mathscr{P}$ において同じ域と同じ余域をもつ射である限り，$K(f) = K(f')$ となる．

定理 10.2.1 にはいくつかの別の形がある．同型 f に対して $K(f) = 0$ であるという条件は，代わりにすべての f に対して $K(f) \geq 0$ であることを要請すれば，落とすことができる（これは，Baez–Fritz–Leinster[25]が述べた形である）．定理 10.2.1 のもう一つの形として，確率測度の代わりに任意の有限測度を備えた有限集合に対するものがある [25, 系 4]．また，さらに q 対数的エントロピー S_q に対する形があり，これを次に与える．

有限確率空間の間の保測写像

$$f \colon (\mathcal{Y}, \mathbf{s}) \to (\mathcal{X}, \mathbf{p})$$

に対して，f の q **対数的情報損失**（q-logarithmic information loss）を

$$L_q(f) = S_q(\mathbf{s}) - S_q(\mathbf{p})$$

として定義する．L_q の以下の特徴づけは，並列におかれた二つの過程による情報損失に対する規則が変わること（以下の条件(c)）と連続性条件がないことを除いて，定理 10.2.1 と同一である．若干の違いはあるが，これは Baez–Fritz–Leinster[25, 定理 7] に初めて登場した．

> **定理 10.2.4（Baez–Fritz–Leinster）** $1 \neq q \in \mathbb{R}$ とする．K を，各有限確率空間の保測写像 f に対して実数 $K(f)$ を割り当てる関数とする．以下は同値である．
>
> （ i ）K は次の三つの性質をもつ．
>
> （ a ）すべての同型 f に対して $K(f) = 0$ である．
> （ b ）すべての合成可能な保測写像の対 (f, g) に対して $K(g \circ f) = K(g) + K(f)$ である．
> （ c ）すべての保測写像 f と f'，およびすべての $\lambda \in (0, 1)$ に対して $K(\lambda f \sqcup (1 - \lambda)f') = \lambda^q K(f) + (1 - \lambda)^q K(f')$ である．
>
> （ ii ）ある $c \in \mathbb{R}$ に対して $K = cL_q$ である．

定理 10.2.1 とは対照的に，連続性あるいは別の正則性条件は必要ではない．

証明 定理 10.2.1 の証明と同様である．ただし，Faddeev の H の特徴づけ（定理 2.5.1）の代わりに，S_q に対する特徴づけ定理（定理 4.1.5）を用いる． □

第 11 章

素数を法とするエントロピー
ENTROPY MODULO A PRIME

> **結論**：有限個の値をとり，すべての確率が $\mathbb{Q}$ に入る確率変数 ξ があると，超越数 $H(\xi)$ だけでなく，ほとんどすべての素数 p に対してその「p を法とする剰余」を定義することができる！
>
> (Maxim Kontsevich[195])

本章では，その「確率」が実数ではなく，素数 p を法とする整数である任意の確率分布のエントロピーを定義する．そのエントロピーもまた，p を法とする整数である．この定義は，実エントロピーについての Faddeev の定理（定理 2.5.1）によく似た特徴づけ定理を証明すること，および実数の場合とやはり類似の p を法とする情報損失に対する特徴づけ定理により，正当化される．

以前の章においては，三つのステップで実情報損失の公理的特徴づけに到達した．

（I）数列 $(\log n)_{n \geq 1}$ を特徴づける（定理 1.2.2）．

（II）(I) を用いて，エントロピーを特徴づける（定理 2.5.1）．

（III）(II) を用いて，情報損失を特徴づける（定理 10.2.1）．

ここでは，三つの類似のステップにしたがって，p を法とするエントロピーと情報損失を特徴づける（11.1 節および 11.2 節）．解析的に注意を要する点は消えるが，その代わりに数論的障害に遭遇する．

p を法としたエントロピーを正しく定義して，上述の引用における Kontsevich によって提案されたアイデアを実装する．すなわち，ある実数が p を法とする剰余をもつということができるとはどういうことかを定義する（11.3 節）．この剰余写像は，$\mathbb{R}$ 上のエントロピーと $\mathbb{Z}/p\mathbb{Z}$ 上のエントロピーの間の直接的な関係を確立し，$\mathbb{R}$ 上の Faddeev 型の定理と $\mathbb{Z}/p\mathbb{Z}$ 上の Faddeev 型の定理の間の類似性を補完する．

本章の最後に，素数を法とするエントロピーへの代替的ではあるが同値なアプローチを展開する（11.4 節）．これは，p 元体上の多項式環において行われる．このアプローチは，本章の残りの部分よりも，多重対数関数という主題により密接に関係しており，

これは Kontsevich の覚書[195]や Elbaz-Vincent–Gangl[88][89]によるもののような
その後の関連研究の背景をなすものである.

　本章の結果は,[219]で初めて登場した.[219]は p を法とするエントロピーの理論が
詳細に展開された最初のものであるように思われる一方,多くのアイデアは Kontsevich
の覚書[195]で概略を描かれているか,少なくとも示唆されており,これ自体に先立つも
のとして Cathelineau[60][61]の関連研究がある.Elbaz-Vincent–Gangl[88, 序]は,
多重対数関数との結びつきを含む,歴史的な関連をいくらか説明している.章末の注
意 11.4.8 も参照せよ.

11.1　Fermat 商とエントロピーの定義

　本章の全体を通じて,素数 p を固定する.素数 p と確率分布 $\mathbf{p}$ の間の混同を避けるた
めに,ここでは一般の確率分布を $\boldsymbol{\pi} = (\pi_1, \ldots, \pi_n)$ により表す.

　最初の課題は,$\pi_1, \ldots, \pi_n$ が実数ではなく,p を法とする整数の体 $\mathbb{Z}/p\mathbb{Z}$ の元である
確率分布 $\boldsymbol{\pi}$ のエントロピーの正しい定義を定式化することである.

　ただちに発生する問題がある.実確率は通常非負であることが要請され,もしある確
率が負ならば,$\mathbb{R}$ 上のエントロピーの定義における対数は未定義になってしまう.それ
ゆえ,おなじみの実数の設定においては,エントロピーの定義を述べるために正値性の
概念が必要であるように思われる.しかし,$\mathbb{Z}/p\mathbb{Z}$ においては,正も負もない.このと
き,$\mathbb{Z}/p\mathbb{Z}$ においてエントロピーの定義をどのようにまねればよいのであろうか?

　この問題は,単純な観察により解ける.Shannon エントロピーは,和が 1 になる非負
実数の列 $\boldsymbol{\pi} = (\pi_1, \ldots, \pi_n)$ に対してのみ通常定義されるが,和が 1 になる任意の実数
の列 $\boldsymbol{\pi}$ に対しても同様に容易に定義できる.

　単純に,

$$H(\boldsymbol{\pi}) = -\sum_{i \in \mathrm{supp}(\boldsymbol{\pi})} \pi_i \log|\pi_i| \tag{11.1}$$

とおけばよい.ただし,$\mathrm{supp}(\boldsymbol{\pi}) = \{i : \pi_i \neq 0\}$ である(たとえば,Kontsevich[195]
を参照せよ).この拡張されたエントロピーは依然として連続かつ対称的であり,依然
としてチェイン則をみたす.それゆえ,実際は実エントロピーは正値性の概念とは関係
なく定義することができる.(そして一般的にいって,負の確率はその見かけほど奇異
ではない.Feynman[103]や Blass–Gurevich[41][42]を参照せよ.)

　だから,

$$\Pi_n = \{\boldsymbol{\pi} \in (\mathbb{Z}/p\mathbb{Z})^n : \pi_1 + \cdots + \pi_n = 1\}$$

と書いて，Π_n の任意の元のエントロピーを定義しようとするのはもっともである．Π_n の元 $\boldsymbol{\pi} = (\pi_1, \ldots, \pi_n)$ を，**p を法とする確率分布**（probability distribution mod p），あるいは単純に**分布**（distribution）とよぶ．幾何学的には，n 元上の分布の集合 Π_n は，体 $\mathbb{Z}/p\mathbb{Z}$ 上の n 次元ベクトル空間 $(\mathbb{Z}/p\mathbb{Z})^n$ における超平面である．

関数 $x \mapsto \log|x|$ は，零でない実数のなす乗法群 $\mathbb{R}^\times$ から加法群 $\mathbb{R}$ への準同型である．しかし，$\mathbb{Z}/p\mathbb{Z}$ 上の類似を探すと，障害にぶつかる．

補題 11.1.1 p を法とする零でない整数のなす乗法群 $(\mathbb{Z}/p\mathbb{Z})^\times$ から加法群 $\mathbb{Z}/p\mathbb{Z}$ への自明でない準同型は存在しない．

証明 $\phi\colon (\mathbb{Z}/p\mathbb{Z})^\times \to \mathbb{Z}/p\mathbb{Z}$ を準同型とする．ϕ の像は $\mathbb{Z}/p\mathbb{Z}$ の部分群であり，Lagrange の定理より 1 か p の位数をもつ．$(\mathbb{Z}/p\mathbb{Z})^\times$ の位数は $p-1$ であるから，ϕ の像は高々 $p-1$ の位数をもつ．したがって，ϕ の像は位数 1 をもつ．すなわち，$\phi = 0$ である． $\square$

この意味で，p を法とする整数に対する対数はない．それでも，十分代わりになるものがある．p で割り切れない整数 n に対して，Fermat の小定理より p は $n^{p-1} - 1$ を割り切る．p を法とする n の **Fermat 商**（Fermat quotient）は，

$$q_p(n) = \frac{n^{p-1} - 1}{p} \in \mathbb{Z}/p\mathbb{Z}$$

として定義される．Fermat 商と q 対数に対する公式（等式(1.17)）の類似性は，Fermat 商がある種の対数としてはたらくことを示唆しており，以下の補題の(i)で実際にそうであることが確かめられる．

補題 11.1.2 写像 $q_p\colon \{n \in \mathbb{Z} : p \nmid n\} \to \mathbb{Z}/p\mathbb{Z}$ は以下の性質をもつ．
 （ⅰ）p で割り切れないすべての $m, n \in \mathbb{Z}$ に対して $q_p(mn) = q_p(m) + q_p(n)$ であり，また $q_p(1) = 0$ である．
 （ⅱ）n が p で割り切れないようなすべての $n, r \in \mathbb{Z}$ に対して $q_p(n + rp) = q_p(n) - r/n$ である．
 （ⅲ）p で割り切れないすべての $n \in \mathbb{Z}$ に対して $q_p(n + p^2) = q_p(n)$ である．

証明 (ⅰ)について，確かに $q_p(1) = 0$ である．次に，

$$m^{p-1}n^{p-1} - 1 \equiv (m^{p-1} - 1) + (n^{p-1} - 1) \pmod{p^2}$$

言い換えると，

$$(m^{p-1} - 1)(n^{p-1} - 1) \equiv 0 \pmod{p^2}$$

であることを示さなくてはならない. $m^{p-1}-1$ と $n^{p-1}-1$ の両方とも p の整数倍であるから, これは正しい.

(ii)について,

$$(n+rp)^{p-1} = n^{p-1} + (p-1)n^{p-2}rp + \sum_{i=2}^{p-1}\binom{p-1}{i}n^{p-i-1}r^i p^i$$
$$\equiv n^{p-1} + p(p-1)rn^{p-2} \pmod{p^2}$$

である. 両辺から 1 を引いて p で割ることにより

$$q_p(n+rp) \equiv q_p(n) + (p-1)rn^{p-2} \pmod{p}$$

を得て, このとき(ii)は $n^{p-1} \equiv 1 \pmod{p}$ であるという事実から導かれる. (ii)において $r = p$ ととることにより, (iii)を得る. □

このことから, q_p は群準同型

$$q_p : (\mathbb{Z}/p^2\mathbb{Z})^\times \to \mathbb{Z}/p\mathbb{Z}$$

を定義する. ただし, $(\mathbb{Z}/p^2\mathbb{Z})^\times$ は p^2 を法とする整数の乗法群である ($(\mathbb{Z}/p^2\mathbb{Z})^\times$ の元は, p で割り切れない整数の p^2 を法とする合同類である). さらに, すべての整数 r に対してこの補題は

$$q_p(1-rp) = q_p(1) + r \equiv r \pmod{p}$$

を含意するので, 準同型 q_p は全射である.

補題 11.1.1 は, 自明でない群準同型 $(\mathbb{Z}/p\mathbb{Z})^\times \to \mathbb{Z}/p\mathbb{Z}$ が存在しないという意味において, p を法とする対数が存在しないことを述べている. しかし, Fermat 商は準同型 $(\mathbb{Z}/p^2\mathbb{Z})^\times \to \mathbb{Z}/p\mathbb{Z}$ であるということにおいて, 次善のものである. これは, 本質的にただ一つのこのような準同型である.

命題 11.1.3 すべての群準同型 $(\mathbb{Z}/p^2\mathbb{Z})^\times \to \mathbb{Z}/p\mathbb{Z}$ は, Fermat 商のスカラー倍である.

証明 群 $(\mathbb{Z}/p^2\mathbb{Z})^\times$ が巡回的であるというのは標準的な事実である (たとえば, Apostol [16, 定理 10.6]). 生成元 e を選ぶ. q_p は全射であるから恒等的に零ではなく, それゆえ $q_p(e) \neq 0$ である.

$\phi : (\mathbb{Z}/p^2\mathbb{Z})^\times \to \mathbb{Z}/p\mathbb{Z}$ を群準同型とする. $c = \phi(e)/q_p(e) \in \mathbb{Z}/p\mathbb{Z}$ とおく. このとき, すべての $n \in \mathbb{Z}$ に対して,

$$\phi(e^n) = n\phi(e) = ncq_p(e) = cq_p(e^n)$$

である. e は生成元であるから, このことから $\phi = cq_p$ となる. □

1.2 節で，数列 $(\log n)_{n \geq 1}$ に対する特徴づけ定理を証明した．次の結果は，$(q_p(n))_{n \geq 1, \, p \nmid n}$ に対して類似の役割を果たす．

定理 11.1.4 $f \colon \{n \in \mathbb{N} : p \nmid n\} \to \mathbb{Z}/p\mathbb{Z}$ を関数とする．以下は同値である．

（i）p で割り切れないすべての $m, n \in \mathbb{N}$ に対して，$f(mn) = f(m) + f(n)$ および $f(n + p^2) = f(n)$ である．

（ii）ある $c \in \mathbb{Z}/p\mathbb{Z}$ に対して $f = c q_p$ である．

証明 q_p が(i)の条件をみたすことはすでに示したので，(ii)は(i)を含意する．逆について，f が(i)の条件をみたすとする．このとき，f は群準同型 $(\mathbb{Z}/p^2\mathbb{Z})^\times \to \mathbb{Z}/p\mathbb{Z}$ を引き起こし，これは命題 11.1.3 より q_p のスカラー倍である．よって，示すべき結果が導かれる． $\qquad\square$

本章の序文における三つのステップの計画の見地からは，これでステップ(I)が完了したことになる．すなわち，対数の適切な概念を定義し，特徴づけた．次に，ステップ(II)に着手する．すなわち，エントロピーの適切な概念を定義し，特徴づける．

定義を述べるのに，初等的な補題が必要になる．

補題 11.1.5 $a, b \in \mathbb{Z}$ とする．$a \equiv b \pmod{p}$ ならば，$a^p \equiv b^p \pmod{p^2}$ である．

証明 $r \in \mathbb{Z}$ として $b = a + rp$ ならば，

$$
\begin{aligned}
b^p &= (a + rp)^p \\
&= a^p + p a^{p-1} rp + \sum_{i=2}^{p} \binom{p}{i} a^{p-i} r^i p^i \\
&\equiv a^p \pmod{p^2}
\end{aligned}
$$

である． $\qquad\square$

定義 11.1.6 $n \geq 1$ および $\boldsymbol{\pi} \in \Pi_n$ とする．$\boldsymbol{\pi}$ の**エントロピー**（entropy）とは，

$$
H(\boldsymbol{\pi}) = \frac{1}{p}\left(1 - \sum_{i=1}^{n} a_i^p\right) \in \mathbb{Z}/p\mathbb{Z}
$$

のことである．ただし，各 $i \in \{1, \ldots, n\}$ に対して，$a_i \in \mathbb{Z}$ は $\pi_i \in \mathbb{Z}/p\mathbb{Z}$ の代表元である．

補題 11.1.5 は，この定義が $a_1, \ldots, a_n$ の選び方によらないことを保証する．

それでは，p を法とするエントロピーの定義の説明と正当化を行う．とくに，関数列 $(H \colon \Pi_n \to \mathbb{Z}/p\mathbb{Z})$ をスカラー倍を除いて一意的に特徴づける定理を証明する．この結果

は，実エントロピーに対する Faddeev の定理と明白に類似しており，そうであるから，この定義に対する最も強力な正当化となる．しかし，実の場合との類似は，以下のように微分の見地からも見てとることができる．

実確率分布 π のエントロピーは $\sum_i \partial(\pi_i)$ に等しい．ただし，（2.2節のように）

$$\partial(x) = \begin{cases} -x \log x & (x > 0 \text{ のとき}) \\ 0 & (x = 0 \text{ のとき}) \end{cases} \tag{11.2}$$

である．$\mathbb{Z}/p\mathbb{Z}$ 上の ∂ の類似は何であろうか？ 対数と Fermat 商の間に類似性があることから，候補として $-nq_p(n)$ を考えるのが自然である．p で割り切れない自然数 n に対して，

$$-nq_p(n) = \frac{n - n^p}{p}$$

である．右辺は，n が p で割り切れてもきちんと定義された整数である．したがって，写像 $\partial \colon \mathbb{Z} \to \mathbb{Z}/p\mathbb{Z}$ を

$$\partial(n) = \frac{n - n^p}{p} \in \mathbb{Z}/p\mathbb{Z} \tag{11.3}$$

により定義する．だから，

$$\partial(n) = \begin{cases} -nq_p(n) & (p \nmid n \text{ のとき}) \\ \dfrac{n}{p} & (p \mid n \text{ のとき}) \end{cases}$$

である．$n \equiv m \pmod{p^2}$ ならば $\partial(n) = \partial(m)$ であるから，∂ は写像 $\mathbb{Z}/p^2\mathbb{Z} \to \mathbb{Z}/p\mathbb{Z}$ とみなすこともできる．その実の対応物のように，∂ はある形の Leibniz 則をみたす（この理由から，これは本質的には p **微分** （p-derivation）とよばれているものである [54][55]）．

▍補題 11.1.7 すべての $m, n \in \mathbb{Z}$ に対して，$\partial(mn) = m\partial(n) + \partial(m)n$ である．

証明 証明は補題 11.1.2(i) のそれに類似している．証明すべき言明は，

$$mn - m^p n^p \equiv m(n - n^p) + (m - m^p)n \pmod{p^2}$$

と同値である．整理すると，今度はこれは

$$0 \equiv (m - m^p)(n - n^p) \pmod{p^2}$$

と同値であり，$m \equiv m^p \pmod{p}$ かつ $n \equiv n^p \pmod{p}$ であるからこれは正しい． $\square$

この補題を用いて，p を法とするエントロピーに対する同値な式を導き出す．

補題 11.1.8 すべての $n \geq 1$ と $\boldsymbol{\pi} \in \Pi_n$ に対して，

$$H(\boldsymbol{\pi}) = \sum_{i=1}^{n} \partial(a_i) - \partial\left(\sum_{i=1}^{n} a_i\right)$$

である．ただし，各 $i \in \{1, \ldots, n\}$ に対して $a_i \in \mathbb{Z}$ は $\pi_i \in \mathbb{Z}/p\mathbb{Z}$ の代表元である．

証明 次は同値な言明である．

$$1 - \sum a_i^p \equiv \sum (a_i - a_i^p) - \left(\sum a_i - \left(\sum a_i\right)^p\right) \pmod{p^2}$$

項の消去を行うと，これは

$$1 \equiv \left(\sum a_i\right)^p \pmod{p^2}$$

に帰着する．しかし，Π_n の定義より $\mathbb{Z}/p\mathbb{Z}$ において $\sum \pi_i = 1$ であるから，$\sum a_i \equiv 1$ $\pmod{p}$ であり，それゆえ補題 11.1.5 より $(\sum a_i)^p \equiv 1 \pmod{p^2}$ となる． $\square$

だから，$H(\boldsymbol{\pi})$ は非線形微分 ∂ が和 $\sum a_i$ を保存し損ねる度合いを測っている．

$\mathbb{R}$ 上のエントロピーとの類似性はいまや明らかである．実確率分布 $\boldsymbol{\pi}$ に対して，$\partial \colon [0, \infty) \to \mathbb{R}$ を等式(11.2)のように定義すると，

$$H(\boldsymbol{\pi}) = \sum \partial(\pi_i) - \partial\left(\sum \pi_i\right)$$

でもある．実の場合においては，$\sum \pi_i = 1$ であるから，右辺の第二項は消える．しかし，$\mathbb{Z}/p\mathbb{Z}$ 上では，一般に $\partial(\sum a_i) = 0$ は正しくないので，$H(\boldsymbol{\pi}) = \sum \partial(a_i)$ も正しくない（実際，$\sum \partial(a_i)$ は $H(\boldsymbol{\pi})$ と異なり，代表元 a_i の選択に依存する）．それゆえ，p を法とするエントロピーに対する公式

$$H(\boldsymbol{\pi}) = \sum \partial(a_i) - \partial\left(\sum a_i\right)$$

において，二つ目の被加数は不可欠である．

例 11.1.9 $n \geq 1$ で $p \nmid n$ とする．n は p を法として可逆であるから，**一様分布**（uniform distribution）

$$\mathbf{u}_n = \Big(\underbrace{\frac{1}{n}, \ldots, \frac{1}{n}}_{n}\Big) \in \Pi_n$$

が存在する．$1/n \in \mathbb{Z}/p\mathbb{Z}$ の代表元 $a \in \mathbb{Z}$ を選ぶ．補題 11.1.8，次に ∂ の微分的性質より，

$$H(\mathbf{u}_n) = n\partial(a) - \partial(na) = -a\partial(n)$$

となる．しかし，$\partial(n) = -nq_p(n)$ であるから，$H(\mathbf{u}_n) = q_p(n)$ である．$\mathbb{Z}/p\mathbb{Z}$ 上のこの結果は，一様分布の実エントロピーに対する公式 $H(\mathbf{u}_n) = \log n$ と類似している．

$\blacklozenge$

例 11.1.10　$p = 2$ とする．任意の分布 $\boldsymbol{\pi} \in \Pi_n$ は，$\sum \pi_i = 1$ であるから，その台に奇数個の元をもつ．エントロピーの定義から直接，$H(\boldsymbol{\pi}) \in \mathbb{Z}/2\mathbb{Z}$ は

$$H(\boldsymbol{\pi}) = \frac{1}{2}(|\mathrm{supp}(\boldsymbol{\pi})| - 1) = \begin{cases} 0 & (|\mathrm{supp}(\boldsymbol{\pi})| \equiv 1 \ (\mathrm{mod}\ 4)\ \text{のとき}) \\ 1 & (|\mathrm{supp}(\boldsymbol{\pi})| \equiv 3 \ (\mathrm{mod}\ 4)\ \text{のとき}) \end{cases}$$

により与えられる．

$\blacklozenge$

次の例に対する準備のために，有用な標準的補題を述べておく．

補題 11.1.11　すべての $s \in \{0, \dots, p-1\}$ に対して，$\binom{p-1}{s} \equiv (-1)^s \ (\mathrm{mod}\ p)$ である．

証明　$\mathbb{Z}/p\mathbb{Z}$ においては，等式

$$\begin{aligned} \binom{p-1}{s} &= \frac{(p-1)(p-2)\cdots(p-s)}{s!} \\ &= \frac{(-1)(-2)\cdots(-s)}{s!} \\ &= (-1)^s \end{aligned}$$

が成り立つ．

$\square$

例 11.1.12　ここで，二元上の分布 $(\pi, 1-\pi)$ のエントロピーを求める．$\pi \in \mathbb{Z}/p\mathbb{Z}$ の代表元 $a \in \mathbb{Z}$ を選ぶ．$p \neq 2$ と仮定すると，エントロピーの定義から

$$H(\pi, 1-\pi) = \frac{1}{p}(1 - a^p - (1-a)^p) = \sum_{r=1}^{p-1} (-1)^{r+1} \frac{1}{p} \binom{p}{r} a^r$$

となる．しかし，

$$\frac{1}{p}\binom{p}{r} = \frac{1}{r}\binom{p-1}{r-1}$$

であるから，補題 11.1.11 より，この和における a^r の係数は単に $1/r$ である．これで a を π で置き換えることができ，

$$H(\pi, 1-\pi) = \sum_{r=1}^{p-1} \frac{\pi^r}{r}$$

を得る．右辺の関数は Kontsevich の覚書[195]の出発点であり，11.4 節においてこれを再び論じる．

$p = 2$ の場合においては，$\pi \in \mathbb{Z}/2\mathbb{Z}$ のどちらの値に対しても $H(\pi, 1 - \pi) = 0$ となる． $\blacklozenge$

例 11.1.13 分布に零の確率を付加しても，そのエントロピーの値は変わらない．

$$H(\pi_1, \ldots, \pi_n, 0, \ldots, 0) = H(\pi_1, \ldots, \pi_n)$$

これは定義からすぐにわかる．しかし，標準的な実数の設定にはない p を法とする分布の注意を要する点に，零でない確率の和が零になりうるということがある．それゆえ，$\tau_1, \ldots, \tau_m \in \mathbb{Z}/p\mathbb{Z}$ に対して $\sum \tau_j = 0$ である限り，

$$H(\pi_1, \ldots, \pi_n, \tau_1, \ldots, \tau_m) = H(\pi_1, \ldots, \pi_n)$$

となるかどうかが問われるかもしれない．$m = 0$ と $m = 1$ に対しては答えは自明に肯定的であり，また $p \neq 2$ である限り $m = 2$ に対しても肯定的である（というのは，τ_1 の代表元として整数 a を選ぶと $-a$ は τ_2 を代表し，$a^p + (-a)^p = 0$ だからである）．しかし，$m \geq 3$ に対しては答えは否定的である．たとえば，$p = 3$ のとき，例 11.1.9 より

$$H(1, 1, 1, 1) = H(\mathbf{u}_4) = q_3(4) = \frac{1}{3}(4^2 - 1) = -1$$

となり，$1 + 1 + 1 = 0$ であるにもかかわらず，これは $H(1) = 0$ に等しくない． $\blacklozenge$

実の場合と同じ公式（定義 2.1.3）を用いて，$\mathbb{Z}/p\mathbb{Z}$ 上の分布を合成することができる．実の場合のように，p を法とするエントロピーはチェイン則をみたす．

命題 11.1.14（チェイン則） すべての $n, k_1, \ldots, k_n \geq 1$，すべての $\boldsymbol{\gamma} = (\gamma_1, \ldots, \gamma_n) \in \Pi_n$，およびすべての $\boldsymbol{\pi}^i \in \Pi_{k_i}$ に対して，

$$H(\boldsymbol{\gamma} \circ (\boldsymbol{\pi}^1, \ldots, \boldsymbol{\pi}^n)) = H(\boldsymbol{\gamma}) + \sum_{i=1}^{n} \gamma_i H(\boldsymbol{\pi}^i)$$

である．

証明 $\boldsymbol{\pi}^i = (\pi_1^i, \ldots, \pi_{k_i}^i)$ と書く．各 i と j に対して，$\gamma_i \in \mathbb{Z}/p\mathbb{Z}$ の代表元 $b_i \in \mathbb{Z}$ と $\pi_j^i \in \mathbb{Z}/p\mathbb{Z}$ の代表元 $a_j^i \in \mathbb{Z}$ を選ぶ．$A^i = a_1^i + \cdots + a_{k_i}^i$ と書く．

三つの項 $H(\boldsymbol{\gamma} \circ (\boldsymbol{\pi}^1, \ldots, \boldsymbol{\pi}^n))$，$H(\boldsymbol{\gamma})$ および $\sum \gamma_i H(\boldsymbol{\pi}^i)$ を順に評価する．第一に，補題 11.1.8 と ∂ の微分的性質（補題 11.1.7）より，

$$H(\boldsymbol{\gamma} \circ (\boldsymbol{\pi}^1, \ldots, \boldsymbol{\pi}^n)) = \sum_{i=1}^{n} \sum_{j=1}^{k_i} \partial(b_i a_j^i) - \partial\left(\sum_{i=1}^{n} \sum_{j=1}^{k_i} b_i a_j^i\right)$$

$$= \sum_{i=1}^{n} \sum_{j=1}^{k_i} (\partial(b_i) a_j^i + b_i \partial(a_j^i)) - \partial\left(\sum_{i=1}^{n} b_i A^i\right)$$

$$= \sum_{i=1}^{n} \partial(b_i) A^i + \sum_{i=1}^{n} b_i \sum_{j=1}^{k_i} \partial(a_j^i) - \partial\left(\sum_{i=1}^{n} b_i A^i\right)$$

である. 第二に, $\boldsymbol{\pi}^i \in \Pi_{k_i}$ であるから $A^i \equiv 1 \pmod{p}$ となるので, $b_i A^i \in \mathbb{Z}$ は $\gamma_i \in \mathbb{Z}/p\mathbb{Z}$ の代表元である. ゆえに,

$$H(\boldsymbol{\gamma}) = \sum_{i=1}^{n} \partial(b_i A^i) - \partial\left(\sum_{i=1}^{n} b_i A^i\right)$$

$$= \sum_{i=1}^{n} \partial(b_i) A^i + \sum_{i=1}^{n} b_i \partial(A^i) - \partial\left(\sum_{i=1}^{n} b_i A^i\right)$$

である. 第三に,

$$\sum_{i=1}^{n} \gamma_i H(\boldsymbol{\pi}^i) = \sum_{i=1}^{n} b_i \sum_{j=1}^{k_i} \partial(a_j^i) - \sum_{i=1}^{n} b_i \partial(A^i)$$

である. よって, 示すべき結果が導かれる. □

実の場合 (p. 38) と同様に定義される, p を法とする分布に対するテンソル積が存在し, p を法とするエントロピーはおなじみの対数的性質をもつ.

系 11.1.15 すべての $\boldsymbol{\gamma} \in \Pi_n$ と $\boldsymbol{\pi} \in \Pi_m$ に対して, $H(\boldsymbol{\gamma} \otimes \boldsymbol{\pi}) = H(\boldsymbol{\gamma}) + H(\boldsymbol{\pi})$ である. □

11.2 エントロピーと情報損失の特徴づけ

それでは, p を法とするエントロピーに対する特徴づけ定理を述べる. これは実エントロピーに対する特徴づけ定理 (定理 2.5.1) によく似ており, おもにこのことにより p を法とするエントロピーの定義が正当化される.

定理 11.2.1 $(I\colon \Pi_n \to \mathbb{Z}/p\mathbb{Z})_{n \geq 1}$ を関数列とする. 以下は同値である.
  (ⅰ) I はチェイン則をみたす (すなわち, H を I に置き換えた命題 11.1.14 の結論をみたす).
  (ⅱ) ある $c \in \mathbb{Z}/p\mathbb{Z}$ に対して $I = cH$ である.

$\mathbb{R}$ 上の Faddeev の定理のより鋭利な形（定理 2.5.1）のように，対称性条件は必要ではない．

H はチェイン則をみたすので，H の任意の定数倍もチェイン則をみたす．ゆえに，(ii) は (i) を含意する．次に，逆の証明にとりかかる．**この証明の残りの部分では**，$(I : \Pi_n \to \mathbb{Z}/p\mathbb{Z})_{n \geq 1}$ はチェイン則をみたす関数列であるとする．

補題 11.2.2
（ i ）p で割り切れないすべての $m, n \in \mathbb{N}$ に対して $I(\mathbf{u}_{mn}) = I(\mathbf{u}_m) + I(\mathbf{u}_n)$ である．
（ ii ）$I(\mathbf{u}_1) = 0$ である．

証明　どちらも，実の場合（補題 2.5.3）とまったく同じように証明される．　　□

補題 11.2.3　$I(1, 0) = I(0, 1) = 0$ である．

証明　$I(1, 0) = 0$ であることの証明は，実の場合（補題 2.5.4）における証明と同一であり，$I(0, 1) = 0$ は同様に証明される．　　□

補題 11.2.4　すべての $\boldsymbol{\pi} \in \Pi_n$ と $i \in \{0, \dots, n\}$ に対して，
$$I(\pi_1, \dots, \pi_n) = I(\pi_1, \dots, \pi_i, 0, \pi_{i+1}, \dots, \pi_n)$$
である．

証明　まず，$i \neq 0$ とする．このとき，
$$(\pi_1, \dots, \pi_i, 0, \pi_{i+1}, \dots, \pi_n) = \boldsymbol{\pi} \circ (\underbrace{\mathbf{u}_1, \dots, \mathbf{u}_1}_{i-1}, (1, 0), \underbrace{\mathbf{u}_1, \dots, \mathbf{u}_1}_{n-i})$$
である．I を両辺に適用し，次にチェイン則と $I(\mathbf{u}_1) = I(1, 0) = 0$ を用いることで示すべき結果を得る．$i = 0$ の場合は，今度は $I(0, 1) = 0$ を用いて，同様に証明される．　　□

実の場合のように，n を変化させたときの $I(\mathbf{u}_n)$ を分析することにより，特徴づけ定理を証明する．また実の場合のように，チェイン則からより一般の分布 $\boldsymbol{\pi}$ に対する $I(\boldsymbol{\pi})$ の値を導き出すことができる．

補題 11.2.5　$\boldsymbol{\pi} \in \Pi_n$ で，すべての i に対して $\pi_i \neq 0$ であるとする．各 i に対して，整数 $k_i \geq 1$ は $\pi_i \in \mathbb{Z}/p\mathbb{Z}$ の代表元であるとし，$k = \sum_{i=1}^n k_i$ と書く．このとき，
$$I(\boldsymbol{\pi}) = I(\mathbf{u}_k) - \sum_{i=1}^n k_i I(\mathbf{u}_{k_i})$$
である．

証明 まず，$k_1, \ldots, k_n$ のどれも p の倍数でなく，k は $\sum \pi_i = 1 \in \mathbb{Z}/p\mathbb{Z}$ の代表元なので，k も p の倍数でないことに注意する．ゆえに，$\mathbf{u}_{k_i}$ と $\mathbf{u}_k$ はきちんと定義されている．合成の定義より，

$$\boldsymbol{\pi} \circ (\mathbf{u}_{k_1}, \ldots, \mathbf{u}_{k_n}) = (\underbrace{1, \ldots, 1}_{k}) = \mathbf{u}_k$$

である．I を適用し，チェイン則を用いることで示すべき結果を得る． $\qquad\square$

ここで，論証の最も注意を要する部分に入る．$H(\mathbf{u}_n) = q_p(n)$ であり，また $q_p(n)$ は n について p^2 周期であるから，I が H の定数倍であるならば，$I(\mathbf{u}_n)$ も n について p^2 周期でなければならない．このことを直接的に示す．

> **補題 11.2.6** p で割り切れないすべての自然数 n に対して，$I(\mathbf{u}_{n+p^2}) = I(\mathbf{u}_n)$ である．

証明 まず，定数 $c \in \mathbb{Z}/p\mathbb{Z}$ で，p で割り切れないすべての $n \in \mathbb{N}$ に対して

$$I(\mathbf{u}_{n+p}) = I(\mathbf{u}_n) - \frac{c}{n} \tag{11.4}$$

となるものの存在を証明する（補題 11.1.2(ii)と比較せよ）．一つの同値な言明は，$n(I(\mathbf{u}_{n+p}) - I(\mathbf{u}_n))$ が n に依存しない，というものである．任意の n_1 と n_2 に対して，$m \equiv 1 \pmod{p}$ となる $m \geq \max\{n_1, n_2\}$ を選ぶことができるので，$0 \leq n \leq m$ について $n \not\equiv 0 \pmod{p}$ および $m \equiv 1 \pmod{p}$ である限り，

$$n(I(\mathbf{u}_{n+p}) - I(\mathbf{u}_n)) = I(\mathbf{u}_{m+p}) - I(\mathbf{u}_m) \tag{11.5}$$

となることを示せば十分である．このことを証明するのに，分布

$$\boldsymbol{\pi} = (n, \underbrace{1, \ldots, 1}_{m-n})$$

を考える．補題 11.2.5 と $I(\mathbf{u}_1) = 0$ であるという事実より，

$$I(\boldsymbol{\pi}) = I(\mathbf{u}_m) - n I(\mathbf{u}_n)$$

である．しかし，

$$\boldsymbol{\pi} = (n+p, \underbrace{1, \ldots, 1}_{m-n})$$

でもあるので，同じ論証により，

$$\begin{aligned} I(\boldsymbol{\pi}) &= I(\mathbf{u}_{m+p}) - (n+p) I(\mathbf{u}_{n+p}) \\ &= I(\mathbf{u}_{m+p}) - n I(\mathbf{u}_{n+p}) \end{aligned}$$

となる．$I(\boldsymbol{\pi})$ に対するこれら二つの式を比較することで等式(11.5)が得られ，だから最初の主張が証明される．

等式(11.4)についての帰納法より，n が p で割り切れないすべての $n, r \in \mathbb{N}$ に対して，

$$I(\mathbf{u}_{n+rp}) = I(\mathbf{u}_n) - \frac{cr}{n}$$

である．$r = p$ とおくことにより，示すべき結果が導かれる． $\qquad\Box$

これで，p を法とするエントロピーに対する特徴づけ定理を証明することができる．

定理 11.2.1 の証明 $f \colon \{n \in \mathbb{N} : p \nmid n\} \to \mathbb{Z}/p\mathbb{Z}$ を $f(n) = I(\mathbf{u}_n)$ により定義する．補題 11.2.2 より，p で割り切れないすべての m, n に対して，$f(mn) = f(m) + f(n)$ である．補題 11.2.6 より，p で割り切れないすべての n に対して，$f(n+p^2) = f(n)$ である．ゆえに定理 11.1.4 より，ある $c \in \mathbb{Z}/p\mathbb{Z}$ に対して $f = cq_p$ である．例 11.1.9 から，p で割り切れないすべての n に対して $I(\mathbf{u}_n) = cH(\mathbf{u}_n)$ となる．

I と cH のどちらもチェイン則をみたすので，補題 11.2.5 は両者に適用される．また I と cH は一様分布上で等しいので，すべての i に対して $\pi_i \neq 0$ であるようなすべての分布 $\boldsymbol{\pi}$ 上でも等しくなる．最後に，補題 11.2.4 を I と cH の両者に適用して，帰納法によりすべての $\boldsymbol{\pi} \in \Pi_n$ に対して $I(\boldsymbol{\pi}) = cH(\boldsymbol{\pi})$ となることが導き出される． $\qquad\Box$

実の場合では，エントロピーに対する特徴づけ定理から線形な条件のみを含む情報損失の特徴づけ定理が導かれる（定理 10.2.1）．同じことが p を法とするエントロピーに対して成り立ち，実の場合の論証をほとんどそのまま模写して論証することができる．

だから，有限集合 $\mathcal{X}$ が与えられたとき，$\sum_{i \in \mathcal{X}} \pi_i = 1$ となるような $\mathbb{Z}/p\mathbb{Z}$ の元の族 $\boldsymbol{\pi} = (\pi_i)_{i \in \mathcal{X}}$ の集合を $\Pi_{\mathcal{X}}$ と書く．p **を法とする有限確率空間**（finite probability space mod p）とは，元 $\boldsymbol{\pi} \in \Pi_{\mathcal{X}}$ を伴う有限集合 $\mathcal{X}$ のことである．このような空間の間の**保測写像**（measure-preserving map）$f \colon (\mathcal{Y}, \boldsymbol{\sigma}) \to (\mathcal{X}, \boldsymbol{\pi})$ とは，すべての $i \in \mathcal{X}$ に対して

$$\pi_i = \sum_{j \in f^{-1}(i)} \sigma_j$$

であるような関数 $f \colon \mathcal{Y} \to \mathcal{X}$ のことである．

実の場合のように，確率空間とその間の写像の両方の凸結合をとることができる．二つの p を法とする有限確率空間，たとえば $(\mathcal{X}, \boldsymbol{\pi})$ と $(\mathcal{X}', \boldsymbol{\pi}')$ が与えられ，またスカラー $\lambda \in \mathbb{Z}/p\mathbb{Z}$ も与えられたとき，もう一つのそのような空間 $(\mathcal{X} \sqcup \mathcal{X}', \lambda\boldsymbol{\pi} \sqcup (1-\lambda)\boldsymbol{\pi}')$ が得られる．二つの保測写像

$$f \colon (\mathcal{Y}, \boldsymbol{\sigma}) \to (\mathcal{X}, \boldsymbol{\pi})$$
$$f' \colon (\mathcal{Y}', \boldsymbol{\sigma}') \to (\mathcal{X}', \boldsymbol{\pi}')$$

と元 $\lambda \in \mathbb{Z}/p\mathbb{Z}$ が与えられたとき，10.1 節とまったく同じように，新しい保測写像

$$\lambda f \sqcup (1-\lambda)f' : (\mathcal{Y} \sqcup \mathcal{Y}', \lambda\boldsymbol{\sigma} \sqcup (1-\lambda)\boldsymbol{\sigma}') \to (\mathcal{X} \sqcup \mathcal{X}', \lambda\boldsymbol{\pi} \sqcup (1-\lambda)\boldsymbol{\pi}')$$

が得られる.

$\boldsymbol{\pi} \in \Pi_{\mathcal{X}}$ の**エントロピー**（entropy）とは，もちろん，

$$H(\boldsymbol{\pi}) = \frac{1}{p}\left(1 - \sum_{i \in \mathcal{X}} a_i^p\right)$$

のことである．ただし，各 $i \in \mathcal{X}$ に対して $a_i \in \mathbb{Z}$ は $\pi_i \in \mathbb{Z}/p\mathbb{Z}$ の代表元とする．p を法とする有限確率空間の間の保測写像 $f : (\mathcal{Y}, \boldsymbol{\sigma}) \to (\mathcal{X}, \boldsymbol{\pi})$ の**情報損失**（information loss）とは，

$$L(f) = H(\boldsymbol{\sigma}) - H(\boldsymbol{\pi}) \in \mathbb{Z}/p\mathbb{Z}$$

のことである．

> **定理 11.2.7** K を，p を法とする有限確率空間の保測写像 f のそれぞれに対して元 $K(f) \in \mathbb{Z}/p\mathbb{Z}$ を割り当てる関数とする．以下は同値である.
> （ i ）K は次の三つの性質をもつ.
> 　　（a）すべての同型 f に対して，$K(f) = 0$ である.
> 　　（b）すべての合成可能な保測写像の対 (f, g) に対して，$K(g \circ f) = K(g) + K(f)$ である.
> 　　（c）すべての保測写像 f と f' およびすべての $\lambda \in \mathbb{Z}/p\mathbb{Z}$ に対して $K(\lambda f \sqcup (1-\lambda)f') = \lambda K(f) + (1-\lambda)K(f')$ である.
> （ii）ある $c \in \mathbb{Z}/p\mathbb{Z}$ に対して，$K = cL$ である.

証明 証明は，実の場合の定理 10.2.1 のものと同一であるが，$\mathbb{R}$ の代わりに $\mathbb{Z}/p\mathbb{Z}$，Faddeev の定理の代わりに定理 11.2.1 を用い，また連続性への言及をすべて削除する．

$\square$

11.3 実エントロピーの剰余

p を法とする確率分布のエントロピーの満足のいく定義がなされたので，これで，本章の冒頭で引用した，実エントロピーの p を法とする剰余についての Kontsevich の提案を発展させることができる（その引用は，Kontsevich がこの主題について書いたことの骨子である）.

$\boldsymbol{\pi} \in \Delta_n$ を有理数の確率をもつ確率分布とする. たとえば, $a_i, b_i \in \mathbb{Z}$ として $\boldsymbol{\pi} = (a_1/b_1, \ldots, a_n/b_n)$ とする. 分母 b_i の一つ以上を割り切る素数は有限個しかない. p がこの例外集合に入らなければ, $\boldsymbol{\pi}$ は Π_n の元を定義し, したがって p を法とするエントロピー $H(\boldsymbol{\pi}) \in \mathbb{Z}/p\mathbb{Z}$ をもつ. Kontsevich は, これを実エントロピー $H(\boldsymbol{\pi}) \in \mathbb{R}$ の p を法とする剰余類 (residue class) と考えることを提案しているのである.

Kontsevich は遊び心ゆたかな言い回しで提案を行ったが, この提案には見かけ以上のものがある. このことを説明するために, 実数上のエントロピーを $H_{\mathbb{R}}$, p を法とするエントロピーを H_p, および各 π_i が分母が p で割り切れない有理数で表示できるような実確率分布 $\boldsymbol{\pi} \in \Delta_n$ の集合を $\Delta_n^{(p)}$ と書く. Kontsevich の提案とは, $\boldsymbol{\pi} \in \Delta_n^{(p)}$ が与えられたとき, $H_p(\boldsymbol{\pi}) \in \mathbb{Z}/p\mathbb{Z}$ を $H_{\mathbb{R}}(\boldsymbol{\pi}) \in \mathbb{R}$ の p を法とする剰余とみなす, というものである.

さて, 異なる分布が同じ $\mathbb{R}$ 上のエントロピーをもつことがある. たとえば,

$$H_{\mathbb{R}}\left(\frac{1}{2}, \frac{1}{8}, \frac{1}{8}, \frac{1}{8}, \frac{1}{8}\right) = H_{\mathbb{R}}\left(\frac{1}{4}, \frac{1}{4}, \frac{1}{4}, \frac{1}{4}\right)$$

である. したがって, 矛盾が生じないかという問題がある. すなわち, Kontsevich の提案は, すべての $\boldsymbol{\pi} \in \Delta_n^{(p)}$ と $\boldsymbol{\gamma} \in \Delta_m^{(p)}$ に対して,

$$H_{\mathbb{R}}(\boldsymbol{\pi}) = H_{\mathbb{R}}(\boldsymbol{\gamma}) \implies H_p(\boldsymbol{\pi}) = H_p(\boldsymbol{\gamma})$$

であるときにのみ意味をなす. ここでは, このことが正しいことを示す.

補題 11.3.1 $n, m \geq 1$ とし, $a_1, \ldots, a_n, b_1, \ldots, b_m \geq 0$ を整数とする. このとき,

$$\prod_{i=1}^{n} a_i^{a_i} = \prod_{j=1}^{m} b_j^{b_j} \implies \sum_{i=1}^{n} \partial(a_i) = \sum_{j=1}^{m} \partial(b_j)$$

である. ただし, 最初の等式は $\mathbb{Z}$ におけるもの, 二つ目の等式は $\mathbb{Z}/p\mathbb{Z}$ におけるものであり, また $0^0 = 1$ という約束を用いる.

ここで, ∂ は等式(11.3)において定義した写像 $\mathbb{Z} \to \mathbb{Z}/p\mathbb{Z}$ である. 等式(11.2)の実数値写像 ∂ に対するこの補題の類似は自明である. すなわち, 単に, 積中の a_i あるいは b_j が 0 であるような因子を捨て, 対数をとればよい. しかし, $\mathbb{Z}/p\mathbb{Z}$ 上ではそれほど単純ではない. ある a_i あるいは b_j が零ではないが p で割り切れる可能性があることにより, 取り扱いに注意が必要になる. その場合, $\prod a_i^{a_i} = \prod b_j^{b_j}$ は p で割り切れるので, その Fermat 商——対数の類似——は未定義となる. したがって, より詳細な分析が必要とされる.

証明 $0^0 = 1$ および $\partial(0) = 0$ であるから，整数 a_i と b_j のそれぞれが真に正である場合における結果を示せば十分である．このとき，$\alpha_i \geq 0$ および $p \nmid A_i$ として $a_i = p^{\alpha_i} A_i$ と書き，また同様に $b_j = p^{\beta_j} B_j$ と書く．とくに断らない限り，添え字 i は $1, \ldots, n$ にわたり，添え字 j は $1, \ldots, m$ にわたると約束する．

$\prod a_i^{a_i} = \prod b_j^{b_j}$ であると仮定する．$p \nmid \prod A_i^{a_i}$ で，

$$\prod a_i^{a_i} = p^{\sum \alpha_i a_i} \prod A_i^{a_i}$$

であり，また $\prod b_j^{b_j}$ に対しても同様である．このことから，$\mathbb{Z}$ において

$$\prod A_i^{a_i} = \prod B_j^{b_j} \tag{11.6}$$

$$\sum \alpha_i a_i = \sum \beta_j b_j \tag{11.7}$$

となる．これらの等式をそれぞれ順に検討する．

第一に，$p \nmid \prod A_i^{a_i}$ であるから Fermat 商 $q_p(\prod A_i^{a_i})$ はきちんと定義されており，q_p の対数的性質（補題 11.1.2(i)）から

$$-q_p\left(\prod A_i^{a_i}\right) = \sum -a_i q_p(A_i)$$

を得る．右辺を $\mathbb{Z}/p\mathbb{Z}$ の元と考える．$p \mid a_i$ のとき，i 番目の被加数は消える．$p \nmid a_i$ のとき，i 番目の被加数は $-a_i q_p(a_i) = \partial(a_i)$ である．ゆえに，$\mathbb{Z}/p\mathbb{Z}$ において

$$-q_p\left(\prod A_i^{a_i}\right) = \sum_{i:\, \alpha_i = 0} \partial(a_i)$$

となる．同様の結果が $\prod B_j^{b_j}$ に対して成り立つので，等式(11.6)から

$$\sum_{i:\, \alpha_i = 0} \partial(a_i) = \sum_{j:\, \beta_j = 0} \partial(b_j) \tag{11.8}$$

を得る．

第二に，

$$\sum_{i=1}^{n} \alpha_i a_i = \sum_{i:\, \alpha_i \geq 1} \alpha_i a_i$$

であるから，$p \mid \sum \alpha_i a_i$ である．ここで，

$$\frac{1}{p} \sum \alpha_i a_i = \sum_{i:\, \alpha_i \geq 1} \alpha_i p^{\alpha_i - 1} A_i \equiv \sum_{i:\, \alpha_i = 1} A_i \pmod{p}$$

であり，また $\alpha_i = 1$ ならば $A_i = a_i/p = \partial(a_i)$ である．同様の結果が $\sum \beta_j b_j$ に対して成り立つので，等式(11.7)から $\mathbb{Z}/p\mathbb{Z}$ において

$$\sum_{i:\,\alpha_i=1} \partial(a_i) = \sum_{j:\,\beta_j=1} \partial(b_j) \qquad (11.9)$$

となる.

最後に, $\alpha_i \geq 2$ であるような各 i に対して $p^2 \mid a_i$ であり, それゆえ $\mathbb{Z}/p\mathbb{Z}$ において $\partial(a_i) = 0$ となる. 同じことが b_j に対して成り立つので,

$$\sum_{i:\,\alpha_i\geq 2} \partial(a_i) = \sum_{j:\,\beta_j\geq 2} \partial(b_j) \qquad (11.10)$$

で両辺ともに 0 である. 等式(11.8), (11.9)および(11.10)を加えて, 示すべき結果を得る. $\qquad\qquad\qquad\square$

有理数分布の実エントロピーがその p を法とするエントロピーを決定することを導き出す.

定理 11.3.2 $n, m \geq 1$, $\boldsymbol{\pi} \in \Delta_n^{(p)}$, および $\boldsymbol{\gamma} \in \Delta_m^{(p)}$ とする. このとき,

$$H_{\mathbb{R}}(\boldsymbol{\pi}) = H_{\mathbb{R}}(\boldsymbol{\gamma}) \implies H_p(\boldsymbol{\pi}) = H_p(\boldsymbol{\gamma})$$

である.

証明 次のように書くことができる.

$$\boldsymbol{\pi} = \left(\frac{r_1}{t}, \ldots, \frac{r_n}{t}\right), \qquad \boldsymbol{\gamma} = \left(\frac{s_1}{t}, \ldots, \frac{s_m}{t}\right)$$

ただし, r_i, s_j および t は, $p \nmid t$ かつ

$$r_1 + \cdots + r_n = t = s_1 + \cdots + s_m$$

であるような非負整数である. 必要であれば, ある定数をこれらの整数すべてに乗じて, $t \equiv 1 \pmod{p}$ であると仮定してよい.

定義より, $0^0 = 1$ という約束のもとで

$$e^{-H_{\mathbb{R}}(\boldsymbol{\pi})} = \prod_i \left(\frac{r_i}{t}\right)^{r_i/t}$$

である. 両辺に t を乗じ, 次に t 乗することで,

$$t^t e^{-tH_{\mathbb{R}}(\boldsymbol{\pi})} = \prod_i r_i^{r_i}$$

を得る. $\boldsymbol{\gamma}$ に対する類似の等式と $H_{\mathbb{R}}(\boldsymbol{\pi}) = H_{\mathbb{R}}(\boldsymbol{\gamma})$ であるという仮定より,

$$\prod_i r_i^{r_i} = \prod_j s_j^{s_j}$$

となる．ここで補題 11.3.1 から，$\mathbb{Z}/p\mathbb{Z}$ において

$$\sum_i \partial(r_i) = \sum_j \partial(s_j)$$

を得る．$\sum r_i = t = \sum s_j$ であるから，

$$\sum_i \partial(r_i) - \partial\left(\sum_i r_i\right) = \sum_j \partial(s_j) - \partial\left(\sum_j s_j\right)$$

となる．しかし，$t \equiv 1 \pmod{p}$ であるから r_i は $\mathbb{Z}/p\mathbb{Z}$ の元 $r_i/t = \pi_i$ の代表元で，それゆえ補題 11.1.8 より，この等式の左辺は $H_p(\boldsymbol{\pi})$ である．同様に，右辺は $H_p(\boldsymbol{\gamma})$ である．ゆえに，$H_p(\boldsymbol{\pi}) = H_p(\boldsymbol{\gamma})$ である． $\square$

このことから，実エントロピーの Kontsevich の剰余類はきちんと定義されていることになる．すなわち，

$$\mathbb{E}^{(p)} = \bigcup_{n=1}^{\infty} \{H_{\mathbb{R}}(\boldsymbol{\pi}) : \boldsymbol{\pi} \in \Delta_n^{(p)}\} \subseteq \mathbb{R}$$

と書くと，集合の写像

$$[\cdot]\colon \mathbb{E}^{(p)} \to \mathbb{Z}/p\mathbb{Z}$$

で，すべての $\boldsymbol{\pi} \in \Delta_n^{(p)}$ と $n \geq 1$ に対して $[H_{\mathbb{R}}(\boldsymbol{\pi})] = H_p(\boldsymbol{\pi})$ となるものが一意的に存在する．次に，「剰余」という語から期待されるように，この写像は加法的であることを示す．

命題 11.3.3 集合 $\mathbb{E}^{(p)}$ は加法で閉じており，剰余写像

$$\begin{aligned}[\cdot]\colon \quad \mathbb{E}^{(p)} &\to \mathbb{Z}/p\mathbb{Z} \\ H_{\mathbb{R}}(\boldsymbol{\pi}) &\mapsto H_p(\boldsymbol{\pi})\end{aligned}$$

は加法を保存する．

証明 $\boldsymbol{\pi} \in \Delta_n^{(p)}$ および $\boldsymbol{\gamma} \in \Delta_m^{(p)}$ とする．$H_{\mathbb{R}}(\boldsymbol{\pi}) + H_{\mathbb{R}}(\boldsymbol{\gamma}) \in \mathbb{E}^{(p)}$ および

$$[H_{\mathbb{R}}(\boldsymbol{\pi}) + H_{\mathbb{R}}(\boldsymbol{\gamma})] = [H_{\mathbb{R}}(\boldsymbol{\pi})] + [H_{\mathbb{R}}(\boldsymbol{\gamma})]$$

であることを示さなければならない．明らかに $\boldsymbol{\pi} \otimes \boldsymbol{\gamma} \in \Delta_{nm}^{(p)}$ であるから，$H_{\mathbb{R}}$ の対数的性質より，

$$H_{\mathbb{R}}(\boldsymbol{\pi}) + H_{\mathbb{R}}(\boldsymbol{\gamma}) = H_{\mathbb{R}}(\boldsymbol{\pi} \otimes \boldsymbol{\gamma}) \in \mathbb{E}^{(p)}$$

である．次に，やはり H_p の対数的性質（系 11.1.15）を用いて，望んだとおり

$$[H_{\mathbb{R}}(\boldsymbol{\pi}) + H_{\mathbb{R}}(\boldsymbol{\gamma})] = [H_{\mathbb{R}}(\boldsymbol{\pi} \otimes \boldsymbol{\gamma})]$$
$$= H_p(\boldsymbol{\pi} \otimes \boldsymbol{\gamma})$$
$$= H_p(\boldsymbol{\pi}) + H_p(\boldsymbol{\gamma})$$
$$= [H_{\mathbb{R}}(\boldsymbol{\pi})] + [H_{\mathbb{R}}(\boldsymbol{\gamma})]$$

となる. $\qquad\square$

11.4 多項式アプローチ

素数を法とするエントロピーへのアプローチには別のものがある. これは, 上述のアプローチの欠点を繕うものである. すなわち, $\mathbb{Z}/p\mathbb{Z}$ 上の分布 $\boldsymbol{\pi}$ のエントロピーを定義するために, $\mathbb{Z}/p\mathbb{Z}$ の外に出て確率 π_i の代表元となる整数を任意に選択し, それからこの定義が代表元の選択に依存しないことを示さなければならなかった. ここでは, $H(\boldsymbol{\pi})$ を $\pi_1, \ldots, \pi_n$ の関数として直接定義する方法を示す.

有限体 K 上のすべての関数 $K^n \to K$ は何らかの n 変数多項式により引き起こされるという古典的な事実により, 必然的にその関数は多項式である. 実際, 各変数の次数が有限体の位数よりも真に小さいこのような多項式はただ一つ存在する.

補題 11.4.1 K を q 元からなる有限体, $n \geq 0$, および $F: K^n \to K$ を関数とする. このとき,
$$f(x_1, \ldots, x_n) = \sum_{0 \leq r_1, \ldots, r_n < q} c_{r_1, \ldots, r_n} x_1^{r_1} \cdots x_n^{r_n} \qquad (c_{r_1, \ldots, r_n} \in K)$$
という形の多項式 f で, すべての $\pi_1, \ldots, \pi_n \in K$ に対して
$$f(\pi_1, \ldots, \pi_n) = F(\pi_1, \ldots, \pi_n)$$
であるものがただ一つ存在する.

証明 付録 A.9 を参照せよ. $\qquad\square$

とくに, $K = \mathbb{Z}/p\mathbb{Z}$ ととると, p を法とするエントロピーは各変数の次数が p より小さい多項式として表示できる. 次に, このような多項式を同定する.

各 $n \geq 1$ に対して, $h(x_1, \ldots, x_n) \in (\mathbb{Z}/p\mathbb{Z})[x_1, \ldots, x_n]$ を
$$h(x_1, \ldots, x_n) = - \sum_{\substack{0 \leq r_1, \ldots, r_n < p \\ r_1 + \cdots + r_n = p}} \frac{x_1^{r_1} \cdots x_n^{r_n}}{r_1! \cdots r_n!}$$
により定義する.

命題 11.4.2 すべての $n \geq 1$ と $(\pi_1, \ldots, \pi_n) \in \Pi_n$ に対して,

$$H(\pi_1, \ldots, \pi_n) = h(\pi_1, \ldots, \pi_n)$$

である.

証明 $\pi_1, \ldots, \pi_n \in \mathbb{Z}/p\mathbb{Z}$ とする. $a_1, \ldots, a_n$ が $\pi_1, \ldots, \pi_n$ の代表元となる整数である限り,

$$\frac{1}{p}\left(\left(\sum_{i=1}^{n} a_i\right)^p - \sum_{i=1}^{n} a_i^p\right) \tag{11.11}$$

は $h(\pi_1, \ldots, \pi_n)$ の代表元となる整数であることを示す. $\boldsymbol{\pi} \in \Pi_n$ ならば $\sum \pi_i = 1$ であるから, 補題 11.1.5 より $(\sum a_i)^p \equiv 1 \pmod{p^2}$ となるので, 示すべき結果が導かれる.

このためには,

$$\left(\sum_{i=1}^{n} a_i\right)^p - \sum_{i=1}^{n} a_i^p \equiv -p \sum_{\substack{0 \leq r_1, \ldots, r_n < p \\ r_1 + \cdots + r_n = p}} \frac{a_1^{r_1} \cdots a_n^{r_n}}{r_1! \cdots r_n!} \pmod{p^2}$$

であることを証明しなければならない. $(p-1)!$ は $\mathbb{Z}/p^2\mathbb{Z}$ において可逆であるから,

$$(p-1)!\left(\sum_{i=1}^{n} a_i^p - \left(\sum_{i=1}^{n} a_i\right)^p\right) \equiv \sum_{\substack{0 \leq r_1, \ldots, r_n < p \\ r_1 + \cdots + r_n = p}} \frac{p!}{r_1! \cdots r_n!} a_1^{r_1} \cdots a_n^{r_n} \pmod{p^2}$$

$$\tag{11.12}$$

は同値な言明である. 右辺は $(\sum a_i)^p - \sum a_i^p$ であるから, 等式(11.12)は

$$((p-1)! + 1)\left(\sum_{i=1}^{n} a_i^p - \left(\sum_{i=1}^{n} a_i\right)^p\right) \equiv 0 \pmod{p^2}$$

に帰着する. そして, $(p-1)! \equiv -1 \pmod{p}$* および $\sum a_i^p \equiv \sum a_i \equiv (\sum a_i)^p \pmod{p}$ であるから, これは正しい. $\qquad\square$

これで, $\sum \pi_i = 1$ である限り, $h(\pi_1, \ldots, \pi_n) = H(\pi_1, \ldots, \pi_n)$ であることを示したことになる. この等式は引数の和が 1 である場合においてしか述べられていないので (また H はこの場合にしか定義されていないので), 補題 11.4.1 は h がただ一つのこのような, 各変数の次数が p より小さい多項式であることを含意しない. しかし, h はさらによい性質をもっている. h は次数 p の斉次式であり, このことは h により引き起

---

* 訳注：Wilson の定理による.

こされる多項式関数 $\overline{H}\colon (\mathbb{Z}/p\mathbb{Z})^n \to \mathbb{Z}/p\mathbb{Z}$ が次数 1 の斉次関数であることを含意する. 実際,

$$\overline{H}(\boldsymbol{\pi}) = \sum_{i=1}^{n} \partial(a_i) - \partial\left(\sum_{i=1}^{n} a_i\right)$$

である（これは，整数(11.11)が $h(\pi_1, \ldots, \pi_n)$ の代表元となるという事実から導かれる）. それゆえ，補題 11.1.8 とそれに続く説明に照らして，p を法とするエントロピーの代表元となる多項式として h を選ぶのは自然である.

ここで，h がみたす多項式の恒等式をいくつか確立するが，これらは H に対して以前に証明した関数方程式よりも強いものである. 最初のものは，後で見るようにチェイン則に密接に関係している.

定理 11.4.3 $n, k_1, \ldots, k_n \geq 0$ とする. このとき，h は以下の $\mathbb{Z}/p\mathbb{Z}$ 上の可換な変数 x_{ij} の多項式の恒等式をみたす.

$$h(x_{11}, \ldots, x_{1k_1}, \ldots, x_{n1}, \ldots, x_{nk_n})$$
$$= h(x_{11} + \cdots + x_{1k_1}, \ldots, x_{n1} + \cdots + x_{nk_n}) + \sum_{i=1}^{n} h(x_{i1}, \ldots, x_{ik_i})$$

証明 この等式の左辺は,

$$- \sum_{\substack{0 \leq s_1, \ldots, s_n \leq p \\ s_1 + \cdots + s_n = p}} \sum \frac{x_{11}^{r_{11}} \cdots x_{1k_1}^{r_{1k_1}} \cdots x_{n1}^{r_{n1}} \cdots x_{nk_n}^{r_{nk_n}}}{r_{11}! \cdots r_{1k_1}! \cdots r_{n1}! \cdots r_{nk_n}!} \tag{11.13}$$

に等しい. ただし，内側の和は $0 \leq r_{ij} < p$ かつ

$$r_{11} + \cdots + r_{1k_1} = s_1, \quad \ldots, \quad r_{n1} + \cdots + r_{nk_n} = s_n$$

であるようなすべての $r_{11}, \ldots, r_{nk_n}$ にわたる.

外側の和を二つの部分に分ける. 最初の部分は $s_1, \ldots, s_n$ のどれも p に等しくない被加数からなり，二つ目の部分は一つの s_i が p に等しくほかは零であるような被加数からなるようにする. このとき，多項式(11.13)は $A + B$ に等しい. ただし,

$$A = - \sum_{\substack{0 \leq s_1, \ldots, s_n < p \\ s_1 + \cdots + s_n = p}} \prod_{i=1}^{n} \sum_{\substack{r_{i1}, \ldots, r_{ik_i} \geq 0 \\ r_{i1} + \cdots + r_{ik_i} = s_i}} \frac{x_{i1}^{r_{i1}} \cdots x_{ik_i}^{r_{ik_i}}}{r_{i1}! \cdots r_{ik_i}!}$$

$$B = - \sum_{i=1}^{n} \sum_{\substack{0 \leq r_{i1}, \ldots, r_{ik_i} < p \\ r_{i1} + \cdots + r_{ik_i} = p}} \frac{x_{i1}^{r_{i1}} \cdots x_{ik_i}^{r_{ik_i}}}{r_{i1}! \cdots r_{ik_i}!}$$

である. すると

$$A = -\sum_{\substack{0 \le s_1,\ldots,s_n < p \\ s_1+\cdots+s_n=p}} \frac{1}{s_1!\cdots s_n!} \prod_{i=1}^{n} \sum_{\substack{r_{i1},\ldots,r_{ik_i} \ge 0 \\ r_{i1}+\cdots+r_{ik_i}=s_i}} \frac{s_i!}{r_{i1}!\cdots r_{ik_i}!} x_{i1}^{r_{i1}}\cdots x_{ik_i}^{r_{ik_i}}$$

$$= -\sum_{\substack{0 \le s_1,\ldots,s_n < p \\ s_1+\cdots+s_n=p}} \frac{1}{s_1!\cdots s_n!} \prod_{i=1}^{n} (x_{i1}+\cdots+x_{ik_i})^{s_i}$$

$$= h(x_{11}+\cdots+x_{1k_1},\ldots,x_{n1}+\cdots+x_{nk_n})$$

および

$$B = \sum_{i=1}^{n} h(x_{i1},\ldots,x_{ik_i})$$

となり, 示すべき結果が導かれる. □

チェイン則の多項式形はすぐに導かれる.

系 11.4.4（チェイン則） $n, k_1,\ldots,k_n \ge 0$ とする. このとき, h は以下の $\mathbb{Z}/p\mathbb{Z}$ 上の可換な変数 y_i, x_{ij} の多項式の恒等式をみたす.

$$h(y_1 x_{11},\ldots,y_1 x_{1k_1},\ldots,y_n x_{n1},\ldots,y_n x_{nk_n})$$
$$= h(y_1(x_{11}+\cdots+x_{1k_1}),\ldots,y_n(x_{n1}+\cdots+x_{nk_n})) + \sum_{i=1}^{n} y_i^p h(x_{i1},\ldots,x_{ik_i})$$

証明 これは, $y_i x_{ij}$ を x_{ij} を代入し, 次に h の次数 p の斉次性を用いることにより, 定理 11.4.3 から導かれる. □

この多項式の恒等式から, p を法とするエントロピーに対するチェイン則の別の証明が得られる. すなわち, 命題 11.1.14 のように $\boldsymbol{\gamma} \in \Pi_n$ と $\boldsymbol{\pi}^i \in \Pi_{k_i}$ が与えられたとき, $y_i = \gamma_i$ と $x_{ij} = \pi_j^i$ を代入し, 次に各 i に対して $\sum_j \pi_j^i = 1$ および $\gamma_i^p = \gamma_i$ であるという事実を用いるのである（ここで, i は上付きの添え字であり, p は累乗である）.

定義上, 一変数のエントロピー多項式 $h(x)$ は 0 である. しかし, 二変数のエントロピー多項式には重要な性質がある.

系 11.4.5 二変数のエントロピー多項式 h はコサイクル条件

$$h(x,y) - h(x,y+z) + h(x+y,z) - h(y,z) = 0$$

を, 多項式の恒等式としてみたす.

類似の結果はCathelineau[60, pp. 58–59], Kontsevich[195]およびElbaz-Vincent–Gangl[89, 2.3節]に登場しており，Baudot–Bennequin[32]およびVigneaux[345]の情報コホモロジーを通じて理解することができる．

証明 （$h(z)$ は零多項式であるから）定理11.4.3で $n = 2$ および $(k_1, k_2) = (2, 1)$ とすることで，

$$h(x, y, z) = h(x + y, z) + h(x, y)$$

を得て，また同様に，

$$h(x, y, z) = h(x, y + z) + h(y, z)$$

となる．よって，示すべき結果が導かれる． □

　本書では，エントロピー関数の引数の和が1である場合にとくに関心を注いでおり，この制約のもとで $h(x, y)$ は単純な形になる．

補題 11.4.6 $p \neq 2$ のとき，多項式の恒等式

$$h(x, 1 - x) = \sum_{r=1}^{p-1} \frac{x^r}{r}$$

が成り立ち，また $p = 2$ のときは多項式の恒等式

$$h(x, 1 - x) = x + x^2$$

が成り立つ．

証明 $p = 2$ の場合は明らかである．そこで，$p > 2$ とする．示すべき結果は直接的な計算により証明することができるが，例11.1.12を用いて証明を短くする．例11.1.12は，すべての $\pi \in \mathbb{Z}/p\mathbb{Z}$ に対して

$$h(\pi, 1 - \pi) = \sum_{r=1}^{p-1} \frac{\pi^r}{r}$$

となることを含意する．ここでは，これが関数の等式であるだけでなく，多項式の恒等式であることを証明したい．補題11.4.1より，多項式

$$h(x, 1 - x) = -\sum_{r=1}^{p-1} \frac{x^r (1 - x)^{p-r}}{r!(p - r)!}$$

の次数が p より真に小さいことを示せば十分である．次数は明らかに高々 p であるから，x^p の係数が消えることを示すことだけが必要である．その係数とは，

$$-\sum_{r=1}^{p-1}\frac{(-1)^{p-r}}{r!(p-r)!}$$

である. $1 \leq r \leq p-1$ に対して, $\mathbb{Z}/p\mathbb{Z}$ において

$$-\frac{(-1)^{p-r}}{r!(p-r)!} = (-1)^{p-r}\frac{(p-1)!}{r!(p-r)!} = (-1)^{p-r}\frac{1}{r}\binom{p-1}{r-1} = (-1)^{p-1}\frac{1}{r}$$

である. ただし, まず $(p-1)! = -1$ という事実を, 次に補題 11.1.11 を用いた. ゆえに, $h(x, 1-x)$ における x^p の係数は

$$(-1)^{p-1}\sum_{r\in(\mathbb{Z}/p\mathbb{Z})^{\times}}\frac{1}{r}$$

である. しかし, $r \mapsto 1/r$ は $(\mathbb{Z}/p\mathbb{Z})^{\times}$ の置換を定義するので, ここでの和は $\sum_{r=1}^{p-1} r$ に等しく, これは p が奇数であるから 0 である. $\qquad\square$

Elbaz-Vincent–Gangl[88]にしたがい,

$$\mathcal{L}_1(x) = h(x, 1-x) = \begin{cases} \displaystyle\sum_{r=1}^{p-1}\frac{x^r}{r} & (p \neq 2 \text{ のとき}) \\ x + x^2 & (p = 2 \text{ のとき}) \end{cases} \tag{11.14}$$

と書く (Elbaz-Vincent–Gangl は $p = 2$ の場合を省略している). 関数 $\mathcal{L}_1$ は, 実関数

$$x \mapsto H_{\mathbb{R}}(x, 1-x) = -x\log x - (1-x)\log(1-x) \tag{11.15}$$

の p を法とする類似である. これは, 式(11.14)と式(11.15)の間に形式的な類似性がないことからすると, 驚くべきことかもしれない. 実際, 多項式 $\sum_{r=1}^{p-1} x^r/r$ は(11.15)ではなく, $-\log(1-x)$ のべき級数を打ち切ったものである. それにもかかわらず, Faddeev の定理とその p を法とする対応物 (定理 2.5.1 と定理 11.2.1) は $\mathbb{R}$ 上のエントロピー関数と $\mathbb{Z}/p\mathbb{Z}$ 上のエントロピー関数の間の緊密な類似性を確立するのである.

h はその定義から対称多項式であることがすぐにわかるので, 多項式の恒等式

$$\mathcal{L}_1(x) = \mathcal{L}_1(1-x) \tag{11.16}$$

が成り立つ. 多項式 $\mathcal{L}_1$ はより煩雑な恒等式もみたすが, その意義はすぐ後で説明される. Kontsevich[195]にしたがって, Elbaz-Vincent–Gangl は以下を証明した.

命題 11.4.7 (Elbaz-Vincent–Gangl) 多項式の恒等式

$$\mathcal{L}_1(x) + (1-x)^p\mathcal{L}_1\left(\frac{y}{1-x}\right) = \mathcal{L}_1(y) + (1-y)^p\mathcal{L}_1\left(\frac{x}{1-y}\right)$$

が成り立つ.

$\mathcal{L}_1$ の次数は高々 p であるから，この等式の両辺は実際に多項式である．Elbaz-Vincent–Gangl は微分方程式を用いてこれを証明したが[88, 命題 5.9 (2)]，コサイクル恒等式からも容易に導かれる．

証明　可換な変数 x と y の $\mathbb{Z}/p\mathbb{Z}$ 上の有理式の体で考える．h は次数 p の斉次式であるから，

$$h(x, y) = (x + y)^p \mathcal{L}_1 \left(\frac{x}{x + y} \right)$$

である．したがって，証明すべき恒等式は，

$$h(x, 1 - x) + h(y, 1 - x - y) = h(y, 1 - y) + h(x, 1 - x - y)$$

と同値である．h は対称的であるから，これは今度は

$$h(x, 1 - x - y) - h(x, 1 - x) + h(1 - y, y) - h(1 - x - y, y) = 0$$

と同値になり，これは系 11.4.5 のコサイクル恒等式の一例である．　　　　□

命題 11.4.7 は以下のように理解できる．p を法とする任意の確率分布は，二元上の分布を繰り返し合成したものとして表示できる．ゆえに，任意の分布のエントロピーは，二元上の分布のエントロピー $H(\pi, 1 - \pi)$ から，チェイン則を用いて計算できる．この意味で，関数列

$$(H \colon \Pi_n \to \mathbb{Z}/p\mathbb{Z})_{n \geq 1}$$

は単一の関数 $H \colon \Pi_2 \to \mathbb{Z}/p\mathbb{Z}$ に帰着し，これは実質的には一変数関数

$$\begin{aligned} F \colon \mathbb{Z}/p\mathbb{Z} &\to \quad \mathbb{Z}/p\mathbb{Z} \\ \pi &\mapsto H(\pi, 1 - \pi) \end{aligned}$$

である．同じことが $\mathbb{R}$ 上で正しい．すなわち，関数列 $(H \colon \Delta_n \to \mathbb{R})_{n \geq 1}$ は，$F(\pi) = H(\pi, 1 - \pi)$ により定義される単一の関数 $F \colon [0, 1] \to \mathbb{R}$ へと帰着する．

一方，任意の関数 $F \colon \mathbb{Z}/p\mathbb{Z} \to \mathbb{Z}/p\mathbb{Z}$ が与えられても，一般にはチェイン則をみたす関数列 $(\Pi_n \to \mathbb{Z}/p\mathbb{Z})_{n \geq 1}$ へと拡張することはできない（実の場合でも，同様にできない）．実際，分布 $(\pi, 1 - \pi - \tau, \tau)$ を 2 通りの異なる方法で合成として表示することで，このような拡張が存在するために F がみたさなければならない等式を得る．対称性 $F(\pi) = F(1 - \pi)$ を仮定したとき，その等式は

$$F(\pi) + (1 - \pi)F\left(\frac{\tau}{1 - \pi} \right) = F(\tau) + (1 - \tau)F\left(\frac{\pi}{1 - \tau} \right) \qquad (\pi, \tau \neq 1) \qquad (11.17)$$

である．関数 F が $\pi \mapsto H(\pi, 1 - \pi)$ であるとき，命題 11.4.7 からも等式 (11.17) は導かれる．

等式 (11.17) は，**情報理論の基礎方程式**（fundamental equation of information theory）とよばれることがある．（$\mathbb{R}$ 上では，この関数方程式は少なくとも Tverberg [337] の 1958 年の研究以来，調べられている．名称は後からつけられたようであり，Aczél–Daróczy の 1975 年の著書[3]では登場している．）F が対称的であることを仮定すると，F が基礎方程式をみたすならば上述の拡張が実行できるという意味において，拡張問題への障害は基礎方程式だけである．

実の場合においては，関数 (11.15) は基礎方程式の解である．実際，スカラー倍を除いて，基礎方程式の可測な解 F で $F(0) = F(1)$ をみたすようなものは，関数 (11.15) た̇だ̇一̇つ̇である（Aczél–Daróczy[3, 系 3.4.22]）．有限実確率分布に対する Shannon エントロピーは，可測性，対称性およびチェイン則により，定数因子を除いて一意的に特徴づけられることを導き出すことができる．これは，注意 2.5.2(iii) において言及した Lee の 1964 年の定理であり，その証明は Lee[206] や Aczél–Daróczy[3, 系 3.4.23] にある．

p を法とする場合には，関数 $F = \mathcal{L}_1$ が対称的で基礎方程式をみたすことはわかっている．任意のこのような関数 F はチェイン則をみたす関数列 $\Pi_n \to \mathbb{Z}/p\mathbb{Z}$ に拡張できるので，定理 11.2.1 から，$\mathcal{L}_1$ がこれらの性質をもつ定数因子を除いたただ一つのものであることになる．

Kontsevich[195] は，$\mathcal{L}_1$ を $1\frac{1}{2}$ **対数**（$1\frac{1}{2}$-logarithm）とよぶことを提案した．というのは，通常の対数は 3 項の関数方程式（$\log(xy) = \log x + \log y$）をみたし，（Zagier [362, 2 節]あるいは Elbaz-Vincent–Gangl[88, 命題 3.5]のように）二重対数は 5 項の関数方程式をみたし，$1\frac{1}{2}$ 対数は 4 項の関数方程式 (11.17) をみたすからである．

注意 11.4.8　Kontsevich は，大きな影響力をもった覚書[195]において，系 11.4.5 のものと同値なコサイクル恒等式を用いて，ホモロジー論の言葉で実の場合と p を法とする場合を統一した．その際，$\sum_{0 < r < p} \pi^r / r$ が，（彼がそうしたように，$p \neq 2$ であることを仮定したときの）二元上の p を法とする分布 $(\pi, 1 - \pi)$ のエントロピーに対する正しい公式であることを確立した．任意個数の元上の p を法とする分布のエントロピーの定義は与えなかったが，彼の論証は，ただ一つのもっともなこのような定義が存在しなければならないことを示した．

本章では，Kontsevich により示唆された枠組みを発展させ，また p を法とする情報損失の定義と特徴づけも与えた．この理論には二つのさらなる明白な特徴がある．第一に，$p = 2$ の場合が簡潔に含まれている．第二に，対称性をまったく要請しない．Lee[206] や Kontsevich のそれのような，情報理論の基礎方程式に基づくエントロピーへの公理的ア

プローチにおいては，対称性公理 $F(\pi) = F(1-\pi)$ が本質的である．実際，$F(\pi) = \pi$ も
(11.17)の解であり，命題 11.4.7 の多項式の恒等式も $\mathcal{L}_1(x)$ の代わりに x^p によりみたさ
れる．対称性公理は，これらやほかの望ましくない解を除外するのに用いられている．こ
のことが，実エントロピー H の Lee の特徴づけが，H が対称関数であるという仮定を必
要とした理由である．対照的に，本章でのアプローチでは，対称性をどこでも必要として
いない．

第12章

エントロピーの圏論的起源

THE CATEGORICAL ORIGINS OF ENTROPY

　本章では，実数直線と有限確率空間の概念が入力として与えられると，Shannon エントロピーの概念を出力として自動的に生み出す，一般的な圏論的構成を説明する（図 12.1）．

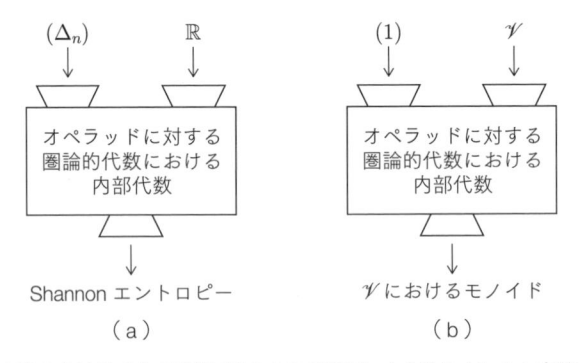

図 12.1　本章の主結果である定理 12.3.1 の概略図．(a)単体 (Δ_n) と実数直線が入力として与えられると Shannon エントロピーの概念を出力として生み出し，(b)一点集合 1 とモノイダル圏 $\mathscr{V}$ が入力として与えられると $\mathscr{V}$ におけるモノイドの概念を出力として生み出す，一般的な圏論的機械が存在する．

　この結果の教訓は，代数学と位相数学という純粋数学の心臓部においてすら，エントロピーは不可避的であるということである．これは意外なことかもしれない．というのも，エントロピーは科学の多くの分野において重要な概念であるにもかかわらず，代数学者，位相数学者あるいは圏論家は，どんな種類のエントロピーにも一生出会わなくても不思議ではないからである．

　それにもかかわらず，ここで説明する圏論的構成は完全に一般的で自然なものである．それはこの特定の目的のために誂えたものではない．ほかのよく知られた入力はよく知られた出力を生み出す．そして，ここでこの構成に与えられる入力である実数直線

$\mathbb{R}$ と標準位相単体 Δ_n は，純粋数学の基礎的な対象である．それゆえ，情報，多様性，熱力学などの見地からのどんな動機づけにもまったく依存せずに，純粋数学においても Shannon エントロピーを自然な概念として受け入れざるを得ない．

ここでの圏論的構成は，オペラッドとその代数を含む．最初の二つの節では，標準的な定義をいくつか述べる．まず 12.1 節で，オペラッドと代数そのものを定義する．オペラッド P に対して，圏論的 P 代数 $\mathbf{A}$（P の作用を受ける圏）の概念と $\mathbf{A}$ における内部代数の概念がある．これらを適切に定義すると（12.2 節），上の最初の段落の約束を果たすことができる（定理 12.3.1）．具体的には，単体オペラッド Δ と圏論的 Δ 代数 $\mathbb{R}$ に対して，$\mathbb{R}$ における内部代数がちょうど Shannon エントロピーのスカラー倍になることを示す．

最後の節では，内部代数を含む自由圏論的 Δ 代数を説明する．証明される結果は，一つのモノイドを含む自由モノイダル圏は有限全順序集合の圏であるという古典的結果と類似している．この結果に到達するには，圏論的抽象化の山をさらに登る必要がある．しかし，この道のりの先には完全に具体的な情報損失の特徴づけがある．これは，第 10 章の特徴づけ定理とほとんど同じである．

本章では，圏における積，モノイダル圏におけるモノイド，および有限極限をもつ圏における内部代数といった，圏論の知識をいくらか仮定する．

12.1 オペラッドとその代数

オペラッドは，普遍代数の意味での代数理論のようなものであるが，本質的により制限された抽象演算の系である．オペラッドは代数トポロジーで最初に登場したが（Boardman–Vogt[43]，May[247]），一方でこれとは独立に，より一般的な多重圏の概念が圏論的論理学で発展した（Lambek[201]）．現在では，オペラッドは（多くのほかの圏論的構造のように）代数学から理論物理学に至るまで，非常に広い範囲の主題で応用が見いだされている．このような応用の実例のいくつかは，Kontsevich[196]，Loday–Vallette[234]，Markl–Shnider–Stasheff[244]にある．

オペラッドへの入門は，[234]，[244]および[207，第 2 章]など，多くある．ここでは，本書の目標を達成するのに必要な定義と結果を与えるだけにする．

オペラッドは，一定の法則にしたがう一定の代数構造を備えた集合の列 $(P_n)_{n \geq 0}$ からなる．P_n の元 θ は，図 12.2 のように，n 個の入力と一つの出力をもつ抽象演算とみなすのが有用である．一つの典型的な例は，モノイダル圏 $\mathscr{A}$ の任意の対象 A に対して得られる，$P_n = \mathscr{A}(A^{\otimes n}, A)$ である．集合の列 $(P_n)_{n \geq 0}$ 上の代数構造と，この構造がし

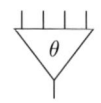

図 12.2 　オペラッド P の元 $\theta \in P_4$

たがう等式法則は，ちょうどこの例から示唆されるものになる．

定義 12.1.1 　オペラッド（operad）P は，以下のものからなる．

- 集合の列 $(P_n)_{n \geq 0}$
- 各 $n, k_1, \ldots, k_n \geq 0$ に対して，**合成**（composition）とよばれる関数

$$P_n \times P_{k_1} \times \cdots \times P_{k_n} \to P_{k_1 + \cdots + k_n} \tag{12.1}$$

で，

$$(\theta, \phi^1, \ldots, \phi^n) \mapsto \theta \circ (\phi^1, \ldots, \phi^n)$$

と書かれるもの（図 12.3）

- **単位元**（identity）とよばれる元 $1_P \in P_1$

これらは，以下の公理をみたす．

- **結合律**（associativity）：各 $n, k_i, \ell_{ij} \geq 0$ と $\theta \in P_n$, $\phi^i \in P_{k_i}$, $\psi^{ij} \in P_{\ell_{ij}}$ に対して，

$$(\theta \circ (\phi^1, \ldots, \phi^n)) \circ (\psi^{11}, \ldots, \psi^{1k_1}, \ldots, \psi^{n1}, \ldots, \psi^{nk_n})$$
$$= \theta \circ (\phi^1 \circ (\psi^{11}, \ldots, \psi^{1k_1}), \ldots, \phi^n \circ (\psi^{n1}, \ldots, \psi^{nk_n}))$$

- **単位律**（identity）：各 $n \geq 0$ と $\theta \in P_n$ に対して，

$$\theta \circ (\underbrace{1_P, \ldots, 1_P}_{n}) = \theta = 1_P \circ (\theta)$$

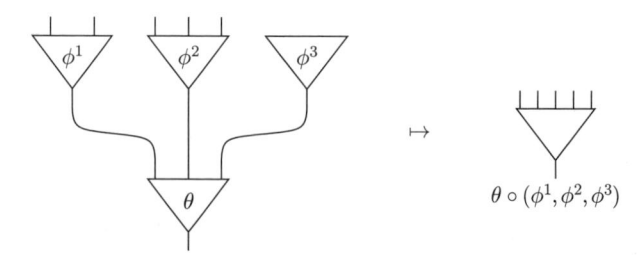

図 12.3 　オペラッドの合成．$\theta \in P_3$ は $\phi^1 \in P_2$, $\phi^2 \in P_3$ および $\phi^3 \in P_0$ と合成され，$\theta \circ (\phi^1, \phi^2, \phi^3) \in P_5$ が得られる．

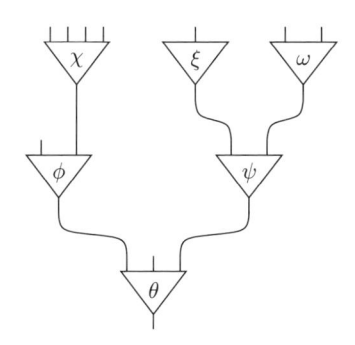

図 12.4 オペラッド P におけるすべての演算の木は，きちんと
定義された合成（この場合では，P_9 の元）をもつ

　図 12.4 に示したようなすべての演算の木は，オペラッドの合成と単位元を繰り返し用いることにより得られる，曖昧さのない合成をもつ．結合律と単位律は，合成の結果が合成がなされる順序によらないことを保証する．

例 12.1.2

（ i ）各 $n \geq 0$ に対して $\mathbf{1}_n$ が一点集合であるようなオペラッド $\mathbf{1}$ が存在する．合成と単位元は一意的に定まる．オペラッドの射の概念は明らかなものをとると，$\mathbf{1}$ は終オペラッド（terminal operad）である．

（ ii ）モノイド M を固定する．次により得られるオペラッド $P(M)$ が存在する．

$$
P(M)_n = \begin{cases} M & (n = 1 \text{ のとき}) \\ \varnothing & (\text{そうでないとき}) \end{cases} \qquad (n \geq 0)
$$

　　　（(12.1)の記法で）$n = k_1 = 1$ のときの合成は M の乗法として定義され，この場合を除いて $P(M)$ の合成を定義する方法に選択の余地はない．同様に，オペラッド $P(M)$ の単位元はモノイド M の単位元である．

（iii）オペラッド $\Delta = (\Delta_n)_{n \geq 0}$ が存在する．ただし，Δ_n はいつもどおり $\{1, \dots, n\}$ 上の確率分布の集合である．オペラッドの合成は分布の合成であり，単位元は $\{1\}$ 上のただ一つの分布 $\mathbf{u}_1$ である．すでに注意 2.1.8 において，結合律と単位律の公理がみたされることを注意した．

（iv）有限集合上の確率測度だけからなるのではなく，有限集合上のすべての有限測度からなるより大きなオペラッド Λ が存在する．だから，$\Lambda_n = [0, \infty)^n$ である．合成は Δ に対するものと同じ公式（定義 2.1.3）により得られ，単位元は $(1) \in \Lambda_1$ である．

（v）$\mathscr{A}$ をモノイダル圏，また $A \in \mathscr{A}$ とする．このとき，

$$\mathrm{End}(A)_n = \mathscr{A}(A^{\otimes n}, A)$$

であり，合成と単位元が $\mathscr{A}$ の合成と恒等射およびモノイダル構造を用いて定義されるオペラッド $\mathrm{End}(A)$ が存在する．一般のオペラッド P に対して，P_n の元を演算とみなすことを提案したが，$P = \mathrm{End}(A)$ のときは，このことは実際的な意味において正しい．すなわち，$\mathrm{End}(A)_n$ は射 $A^{\otimes n} \to A$ の集合である．

（vi）体 k を固定し，$P_n = k[x_1, \ldots, x_n]$ を k 上の n 変数の多項式の集合とする．このとき，$P = (P_n)_{n \geq 0}$ は，合成が代入と変数名の付け替えにより与えられるオペラッドの構造をもつ．たとえば，

$$\theta = x_1^2 + x_2^3 \in P_2, \qquad \phi = 2x_1x_3 - x_2 \in P_3, \qquad \psi = x_1 + x_2x_3x_4 \in P_4$$

ならば，

$$\theta \circ (\phi, \psi) = (2x_1x_3 - x_2)^2 + (x_4 + x_5x_6x_7)^3 \in P_7$$

である．オペラッドのこの例は，ある大きな族の中の一つのものである．この場合，P_n は n 個の生成元上の自由 k 代数である．P_n が，n 個の生成元上の自由群，自由 Lie 代数，自由分配束などであるような同様の例が存在する．すべての場合において，合成は代入と変数名の付け替えにより与えられる．

（vii）$d \geq 1$ を固定する．**小 d 円板オペラッド**（little d-discs operad）P は，以下のように定義される．P_n を，順に番号づけられていてその内部が互いに交わりをもたない，単位円板内の n 個の d 次元円板の配置の集合とする（図 12.5）．この図により示唆されるように，合成は（アフィン変換を用いた）代入と番号の付け替えにより与えられる．

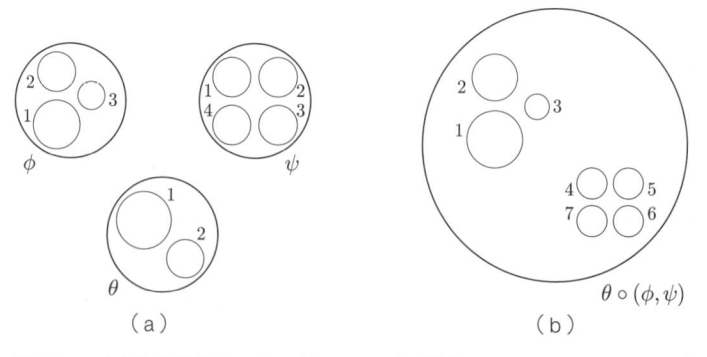

図 **12.5** (a)小 2 円板オペラッド P における演算 $\theta \in P_2$，$\phi \in P_3$ および $\psi \in P_4$（例 12.1.2(vii)）．(b)合成演算 $\theta \circ (\phi, \psi) \in P_7$．

小円板オペラッドとその近縁である小立方体オペラッドは，まさに最初に定義された
オペラッドの一つである（Boardman–Vogt[43]および May[247, 4 節]）.

$\blacklozenge$

より正確な用語では，定義 12.1.1 において定義されたオペラッドは，集合の非対称オ
ペラッドとよばれるものである．ちょうどモノイダル圏の定義に対称なものと非対称な
ものがあるように，オペラッドの定義にも対称なものと非対称なものがある．ここでは，
非対称な形に専念する．

しかし，集合のオペラッドだけが必要というわけではない．$\mathscr{E}$ を，有限積をもつ任意
の圏（あるいは実際には，ここで必要ではない一般性の水準の，任意の対称モノイダル
圏）とする．$\mathscr{E}$ **におけるオペラッド**（operad in $\mathscr{E}$）とは，$\mathscr{E}$ の対象の列 $(P_n)_{n \geq 0}$ で（合
成をコード化した）$\mathscr{E}$ の射(12.1)と（単位元をコード化した）$\mathscr{E}$ の射 $1 \to P_1$ を伴うも
ので，これらすべてが定義 12.1.1 の結合律と単位律の等式を表す可換図式をみたすもの
のことである．

このより一般の定義の詳細は，たとえば May[248]にあるが，ここでは二つの場合の
みが必要である．第一の場合は集合の圏 $\mathscr{E} = \mathbf{Set}$ である．その場合，$\mathscr{E}$ におけるオペ
ラッドは，ちょうど定義 12.1.1 において定義されたオペラッドである．第二の場合は
位相空間の圏 $\mathscr{E} = \mathbf{Top}$ である．$\mathbf{Top}$ におけるオペラッドは，ちょうど集合のオペラッ
ド P で，各集合 P_n が位相を備え，かつ合成射(12.1)が連続であるようなものである．
$\mathbf{Top}$ におけるオペラッドを，**位相オペラッド**（topological operad）とよぶ．

例 12.1.3
（ i ）終オペラッド **1** は，一意的な仕方で位相オペラッドになる．
（ ii ）位相モノイド M に対して，例 12.1.2(ii)のオペラッド $P(M)$ は明らかな仕方で
　　　位相オペラッドになる．
（iii）単体 Δ_n に標準的な位相を入れることで，Δ に位相オペラッドの構造が与えら
　　　れる．
（iv）小円板オペラッドも自然に位相オペラッドになる． $\blacklozenge$

オペラッド P は，抽象演算の系である．P に対する代数とは，P の元の実際の演算
としての解釈である．

定義 12.1.4 P を集合のオペラッドとする．P **代数**（P-algebra）とは，集合 A で
各 $n \geq 0$ に対して写像

$$\begin{aligned} \alpha_n \colon \quad P_n \times A^n &\to \quad A \\ (\theta, (a^1, \ldots, a^n)) &\mapsto \bar{\theta}(a^1, \ldots, a^n) \end{aligned}$$

を伴うもので、以下の二つの公理をみたすもののことである。すなわち、すべての $\theta \in P_n$, $\phi^i \in P_{k_i}$ および $a^{ij} \in A$ に対して、

$$\overline{\theta \circ (\phi^1, \ldots, \phi^n)}(a^{11}, \ldots, a^{1k_1}, \ldots, a^{n1}, \ldots, a^{nk_n})$$
$$= \bar{\theta}(\overline{\phi^1}(a^{11}, \ldots, a^{1k_1}), \ldots, \overline{\phi^n}(a^{n1}, \ldots, a^{nk_n})) \tag{12.2}$$

である。また、すべての $a \in A$ に対して、

$$\overline{1_P}(a) = a \tag{12.3}$$

である。

　代数の定義は、集合のオペラッドから有限積をもつ任意の圏 $\mathscr{E}$ におけるオペラッドへと容易に拡張される。このとき、A は $\mathscr{E}$ の対象で α_n は $\mathscr{E}$ における射であるが、等式 (12.2) と等式 (12.3) は $\mathscr{E}$ における可換図式として表される（May[248]）。ここで考えるただ一つの別の場合である $\mathscr{E} = \mathbf{Top}$ においては、位相オペラッド P に対する代数は位相空間 A で等式 (12.2) と等式 (12.3) をみたす連続関数の列

$$(P_n \times A^n \xrightarrow{\alpha_n} A)_{n \geq 0}$$

を伴うものである。

（ⅰ）集合の終オペラッド $\mathbf{1}$ を考える。$\mathbf{1}$ 代数は、集合 A で各 $n \geq 0$ に対して一つの写像 $\alpha_n : A^n \to A$ を伴うもので、等式 (12.2) と等式 (12.3) をみたすもののことである。$\mathbf{1}$ 代数はちょうど、α_n をその n 重の乗法とするモノイドであることが容易に導き出される。$\mathbf{1}$ を位相オペラッドとみなすならば、$\mathbf{1}$ 代数はちょうど位相モノイドである。

（ⅱ）モノイド M を固定する。オペラッド $P(M)$ に対する代数は、単に左 M 作用をもつ集合である。M が位相モノイドであるならば、$P(M)$ 代数は連続左 M 作用をもつ位相空間である。

（ⅲ）次に、単体の位相オペラッド Δ を考える。$\mathbb{R}^d$ の任意の凸部分集合 A は、各 $d \geq 0$ に対して、自然な仕方で Δ 代数になる。すなわち、$\mathbf{p} \in \Delta_n$ と $\mathbf{a}^1, \ldots, \mathbf{a}^n \in A$ が与えられたとき、

$$\bar{\mathbf{p}}(\mathbf{a}^1, \ldots, \mathbf{a}^n) = p_1 \mathbf{a}^1 + \cdots + p_n \mathbf{a}^n \in A$$

とおく。等式 (12.2) と等式 (12.3) は、凸結合についての初等的事実を表している。これを A 上の**標準** (standard) Δ 代数構造とよぶ。

（iv）直前の例は，少なくとも A が $\mathbb{R}^d$ の線形部分空間であるときに，変形族をもつ．各 $q \in \mathbb{R}$ に対して，A 上の Δ 代数構造が

$$\bar{\mathbf{p}}(\mathbf{a}^1, \ldots, \mathbf{a}^n) = \sum_{i \in \text{supp } \mathbf{p}} p_i^q \mathbf{a}^i$$

により与えられる（ここで，上付きの q はべき乗であるが，上付きの i は添え字である）．直前の例は $q = 1$ の場合にあたる．

（v）区間 I 上の重みつき平均に対するチェイン則は，写像の列

$$(M: \Delta_n \times I^n \to I)_{n \geq 0}$$

がオペラッド Δ に対する代数の構造を I に与えることをほぼ述べている．より正確には，チェイン則は Δ 代数に対する合成の公理(12.2)である．I が Δ 代数であるためには，単位元の公理(12.3)もみたさなければならないが，これは各 $x \in I$ に対して $M(\mathbf{u}_1, (x)) = x$ であるという，整合性の特別な場合である．

（vi）任意の集合のオペラッド P に対して，P 代数は集合 A でオペラッドの射 $P \to \text{End}(A)$ を伴うもののことになる．ここで，$\text{End}(A)$ は例 12.1.2(v)において $\mathscr{A} = \mathbf{Set}$ として定義されるオペラッドである．これは，P に対する代数は P の元を実際の演算として解釈することであるという以前の主張を正確にするものである．

（vii）任意の d 重ループ空間（loop space）は，自然な仕方で小 d 円板オペラッドに対する代数になる．これは，オペラッドに対する代数の最初の例の一つであり，その詳細は May[247, 5 節]にある． ◆

P を有限積をもつ圏 $\mathscr{E}$ におけるオペラッドとし，$A = (A, \alpha)$ と $B = (B, \beta)$ を P 代数とする．A から B への P **代数の射**（map of P-algebras）とは，$\mathscr{E}$ の射 $f: A \to B$ で，各 $n \geq 0$ に対して四角形

$$\begin{array}{ccc} P_n \times A^n & \xrightarrow{1 \times f^n} & P_n \times B^n \\ \alpha_n \downarrow & & \downarrow \beta_n \\ A & \xrightarrow{\quad f \quad} & B \end{array}$$

が可換であるものをいう．これにより，P 代数の圏 $\mathbf{Alg}(P)$ が定義される．

注意 12.1.6 この演算と代数の言語は，代数理論の概念のほかの圏論的定式化との比較を促す．体系的な比較が Kelly[185]，Gould[124, 2.8 節]および Avery[21, 第 3 章]にある．ここでは，以下の観察を行うだけにする．

（i）$\mathscr{E}$ を有限積をもつ圏で，さらに積がその上に分配する可算余積をもつという強くない条件をみたすものとする（**Set** と **Top** が例である）．このとき，$\mathscr{E}$ における任意のオペラッド P は $\mathscr{E}$ 上のモナド T_P を引き起こし，その函手の部分は

$$T_P(A) = \coprod_{n \geq 0} P_n \times A^n \qquad (A \in \mathscr{E})$$

により与えられる．オペラッド P に対する代数の圏は，ちょうどモナド T_P に対する代数の圏になる．同型でないオペラッド P が同じモナド T_P を引き起こすことが時折あるにもかかわらず[208]，オペラッドの多くの側面はそれが引き起こすモナドを通じてなお理解することができる．

(ii) 注意(i)は，オペラッドと，代数理論の異なる概念化であるモナドとの間の意味論的なつながりを与えるものである．統語論の側では，有限的代数理論の（たとえば Manes[242]で与えられているような）任意の通常の定義と同値な定義を，オペラッドの定義からすぐに得ることができる．実際，有限的代数理論は，オペラッド P で，各集合の写像

$$f\colon \{1, \ldots, m\} \to \{1, \ldots, n\}$$

に対して，写像 $f_*\colon P_m \to P_n$ でオペラッドの構造と写像 f_* との間の両立性を表す等式をみたすものを伴うものとして定義することができる（Tronin[329][330]）．アイデアは，f による変数の添え字づけ直しにより，f_* が m 項演算を n 項演算へと変換するというものである．たとえば，群の理論 P において，P_n は（任意の群上で定義された n 項演算の集合とみなすことができる）n 個の生成元上の自由群の底集合であり，f が一意的な写像 $\{1, 2\} \to \{1\}$ ならば，$f_*\colon P_2 \to P_1$ は乗法の演算を平方の演算へと送るものである．

直前の段落で概略を描いた有限的代数理論の定義を，f を全単射へと制限して考えると，**対称オペラッド**（symmetric operad）の定義を得ることになる（多くの文献で，何もなければ「オペラッド」は「対称オペラッド」を意味するものとされる）．f を恒等写像へとさらに制限すると，非対称オペラッドの定義が復元される．

(iii) 直前の注意が示唆するように，ほとんどの代数理論はオペラッドとして記述することができない．たとえば，$\mathbf{Alg}(P)$ が群の圏と同値になるような集合のオペラッド P は存在しない．この言明の強い形の証明については，Lin[228]を参照せよ．

12.2 　圏論的代数と内部代数

P を集合のオペラッドとする．P に対する代数は，P による作用を受ける集合であるが，より一般に，P による作用を受ける圏を考えることができる．このような構造は，圏論的 P 代数とよばれる．

さらにより一般的に，$\mathscr{E}$ を有限極限をもつ圏とする．このとき，（Johnstone[163, 第 2 章]でのような）$\mathscr{E}$ における内部圏の概念があり，P が $\mathscr{E}$ におけるオペラッドのとき，このような内部圏への P の作用を考えることができる．

定義 12.2.1 $\mathscr{E}$ を有限極限をもつ圏とし，P を $\mathscr{E}$ におけるオペラッドとする．**圏論的 P 代数**（categorical P-algebra）とは，$\mathbf{Alg}(P)$ における内部圏のことをいう．

$\mathbf{Alg}(P)$ が $\mathscr{E}$ においてと同様に計算される有限極限をもつことを確認するのは簡単であるから，この定義は意味をなす．しかし，以下のような，より明示的な形を使えるようにしておくのも有益である．

圏論的 P 代数 $\mathbf{A}$ は，通常の P 代数 $\mathbf{A}_0$ と $\mathbf{A}_1$ の対であって，域の射と余域の射

$$\mathbf{A}_1 \rightrightarrows \mathbf{A}_0$$

および合成の射と恒等射の射

$$\mathbf{A}_1 \times_{\mathbf{A}_0} \mathbf{A}_1 \to \mathbf{A}_1, \qquad \mathbf{A}_0 \to \mathbf{A}_1$$

で，内部圏に対する通常の公理にしたがうだけでなく，P 代数の射であることを要請されるものを伴うものとして記述することができる．ここで，$\mathbf{A}_0$ は $\mathbf{A}$ の対象の対象，$\mathbf{A}_1$ は $\mathbf{A}$ における射の対象と考えられる．

圏論的 P 代数は，P が函手的に作用する $\mathscr{E}$ における内部圏であるとも言い換えられる．このことを確認するのに，まず任意の $\mathscr{E}$ の対象 X と $\mathscr{E}$ における内部圏 $\mathbf{A}$ に対して，$\mathscr{E}$ における別の内部圏

$$X \times \mathbf{A}$$

を定義できることに注意する．これは，積 $D(X) \times \mathbf{A}$ である．ただし，$D(X)$ は X 上の離散内部圏（discrete internal category）* である．だから，その対象の対象と射の対象は

$$(X \times \mathbf{A})_0 = X \times \mathbf{A}_0, \qquad (X \times \mathbf{A})_1 = X \times \mathbf{A}_1$$

により与えられる．この表記では，圏論的 P 代数は，$\mathscr{E}$ における内部圏 $\mathbf{A}$ で，内部函手

$$\alpha_n \colon P_n \times \mathbf{A}^n \to \mathbf{A} \qquad (n \geq 0) \tag{12.4}$$

で通常の代数の公理の類似をみたすものを伴うものからなる．

いつもどおり，$\mathscr{E} = \mathbf{Set}$ と $\mathscr{E} = \mathbf{Top}$ の場合をおもに考える．これらの場合では，オペラッドに対する圏論的代数は以下のように理解することができる．

---

*　訳注：$D(X)_0 = D(X)_1 = X$ であり，付随する射はすべて X 上の恒等射であるような内部圏（F. Borceux. *Handbook of Categorical Algebra 1: Basic Category Theory*, Cambridge University Press, 1994, p. 328 の 8.1.6.a）．

（ⅰ）P を $\mathscr{E} = \mathbf{Set}$ におけるオペラッドとする．圏論的 P 代数は，小圏 $\mathbf{A}$ で，各 $n \geq 0$ と $\theta \in P_n$ に対して函手

$$\bar{\theta}\colon \mathbf{A}^n \to \mathbf{A}$$

を伴うものからなる．これらの函手は，$\mathbf{A}$ の対象 a^{ij} と a に対して等式 (12.2) と (12.3) をみたすことを，また $\mathbf{A}$ の射に対して類似の等式をみたすことを要請される．

（ⅱ）P を $\mathscr{E} = \mathbf{Top}$ におけるオペラッドとする．圏論的 P 代数は (ⅰ) のように記述することができるが，以下の追加がある．$\mathbf{A}$ はここでは位相圏となり，そのため $\mathbf{A}_0$ と $\mathbf{A}_1$ には域，余域，合成および恒等射をとる演算が連続になるという性質をもつ位相が入る．さらに，P 代数 $\mathbf{A}_0$ と $\mathbf{A}_1$ の構造射

$$P_n \times \mathbf{A}_0^n \to \mathbf{A}_0, \qquad P_n \times \mathbf{A}_1^n \to \mathbf{A}_1$$

は連続であることが要請される．

（ⅲ）ここでは，対象がただ一つしかないという圏論的代数の特別な場合を，$\mathbf{Set}$ と $\mathbf{Top}$ の両者の上で考える．

まず，P を集合のオペラッドとする．A をモノイドとし，一対象の圏 $\mathbf{A}$ とみなす．$\mathbf{A}$ に圏論的 P 代数の構造を与えるということは，集合 A に通常の P 代数の構造を，各 $n \geq 0$ と $\theta \in P_n$ に対して構造射

$$\bar{\theta}\colon A^n \to A$$

がモノイドの準同型となるような仕方で与えるということである．要するに，一対象圏論的 P 代数は，P が準同型により作用するモノイドである．

同様に，P が位相オペラッドのとき，一対象圏論的 P 代数は，P が連続な準同型により作用する位相モノイドである． ◆

ここで，具体例をいくつか挙げる．

（ⅰ）集合の終オペラッド $\mathbf{1}$ を考える．先の等式 (12.4) の説明により，圏論的 $\mathbf{1}$ 代数は $\mathbf{1}$ が函手的に作用する圏，すなわち，函手 $\mathbf{A}^n \to \mathbf{A}$ を伴う圏 $\mathbf{A}$ で一定の公理をみたすものである．これらの公理は $\mathbf{A}$ に $\mathbf{Cat}$ におけるモノイドの構造を与える．だから，圏論的 $\mathbf{1}$ 代数はちょうどストリクトモノイダル圏である．

あるいは定義 12.2.1 から直接的に考えると，圏論的 $\mathbf{1}$ 代数はモノイドの圏 $\mathbf{Mon}$ における内部圏である．やはり，これはちょうどストリクトモノイダル圏である．

（ii）M をモノイドとし，集合のオペラッド $P(M)$（例 12.1.2(ii)）を作る．圏論的 $P(M)$ 代数は，左 M 作用を備えた圏である．

（iii）単体の位相オペラッド Δ を考える．A を $\mathbb{R}^d$ の線形部分空間（あるいはより一般に，凸な加法的部分モノイド）とする．このとき，A は加法のもとで位相モノイドになる．位相空間 A 上の標準 Δ 代数構造はすでに考えており，これは各 $\mathbf{p} \in \Delta_n$ に対して

$$\bar{\mathbf{p}}: \quad A^n \quad \to \quad A$$
$$(\mathbf{a}^1, \ldots, \mathbf{a}^n) \mapsto \sum_{i=1}^{n} p_i \mathbf{a}^i$$

により与えられた（例 12.1.5(iii)）．これらの写像 $\bar{\mathbf{p}}$ のそれぞれはモノイド準同型である．ゆえに例 12.2.2(iii)より，A は一対象圏論的 Δ 代数である．

（iv）任意の $q \in \mathbb{R}$ に対して，同じことが例 12.1.5(iv)の q 変形された代数構造

$$(\mathbf{a}^1, \ldots, \mathbf{a}^n) \mapsto \sum_{i \in \mathrm{supp}(\mathbf{p})} p_i^q \mathbf{a}^i$$

に対して正しい． ◆

　オペラッドに対する通常の代数に対して，理にかなった代数間の射の概念は一つだけしかないが，圏論的代数に対してはいくつかある．実際，$\mathcal{E}$ を有限極限をもつ圏，P を $\mathcal{E}$ におけるオペラッド，および $\mathbf{B}$ と $\mathbf{A}$ を圏論的 P 代数とする．このとき，$\mathbf{B}$ と $\mathbf{A}$ は定義より $\mathbf{Alg}(P)$ における内部圏であり，$\mathbf{B}$ から $\mathbf{A}$ への**ストリクト射**（strict map）とは $\mathbf{Alg}(P)$ における内部函手 $\mathbf{B} \to \mathbf{A}$ のことである．言い換えると，これは $\mathcal{E}$ における内部函手

$$G: \mathbf{B} \to \mathbf{A}$$

で，すべての $n \geq 0$ に対して四角形

$$\begin{array}{ccc} P_n \times \mathbf{B}^n & \xrightarrow{1 \times G^n} & P_n \times \mathbf{A}^n \\ \beta_n \downarrow & & \downarrow \alpha_n \\ \mathbf{B} & \xrightarrow{\quad G \quad} & \mathbf{A} \end{array}$$

が可換になるようなものである．ただし，β_n と α_n は（等式(12.4)におけるような）$\mathbf{B}$ と $\mathbf{A}$ の構造射である．

　しかし，これは（内部）圏と函手の四角形であるから，指定された自然同型，あるいは一つの向きもしくはもう一つの向きの自然変換で，通常のようにコヒーレンス公理をみたすものを除いて四角形が可換であることだけが要請される別の形を考えることもで

きる．ここで考える特定の形のものは，以下である．

定義 12.2.4　$\mathscr{E}$ を有限極限をもつ圏とし，P を $\mathscr{E}$ におけるオペラッドとする．$\mathbf{B}$ と $\mathbf{A}$ を圏論的 P 代数で，構造射がそれぞれ (β_n) と (α_n) であるとする．圏論的 P 代数の**ラックス射**（lax map）$\mathbf{B} \to \mathbf{A}$ は，（$\mathscr{E}$ に内部的な）函手 $G\colon \mathbf{B} \to \mathbf{A}$ で，各 $n \geq 0$ に対して（やはり $\mathscr{E}$ に内部的な）自然変換

$$
\begin{array}{ccc}
P_n \times \mathbf{B}^n & \xrightarrow{1 \times G^n} & P_n \times \mathbf{A}^n \\
{\scriptstyle \beta_n}\downarrow & \overset{\gamma_n}{\Swarrow} & \downarrow{\scriptstyle \alpha_n} \\
\mathbf{B} & \xrightarrow{G} & \mathbf{A}
\end{array}
$$

を伴い，以下の二つの公理をみたすものからなる．

（ⅰ）各 $n, k_1, \ldots, k_n \geq 0$ に対して，$k = \sum k_i$ と書くと，合成自然変換

$$
\begin{array}{ccc}
\begin{array}{c}P_n \times P_{k_1} \times \mathbf{B}^{k_1} \times \cdots \\ \times P_{k_n} \times \mathbf{B}^{k_n}\end{array} & \xrightarrow{1 \times 1 \times G^{k_1} \times \cdots \times 1 \times G^{k_n}} & \begin{array}{c}P_n \times P_{k_1} \times \mathbf{A}^{k_1} \times \cdots \\ \times P_{k_n} \times \mathbf{A}^{k_n}\end{array} \\
{\scriptstyle 1 \times \beta_{k_1} \times \cdots \times \beta_{k_n}}\downarrow & \overset{1 \times \gamma_{k_1} \times \cdots \times \gamma_{k_n}}{\Swarrow} & \downarrow{\scriptstyle 1 \times \alpha_{k_1} \times \cdots \times \alpha_{k_n}} \\
P_n \times \mathbf{B}^n & \xrightarrow{\quad 1 \times G^n \quad} & P_n \times \mathbf{A}^n \\
{\scriptstyle \beta_n}\downarrow & \overset{\gamma_n}{\Swarrow} & \downarrow{\scriptstyle \alpha_n} \\
\mathbf{B} & \xrightarrow{\quad G \quad} & \mathbf{A}
\end{array}
$$

は

$$
\begin{array}{ccc}
\begin{array}{c}P_n \times P_{k_1} \times \mathbf{B}^{k_1} \times \cdots \\ \times P_{k_n} \times \mathbf{B}^{k_n}\end{array} & \xrightarrow{1 \times 1 \times G^{k_1} \times \cdots \times 1 \times G^{k_n}} & \begin{array}{c}P_n \times P_{k_1} \times \mathbf{A}^{k_1} \times \cdots \\ \times P_{k_n} \times \mathbf{A}^{k_n}\end{array} \\
{\scriptstyle \cong}\downarrow & \Vert & \downarrow{\scriptstyle \cong} \\
P_n \times P_{k_1} \times \cdots \times P_{k_n} \times \mathbf{B}^k & & P_n \times P_{k_1} \times \cdots \times P_{k_n} \times \mathbf{A}^k \\
{\scriptstyle \circ \times 1}\downarrow & & \downarrow{\scriptstyle \circ \times 1} \\
P_k \times \mathbf{B}^k & \xrightarrow{\quad 1 \times G^k \quad} & P_k \times \mathbf{A}^k \\
{\scriptstyle \beta_k}\downarrow & \overset{\gamma_k}{\Swarrow} & \downarrow{\scriptstyle \alpha_k} \\
\mathbf{B} & \xrightarrow{\quad G \quad} & \mathbf{A}
\end{array}
$$

に等しい．

（ii）合成自然変換

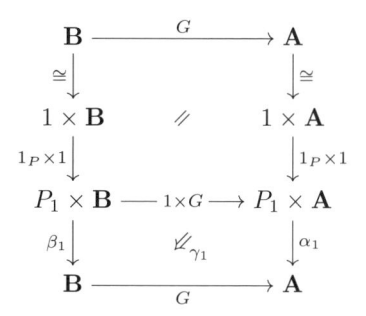

は恒等変換に等しい（ここで，$1_P \colon 1 \to P_1$ はオペラッド P の単位元をコード化した射を表す）．

P 代数のストリクト射は，言い換えると，射 γ_n のそれぞれが恒等射であるようなラックス射 (G, γ) と見ることもできる．

注意 12.2.5 定義 12.2.4 は，以下のように 2 モナド（2-monad）の理論からも導き出すことができる．注意 12.1.6(i) で，$\mathscr{E}$ における任意のオペラッド P が（圏 $\mathscr{E}$ についての強くない仮定のもとで）$\mathscr{E}$ 上のモナド T_P を引き起こすことを観察した．同じ方法で，$\mathscr{E}$ における内部圏の 2 圏である $\mathbf{Cat}(\mathscr{E})$ 上の 2 モナドが引き起こされる．その 2 モナドに対する代数はちょうど圏論的 P 代数になり，（Blackwell–Kelly–Power[40] の意味での）この 2 モナドに対する代数のラックス射はちょうど圏論的 P 代数のラックス射になる．

圏論の通則として，終対象から一つの対象への射は考えるに値することが多い（空間の圏たちにおいては，これは点の概念を与える）．有限極限をもつ任意の圏 $\mathscr{E}$ における任意のオペラッド P に対して，終圏論的 P 代数 $\mathbf{1}$ が存在する．$\mathbf{1}$ からもう一つの圏論的 P 代数へのラックス射を考える．

定義 12.2.6 $\mathscr{E}$ を有限極限をもつ圏，P を $\mathscr{E}$ におけるオペラッド，および $\mathbf{A}$ を圏論的 P 代数とする．$\mathbf{A}$ における**内部代数**（internal algebra）とは，圏論的 P 代数のラックス射 $\mathbf{1} \to \mathbf{A}$ のことである．

この定義は Batanin[31, 定義 7.2] によるものである．これはモノイダル圏における内部モノイドの概念の一般化であることを見る．しかしまず，$\mathscr{E} = \mathbf{Set}$ と $\mathscr{E} = \mathbf{Top}$ の場合における内部代数の明示的な記述を与える．

例 12.2.7

（ i ）$\mathscr{E} = \mathbf{Set}$ とする．集合のオペラッド P と圏論的 P 代数 $\mathbf{A}$ をとる．$\mathbf{A}$ における内部代数は，まず第一に，函手 $G \colon 1 \to \mathbf{A}$ からなる．これは単に $\mathbf{A}$ の対象 a を選び

出すものである．次に，定義 12.2.4 における自然変換 γ_n は，各 $n \geq 0$ と $\theta \in P_n$ に対して選ばれた射

$$\gamma_\theta \colon \bar{\theta}(\underbrace{a, \ldots, a}_{n}) \to a$$

の族になる．定義 12.2.4 における最初のコヒーレンス公理は，すべての $\theta \in P_n$ と $\phi^i \in P_{k_i}$ に対して図式

$$
\begin{array}{ccc}
\bar{\theta}(\overline{\phi^1}(a, \ldots, a), \ldots, \overline{\phi^n}(a, \ldots, a)) & \xrightarrow{\bar{\theta}(\gamma_{\phi^1}, \ldots, \gamma_{\phi^n})} & \bar{\theta}(a, \ldots, a) \\
\| & & \downarrow{\gamma_\theta} \\
\theta \circ (\phi^1, \ldots, \phi^n)(a, \ldots, a) & \xrightarrow{\gamma_{\theta \circ (\phi^1, \ldots, \phi^n)}} & a
\end{array}
$$

が可換になることを述べており，二つ目の公理は

$$\gamma_{1_P} \colon \overline{1_P}(a) \to a$$

が a 上の恒等射に等しくなることを述べている．

(ii) $\mathscr{E} = \mathbf{Top}$ のとき，内部代数には同一の記述が当てはまるが，各 $n \geq 0$ に対して関数

$$
\begin{aligned}
P_n &\to \mathbf{A}_1 \\
\theta &\mapsto \gamma_\theta
\end{aligned}
$$

が連続になるという条件が追加される（ここで，例 12.2.2(ii) のように，$\mathbf{A}_1$ は位相圏 $\mathbf{A}$ における射の空間を表す）．

(iii) 次に $\mathscr{E} = \mathbf{Set}$ とし，$\mathbf{A}$ を一対象圏論的 P 代数とする．例 12.2.2(iii) において確認したように，$\mathbf{A}$ は P が準同型により作用するモノイド A のことになる．$\mathbf{A}$ における内部 P 代数は，各 $n \geq 0$ と $\theta \in P_n$ に対する元 $\gamma_\theta \in A$ で，(i) におけるコヒーレンス公理をみたすものからなる．

γ_θ を $\gamma(\theta)$ と書くと，関数列

$$(\gamma \colon P_n \to A)_{n \geq 0}$$

があることになる．(i) におけるコヒーレンス公理は，すべての $n, k_1, \ldots, k_n \geq 0$，$\theta \in P_n$ および $\phi^i \in P_{k_i}$ に対して

$$\gamma(\theta) \cdot \bar{\theta}(\gamma(\phi^1), \ldots, \gamma(\phi^n)) = \gamma(\theta \circ (\phi^1, \ldots, \phi^n)) \tag{12.5}$$

であり，また

$$\gamma(1_P) = 1 \tag{12.6}$$

であることを述べている*. まとめると, **A** がモノイド A に対応する一対象圏論的 P 代数であるときは, **A** における内部 P 代数は等式(12.5)と(12.6)をみたす写像 $\gamma\colon P_n \to A$ の列のことになる.

(ⅳ) 位相オペラッド P に対して, 一対象圏論的 P 代数における内部代数は, 直前の例とまったく同じように明示的に記述できるが, 写像 $\gamma\colon P_n \to A$ が連続になるという要請が追加される. ◆

ここで, 具体的な例をいくつか与える.

例 12.2.8

(ⅰ) **1** を集合の終オペラッドとする. これまでに確認したように, 圏論的 **1** 代数はちょうどモノイダル圏になる. 例 12.2.7(ⅰ)における明示的な記述より, 圏論的 **1** 代数 **A** における内部代数は, 対象 $a \in$ **A** で, 各 $n \geq 0$ に対してそこで与えられた等式をみたす射

$$\gamma_n\colon a^{\otimes n} \to a$$

を伴うものからなる. このことから, **A** における内部代数がちょうどモノイダル圏 **A** におけるモノイドになることが容易に導かれる.

別の証明として, ストリクトモノイダル圏 **B** と **A** に対して圏論的 **1** 代数のラックス射 **B** → **A** はまさにラックスモノイダル函手であることに注意する. このことは定義からすぐにわかる. ゆえに, ストリクトモノイダル圏 **A** における内部代数はラックスモノイダル函手 **1** → **A** であり, このような函手が **A** におけるモノイドと自然に対応することはよく知られている (Bénabou[34, (5.4.1)節]).
1 に対する代数はちょうどモノイドであるから (例 12.1.5(ⅰ)), 内部代数がちょうど内部モノイドであるというのは論理的な用語法である.

(ⅱ) モノイド M を固定する. 例 12.2.3(ⅱ)で, 圏論的 P 代数は左 M 作用を伴う圏 **A** であることを確認した. この作用を

$$M \times \mathbf{A} \to \mathbf{A}$$
$$(m, a) \mapsto m \cdot a$$

と書くとする. 例 12.2.7(ⅰ)における明示的な記述より, **A** における内部 $P(M)$ 代数は対象 $a \in$ **A** で, 各 $m \in M$ に対して自然なコヒーレンス公理をみたす射

$$\gamma_m\colon m \cdot a \to a$$

を伴うものからなる. ◆

---

* 訳注:(12.5)左辺の・および(12.6)右辺の **1** は, それぞれモノイド A の演算と単位元である.

この例のリストには，単体オペラッド Δ に対する圏論的代数における内部代数の場合が欠けている．これが次節の主題であり，エントロピーの概念に直接つながるものである．

12.3　内部代数としてのエントロピー

本章ではこれまで，オペラッドの理論における確立した一般的な概念をいくつか概観してきた．次に，単体の位相オペラッド Δ に対してこれらの概念を適用する．

例 12.2.3(iii) において，実数直線 $\mathbb{R}$ は，加法のもとでの位相モノイドとして，標準的な仕方で圏論的 Δ 代数になることを確認した．

$$(\mathbf{p}, (x_1, \ldots, x_n)) \mapsto \sum_{i=1}^{n} p_i x_i \qquad (\mathbf{p} \in \Delta_n, \ x_1, \ldots, x_n \in \mathbb{R}) \tag{12.7}$$

圏論的 Δ 代数 $\mathbb{R}$ における内部代数は何になるであろうか？

例 12.2.7(iv) より，$\mathbb{R}$ における内部 Δ 代数は一定の公理をみたす関数列 $(\gamma\colon \Delta_n \to \mathbb{R})_{n \geq 0}$ のことになる．以下の定理が成り立つのは，この意味においてである．

定理 12.3.1　Δ を単体の位相オペラッドとし，$\mathbb{R}$ にその標準圏論的 Δ 代数構造 (12.7) を備えさせる．このとき，$\mathbb{R}$ における内部代数はちょうど Shannon エントロピーの実スカラー倍である．

つまり，関数列 $(\gamma\colon \Delta_n \to \mathbb{R})_{n \geq 0}$ が $\mathbb{R}$ における内部代数を定義するのは，ある $c \in \mathbb{R}$ に対して $\gamma = cH$ であるとき，かつそのときに限る．

証明　例 12.2.7(iv) より，$\mathbb{R}$ における内部代数は以下の性質をもつ関数列 $(\gamma\colon \Delta_n \to \mathbb{R})_{n \geq 0}$ である．

（ i ）すべての $n, k_1, \ldots, k_n \geq 0$ と $\mathbf{w} \in \Delta_n$, $\mathbf{p}^1 \in \Delta_{k_1}, \ldots, \mathbf{p}^n \in \Delta_{k_n}$ に対して，

$$\gamma(\mathbf{w}) + \sum_{i=1}^{n} w_i \gamma(\mathbf{p}^i) = \gamma(\mathbf{w} \circ (\mathbf{p}^1, \ldots, \mathbf{p}^n))$$

（ ii ）$\gamma(\mathbf{u}_1) = 0$

（iii）各 $n \geq 0$ に対して $\gamma\colon \Delta_n \to \mathbb{R}$ は連続である．

条件 (ii) は $n = k_1 = 1$ かつ $\mathbf{w} = \mathbf{p}^1 = \mathbf{u}_1$ ととれば (i) から導かれるので，冗長である．ゆえに Faddeev の定理 2.5.1 より，γ が内部代数を定義するのは，ある $c \in \mathbb{R}$ に対して $\gamma = cH$ であるとき，かつそのときに限る．　　□

この定理は変形することができる．例 12.2.3(iv) で，$\mathbb{R}$ 上の圏論的 Δ 代数構造の一パラメータ族で，実パラメータ q に対する $\mathbb{R}$ への Δ の作用が

$$(\mathbf{p}, (x_1, \ldots, x_n)) \mapsto \sum_{i \in \mathrm{supp}(\mathbf{p})} p_i^q x_i \qquad (\mathbf{p} \in \Delta_n, \ x_1, \ldots, x_n \in \mathbb{R}) \qquad (12.8)$$

であるものを定義した．

定理 12.3.2 $1 \neq q \in \mathbb{R}$ とする．Δ を集合のオペラッドとみなした単体オペラッドとし，$\mathbb{R}$ にその q 変形された圏論的 Δ 代数構造 (12.8) を備えさせるとする．このとき，$\mathbb{R}$ における内部代数はちょうど q 対数的エントロピーの実スカラー倍である．

証明 例 12.2.7(iii) より，$\mathbb{R}$ における内部代数は以下の性質をもつ関数列 $(\gamma\colon \Delta_n \to \mathbb{R})_{n \geq 0}$ である．

（ i ）すべての $n, k_1, \ldots, k_n \geq 0$ とすべての $\mathbf{w} \in \Delta_n$, $\mathbf{p}^1 \in \Delta_{k_1}, \ldots, \mathbf{p}^n \in \Delta_{k_n}$ に対して，

$$\gamma(\mathbf{w}) + \sum_{i \in \mathrm{supp}(\mathbf{w})} w_i^q \gamma(\mathbf{p}^i) = \gamma(\mathbf{w} \circ (\mathbf{p}^1, \ldots, \mathbf{p}^n))$$

（ ii ）$\gamma(\mathbf{u}_1) = 0$

定理 12.3.1 の証明と同じ理由から，条件 (ii) は冗長である．q 対数的エントロピーに対するチェイン則 (4.2) より，$\gamma = cS_q$ ならば条件 (i) はみたされる．逆に，条件 (i) は $\mathbf{p}^1 = \cdots = \mathbf{p}^n = \mathbf{p}$ ととることによりすべての $\mathbf{w} \in \Delta_n$ と $\mathbf{p} \in \Delta_k$ に対して

$$\gamma(\mathbf{w} \otimes \mathbf{p}) = \gamma(\mathbf{w}) + \left(\sum_{i \in \mathrm{supp}(\mathbf{w})} w_i^q \right) \gamma(\mathbf{p})$$

を含意する．ゆえに定理 4.1.5 より，γ が内部代数を定義するならば，ある $c \in \mathbb{R}$ に対して $\gamma = cS_q$ となる．$\qquad\square$

この定理では連続性は必要ではなく，実際，q 変形された Δ 代数 $\mathbb{R}$ の構造射 $\Delta_n \times \mathbb{R}^n \to \mathbb{R}$ は $q \leq 0$ のとき不連続である．しかし，$q > 0$ のときは明らかに連続であるので，以下が成り立つ．

系 12.3.3 $q \in (0, \infty)$ とする．Δ を単体の位相オペラッドとし，$\mathbb{R}$ にその q 変形された圏論的 Δ 代数構造 (12.8) を備えさせるとする．このとき，$\mathbb{R}$ における内部代数はちょうど q 対数的エントロピーの実スカラー倍である．

証明 $q = 1$ の場合は定理 12.3.1 であり，ほかのすべての場合は定理 12.3.2 から導かれる．$\qquad\square$

12.4 普遍内部代数

代数学では，自由代数構造（自由群，自由加群など）が重要な役割を果たす．しかし，自由代数構造は集合の上に作られるもので，集合は（少なくともこの目的に対しては）濃度にすぎないので，その可能性はある程度までに制限されている．圏論的な水準を一つ上げたところではより豊かな構造があり，何らかの指定された内部代数構造を含む自由圏論的構造を扱うことができる．これは，いくつかの重要な数学的対象の圏論的特徴づけをもたらす．

例 12.4.1

（ⅰ）一つのモノイドを含む自由モノイダル圏は，有限全順序集合の圏と同値になる（Mac Lane[236, 命題 VII.5.1]）．この例はすぐ後で再び論じる．形式ばらなければ，何もないところから出発し，一つの内部モノイドを与え，定義から強いられる以外の対象と射は伴わないようにし，不必要な同一視を入れずにモノイダル圏を構築すると，その結果は有限全順序集合の圏になるということである．

（ⅱ）一つの対象 A と一つの同型射 $A \otimes A \to A$ を含む自由モノイダル圏は，終圏と，一対象圏とみなされた Thompson 群 F の非交和と同値になる（Fiore–Leinster [104]）．

（Thompson 群は著しい性質をもつ無限群であり，さまざまな文脈で何度も再発見されてきた．Cannon–Floyd–Parry[58]の概説がある．甚だしい数の対立する主張と撤回が寄せられてきた主要な未解決問題に，F が従順（amenable）であるかどうか，というものがある．Cannon–Floyd[57]は，専門家の間においてさえも意見が真っ二つに分かれていることを報告している．）

（ⅲ）一つの可換 Frobenius 代数を含む自由対称モノイダル圏は，向きづけられたコンパクト 1 次元多様体とその間の 2 次元コボルディズムの圏である（たとえば，Kock[191, 定理 3.6.19]）．この結果は，位相的場の理論（topological quantum field theory）の基礎をなすものである．

（ⅳ）一つの群を含む自由有限積圏は，群の Lawvere 理論である．同じ言明が，群に代わるほかの代数構造に対しても成り立つ（Lawvere[203]）．これは本質的にはトートロジーであるが，圏論的普遍代数の基礎的な洞察を表すものである．すなわち，代数理論は有限積圏として理解でき，また理論のモデルは有限積を保存する函手として理解できる．　　　　　　　　　　　　　　　　　　　　　　◆

本節では，一つの内部代数を含む自由圏論的 P 代数を構成する．ただし，P は任意に与えられたオペラッドである．以下のように進めていく．まず，ある圏論的 P 代数 FP を構成する．このとき，圏論的 P 代数が「一つの内部代数を含んでいて自由である」とは何を意味するのかを正確にする．次に，FP がこの性質をもつことを証明する．この最後の結果を $P = \Delta$ の場合に適用すると，情報損失の特徴づけがもたらされる．

　集合のオペラッド P に対して，圏論的 P 代数 FP を構成することから始める．

　FP の対象は $n \geq 0$ と $\theta \in P_n$ の対 (n, θ) である．混乱の恐れがないときは，(n, θ) を単に θ と書く．対象 $\psi = (k, \psi)$ と $\theta = (n, \theta)$ に対して，FP の射 $\psi \to \theta$ は，整数 $k_1, \ldots, k_n \geq 0$ と演算 $\phi^1 \in P_{k_1}, \ldots, \phi^n \in P_{k_n}$ で，

$$k = k_1 + \cdots + k_n, \quad \psi = \theta \circ (\phi^1, \ldots, \phi^n)$$

となるものからなる．この射を

$$\langle \phi^1, \ldots, \phi^n \rangle_\theta \colon \psi \to \theta \tag{12.9}$$

と書く．だから，圏 FP の対象の集合と FP における射の集合はそれぞれ

$$\coprod_{n \geq 0} P_n, \quad \coprod_{n, k_1, \ldots, k_n \geq 0} P_n \times P_{k_1} \times \cdots \times P_{k_n} \tag{12.10}$$

である．圏 FP における合成と恒等射は，オペラッド P の合成と単位元を用いて定義される．

　圏 FP に圏論的 P 代数の構造を与えるのに，各演算 $\pi \in P_m$ から函手

$$\bar{\pi} \colon (FP)^m \to FP$$

を構成しなければならない．対象上では，$\bar{\pi}$ は

$$\bar{\pi}(\theta^1, \ldots, \theta^m) = \pi \circ (\theta^1, \ldots, \theta^m)$$

により定義される．射への $\bar{\pi}$ の作用を定義するのに，FP における m 組の射

$$\langle \phi^{11}, \ldots, \phi^{1n_1} \rangle_{\theta^1} \colon \psi^1 \to \theta^1$$
$$\vdots$$
$$\langle \phi^{m1}, \ldots, \phi^{mn_m} \rangle_{\theta^m} \colon \psi^m \to \theta^m$$

をとる．このとき，

$$\bar{\pi}(\langle \phi^{11}, \ldots, \phi^{1n_1} \rangle_{\theta^1}, \ldots, \langle \phi^{m1}, \ldots, \phi^{mn_m} \rangle_{\theta^m})$$
$$= \langle \phi^{11}, \ldots, \phi^{1n_1}, \ldots, \phi^{m1}, \ldots, \phi^{mn_m} \rangle_{\pi \circ (\theta^1, \ldots, \theta^m)} \tag{12.11}$$

とすると，これは FP における射 $\pi(\psi^1, \ldots, \psi^m) \to \pi(\theta^1, \ldots, \theta^m)$ である.

FP が圏論的 P 代数に対する公理をみたすことは，型どおりに確認できる.

補題 12.4.2 P を集合のオペラッドとする.

（ i ） FP の対象 1_P は終対象である.

（ ii ） FP の対象 ϕ から 1_P への一意的な射を $!_\phi\colon \phi \to 1_P$ と書く. このとき，FP の任意の射

$$\langle \phi^1, \ldots, \phi^n \rangle_\theta\colon \psi \to \theta$$

に対して，

$$\langle \phi^1, \ldots, \phi^n \rangle_\theta = \bar{\theta}(!_{\phi^1}, \ldots, !_{\phi_n})$$

である.

（i）の表記はオペラッド P の単位元 $1_P \in P_1$ を表しており，これは圏 FP の対象 $1_P = (1, 1_P)$ に対応する. 終対象であるのはこの対象である.

証明 （i）について，FP の任意の対象 ϕ が与えられると，FP の定義から一意的な射 $\phi \to 1_P$，つまり，

$$!_\phi = \langle \phi \rangle_{1_P}\colon \phi \to 1_P$$

があることがすぐにわかる.

（ii）について，FP における射

$$\langle \phi^1, \ldots, \phi^n \rangle_\theta\colon \psi \to \theta$$

をとる. $!_{\phi^i}$ は射 $\phi^i \to 1_P$ であるから，射 $\bar{\theta}(!_{\phi^1}, \ldots, !_{\phi_n})$ は域

$$\bar{\theta}(\phi^1, \ldots, \phi^n) = \theta \circ (\phi^1, \ldots, \phi^n) = \psi$$

と余域

$$\bar{\theta}(1_P, \ldots, 1_P) = \theta \circ (1_P, \ldots, 1_P) = \theta$$

をもち，これらは $\langle \phi^1, \ldots, \phi^n \rangle_\theta$ の域と余域に一致する. ここで $!_{\phi^i}$ の定義と FP における射への P 作用の定義（12.11）より，望んだとおり

$$\begin{aligned}
\bar{\theta}(!_{\phi^1}, \ldots, !_{\phi_n}) &= \bar{\theta}(\langle \phi^1 \rangle_{1_P}, \ldots, \langle \phi^n \rangle_{1_P}) \\
&= \langle \phi^1, \ldots, \phi^n \rangle_{\theta \circ (1_P, \ldots, 1_P)} \\
&= \langle \phi^1, \ldots, \phi^n \rangle_\theta
\end{aligned}$$

となる. $\square$

圏論的 P 代数 FP は，カノニカルな内部代数を含む．これを特定するのに，例 12.2.7
(i)における内部代数の記述を用いる．底となる対象は，終対象 1_P である．1_P に内部
代数の構造を与えるのに，各 $n \geq 0$ と $\theta \in P_n$ に対して，射

$$\bar{\theta}(\underbrace{1_P, \ldots, 1_P}_{n}) \to 1_P$$

を指定しなくてはならない．この域は θ で，余域は終対象であるから，可能な選択肢は
一意的な射 $!_\theta \colon \theta \to 1_P$ のみである．これが，1_P に圏論的 P 代数 FP における内部代
数の構造を与える．この内部代数を $(1_P, !)$ とよぶことにする．

P が位相オペラッドのときは，（どちらも (12.10) で与えられる）FP の対象の集合
と FP における射の集合のそれぞれに自然な位相が入る．たとえば，FP における射
の集合は積空間の余積である．このように，FP は **Top** における内部圏になる．実際，
（例 12.2.2(ii) の記述より）FP は位相的な意味での圏論的 P 代数であり，（例 12.2.7(iv)
の記述より）$(1_P, !)$ は位相的な意味での FP における内部代数である．

> **注意 12.4.3** 本章でのすべてのオペラッドの定義や構成に対するように，FP の構成は適
> 当な性質（この場合，有限積と，積が分配する可算余積）をもつ任意の圏 $\mathscr{E}$ におけるオペ
> ラッド P へと一般化できる．一般的な定義は，ちょうど $\mathscr{E} = $ **Top** の場合により示唆され
> るようなものである．

例 12.4.4

（ i ）集合の終オペラッド **1** を考える．圏 **D** $= F\mathbf{1}$ の対象は自然数 $0, 1, \ldots$ である．**D**
における射 $k \to n$ は，その和が k となる n 個の自然数の順序づけられた組であ
る．言い換えると，順序を保存する写像 $\{1, \ldots, k\} \to \{1, \ldots, n\}$ である．だか
ら，**D** は有限全順序集合の圏と同値になる．これは，代数トポロジーにおいて通
常 Δ で表される圏とほとんど同じであり，違いは（空な順序集合に対応する）対
象 0 も含んでいるということだけである．

構成により，**D** は圏論的 **1** 代数，すなわち，ストリクトモノイダル圏である．モ
ノイダル構造は，対象上では加法により定義され，射上では非交和により定義さ
れる．さらに，**D** はカノニカルな内部代数，つまり内部モノイドを含んでいる．
これは，一意的なモノイド構造をもつ対象 $1 \in \mathbf{D}$ である．すなわち，乗法は **D**
における一意的な射 $1 + 1 = 2 \to 1$ であり，単位元は一意的な射 $0 \to 1$ である．

（ ii ）モノイド M を固定し，オペラッド $P(M)$ を考える．すべての $n \neq 1$ に対して
$P(M)_n$ は空であるから，圏 $FP(M)$ の対象は単に元 $\theta \in M$ である．$FP(M)$ に
おける射 $\psi \to \theta$ は，元 $\phi \in M$ で $\psi = \theta\phi$ となるものである．つまり，モノイド
M を単一の対象 $\star$ をもつ圏とみなすと，圏 $FP(M)$ はスライス圏 $M/\star$ となる．

たとえば，モノイド M が消約的（cancellative）であるとき，$FP(M)$ は可除性により順序づけられた M の元の半順序集合になる．

(iii) ここで，位相オペラッド Δ をとる．圏 $F\Delta$ の対象は $n \geq 0$ と $\mathbf{p} \in \Delta_n$ の対 $(n, \mathbf{p})$ である．射 $(k, \mathbf{s}) \to (n, \mathbf{p})$ はその和が k となる自然数 $k_1, \ldots, k_n$ で，

$$\mathbf{s} = \mathbf{p} \circ (\mathbf{r}^1, \ldots, \mathbf{r}^n) \tag{12.12}$$

をみたす確率分布 $\mathbf{r}^i \in \Delta_{k_i}$ を伴うものからなる．この圏には，よりよく知られた記述がある．上の(i)のように，n 個の組 $(k_1, \ldots, k_n)$ は順序を保存する写像

$$f \colon \{1, \ldots, k\} \to \{1, \ldots, n\}$$

になる．このとき，$\mathbf{p}$ は f に沿った確率測度 $\mathbf{s}$ の押し出し $f\mathbf{s}$ に等しい（定義 2.1.10 を参照せよ）．だから，f は保測写像

$$(\{1, \ldots, k\}, \mathbf{s}) \to (\{1, \ldots, n\}, \mathbf{p})$$

である．補題 2.1.9 において，$\mathbf{s}$，$\mathbf{p}$ および $k_1, \ldots, k_n$（言い換えると，$\mathbf{s}$，$\mathbf{p}$ および f）が与えられると，等式(12.12)をみたす分布 $\mathbf{r}^i$ を求めることがつねに可能であることを示した．さらに，各 $i \in \operatorname{supp}(\mathbf{p})$ に対して分布 $\mathbf{r}^i$ は一意的に決定され，また $i \notin \operatorname{supp}(\mathbf{p})$ に対しては $\mathbf{r}^i$ を Δ_{k_i} の中で自由に選ぶことができることを示した．

これらの観察をあわせると，同値を除いて，$F\Delta$ はその対象が有限全順序確率空間 $(\mathcal{X}, \mathbf{p})$ であり，射 $(\mathcal{Y}, \mathbf{s}) \to (\mathcal{X}, \mathbf{p})$ が順序を保存する保測写像 f で，$p_i = 0$ である各 $i \in \mathcal{X}$ に対して $f^{-1}(i)$ 上の確率分布を伴うものである圏となることが含意される．

構成により，$F\Delta$ は圏論的 Δ 代数の構造をもつ．10.1 節のように，対象上では Δ 作用は有限確率空間の凸結合をとる．一元確率空間 $(1, \mathbf{u}_1)$ は $F\Delta$ における一意的な内部代数構造をもつ． ◆

注意 12.4.5 ここで説明した圏 $F\Delta$ は，ほぼ有限全順序確率空間の圏 **FinOrdProb** である．忘却函手 $F\Delta \to$ **FinOrdProb** があるが，零確率に付随する問題があるのでこれは同値ではない．

Bayes 推定の観点からは，このような問題が生じることはそれほど意外ではない．Bayes 推定では，ちょうど零の確率に対して特別な注意が与えられる．Bayes 統計学者の Dennis Lindley は，次のように書いた．

> 月がグリーンチーズでできている確率を少し残しておくこと．これは 100 万分の 1 ぐらい小さくてもよいが，そうしておかないと宇宙飛行士の一団がグリーンチーズの試料を持ち帰ったとしてもあなたは平静なままでいることになる．〔……〕それゆえ何

かを決して絶対的に信じず，疑う余地をいくらか残しておくこと．

$$\text{(Lindley[230, p.104])}$$

彼はこの原理を，1650 年にスコットランド国教会へ向けて次のように書いた，イングランド護国卿 Oliver Cromwell にちなんで **Cromwell のルール**（Cromwell's rule）と名づけた．

> キリストの御心にあやかりお願いします．どうか，あなたがたが間違えることもありうると考えてください．

さらなる議論が Lindley[231, 6.8 節]にある．

ここで，FP が「一つの内部代数を含む自由圏論的 P 代数」であるという言明を正確にし，証明する．

P を集合あるいは位相空間のオペラッドとし，$E: \mathbf{B} \to \mathbf{A}$ を圏論的 P 代数のストリクト射とする．$\mathbf{B}$ における内部代数はラックス射 $1 \to \mathbf{B}$ であり，これを E と合成するとラックス射 $1 \to \mathbf{A}$ が得られる．このようにして，E は $\mathbf{B}$ における内部代数を $\mathbf{A}$ における内部代数へと対応させる．

例 12.2.7(i)で導き出した内部代数の明示的記述を用いると都合がよい．そこでは，$\mathbf{B}$ における内部代数 (b, δ) は対象 b と一定の等式をみたす射 $\delta_\theta: \bar{\theta}(b, \ldots, b) \to b$ の族からなることを示した．この言葉では，$\mathbf{A}$ において誘導される内部代数 $E(b, \delta)$ は対象 $E(b)$ と射たち $E(\delta_\theta)$ からなる．

それでは，内部代数 $(1_P, !)$ を備えた圏論的 P 代数 FP の普遍性（universal property）を述べ，証明する．

定理 12.4.6 P を集合か位相空間かのいずれかのオペラッドとし，$\mathbf{A}$ を圏論的 P 代数，(a, γ) を $\mathbf{A}$ における内部代数とする．このとき，圏論的 P 代数のストリクト射 $E: FP \to \mathbf{A}$ で $E(1_P, !) = (a, \gamma)$ となるものがただ一つ存在する．

これは内部代数を伴う FP の普遍性であり，したがって同型を除いて一意的にそれらを決定する．

証明 一意性を証明するのに，E を述べられた性質をもつ射とする．$\theta = (n, \theta)$ を FP の対象とする．だから，$n \geq 0$ および $\theta \in P_n$ である．FP 上の圏論的 P 代数構造の定義より，

$$\theta = \bar{\theta}(1_P, \ldots, 1_P)$$

である．E を両辺に適用して

$$E(\theta) = E(\bar{\theta}(1_P, \ldots, 1_P)) = \bar{\theta}(E(1_P), \ldots, E(1_P)) = \bar{\theta}(a, \ldots, a)$$

を得る．ただし，二つ目の等式は E が圏論的 P 代数のストリクト射であるから成り立ち，最後の等式は仮定によるものである．ゆえに

$$E(\theta) = \bar{\theta}(a, \ldots, a) \tag{12.13}$$

であり，これは E を FP の対象上でただ一つに決定する．

射に対して同じことを示すのに，FP における射

$$\langle \phi^1, \ldots, \phi^n \rangle_\theta : \psi \to \theta$$

をとる．補題 12.4.2(ii) より，

$$\langle \phi^1, \ldots, \phi^n \rangle_\theta = \bar{\theta}(!_{\phi^1}, \ldots, !_{\phi^n})$$

である．E を両辺に適用して，対象に対する論証と同じ理由で

$$\begin{aligned} E(\langle \phi^1, \ldots, \phi^n \rangle_\theta) &= E(\bar{\theta}(!_{\phi^1}, \ldots, !_{\phi^n})) \\ &= \bar{\theta}(E(!_{\phi^1}), \ldots, E(!_{\phi^n})) \\ &= \bar{\theta}(\gamma_{\phi^1}, \ldots, \gamma_{\phi^n}) \end{aligned}$$

を得る．ゆえに

$$E(\langle \phi^1, \ldots, \phi^n \rangle_\theta) = \bar{\theta}(\gamma_{\phi^1}, \ldots, \gamma_{\phi^n}) \tag{12.14}$$

であり，これは E を FP における射上でただ一つに決定する．したがって，一意性が証明された．

存在を証明するのに，E を対象上では等式(12.13)により，射上では等式(12.14)により定義する．一連の型どおりの確認を行うことで，E が（位相的な場合における連続性を含めて）述べられた条件をみたすことが確かめられる．　　　　　　　　□

系 12.4.7　P を集合あるいは位相空間のオペラッドとする．$\mathbf{A}$ を圏論的 P 代数とする．このとき，$\mathbf{A}$ における内部代数と圏論的 P 代数のストリクト射 $FP \to \mathbf{A}$ の間にカノニカルな全単射が存在する．　　　　　　　　□

だから，$\mathbf{A}$ における内部代数は，ラックス射 $\mathbf{1} \to \mathbf{A}$ か，あるいはストリクト射 $FP \to \mathbf{A}$ のいずれかとして記述することができる．

例 12.4.8　$P = \mathbf{1}$ の場合，定理 12.4.6 は任意のストリクトモノイダル圏 $\mathbf{A}$ と $\mathbf{A}$ におけるモノイド a に対して，$\mathbf{D}$ における自明なモノイド 1 を $\mathbf{A}$ における与えられたモノイド a に対応させるストリクトモノイダル函手 $E : \mathbf{D} \to \mathbf{A}$ がちょうど一つ存在することを述べている．

ゆえに，系 12.4.7 は，単にモノイダル圏 $\mathbf{A}$ が与えられると，$\mathbf{A}$ におけるモノイドは自然にストリクトモノイダル函手 $\mathbf{D} \to \mathbf{A}$ に対応することを含意する．したがって，

A におけるモノイドは, ラックスモノイダル函手 $\mathbf{1} \to \mathbf{A}$ かストリクトモノイダル函手 $\mathbf{D} \to \mathbf{A}$ かのいずれかとして記述できるという古典的事実 (たとえば, Bénabou[34, (5.4.1)節]や Mac Lane[236, 命題 VII.5.1]) を復元したことになる. ◆

ここで, P が位相オペラッド Δ で, **A** が位相モノイド $\mathbb{R}$ である場合の定理 12.4.6 を考える. 系 12.4.7 より, 圏論的 Δ 代数のストリクト射 $F\Delta \to \mathbf{A}$ と **A** における内部 Δ 代数との間に自然な全単射がある. 定理 12.3.1 より, **A** における内部 Δ 代数は今度は Shannon エントロピーの実スカラー倍と対応する. これらの結果をあわせると, ストリクト射 $F\Delta \to \mathbf{A}$ は $\mathbb{R}$ により自然にパラメータづけられることが含意される.

次に, このパラメータづけを明示的に行う. **A** は対象を一つだけもつので, 圏論的 Δ 代数のストリクト射 $F\Delta \to \mathbf{A}$ は一定の条件をみたす関数

$$E \colon \{F\Delta \text{ における射}\} \to \mathbb{R}$$

となる. 本書の最後の定理は, このような関数を分類するものである.

定理 12.4.9 E を関数 $\{F\Delta \text{ における射}\} \to \mathbb{R}$ とする. 以下は同値である.

（ⅰ）E は（$\mathbb{R}$ 上の標準圏論的 Δ 代数構造に関して）**Top** における圏論的 Δ 代数のストリクト射 $F\Delta \to \mathbb{R}$ を定義する.

（ⅱ）ある $c \in \mathbb{R}$ が存在して, $F\Delta$ におけるすべての射 $f \colon \mathbf{s} \to \mathbf{p}$ に対して,

$$E(f) = c(H(\mathbf{s}) - H(\mathbf{p}))$$

である.

証明 まず(ⅰ)を仮定する. E を $F\Delta$ における内部代数 $(\mathbf{u}_1, !)$ に適用することで, (その底となる対象が必然的に圏 $\mathbb{R}$ のただ一つの対象となる) $\mathbb{R}$ における内部代数 $E(\mathbf{u}_1, !)$ を得る. それゆえ定理 12.3.1 より, ある定数 $c \in \mathbb{R}$ が存在してすべての $n \geq 1$ と $\mathbf{p} \in \Delta_n$ に対して $E(!_{\mathbf{p}}) = cH(\mathbf{p})$ となる.

ここで, $F\Delta$ における任意の射

$$\langle \mathbf{r}^1, \ldots, \mathbf{r}^n \rangle_{\mathbf{p}} \colon \mathbf{s} \to \mathbf{p} \tag{12.15}$$

をとる. $\mathbf{u}_1$ は $F\Delta$ における終対象であるから, $F\Delta$ における可換な三角形

$$\tag{12.16}$$

$$\mathbf{s} \xrightarrow{\langle \mathbf{r}^1, \ldots, \mathbf{r}^n \rangle_{\mathbf{p}}} \mathbf{p}$$
$$!_{\mathbf{s}} \searrow \quad \swarrow !_{\mathbf{p}}$$
$$\mathbf{u}_1$$

がある. 函手 E をこの三角形に適用することで

$$E(!_\mathbf{s}) = E(!_\mathbf{p}) + E(\langle \mathbf{r}^1, \ldots, \mathbf{r}^n \rangle_\mathbf{p}) \tag{12.17}$$

を得て，直前の段落の結果より

$$cH(\mathbf{s}) = cH(\mathbf{p}) + E(\langle \mathbf{r}^1, \ldots, \mathbf{r}^n \rangle_\mathbf{p})$$

が得られ，(ii) が証明される.

(ii) が (i) を含意することを示すのに，$c \in \mathbb{R}$ とする．定理 12.3.1 より，cH は圏 $\mathbb{R}$ のただ一つの対象上の内部代数構造を定義する．ここで，$F\Delta$ における射 (12.15) をとる．E の定義より，

$$E(\langle \mathbf{r}^1, \ldots, \mathbf{r}^n \rangle_\mathbf{p}) = c(H(\mathbf{s}) - H(\mathbf{p}))$$

である．しかし，$F\Delta$ における射の定義より $\mathbf{s} = \mathbf{p} \circ (\mathbf{r}^1, \ldots, \mathbf{r}^n)$ であるから，チェイン則より，

$$E(\langle \mathbf{r}^1, \ldots, \mathbf{r}^n \rangle_\mathbf{p}) = c \sum_{i=1}^{n} p_i H(\mathbf{r}^i) = \bar{\mathbf{p}}(cH(\mathbf{r}^1), \ldots, cH(\mathbf{r}^n))$$

となる．定理 12.4.6 の証明から，E は圏論的 Δ 代数のストリクト射 $F\Delta \to \mathbb{R}$ となる．
$$\square$$

$\mathbb{R}$ 上の q 変形された圏論的 Δ 代数構造と定理 12.3.2 を用いると，定理 12.4.9 に類似の結果が q 対数的エントロピーに対しても証明できる.

定理 12.4.9 は，定理 10.2.1 における情報損失の特徴づけに著しく類似している．定理 12.4.9 は，ストリクト射 $F\Delta \to \mathbb{R}$ は情報損失関数のスカラー倍であることを述べている．しかし，一方の定理が圏 $F\Delta$ を用いるところで，もう一方は有限確率空間の圏 **FinProb** を用いている．例 12.4.4 (iii) における $F\Delta$ の明示的な記述から，$F\Delta$ と **FinProb** の間に三つの違いがあることがわかる．第一に，$F\Delta$ における射は順序を保存することを要請されるのに，**FinProb** においては順序の概念がまったくない．第二に，圏 $F\Delta$ は骨格的である（同型な対象は等しい）が，**FinProb** はそうではない．第三に，圏 $F\Delta$ における射は単に保測写像であるだけでなく，余域の零確率をもつ各元上のファイバー上の確率分布も備えている.

定理 10.2.1 に近い形の定理 12.4.9 の類似がある．ここでその概略を描く．それには対称オペラッドを用いる．注意 12.1.6 (ii) で簡単に述べたように，対称オペラッドとはオペラッド P で，各 $n \geq 0$ に対して対称群 S_n の P_n への作用で適当な公理をみたすものを伴うものである．たとえば，A が対称モノイダル圏の対象であるならば，例 12.1.2 (v) のオペラッド $\mathrm{End}(A)$ は対称オペラッドの構造をもつ．オペラッド Δ も，自然な仕方で対称的になる.

さらに話が煩雑になるという代償を払えば，圏論的 P 代数と内部代数の概念，および一つの内部代数上の自由圏論的 P 代数の構成は，対称オペラッド P へと拡張することができる．一つの内部代数上の自由圏論的 Δ 代数 $F_{\mathrm{sym}}\Delta$ はほとんど $F\Delta$ と同じであるが，射はもはや順序を保存することを要請されない．つまり，$F_{\mathrm{sym}}\Delta$ に対しては $F\Delta$ と **FinProb** の間の三つの違いの最初のものがなくなる．第二の骨格性は，圏論的には重要ではない．それゆえ，$F_{\mathrm{sym}}\Delta$ と **FinProb** の間の実質的な違いは第三のものだけである．すなわち，有限確率空間の間の $F_{\mathrm{sym}}\Delta$ における射は保測写像で，各確率零の元上のファイバー上の確率分布を伴うものである．

　対称オペラッドに対する定理 12.4.9 の類似は，対称圏論的 Δ 代数のストリクト射 $F_{\mathrm{sym}}\Delta \to \mathbb{R}$ がちょうど情報損失のスカラー倍であることを述べる．明示的な用語に翻訳すると，この定理は定理 10.2.1 での情報損失の特徴づけとほとんど同じである．ただ一つの違いは，零確率の扱いにある．しかし，この結果は，確率零の元に付随する余分なデータを無視するように場当たり的に容易に変更することができ，このときちょうど定理 10.2.1 になる．歴史的には，実はこの圏論的論証から，まったく初等的で具体的な定理 10.2.1 が先に得られたのである．

付録 A

予備的事実の証明
PROOFS OF BACKGROUND FACTS

本付録は，本文から後回しにした証明からなる.

A.1　エントロピーに対するチェイン則の形

注意 2.2.11 で，Shannon エントロピーに対するチェイン則

$$H(\mathbf{w} \circ (\mathbf{p}^1, \ldots, \mathbf{p}^n)) = H(\mathbf{w}) + \sum_{i=1}^{n} w_i H(\mathbf{p}^i)$$

は，何人かの過去の著者らが用いた形よりも一般的である（すなわち，より強い）ように見えるが，簡単な帰納的論証によりそれらの特別な場合と同値になることが示されると主張した．注意 4.1.6 では，q 対数的エントロピー S_q に対して同様の主張を行った．ただし，チェイン則は

$$S_q(\mathbf{w} \circ (\mathbf{p}^1, \ldots, \mathbf{p}^n)) = S_q(\mathbf{w}) + \sum_{i \in \mathrm{supp}(\mathbf{w})} w_i^q S_q(\mathbf{p}^i)$$

になる．ここでは，これらの主張を証明する.

以下の補題 A.1.1 で，(i) はチェイン則の一般的な形，(ii) と (iv) はほかの著者により用いられた特別な場合，および (iii) は証明に有用な中間的な場合である．四つの場合のそれぞれが，図 A.1 で木として描いた，確率分布の合成のある形に対応する．

この補題では，$\mathbf{w}$ の台にわたる和で考えるのではなく，すべての $q \in \mathbb{R}$ に対して $0^q = 0$ であると約束する.

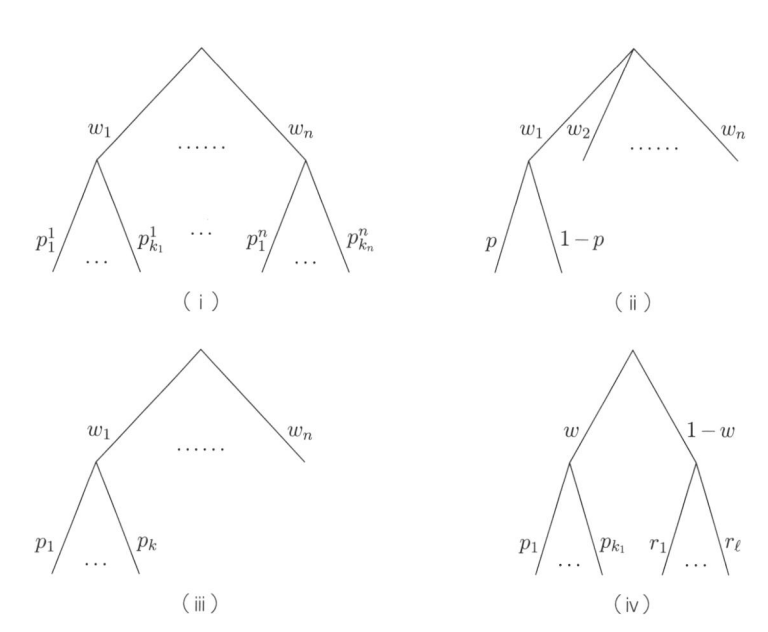

図 A.1 補題 A.1.1 の四つの場合において用いる合成の形状

補題 A.1.1 $q \in \mathbb{R}$ とする. $(I \colon \Delta_n \to \mathbb{R})_{n \geq 1}$ を対称関数の列とする. 以下は同値である.

（ i ）すべての $n, k_1, \ldots, k_n \geq 1$, $\mathbf{w} \in \Delta_n$, および $\mathbf{p}^i \in \Delta_{k_i}$ に対して,

$$I(\mathbf{w} \circ (\mathbf{p}^1, \ldots, \mathbf{p}^n)) = I(\mathbf{w}) + \sum_{i=1}^n w_i^q I(\mathbf{p}^i)$$

（ ii ）すべての $n \geq 1$, $\mathbf{w} \in \Delta_n$, および $p \in [0,1]$ に対して,

$$I(w_1 p, w_1(1-p), w_2, \ldots, w_n) = I(\mathbf{w}) + w_1^q I(p, 1-p)$$

（iii）すべての $n, k \geq 1$, $\mathbf{w} \in \Delta_n$, および $\mathbf{p} \in \Delta_k$ に対して,

$$I(w_1 p_1, \ldots, w_1 p_k, w_2, \ldots, w_n) = I(\mathbf{w}) + w_1^q I(\mathbf{p})$$

（iv）すべての $k, \ell \geq 1$, $\mathbf{p} \in \Delta_k$, $\mathbf{r} \in \Delta_\ell$, および $w \in [0,1]$ に対して,

$$I(w p_1, \ldots, w p_k, (1-w) r_1, \ldots, (1-w) r_\ell)$$
$$= I(w, 1-w) + w^q I(\mathbf{p}) + (1-w)^q I(\mathbf{r})$$

以下の論証の大部分は, Feinstein[99, pp. 5–6]にさかのぼる.

証明 明らかに，(i)は(ii)を含意する．

(ii)を仮定して，(iii)を k についての帰納法により証明する．$k=1$ の場合は $I(\mathbf{u}_1)=0$ という言明に帰着し，これは(ii)において $n=1$ ととることにより導かれる．次に $k \geq 2$ とし，$k-1$ に対する結果を仮定する．

$n \geq 1$，$\mathbf{w} \in \Delta_n$，および $\mathbf{p} \in \Delta_k$ とする．対称性より，$p_k < 1$ と仮定してよい．帰納法の仮定を用いて，

$$
\begin{aligned}
&I(w_1 p_1, \ldots, w_1 p_k, w_2, \ldots, w_n) \\
&\quad = I\left(w_1(1-p_k) \cdot \frac{p_1}{1-p_k}, \ldots, w_1(1-p_k) \cdot \frac{p_{k-1}}{1-p_k}, w_1 p_k, w_2, \ldots, w_n\right) \\
&\quad = I(w_1(1-p_k), w_1 p_k, w_2, \ldots, w_n) + (w_1(1-p_k))^q I\left(\frac{p_1}{1-p_k}, \ldots, \frac{p_{k-1}}{1-p_k}\right)
\end{aligned}
$$

となり，(ii)よりこれは

$$
I(\mathbf{w}) + w_1^q \left\{ I(1-p_k, p_k) + (1-p_k)^q I\left(\frac{p_1}{1-p_k}, \ldots, \frac{p_{k-1}}{1-p_k}\right)\right\}
$$

に等しい．しかし再び帰納法の仮定により，$\{\cdots\}$ の項は

$$
I\left((1-p_k) \cdot \frac{p_1}{1-p_k}, \ldots, (1-p_k) \cdot \frac{p_{k-1}}{1-p_k}, p_k\right) = I(\mathbf{p})
$$

に等しく，帰納法が完了する．

次に(iii)を仮定し，(iv)を証明する．$k, \ell \geq 1$，$\mathbf{p} \in \Delta_k$，$\mathbf{r} \in \Delta_\ell$，および $w \in [0,1]$ とする．(iii)を用いて，

$$
I(w p_1, \ldots, w p_k, (1-w) r_1, \ldots, (1-w) r_\ell) = I(w, (1-w) r_1, \ldots, (1-w) r_\ell) + w^q I(\mathbf{p})
$$

となる．対称性と再び(iii)より，これは今度は

$$
I(w, 1-w) + (1-w)^q I(\mathbf{r}) + w^q I(\mathbf{p})
$$

に等しく，(iv)が証明される．

最後に，(iv)を仮定する．(i)を n についての帰納法により証明する．$n=1$ の場合は単に $I(\mathbf{u}_1)=0$ であることを述べており，これは $k=\ell=1$ ととることにより(iv)から導かれる．次に $n \geq 2$ とし，$n-1$ に対する結果を仮定する．

$k_1, \ldots, k_n \geq 1$，$\mathbf{w} \in \Delta_n$，および $\mathbf{p}^i \in \Delta_{k_i}$ とする．対称性より，$w_1 > 0$ と仮定してよい．次のように書く．

$$
\mathbf{p}^{12} = \left(\frac{w_1}{w_1+w_2} p_1^1, \ldots, \frac{w_1}{w_1+w_2} p_{k_1}^1, \frac{w_2}{w_1+w_2} p_1^2, \ldots, \frac{w_2}{w_1+w_2} p_{k_2}^2\right) \in \Delta_{k_1+k_2}
$$

このとき

$$\mathbf{w} \circ (\mathbf{p}^1, \ldots, \mathbf{p}^n) = (w_1 + w_2, w_3, \ldots, w_n) \circ (\mathbf{p}^{12}, \mathbf{p}^3, \ldots, \mathbf{p}^n)$$

であるから，帰納法の仮定より，

$$I(\mathbf{w} \circ (\mathbf{p}^1, \ldots, \mathbf{p}^n)) = I(w_1 + w_2, w_3, \ldots, w_n) + (w_1 + w_2)^q I(\mathbf{p}^{12}) + \sum_{i=3}^{n} w_i^q I(\mathbf{p}^i)$$

(A.1)

である．一方，(iv) より，

$$I(\mathbf{p}^{12}) = I\left(\frac{w_1}{w_1 + w_2}, \frac{w_2}{w_1 + w_2}\right) + \left(\frac{w_1}{w_1 + w_2}\right)^q I(\mathbf{p}^1) + \left(\frac{w_2}{w_1 + w_2}\right)^q I(\mathbf{p}^2)$$

である．これを (A.1) へと代入して，$I(\mathbf{w} \circ (\mathbf{p}^1, \ldots, \mathbf{p}^n))$ が

$$I(w_1 + w_2, w_3, \ldots, w_n) + (w_1 + w_2)^q I\left(\frac{w_1}{w_1 + w_2}, \frac{w_2}{w_1 + w_2}\right) + \sum_{i=1}^{n} w_i^q I(\mathbf{p}^i)$$

(A.2)

に等しいことが導き出される．しかし，帰納法の仮定を合成

$$\mathbf{w} = (w_1 + w_2, w_3, \ldots, w_n) \circ \left(\left(\frac{w_1}{w_1 + w_2}, \frac{w_2}{w_1 + w_2}\right), \mathbf{u}_1, \ldots, \mathbf{u}_1\right)$$

に適用すると（$I(\mathbf{u}_1) = 0$ であること思い出して）

$$I(\mathbf{w}) = I(w_1 + w_2, w_3, \ldots, w_n) + (w_1 + w_2)^q I\left(\frac{w_1}{w_1 + w_2}, \frac{w_2}{w_1 + w_2}\right)$$

が得られる．ゆえに，式 (A.2) は

$$I(\mathbf{w}) + \sum_{i=1}^{n} w_i^q I(\mathbf{p}^i)$$

に帰着し，(i) が証明される． $\square$

A.2　無作為標本における種数の期待値

　ここでは，例 4.3.6 で述べた，Hurlbert–Smith–Grassle の多様性指数を Hill 数 $D_q(\mathbf{p})$ で表す結果を証明する．

n 種の生態群集がその相対存在量分布によりモデル化されており，$H_m^{\mathrm{HSG}}(\mathbf{p})$ は m 個体の無作為に復元抽出された標本において現存する異なる種数の期待値を表していることを思い出す．示すべき主張は，

$$H_m^{\mathrm{HSG}}(\mathbf{p}) = \sum_{q=1}^{m}(-1)^{q-1}\binom{m}{q}D_q(\mathbf{p})^{1-q}$$

である．

確率変数 $X_1,\ldots,X_n$ を

$$X_i = \begin{cases} 1 & （種 i が標本に現存するとき） \\ 0 & （そうでないとき） \end{cases}$$

により定義する．このとき，$\sum_{i=1}^{n}X_i$ は標本における異なる種数であるから，Hurlbert [150，等式(14)]が観察したように，

$$\begin{aligned}
H_m^{\mathrm{HSG}}(\mathbf{p}) &= \mathbb{E}\left(\sum_{i=1}^{n}X_i\right) = \sum_{i=1}^{n}\mathbb{E}(X_i) \\
&= \sum_{i=1}^{n}\mathbb{P}(種 i が標本に現存している) \\
&= \sum_{i=1}^{n}(1-(1-p_i)^m)
\end{aligned}$$

である．このことから，主張されたとおり，

$$\begin{aligned}
H_m^{\mathrm{HSG}}(\mathbf{p}) &= n - \sum_{i=1}^{n}\sum_{q=0}^{m}\binom{m}{q}(-p_i)^q \\
&= n - \sum_{q=0}^{m}(-1)^q\binom{m}{q}\sum_{i=1}^{n}p_i^q \\
&= n - \left(\binom{m}{0}n - \binom{m}{1}1 + \sum_{q=2}^{m}(-1)^q\binom{m}{q}D_q(\mathbf{p})^{1-q}\right) \\
&= m - \sum_{q=2}^{m}(-1)^q\binom{m}{q}D_q(\mathbf{p})^{1-q} \\
&= \sum_{q=1}^{m}(-1)^{q-1}\binom{m}{q}D_q(\mathbf{p})^{1-q}
\end{aligned}$$

となる．

A.3　多様度プロファイルは分布を決定する

　ここでは，注意 4.4.9 で主張した結果を証明する．すなわち，同じ有限集合上の二つの確率分布は同じ多様度プロファイルをもつとき，かつそのときに限り一方は他方の置換である．正式には，次のようになる．

> **補題 A.3.1**　$n \geq 1$ および $\mathbf{p}, \mathbf{r} \in \Delta_n$ とする．以下は同値である．
>
> （ i ）すべての $q \in [-\infty, \infty]$ に対して $D_q(\mathbf{p}) = D_q(\mathbf{r})$ である．
>
> （ ii ）上に非有界な部分集合 $Q \subseteq [-\infty, \infty)$ が存在して，すべての $q \in Q$ に対して $D_q(\mathbf{p}) = D_q(\mathbf{r})$ である．
>
> （iii）$\{1, \ldots, n\}$ のある置換 σ に対して $\mathbf{p} = \mathbf{r}\sigma$ である．

　この結果は，Leinster–Cobbold[220, 付録の命題 A22]に初めて登場した．

証明　Hill 数の対称性（補題 4.4.8）より(iii)は(i)を含意し，(i)は明らかに(ii)を含意する．ここで(ii)を仮定し，n についての帰納法により(iii)を証明する．$n = 1$ に対しては明らかである．$n \geq 2$ として，$n - 1$ に対する結果を仮定し，$\mathbf{p}, \mathbf{r} \in \Delta_n$ で，上に非有界なある集合 $Q \subseteq [-\infty, \infty)$ のすべての元 q に対して $D_q(\mathbf{p}) = D_q(\mathbf{r})$ となるものをとる．$-\infty \notin Q$ および $1 \notin Q$ であると仮定してよい（というのは，もしそうでなければ取り除ける）．

　補題 4.2.7 あるいは補題 6.2.4(i)より，$D_q(\mathbf{p})$ が $q \in [-\infty, \infty]$ について連続であることはわかっている．Q は上に非有界であるから，

$$\lim_{q \in Q,\, q \to \infty} D_q(\mathbf{p}) = D_\infty(\mathbf{p}) = \frac{1}{\max_{1 \leq i \leq n} p_i}$$

である．同じことが $D_q(\mathbf{r})$ に対しても正しい．ゆえに仮定より，$\max_i p_i = \max_i r_i$ である．$p_k = \max_i p_i$ および $r_\ell = \max_i r_i$ となる k と ℓ を選ぶ．このとき，$p_k = r_\ell$ である．

　$p_k = r_\ell = 1$ ならば，$\mathbf{p}$ と $\mathbf{r}$ はどちらも $(0, \ldots, 0, 1, 0, \ldots, 0)$ という形をしているので，一方は他方の置換である．そうでないと仮定して，$\mathbf{p}', \mathbf{r}' \in \Delta_{n-1}$ を

$$\mathbf{p}' = \left(\frac{p_1}{1 - p_k}, \ldots, \frac{p_{k-1}}{1 - p_k}, \frac{p_{k+1}}{1 - p_k}, \ldots, \frac{p_n}{1 - p_k} \right)$$

および $\mathbf{r}'$ に対しても同様に定義する．このとき，すべての $q \in Q$ に対して，

$$D_q(\mathbf{p}') = (1 - p_k)^{q/(q-1)} \left(\sum_{i \neq k} p_i^q \right)^{1/(1-q)}$$

$$= (1 - p_k)^{q/(q-1)} (D_q(\mathbf{p})^{1-q} - p_k^q)^{1/(1-q)}$$

である. 同様に,

$$D_q(\mathbf{r}') = (1 - r_\ell)^{q/(q-1)} (D_q(\mathbf{r})^{1-q} - r_\ell^q)^{1/(1-q)}$$

である. しかし, $p_k = r_\ell$ および $D_q(\mathbf{p}) = D_q(\mathbf{r})$ であるから, $D_q(\mathbf{p}') = D_q(\mathbf{r}')$ である. これがすべての $q \in Q$ に対して成り立つので, 帰納法の仮定より $\mathbf{p}'$ は $\mathbf{r}'$ の置換である. このことから $\mathbf{p}$ は $\mathbf{r}$ の置換となり, 帰納法が完了する. $\qquad\square$

A.4 アフィン関数

ここでは補題 5.1.7 を証明する. 便宜のため, ここで再び述べておく.

補題 5.1.7 $\alpha\colon I \to J$ を実区間の間の関数とする. 以下は同値である.
（ i ） α はアフィンである.
（ ii ） $\sum \lambda_i = 1$ かつ $\sum \lambda_i x_i \in I$ であるようなすべての $n \geq 1$, $x_1, \ldots, x_n \in I$ および $\lambda_1, \ldots, \lambda_n \in \mathbb{R}$ に対して, $\alpha(\sum \lambda_i x_i) = \sum \lambda_i \alpha(x_i)$ である.
（iii） ある定数 $a, b \in \mathbb{R}$ が存在して, すべての $x \in I$ に対して $\alpha(x) = ax + b$ である.
（iv） α は連続であり, すべての $x_1, x_2 \in I$ に対して $\alpha((x_1 + x_2)/2) = (\alpha(x_1) + \alpha(x_2))/2$ である.

証明 まず, (i)を仮定して(ii)を証明する. 帰納法より, すべての $n \geq 1$, $\mathbf{p} \in \Delta_n$, および $\mathbf{x} \in I^n$ に対して

$$\alpha\left(\sum_{i=1}^n p_i x_i \right) = \sum_{i=1}^n p_i \alpha(x_i) \tag{A.3}$$

となる. 次に, $n \geq 1$, $x_1, \ldots, x_n \in I$ および $\lambda_1, \ldots, \lambda_n \in \mathbb{R}$ で, $\sum \lambda_i = 1$ および $\sum \lambda_i x_i \in I$ であるとする. 一般性を失わずに, ある $k \in \{1, \ldots, n\}$ に対して

$$\lambda_1, \ldots, \lambda_k \geq 0, \qquad \lambda_{k+1}, \ldots, \lambda_n < 0$$

であると仮定する.

$$\mu = \sum_{i=1}^{k} \lambda_i = 1 - \sum_{i=k+1}^{n} \lambda_i \geq 1, \qquad w = \sum_{i=1}^{n} \lambda_i x_i \in I$$

と書く．このとき，

$$\sum_{i=1}^{k} \frac{\lambda_i}{\mu} x_i = \frac{1}{\mu} w + \sum_{i=k+1}^{n} \frac{-\lambda_i}{\mu} x_i$$

である．左辺の係数 $\lambda_1/\mu, \ldots, \lambda_k/\mu$ は非負で和が 1 になり，同じことが右辺の係数 $1/\mu, -\lambda_{k+1}/\mu, \ldots, -\lambda_n/\mu$ で正しい．ゆえに全体に α を適用して，両辺に等式(A.3)を用いることができ，

$$\sum_{i=1}^{k} \frac{\lambda_i}{\mu} \alpha(x_i) = \frac{1}{\mu} \alpha(w) + \sum_{i=k+1}^{n} \frac{-\lambda_i}{\mu} \alpha(x_i)$$

が得られる．整理すると

$$\alpha(w) = \sum_{i=1}^{n} \lambda_i \alpha(x_i)$$

が得られ，(ii)が証明される．

次に，(ii)を仮定して(iii)を証明する．I が自明ならば，結果は明らかである．そうでなければ，異なる $x_1, x_2 \in I$ を選ぶことができる．ここで

$$a = \frac{\alpha(x_2) - \alpha(x_1)}{x_2 - x_1}, \qquad b = \frac{\alpha(x_1)x_2 - \alpha(x_2)x_1}{x_2 - x_1}$$

とおき，$\alpha'(x) = ax + b$ により $\alpha' \colon \mathbb{R} \to \mathbb{R}$ を定義する．すべての $x \in I$ に対して $\alpha(x) = \alpha'(x)$ となることを示す．まず，直接計算により，$x \in \{x_1, x_2\}$ のときにこれは正しい．次に，I のすべての元はある $\lambda_1, \lambda_2 \in \mathbb{R}$ で $\lambda_1 + \lambda_2 = 1$ となるものに対して $\lambda_1 x_1 + \lambda_2 x_2$ と書ける．α と α' のどちらも(ii)をみたすので，示すべき結果が導かれる．

明らかに，(iii)は(iv)を含意する．

最後に，(iv)を仮定し，(i)を証明する．連続性より，$x_1, x_2 \in I$ かつ $p \in [0, 1]$ が二進有理数である，すなわち，ある整数 $n \geq 0$ と $0 \leq m \leq 2^n$ に対して $p = m/2^n$ である限り

$$\alpha(px_1 + (1 - p)x_2) = p\alpha(x_1) + (1 - p)\alpha(x_2)$$

となることを証明すれば十分である．n についての帰納法によりこれを行う．$n = 0$ に対しては明らかである．次に，$n \geq 1$ とし，$n-1$ に対する結果を仮定する．$x_1, x_2 \in I$，$0 \leq m \leq 2^n$ とし，一般性を失わずに $m \leq 2^{n-1}$ と仮定する（そうでないときは，x_1 と

x_2 の役割を逆にすればよい）．このとき，

$$\alpha\left(\frac{m}{2^n}x_1 + \left(1 - \frac{m}{2^n}\right)x_2\right) = \alpha\left(\frac{m}{2^{n-1}} \cdot \frac{1}{2}(x_1 + x_2) + \left(1 - \frac{m}{2^{n-1}}\right)x_2\right) \tag{A.4}$$

$$= \frac{m}{2^{n-1}}\alpha\left(\frac{1}{2}(x_1 + x_2)\right) + \left(1 - \frac{m}{2^{n-1}}\right)\alpha(x_2) \tag{A.5}$$

$$= \frac{m}{2^{n-1}} \cdot \frac{1}{2}(\alpha(x_1) + \alpha(x_2)) + \left(1 - \frac{m}{2^{n-1}}\right)\alpha(x_2) \tag{A.6}$$

$$= \frac{m}{2^n}\alpha(x_1) + \left(1 - \frac{m}{2^n}\right)\alpha(x_2) \tag{A.7}$$

である．ただし，(A.4)と(A.7)は初等的であり，(A.5)は帰納法の仮定により，(A.6)は(iv)による．これで帰納法が，したがって証明が完了する． $\square$

A.5　整数オーダーの多様度

ここでは，整数 $q \geq 2$ に対する多様度 $D_q^Z(\mathbf{p})$ の計算について例 6.1.7 においてなされた次の言明を証明する．すなわち，そこで定義された表記で，

$$D_q^Z(\mathbf{p}) = \mu_q^{1/(1-q)}$$

となる．実際，すべての和が $1, \ldots, n$ にわたるという約束を採用すると，望んだとおり

$$D_q^Z(\mathbf{p})^{1-q} = \sum_i p_i \left(\sum_j Z_{ij}p_j\right)^{q-1}$$

$$= \sum_{i, j_1, \ldots, j_{q-1}} p_i Z_{ij_1} p_{j_1} Z_{ij_2} p_{j_2} \cdots Z_{ij_{q-1}} p_{j_{q-1}}$$

$$= \sum_{i_1, i_2, \ldots, i_q} p_{i_1} p_{i_2} \cdots p_{i_q} Z_{i_1 i_2} Z_{i_1 i_3} \cdots Z_{i_1 i_q}$$

$$= \mu_q$$

となる．

A.6　カップリングの最大エントロピー

$\mathbf{p}$ と $\mathbf{r}$ をそれぞれ有限集合 $\mathcal{X}$ と $\mathcal{Y}$ 上の確率分布とする．注意 8.1.13 で，周辺分布 $\mathbf{p}$ と $\mathbf{r}$ をもつ $\mathcal{X} \times \mathcal{Y}$ 上のすべての分布の中で，$\mathbf{p} \otimes \mathbf{r}$ よりも大きなエントロピーをもつ

ものはないことを示した．つまり，その周辺分布が $\mathbf{p}$ と $\mathbf{r}$ である $\mathcal{X} \times \mathcal{Y}$ 上のすべての確率分布 P に対して，

$$H(P) \leq H(\mathbf{p} \otimes \mathbf{r}) \tag{A.8}$$

である．$q = 0$ あるいは $q = 1$ でない限り，H を Rényi エントロピー H_q あるいは q 対数的エントロピー S_q で置き換えたとき不等式(A.8)は成り立たないこともそこで主張した．ここでは，この主張を証明する．

H_q と S_q は増加し，互いの可逆な変換であるから，H_q に対してこのことを証明すれば十分である．また Rényi エントロピーは対数的である（等式(4.14)）から，問題となっている不等式は

$$H_q(P) \leq H_q(\mathbf{p}) + H_q(\mathbf{r}) \tag{A.9}$$

と言い換えられる．これは $q = 0$ に対しては正しい．すなわち，

$$\operatorname{supp}(P) \subseteq \operatorname{supp}(\mathbf{p}) \times \operatorname{supp}(\mathbf{r})$$

であるから，

$$|\operatorname{supp}(P)| \leq |\operatorname{supp}(\mathbf{p})| \cdot |\operatorname{supp}(\mathbf{r})|$$

であり，

$$H_0(P) = \log|\operatorname{supp}(P)| \leq \log|\operatorname{supp}(\mathbf{p})| + \log|\operatorname{supp}(\mathbf{r})| = H_0(\mathbf{p}) + H_0(\mathbf{r})$$

が得られる．次の課題は，$q = 0$ と $q = 1$ の場合を除いて，不等式(A.9)が間違っていることを示すことである．だから，各 $q \in (0,1) \cup (1,\infty]$ に対して，有限集合 $\mathcal{X}$ と $\mathcal{Y}$，および $\mathcal{X} \times \mathcal{Y}$ 上の確率分布 P で

$$H_q(P) > H_q(\mathbf{p}) + H_q(\mathbf{r})$$

となるものが存在することを証明する．ただし，$\mathbf{p}$ と $\mathbf{r}$ は P の周辺分布である．

$q \in (0,1)$，$q \in (1,\infty)$，および $q = \infty$ の場合を別々に扱う．すべての場合において，ある N に対して $\mathcal{X} = \mathcal{Y} = \{1,\ldots,N\}$ ととる．$\mathcal{X} \times \mathcal{Y}$ 上の確率分布 P はこのとき，その成分の和が 1 となる非負実数の $N \times N$ 行列であり，その周辺分布 $\mathbf{p}$ と $\mathbf{r}$ は行和と列和により与えられる．

$$p_i = \sum_{j=1}^{N} P_{ij}, \qquad r_j = \sum_{i=1}^{N} P_{ij} \qquad (i,j \in \{1,\ldots,N\})$$

まず，$q \in (0,1)$ とする．各 $N \geq 2$ に対して，$N \times N$ 行列 P を

$$P = \begin{pmatrix} 1 - (N-1)^{(q-1)/q} & 0 & \cdots & 0 \\ 0 & (N-1)^{(-q-1)/q} & \cdots & (N-1)^{(-q-1)/q} \\ \vdots & \vdots & & \vdots \\ 0 & (N-1)^{(-q-1)/q} & \cdots & (N-1)^{(-q-1)/q} \end{pmatrix}$$

により定義する．P の成分の和は 1 であり，$q \in (0,1)$ であるから $1 - (N-1)^{(q-1)/q} \geq 0$ となるので，$P \in \Delta_{N^2}$ である．

$$\begin{aligned} H_q(P) &= \frac{1}{1-q} \log((1 - (N-1)^{(q-1)/q})^q + (N-1)^2 (N-1)^{-q-1}) \\ &\geq \frac{1}{1-q} \log((N-1)^{-q+1}) \\ &= \log(N-1) \end{aligned}$$

である．P の周辺分布は

$$\mathbf{p} = \mathbf{r} = (1 - (N-1)^{(q-1)/q}, \underbrace{(N-1)^{-1/q}, \ldots, (N-1)^{-1/q}}_{N-1})$$

であるから，

$$\begin{aligned} H_q(\mathbf{p}) = H_q(\mathbf{r}) &= \frac{1}{1-q} \log((1 - (N-1)^{(q-1)/q})^q + (N-1) \cdot (N-1)^{-1}) \\ &< \frac{1}{1-q} \log 2 \end{aligned}$$

である．ゆえに，$N \to \infty$ のとき

$$H_q(P) - (H_q(\mathbf{p}) + H_q(\mathbf{r})) > \log(N-1) - \frac{2}{1-q} \log 2 \to \infty$$

である．とくに，N が十分大きいとき $H_q(P) > H_q(\mathbf{p}) + H_q(\mathbf{r})$ である．

次に，$q \in (1, \infty)$ とする．各 $N \geq 2$ に対して，$N \times N$ 行列 P を

$$P = \begin{pmatrix} 0 & \dfrac{1}{2(N-1)} & \cdots & \dfrac{1}{2(N-1)} \\ \dfrac{1}{2(N-1)} & 0 & \cdots & 0 \\ \vdots & \vdots & & \vdots \\ \dfrac{1}{2(N-1)} & 0 & \cdots & 0 \end{pmatrix}$$

により定義する．P の成分は非負でその和は 1 であり，$N \to \infty$ のとき

$$H_q(P) = H_q(\mathbf{u}_{2(N-1)}) = \log(2(N-1)) \to \infty$$

である．P の周辺分布は

$$\mathbf{p} = \mathbf{r} = \Big(\frac{1}{2}, \underbrace{\frac{1}{2(N-1)}, \dots, \frac{1}{2(N-1)}}_{N-1}\Big)$$

であり，$q > 1$ であるから $N \to \infty$ のとき

$$
\begin{aligned}
H_q(\mathbf{p}) = H_q(\mathbf{r}) &= \frac{1}{1-q} \log\Big(\Big(\frac{1}{2}\Big)^q + (N-1) \cdot \Big(\frac{1}{2(N-1)}\Big)^q\Big) \\
&= \frac{1}{1-q} \log\Big(\frac{1}{2}\Big)^q + \frac{1}{1-q} \log(1 + (N-1)^{1-q}) \\
&\to \frac{1}{1-q} \log\Big(\frac{1}{2}\Big)^q
\end{aligned}
$$

である．ゆえに，$N \to \infty$ のとき

$$H_q(P) - (H_q(\mathbf{p}) + H_q(\mathbf{r})) \to \infty$$

であり，これは N が十分大きいとき $H_q(P) > H_q(\mathbf{p}) + H_q(\mathbf{r})$ であることをやはり含意する．

最後に，$q = \infty$ とする．直前の場合と同じ行列 P で，

$$H_\infty(P) = \log(2(N-1))$$
$$H_\infty(\mathbf{p}) = H_\infty(\mathbf{r}) = \log 2$$

となる．ゆえに，$N \to \infty$ のとき

$$H_\infty(P) - (H_\infty(\mathbf{p}) + H_\infty(\mathbf{r})) = \log(2(N-1)) - 2\log 2 \to \infty$$

である．またしても，これは十分大きい N に対して $H_\infty(P) > H_\infty(\mathbf{p}) + H_\infty(\mathbf{r})$ であることを含意する．

A.7　凸双対性

ここでは，定理 9.2.7 を証明する．便宜のため，ここで再び述べておく．

定理 9.2.7（Legendre–Fenchel） $f: \mathbb{R} \to \mathbb{R}$ を凸関数とする．このとき，$f^{**} = f$ である．

証明 $x \in \mathbb{R}$ とする．凸共役の定義より，

$$
\begin{aligned}
f^{**}(x) &= \sup_{\lambda \in \mathbb{R}} (\lambda x - f^*(\lambda)) \\
&= \sup_{\lambda \in \mathbb{R}} \inf_{y \in \mathbb{R}} (\lambda(x-y) + f(y)) \tag{A.10}
\end{aligned}
$$

である．とくに，

$$f^{**}(x) \leq \sup_{\lambda \in \mathbb{R}}(\lambda(x - x) + f(x)) = f(x)$$

であるから，あとは $f^{**}(x) \geq f(x)$ であることを証明すればよい．実際，$\lambda \in \mathbb{R}$ で，

$$\text{すべての } y \in \mathbb{R} \text{ に対して } \lambda(x - y) + f(y) \geq f(x) \qquad \text{(A.11)}$$

となるものが存在することを示す．（A.10）より，これで十分である．ここで，実数 λ が（A.11）をみたすのは，

$$\sup_{y \in (-\infty, x)} \frac{f(x) - f(y)}{x - y} \leq \lambda \leq \inf_{z \in (x, \infty)} \frac{f(z) - f(x)}{z - x}$$

であるとき，かつそのときに限るので，このような λ が存在するのは，すべての $y < x < z$ に対して

$$\frac{f(x) - f(y)}{x - y} \leq \frac{f(z) - f(x)}{z - x} \qquad \text{(A.12)}$$

であるとき，かつそのときに限る．それでは，これを証明する．$y < x < z$ となる y と z をとる．このとき，ある $p \in (0, 1)$ に対して $x = py + (1 - p)z$ であり，証明すべき不等式（A.12）は，

$$\frac{f(x) - f(y)}{(1 - p)(z - y)} \leq \frac{f(z) - f(x)}{p(z - y)}$$

言い換えると，

$$f(x) \leq pf(y) + (1 - p)f(z)$$

であることを述べている．f の凸性より，これは正しい． $\qquad \square$

A.8 キュムラント母関数は凸である

9.2 節で，任意の実確率変数のキュムラント母関数は凸であるという事実を用いた．ここでは，このことを証明する．

キュムラント母関数が二階微分可能であることを仮定してよければ，Grimmett–Stirzaker[130, 5.11 節]のように，この結果は Cauchy–Schwarz 不等式から導き出すことができる．しかし，この仮定をおく必要はない．その代わり，より一般的な標準的不等式を用いる．

定理 A.8.1（Hölder の不等式） Ω を測度空間，$p, q \in (1, \infty)$ で $1/p + 1/q = 1$ であり，また $f, g \colon \Omega \to [0, \infty)$ は可測関数であるとする．このとき，

$$\int_\Omega fg \le \left(\int_\Omega f^p\right)^{1/p} \left(\int_\Omega g^q\right)^{1/q}$$

である．

ここでは，一つ以上の積分が ∞ である可能性を許す．

証明 たとえば，これは Folland[108, 定理 6.2]にある． $\square$

系 A.8.2 X を実確率変数とする．このとき，関数

$$\mathbb{R} \to [0, \infty]$$
$$\lambda \mapsto \log \mathbb{E}(e^{\lambda X})$$

は凸である．

証明 すべての $\lambda, \mu \in \mathbb{R}$ と $t \in [0, 1]$ に対して，

$$\log \mathbb{E}(e^{(t\lambda + (1-t)\mu)X}) \le t \log \mathbb{E}(e^{\lambda X}) + (1 - t) \log \mathbb{E}(e^{\mu X})$$

言い換えると，

$$\mathbb{E}(e^{t\lambda X} e^{(1-t)\mu X}) \le \mathbb{E}(e^{\lambda X})^t \mathbb{E}(e^{\mu X})^{1-t}$$

であることを証明しなければならない．$t = 0$ あるいは $t = 1$ ならば，これは明らかである．そうでないとして，$p = 1/t$，$q = 1/(1 - t)$，$U = e^{t\lambda X}$，および $V = e^{(1-t)\mu X}$ と書く．だから，$p, q \in (1, \infty)$ で $1/p + 1/q = 1$ であり，U と V は同じ標本空間上の非負実確率変数である．証明すべき不等式は

$$\mathbb{E}(UV) \le \mathbb{E}(U^p)^{1/p} \mathbb{E}(V^q)^{1/q}$$

であり，これはちょうど確率的な表記での Hölder の不等式である． $\square$

A.9 有限体上の関数

ここでは，補題 11.4.1 を証明する．便宜のため，ここで再び述べておく．

補題 11.4.1 K を q 元の有限体，$n \ge 0$，また $F \colon K^n \to K$ を関数とする．このとき，

$$f(x_1, \dots, x_n) = \sum_{0 \le r_1, \dots, r_n < q} c_{r_1, \dots, r_n} x_1^{r_1} \cdots x_n^{r_n} \qquad (c_{r_1, \dots, r_n} \in K) \qquad \text{(A.13)}$$

の形の多項式 f で，すべての $\pi_1, \ldots, \pi_n \in K$ に対して

$$f(\pi_1, \ldots, \pi_n) = F(\pi_1, \ldots, \pi_n)$$

であるものがただ一つ存在する．

この結果は標準的なものである．たとえば，Roman[300, 10.3 節]は $n = 1$ の場合における証明を与えている．

証明 各変数の次数が q より小さい多項式，すなわち，(A.13)の形の多項式の集合を $K^{<q}[x_1, \ldots, x_n]$ と書く．n 変数の多項式 f により引き起こされる関数を $R(f) \colon K^n \to K$ と書く．このとき，R は写像

$$R \colon K^{<q}[x_1, \ldots, x_n] \to \{関数\ K^n \to K\}$$

を定義する．R が全単射であることを証明しなければならない．定義域と値域のどちらも q^{q^n} 個の元をもつので，R が全射であることを証明すれば十分である．

まず，多項式 δ を

$$\delta(x_1, \ldots, x_n) = (1 - x_1^{q-1}) \cdots (1 - x_n^{q-1})$$

により定義する．このとき，δ の各変数の次数は $q-1$ であり，$a_1, \ldots, a_n \in K$ に対して，

$$R(\delta)(a_1, \ldots, a_n) = \begin{cases} 1 & (a_1 = \cdots = a_n = 0\ のとき) \\ 0 & (そうでないとき) \end{cases}$$

となる．次に，関数 $F \colon K^n \to K$ が与えられたとき，多項式 f を

$$f(x_1, \ldots, x_n) = \sum_{a_1, \ldots, a_n \in K} F(a_1, \ldots, a_n)\delta(x_1 - a_1, \ldots, x_n - a_n)$$

により定義する．このとき，望んだとおり，f の各変数の次数は高々 $q-1$ であり，かつ $R(f) = F$ である． $\square$

別の証明が存在する．たとえば，R の核が自明であることを n についての帰納法により示すことで，R が全射であることではなく単射であることが証明できる．上述の Lagrange 補間の論証を著者に教えてくれた，Todd Trimble に感謝する．

付録 **B**

条件の要約
SUMMARY OF CONDITIONS

　ここでは，本文中で用いた平均，多様性の尺度および価値尺度についてのおもな条件を列挙する．各条件に対して，定義の省略形と，略さずに定義した本文中の箇所への参照を与える．

重みつき平均

　以下の条件は，関数列 $(M \colon \Delta_n \times I^n \to I)_{n \geq 1}$ に適用される．ただし，I は実区間である．斉次性と乗法性の条件に対しては，I は乗法で閉じていると仮定する．

名称	省略形	定義
不在不変	$M((\ldots, p_{i-1}, 0, p_{i+1}), (\ldots, x_{i-1}, x_i, x_{i+1}, \ldots))$ $= M((\ldots, p_{i-1}, p_{i+1}, \ldots), (\ldots, x_{i-1}, x_{i+1}, \ldots))$	定義 4.2.10
チェイン則	$M(\mathbf{w} \circ (\mathbf{p}^1, \ldots, \mathbf{p}^n), \mathbf{x}^1 \oplus \cdots \oplus \mathbf{x}^n)$ $= M(\mathbf{w}, (M(\mathbf{p}^1, \mathbf{x}^1), \ldots, M(\mathbf{p}^n, \mathbf{x}^n)))$	定義 4.2.23
整合的	$M(\mathbf{p}, (x, \ldots, x)) = x$	定義 4.2.16
凸	$M(\mathbf{p}, (\mathbf{x} + \mathbf{y})/2) \leq \max\{M(\mathbf{p}, \mathbf{x}), M(\mathbf{p}, \mathbf{y})\}$	定義 9.4.1
斉次	$M(\mathbf{p}, c\mathbf{x}) = cM(\mathbf{p}, \mathbf{x})$	定義 4.2.21
増加する	$\mathbf{x} \leq \mathbf{y} \implies M(\mathbf{p}, \mathbf{x}) \leq M(\mathbf{p}, \mathbf{y})$	定義 4.2.18
モジュール的	$M(\mathbf{w} \circ (\mathbf{p}^1, \ldots, \mathbf{p}^n), \mathbf{x}^1 \oplus \cdots \oplus \mathbf{x}^n)$ が $\mathbf{w}$ と $M(\mathbf{p}^1, \mathbf{x}^1), \ldots, M(\mathbf{p}^n, \mathbf{x}^n)$ のみに依存	定義 4.2.25
乗法的	$M(\mathbf{p} \otimes \mathbf{p}', \mathbf{x} \otimes \mathbf{x}') = M(\mathbf{p}, \mathbf{x})M(\mathbf{p}', \mathbf{x}')$	定義 4.2.27
自然	$M(f\mathbf{p}, \mathbf{x}) = M(\mathbf{p}, \mathbf{x}f)$	定義 4.2.12
準算術的	ある ϕ に対して $M(\mathbf{p}, \mathbf{x}) = \phi^{-1}(\sum p_i \phi(x_i))$	定義 5.1.1
反復性をもつ	$M((\ldots, p_i, p_{i+1}, \ldots), (\ldots, x_i, x_i, \ldots))$ $= M((\ldots, p_i + p_{i+1}, \ldots), (\ldots, x_i, \ldots))$	定義 4.2.10
狭義に増加する	$\mathbf{x} \leq \mathbf{y}$ かつある $i \in \mathrm{supp}(\mathbf{p})$ に対して $x_i < y_i$ $\implies M(\mathbf{p}, \mathbf{x}) < M(\mathbf{p}, \mathbf{y})$	定義 4.2.18
対称的	$M(\mathbf{p}, \mathbf{x}) = M(\mathbf{p}\sigma, \mathbf{x}\sigma)$	定義 4.2.10

重みなし平均

以下の条件は，関数列 $(M \colon I^n \to I)_{n \geq 1}$ に適用される．ただし，I は実区間である．斉次性と乗法性の条件に対しては，I は乗法で閉じていると仮定する．

名称	省略形	定義
整合的	$M(x, \ldots, x) = x$	定義 5.2.3
分解可能	$M(x_1^1, \ldots, x_{k_1}^1, \ldots, x_1^n, \ldots, x_{k_n}^n)$	定義 5.2.9
	$= M(a_1, \ldots, a_1, \ldots, a_n, \ldots, a_n),$	
	ただし $a_i = M(x_1^i, \ldots, x_{k_i}^i)$	
斉次	$M(c\mathbf{x}) = cM(\mathbf{x})$	定義 5.2.13
増加する	$\mathbf{x} \leq \mathbf{y} \implies M(\mathbf{x}) \leq M(\mathbf{y})$	定義 5.2.5
モジュール的	$M(x_1^1, \ldots, x_{k_1}^1, \ldots, x_1^n, \ldots, x_{k_n}^n)$ が $k_1, \ldots, k_n$ と	定義 5.2.12
	$M(x_1^1, \ldots, x_{k_1}^1), \ldots, M(x_1^n, \ldots, x_{k_n}^n)$ のみに依存	
乗法的	$M(\mathbf{x} \otimes \mathbf{y}) = M(\mathbf{x})M(\mathbf{y})$	定義 5.2.18
準算術的	ある ϕ に対して $M(\mathbf{x}) = \phi^{-1}(\sum(1/n)\phi(x_i))$	p. 144
狭義に増加する	$\mathbf{x} \leq \mathbf{y} \neq \mathbf{x} \implies M(\mathbf{x}) < M(\mathbf{y})$	定義 5.2.5
対称的	$M(\mathbf{x}) = M(\mathbf{x}\sigma)$	定義 5.2.1

多様性の尺度

以下の条件は関数列 $(D \colon \Delta_n \to (0, \infty))_{n \geq 1}$，すなわち，（種の類似性を取り入れていない）有限確率分布としてモデル化された群集に対する多様性の尺度に適用される．

名称	省略形	定義
不在不変	$D(\ldots, p_{i-1}, 0, p_{i+1}, \ldots) = D(\ldots, p_{i-1}, p_{i+1}, \ldots)$	定義 4.4.7
連続	$D \colon \Delta_n \to (0, \infty)$ が連続	定義 4.4.5
正の確率について連続	$D \colon \Delta_n^\circ \to (0, \infty)$ が連続	定義 4.4.5
有効数	$D(\mathbf{u}_n) = n$	定義 2.4.5
モジュール的	$D(\mathbf{w} \circ (\mathbf{p}^1, \ldots, \mathbf{p}^n))$ が $\mathbf{w}$ と $D(\mathbf{p}^1), \ldots, D(\mathbf{p}^n)$	p. 56,
	のみに依存	定義 4.4.14
モジュール単調	すべての i に対して $D(\mathbf{p}^i) \leq D(\tilde{\mathbf{p}}^i)$	定義 7.4.1
	$\implies D(\mathbf{w} \circ (\mathbf{p}^1, \ldots, \mathbf{p}^n)) \leq D(\mathbf{w} \circ (\tilde{\mathbf{p}}^1, \ldots, \tilde{\mathbf{p}}^n))$	
乗法的	$D(\mathbf{p} \otimes \mathbf{r}) = D(\mathbf{p})D(\mathbf{r})$	定義 4.4.16
規格化されている	$D(\mathbf{u}_1) = 1$	p. 253
複製原理	$D(\mathbf{u}_n \otimes \mathbf{p}) = nD(\mathbf{p})$	p. 57,
		定義 4.4.18
対称的	$D(\mathbf{p}) = D(\mathbf{p}\sigma)$	p. 98

価値尺度

　以下の条件は，関数列 $(\sigma\colon \Delta_n \times (0,\infty)^n \to (0,\infty))_{n\geq 1}$ に適用される．このような列は $(0,\infty)$ 上の重みつき平均と同じ型のものであり，同じ用語が適用される．二つのさらなる条件も用いる．

名称	省略形	定義
正の確率について連続	$\sigma(-,\mathbf{v})\colon \Delta_n^\circ \to (0,\infty)$ が連続	定義 7.3.1
有効数	$\sigma(\mathbf{u}_n,(1,\ldots,1)) = n$	定義 7.3.2

訳者あとがき

　本書は，T. Leinster. *Entropy and Diversity: The Axiomatic Approach*（Cambridge University Press, 2021）の日本語訳である．書名から察せられるとおり，エントロピーを用いた生物多様性の定量化が本書の主題である．そのため，一見この目的に必要なエントロピー関連の数学の応用に関する書物であると思われるかもしれない．確かに一面ではそうかもしれないが，それだけに収まらない広い射程をもつのが本書の大きな特徴である．

　原著者は圏論を専門とする数学者であり，本書では生物多様性の定量的尺度の公理的特徴づけに関する原著者らの研究成果に加えて，それに関連する数学の諸研究，および背景となる数学の基礎的な諸事項が解説されている．その中で生物多様性の定量化は，数学のさまざまな分野に現れるサイズの概念を圏論的観点から統一しようとする大きな研究プログラムの中に位置づけられている．そのため，登場する数学の分野は多岐にわたっており（原著者が作成している原著のウェブサイトに記載されているリストに挙げられているのは，関数方程式，情報理論，幾何学的測度論，圏論，確率論，数論である），本書はまぎれもなく本格的な数学書である．ただし，本書冒頭の「読者への覚書」で原著者が述べているとおり，生物多様性の定量化に関する主要な結果を理解するには「厳密な（ε-δ 論法による）解析学の初等的な講義を超える数学は必要ない」．読者は，自身が不慣れに感じる部分は原著者が述べているとおり省略しても差し支えないし，あるいは原著者による数学のガイドツアーに参加しているつもりで気楽に読み流してもよいと思う．

　多岐にわたる本書の内容の中で，訳者にとって最も印象的であったのは，本書で証明される主要な定理の一つである，定理 7.4.3 である．大雑把にいうとこれは，種の相対存在量分布としてモデル化された生態群集に対する多様性の尺度がもつべきと考えられる自然ないくつかの性質をもつ関数（列）の全体が，Hill 数とよばれる実数パラメータ q をもつ関数（列）D_q の全体に一致する，というものである．パラメータ q は希少種への感度を制御するため（q が大きいほど希少種を無視する程度が大きくなる），本書では視点パラメータとよばれている．この定理は，本文中では多様性の尺度の全体的特徴づけ定理，あるいは分類定理として説明されている．q は単に分類ラベルであるというだけでなく，視点という意味づけができる．だから，この定理は（視点全体のなす空間を導き出すという形で）視点それ自体の起源を捉えたものとしても解釈できよう．この

意味で，「生成」の一つのモデルとみなすことができ，少なくとも訳者にとってはたいへん触発的であった．

翻訳に際しては，上記の原著ウェブサイトで公開されている正誤表に掲載されている修正点はすべて反映した．訳者が翻訳の過程で新たに気づいた誤植については，原著者に問い合わせたうえで修正した．訳者の問い合わせに快く対応してくれた原著者に感謝する．また，翻訳原稿の一部を東京女子大学大学院理学研究科博士前期課程の授業で用いたことがあり，授業を行う中でさまざまな改善点を見いだした．受講し，議論につきあってくれた当時大学院生であった佐藤理紗さんに感謝する．最後に，森北出版の大野裕司さんにはたいへんお世話になった．ここに謝意を表したい．

2024 年 10 月　春名太一

参考文献

[1] J. Aczél. On mean values. *Bulletin of the American Mathematical Society*, 54(4):392–400, 1948.

[2] J. Aczél. *Lectures on Functional Equations and Their Applications*. Academic Press, New York, 1966.

[3] J. Aczél and Z. Daróczy. *On Measures of Information and Their Characterizations*, volume 115 of *Mathematics in Science and Engineering*. Academic Press, New York, 1975.

[4] R. L. Adler, A. G. Konheim, and M. H. McAndrew. Topological entropy. *Transactions of the American Mathematical Society*, 114:309–319, 1965.

[5] J. Aitchison. Simplicial inference. In M. A. G. Viana and D. S. P. Richards, editors, *Algebraic Methods in Statistics and Probability*, volume 287 of *Contemporary Mathematics*, pages 1–22. American Mathematical Society, Providence, RI, 2001.

[6] S. Alesker. Theory of valuations on manifolds: a survey. *Geometric and Functional Analysis*, 17:1321–1341, 2007.

[7] S. Alesker, S. Artstein-Avidan, and V. Milman. A characterization of the Fourier transform and related topics. *Comptes Rendus de l'Académie des Sciences, Paris, Série I, Mathématique*, 346:625–628, 2008.

[8] S. Alesker and J. H. G. Fu. *Integral Geometry and Valuations*. Advanced Courses in Mathematics CRM Barcelona. Birkhäuser, Basel, 2014.

[9] L. Alsedà, J. Llibre, and M. Misiurewicz. *Combinatorial Dynamics and Entropy in Dimension One*, volume 5 of *Advanced Series in Nonlinear Dynamics*. World Scientific, Singapore, 2nd edition, 2000.

[10] S. Amari. Differential geometry of curved exponential families – curvatures and information loss. *Annals of Statistics*, 10(2):357–385, 1982.

[11] S. Amari. A foundation of information geometry. *Electronics and Communications in Japan*, 66-A(6):1–10, 1983.

[12] S. Amari. *Information Geometry and Its Applications*, volume 194 of *Applied Mathematical Sciences*. Springer, Tokyo, 2016.

[13] S. Amari and H. Nagaoka. *Methods of Information Geometry*, volume 191 of *Translations of Mathematical Monographs*. Oxford University Press, Oxford, 2000. (甘利俊一，長岡浩司 著（1993）『情報幾何の方法』岩波書店，の英訳.）

[14] M. Ancrenaz, M. Gumal, A. J. Marshall, E. Meijaard, S. A. Wich, and S. Husson. *Pongo pygmaeus. IUCN Red List of Threatened Species* e.T17975A17966347, 2016.

[15] T. M. Apostol. *Mathematical Analysis*. Addison-Wesley, Reading, MA, 1957.

[16] T. M. Apostol. *Introduction to Analytic Number Theory*. Undergraduate Texts in Mathematics. Springer, New York, 1976.

[17] S. Arimoto. Information measures and capacity of order α for discrete memoryless channels. In *Topics in Information Theory: 2nd Colloquium, Keszthely, Hungary, 1975*, pages 41–52. North-Holland, Amsterdam, 1977.

[18] V. I. Arnold. *Mathematical Methods of Classical Mechanics*, volume 60 of *Graduate Texts in Mathematics*. Springer, New York, 2nd edition, 1989. (初版の邦訳：安藤韶一，蟹江幸博，丹羽敏雄 訳（1980）『古典力学の数学的方法』岩波書店.)

[19] Y. Asao. Magnitude homology of geodesic metric spaces with an upper curvature bound. *Algebraic & Geometric Topology*, 21(2):647–664, 2021.

[20] G. Aubrun and I. Nechita. The multiplicative property characterizes ℓ_p and L_p norms. *Confluentes Mathematici*, 3:637–647, 2011.

[21] T. Avery. *Structure and Semantics*. PhD thesis, University of Edinburgh, 2017.

[22] N. Ay, J. Jost, H. V. Lê, and L. Schwachhöfer. *Information Geometry*, volume 64 of *Ergebnisse der Mathematik und ihrer Grenzgebiete*. Springer, Cham, 2017.

[23] J. Baez and J. Dolan. From finite sets to Feynman diagrams. In B. Engquist and W. Schmid, editors, *Mathematics Unlimited – 2001 and Beyond*, pages 29–50. Springer, Berlin, 2001.

[24] J. Baez and T. Fritz. A Bayesian characterization of relative entropy. *Theory and Applications of Categories*, 29:421–456, 2014.

[25] J. Baez, T. Fritz, and T. Leinster. A characterization of entropy in terms of information loss. *Entropy*, 13:1945–1957, 2011.

[26] M. G. Bakker, J. M. Chaparro, D. K. Manter, and J. M. Vivanco. Impacts of bulk soil microbial community structure on rhizosphere microbiomes of *Zea mays*. *Plant and Soil*, 392:115–126, 2015.

[27] S. Banach. Sur l'équation fonctionnelle $f(x+y) = f(x) + f(y)$. *Fundamenta Mathematicae*, 1:123–124, 1920.

[28] J. A. Barceló and A. Carbery. On the magnitudes of compact sets in Euclidean spaces. *American Journal of Mathematics*, 140(2):449–494, 2018.

[29] A. R. Barron. Entropy and the central limit theorem. *Annals of Probability*, 14(1):336–342, 1986.

[30] B. H. Barton and E. Moran. Measuring diversity on the Supreme Court with biodiversity statistics. *Journal of Empirical Legal Studies*, 10:1–34, 2013.

[31] M. A. Batanin. The Eckmann–Hilton argument and higher operads. *Advances in Mathematics*, 217:334–385, 2008.

[32] P. Baudot and D. Bennequin. The homological nature of entropy. *Entropy*, 17:3253–3318, 2015.

[33] C. Beck and F. Schlögl. *Thermodynamics of Chaotic Systems: An Introduction*, volume 4 of *Cambridge Nonlinear Science Series*. Cambridge University Press, Cambridge, 1993.

[34] J. Bénabou. Introduction to bicategories. In J. Bénabou, R. Davis, A. Dold, J. Isbell, S. MacLane, U. Oberst, and J.-E. Roos, editors, *Reports of the Midwest Category Seminar*, volume 47 of *Lecture Notes in Mathematics*, pages 1–77. Springer, Berlin, 1967.

[35] P. Bereziński, B. Jasiul, and M. Szpyrka. An entropy-based network anomaly detection method. *Entropy*, 17:2367–2408, 2015.

[36] C. Berger and T. Leinster. The Euler characteristic of a category as the sum of a divergent series. *Homology, Homotopy and Applications*, 10(1):41–51, 2008.

[37] W. H. Berger and F. L. Parker. Diversity of planktonic Foraminifera in deep-sea sediments. *Science*, 168:1345–1347, 1970.

[38] A. Bhattacharyya. On a measure of divergence between two statistical populations defined by their probability distribution. *Bulletin of the Calcutta Mathematical Society*, 35(1):99–109, 1943.

[39] R. L. Bishop. Elasticities, cross-elasticities, and market relationships. *American Economic Review*, 42(5):780–803, 1952.

[40] R. Blackwell, G. M. Kelly, and A. J. Power. Two-dimensional monad theory. *Journal of Pure and Applied Algebra*, 59:1–41, 1989.

[41] A. Blass and Y. Gurevich. Negative probability. *Bulletin of the European Association for Theoretical Computer Science*, 115:126–142, 2015.

[42] A. Blass and Y. Gurevich. Negative probabilities, II: What they are and what they are for. *Bulletin of the European Association for Theoretical Computer Science*, 125:152–168, 2018.

[43] J. M. Boardman and R. Vogt. *Homotopy Invariant Algebraic Structures on Topological Spaces*, volume 347 of *Lecture Notes in Mathematics*. Springer, Berlin, 1973.

[44] F. Borceux. *Handbook of Categorical Algebra 2: Categories and Structures*, volume 51 of *Encyclopedia of Mathematics and its Applications*. Cambridge University Press, Cambridge, 1994.

[45] E. P. Borges. On a q-generalization of circular and hyperbolic functions. *Journal of Physics A: Mathematical and General*, 31:5281–5288, 1998.

[46] A. Borgoo, P. Jaque, A. Toro-Labbé, C. V. Alsenoy, and P. Geerlings. Analyzing Kullback–Leibler information profiles: an indication of their chemical relevance. *Physical Chemistry Chemical Physics*, 11:476–482, 2009.

[47] J. M. Borwein and A. S. Lewis. *Convex Analysis and Nonlinear Optimization: Theory and Examples*. Canadian Mathematical Society Books in Mathematics. Springer, New York, 2000.

[48] A. Boularias, J. Kober, and J. Peters. Relative entropy inverse reinforcement learning. In G. Gordon, D. Dunson, and M. Dudík, editors, *Proceedings of the Fourteenth International Conference on Artificial Intelligence and Statistics, Fort Lauderdale, FL, USA, 11–13 April 2011*, volume 15 of *Proceedings of Machine Learning Research*, pages 182–189. PMLR, Fort Lauderdale, FL, 2011.

[49] G. E. P. Box and D. R. Cox. An analysis of transformations. *Journal of the Royal Statistical Society, Series B (Methodological)*, 26:211–252, 1964.

[50] J. F. Bromaghin, K. D. Rode, S. M. Budge, and G. W. Thiemann. Distance measures and optimization spaces in quantitative fatty acid signature analysis. *Ecology and Evolution*, 5:1249–1262, 2015.

[51] B. Buck and V. A. Macaulay, editors. *Maximum Entropy in Action*. Oxford University Press, Oxford, 1991.

[52] D. Buck and E. Flapan. Predicting knot or catenane type of site-specific recombination products. *Journal of Molecular Biology*, 374:1186–1199, 2007.

[53] D. Buck and E. Flapan. A topological characterization of knots and links arising from site-specific recombination. *Journal of Physics A: Mathematical and Theoretical*, 40:12377–12395, 2007.

[54] A. Buium. Differential characters of abelian varieties over p-adic fields. *Inventiones Mathematicae*, 122:309–340, 1995.

[55] A. Buium. Arithmetic analogues of derivations. *Journal of Algebra*, 198:290–299, 1997.

[56] M. A. Buzas and T. G. Gibson. Species diversity: benthonic Foraminifera in western North Atlantic. *Science*, 163:72–75, 1969.

[57] J. W. Cannon and W. J. Floyd. What is... Thompson's group? *Notices of the American Mathematical Society*, 58(8):1112–1113, 2011.

[58] J. W. Cannon, W. J. Floyd, and W. R. Parry. Introductory notes on Richard Thompson's groups. *L'Enseignement Mathématique*, 42:215–256, 1996.

[59] G. Carlsson. Topology and data. *Bulletin of the American Mathematical Society*, 46(2):255–308, 2009.

[60] J.-L. Cathelineau. Sur l'homologie de SL_2 à coefficients dans l'action adjointe. *Mathematica Scandinavica*, 63:51–86, 1988.

[61] J.-L. Cathelineau. Remarques sur les différentielles des polylogarithmes uniformes. *Annales de l'Institut Fourier*, 46:1327–1347, 1996.

[62] N. N. Čencov. Geometry of the "manifold" of a probability distribution (in Russian). *Doklady Akademii Nauk SSSR*, 158:543–546, 1964.

[63] N. N. Čencov. *Statistical Decision Rules and Optimal Inference*, volume 53 of *Translations of Mathematical Monographs*. American Mathematical Society, Providence, RI, 1982. Translated from the 1972 Russian edition.

[64] R. Cerf and P. Petit. A short proof of Cramér's theorem in $\mathbb{R}$. *American Mathematical Monthly*, pages 925–931, December 2011.

[65] S. R. Chakravarty and W. Eichhorn. An axiomatic characterization of a generalized index of concentration. *Journal of Productivity Analysis*, 2:103–112, 1991.

[66] L. Chalmandrier, T. Münkemüller, S. Lavergne, and W. Thuiller. Effects of species' similarity and dominance on the functional and phylogenetic structure of a plant meta-community. *Ecology*, 96:143–153, 2015.

[67] A. Chao, C.-H. Chiu, and L. Jost. Phylogenetic diversity measures based on Hill numbers. *Philosophical Transactions of the Royal Society B*, 365:3599–3609, 2010.

[68] S. Cho. Quantales, persistence, and magnitude homology. Preprint arXiv: 1910.02905, available at arXiv.org, 2019.

[69] J. Chuang, A. King, and T. Leinster. On the magnitude of a finite dimensional algebra. *Theory and Applications of Categories*, 31:63–72, 2016.

[70] K.-S. Chung, W.-S. Chung, S.-T. Nam, and H.-J. Kang. New q-derivative and q-logarithm. *International Journal of Theoretical Physics*, 33:2019–2029, 1994.

[71] T. M. Cover and J. A. Thomas. *Elements of Information Theory*. John Wiley & Sons, New York, 1st edition, 1991. (第 2 版の邦訳：山本博資，古賀弘樹，有村光晴，岩本貢 訳（2012）『情報理論—基礎と広がり—』共立出版.)

[72] H. Cramér. *Mathematical Methods of Statistics*. Princeton University Press, Princeton, NJ, 1946.

[73] N. Cressie and T. R. C. Read. Multinomial goodness-of-fit tests. *Journal of the Royal Statistical Society, Series B (Methodological)*, 46(3):440–464, 1984.

[74] I. Csiszár. Generalized cutoff rates and Rényi's information measures. *IEEE Transactions on Information Theory*, 41(1):26–34, 1995.

[75] I. Csiszár. Axiomatic characterizations of information measures. *Entropy*, 10: 261–273, 2008.

[76] I. Csiszár and P. C. Shields. Information theory and statistics: a tutorial. *Foundations and Trends in Communications and Information Theory*, 1(4):417–528, 2004.

[77] F. Dahlqvist, V. Danos, I. Garnier, and O. Kammar. Bayesian inversion by ω-complete cone duality. In J. Desharnais and R. Jagadeesan, editors, *27th International Conference on Concurrency Theory (CONCUR 2016)*, pages 1–15. Schloss Dagstuhl–Leibniz-Zentrum für Informatik, Saarbrücken, 2016.

[78] Z. Daróczy. Generalized information functions. *Information and Control*, 16: 36–51, 1970.

[79] P.-T. de Boer, D. P. Kroese, S. Mannor, and R. Y. Rubinstein. A tutorial on the cross-entropy method. *Annals of Operations Research*, 134:19–67, 2005.

[80] C. Dellacherie and P.-A. Meyer. *Probabilities and Potential, C: Potential Theory for Discrete and Continuous Semigroups*, volume 151 of *North-Holland Mathematics Studies*. North-Holland, Amsterdam, 2011.

[81] L.-Y. Deng. The cross-entropy method: a unified approach to combinatorial optimization, Monte-Carlo simulation, and machine learning. *Technometrics*, 48:147–148, 2006.

[82] B. Dennis and G. P. Patil. Profiles of diversity. In S. Kotz and N. L. Johnson, editors, *Encyclopedia of Statistical Sciences, volume 7*, pages 292–296. John Wiley, New York, 1986.

[83] P. J. DeVries, D. Murray, and R. Lande. Species diversity in vertical, horizontal, and temporal dimensions of a fruit-feeding butterfly community in an Ecuadorian rainforest. *Biological Journal of the Linnean Society*, 62:343–364, 1997.

[84] T. Downarowicz. *Entropy in Dynamical Systems*, volume 18 of *New Mathematical Monographs*. Cambridge University Press, Cambridge, 2011.

[85] R. M. Dudley. *Real Analysis and Probability*, volume 74 of *Cambridge Studies in Advanced Mathematics*. Cambridge University Press, Cambridge, 2002.

[86] S. Eguchi. A differential geometric approach to statistical inference on the basis of contrast functionals. *Hiroshima Mathematical Journal*, 15:341–391, 1985.

[87] S. Eguchi. Geometry of minimum contrast. *Hiroshima Mathematical Journal*, 22:631–647, 1992.

[88] P. Elbaz-Vincent and H. Gangl. On poly(ana)logs I. *Compositio Mathematica*, 130:161–214, 2002.

[89] P. Elbaz-Vincent and H. Gangl. Finite polylogarithms, their multiple analogues and the Shannon entropy. In F. Nielsen and F. Barbaresco, editors, *Geometric Science of Information 2015*, volume 9389 of *Lecture Notes in Computer Science*, pages 277–285. Springer, Cham, 2015.

[90] K. E. Ellingsen. Biodiversity of a continental shelf soft-sediment macrobenthos community. *Marine Ecology Progress Series*, 218:1–15, 2001.

[91] A. M. Ellison. Partitioning diversity. *Ecology*, 91:1962–1963, 2010.

[92] P. Erdős. On the distribution function of additive functions. *Annals of Mathematics*, 47:1–20, 1946.

[93] P. Erdős. On the distribution function of additive arithmetical functions and on some related problems. *Rendiconti del Seminario Matematico e Fisico di Milano*, 27:45–49, 1957.

[94] T. Ernst. *A Comprehensive Treatment of q-Calculus*. Birkhäuser, Basel, 2012.

[95] G. Everest and T. Ward. *Heights of Polynomials and Entropy in Algebraic Dynamics*. Universitext. Springer, London, 1999.

[96] D. K. Faddeev. On the concept of entropy of a finite probabilistic scheme (in Russian). *Uspekhi Matematicheskikh Nauk*, 11:227–231, 1956.

[97] D. P. Faith. Conservation evaluation and phylogenetic diversity. *Biological Conservation*, 61:1–10, 1992.

[98] K. Falconer. *Fractal Geometry*. John Wiley & Sons, Chichester, 1990.（第 2 版の邦訳：服部久美子，村井浄信 訳（2006）『フラクタル幾何学』共立出版.）

[99] A. Feinstein. *Foundations of Information Theory*. McGraw-Hill, New York, 1958.

[100] W. Fenchel. On conjugate convex functions. *Canadian Journal of Mathematics*, 1:73–77, 1949.

[101] E. Fermi. *Thermodynamics*. Dover Books on Physics. Dover, New York, 1956.（邦訳：加藤正昭 訳（1973）『フェルミ熱力学』三省堂.）

[102] C. Fernández-González, C. Palazuelos, and D. Pérez-García. The natural rearrangement invariant structure on tensor products. *Journal of Mathematical Analysis and Applications*, 343:40–47, 2008.

[103] R. P. Feynman. Negative probability. In B. Hiley and F. D. Peat, editors, *Quantum Implications: Essays in Honour of David Bohm*, pages 235–248. Routledge, London, 1987.

[104] M. Fiore and T. Leinster. An abstract characterization of Thompson's group F. *Semigroup Forum*, 80:325–340, 2010.

[105] T. M. Fiore, W. Lück, and R. Sauer. Euler characteristics of categories and homotopy colimits. *Documenta Mathematica*, 16:301–354, 2011.

[106] T. M. Fiore, W. Lück, and R. Sauer. Finiteness obstructions and Euler characteristics of categories. *Advances in Mathematics*, 226:2371–2469, 2011.

[107] J. C. Fodor and J.-L. Marichal. On nonstrict means. *Aequationes Mathematicae*, 54:308–327, 1997.

[108] G. B. Folland. *Real Analysis: Modern Techniques and Their Applications*. John Wiley & Sons, New York, 2nd edition, 1999.

[109] B. Forte and C. T. Ng. On a characterization of the entropies of degree β. *Utilitas Mathematica*, 4:193–205, 1973.

[110] M. Fréchet. Pri la funkcia ekvacio $f(x+y) = f(x) + f(y)$. *L'Enseignement Mathématique*, 15:390–393, 1913.

[111] P. Freyd. Algebraic real analysis. *Theory and Applications of Categories*, 20:215–306, 2008.

[112] B. Fruth, J. R. Hickey, C. André, T. Furuichi, J. Hart, T. Hart, H. Kuehl, F. Maisels, J. Nackoney, G. Reinartz, T. Sop, J. Thompson, and E. A. Williamson. *Pan paniscus* (errata version published in 2016). *IUCN Red List of Threatened Species* e.T15932A102331567, 2016.

[113] S. Furuichi. On uniqueness theorems for Tsallis entropy and Tsallis relative entropy. *IEEE Transactions on Information Theory*, 51:3638–3645, 2005.

[114] P. Gács. Quantum algorithmic entropy. *Journal of Physics A: Mathematical and General*, 34:6859–6880, 2001.

[115] R. Ghrist. Barcodes: the persistent topology of data. *Bulletin of the American Mathematical Society*, 45:61–75, 2008.

[116] R. Ghrist. *Elementary Applied Topology*. Createspace, 2014.

[117] H. Gimperlein and M. Goffeng. On the magnitude function of domains in Euclidean space. *American Journal of Mathematics*, 143(3):939–967, 2021.

[118] C. Gini. Variabilità e mutabilità. Studi cconomico-giuridici della facoltà di Giuri-sprodenza della Regia Università di Cagliari, Anno III, Parte II, 1912.

[119] K. Gomi. Magnitude homology of geodesic space. Preprint arXiv:1902.07044, available at arXiv.org, 2019.

[120] K. Gomi. Smoothness filtration of the magnitude complex. *Forum Mathematicum*, 32(3):625–639, 2020.

[121] I. J. Good. Some terminology and notation in information theory. *Proceedings of the IEE, Part C: Monographs*, 103(3):200–204, 1956.

[122] I. J. Good. Maximum entropy for hypothesis formulation, especially for multi-dimensional contingency tables. *Annals of Mathematical Statistics*, 34(3):911–934, 1963.

[123] I. J. Good. Diversity as a concept and its measurement: comment. *Journal of the American Statistical Association*, 77(379):561–563, 1982.

[124] M. Gould. *Coherence for Categorified Operadic Theories*. PhD thesis, University of Glasgow, 2008.

[125] D. Govc and R. Hepworth. Persistent magnitude. *Journal of Pure and Applied Algebra*, 225(3):106517, 2021.

[126] M. Grabisch, J.-L. Marichal, R. Mesiar, and E. Pap. *Aggregation Functions*, volume 127 of *Encyclopedia of Mathematics and its Applications*. Cambridge University Press, Cambridge, 2009.

[127] A. Gray. *Tubes*, volume 221 of *Progress in Mathematics*. Springer, Basel, 2nd edition, 2004.

[128] R. Greco, A. Di Nardo, and G. Santonastaso. Resilience and entropy as in-dices of robustness of water distribution networks. *Journal of Hydroinformatics*, 14:761–771, 2012.

[129] M. Grendár and R. K. Niven. The Pólya information divergence. *Information Sciences*, 180:4189–4194, 2010.

[130] G. Grimmett and D. Stirzaker. *Probability and Random Processes*. Oxford University Press, Oxford, 3rd edition, 2001.

[131] M. Gromov. *Metric Structures for Riemannian and Non-Riemannian Spaces*. Birkhäuser, Boston, MA, 2001.

[132] M. Gromov. In a search for a structure, part 1: On entropy. Preprint, 2012.

[133] Y. Gu. Graph magnitude homology via algebraic Morse theory. Preprint arXiv: 1809.07240, available at arXiv.org, 2018.

[134] H. Hadwiger. *Vorlesungen über Inhalt, Oberfläche und Isoperimetrie*. Springer, Berlin, 1957.

[135] T. C. Hales. The NSA back door to NIST. *Notices of the American Mathematical Society*, 61(2):190–192, 2014.

[136] L. Hannah and J. Kay. *Concentration in Modern Industry: Theory, Measurement and the U.K. Experience*. MacMillan, London, 1977.

[137] G. Hardy, J. E. Littlewood, and G. Pólya. *Inequalities*. Cambridge University Press, Cambridge, 2nd edition, 1952. (邦訳：細川尋史 訳 (2012)『不等式』丸善出版.)

[138] J. Harte. *Maximum Entropy and Ecology: A Theory of Abundance, Distribution, and Energetics*. Oxford Series in Ecology and Evolution. Oxford University Press, Oxford, 2011.

[139] T. Haszpra and T. Tél. Topological entropy: a Lagrangian measure of the state of the free atmosphere. *Journal of the Atmospheric Sciences*, 70:4030–4040, 2013.

[140] A. Hatcher. *Algebraic Topology*. Cambridge University Press, Cambridge, 2002.

[141] J. Havrda and F. Charvát. Quantification method of classification processes: concept of structural α-entropy. *Kybernetika*, 3:30–35, 1967.

[142] M. Hennessy and R. Milner. Algebraic laws for nondeterminism and concurrency. *Journal of the Association for Computing Machinery*, 32(1):137–161, 1985.

[143] R. Hepworth. Magnitude cohomology. *Mathematische Zeitschrift*, 301:3617–3640, 2022.

[144] R. Hepworth and S. Willerton. Categorifying the magnitude of a graph. *Homology, Homotopy and Applications*, 19(2):31–60, 2017.

[145] J. Hey. The mind of the species problem. *Trends in Ecology and Evolution*, 16(7):326–329, 2001.

[146] M. O. Hill. Diversity and evenness: a unifying notation and its consequences. *Ecology*, 54(2):427–432, 1973.

[147] A. Hobson. A new theorem of information theory. *Journal of Statistical Physics*, 1(3):383–391, 1969.

[148] D. A. Huffman. A method for the construction of minimum-redundancy codes. *Proceedings of the IRE*, 40:1098–1101, 1952.

[149] T. Humle, F. Maisels, J. F. Oates, A. Plumptre, and E. A. Williamson. *Pan troglodytes* (errata version published in 2016). *IUCN Red List of Threatened Species* e.T15933A102326672, 2016.

[150] S. H. Hurlbert. The nonconcept of species diversity: a critique and alternative parameters. *Ecology*, 52(4):577–586, 1971.

[151] A. R. Ives. Diversity and stability in ecological communities. In R. M. May and A. R. McLean, editors, *Theoretical Ecology: Principles and Applications*. Oxford University Press, Oxford, 2007.

[152] J. Izsák and L. Szeidl. Quadratic diversity: its maximization can reduce the richness of species. *Environmental and Ecological Statistics*, 9:423–430, 2002.

[153] P. Jaccard. Nouvelles recherches sur la distribution florale. *Bulletin de la Société Vaudoise des Sciences Naturelles*, 44:223–270, 1908.

[154] A. Jackson. *Comme appelé du néant* – as if summoned from the void: the life of Alexandre Grothendieck. *Notices of the American Mathematical Society*, 51(9): 1038–1056, 2004.

[155] F. H. Jackson. On q-functions and a certain difference operator. *Transactions of the Royal Society of Edinburgh*, 46:253–281, 1908.

[156] E. T. Jaynes. Where do we stand on maximum entropy? In R. D. Levine and M. Tribus, editors, *The Maximum Entropy Formalism*, pages 15–118. MIT Press, Cambridge, MA, 1979.

[157] E. T. Jaynes. *Probability Theory: The Logic of Science*. Cambridge University Press, Cambridge, 2003.

[158] H. Jeffreys. *Theory of Probability*. Clarendon Press, Oxford, 1st edition, 1939.

[159] H. Jeffreys. An invariant form for the prior probability in estimation problems. *Proceedings of the Royal Society of London, Series A, Mathematical and Physical Sciences*, 186:453–461, 1946.

［160］A. Jeziorski, A. J. Tanentzap, N. D. Yan, A. M. Paterson, M. E. Palmer, J. B. Korosi, J. A. Rusak, M. T. Arts, W. Keller, R. Ingram, A. Cairns, and J. P. Smol. The jellification of north temperate lakes. *Proceedings of the Royal Society B*, 282:20142449, 2015.

［161］J. L. Johnson. Use of nucleic-acid homologies in the taxonomy of anaerobic bacteria. *International Journal of Systematic Bacteriology*, 23(4):308–315, 1973.

［162］O. Johnson. *Information Theory and the Central Limit Theorem*. Imperial College Press, London, 2004.

［163］P. T. Johnstone. *Topos Theory*. Academic Press, London, 1977.

［164］G. A. Jones and J. M. Jones. *Information and Coding Theory*. Springer Undergraduate Mathematics Series. Springer, London, 2000. (邦訳：一樂重雄, 河原正治, 河原雅子 訳 (2012)『情報理論と符号理論』丸善出版.)

［165］J. Jost. *Riemannian Geometry and Geometric Analysis*. Universitext. Springer, Berlin, 7th edition, 2017.

［166］L. Jost. Entropy and diversity. *Oikos*, 113:363–375, 2006.

［167］L. Jost. Partitioning diversity into independent alpha and beta components. *Ecology*, 88(10):2427–2439, 2007.

［168］L. Jost. G_{ST} and its relatives do not measure differentiation. *Molecular Ecology*, 17:4015–4026, 2008.

［169］L. Jost. Mismeasuring biological diversity: response to Hoffmann and Hoffmann (2008). *Ecological Economics*, 68:925–928, 2009.

［170］L. Jost. Independence of alpha and beta diversities. *Ecology*, 91:1969–1974, 2010.

［171］L. Jost, P. DeVries, T. Walla, H. Greeney, A. Chao, and C. Ricotta. Partitioning diversity for conservation analyses. *Diversity and Distributions*, 16:65–76, 2010.

［172］A. Joyal, M. Nielsen, and G. Winskel. Bisimulation from open maps. *Information and Computation*, 127:164–185, 1996.

［173］J. M. Joyce. Kullback–Leibler divergence. In M. Lovric, editor, *International Encyclopedia of Statistical Science*, pages 720–722. Springer, Berlin, 2011. (邦訳：日本統計学会 訳 (2018)『統計科学百科事典』丸善出版.)

［174］B. Jubin. On the magnitude homology of metric spaces. Preprint arXiv:1803.05062, available at arXiv.org, 2018.

［175］V. Kac and P. Cheung. *Quantum Calculus*. Universitext. Springer, New York, 2002.

［176］R. Kaneta and M. Yoshinaga. Magnitude homology of metric spaces and order complexes. *Bulletin of the London Mathematical Society*, 53(3):893–905, 2021.

［177］P. Kannappan and C. T. Ng. Measurable solutions of functional equations related to information theory. *Proceedings of the American Mathematical Society*, 38:303–310, 1973.

［178］P. Kannappan and C. T. Ng. On functional equations connected with directed divergence, inaccuracy and generalized directed divergence. *Pacific Journal of Mathematics*, 54(1):157–167, 1974.

［179］P. Kannappan and P. N. Rathie. On a characterization of directed divergence. *Information and Control*, 22:163–171, 1973.

［180］M. Kanter. Discrimination distance bounds and statistical applications. *Probability Theory and Related Fields*, 86:403–422, 1990.

[181] R. M. Karp. Reducibility among combinatorial problems. In R. E. Miller and J. W. Thatcher, editors, *Complexity of Computer Computations*, pages 85–103. Plenum Press, New York, 1972.

[182] R. E. Kass and L. Wasserman. The selection of prior distributions by formal rules. *Journal of the American Statistical Association*, 91:1343–1370, 1996.

[183] I. Kátai. A remark on additive arithmetical functions. *Annales Universitatis Scientiarum Budapestinensis de Rolando Eőtvős Nominatae, Sectio Mathematica*, 10:81–83, 1967.

[184] G. M. Kelly. *Basic Concepts of Enriched Category Theory*, volume 64 of *London Mathematical Society Lecture Note Series*. Cambridge University Press, Cambridge, 1982. Also *Reprints in Theory and Applications of Categories*, 10:1–136, 2005.

[185] G. M. Kelly. On the operads of J. P. May. *Reprints in Theory and Applications of Categories*, 13:1–13, 2005.

[186] D. F. Kerridge. Inaccuracy and inference. *Journal of the Royal Statistical Society, Series B (Methodological)*, 23:184–194, 1961.

[187] C. J. Keylock. Simpson diversity and the Shannon–Wiener index as special cases of a generalized entropy. *Oikos*, 109(1):203–207, 2005.

[188] A. I. Khinchin. *Mathematical Foundations of Information Theory*. Dover, New York, 1957.

[189] M. Khovanov. A categorification of the Jones polynomial. *Duke Mathematical Journal*, 101:359–426, 2000.

[190] D. A. Klain and G.-C. Rota. *Introduction to Geometric Probability*. Lezioni Lincee. Cambridge University Press, Cambridge, 1997.

[191] J. Kock. *Frobenius Algebras and 2D Topological Quantum Field Theories*, volume 59 of *London Mathematical Society Student Texts*. Cambridge University Press, Cambridge, 2003.

[192] A. N. Kolmogorov. Sur la notion de la moyenne. *Atti della Accademia Nazionale dei Lincei, Rendiconti, VI Serie*, 12:388–391, 1930.

[193] A. N. Kolmogorov. On certain asymptotic characteristics of completely bounded metric spaces. *Doklady Akademii Nauk SSSR*, 108:385–388, 1956.

[194] A. N. Kolmogorov. On the notion of mean. In V. M. Tikhomirov, editor, *Selected Works of A. N. Kolmogorov, volume I: Mathematics and Mechanics*, volume 25 of *Mathematics and Its Applications (Soviet Series)*, pages 144–146. Springer Science and Business Media, Dordrecht, 1991.

[195] M. Kontsevich. The $1\frac{1}{2}$-logarithm. Private note, 1995. Reprinted as appendix of [88].

[196] M. Kontsevich. Operads and motives in deformation quantization. *Letters in Mathematical Physics*, 48(1):35–72, 1999.

[197] M. Kovačević, I. Stanojević, and V. Šenk. On the entropy of couplings. *Information and Computation*, 242:369–382, 2015.

[198] S. Kullback. *Information Theory and Statistics*. John Wiley & Sons, New York, 1959.

[199] S. Kullback. The Kullback–Leibler distance. *American Statistician*, 41(4):340–341, 1987.

[200] M. Laakso and R. Taagepera. "Effective" number of parties: a measure with application to West Europe. *Comparative Political Studies*, 12:3–27, 1979.

[201] J. Lambek. Deductive systems and categories II: standard constructions and closed categories. In P. Hilton, editor, *Category Theory, Homology Theory and their Applications, I (Battelle Institute Conference, Seattle, 1968)*, volume 86 of *Lecture Notes in Mathematics*, pages 76–122. Springer, Berlin, 1969.

[202] S. L. Lauritzen. Statistical manifolds. In S. Amari, O. E. Barndorff-Nielsen, R. E. Kass, S. L. Lauritzen, and C. R. Rao, editors, *Differential Geometry in Statistical Inference*, volume 10 of *Lecture Notes – Monograph Series*, pages 163–216. Institute of Mathematical Statistics, Hayward, CA, 1987.

[203] F. W. Lawvere. *Functorial Semantics of Algebraic Theories*. PhD thesis, Columbia University, 1963. Also *Reprints in Theory and Applications of Categories*, 5:1–121, 2004.

[204] F. W. Lawvere. Metric spaces, generalized logic and closed categories. *Rendiconti del Seminario Matematico e Fisico di Milano*, XLIII:135–166, 1973. Also *Reprints in Theory and Applications of Categories*, 1:1–37, 2002.

[205] F. W. Lawvere. State categories, closed categories, and the existence semi-continuous entropy functions. IMA Preprint Series 86, Institute for Mathematics and its Applications, University of Minnesota, Minneapolis, MN, 1984.

[206] P. M. Lee. On the axioms of information theory. *Annals of Mathematical Statistics*, 35:415–418, 1964.

[207] T. Leinster. *Higher Operads, Higher Categories*, volume 298 of *London Mathematical Society Lecture Note Series*. Cambridge University Press, Cambridge, 2004.

[208] T. Leinster. Are operads algebraic theories? *Bulletin of the London Mathematical Society*, 38:233–238, 2006.

[209] T. Leinster. General self-similarity: an overview. In L. Paunescu, A. Harris, T. Fukui, and S. Koike, editors, *Real and Complex Singularities*, pages 232–247. World Scientific, Singapore, 2007.

[210] T. Leinster. The Euler characteristic of a category. *Documenta Mathematica*, 13:21–49, 2008.

[211] T. Leinster. A maximum entropy theorem with applications to the measurement of biodiversity. Preprint arXiv:0910.0906, available at arXiv.org, 2009.

[212] T. Leinster. A general theory of self-similarity. *Advances in Mathematics*, 226:2935–3017, 2011.

[213] T. Leinster. Integral geometry for the 1-norm. *Advances in Applied Mathematics*, 49:81–96, 2012.

[214] T. Leinster. A multiplicative characterization of the power means. *Bulletin of the London Mathematical Society*, 44:106–112, 2012.

[215] T. Leinster. Notions of Möbius inversion. *Bulletin of the Belgian Mathematical Society*, 19:911–935, 2012.

[216] T. Leinster. The magnitude of metric spaces. *Documenta Mathematica*, 18:857–905, 2013.

[217] T. Leinster. The magnitude of a graph. *Mathematical Proceedings of the Cambridge Philosophical Society*, 166:247–264, 2019.

[218] T. Leinster. A short characterization of relative entropy. *Journal of Mathematical Physics*, 60(2):023302, 2019.

[219] T. Leinster. Entropy modulo a prime. *Communications in Number Theory and Physics*, 15(2):279–314, 2021.

[220] T. Leinster and C. A. Cobbold. Measuring diversity: the importance of species similarity. *Ecology*, 93:477–489, 2012.

[221] T. Leinster and M. W. Meckes. Maximizing diversity in biology and beyond. *Entropy*, 18(3):88, 2016.

[222] T. Leinster and M. W. Meckes. The magnitude of a metric space: from category theory to geometric measure theory. In N. Gigli, editor, *Measure Theory in Non-Smooth Spaces*, pages 156–193. De Gruyter Open, Warsaw, 2017.

[223] T. Leinster and E. Roff. The maximum entropy of a metric space. *Quarterly Journal of Mathematics*, 72(4):1271–1309, 2021.

[224] T. Leinster and M. Shulman. Magnitude homology of enriched categories and metric spaces. *Algebraic & Geometric Topology*, 21(5):2175–2221, 2021.

[225] T. Leinster and S. Willerton. On the asymptotic magnitude of subsets of Euclidean space. *Geometriae Dedicata*, 164:287–310, 2013.

[226] P. Lemey, M. Salemi, and A.-M. Vandamme. *The Phylogenetic Handbook*. Cambridge University Press, Cambridge, 2nd edition, 2009.

[227] M. Lesnick. Studying the shape of data using topology. *The Institute Letter*, pages 10–11, Summer 2013. Institute for Advanced Study, Princeton, NJ.

[228] Z. Lin. Are groups algebras over an operad? Mathematics Stack Exchange, 2013. Available at https://math.stackexchange.com/q/366371.

[229] J. Lindhard and V. Nielsen. Studies in statistical dynamics. *Matematisk-Fysiske Meddelelser: Kongelige Danske Videnskabernes Selskab*, 38:1–42, 1971.

[230] D. V. Lindley. *Making Decisions*. Wiley, London, 2nd edition, 1985.

[231] D. V. Lindley. *Understanding Uncertainty*. Wiley, Hoboken, NJ, 2006.

[232] Y. V. Linnik. An information-theoretic proof of the central limit theorem with Lindeberg conditions. *Theory of Probability and Its Applications*, 4(3):288–299, 1959.

[233] J. E. Littlewood. *Lectures on the Theory of Functions*. Oxford University Press, London, 1944.

[234] J.-L. Loday and B. Vallette. *Algebraic Operads*, volume 346 of *Grundlehren der mathematischen Wissenschaften*. Springer, Berlin, 2012.

[235] N. Lusin. Sur les propriétés des fonctions mesurables. *Comptes Rendus Hebdomadaires des Séances de l'Académie des Sciences*, 154:1688–1690, 1912.

[236] S. Mac Lane. *Categories for the Working Mathematician*, volume 5 of *Graduate Texts in Mathematics*. Springer, New York, 1971.（第 2 版の邦訳：三好博之, 高木理 訳（2012）『圏論の基礎』丸善出版。）

[237] R. H. MacArthur. Patterns of species diversity. *Biological Reviews*, 40:510–533, 1965.

[238] D. J. C. MacKay. *Information Theory, Inference and Learning Algorithms*. Cambridge University Press, Cambridge, 2003.

[239] M. C. Mackey and P. K. Maini. What has mathematics done for biology? *Bulletin of Mathematical Biology*, 77:735–738, 2015.

[240] A. E. Magurran. *Measuring Biological Diversity*. Blackwell, Oxford, 2004.

[241] F. Maisels, R. A. Bergl, and E. A. Williamson. *Gorilla gorilla* (errata version published in 2016). *IUCN Red List of Threatened Species* e.T9404A102330408, 2016.

[242] E. Manes. *Algebraic Theories*, volume 26 of *Graduate Texts in Mathematics*. Springer, Berlin, 1976.

[243] T. Manke, L. Demetrius, and M. Vingron. An entropic characterization of protein interaction networks and cellular robustness. *Journal of the Royal Society Interface*, 3:843–850, 2006.

[244] M. Markl, S. Shnider, and J. Stasheff. *Operads in Algebra, Topology and Physics*, volume 96 of *Mathematical Surveys and Monographs*. American Mathematical Society, Providence, RI, 2002.

[245] A. Máté. A new proof of a theorem of P. Erdős. *Proceedings of the American Mathematical Society*, 18:159–162, 1967.

[246] A. E. Mather, L. Matthews, D. J. Mellor, R. Reeve, M. J. Denwood, P. Boerlin, R. J. Reid-Smith, D. J. Brown, J. E. Coia, L. M. Browning, D. T. Haydon, and S. W. J. Reid. An ecological approach to assessing the epidemiology of antimicrobial resistance in animal and human populations. *Proceedings of the Royal Society B*, 279:1630–1639, 2012.

[247] J. P. May. *The Geometry of Iterated Loop Spaces*, volume 271 of *Lecture Notes in Mathematics*. Springer, Berlin, 1972.

[248] J. P. May. Definitions: operads, algebras and modules. In J.-L. Loday, J. D. Stasheff, and A. A. Voronov, editors, *Operads: Proceedings of Renaissance Conferences*, volume 202 of *Contemporary Mathematics*, pages 1–7. American Mathematical Society, Providence, RI, 1997.

[249] R. L. Mayden. A hierarchy of species concepts: the denouement in the saga of the species problem. In M. F. Claridge, H. A. Dawah, and M. R. Wilson, editors, *Species: The Units of Biodiversity*, pages 381–424. Chapman & Hall, London, 1997.

[250] M. W. Meckes. Positive definite metric spaces. *Positivity*, 17:733–757, 2013.

[251] M. W. Meckes. Magnitude, diversity, capacities, and dimensions of metric spaces. *Potential Analysis*, 42:549–572, 2015.

[252] M. W. Meckes. On the magnitude and intrinsic volumes of a convex body in Euclidean space. *Mathematika*, 66:343–355, 2020.

[253] R. S. Mendes, L. R. Evangelista, S. M. Thomaz, A. A. Agostinho, and L. C. Gomes. A unified index to measure ecological diversity and species rarity. *Ecography*, 31:450–456, 2008.

[254] R. A. Mittermeier, J. U. Ganzhorn, W. R. Konstant, K. Glander, I. Tattersall, C. P. Groves, A. B. Rylands, A. Hapke, J. Ratsimbazafy, M. I. Mayor, E. E. Louis, Jr., Y. Rumpler, C. Schwitzer, and R. M. Rasoloarison. Lemur diversity in Madagascar. *International Journal of Primatology*, 29:1607–1656, 2008.

[255] J.-M. Morvan. *Generalized Curvatures*. Springer, Berlin, 2008.

[256] T. S. Motzkin and E. G. Straus. Maxima for graphs and a new proof of a theorem of Turán. *Canadian Journal of Mathematics*, 17:533–540, 1965.

[257] H. J. Moulin. *Fair Division and Collective Welfare*. MIT Press, Cambridge, MA, 2003.

[258] M. Mureşan. *A Concrete Approach to Classical Analysis*. CMS Books in Mathematics. Springer, New York, 2009.

[259] H. Nagendra. Opposite trends in response for the Shannon and Simpson indices of landscape diversity. *Applied Geography*, 22:175–186, 2002.

[260] M. Nagumo. Über eine Klasse der Mittelwerte. *Japanese Journal of Mathematics*, 7:71–79, 1930.

[261] A. Nater, M. P. Mattle-Greminger, A. Nurcahyo, M. G. Nowak, M. de Manuel, T. Desai, C. Groves, M. Pybus, T. Bilgin Sonay, C. Roos, A. R. Lameira, S. A. Wich, J. Askew, M. Davila-Ross, G. Fredriksson, G. de Valles, F. Casals, J. Prado-Martinez, B. Goossens, E. J. Verschoor, K. S. Warren, I. Singleton, D. A. Marques, J. Pamungkas, D. Perwitasari-Farajallah, P. Rianti, A. Tuuga, I. G. Gut, M. Gut, P. Orozco-terWengel, C. P. van Schaik, J. Bertranpetit, M. Anisimova, A. Scally, T. Marques-Bonet, E. Meijaard, and M. Krützen. Morphometric, behavioral, and genomic evidence for a new orangutan species. *Current Biology*, 27(22):3487–3498, 2017.

[262] S. Nee. More than meets the eye. *Nature*, 429:804–805, 2004.

[263] M. Nicolau, A. J. Levine, and G. Carlsson. Topology based data analysis identifies a subgroup of breast cancers with a unique mutational profile and excellent survival. *Proceedings of the National Academy of Sciences of the USA*, 108(17): 7265–7270, 2011.

[264] K. Noguchi. The Euler characteristic of acyclic categories. *Kyushu Journal of Mathematics*, 65:85–99, 2011.

[265] K. Noguchi. Euler characteristics of categories and barycentric subdivision. *Münster Journal of Mathematics*, 6:85–116, 2013.

[266] K. Noguchi. The zeta function of a finite category. *Documenta Mathematica*, 18:1243–1274, 2013.

[267] M. Nygaard and G. Winskel. Domain theory for concurrency. *Theoretical Computer Science*, 316:153–190, 2004.

[268] OECD. *Handbook of Biodiversity Valuation: A Guide for Policy Makers*. Organisation for Economic Co-operation and Development, Paris, 2002.

[269] N. Otter. Magnitude meets persistence: homology theories for filtered simplicial sets. *Homology, Homotopy and Applications*, 24(2):365–387, 2022.

[270] W. Parry. *Entropy and Generators in Ergodic Theory*. W. A. Benjamin, New York, 1969.

[271] G. P. Patil. Diversity profiles. In A. H. El-Shaarawi and W. W. Piegorsch, editors, *Encyclopedia of Environmetrics*. John Wiley & Sons, Chichester, 2002.

[272] G. P. Patil and C. Taillie. A study of diversity profiles and orderings for a bird community in the vicinity of Colstrip, Montana. In G. P. Patil and M. Rosenzweig, editors, *Contemporary Quantitative Ecology and Related Ecometrics*, pages 23–48. International Co-operative Publishing House, Fairland, MD, 1979.

[273] G. P. Patil and C. Taillie. Diversity as a concept and its measurement. *Journal of the American Statistical Association*, 77(379):548–561, 1982.

[274] D. Pavlovic. Quantitative concept analysis. In F. Domenach, D. I. Ignatov, and J. Poelmans, editors, *Formal Concept Analysis. ICFCA 2012*, volume 7278 of *Lecture Notes in Computer Science*, pages 260–277. Springer, Berlin, 2012.

[275] S. Pavoine and M. B. Bonsall. Biological diversity: distinct distributions can lead to the maximization of Rao's quadratic entropy. *Theoretical Population Biology*, 75:153–163, 2009.

[276] S. Pavoine, S. Ollier, and D. Pontier. Measuring diversity from dissimilarities with Rao's quadratic entropy: are any dissimilarities suitable? *Theoretical Population Biology*, 67:231–239, 2005.

[277] R. K. Peet. The measurement of species diversity. *Annual Review of Ecology and Systematics*, 5:285–307, 1974.

[278] X. Pennec. Barycentric subspace analysis on manifolds. *Annals of Statistics*, 46:2711–2746, 2018.

[279] A. Peres, P. F. Scudo, and D. R. Terno. Quantum entropy and special relativity. *Physical Review Letters*, 88(23):230402, 2002.

[280] O. L. Petchey and K. J. Gaston. Functional diversity: back to basics and looking forward. *Ecology Letters*, 9:741–758, 2006.

[281] D. Petz. Characterization of the relative entropy of states of matrix algebras. *Acta Mathematica Hungarica*, 59:449–455, 1992.

[282] E. C. Pielou. *Ecological Diversity*. John Wiley & Sons, New York, 1975.

[283] E. C. Pielou. *Mathematical Ecology*. John Wiley & Sons, New York, 2nd edition, 1977.

[284] A. Plumptre, M. Robbins, and E. A. Williamson. *Gorilla beringei* (errata version published in 2016). *IUCN Red List of Threatened Species* e.T39994A102325702, 2016.

[285] C. R. Rao. Information and the accuracy attainable in the estimation of statistical parameters. *Bulletin of the Calcutta Mathematical Society*, 37:81–89, 1945.

[286] C. R. Rao. Diversity and dissimilarity coefficients: a unified approach. *Theoretical Population Biology*, 21:24–43, 1982.

[287] C. R. Rao. Diversity: its measurement, decomposition, apportionment and analysis. *Sankhyā: The Indian Journal of Statistics*, 44(1):1–22, 1982.

[288] C. R. Rao. Differential metrics in probability spaces. In S. Amari, O. E. Barndorff-Nielsen, R. E. Kass, S. L. Lauritzen, and C. R. Rao, editors, *Differential Geometry in Statistical Inference*, volume 10 of *Lecture Notes – Monograph Series*, pages 217–240. Institute of Mathematical Statistics, Hayward, CA, 1987.

[289] P. N. Rathie and P. Kannappan. A directed-divergence function of type β. *Information and Control*, 20:38–45, 1972.

[290] A. Ratnaparkhi. Learning to parse natural language with maximum entropy models. *Machine Learning*, 34:151–175, 1999.

[291] M. C. Reed. Mathematical biology is good for mathematics. *Notices of the American Mathematical Society*, 62(10):1172–1176, 2015.

[292] D. Reem. Remarks on the Cauchy functional equation and variations of it. *Aequationes Mathematicae*, 91:237–264, 2017.

[293] R. Reeve, T. Leinster, C. A. Cobbold, J. Thompson, N. Brummitt, S. N. Mitchell, and L. Matthews. How to partition diversity. Preprint arXiv:1404.6520v3, available at arXiv.org, 2016.

[294] A. Rényi. On measures of entropy and information. In J. Neyman, editor, *Proceedings of the 4th Berkeley Symposium on Mathematical Statistics and Probability, volume 1*, pages 547–561. University of California Press, Berkeley, CA, 1961.

[295] A. Rényi. *Probability Theory*. North-Holland, Amsterdam, 1970.

[296] C. Ricotta and L. Szeidl. Towards a unifying approach to diversity measures: bridging the gap between the Shannon entropy and Rao's quadratic index. *Theoretical Population Biology*, 70:237–243, 2006.

[297] E. Riehl. *Category Theory in Context*. Dover, New York, 2016.

[298] C. P. Robert, N. Chopin, and J. Rousseau. Harold Jeffreys's *Theory of Probability* revisited. *Statistical Science*, 24:141–172, 2009.

[299] R. T. Rockafellar. *Convex Analysis*. Princeton Mathematical Series. Princeton University Press, Princeton, NJ, 1970.

[300] S. Roman. *Field Theory*, volume 158 of *Graduate Texts in Mathematics*. Springer, New York, 2nd edition, 2006.

[301] G.-C. Rota. On the foundations of combinatorial theory I: theory of Möbius functions. *Zeitschrift für Wahrscheinlichkeitstheorie und Verwandte Gebiete*, 2:340–368, 1964.

[302] R. D. Routledge. Diversity indices: which ones are admissible? *Journal of Theoretical Biology*, 76:503–515, 1979.

[303] I. Sason. Entropy bounds for discrete random variables via maximal coupling. *IEEE Transactions on Information Theory*, 59(11):7118–7131, 2013.

[304] S. H. Schanuel. Negative sets have Euler characteristic and dimension. In A. Carboni, M. C. Pedicchio, and G. Rosolini, editors, *Category Theory (Como, 1990)*, volume 1488 of *Lecture Notes in Mathematics*, pages 379–385. Springer, Berlin, 1991.

[305] M. J. Schervish. *Theory of Statistics*. Springer Series in Statistics. Springer, New York, 1995.

[306] R. Schneider. *Convex Bodies: The Brunn–Minkowski Theory*, volume 151 of *Encyclopedia of Mathematics and its Applications*. Cambridge University Press, Cambridge, 2nd edition, 2014.

[307] I. J. Schoenberg. Metric spaces and positive definite functions. *Transactions of the American Mathematical Society*, 44:522–536, 1938.

[308] G. Segal. Classifying spaces and spectral sequences. *Institut des Hautes Études Scientifiques Publications Mathématiques*, 34:105–112, 1968.

[309] C. E. Shannon. A mathematical theory of communication. *Bell System Technical Journal*, 27:379–423, 1948.

[310] C. E. Shannon. Prediction and entropy of printed English. *Bell System Technical Journal*, 30:50–64, 1951.

[311] M. Shiino. H-theorem with generalized relative entropies and the Tsallis statistics. *Journal of the Physical Society of Japan*, 67:3658–3660, 1998.

[312] K. Shimatani. The appearance of a different DNA sequence may decrease nucleotide diversity. *Journal of Molecular Evolution*, 49:810–813, 1999.

[313] J. E. Shore and R. W. Johnson. Axiomatic derivation of the principle of maximum entropy and the principle of minimum cross-entropy. *IEEE Transactions on Information Theory*, 26(1):26–37, 1980.

[314] E. H. Simpson. Measurement of diversity. *Nature*, 163:688, 1949.

[315] I. Singleton, S. A. Wich, M. Nowak, and G. Usher. *Pongo abelii* (errata version published in 2016). *IUCN Red List of Threatened Species* e.T39780A102329901, 2016.

[316] V. V. Skachkov, V. V. Chepkyi, H. D. Bratchenko, and A. N. Efymchykov. Entropy approach to the investigation of information capabilities of adaptive radio engineering system in conditions of intrasystem uncertainty. *Radioelectronics and Communications Systems*, 58:241–249, 2015.

[317] W. Smith and J. F. Grassle. Sampling properties of a family of diversity measures. *Biometrics*, 33(2):283–292, 1977.

[318] R. M. Solovay. A model of set-theory in which every set of reals is Lebesgue measurable. *Annals of Mathematics*, 92:1–56, 1970.

[319] A. R. Solow and S. Polasky. Measuring biological diversity. *Environmental and Ecological Statistics*, 1:95–107, 1994.

[320] R. P. Stanley. *Enumerative Combinatorics, volume 1*, volume 49 of *Cambridge Studies in Advanced Mathematics*. Cambridge University Press, Cambridge, 1997. （初版の邦訳：成嶋弘，山田浩，清水昭信，渡辺敬一 訳（1990）『数え上げ組合せ論 I』日本評論社.）

[321] V. Summers. *Torsion in the Khovanov Homology of Links and the Magnitude Homology of Graphs*. PhD thesis, North Carolina State University, 2019.

[322] H. Suyari. On the most concise set of axioms and the uniqueness theorem for Tsallis entropy. *Journal of Physics A: Mathematical and General*, 35:10731–10738, 2002.

[323] K. Tanaka. The Euler characteristic of a bicategory and the product formula for fibered bicategories. Preprint arXiv:1410.0248, available at arXiv.org, 2014.

[324] I. J. Taneja and P. Kumar. Relative information of type s, Csiszár's f-divergence, and information inequalities. *Information Sciences*, 166:105–125, 2004.

[325] T. Tao. *Structure and Randomness: Pages from Year One of a Mathematical Blog*. American Mathematical Society, Providence, RI, 2008.

[326] N. Timme, W. Alford, B. Flecker, and J. M. Beggs. Synergy, redundancy, and multivariate information measures: an experimentalist's perspective. *Journal of Computational Neuroscience*, 36:119–140, 2014.

[327] B. Tóthmérész. Comparison of different methods for diversity ordering. *Journal of Vegetation Science*, 6:283–290, 1995.

[328] M. Tribus and E. C. McIrvine. Energy and information. *Scientific American*, 225(3):179–190, 1971.

[329] S. N. Tronin. Abstract clones and operads. *Siberian Mathematical Journal*, 43(4): 746–755, 2002.

[330] S. N. Tronin. Operads and varieties of algebras defined by polylinear identities. *Siberian Mathematical Journal*, 47(3):555–573, 2006.

[331] C. Tsallis. Possible generalization of Boltzmann–Gibbs statistics. *Journal of Statistical Physics*, 52:479–487, 1988.

[332] C. Tsallis. What are the numbers that experiments provide? *Química Nova*, 17(6): 468–471, 1994.

[333] C. Tsallis. Generalized entropy-based criterion for consistent testing. *Physical Review E*, 58:1442–1445, 1998.

[334] H. Tuomisto. A diversity of beta diversities: straightening up a concept gone awry. Part 1. Defining beta diversity as a function of alpha and gamma diversity. *Ecography*, 33:2–22, 2010.

[335] P. J. Turnbaugh, M. Hamady, T. Yatsunenko, B. L. Cantarel, A. Duncan, R. E. Ley, M. L. Sogin, W. J. Jones, B. A. Roe, J. P. Affourtit, M. Egholm, B. Henrissat, A. C. Heath, R. Knight, and J. I. Gordon. A core gut microbiome in obese and lean twins. *Nature*, 457:480–484, 2009.

[336] P. J. Turnbaugh, C. Quince, J. J. Faith, A. C. McHardy, T. Yatsunenko, F. Niazi, J. Affourtit, M. Egholm, B. Henrissat, R. Knight, and J. I. Gordon. Organismal, genetic, and transcriptional variation in the deeply sequenced gut microbiomes of identical twins. *Proceedings of the National Academy of Sciences of the USA*, 107:7503–7508, 2010.

[337] H. Tverberg. A new derivation of the information function. *Mathematica Scandinavica*, 6:297–298, 1958.

[338] R. Twarock, M. Valiunas, and E. Zappa. Orbits of crystallographic embedding of non-crystallographic groups and applications to virology. *Acta Crystallographica*, A71:569–582, 2015.

[339] United Nations, Department of Economic and Social Affairs, Population Division. World population prospects: the 2017 revision. Custom data acquired via website, 2017.

[340] I. Vajda. Axioms for a-entropy of a generalized probability scheme (in Czech). *Kybernetika*, 4(2):105–112, 1968.

[341] L. van den Dries. *Tame Topology and O-minimal Structures*, volume 248 of *London Mathematical Society Lecture Note Series*. Cambridge University Press, Cambridge, 1998.

[342] R. I. Vane-Wright, C. J. Humphries, and P. H. Williams. What to protect? – Systematics and the agony of choice. *Biological Conservation*, 55:235–254, 1991.

[343] R. S. Varga and R. Nabben. On symmetric ultrametric matrices. In L. Reichel, A. Ruttan, and R. S. Varga, editors, *Numerical Linear Algebra*, pages 193–199. Walter de Gruyter, Berlin, 1993.

[344] S. D. Veresoglou, J. R. Powell, J. Davison, Y. Lekberg, and M. C. Rillig. The Leinster and Cobbold indices improve inferences about microbial diversity. *Fungal Ecology*, 11:1–7, 2014.

[345] J. P. Vigneaux. *Topology of Statistical Systems: A Cohomological Approach to Information Theory*. PhD thesis, Université Paris Diderot, 2019.

[346] A. R. Wallace. *Tropical Nature, and Other Essays*. MacMillan and Co., London, 1878.（邦訳：谷田専治, 新妻昭夫 訳（1998）『熱帯の自然』筑摩書房.）

[347] L. Wang, M. Zhang, S. Jajodia, A. Singhal, and M. Albanese. Modeling network diversity for evaluating the robustness of networks against zero-day attacks. In M. Kutyłowski and J. Vaidya, editors, *Proceedings of the 19th European Symposium on Research in Computer Security (ESORICS 2014)*, pages 494–511. Springer, Cham, 2014.

[348] R. M. Warwick and K. R. Clarke. New 'biodiversity' measures reveal a decrease in taxonomic distinctness with increasing stress. *Marine Ecology Progress Series*, 129:301–305, 1995.

[349] M. G. Watve and R. M. Gangal. Problems in measuring bacterial diversity and a possible solution. *Applied and Environmental Microbiology*, 62(11):4299–4301, 1996.

[350] A. Wehrl. General properties of entropy. *Reviews of Modern Physics*, 50(2): 221–260, 1978.

[351] R. H. Whittaker. Vegetation of the Siskiyou mountains, Oregon and California. *Ecological Monographs*, 30:279–338, 1960.

[352] R. H. Whittaker. Evolution and measurement of species diversity. *Taxon*, 21: 213–251, 1972.

[353] S. Willerton. Heuristic and computer calculations for the magnitude of metric spaces. Preprint arXiv:0910.5500, available at arXiv.org, 2009.

[354] S. Willerton. Is this graph of reciprocal power means always convex? MathOverflow, 2014. Available at https://mathoverflow.net/q/176706.

[355] S. Willerton. On the magnitude of spheres, surfaces and other homogeneous spaces. *Geometriae Dedicata*, 168:291–310, 2014.

[356] S. Willerton. The Legendre–Fenchel transform from a category theoretic perspective. Preprint arXiv:1501.03791, available at arXiv.org, 2015.

[357] S. Willerton. Spread: a measure of the size of metric spaces. *International Journal of Computational Geometry and Applications*, 25(3):207–225, 2015.

[358] S. Willerton. On the magnitude of odd balls via potential functions. Preprint arXiv:1804.02174, available at arXiv.org, 2018.

[359] S. Willerton. The magnitude of odd balls via Hankel determinants of reverse Bessel polynomials. *Discrete Analysis*, 5:1–42, 2020.

[360] M. V. Wilson and A. Shmida. Measuring beta diversity with presence-absence data. *Journal of Ecology*, 72:1055–1064, 1984.

[361] G. U. Yule. *The Statistical Study of Literary Vocabulary*. Cambridge University Press, Cambridge, 1944.

[362] D. Zagier. The dilogarithm function. In P. Cartier, B. Julia, P. Moussa, and P. Vanhove, editors, *Frontiers in Number Theory, Physics, and Geometry II*, pages 3–65. Springer, Berlin, 2007.

[363] A. Zygmund. *Trigonometric Series*, volume I. Cambridge University Press, Cambridge, 2nd edition, 1959.

表記法の索引

人名索引

事項索引

原著者紹介

Tom Leinster（トム・レンスター）

エディンバラ大学教授. 著書に *Higher Operads, Higher Categories* や *Basic Category Theory*（邦訳：斎藤恭司 監修, 土岡俊介 訳, 『ベーシック圏論』丸善出版）がある. 2019 年にショーヴネ賞を受賞.

訳者紹介

春名太一（はるな・たいち）

東京女子大学教授. 博士（理学）. 共著書に『圏論の歩き方』（圏論の歩き方委員会 編, 日本評論社）がある.

エントロピーと多様性の数理

2024 年 12 月 25 日　第 1 版第 1 刷発行

訳者　　　春名太一

編集担当　大野裕司（森北出版）
編集責任　福島崇史（森北出版）
組版　　　プレイン
印刷　　　ワコー
製本　　　ブックアート

発行者　　森北博巳
発行所　　森北出版株式会社
　　　　　〒102-0071　東京都千代田区富士見 1-4-11
　　　　　03-3265-8342（営業・宣伝マネジメント部）
　　　　　https://www.morikita.co.jp/

Printed in Japan
ISBN 978-4-627-08291-5